献给我们的至爱

电子和声子能级的受激偏移和劈裂直接映像外场对哈密顿量的微扰以及配位键、电子、分子在时、空、频域的弛豫行为，从而揭示物质与生命微观过程的奥秘和规律

控制键与非键的形成与弛豫以及相应的电子转移、极化、局域化、致密化动力学是调制物质结构和性能的唯一途径。

—— 孙长庆　黄勇力　王艳《化学键的弛豫》
高等教育出版社　材料基因组工程丛书卷 I，2017

氢键(O:H—O)耦合振子对的非对称超短程作用以及分段比热差异主导冰水在受激时所呈现的超常自适应、自愈合、高敏感等特性。

—— 孙长庆　黄勇力　张希《氢键规则六十条》
高等教育出版社　材料基因组工程丛书卷 II，2019

水合反应以电子、质子、离子、孤对电子、偶极子的方式注入电荷并通过氢键、H↔H 反氢键、O:⇔:O 超氢键、静电屏蔽极化、溶质键收缩以及溶质间的相互作用调制溶液的氢键网络和性能。

—— 孙长庆　黄勇力　马增胜《水合反应动力学》
高等教育出版社　材料基因组工程丛书卷 III，2021

作 者 简 介

孙长庆，辽宁葫芦岛人。澳大利亚默多克大学 1997 年理学博士。现任职于新加坡南洋理工大学。研究方向为超常配位键工程和非键电子学。首创多场键弛豫理论，并拥有多项计量谱学专利。著有《化学键的弛豫》《氢键规则六十条》《水合反应动力学》《电子声子计量谱学》等中英文专著，并在《化学评论》等期刊发表了 30 余篇专述。曾获夸瑞兹密国际科学奖一等奖和首届南洋科技创新奖。

杨学弦，湖南常德人。湘潭大学 2012 年理学博士。现任职于吉首大学。研究方向为低维体系的多场晶格振动力学与计量声子谱学，合著《电子声子计量谱学》。荣获 2020 年湖南省自然科学奖二等奖。

黄勇力，湖南常德人。湘潭大学 2013 年工学博士。现任职于湘潭大学。研究方向为物理力学、氢键耦合振子受激振动弛豫力学等。合著《化学键的弛豫》《氢键规则六十条》《水合反应动力学》和英文版《材料的宏微观力学性能》。

电子声子计量谱学

Electron and Phonon Spectrometrics

孙长庆　杨学弦　黄勇力　著

科学出版社

北京

内 容 简 介

本书旨在倡导计量谱学工程以获取前所未及的有关化学键-电子-声子-物性受激关联弛豫的定量和动态信息。主要涉及电子发射和衍射以及多场声子谱学分析原理、积分差谱专利技术、局域键平均近似、化学键受激弛豫、氢键非对称耦合振子对、非键电子极化等理论方法。通过改变原子配位、受力、冲击、受热、掺杂、水合、电磁辐射等对哈密顿量中的晶体势进行微扰以实现振动声子频率和电子能级的偏移。解析这些偏移并获得诸如键长、键能、孤立原子轨道能级、成键电子局域钉扎、非键电子极化、原子结合能、结合能密度、德拜温度、弹性模量以及配位键振动特征转变等基本因变信息以确定相应的物理参量,并揭示物质行为规律以实现有效控制。

全书自成体系、风格独特,贯穿原创性、系统性、深入性和关联性于始终,主要强调原理、概念、方法和应用,物理图像清晰、数据结果翔实。本书可作为物理、化学、表面和界面、纳米科学、材料科学和工程以及水合胶体化学等相关领域的教学和科研参考。

图书在版编目(CIP)数据

电子声子计量谱学/孙长庆,杨学弦,黄勇力著. —北京:科学出版社,2021.3
ISBN 978-7-03-067387-9

Ⅰ.①电… Ⅱ.①孙… ③杨… ②黄… Ⅲ.①电子声子相互作用–计量–研究 Ⅳ.①O481.3

中国版本图书馆 CIP 数据核字(2020)第 255973 号

责任编辑:刘凤娟 田轶静 / 责任校对:王萌萌
责任印制:吴兆东 / 封面设计:无极书装

科学出版社 出版
北京东黄城根北街 16 号
邮政编码:100717
http://www.sciencep.com

北京建宏印刷有限公司 印刷
科学出版社发行 各地新华书店经销

*

2021 年 3 月第 一 版 开本:720×1000 B5
2023 年 2 月第二次印刷 印张:28 1/4
字数:550 000
定价:199.00 元
(如有印装质量问题,我社负责调换)

序

本书的写作及开展相应研究的动机源于笔者 1993 年参加在北京召开的第七届国际扫描隧道显微学会议时对下列问题的思考：

(1) 固体表层和点缺陷处的键合网络与显微形貌和谱学特征之间的关联；

(2) 化学反应中的断键-成键演变的微观过程及其成因动力学；

(3) 在外场作用下以及在水合过程中配位键结构和能量的演变；

(4) 物质的化学键-电子-声子-物性的相互关联及其在受扰时的协同演化；

(5) 完善获取化学键-电子-声子弛豫的定量信息的手段。

这些问题的解决对揭示物质和生命的奥秘不仅具有普遍意义而且日益重要。晶体衍射学、表面形貌学以及光电子声子能谱学是物质和生命科学领域的基本表征手段。三者之间通过化学键和处于不同能级上的电子的行为密切相连。相对而言，电子和声子计量谱学不仅揭示了作为可测物理性能的基因的局域键-电子-声子受激弛豫的关联信息，而且展示了电子、原子、分子及键合在时空和能量域的行为，从而实现了对物质结构和性能以及生命过程的预测和有效控制。

随着同步辐射光源和光电子声子谱学仪器的发展和普及，实现对观测结果的精细、可靠、规范化解谱尤为迫切。只有从所测数据中提取关键信息才能掌控所测物质的结构和性能以及相关过程的反应规律，也能因此充分体现测量装置的价值。解谱是一个系统工程，因为它不仅涉及数据采集、物理建模、理论表述、数值处理等技能，而且更需要对物理、化学、数学、生命反应过程等多学科交叉知识融会贯通。

本书旨在分享我们针对上述问题在近三十年所进行的探索和取得的进展。基于我们关于非常规配位体系键弛豫和非键电子极化(BOLS-NEP)理论、外场扰动下的局域键平均近似(LBA)方法、吸附表面的化学键-能带-势垒(3B)关联理论、氢键耦合振子对理论、水合反应的电荷注入理论等发展了关于物质电子发射和衍射、多场化学键振动谱的计量解析方法。

计量谱学的物理学原理是施加外场对哈密顿量中晶体作用势进行微扰以实现电子能级和声子频率的偏移。根据固体量子理论，分布在不同能级的电子对晶体势的彼此屏蔽决定了电子的结合能；作用势在平衡点位置的曲率决定了振子的振动频率。在平衡点附近，非线性效应贡献甚微可以忽略。在诸如原子配位场、力场、温场、电场、磁场等外场作用下，晶体势从初始平衡点 $U(r)$ 向新的平衡点

$U(r)(1+\Delta(x_J))$转移，即发生键长 $d(x_J)$ 和键能 $E(x_J)$ 的弛豫。谱学的数学基础是通过傅里叶变换将具有相同结合能的电子或相同振动频率的化学键进行采集形成特征谱峰或分布函数，而无须考虑这些电子或化学键在样本中所处的空间位置、取向和多寡。所以，人们只需关注待测样品中相对应的一条代表键和某特定能级的电子对外界微扰的响应，以提取原子尺度、局域、动态和定量的统计信息。

本书共三篇，分别讨论电子发射谱、电子衍射谱以及固态和液态多场声子谱的信息提纯分析方法及应用范例。

第一篇专注于原子配位分辨电子发射谱的解析技术和应用实例。集合了覆盖全能量波段的扫描隧道显微镜/谱(STM/S)、X 射线和紫外光电子能谱(XPS/UPS)、俄歇电子能谱(AES)、俄歇光电子关联谱(APECS)、软 X 射线带边吸收谱(XAS)等技术。APECS 可以同时确定试样的两个能级的移动，并辨析两能级间的屏蔽效应及电荷共享效应。此外，与 BOLS-NEP 理论相对应的选区光电子能谱提纯(ZPS)通过差谱方式直接提取有关吸附原子、点缺陷、台阶边缘、单层表皮、纳米晶体、杂质和界面的键弛豫及关联的电子能量、局域化、量子钉扎和极化的定量信息。分析的样品主要涉及：①面心立方、体心立方、六角和金刚石结构的由晶体取向和原子层序数分辨的表面；②同质吸附和台阶边缘的端态低配位原子；③原子团簇和纳米晶体；④碳同素异构体以及石墨表面点缺陷和单原子厚度表层；⑤异质界面和纳米合金；⑥冰水表皮与纳米水滴；⑦低/混配位的耦合效应等。由配位分辨电子发射计量谱可以得到低/混配位体系局域动态键长键能、孤立原子单电子能级及其随配位变化发生的偏移、非键电子极化、能量密度和原子结合能等定量信息。研究结果揭示：

(1) 原子低配位诱导的键收缩、混配位导致的键性质改变、端态非键电子极化等对哈密顿量施加微扰并决定键能的变化。

(2) 局域势函数的微扰导致芯能级深移和该能级电子局域致密钉扎，能级深移的幅度与局域键能的变化正相关。

(3) 局域致密钉扎的成键电子反过来极化低配位的外层非键电子，劈裂晶体势，导致芯能带的极化和钉扎双峰特征。

(4) 低/混配位导致的价电子钉扎主导 Pt 吸附原子和 Cu/Pt 合金的受主型催化特征；而低配位诱导的价电子极化主导 Rh 吸附原子和 Ag/Pd 合金的施主型催化特征。

(5) ZnO 在尺度减小到 8 nm 临界尺度时，芯能级由量子钉扎主导转变为极化主导。

(6) 石墨烯点缺陷和锯齿型边缘的狄拉克-费米极化子源于悬键电子受致密钉扎的芯电子的极化；极低配位原子的电荷钉扎与极化导致端态和边界态、拓扑态以及超流、超导、超固、超弹、超滑、超疏水、超催化特性和纳米结构尺度效应。

第二篇致力于解析 O-Cu(001) 表面的超低能电子衍射(VLEED)谱。VLEED 谱与 STM/S 和光电子能谱(PES)的结合给出了不同能带的电子行为,并从中提取出表层与第二原子层间氧化物成键的几何构型、化学键断裂-形成-弛豫以及化学反应过程中的价电子能态密度及势垒演变信息。解析 VLEED 谱还可以确定功函数、单原子势阱常数、布里渊区(BZ)及其边界附近电子有效质量等的受激演变。令人鼓舞的是,通过解析 Cu(001) 表面氧吸附的 VLEED 谱确定了氧化铜的键结构及反应生成 Cu_3O_2 的四步量子动力学过程:

(1) 氧分子离解,在表层形成首条 O^-—Cu^+ 单键,并极化其近邻表层原子;

(2) 氧与次层 Cu 原子形成第二条 O^{2-}—Cu^{2+} 键,表层每第四列 Cu(100) 原子逸出形成 Cu 空列;

(3) 键长键角弛豫,开始 sp^3 轨道杂化,产生孤对电子;

(4) 孤对电子极化 Cu 以形成 Cu_3O_2 双四面体,反向耦合形成哑铃状结构并以双原子链形式稳定悬于空列之上;

(5) 反应导致相应的氧与金属成键态、氧的非键孤对电子态、金属离子空穴态、金属反键极化态。

解析结果证实:氧原子轨道杂化可在固态情形下发生,并形成四面体结构,从而生成孤对电子;氧原子只能从不同的近邻原子捕获一个电子;键合的序度和取向与元素的电负性、原子间距、晶体结构和取向相关;键角变化于 $90°\sim105°$,孤对电子间的夹角在 $130°\sim150°$ 范围。氧原子一侧的 Cu—O 极性共价键与另一侧的 O:Cu 非键孤对呈现协同弛豫效应,为后续耦合氢键的提出奠定了基础。

第三篇致力于应用差分声子谱解析拉曼和红外声子谱获取各种受激条件下键长和键能演化的信息。基于 BOLS 理论发展的差分声子谱(DPS)方法可直接测得化学键刚度-丰度-序度受低配位、单轴应变、机械压缩、热激发和电效应诱发的键弛豫和声子偏移。分别解析了 IV/III-V/II-VI 族纳米晶体、层状石墨烯带和 WX_2 薄片,以及冰水和水合反应过程中溶质-溶质-溶剂间的作用和氢键刚度、键的数目和涨落序度的演化,系统地论证了:

(1) 声子频移依赖于键长、键能、键性质参数以及所考察的振动模式涉及的键的数目;

(2) 双体振动主导石墨烯 G 模和 WX_2/TiO_2/黑磷 E_g 模(TO)的频移,而多体振动主导石墨烯 D 模、WX_2/TiO_2 的 A_g 模(LO)的频移;

(3) 解析声子谱的温度、压强和应变效应,可获得材料的原子结合能、德拜温度、能量密度、弹性常数和单键力常数等基本物理参量;

(4) 水合反应以电子、质子、离子、孤对电子、偶极子的方式注入电荷并通过氢键、反氢键、超氢键、静电极化、水分子屏蔽以及溶质间的相互作用调制溶液的氢键网络和性能；

(5) 溶液的表皮应力、黏度、分子扩散率、相边界色散、临界相变压力和温度通过氢键受激弛豫相互关联。

我们非常荣幸地与业界同仁分享我们就电子声子计量谱学研究的所思、所为和所得。希望本书的出版能够激发更多的谱学分析方法和处理技巧。拓展现有谱学技术至配位键工程和材料基因工程领域，无疑更为引人入胜。书中许多观点和表述尚属一己之见，有待继续精细和完善。我们诚挚地欢迎各位读者批评指正。

我们由衷地感谢业界同仁和朋友的鼓励和支持，以及合作者的努力和贡献，感谢团队成员的付出与关注。感谢我们的家人和亲友。

孙长庆

2021 年 1 月

符 号 表

α	热膨胀系数
β	压缩系数
γ	格林艾森参数
θ	角度(光的入射角或液滴与基底的接触角)
η_x	分段比热
θ_{Dx}	分段德拜温度
ω	声子频率
C_z	键收缩系数(也可表示为 C_i，C_i 常用于核壳结构材料)
C_V	定容比热容
E_ν	第 ν 能级
E_b	单键能
E_C	原子结合能
E_D	结合能密度
E_G	带隙(禁带宽度)
E_g	E_g 拉曼振动模式
$f(C)$	浓度为 C 时自普通水氢键转变为壳层氢键时的键转变分数系数
K	材料尺寸(常指量纲一的颗粒半径或薄片厚度)
P_C	临界相变压强
T_C	临界相变温度
$Q(K)$	可测物理量(K 一般用于纳米固体材料)
T_m	熔点
T_N	冰点
Y	杨氏模量
AES	俄歇电子能谱
AFM	原子力显微镜
APECS	俄歇光电子关联谱
ARPES	角分辨光电子能谱
BOLS	键序-键长-键能，即键弛豫
BP	黑磷
BZ	布里渊区

CLS	芯能级偏移
CN	配位数
CNT	碳纳米管
DFT	密度泛函理论
DOS	态密度
DPS	差分声子谱
FTIR	傅里叶变换红外光谱
FWHM	半高宽
GNR	石墨烯纳米带
HOPG	高定向热解石墨
H$\leftrightarrow$H	反氢键
LBA	局域键平均近似
LDOS	局域态密度
LEED	低能电子衍射
LFR	低频拉曼
MD	分子动力学
NEP	非键电子极化
O:$\Leftrightarrow$:O	超氢键
O:H—O	氢键
PES	光电子能谱
QS	准固态
STM/S	扫描隧道显微镜/谱
SFG	和频振动光谱
SPB	表面势垒
STS	扫描隧道显微谱
SWCNT	单壁碳纳米管
TB	紧束缚
TEM	透射电子显微镜
TO/LO	横向/纵向
UPS	紫外光电子能谱
VLEED	超低能电子衍射谱
XPS	X 射线光电子能谱
ZPS	选区光电子能谱提纯

目　　录

第二篇　超低能电子衍射解谱：成键动力学

第一篇 电子发射计量谱学：量子钉扎与极化

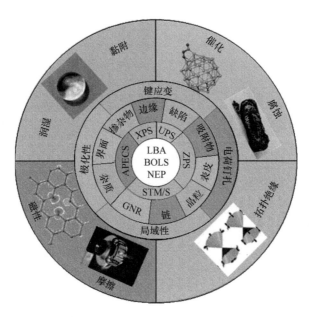

解析原子配位分辨电子发射谱可获取原子尺度局域键受激弛豫以及导致的处于不同能级上的电子的钉扎或极化等物理信息(扫描封底二维码可看彩图)

第1章 第一篇绪论

要点

- ■ 化学键、非键以及电子的行为决定物质的属性
- ■ 非常规配位通常指低配位和异质配位
- ■ 剖析原子局域成键、非键和电子能量学的物理机理愈发迫切
- ■ 精辨的检测手段和统一的理论方法仍有待深入探索

摘要

原子非常规配位情况包括吸附原子、点缺陷、台阶边缘、晶界、液体表层、固体表层、各种形状的纳米结构以及异质配位界面、合金和化合物等。非常规配位原子相较于满配位状态而言，其化学键和电子的行为迥然不同。它们在基础科学和实际应用(如原子催化、附着性能、腐蚀防护、摩擦磨损、高温超导、核辐射防护、拓扑绝缘体、键合、润湿等方面)展现了诸多新奇特性。在构建非常规配位原子的化学键和电子异常行为普适理论时，搭建高分辨检测实验方法尤为重要。本篇主要讲述电子发射谱解谱技术在非常规配位原子化学键和电子异常行为研究中的重要贡献及典型的应用实例。

1.1 概　　述

1.1.1 配位键和价电子

低配位指原子处于晶界、吸附、点缺陷、固体表面、液体表面、台阶边缘以及各种形状与维度的纳米结构(如单原子链和单原子片)时，其最近邻原子数目低于体相的状态。异质配位则指原子处于合金、化合物、化学吸附表面、掺杂剂、杂质和界面时最近邻配位原子为异质原子的状态。这些非常规配位原子的化学键和电子行为与其材料的宏观物性密切相关[1-8]。

物质的非常规配位原子和内部满配位原子的性质迥然不同。虽然这一情况对于传统的宏观物质微不足道，但从凝聚态物理学、固体化学、材料科学角度而言，这类非常规配位原子对纳米尺度物质的属性起主导作用[3]。因此，我们可以利用

外界因素调控物质的原子配位数，引起化学键弛豫、键能变化以及电子的局域化、致密化和极化，从而实现改变物质属性的目的[1]。

非常规配位原子配位键和高能电子的可控弛豫在许多科学和技术领域已经产生了深远影响[4, 9]，涉及黏附[10]、吸附[11]、合金形成[12, 13]、催化反应[14, 15]、腐蚀防护[16]、分解[17]、扩散[18]、掺杂[19]、外延生长[20, 21]、疏水润滑[7]、玻璃形成[22]、介电调制[23, 24]、机械强度[25-28]、热弹性[8, 29]、光子发射与运输[30]、电子发射与运输[30]、量子摩擦[31]、辐射防护[32]、拓扑绝缘子传导[33]、超导[34, 35]、热稳定性[36, 37]、可润湿性[38, 39]、水和冰面超固态[40, 41]等。

举例来说，点缺陷[44, 45]、均匀吸附原子[46]、被吸附物[47-49]、台阶边缘[50-52]、单原子链及其末端[53, 54]、固体表面[55, 56]等低配位状态的原子的电子会形成新型特性，如产生新能态，可以极大地增强物质的催化能力，即使体相在化学上完全呈惰性，如 Au[57]。人们最初认为材料的性能并不受其所含缺陷的影响，但实际上，如果调控其所含缺陷，可能会改善该材料而使之成为一种颇具前途的半导体。譬如，卤化物钙钛矿中某种特殊的缺陷可使其具备以电子形式保存从光中吸取能量的能力。半导体中的缺陷对材料性能的影响有好有坏，如卤化物钙钛矿中的位错对载流子动力学存在负面影响，但将位错密度降低一个数量级以上，可使电子寿命提高四倍[58]。MoS$_2$超薄纳米片因其丰富的缺陷而存在额外的活性边缘位置，可以增强电催化析氢性能[59]。原子低配位奠定了多孔结构和金属-有机框架纳米结构的基础，使其在化学科学和工业生产领域得到了重要应用[60-63]。

图 1.1 示例了低配位原子对物质氧化活性的影响。图 1.1(a)表明，在覆有单层完整 Au 原子层的 TiO$_2$ 表面，增加三排 Au 原子时可大幅提高 TiO$_2$ 在室温下对 CO 的氧化效率，提高幅度达到其他 Au 原子覆盖情况时的近 50 倍[42]。图 1.1(b)探讨了几种材料在覆盖不同尺寸 Au 纳米颗粒时对 CO 氧化能力的影响[64]。覆盖的 Au 纳米颗粒越小，材料对 CO 的氧化能力越强。类似地，台阶边缘处 N$_2$ 的离解激活能比处于平滑 Ru(0001)表面时低 1.5 eV，这导致在 500 K 时，台阶边缘处 N$_2$ 的解吸附速率至少高出 9 个数量级[65]。Ru(0001)表面上 NO 的分解、Si(100)表面上 H$_2$ 的离解[66]以及纳米级粗糙 Fe 表面的低温氮化作用[67]都呈现类似特征。物质表面进行纳米尺度粗糙化可以有效提高物质的催化性能。在 Re(11$\bar{2}$1) 和 Re(11$\bar{2}$0) 的台阶边缘发生的氨气合成反应，其活性比在光滑 Re(0001)表面时高 3 个数量级[68]。Ni(210)和 Ir(210) [69]、Rh(553)和 Re(12$\bar{3}$1)[70]表面通过吸附特定物质变得粗糙，也被证实提高了表面的催化效率。

在催化反应中，低配位原子位置处的化学反应最为活跃，仅需少量的吸附原子便可使样品充分发生反应。催化剂边缘或表面原子的催化活性约占总活性的 70%。Rh(111)表面低配位吸附原子比台阶或台阶边缘处的原子更有利于甲烷脱

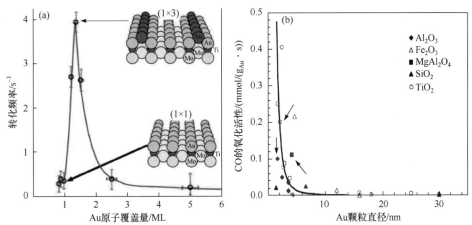

图 1.1　(a) 低配位原子提高了室温下 Au/TiO₂ 对 CO 的氧化活性；(b) 沉积在不同氧化物上的
低配位 Au 纳米颗粒对 CO 室温氧化活性的影响[42, 43]

ML 代表一个原子层

氢[71, 72]。氧化物上沉积的吸附原子可促使 C—H 键断裂[73]、乙炔环化反应[74]、CO
氧化[75]。低配位原子的催化效率随配位数(coordination number, CN)减小而提高，
若低配位原子在氧化物基体上发生异质配位生长，催化效率会获得进一步提高。

　　除了原子低配位外，缺陷成形、原子注入或基底-粒子相互作用造成的应变也
能提高表面催化能力[76]。氩气等离子体注入至 Ru(0001)亚表面层将拉伸晶格，可
提高 O 和 CO 的吸附效率[77, 78]，同时也可提高拉伸区域 NO 的离解概率[79]。小团
簇的吸附作用也可在物质表面引起较大应变，提高团簇的催化能力，此时展现了
键应变和原子低配位的联合效应[80]。

　　图 1.2 示例了有效催化时 Ag 原子在均匀金属氧化物中的分散情况以及与紫外

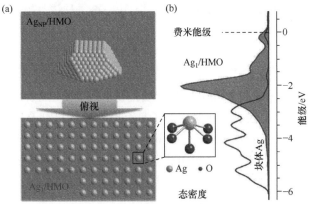

图 1.2　(a) 金属催化剂表面 Ag 纳米颗粒的热致扩散示意图及(b) 原子低配位
和氧化诱导的价态极化现象[81]

NP 代表纳米颗粒，HMO 代表锰钡矿矿化锰

光电子能谱(ultraviolet photoelectron spectroscopy，UPS)的比对。结果表明，原子低配位使价态的态密度(density of state，DOS)上移接近费米能级 E_F[81]。图 1.3 所示 Au 4f 能级随团簇大小的变化情况表明，团簇中大部分处于低配位的原子主导了这一能级偏移。

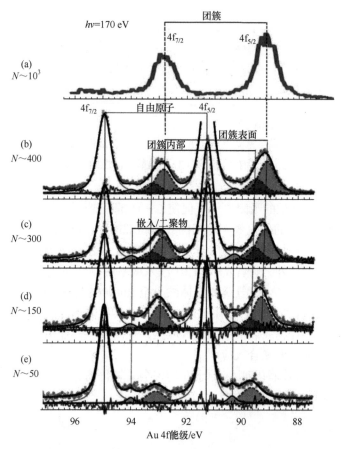

图 1.3　Au 4f 能级随团簇大小的偏移情况[82](扫描封底二维码可看彩图)

对于 Au 吸附原子的高效催化能力，目前认为主要存在三种机理[42, 83]：①与满配位原子相比，低配位的 Au 吸附原子具有更少的近邻原子并可能存在特殊成键结构；②Au 吸附原子表现量子尺寸效应，可能改变了纳米粒子的能带结构；③ Au 吸附原子通过与基底氧化物相互作用来调控电子，从而导致部分电子转移至原子团簇。基于这三种基本假设，我们可以从局部键弛豫和相关电子能量学角度来理解配位不足导致的催化能力变化。

合金、掺杂剂、杂质和界面等位置的异质配位原子易形成界面化学键，使界面与内部的结构发生变化，同时对局域哈密顿量、键能密度和原子结合能产生扰动[84, 85]。这些能量的变化与局部电荷钉扎或极化密切相关，并决定着界面的催化、介电、光学、机械和热性能。

两种或两种以上的物质混合形成的界面，其性能与各个组成成分皆不相同[86, 87]。人们还可以通过改变原子连续沉积或热退火等外界条件[88, 89]来调控化学键的应变和周围的电荷分布[90, 91]。例如，调整 Ag 或 Cu 原子与基体 Pd 原子的结合，可形成改良的异构催化剂合金[92]，并能满足不同需求[93]。Cu/Pd 合金对 CO 和烯烃氧化、乙醇分解、苯/甲苯/1,3-丁二烯的氢化反应具有催化作用。Pd 原子对 CO 氧化具有活性，而 Cu 原子促进 NO 的离解。Ag/Pd 合金则是一种良好的还原或氢化反应渗透材料[94]。室温下，Ag 和 Cu 在 Pd 基体之上逐层生长；然后，在特定温度下退火使层状结构转变形成合金[88, 95]。金属在与 F、O、N、C 等负电性元素反应时，容易转变为半导体或绝缘体。

超低配位的金属单原子相较于自身的金属体相的催化效率要高得多。例如，Ir/FeOₓ 在水煤气转换反应中起到重要作用[96]，这是因为离散的 Ir 单原子大幅提高了 FeO_x 的还原性，形成单原子催化剂。类似的还包括 Co-N-C 的氢化[97]、Co/N-石墨烯的产氢[98]、Pt/Pt_3O_4-CO 的氧化[99]、有机分子电催化氧化的 Pt/TiN[100] 和 Pd/TiO_2[101] 以及氢化反应时的 Pt /乙二胺界面[102]等等。图 1.4 展示了三方八面体团簇 Pd 的 XPS、尺寸分辨能移以及高/低配位原子比[103]。结合图 1.3 可知，Au 和 Pd 原子芯能级的深层能移源自原子低配位，与基体物质无关。

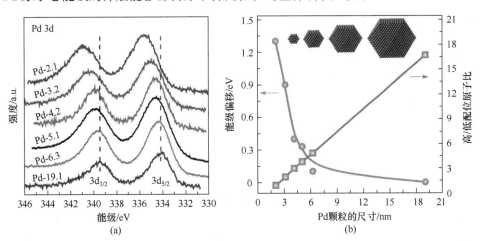

图 1.4　沉积于 Al_2O_3 基体上的 Pd 纳米颗粒(a) 3d 能级的 XPS 和(b) 以 19.1 nm Pd 样品为参考的 Pd $3d_{5/2}$ 能级偏移及预估的高/低配位原子比[103]

金属基催化剂虽然催化效果优异，但存在成本高、选择性低、耐久性差、易发生气体中毒和对环境有害等不足。为了克服这些缺点，人们探索并发现了一种基于碳材料的新型催化剂，是燃料电池氧还原铂的替代品，具有高效、低成本、无金属等特点[104-106]。异质配位原子的碳基无金属催化剂的有效性已被越来越多的催化反应证明[104]。但是，超低配位和异质配位结合会导致芯电子的强量子俘获和悬键的极化，这在一定程度上将抑制无金属物质的催化能力[2]。

Be/W 合金可作为核聚变装置的壁材，能有效隔离热核实验反应堆的核辐射[107-111]。W 和 Be 两者的电子结构差异较大，合金化会对芯层和价电子层以及界面处产生较大影响，只是难以明确验证和量化表征。即便如此，了解键性质和合金界面高能电子行为对于设计用于核辐射防护的功能材料仍然至关重要。

因此，原子的、局部的、动态的和定量信息的实验验证以及非常规配位原子的成键和电子弛豫动力学物理机理的论证，对于促进异质配位和低配位结构设计和物性调控的发展非常重要。

1.1.2 面临的挑战

探究异质配位和低配位原子的成键、键弛豫以及伴随的电子钉扎与极化对物质性能影响所蕴藏的内在机理存在着巨大挑战[1]。利用扫描隧道显微镜/谱(STM/S)可基于费米能对表层电子进行几个电子伏特能级的表征[112]。石墨(0001)表面[44]和石墨烯锯齿边缘的原子空位显示出相同的拓扑相位和费米共振属性[113]。该共振态被称为狄拉克-费米子，是拓扑绝缘体的载体[33, 114]。质量几乎为零、自旋非零、群速度无限大的狄拉克-费米子是反常量子霍尔效应的载体。基于 STM 探测发现了 Cu(100)-O⁻ 表面的"棋盘状"突起[115]，当 O-吸附物进入 O^{2-} 状态，这些突起随之演化为"哑铃状"突起[116]。后者呈现出费米能级 E_F 以上 +2.0 eV 的反键态密度特征，以及 –2.1 eV 的非键态密度特征[117]。反键态对应 Cu^p 偶极子的极化，非键态对应 O^{2-} 的电子孤对[47]。应用 STM 还可以探究单原子链末端 Au 原子[54]、Ag(111) 表面吸附的 Ag 原子[118]以及 Cu(111) 表面 Cu 原子[119]的体积膨胀和电子极化情况。然而，即使 STM/S 极大地促进了表面科学的发展，但应用现有技术仍然无法提取原子的、动态的、局部的定量信息，难以定量描述局域化学键的弛豫动力学过程。

相比之下，光电子能谱(PES，如 UPS 和 XPS)可收集纳米尺度表皮的价带及价带以下电子结合能的统计信息和容量信息[120-125]。电子束的穿透深度随入射光能量变化，若光束能量为 50～100 eV，穿透深度为 5～10 Å；若能量达到 500～880 eV，入射深度可达 10～20 Å；如果光束能量达到 3～6 keV，穿透深度可增大至 30～60 Å [126]。然而，决定化学吸附作用的有效低配位原子和化学键通常处于物质的最外四个原子层[3, 4, 47, 48, 127]，因此很难从块体光谱信息中提取出表面信息。

实验条件对测量结果本身也容易产生干扰。譬如，在 PES 实验中，改变入射光能量或入射光与表面法线之间的夹角都将改变光谱峰值的能量和强度。高能成分(接近费米能)的强度通常随入射光能量或夹角减小(接近表面法线)而增加[128-132]。在相同的夹角下，光束能量从 370 eV 增加到 380 eV 时，Rh $3d_{5/2}$ 在 306.42 eV 处(块体)的峰强比 307.18 eV 处(表面)的增幅更大[133]。在相同的光束能量下，夹角从 35°减少至 20°时，Rh(111)表面位于 307.18 eV 处的峰强会降低[134]。XPS 探测 Nb(100)[128]、Tb(0001)[130]、Al(100)[135, 136]、Ta(100)[132] 和 Be 表面[137-140] 能谱时同样具有入射角度和入射能量的依赖性。高能量或小角度条件下，入射光束能从深层能级激发出更多的电子[141]。所以，可以通过调整入射光束能量或入射角度来定性描述表层对块体的影响。实验条件引起的干扰还包括测量过程中出现的电荷效应、电离现象和初-终态的弛豫等。值得一提的是，硅二极管在正向和反向偏压[142, 143]或高频充放电条件下，Si 2p 能级会发生显著变化[144, 145]。光子照射也能引起 Si 2p 的能级变化[146]。这种方法可用于跟踪掺杂浓度变化引起的电势改变，类似于偏压大小和极性变化引起的能级偏移现象。

自第三代同步加速器光源问世(可提供 2 keV 的 X 射线)，XPS 已发展成为一种强大的检测工具，表面化学和物理特性的研究达到了前所未有的精准水平[147]。它可以提供高分辨率的信息以识别不同表面结构以及小分子甚至是振动的精细结构[148]，可以检测各种物质元素原子(如 Au[149])的芯能级偏移情况。此外，液态微喷流光电扫描器和超快液体喷射紫外光电子能谱可以检测分析水和液滴表面的电子结合能信息[150, 151]。

然而，我们应用 PES 测量获得的是原子内钉扎、原子间结合、晶体取向、缺陷空位、表面弛豫、纳米晶粒、表面钝化和吸附等多重信息混合而成的综合特征峰。一个 XPS 谱峰通常包含多个能量偏移分量，它们的偏移方向、分量强度和宽度以及产生这些偏移的参考点都是不确定的。例如，因缺乏局域键弛豫动力学和吸附原子相关的高能电子信息，仅根据传统解谱方法，很难辨析吸附原子和表层或块体各自对光电子能谱的贡献[134, 152]。结合最先进的激光冷却技术和光电子能谱技术，目前只能测量体相熔点较低的物质形成的缓慢运动气态原子分离能级[153]。辨明不同原子层或晶体取向对光谱的贡献以及原子间相互作用和原子内相互作用对光谱的贡献仍然存在较大困难。在这一研究领域中，分离原子的单个能级以及确定其受配位和化学环境影响时的转变，仍是需要突破的"瓶颈"问题[2]。

价带态密度谱线可提供从某一组分到另一组分(即电离反应)过程中电荷输运以及价电荷极化和钉扎的信息[47]。不过，理解价带态密度的演化需要应用适当模型来建立价态变化与键弛豫动力学之间的关系。因此，分析价态偏移比能级偏移的情况要更为复杂，但芯能级偏移仅能反映特定元素特定能级的能级变化[47]。对于局域价态态密度和芯能级偏移问题，可基于密度泛函理论(density function theory，DFT)进行量子计算并通过优化晶体几何结构和原子间距予以解决[154, 155]。计算获得信息的准确性和可靠性会受到算法和边界条件的影响[156]，仅采用理想的周期或自由边界条件，在一定程度上会偏离实际情况。结构畸变常发生在局部应变、电荷致密化、极化和量子钉扎有关的边界处，反过来又改变局部电势，引起电子能级发生偏移[9]。

1.1.3 结合能的偏移机理

目前关于原子结合能偏移的研究，主要从各种假设机理出发，建立芯能级偏移的定量化计算模型来探讨非常规配位对芯能级偏移和价带演化的影响。但是，这一思路和方法的正确性一直存在争议。以下列举了典型实例：

(1) "初-末态"弛豫过程、芯电子或空穴的屏蔽和原子共价效应一直是固体表面[129, 130, 157, 158]和金属颗粒[159]芯能级偏移的主导机理。初末态概念认为，入射光照使最初的中性表面原子电离成为末态离子。电离后的原子在 Z 个配位金属原子基底上变成了"$Z+1$"杂质。Z 原子与 $Z+1$ 杂质之间的结合能差值即等于芯能级的偏移量：$BE = E_{Z+1} - E_Z$。芯能级偏移可负、可正或正负皆有，取决于配位数 Z 值。然而，有效配位数及配位与化学环境之间的相关性尚不清楚。

(2) 表面层间距收缩引起低能态芯能级发生偏移[128, 132, 141]。Nb(100)表面最外层原子间距收缩了 12%，引起该表面 Nb $3d_{3/2}$ 能级增加 0.50 eV [128]；Ta(100)表面最外层原子间距收缩(10 ± 3)%，使面上 Ta $4f_{5/2(7/2)}$ 能级增加 0.75 eV[132]。据此可知，层间电荷致密化增强了入射光子的共振，引起芯能级正偏移。

(3) 电子构型变化(指电子在 s、p 和 d 轨道之间的分布)机理表明[160-163]，化学变化和结构弛豫都可导致单原子至块体原子的芯能级偏移，表面态密度的窄化和移动也可导致芯能级偏移[158, 164]。

(4) 金属-非金属转变是某些纳米晶体芯能级偏移的本征因素[163, 165, 166]。不过，金属-非金属转变仅发生在(300 ± 100)个原子组成的直径为 1～2 nm 的纳米晶体内[167, 168]。芯能级偏移则是原子从孤立到体相状态都可能发生的现象[169]。

(5) 异质配位容易诱导原子芯能级偏移，如合金的不同金属原子之间的电荷转移能引起芯能级偏移[162]，CuO 纳米颗粒中 Cu 和 O 原子因尺寸诱导的离子性强化[170]，基底与颗粒之间易于形成偶极子[171]等。纳米颗粒尺寸减小时，偶极子的密度和动量都将增加。MgO(100)和 TiO_2(110)基底上生长的 Au 原子层会因氧覆盖形成表面氧空位而发生芯能级偏移[172]。

(6) 表面氧离子有效尺寸增加及表面电子结构变化也可引起表面原子芯能级偏移，如 MgO(100)表面的 Mg 2p 深层能移(增大 0.75 eV)、O 1s 能级保持恒定[173]。

(7) 最新研究表明[2, 141, 174-176]，原子低配位扰动哈密顿量，哈密顿量本质上决定芯能级偏移量，偏移值与平衡态键能或晶体势能成正比。原子团簇、缺陷、固态表面等非常规配位环境下键长收缩和键能强化，会加深原子芯能级偏移。合金、界面、掺杂、嵌入式纳米晶体和杂质等异质配位系统因键性质变化也可引起芯能级偏移。电子极化劈裂和局部电势屏蔽作用，可使芯能级发生负偏移。总地来说，芯能级偏移可正、可负或可两者共存。

(8) 非常规配位调制价带态密度的机理尚不清楚。合金和化合物形成过程中伴随的非常规配位原子价电子致密化、局域化、极化和转变等是影响带隙、催化能力、电亲和力、功函数和能级偏移等性能的主要因素。价带态密度的变化与芯能级偏移密切相关。因此，探明两者的关联性非常重要[2]。

1.2 本篇主旨

尽管综合应用 STM/S、光电子能谱和密度泛函理论极大地促进了电子声子谱学研究和物性分析这一领域的发展，但非常规配位原子化学键和电子性能的配位分辨以及局部、动态和定量信息的提取等尚未涉及。键的形成和弛豫以及相关的能量学、局域化、电子钉扎和极化均可调控物质的结合能和属性。因此，本篇将围绕非常规配位原子的电子光谱计量学，明确 STM/S 辨析性能的物理机理以及近邻原子化学键长度和强度的弛豫机理。本篇主要介绍原子配位分辨的键长和能量计量谱学的发展和应用，重点内容如下：

(1) 综合应用键弛豫-非键电子极化-紧束缚(BOLS-NEP-TB)理论[155]、选区光电子能谱(ZPS)提纯[175]和俄歇光电子关联谱方法来获取有关成键和电子的全面的、动态的定量信息；

(2) 揭示芯能级偏移和价带态密度演化的主要规律和影响因素；

(3) 寻找扫描隧道显微镜、光电子能谱和俄歇电子能谱(Auger electron spectroscopy, AES)观测结果的相关性；

(4) 建立芯能级偏移与局部键弛豫、量子钉扎和极化的函数关系式；

(5) 获取局域键长、键能、密度、原子结合能和孤立原子能级及其原子配位数的定量信息。

化学键的收缩、键性质的改变以及电子的极化引起哈密顿量的扰动，本质上决定了电子的能量转移，即钉扎或极化。成键电子局域化或非键电子引起的非键态极化可屏蔽和劈裂晶体势，反过来引起钉扎成键态的芯能级负偏移。

特别地，钉扎作用促使 Pt 吸附原子和 Cu/Pd 合金成为受主型催化剂，而极化作用则使 Rh 吸附原子和 Ag/Pd 合金成为施主型催化剂。石墨原子空位和石墨烯锯齿边处，钉扎的成键态电子对σ悬键电子孤立和极化，形成狄拉克-费米子。

1.3 内容概览

本篇共 12 章。第 1 章概述非常规配位(低配位和异质配位)原子化学键及其能量和电子行为的重要性。概括它们区别于块体或者孤立原子的奇特物理化学行为，如催化、稀磁、亲/疏水、润滑、狄拉克-费米子等。总结现有电子光谱技术的优缺点以及电子键能偏移的可能机理。

第 2 章描述键弛豫(bond order-length-strength, BOLS)理论、非键电子极化(nonbonding electron polarization, NEP)和局域键平均近似(local bond average, LBA)方法的基本含义及价键和芯电子之间的相关性。结合 BOLS-NEP-LBA 与紧束缚理论，建立芯电子能级和非常规配位原子价电子能量之间的关联函数式，澄清两者之间的内在物理关系[177]。键长和键能的变化、芯电子的钉扎、价电子的极化是配位和化学环境影响下电子能级偏移的本质原因[47, 141]，电荷的外部干扰和初-末态的弛豫往往处理为背景。

第 3 章阐述原子尺度选区光电子计量谱学[175]的基本内容。ZPS 克服了STM/S、AES 和 PES(包括 UPS、XPS 和各种波长的同步辐射)的局限性。通过对同一样品不同条件下采集光谱的差异，揭示单层表面和点缺陷周围原子的化学键弛豫和键能偏移情况。此外，结合 AES 和 XPS 获取的俄歇光电子关联谱(Auger photoelectron coincidence spectroscopy, APECS)能够同时监测表面两个能级(一个低能级和一个高能级)的能级偏移情况，并证实俄歇参数代表的能级偏移量等于较高能级偏移量的两倍，而非这两个能级的偏移量之和。另外，样品的化学环境改变时，APECS 能够提供轨道屏蔽和电荷转移的信息。

第 4～6 章探究了吸附原子、缺陷、固体表面、链末端、台阶边缘、原子团簇、吸附物和纳米晶体等局域特征显著位置的化学键长度、键能、能量密度、原子结合能等随低配位的演化情况。ZPS 辨明，电子钉扎能使低配位金属原子成为受主型催化剂，如 Pt 吸附原子；价电子极化可使金属原子成为施主型催化剂，如 Rh 吸附原子。

第 7 章探讨配位数引起的碳同素异构体，包括石墨烯纳米带、纳米管、石墨、金刚石以及石墨烯边缘、石墨点缺陷和单层表面的键长和键能演变。澄清了狄拉克-费米子易于在点缺陷和石墨烯 Z 字形边缘形成以及扶手椅型边缘呈现半导体属性的原因。辨析了缺陷原子仅因缺少一个配位数而使平整表面价电子从量子钉扎状态转变为极化态，从而被扫描隧道显微谱(scanning tunneling spectroscopy, STS)探测发现共振狄拉克-费米子属性。

第 8 章讨论了异质界面电子行为对合金催化剂类型的调节能力。量子钉扎使Cu/Pd 成为受主型催化剂，而价电子极化使 Ag/Pd 和 Zn/Pd 等成为施主型催化剂。较强的界面极化和较高的界面能量密度，使 Be/W 合金能够有效地防护核反应辐射。Si、Ge、C、Sn、Cu 界面钉扎作用能增强界面机械强度和极化作用。

第 9 章研析了 C、N、O 化学诱导的成键价态、非键孤对、离子空穴和反键偶极子的电子结构。应用 STS、IPES(反 PES, $E > E_F$)和 PES($E < E_F$)可以获得态

密度。新键的形成可改变晶体势，进一步造成更深层芯能级的钉扎。

第 10 章主要关注低配位和异质配位对缺陷 TiO_2 和 ZnO 纳米晶体带隙、电亲和性、功函数和光催化能力的耦合作用。缺陷通过带隙和功函数的降低、载流子寿命的延长和亲电性的增强来提高 TiO_2 的光催化能力。

第 11 章展示了 STM/S、XPS、XAS、和频振动光谱(SFG)、DPS、超快 UPS、超快傅里叶转换红外光谱(超快 FTIR)观测及其量子理论计算的证据。证实了超固态受限水和水合水中的键-电子-声子的关联性。冰水超固态呈现 H—O 共价键变短变强、O:H 非键变长变弱、O 1s 能量钉扎、水合电子极化以及光电子和声子寿命延长等特征，其宏观物性表现为密度小、黏弹性好、机械和热稳定性好、表面超疏水和无摩擦。准固态相的 O:H—O 键协同弛豫拓展相边界，使熔点升高，同时降低凝固温度。

第 12 章总结了本篇介绍的电子计量谱学方法的优势与成果、局限和须知、前景和展望。这一套实验、数值和理论方法引发了键-电子-声子弛豫动力学有关配位和多场分辨光谱的广泛研究。拓展这一套方法原位表征物质表面及分子动力学、声子和光子弛豫动力学，对控键工程的研究具有巨大助力。此外，需要特别指出的是，我们将更多地使用"表皮"而非"表面"，前者涉及厚度，比后者含义更为丰富。

<h2 style="text-align:center">参 考 文 献</h2>

[1] Sun C Q. Relaxation of the Chemical Bond. Heidelberg: Springer, 2014.

[2] Liu X J, Zhang X, Bo M L, et al. Coordination-resolved electron spectrometrics. Chem. Rev., 2015, 115(14): 6746-6810.

[3] Sun C Q. Size dependence of nanostructures: Impact of bond order deficiency. Prog. Solid State Chem., 2007, 35(1): 1-159.

[4] Sun C Q. Thermo-mechanical behavior of low-dimensional systems: The local bond average approach. Prog. Mater. Sci., 2009, 54(2): 179-307.

[5] Zheng W T, Sun C Q. Underneath the fascinations of carbon nanotubes and graphene nanoribbons. Energy Environ. Sci., 2011, 4(3): 627-655.

[6] Zhang X, Huang Y, Ma Z, et al. From ice supperlubricity to quantum friction: Electronic repulsivity and phononic elasticity. Friction, 2015, 3(4): 294-319.

[7] Sun C Q, Sun Y, Ni Y G, et al. Coulomb repulsion at the nanometer-sized contact: A force driving superhydrophobicity, superfluidity, superlubricity, and supersolidity. J. Phys. Chem. C, 2009, 113(46): 20009-20019.

[8] Ma Z, Zhou Z, Huang Y, et al. Mesoscopic superelasticity, superplasticity, and superrigidity. Sci. China. Phys. Mech., 2012, 55(6): 963-979.

[9] Sun C Q. Dominance of broken bonds and nonbonding electrons at the nanoscale. Nanoscale, 2010, 2(10): 1930-1961.

[10] Sun C Q, Fu Y Q, Yan B B, et al. Improving diamond-metal adhesion with graded TiCN interlayers. J. Appl. Phys., 2002, 91(4): 2051-2054.

[11] Koch N, Gerlach A, Duhm S, et al. Adsorption-induced intramolecular dipole: Correlating molecular conformation and interface electronic structure. J. Am. Chem. Soc., 2008, 130(23): 7300-7304.

[12] Blackstock J J, Donley C L, Stickle W F, et al. Oxide and carbide formation at titanium/organic monolayer interfaces. J. Am. Chem. Soc., 2008, 130(12): 4041-4047.

[13] He T, Ding H J, Peor N, et al. Silicon/molecule interfacial electronic modifications. J. Am. Chem. Soc., 2008, 130(5): 1699-1710.

[14] Long C G, Gilbertson J D, Vijayaraghavan G, et al. Kinetic evaluation of highly active supported gold catalysts prepared from monolayer-protected clusters: An experimental michaelis-menten approach for determining the oxygen binding constant during CO oxidation catalysis. J. Am. Chem. Soc., 2008, 130(31): 10103-10115.

[15] Lee S W, Chen S, Suntivich J, et al. Role of surface steps of Pt nanoparticles on the electrochemical activity for oxygen reduction. J. Phys. Chem. Lett., 2010, 1(9): 1316-1320.

[16] Hope G A, Schweinsberg D P, Fredericks P M. Application of FT-Raman spectroscopy to the study of the benzotriazole inhibition of acid copper corrosion. Spectrochim. Acta. A., 1994, 50(11): 2019-2026.

[17] Kravchuk T, Vattuone L, Burkholder L, et al. Ethylene decomposition at undercoordinated sites on Cu(410). J. Am. Chem. Soc., 2008, 130(38): 12552-12553.

[18] Foster A S, Trevethan T, Shluger A L. Structure and diffusion of intrinsic defects, adsorbed hydrogen, and water molecules at the surface of alkali-earth fluorides calculated using density functional theory. Phys. Rev. B, 2009, 80(11): 115421.

[19] Seitz O, Vilan A, Cohen H, et al. Effect of doping on electronic transport through molecular monolayer junctions. J. Am. Chem. Soc., 2007, 129(24): 7494-7495.

[20] Wei Q S, Tajima K, Tong Y J, et al. Surface-segregated monolayers: A new type of ordered monolayer for surface modification of organic semiconductors. J. Am. Chem. Soc., 2009, 131(48): 17597-17604.

[21] Lee J, Lee J, Tanaka T, et al. *In situ* atomic-scale observation of melting point suppression in nanometer-sized gold particles. Nanotechnology, 2009, 20(47): 475706.

[22] Wang L M, Tian Y, Liu R, et al. A "universal" criterion for metallic glass formation. Appl. Phys. Lett., 2012, 100(26): 261913.

[23] Wang L M, Zhao Y, Sun M D, et al. Dielectric relaxation dynamics in glass-forming mixtures of propanediol isomers. Phys. Rev. E, 2010, 82(6): 062502.

[24] Pan L K, Sun C Q, Chen T P, et al. Dielectric suppression of nanosolid silicon. Nanotechnology, 2004, 15(12): 1802-1806.

[25] Veprek S, Veprek-Heijman M G J. The formation and role of interfaces in superhard nc-Me$_n$N/a-Si$_3$N$_4$ nanocomposites. Surf. Coat. Technol., 2007, 201(13): 6064-6070.

[26] Chen C R, Mai Y W. Comparison of cohesive zone model and linear elastic fracture mechanics for a mode I crack near a compliant/stiff interface. Eng. Fract. Mech., 2010, 77(17): 3408-3417.

[27] Lu C, Mai Y W, Tam P L, et al. Nanoindentation-induced elastic-plastic transition and size effect in alpha-Al$_2$O$_3$(0001). Philos. Mag. Lett., 2007, 87(6): 409-415.

[28] Zhao Z, Xu B, Zhou X F, et al. Novel superhard carbon: C-centered orthorhombic C$_8$. Phys. Rev. Lett., 2011, 107(21): 215502.

[29] Bian K, Bassett W, Wang Z, et al. The strongest particle: Size-dependent elastic strength and Debye temperature of PbS nanocrystals. J. Phys. Chem. Lett., 2014, 5(21): 3688-3693.

[30] Zhang Y B, Tang T T, Girit C, et al. Direct observation of a widely tunable bandgap in bilayer graphene. Nature, 2009, 459(7248): 820-823.

[31] Nie Y G, Pan J S, Zheng W T, et al. Atomic scale purification of re surface kink states with and without oxygen chemisorption. J. Phys. Chem. C, 2011, 115(15): 7450-7455.

[32] Wang Y, Nie Y G, Pan L K, et al. Potential barrier generation at the bew interface blocking thermonuclear radiation. Appl. Surf. Sci., 2011, 257(8): 3603-3606.

[33] Hsieh D, Qian D, Wray L, et al. A topological Dirac insulator in a quantum spin Hall phase. Nature, 2008, 452(7190): 970-975.

[34] Li S, Prabhakar O, Tan T T, et al. Intrinsic nanostructural domains: Possible origin of weaklinkless superconductivity in the quenched reaction product of Mg and amorphous B. Appl. Phys. Lett., 2002, 81(5): 874-876.

[35] Li S, White T, Laursen K, et al. Intense vortex pinning enhanced by semicrystalline defect traps in self-aligned nanostructured MgB$_2$. Appl. Phys. Lett., 2003, 83(2): 314-316.

[36] Ricci D A, Miller T, Chiang T C. Controlling the thermal stability of thin films by interfacial engineering. Phys. Rev. Lett., 2005, 95(26): 266101.

[37] Jiang Q, Lu H M. Size dependent interface energy and its applications. Surf. Sci. Rep., 2008, 63(10): 427-464.

[38] Paneru M, Priest C, Sedev R, et al. Static and dynamic electrowetting of an ionic liquid in a solid/liquid/liquid system. J. Am. Chem. Soc., 2010, 132(24): 8301-8308.

[39] Hodgson A, Haq S. Water adsorption and the wetting of metal surfaces. Surf. Sci. Rep., 2009, 64(9): 381-451.

[40] Zhang X, Huang Y, Ma Z, et al. A common supersolid skin covering both water and ice. Phys. Chem. Chem. Phys., 2014, 16(42): 22987-22994.

[41] Zhang X, Huang Y, Ma Z, et al. Hydrogen-bond memory and water-skin supersolidity resolving the mpemba paradox. Phys. Chem. Chem. Phys., 2014, 16(42): 22995-23002.

[42] Chen M S, Goodman D W. The structure of catalytically active gold on titania. Science, 2004, 306(5694): 252-255.

[43] Lopez N, Janssens T, Clausen B, et al. On the origin of the catalytic activity of gold nanoparticles for low-temperature CO oxidation. J. Catal., 2004, 223(1): 232-235.

[44] Ugeda M M, Brihuega I, Guinea F, et al. Missing atom as a source of carbon magnetism. Phys. Rev. Lett., 2010, 104: 096804.

[45] Niimi Y, Matsui T, Kambara H, et al. STM/STS measurements of two-dimensional electronic states trapped around surface defects in magnetic fields. Physica E Low Dimens. Syst. Nanostruct., 2006, 34(1-2): 100-103.

[46] Cox A J, Louderback J G, Bloomfield L A. Experimental-observation of magnetism in rhodium clusters. Phys. Rev. Lett., 1993, 71(6): 923-926.

[47] Sun C Q. Oxidation electronics: Bond-band-barrier correlation and its applications. Prog. Mater. Sci., 2003, 48(6): 521-685.

[48] Zheng W T, Sun C Q. Electronic process of nitriding: Mechanism and applications. Prog. Solid State Chem., 2006, 34(1): 1-20.

[49] Sun C Q. The sp hybrid bonding of C, N and O to the fcc(001) surface of nickel and rhodium. Surf. Rev. Lett., 2000, 7(3): 347-363.

[50] He Z, Zhou J, Lu X, et al. Ice-like water structure in carbon nanotube (8,8) induces cationic hydration enhancement. J. Phys. Chem. C, 2013, 117(21): 11412-11420.

[51] Nakada K, Fujita M, Dresselhaus G, et al. Edge state in graphene ribbons: Nanometer size effect and edge shape dependence. Phys. Rev. B, 1996, 54(24): 17954-17961.

[52] Sun C Q, Fu S Y, Nie Y G. Dominance of broken bonds and unpaired nonbonding π-electrons in the band gap expansion and edge states generation in graphene nanoribbons. J. Phys. Chem. C, 2008, 112(48): 18927-18934.

[53] Stepanyuk V S, Klavsyuk A N, Niebergall L, et al. End electronic states in Cu chains on Cu(111): Ab initio calculations. Phys. Rev. B, 2005, 72(15): 153407.

[54] Crain J N, Pierce D T. End states in one-dimensional atom chains. Science, 2005, 307(5710): 703-706.

[55] Fauster T, Reuss C, Shumay I L, et al. Influence of surface morphology on surface states for Cu on Cu(111). Phys. Rev. B, 2000, 61(23): 16168-16173.

[56] Eguchi T, Kamoshida A, Ono M, et al. Surface states of a Pd monolayer formed on a Au(111) surface studied by angle-resolved photoemission spectroscopy. Phys. Rev. B, 2006, 74(7): 073406.

[57] Link S, El-Sayed M A. Shape and size dependence of radiative, non-radiative and photothermal properties of gold nanocrystals. Int. Rev. Phys. Chem., 2000, 19(3): 409-453.

[58] Jiang J, Sun X, Chen X, et al. Carrier lifetime enhancement in halide perovskite via remote epitaxy. Nat. Commun., 2019, 10(1): 4145.

[59] Xie J, Zhang H, Li S, et al. Defect-rich MoS_2 ultrathin nanosheets with additional active edge sites for enhanced electrocatalytic hydrogen evolution. Adv. Mater., 2013, 25(40): 5807-5813.

[60] Pan L, Xu S, Liu X, et al. Skin dominance of the dielectric electronic-phononic-photonic attribute of nanoscaled silicon. Surf. Sci. Rep., 2013, 68(3-4): 418-445.

[61] Eddaoudi M, Kim J, Rosi N, et al. Systematic design of pore size and functionality in isoreticular MOFs and their application in methane storage. Science, 2002, 295(5554): 469-472.

[62] Stock N, Biswas S. Synthesis of metal-organic frameworks (MOFs): Routes to various MOF topologies, morphologies, and composites. Chem. Rev., 2011, 112(2): 933-969.

[63] Xamena F X L, Abad A, Corma A, et al. MOFs as catalysts: Activity, reusability and shape-selectivity of a Pd-containing MOF. J. Catal., 2007, 250(2): 294-298.

[64] Zhang X, Sun C Q, Hirao H. Guanine binding to gold nanoparticles through nonbonding interactions. Phys. Chem. Chem. Phys., 2013, 15(44): 19284-19292.

[65] Dahl S, Logadottir A, Egeberg R C, et al. Role of steps in N₂ activation on Ru(0001). Phys. Rev. Lett., 1999, 83(9): 1814-1817.

[66] Woisetschlager J, Gatterer K, Fuchs E C. Experiments in a floating water bridge. Exp. Fluids, 2010, 48(1): 121-131.

[67] Tong W P, Tao N R, Wang Z B, et al. Nitriding iron at lower temperatures. Science, 2003, 299(5607): 686-688.

[68] Asscher M, Somorjai G A. The remarkable surface structure sensitivity of the ammonia synthesis over rhenium single crystals. Sur. Sci. Lett., 1984, 143(1): L389-L392.

[69] Gladys M J, Ermanoski I, Jackson G, et al. A high resolution photoemission study of surface core-level shifts in clean and oxygen-covered Ir(210) surfaces. J. Electron. Spectrosc. Relat. Phenom., 2004, 135(2-3): 105-112.

[70] Wang H, Chan A S Y, Chen W, et al. Facet stability in oxygen-induced nanofaceting of Re(1231). ACS Nano, 2007, 1(5): 449-455.

[71] Kokalj A, Bonini N, Sbraccia C, et al. Engineering the reactivity of metal catalysts: A model study of methane dehydrogenation on Rh(111). J. Am. Chem. Soc., 2004, 126(51): 16732-16733.

[72] Fratesi G, de Gironcoli S. Analysis of methane-to-methanol conversion on clean and defective Rh surfaces. J. Chem. Phys., 2006, 125(4): 044701.

[73] Abbet S, Sanchez A, Heiz U, et al. Acetylene cyclotrimerization on supported size-selected Pdₙ clusters (1 ≤ n ≤ 30): One atom is enough! J. Am. Chem. Soc., 2000, 122(14): 3453-3457.

[74] Abbet S, Heiz U, Hakkinen H, et al. Co oxidation on a single Pd atom supported on magnesia. Phys. Rev. Lett., 2001, 86(26): 5950-5953.

[75] Zhang C J, Hu P. The possibility of single C—H bond activation in Ch₄ on a MoO₃-supported Pt catalyst: A density functional theory study. J. Chem. Phys., 2002, 116(10): 4281-4285.

[76] Roduner E. Size matters: Why nanomaterials are different. Chem. Soc. Rev., 2006, 35(7): 583-592.

[77] Jakob P, Gsell M, Menzel D. Interactions of adsorbates with locally strained substrate lattices. J. Chem. Phys., 2001, 114(22): 10075-10085.

[78] Gsell M, Jakob P, Menzel D. Effect of substrate strain on adsorption. Science, 1998, 280(5364): 717-720.

[79] Wintterlin J, Zambelli T, Trost J, et al. Atomic-scale evidence for an enhanced catalytic reactivity of stretched surfaces. Angew. Chem. Int. Ed., 2003, 42(25): 2850-2853.

[80] Richter B, Kuhlenbeck H, Freund H J, et al. Cluster core-level binding-energy shifts: The role of lattice strain. Phys. Rev. Lett., 2004, 93(2): 026805.

[81] Chen Y, Huang Z, Gu X, et al. Top-down synthesis strategies: Maximum noble-metal atom efficiency in catalytic materials. Chinese J. Catal., 2017, 38(9): 1588-1596.

[82] Andersson T, Zhang C, Björneholm O, et al. Electronic structure transformation in small bare Au clusters as seen by X-ray photoelectron spectroscopy. J. Phys. B, 2016, 50(1): 015102.

[83] Hammer B, Norskov J K. Why gold is the noblest of all the metals. Nature, 1995, 376(6537): 238-240.

[84] Rodriguez J A, Goodman D W. The nature of the metal metal bond in bimetallic surfaces.

Science, 1992, 257(5072): 897-903.

[85] Kamakoti P, Morreale B D, Ciocco M V, et al. Prediction of hydrogen flux through sulfur-tolerant binary alloy membranes. Science, 2005, 307(5709): 569-573.

[86] Fox E B, Velu S, Engelhard M H, et al. Characterization of CeO_2-supported Cu-Pd bimetallic catalyst for the oxygen-assisted water-gas shift reaction. J. Catal., 2008, 260(2): 358-370.

[87] Bloxham L H, Haq S, Yugnet Y, et al. Trans-1,2-dichloroethene on $Cu_{50}Pd_{50}$(110) alloy surface: Dynamical changes in the adsorption, reaction, and surface segregation. J. Catal., 2004, 227(1): 33-43.

[88] Liu G, St Clair T P, Goodman D W. An XPS study of the interaction of ultrathin Cu films with Pd(111). J. Phys. Chem. B, 1999, 103(40): 8578-8582.

[89] Khanuja M, Mehta B R, Shivaprasad S M. Geometric and electronic changes during interface alloy formation in Cu/Pd bimetal layers. Thin Solid Films, 2008, 516(16): 5435-5439.

[90] Zhang D H, Shi W. Dark current and infrared absorption of p-doped InGaAs/AlGaAs strained quantum wells. Appl. Phys. Lett., 1998, 73(8): 1095-1097.

[91] Dang Y X, Fan W J, Ng S T, et al. Study of interdiffusion in GaInNAs/GaAs quantum well structure emitting at 1.3 μm by eight-band $k \cdot p$ method. J. Appl. Phys., 2005, 97(10): 103718.

[92] Newton M A. The oxidative dehydrogenation of methanol at the CuPd[85 : 15]{110} p(2×1) and Cu{110} surfaces: Effects of alloying on reactivity and reaction pathways. J. Catal., 1999, 182(2): 357-366.

[93] Venezia A M, Liotta L F, Deganello G, et al. Characterization of pumice-supported Ag-Pd and Cu-Pd bimetallic catalysts by X-ray photoelectron spectroscopy and X-ray diffraction. J. Catal., 1999, 182(2): 449-455.

[94] Amandusson H, Ekedahl L G, Dannetun H. Hydrogen permeation through surface modified Pd and PdAg membranes. J. Membr. Sci., 2001, 193(1): 35-47.

[95] Lee C L, Huang Y C, Kuo L C. High catalytic potential of Ag/Pd nanoparticles from self-regulated reduction method on electroless Ni deposition. Electrochem. Commun., 2006, 8(6): 1021-1026.

[96] Lin J, Wang A, Qiao B, et al. Remarkable performance of Ir_1/FeO_x single-atom catalyst in water gas shift reaction. J. Am. Chem. Soc., 2013, 135(41): 15314-15317.

[97] Liu W, Zhang L, Yan W, et al. Single-atom dispersed Co-N-C catalyst: Structure identification and performance for hydrogenative coupling of nitroarenes. Chem. Sci., 2016, 7(9): 5758-5764.

[98] Fei H, Dong J, Arellano-Jiménez M J, et al. Atomic cobalt on nitrogen-doped graphene for hydrogen generation. Nat. Commun., 2015, 6: 8668.

[99] Bliem R, van der Hoeven J E, Hulva J, et al. Dual role of Co in the stability of subnano Pt clusters at the Fe_3O_4 (001) surface. P. Natl. Acad. Sci. USA, 2016, 113(32): 8921-8926.

[100] Yang S, Kim J, Tak Y J, et al. Single-atom catalyst of platinum supported on titanium nitride for selective electrochemical reactions. Angew. Chem. Int. Ed., 2016, 55(6): 2058-2062.

[101] Liu P X, Zhao Y, Qin R X, et al. Photochemical route for synthesizing atomically dispersed palladium catalysts. Science, 2016, 352(6287):797-801.

[102] Chen G, Xu C, Huang X, et al. Interfacial electronic effects control the reaction selectivity of

platinum catalysts. Nat. Mater., 2016, 15: 564-569.

[103] Wang H, Gu X K, Zheng X, et al. Disentangling the size-dependent geometric and electronic effects of palladium nanocatalysts beyond selectivity. Sci. Adv., 2019, 5(1): eaat6413.

[104] Liu X, Dai L. Carbon-based metal-free catalysts. Nat. Rev. Mater., 2016, 1: 16064.

[105] Yu S S, Zheng W T. Effect of N/B doping on the electronic and field emission properties for carbon nanotubes, carbon nanocones, and graphene nanoribbons. Nanoscale, 2010, 2(7): 1069-1082.

[106] Yu S, Zheng W, Wang C, et al. Nitrogen/boron doping position dependence of the electronic properties of a triangular graphene. ACS Nano, 2010, 4(12): 7619-7629.

[107] Parker R R. Iter in-vessel system design and performance. Nucl. Fusion, 2000, 40: 473-484.

[108] Doerner R, Baldwin M, Hanna J, et al. Interaction of beryllium containing plasma with ITER materials. Phys. Scr., 2007, 2007(T128): 115.

[109] Garai J, Laugier A. The temperature dependence of the isothermal bulk modulus at 1bar pressure. J. Appl. Phys., 2007, 101(2): 2424535.

[110] Halsall M P, Harmer P, Parbrook P J, et al. Raman scattering and absorption study of the high-pressure wurtzite to rocksalt phase transition of GaN. Phys. Rev. B, 2004, 69(23): 235207.

[111] Li X C, Gao F, Lu G H. Molecular dynamics simulation of interaction of H with vacancy in W. Nucl. Instrum. Meth. B, 2009, 267(18): 3197-3199.

[112] Reiter G F, Deb A, Sakurai Y, et al. Anomalous ground state of the electrons in nanoconfined water. Phys. Rev. Lett., 2013, 111(3): 036803.

[113] Enoki T, Kobayashi Y, Fukui K I. Electronic structures of graphene edges and nanographene. Int. Rev. Phys. Chem., 2007, 26(4): 609-645.

[114] Wang Y, Huang Y, Song Y, et al. Room-temperature ferromagnetism of graphene. Nano Lett., 2009, 9(1): 220-224.

[115] Fujita T, Okawa Y, Matsumoto Y, et al. Phase boundaries of nanometer scale C(2×2)-O domains on the Cu (100) surface. Phys. Rev. B, 1996, 54(3): 2167.

[116] Jensen F, Besenbacher F, Laegsgaard E, et al. Dynamics of oxygen-induced reconstruction on Cu(100) studied by scanning tunneling microscopy. Phys. Rev. B, 1990, 42(14): 9206-9209.

[117] Chua F M, Kuk Y, Silverman P J. Oxygen chemisorption on Cu(110): An atomic view by scanning tunneling microscopy. Phys. Rev. Lett., 1989, 63(4): 386-389.

[118] Sperl A, Kroger J, Berndt R, et al. Evolution of unoccupied resonance during the synthesis of a silver dimer on Ag(111). New J. Phys., 2009, 11(6): 063020.

[119] Folsch S, Hyldgaard P, Koch R, et al. Quantum confinement in monatomic Cu chains on Cu(111). Phys. Rev. Lett., 2004, 92(5): 056803.

[120] Fister T T, Fong D D, Eastman J A, et al. Total-reflection inelastic X-ray scattering from a 10-nm thick $La_{0.6}Sr_{0.4}CoO_3$ thin film. Phys. Rev. Lett., 2011, 106(3): 037401.

[121] Hebboul S. X-raying the skin. 2011. http://physics.aps.org/synopsis-for/10. 1103/PhysRevLett. 106.037401?referer=rss.

[122] Speranza G, Minati L. The surface and bulk core line's in crystalline and disordered polycrystalline graphite. Surf. Sci., 2006, 600(19): 4438-4444.

[123] Yang D Q, Sacher E. Carbon 1s X-ray photoemission line shape analysis of highly oriented pyrolytic graphite: The influence of structural damage on peak asymmetry. Langmuir, 2006, 22(3): 860-862.

[124] Aruna I, Mehta B R, Malhotra L K, et al. Size dependence of core and valence binding energies in Pd nanoparticles: Interplay of quantum confinement and coordination reduction. J. Appl. Phys., 2008, 104(6): 064308.

[125] Chambers S A. Elastic-scattering and interface of backscattered primary, auger and X-ray photoelectrons at high kinetic-energy-principles and applications. Surf. Sci. Rep., 1992, 16(6): 261-331.

[126] Feng D L. Photoemission spectroscopy: Deep into the bulk. Nat. Mater., 2011, 10(10): 729-730.

[127] Huang W J, Sun R, Tao J, et al. Coordination-dependent surface atomic contraction in nanocrystals revealed by coherent diffraction. Nat. Mater., 2008, 7(4): 308-313.

[128] Fang B S, Lo W S, Chien T S, et al. Surface band structures on Nb(001). Phys. Rev. B, 1994, 50(15): 11093-11101.

[129] Alden M, Skriver H L, Johansson B. *Ab-initio* surface core-level shifts and surface segregation energies. Phys. Rev. Lett., 1993, 71(15): 2449-2452.

[130] Navas E, Starke K, Laubschat C, et al. Surface core-level shift of 4f states for Tb(0001). Phys. Rev. B, 1993, 48(19): 14753.

[131] Balasubramanian T, Andersen J N, Wallden L. Surface-bulk core-level splitting in graphite. Phys. Rev. B, 2001, 64: 205420.

[132] Bartynski R A, Heskett D, Garrison K, et al. The 1st interlayer spacing of Ta(100) determined by photoelectron diffraction. J. Vac. Sci. Technol. A, 1989, 7(3): 1931-1936.

[133] Andersen J N, Hennig D, Lundgren E, et al. Surface core-level shifts of some 4d-metal single-crystal surfaces: Experiments and *ab initio* calculations. Phys. Rev. B, 1994, 50(23): 17525-17533.

[134] Baraldi A, Bianchettin L, Vesselli E, et al. Highly under-coordinated atoms at Rh surfaces: Interplay of strain and coordination effects on core level shift. New J. Phys., 2007, 9: 143.

[135] Nyholm R, Andersen J N, Vanacker J F, et al. Surface core-level shifts of the Al(100) and Al(111) surfaces. Phys. Rev. B, 1991, 44(19): 10987-10990.

[136] Benito N, Galindo R E, Rubio-Zuazo J, et al. High-and low-energy X-ray photoelectron techniques for compositional depth profiles: Destructive versus non-destructive methods. J. Phys. D: Appl. Phys., 2013, 46(6): 065310.

[137] Johansson L I, Johansson H I P, Andersen J N, et al. Surface-shifted core levels on Be(0001). Phys. Rev. Lett., 1993, 71(15): 2453-2456.

[138] Johansson L I, Johansson H I P, Lundgren E, et al. Surface core-level shift on Be(1120). Surf. Sci., 1994, 321(3): L219-L224.

[139] Johansson L I, Johansson H I P. Unusual behavior of surface shifted core levels on Be (0001) and B(1010). Nucl. Instrum. Meth. B, 1995, 97(1-4): 430-435.

[140] Johansson L I, Glans P A, Balasubramanian T. Fourth-layer surface core-level shift on be(0001). Phys. Rev. B, 1998, 58(7): 3621-3624.

[141] Sun C Q. Surface and nanosolid core-level shift: Impact of atomic coordination-number imperfection. Phys. Rev. B, 2004, 69 (4): 045105.

[142] Suzer S. XPS investigation of a Si-diode in operation. Anal. Methods, 2012, 4(11): 3527-3530.

[143] Suzer S, Sezen H, Dana A. Two-dimensional X-ray photoelectron spectroscopy for composite surface analysis. Anal. Chem., 2008, 80(10): 3931-3936.

[144] Suzer S, Sezen H, Ertas G, et al. XPS measurements for probing dynamics of charging. J. Electron. Spectrosc. Relat. Phenom., 2010, 176(1-3): 52-57.

[145] Suzer S, Abelev E, Bernasek S L. Impedance-type measurements using XPS. Appl. Surf. Sci., 2009, 256(5): 1296-1298.

[146] Sezen H, Suzer S. Communication: Enhancement of dopant dependent X-ray photoelectron spectroscopy peak shifts of Si by surface photovoltage. J. Chem. Phys., 2011, 135(14): 141102.

[147] Lin F, Liu Y, Yu X, et al. Synchrotron X-ray analytical techniques for studying materials electrochemistry in rechargeable batteries. Chem. Rev., 2017, 117(21): 13123-13186.

[148] Papp C, Steinrück H-P. *In situ* high-resolution X-ray photoelectron spectroscopy-fundamental insights in surface reactions. Surf. Sci. Rep., 2013, 68(3-4): 446-487.

[149] Klyushin A Y, Rocha T C R, Havecker M, et al. A near ambient pressure XPS study of Au oxidation. Phys. Chem. Chem. Phys., 2014, 16(17): 7881-7886.

[150] Wilson K R, Rude B S, Catalano T, et al. X-ray spectroscopy of liquid water microjets. J. Phys. Chem. B, 2001, 105(17): 3346-3349.

[151] Siefermann K R, Liu Y, Lugovoy E, et al. Binding energies, lifetimes and implications of bulk and interface solvated electrons in water. Nat. Chem., 2010, 2: 274-279.

[152] Bianchettin L, Baraldi A, de Gironcoli S, et al. Core level shifts of undercoordinated Pt atoms. J. Chem. Phys., 2008, 128 (11): 114706.

[153] Phillips W D. Laser cooling and trapping of neutral atoms. Rev. Mod. Phys., 1998, 70(3): 721-741.

[154] Zhang X, Kuo J L, Gu M X, et al. Local structure relaxation, quantum trap depression, and valence charge polarization induced by the shorter-and-stronger bonds between under-coordinated atoms in gold nanostructures. Nanoscale, 2010, 2(3): 412-417.

[155] Zhang X, Nie Y G, Zheng W T, et al. Discriminative generation and hydrogen modulation of the Dirac-Fermi polarons at graphene edges and atomic vacancies. Carbon, 2011, 49(11): 3615-3621.

[156] Sun C Q, Zhang X, Zhou J, et al. Density, elasticity, and stability anomalies of water molecules with fewer than four neighbors. J. Phys. Chem. Lett., 2013, 4: 2565-2570.

[157] Bagus P S, Ilton E S, Nelin C J. The interpretation of XPS spectra: Insights into materials properties. Surf. Sci. Rep., 2013, 68(2): 273-304.

[158] Johansson B, Martensson N. Core-level binding-energy shifts for the metallic elements. Phys. Rev. B, 1980, 21(10): 4427-4457.

[159] Wertheim G K, Guggenhe H, Buchanan D N. Size effect in ionic charge relaxation following auger effect. J. Chem. Phys., 1969, 51(5): 1931-1934.

[160] Williams A R, Lang N D. Core-level binding-energy shifts in metals. Phys. Rev. Lett., 1978,

40(14): 954-957.

[161] Pehlke E, Scheffler M. Evidence for site-sensitive screening of core holes at the Si and Ge (001) surface. Phys. Rev. Lett., 1993, 71(14): 2338-2341.

[162] Wang Y, Zhang X, Nie Y G, et al. Under-coordinated atoms induced local strain, quantum trap depression and valence charge polarization at W stepped surfaces. Phys. B, 2012, 407(1): 49-53.

[163] Vijayakrishnan V, Chainani A, Sarma D D, et al. Metal-insulator transitions in metal clusters: A high-energy spectroscopy study of Pd and Ag clusters. J. Phys. Chem., 1992, 96(22): 8679-8682.

[164] Citrin P H, Wertheim G K. Photoemission from surface-atom core levels, surface densities of states, and metal-atom clusters: A unified picture. Phys. Rev. B, 1983, 27(6): 3176-3200.

[165] Mason M G. Photoemission studies of supported metal clusters, the early years//Pacchioni G, Bagus P S, Parmigiani F. Cluster Models for Surface and Bulk Phenomena. New York: Springer, 1992.

[166] Rao C N R, Kulkarni G U, Thomas P J, et al. Size-dependent chemistry: Properties of nanocrystals. Chem. Eur. J., 2002, 8(1): 29-35.

[167] Aiyer H N, Vijayakrishnan V, Subbanna G N, et al. Investigations of Pd clusters by the combined use of HREM, STM, high-energy spectroscopies and tunneling conductance measurements. Surf. Sci., 1994, 313(3): 392-398.

[168] Boyen H-G, Herzog T, Kästle G, et al. X-ray photoelectron spectroscopy study on gold nanoparticles supported on diamond. Phys. Rev. B, 2002, 65(7): 075412.

[169] Yang D Q, Sacher E. Platinum nanoparticle interaction with chemically modified highly oriented pyrolytic graphite surfaces. Chem. Mater., 2006, 18(7): 1811-1816.

[170] Borgohain K, Singh J B, Rao M V R, et al. Quantum size effects in CuO nanoparticles. Phys. Rev. B, 2000, 61(16): 11093-11096.

[171] Schmeisser D, Bohme O, Yfantis A, et al. Dipole moment of nanoparticles at interfaces. Phys. Rev. Lett., 1999, 83(2): 380-383.

[172] Yang Z, Wu R. Origin of positive core-level shifts in Au clusters on oxides. Phys. Rev. B, 2003, 67(8): 081403.

[173] Nelin C J, Uhl F, Staemmler V, et al. Surface core-level binding energy shifts for MgO (100). Phys. Chem. Chem. Phys., 2014, 16(40): 21953-21956.

[174] Sun C Q, Nie Y, Pan J, et al. Zone-selective photoelectronic measurements of the local bonding and electronic dynamics associated with the monolayer skin and point defects of graphite. RSC Adv., 2012, 2(6): 2377-2383.

[175] Sun C Q. Atomic scale purification of electron spectroscopic information. US9,625,397B2, United States, 2017.

[176] Nie Y, Wang Y, Zhang X, et al. Catalytic nature of under- and hetero-coordinated atoms resolved using zone-selective photoelectron spectroscopy (ZPS). Vacuum, 2014, 100: 87-91.

[177] Omar M A. Elementary Solid State Physics: Principles and Applications. New York: Addison-Wesley, 1993.

第 2 章　化学键-电子-能量关联理论

要点

- ■ 原子间的相互作用可诱导孤立原子能级偏移
- ■ 芯能级偏移量正比于原子平衡位置的键能
- ■ 芯能级偏移受非常规配位原子键长、键能和电荷密度的调控
- ■ 非键电子极化可屏蔽局域电势，抵消芯能级偏移

摘要

X 射线光电子能谱(XPS)测量的芯能级偏移(CLS)可直观呈现配位环境和化学条件变化时的键能演化过程，同时可提取局域的、定量的物理信息，包括键长、键能、芯电子钉扎和价电子极化等。低配位原子、点缺陷、表层和纳米结构的化学键及电子行为遵循键弛豫-非键电子极化(BOLS-NEP)理论。异质配位或四面体配位的杂质和界面化学键性质受键性质参数的影响，呈现局域电子钉扎或极化现象。选区光电子能谱(ZPS)提纯分析技术无须对谱峰进行分解即可高精度地辨析电子能量状态。

2.1　原子配位数的类型

表 2.1 是根据原子配位情况对物质进行的分类。以块体面心立方(fcc)结构为满配位标准，此时配位数(coordination number, CN) $z_b = 12$。原子配位数小于 12 时为低配位原子。孤立原子仅存在于 0 K 的理想条件下或气态中[1]，其原子配位数 $z = 0$。低配位原子($0 < z < 12$)在吸附原子、缺陷、台阶边缘、晶粒边界以及各种形状的纳米结构中普遍存在。单原子链和单原子层为理想的一维和二维低配位体系，具备优异的性能[2]。

表 2.1 基于原子配位情况的物质分类及相关特性

四面体结构的配位数(C, N, O, F)	孤立原子	原子链、纳米管、纳米线、纳米球、表皮、纳米晶等	理想块体	界面/掺杂
相互作用	0	1	1	1
原子配位数	0	<12 (低配位)	12 (满配位)	异质配位
概念与特性	(a) 低配位原子间的相互作用决定纳米材料有别于孤立原子及其块体材料的性能; (b) 低配位原子间的化学键更短更强; (c) 缺陷、表层原子、吸附原子及不同形状的纳米结构具有相同的属性; (d) 表层原子/化学键主导纳米晶粒的尺寸效应; (e) 界面势垒与势阱会引起局域量子钉扎和极化			
电子性能	(f) 原子配位缺失会导致局域键弛豫或键性质参数改变,从而引起芯电子局域钉扎和非键电子极化; (g) 化学键与电子的行为主导键能偏移和物质属性			

异质配位指某个原子与其他的不同原子配对成键,它常存在于合金、化合物、掺杂剂、杂质和界面处。譬如,在 AB 型合金中,除了 A-A 和 B-B 作用势外,还存在 A-B 型交互作用势。如果某样品中包含 n 种组分,那么将存在 $n!/(2!(n-2)!)$ 种原子间相互作用。随着新键的形成和键性质的改变,需要引入交互作用项来修饰局域哈密顿量。

C、N、O、F 与电负性较弱的原子相互作用时易发生 sp^3 轨道杂化形成四面体配位结构。它会形成四种价电子:成键态、非键电子对、电子-空穴对和反键偶极子[3, 4],可以将金属转变成半导体或绝缘体,并拓宽半导体的带隙。

2.2 哈密顿量和能级分裂

理想块体原子的单电子在 ν 轨道上的运动可应用哈密顿量和本征波函数表述为[5]

$$H = H_0 + H' \tag{2.1}$$

其中,

$$\begin{cases} H_0 = -\dfrac{\hbar^2 \nabla^2}{2m} + V_{atom}(r) & (原子内相互作用) \\ H' = V_{cryst}(r) & (原子间相互作用) \\ |v,i\rangle \cong u(r)\exp(ikr) & (布洛赫波函数) \end{cases}$$

式中，H_0 为孤立原子的哈密顿量，由电子动能和原子内势能组成。$V_{atom}(r) = V_{atom}(r+R) < 0$，$V_{cryst}(r) = V_{cryst}(r+R) < 0$，其中 R 为晶格常数，$V_{cryst}(r)$ 是所有近邻原子和电子间相互作用势的总和。在实空间中，布洛赫波函数呈周期性变化。由于内层电子的局域性，本征波函数 $|v,i\rangle$ 满足如下关系：

$$\langle v,j|v,i\rangle = \delta_{ij} = \begin{cases} 1 & (i=j) \\ 0 & (i \neq j) \end{cases}$$

其中 i 和 j 代表原子位置。

理想块体原子的电子能级服从如下能量关系(以 fcc 结构为标准，$z_b = 12$)：

$$E_v(z_b) = E_v(0) + (\alpha_v + z_b\beta_v) + 2z_b\beta_v\Phi_v(k,R) \tag{2.2}$$

其中，

$$\begin{cases} E_v(0) = -\langle v,i|H_0|v,i\rangle & \text{(孤立原子能级)} \\ \alpha_v = -\langle v,i|H'|v,i\rangle \propto E_b & \text{(交换积分)} \\ \beta_v = -\langle v,i|H'|v,j\rangle \propto E_b & \text{(重叠积分)} \end{cases}$$

式中，孤立原子能级 $E_v(0)$ 由相互作用势 $V_{atom}(r)$ 决定，为原子的本征常量，也是芯能级偏移的计算基准。当量子数增加或电子从原子最内层轨道向外运动时，$E_v(0)$ 值从 $10^3\,\text{eV}$ 减至 $10^0\,\text{eV}$，最终达到真空能级 $E_0 = 0\,\text{eV}$。

原子间相互作用会随化学条件和配位环境变化而引起芯能级偏移。无论液体或固体，晶体势 $V_{cryst}(r)$ 的存在使得 $E_v(0)$ 加深，变化量值为 $\Delta E_v(z_b) = E_v(z_b) - E_v(0) = \alpha_v + z_b\beta_v$。也可将芯能级偏移量转换为相应带宽，$E_{vw} = 2z_b\beta_v\Phi_v(k,R)$。交换积分 α_v 和重叠积分 β_v 皆正比于平衡状态下的单键结合能 E_b 或晶体势泰勒级数中的零级近似值。对于 fcc 结构，$\Phi_v(k,R) \cong \sin^2(2\pi r/R) \leqslant 1$，可用于表示分布函数。

交换积分 α_v 在芯能级偏移中占主导，

$$\Delta E_v(z_b) = \alpha_v + z_b\beta_v = \alpha_v(1 + z_b\beta_v/\alpha_v) \propto E_b(1 + E_{vw}/(2E_b))$$
$$\approx 3.0(1 + 0.2/6.0) \approx 3.0 \times (1 + 3\%) \tag{2.2a}$$

重叠积分 β_v 对芯能级偏移的影响非常小，仅 3%。对于深层能级，这一比例更小。因此，键能 E_b 决定块体原子的芯能级偏移。原子间化学键的弛豫将改变带宽 E_{vw} 和芯能级。

XPS 测量过程中，X 射线衍射或电荷效应可能引起原子电离，这将改变晶体势的大小，一般处理为背景能量予以扣除。实际上，由于试样的非导电特性，测量过程中的电荷效应仅存在于较厚的绝缘体样品中；对于导体和薄绝缘体而言，电荷影响可忽略[6]。将试样接地也是减小电荷效应的有效方法[2, 7]。整个样品的电荷多体相互作用也常常作为能谱背景处理。整个测量过程中都存在初-末态弛豫现象，所以该现象也同样作为背景处理。

图 2.1(a)表明，带宽正比于原子结合能，$E_{\nu w} = 2z_b \beta_\nu \Phi_\nu (k, R) \propto z_b E_b$。当一个电子从价带向下移动时，$\Delta E_\nu (z_b)$ 将从 10^0 eV 变为 10^{-1} eV，而 $E_{\nu w}$ 将接近自旋能级，如 Cu 的 1s、$2p_{1/2}$ 和 $2p_{3/2}$ 能级。通常采用高斯或洛伦兹函数近似解析光谱芯带的电子占据态。

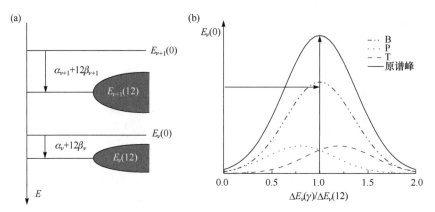

图 2.1 (a) 原子自孤立状态转变为体相时的能级变化，(b) 标准 X 射线光电子能谱谱峰的解谱结果[8]

孤立原子第 ν 能级 $E_\nu(0)$ 演变为体相的 $E_\nu(z_b = 12)$ 能带，能级偏移量 $\Delta E_\nu (z_b) \propto E_b$。块体第 ν 能级的带宽为 $E_{\nu w} (z_b) \propto z_b E_b$。测量误差和电荷极化会影响键能的变化幅度和能带宽度。(b)中标准 XPS 谱峰解谱获得了钉扎(T)、极化(P)和块体(B)三重信息

2.3 键弛豫-非键电子极化-局域键平均理论

2.3.1 局域哈密顿量

原子配位数是低配位体系中决定芯能级偏移的主要变量。任何因素引起的配位数变化都会造成键长和键能的改变，从而对 $V_{cryst}(r)$ 产生微扰，常见的有：

(1) 低配位诱导化学键收缩、电荷致密化、局域化、钉扎和极化等现象；

(2) 异质配位诱导键性改变、键弛豫、钉扎和极化；

(3) 实验过程中辐射诱导的"初-末态"弛豫；

(4) 外界偏压引起试样的电荷累积；

(5) 外力场或温度场引起键长和键能弛豫。

图 2.2(a)示例了 BOLS 理论中键能、键长与配位数的关联。配位数减小会导

致原子间距从 d_b(即 $C_i=1$)自发收缩为 $C_i d_b$,而键能相应地从 E_b 增至 $C_i^{-m} E_b$。实曲线和虚曲线分别表示配位缺失和满配位情况下的势能曲线。连接势能曲线波谷的虚曲线表征键能随配位数演化的趋势。双原子势 $u(r)$ 的泰勒级数近似展开为

$$u(r) = \frac{\partial^n u(r)}{n! \partial r^n}\bigg|_{r=d} (r-d)^n$$

$$= E_b + \frac{\partial^2 u(r)}{2 \partial r^2}\bigg|_{r=d} (r-d)^2 + \frac{\partial^3 u(r)}{6 \partial r^3}\bigg|_{r=d} (r-d)^3 + O\left((r-d)^{n \geq 4}\right) \quad (2.3)$$

式中,势函数的零阶微分(d, E_b)即为平衡状态下,原子间距为 d 时的键能 E_b。二阶微分对应原子对的简谐振动,决定原子势 $u(r)$ 的形状。高阶非线性项对应着晶格膨胀和热传导等动力学性能。平衡位置化学键(d, E_b)对外界激励(如压强、温度、配位和化学环境等条件)所作出的响应即为键弛豫[2]。

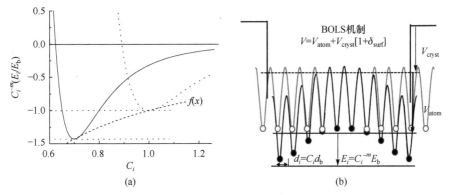

图 2.2　BOLS 理论示意图[9]

(a) 双原子势随配位数的演化；(b) 纳米固体势阱的变化。(a)中双原子势 $u(r, E)$ 与键长 d 和键能 E_b 相关联,且随外界条件 x 引起的配位数变化而沿 $f(x)$ 路径演变。x 可为尺寸、温度、压力、配位等各种外部激励。(b)表明在纳米固体的断键位置(如缺陷、表皮处),配位数减小会引起键长收缩、势阱加深,从而引起成键电子局域致密化和钉扎以及非键电子极化

晶体势 $V_{cryst}(r)$ 为所有最近邻配位原子势 $u(r)$ 的总和。对于非常规配位体系,需要考虑配位变化引起的局域晶体势的微扰,即 $V_{cryst}(r)$ 变为 $V_{cryst}(r)(1+\Delta_H) \cong E_b(1+\Delta_H)$,但无须考虑对波函数或高阶势能项的微扰。

晶体势微扰可使芯能级正偏移$(\Delta_H > 0)$,也可能负偏移$(\Delta_H < 0)$。前者称为量子钉扎(T),后者称为极化(P)。若同时发生钉扎和极化,则为混合偏移。考虑微扰作用,将 x 应用于式(2.1)和(2.2)中,则配位数变化或极化对哈密顿量的影响可表述为

$$\begin{cases} H' = V_{cryst}(r)(1+\Delta_H) \\ E_v(x) = E_v(0) + \alpha_{vx}(1 + x\beta_{vx}/\alpha_{vx}) + 2x\beta_{vx}\Phi_v(k, R) \end{cases} \quad (2.4)$$

其中,

$$
\begin{cases}
E_v(0) = -\langle v,i|H_0|v,i\rangle & \text{(孤立能级)} \\
\alpha_{vx} = -\langle v,i|H'|v,i\rangle \propto E_b(1+\Delta_H) \propto E_x & \text{(交换积分)} \\
\beta_{vx} = -\langle v,i|H'|v,j\rangle \propto E_b(1+\Delta_H) \propto E_x & \text{(重叠积分)}
\end{cases}
\tag{2.4a}
$$

式中的微扰仅调控积分值,并不影响 $E_v(0)$。

2.3.2　低配位原子的键弛豫与极化

1. 键弛豫理论

BOLS 理论的核心思想为:低配位原子间化学键变短、变强[2, 10],如图 2.2(b)所示。化学键收缩会引起局部成键电荷、结合能、原子质量致密化;键强增大可使势阱加深,引起芯能级偏移。BOLS 理论表达式为[11]

$$
\begin{cases}
C_z = d_z / d_b = 2\{1 + \exp[(12-z)/(8z)]\}^{-1} & \text{(键收缩系数)} \\
C_z^{-m} = E_z / E_b & \text{(键能增强系数)} \\
C_z^{-(m+\tau)} = (E_z/d_z^\tau)/(E_b/d_b^\tau) & \text{(能量密度)} \\
z_{ib}C_z^{-m} = zE_z/(z_b E_b) & \text{(原子结合能)}
\end{cases}
\tag{2.5}
$$

对于某特定材料,键性质参数 m 为常数,它将物质的键长和键能关联起来。C_z 为键收缩系数。τ 表示材料维度,$\tau=1$ 为单原子链,$\tau=2$ 为单原子层或单壁纳米管,$\tau=3$ 为三维块体。配位数缺失会导致键长收缩、键能增强,这已在各种材料中得到证实,如碳纳米管,Au 纳米颗粒,Au、Pt、Ir、Ti、Zr 和 Zn 原子链,以及 Fe、Ni、Ru、Re、W 和金刚石表层[10, 12]等。

应用 BOLS 理论可定量表征低配位原子的键长 d_z、键能 E_z、键能密度 E_D 和原子结合能 E_C 等微观成键信息,是研究低配位物质新奇特性(如黏附能力、扩散率、弹性、放射性、强度、润湿性等)的关键因素,以此将微观的原子成键行为与宏观的材料性能联系起来。

2. 非键电子极化

低配位原子致密钉扎的成键电子和芯电子会极化非键电子[13, 14]形成极化态(P),屏蔽和劈裂局域势能,引起芯能级负偏移。不过,这也要求芯能级不够深或极化程度足够,反之则不会发生芯能级负偏移。低配位原子的芯能级偏移存在正偏移、负偏移和混合偏移三种情况[15]。

极化行为取决于非键电子[10, 13]。非键电子通常指由 O、N 和 F 的孤对电子激发的偶极子，C 和 Si 缺陷边缘未配对的悬键电子，低配位金属原子上未配对的导电电子等。极化会使非键态的能量趋近甚至超过费米能级 E_F[13]。基于配位数这一关键参数，我们可以阐明局域键应变、电子致密化、钉扎、极化以及晶体势屏蔽和劈裂现象的内在机理，还可以验证 Anderson 等[16]对非常规配位系统(包括非晶玻璃[17])的"强局域化和强关联性"的预测。

图 2.3(a)为芯能级偏移随团簇尺寸(有效原子配位数)的变化。当材料自一个孤立原子生长成为宏观体材时，其芯能级将沿图 2.3(a)下半部分所示的曲线方向偏移。实验测量也发现[10, 19, 20]，第 ν 能级的键能从孤立原子时的初始 $E_\nu(0)$ 迅速增大至 $z=2$ 时的最大值，然后随原子配位数的增加[10]，以 K^{-1} 的形式逐步达到块体值 $E_\nu(12)$[19]。图 2.3(b)所示为 Cr_n 团簇($n=2\sim13$)的 2p 能级随配位数的变化趋势[19]，与图 2.3(a)中 $z\leqslant2$ 范围的 BOLS 预测结果一致。当 $z>2$ 时，石墨烯 C 1s 能级偏移趋势同样吻合 BOLS 理论的预测[21]。

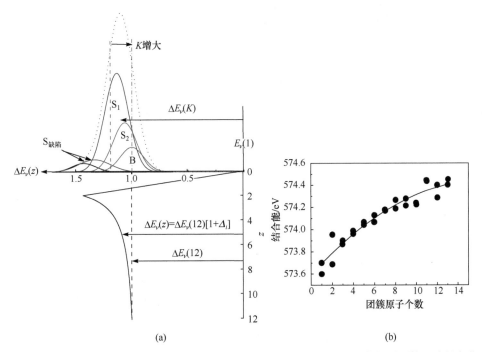

图 2.3 (a) 芯能级随团簇尺寸(K)(即原子配位数)偏移的情况和(b) Cr 2p 能级随团簇尺寸的变化
孤立 Cr 原子的 2p 能级为 573.5 eV，含 13 个原子的 Cr 团簇($z=2$)的 2p 能级增大至 574.4 eV[18, 19]，与(a)中 $z\leqslant2$ 范围的 BOLS 预测结果一致

3. 点缺陷和单层表皮

点缺陷或单层固体表皮处的原子因配位环境相同，可用某一条化学键的弛豫

为代表进行研究，此化学键也称为均化键。将式(2.5)代入式(2.4)得

$$\begin{cases} \dfrac{\Delta E_\nu(z)}{\Delta E_\nu(12)} = (1 + \Delta_{Hz}) = \dfrac{E_z}{E_b} = C_z^{-m} \\ \Delta E_\nu(z \geqslant 2) = \Delta E_\nu(12)(1 + \Delta_{Hz}) = \big[E_\nu(12) - E_\nu(0)\big]C_z^{-m} \end{cases} \quad (2.6)$$

图 2.4(a)为包含吸附原子和空位缺陷的三原子层结构，图 2.4(b)为对应的芯能级偏移。根据 BOLS-NEP 理论，吸附原子(A_1, A_2)、表层(S_1, S_2)、块体(B)和极化(P)引起的芯能级偏移量(以 $E_\nu(0)$ 为参考值)大小依次为：$\Delta E_\nu(A) > \Delta E_\nu(S_1) > \Delta E_\nu(S_2) > \Delta E_\nu(B) > \Delta E_\nu(P)$。吸附原子配位数最小，$z = 2$，其芯能级偏移量最大。

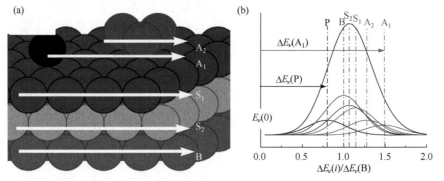

图 2.4　(a) 不同位置原子(配位数不同)与(b) 芯能级偏移的对应关系(扫描封底二维码可看彩图)
(a)中所示的吸附原子或缺陷空位(A_i)、亚表层原子 S_i 和块体原子 B 皆在(b)的芯能级偏移谱图中存在对应的谱峰。(b)中除主峰 B、S_2 和 S_1 外，还有原子低配位引起的钉扎(T)和极化态(P)，分别对应于 A_i 和 P 峰。每个谱峰对应的能级偏移量在平衡条件下都正比于键能，且遵循如下关系：$\Delta E_\nu(z_i)/\Delta E_\nu(12) = E_{zi}/E_b = C_z^{-m}$ ($i = A, S_1, S_2$)。发生极化时，用 pC_z^{-m} 代替式中的 C_z^{-m}，其中 p 为极化参数

4. 原子团簇和纳米晶体

对于不同尺寸的材料，一般应用局域键平均近似(LBA)理论和核壳模型[12]分析最外三层原子的影响。LBA 中应用的傅里叶变换表明，对于给定物质，无论是晶体、非晶体以及有无缺陷，只要没有发生相变，化学键的性质保持不变。不过，键长和键能会对外界激励产生响应。因此，可通过均化键的键长和键能的受激响应来表征芯能级的偏移。不过，冰水中的氢键(O:H—O)例外[22]。氢键内部的短程相互作用和 O-O 库仑斥力耦合诱导非对称的 O:H 非键和 H—O 共价键发生协同弛豫，两部分的键长和键能的变化完全相反。强的 H—O 键(～4.0 eV)决定芯能级大小，弱的 O:H 非键(～0.1 eV)对键能的贡献仅 3%，甚至更少[23]。

通常，材料的尺寸(K)、形状(τ)和键性质参数(m)决定纳米材料的芯能级偏移量 $\Delta E_\nu(\tau, K, m)$。基于核壳结构模型可知[10]

$$\frac{\Delta E_\nu(K) - \Delta E_\nu(12)}{\Delta E_\nu(12)} = \begin{cases} bK^{-1} & (\text{实验}) \\ \Delta_{\mathrm{H}} & (\text{理论}) \end{cases} \tag{2.7}$$

其中,

$$\begin{cases} \Delta_{\mathrm{H}} = \sum_{i \leqslant 3} \gamma_i (\Delta E_{zi}/E_{\mathrm{b}}) = \sum_{i \leqslant 3} \gamma_i \left(C_{zi}^{-m} - 1\right) & (\text{表层微扰}) \\ \gamma_i = N_i/N = V_i/V = \tau K^{-1} C_i \leqslant 1 & (\text{原子数表体比}) \end{cases} \tag{2.7a}$$

无量纲参数 K 为纳米颗粒半径方向的原子个数。τ 为形状因子,$\tau=1$、2、3 分别表示层状(薄膜)、圆柱状(管状)和球状颗粒结构。N_i 和 V_i 分别为第 i 原子层的原子数目和体积。$E_\nu(K)$ 为 K 尺寸下原子的第 ν 能级。E_{zi} 为第 i 层、配位数为 z 的原子的键能。γ_i 为表体比,下标 i 为原子层数,且 $i \leqslant 3$。

对于球形纳米颗粒,其最外三层原子的配位数分别为[10]

$$\begin{cases} z_1 = 4\left(1 - 0.75K^{-1}\right) \\ z_2 = z_1 + 2 \\ z_3 = z_2 + 4 \end{cases} \tag{2.8}$$

$K > 0$ 表示固体,$K < 0$ 为空腔,$K = 0$ 表示水平表皮,$K = \infty$ 为理想块体。z_1 随表面曲率变化顺序为:$1 = z_{\text{二聚物}} < z_{\text{团簇}} < z_{\text{纳米晶体}} < z_{\text{水平表皮}} < z_{\text{空腔}} < z_{\text{块体}} = 12$。$K \leqslant 0.75$ 对应于孤立原子。$K = 1.5$ (以 $Kd = 0.43$ nm 的 Au 球或一个 fcc 单胞为例)时,$z_1 = 2$,相当于单原子链或单层石墨烯边缘,或是含 13 个原子的初级 fcc 单胞。LBA 适用于各种形状和尺寸的材料(如二聚物、单原子链、单原子层、空腔、水平表皮和块体)。BOLS-NEP 理论适用于所有低配位系统,无须辨明结构相或键性质。

2.3.3　异质配位原子的钉扎与极化

1. 交换作用

物理视角的 BOLS 理论[10]描述的是原子配位数缺失引起的物质结构和性能的变化,与化学视角的 BOLS[24]截然不同,后者主要探究反应动力学,定义键序为双原子间的化学键数目。化学 BOLS 理论给出了反应时键长 d、键能 E 和键序 n 之间的关系[25, 26]

$$\begin{cases} d/d_{\mathrm{s}} = 1 - 0.26\ln(n)/d_{\mathrm{s}} \\ E/E_{\mathrm{s}} = \exp\left[c(d_{\mathrm{s}} - d)\right] = n^p \end{cases} \tag{2.9}$$

其中,下标 s 表示 "单键",c 和 p 为假定参数。这一 BOLS 理论可用于估算:① 气固反应中释放的结合能;② 化学吸附和解吸附时的激活能[27-32]。

2. 界面势能

掺杂或合金化过程中，组分原子扩散形成浓度梯度区，如图 2.5(a)所示[12]。界面区域各组分的晶体势能将由 $V_{cryst}(r, B)$ 转变为 $V_{cryst}(r, I) = \gamma V_{cryst}(r, B)$，其中 γ 为界面区域(I)与理想块体(B)的相对键能比。如果 $\gamma > 1$，量子钉扎(T)主导界面势能演化；反之，$\gamma < 1$，极化(P)主导。因此，特定组分的 $V_{cryst}(r, I)$ 相对于 $V_{cryst}(r, B)$ 势阱加深($\gamma > 1$)或是变浅($\gamma < 1$，势垒形成)是相互独立的。Popovic 和 Satpathy 在氧超晶格的模拟研究中提出了相同的观点[33]。他们引入楔形势阱模拟 $SrTiO_3$ 和 $LaTiO_3$ 超晶格之间插入的单分子层。这一单分子层界面的电子形成艾里函数局域态。

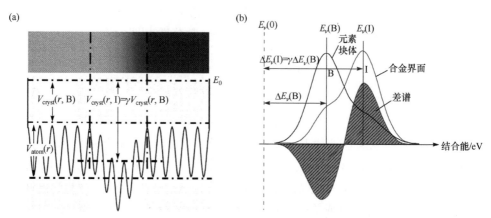

图 2.5　(a) 界面势能变化示意图，(b) 合金化时原子 XPS 谱峰强度的变化从 B 转变为 I[34]
(b)图结果表示，原子处在界面位置后，其 XPS 谱峰强度将从 $E_\nu(B)$ 主导转变为 $E_\nu(I)$ 主导。$\gamma > 1$ 时，量子钉扎主导，则 $\Delta E_\nu(I) > \Delta E_\nu(B)$；$\gamma < 1$ 时，极化主导，则 $\Delta E_\nu(I) < \Delta E_\nu(B)$

若界面处原子的配位数不变，由键能决定的界面芯能级偏移可表示为

$$\frac{\Delta E_\nu(I)}{\Delta E_\nu(B)} = \gamma = \frac{E_I}{E_b} = 1 + \Delta_{HI} \tag{2.10}$$

其中，E_I 和 E_b 以及 $\Delta E_\nu(I)$ 和 $\Delta E_\nu(B)$ 分别为原子处于界面和体内时的键能及芯能级偏移，Δ_{HI} 则为原子处于界面时引起的哈密顿量相对改变量。

图 2.5(b)的合金和化合物光谱图表示，在合金与化合物形成的过程中，元素原子的 XPS 谱峰强度从 $E_\nu(B)$ 主导转变为 $E_\nu(I)$ 主导。虽然主导峰强位置变化，但峰的总强度保持恒定，因为特定能级的电子总数并没有损失。

2.3.4　非常规配位效应

非常规配位引起的电子局域钉扎和极化对哈密顿量的微扰可表示为

$$\Delta_{\mathrm{H}}(x_l) = \begin{cases} \Delta_{\mathrm{H}}(z_i) = \dfrac{E_{zi} - E_{\mathrm{b}}}{E_{\mathrm{b}}} = C_{zi}^{-m} - 1 & \text{(缺陷和表层)} \\[2mm] \Delta_{\mathrm{H}}(K) = \displaystyle\sum_{i \leqslant 3} \gamma_i \Delta_{\mathrm{H}}(z_i) = \tau K^{-1} \sum_{i \leqslant 3} C_{zi}\left(C_{zi}^{-m} - 1\right) & \text{(纳米晶体)} \\[2mm] \Delta_{\mathrm{H}}(\mathrm{I}) = \dfrac{E_{\mathrm{I}} - E_{\mathrm{b}}}{E_{\mathrm{b}}} = \gamma - 1 & \text{(界面)} \\[2mm] \Delta_{\mathrm{H}}(\mathrm{P}) = \left[E_v(\mathrm{P}) - E_v(0)\right] / \Delta E_v(12) - 1 & \text{(极化)} \end{cases} \quad (2.11)$$

式中，x_l 中下标 $l = \mathrm{S}_1$，S_2，$\cdots$，表示谱图组分。

根据式(2.11)，XPS l 和 l' 两组分对应能量之间满足

$$\frac{E_v(x_l) - E_v(0)}{E_v(x_{l'}) - E_v(0)} = \frac{1 + \Delta_{\mathrm{H}l}}{1 + \Delta_{\mathrm{H}l'}} \quad (l' \neq l) \qquad (2.12)$$

则可得[15]

$$\begin{cases} E_v(0) = \left[E_v(x_l)(1 + \Delta_{\mathrm{H}l'}) - E_v(x_{l'})(1 + \Delta_{\mathrm{H}l})\right] / (\Delta_{\mathrm{H}l'} - \Delta_{\mathrm{H}l}) \\[1mm] \Delta E_v(12) = E_v(12) - E_v(0) \\[1mm] \Delta E_v(x_l) = \Delta E_v(12)(1 + \Delta_{\mathrm{H}l}) \end{cases} \qquad (2.13)$$

其中，孤立原子能级 $E_v(0)$ 和块体能级偏移 $\Delta E_v(12)$ 不受化学反应和配位变化影响，其值的精确程度取决于 XPS 的精度以及纳米晶体的尺寸和形状。应用式(2.13)比对 XPS 测试结果即可得到 $E_v(0)$ 和 $\Delta E_v(12)$ 以及局域键长和键能。

2.4　价带与非键态

2.4.1　价电子态密度

价电子与芯电子不同。后者只涉及单一原子，而前者涉及固体中的多个原子，会对所处的化学环境直接响应，且由于在响应过程中，涉及原子间的非局域化、极化和电荷的重新分配等情况，价电子行为更为复杂。

除 BOLS-NEP 涉及的低配位效应外，合金、化合物、掺杂剂、杂质、界面或玻璃化情况所导致的原子异质配位也能引起价电子的致密化、局域化、钉扎和极化。所以，低配位和异质配位皆可诱导价带发生异常变化。

非常规配位原子如石墨烯锯齿边缘[14]和 Rh 吸附原子[35]，除配位引起芯电子致密钉扎而导致导带电子的极化和局域化特殊作用外，非键孤对及其诱导形成的偶极子也会产生重要影响，特别是涉及 C、N、O、F 原子的情况[3, 4, 13]。

2.4.2　四面体成键的价带态密度

图 2.6 所示为 N、O 和 F 吸附在金属和半导体上的态密度特征[4]。原子的 sp³ 轨道杂化可产生四个不同方向的轨道，每个轨道可由两个电子占据，形成准四面体构型。因此，这些轨道共可容纳 8 个电子。以 O 为例，氧原子的价电子层有 $2s^2 2p^4$ 共 6 个电子，需获得额外的两个电子方可形成满壳层。因此，氧与邻近原子共享电子以形成两个化学键，余下 4 个电子则以孤对电子的形式占据剩余的两个电子轨道。类似地，一个 N 原子可形成 3 个共享电子对和 1 个电子孤对；一个 F 原子则可形成 3 个电子孤对。此时，位于四面体构型中心的 N、O、F 原子周围的电子分布、键型、键长和键能都呈各向异性[2]。

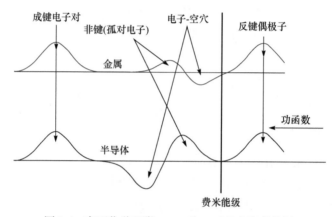

图 2.6　表面化学吸附 N、O 和 F 时的态密度特征

化学吸附 N、O 和 F 可以改变金属和半导体的价带态密度，形成 4 个态密度特征：成键电子对($\ll E_F$)、孤对电子($< E_F$)、电子-空穴($< E_F$)和反键偶极子($> E_F$)。这 4 个态密度靠近费米能级，往往被忽视，但实际上它们对化合物性能的影响却至关重要[4]

图 2.6 所示 4 个价带态密度能级由低到高依次为：成键电子对，电子-空穴，F^-、O^{2-} 或 N^{3-} 的孤对电子以及宿主的反键偶极子。半导体化合物(如 Si_3N_4、SiO_2) 价带顶上形成的电子-空穴对会进一步扩大半导体带隙，将半导体转变成绝缘体。金属化合物如 Al_2O_3、TiO_2、ZnO、AlN，其费米面附近会形成电子-空穴对，打开金属带隙，使之转变为半导体或绝缘体。局域于带隙中的非键态会形成杂质态；处于费米能级之上的偶极子形成反键态。偶极子的产生使表面势垒向外移动[36]，饱和程度较高，与正离子的影响相反。这些偶极子会屏蔽和劈裂晶体势，使芯带产生额外的能态特征。STM 探测显示，偶极子呈突起状，正离子为凹陷状。

2.4.3　非键态

类氢键和类碳氢键是典型的"非键"，反键偶极子中涉及的高能电子实际也处于"非键"态。非键(类范德瓦耳斯键)的能量约 0.1 eV,代表偶极子-偶极子间的相互作用,与电荷交换作用截然不同。金属中的离子杂质会极化相邻原子,产生极化态[3, 37]。

非键电子对哈密顿量和原子结合能的影响十分有限,只会在原能级附近形成杂质态,不服从标准的色散关系,也不占据价带或以下能带。它们的能量恰好位于 STM/S 的测试窗口范围内。拉曼谱和电子能量损失谱可以捕捉~50 meV 的弱相互作用[3]。非键涉及的孤对电子可极化邻近原子,使之转变为偶极子。

非键孤对和反键偶极子的影响意义深远。例如,反键偶极子可大幅降低 1 eV 能量水平以上的功函数[38],有利于电子发射成像技术的发展[39, 40]。金刚石和碳纳米管的氮化、金属的氧化和氟化会引起相同的极化效应和功函数降低。诸如狄拉克-费米子、磁稀释、催化增强、超疏水性等纳米晶体和缺陷呈现的尺寸效应都与局域非键态密切相关。因此,对于拓扑绝缘体、热电材料、冰水表皮、高温超导等材料的物性而言,非键态和反键态起到了重要作用[13, 22, 23, 41]。

2.5 定量分析方法

2.5.1 非常规原子配位

应用 BOLS-NEP 理论可以分析材料表层的 XPS 测试谱图。基于谱图中的组分数量、峰强、峰能和半高宽,可以利用高斯函数(不限于高斯函数)描述谱峰,理想情况可表示为

$$
\begin{cases}
I = \sum_i I_{zi} \exp\left\{-\left[\dfrac{E - E_v(z_i)}{E_{vw}(z_i)}\right]^2\right\} & \text{(光谱强度)} \\[3mm]
\dfrac{E_v(z_i) - E_v(0)}{E_v(12) - E_v(0)} = \dfrac{E_{zi}}{E_b} = C_{zi}^{-m} & \text{(组分峰能)} \\[3mm]
\dfrac{E_{vwi}(z_i)}{E_{vwb}(12)} = \dfrac{z_i E_{zi}}{z_b E_b} = z_{ib} C_{zi}^{-m} & \text{(组分宽度)}
\end{cases}
\tag{2.14}
$$

光谱总强度为各组分强度之和。若不考虑极化,应用紧束缚近似分析,光谱成分芯能级呈正向偏移。孤立原子能级 $E_v(0)$ 是芯能级偏移的唯一参考标准。块体组分能带宽度 $E_{vwb}(12)$ 可在解谱过程中优化获得。确定 $E_v(0)$ 和 $E_{vwb}(12)$ 后,可继续从光谱中分析获得组分数目及能级位置、宽度和强度。$E_v(0)$ 和 $E_{vwb}(12)$ 还可以通过解谱存在同一物质的多个样品的能谱获得。

式(2.14)为解析谱图信息提供了理论指导,但实际的光谱强度和形状会受到偏

振、极化以及人为测量误差的影响。此外，若键性质参数 m 值较大，表层组分的能带宽度可能比块体组分更宽。因此，解谱过程中需要对所有组分进行微调。

无论材料化学成分如何，相同晶体几何构型的相同原子层的有效配位数也相同。例如，Au、Cu、Rh 的 fcc(100)晶面的第一原子层，有效配位数均为 4.0[10, 42, 43]。电离诱导的芯电子-空穴弛豫和辐射诱导的表面电荷等测试系统自身造成的误差可通过设备校准消除。对表皮 XPS 进行背景修正和谱峰面积归一化后，可以解谱获得体相 B 和表皮各原子层 S_i 组分的芯能级偏移，同时获取组分数量和各谱峰宽度。以 fcc(100)最外第一原子层的有效配位数 $z_1 = 4$ 作为标准，对其他所有原子层组分的能量进行微调优化，优化后的配位数仅与几何构型有关。反复微调优化每个组分的配位数、强度、能量和峰宽，直至优化误差 σ 最小，即得到最为精确的解谱结果。

CLS-LBA-NEP 理论结合紧束缚近似和 PES 测量，不仅能确定芯能级偏移的物理起因，还能获得相关的定量参数，包括孤立原子能级 $E_v(0)$、块体能级偏移 $\Delta E_v(12)$、低配位引起的芯能级偏移 $\Delta E_v(z)$、组分能带宽度 $E_{vw}(z)$、局域键长 d_z、键能 E_z、能量密度 E_D、原子结合能 E_C 以及钉扎或极化引起的电荷分布。

2.5.2　局域能量与原子结合能

传统意义上，表面自由能 γ_S 指将一个给定晶体切分为两部分所需的能量或形成单位表面需要的能量[44]，界面能 γ_I 为形成单位界面所需要的能量。两者的单位为 eV/nm^2 或 eV/原子。同一物质，前者往往比后者大。

实际上，γ_S 和 γ_I 以及它们的功能源自原子配位数缺失引起的原子间相互作用的改变。在表层或界面区域，配位数缺失位置的物理属性由能量密度 E_D 或原子结合能 E_C 决定，并非由形成表面或界面所消耗的能量来决定。为了有效描述表层或界面的性能，需要对传统的表界面自由能的概念进行补充修正。表 2.2 基于芯能级偏移理论，总结了 E_D 和 E_C 在低配位原子位置处的表达式、物理起因和功能应用[45]。引入表皮厚度比单一的二维的表面或界面概念更有意义[2]。

2.6　总　　结

异质配位原子间化学键的形成和低配位原子间的键弛豫可引起物质芯能级和价带固有电子能量的偏移。电荷钉扎、局域化和极化对价带和芯能级产生微扰。应用芯能级偏移-非键电子极化-紧束缚近似方法可以充分描述芯能级偏移现象，通过光谱解谱方法，可以获取非常规配位情况下原子局域键长、键能、能量密度和原子结合能等的演变信息。

表 2.2　低配位原子处的 E_D(eV/nm³)和 E_C(eV/atom)表达式、物理起因和功能应用[45]

物理量	表层	界面(A_xB_{1-x}合金)
定义	$E_{DS} = \int_0^{d_1}(E_{zi}/d_{zi}^3)\mathrm{d}y \Big/ \int_0^{d_1}\mathrm{d}y$	$E_{DI} = N_{cell}z_1E_1/V_{cell}(d_1)$ 其中 $\begin{cases} d_1 = xd_A+(1-x)d_B, \quad z_1 \cong z_b \\ E_1 = xE_A+(1-x)E_B+x(1-x)\sqrt{E_AE_B} \end{cases}$
物理起因	厚度为$(d_1+d_2+d_3)$的表皮因低配位引起的单位面积能量增加	键性变化和交互作用引起的能量改变
功能应用	表面应力、弹性、表面光学、介电性能、电子声子输运、功函数等	界面力学、界面耦合、隧穿结等

物理量	表层	界面(A_xB_{1-x}合金)
定义	$E_{CS} = \int_0^3 \mathrm{d}(z_iE_{zi})\Big/3$	$E_{CI} = z_1E_1$
物理起因	表/界面处各原子的能量变化	
功能应用	热稳定性、亲水性、扩散性、反应活性、自组装、重构	

参 考 文 献

[1] Sun C Q, Wang Y, Tay B K, et al. Correlation between the melting point of a nanosolid and the cohesive energy of a surface atom. J. Phys. Chem. B, 2002, 106(41): 10701-10705.

[2] Sun C Q. Relaxation of the Chemical Bond. Heidelberg: Springer, 2014.

[3] Sun C Q. Oxidation electronics: Bond-band-barrier correlation and its applications. Prog. Mater. Sci., 2003, 48(6): 521-685.

[4] Zheng W T, Sun C Q. Electronic process of nitriding: Mechanism and applications. Prog. Solid State Chem., 2006, 34(1): 1-20.

[5] Omar M A. Elementary Solid State Physics: Principles and Applications. New York: Addison-Wesley, 1993.

[6] Egerton R, Li P, Malac M. Radiation damage in the TEM and SEM. Micron, 2004, 35(6): 399-409.

[7] Lin C Y, Shiu H W, Chang L Y, et al. Core-level shift of graphene with number of layers studied by microphotoelectron spectroscopy and electrostatic force microscopy. J. Phys. Chem. C, 2014, 118(43): 24898-24904.

[8] Sun C Q, Shi Y, Li C M, et al. Size-induced undercooling and overheating in phase transitions in bare and embedded clusters. Phys. Rev. B, 2006, 73(7): 075408.

[9] Sun C Q, Chen T P, Tay B K, et al. An extended "quantum confinement" theory: Surface-coordination imperfection modifies the entire band structure of a nanosolid. J. Phys. D Appl. Phys., 2001, 34(24): 3470-3479.

[10] Sun C Q. Size dependence of nanostructures: Impact of bond order deficiency. Prog. Solid State

Chem., 2007, 35(1): 1-159.

[11] Liu X J, Zhang X, Bo M L, et al. Coordination-resolved electron spectrometrics. Chem. Rev., 2015, 115(14): 6746-6810.

[12] Sun C Q. Thermo-mechanical behavior of low-dimensional systems: The local bond average approach. Prog. Mater. Sci., 2009, 54(2): 179-307.

[13] Sun C Q. Dominance of broken bonds and nonbonding electrons at the nanoscale. Nanoscale, 2010, 2(10): 1930-1961.

[14] Zheng W T, Sun C Q. Underneath the fascinations of carbon nanotubes and graphene nanoribbons. Energy Environ. Sci., 2011, 4(3): 627-655.

[15] Sun C Q. Surface and nanosolid core-level shift: Impact of atomic coordination-number imperfection. Phys. Rev. B, 2004, 69 (4): 045105.

[16] Abrahams E, Anderson P W, Licciardello D C, et al. Scaling theory of localization: Absence of quantum diffusion in two dimensions. Phys. Rev. Lett., 1979, 42(10): 673-676.

[17] Street R A. Hydrogenated Amorphous Silicon. Cambridge: Cambridge University Press, 1991.

[18] Sun Y, Wang Y, Pan J S, et al. Elucidating the 4f binding energy of an isolated Pt atom and its bulk shift from the measured surface- and size-induced Pt 4f core level shift. J. Phys. Chem. C, 2009, 113(33): 14696-14701.

[19] Reif M, Glaser L, Martins M, et al. Size-dependent properties of small deposited chromium clusters by X-ray absorption spectroscopy. Phys. Rev. B, 2005, 72(15): 155405.

[20] Sun C Q, Li C M, Li S, et al. Breaking limit of atomic distance in an impurity-free monatomic chain. Phys. Rev. B, 2004, 69 (24): 245402.

[21] Sun C Q, Sun Y, Nie Y G, et al. Coordination-resolved C—C bond length and the C 1s binding energy of carbon allotropes and the effective atomic coordination of the few-layer graphene. J. Phys. Chem. C, 2009, 113(37): 16464-16467.

[22] Huang Y L, Zhang X, Ma Z S, et al. Hydrogen-bond relaxation dynamics: Resolving mysteries of water ice. Coord. Chem. Rev., 2015, 285: 109-165.

[23] Sun C Q, Sun Y. The Attribute of Water. Heidelberg: Springer, 2016.

[24] Pan L, Xu S, Liu X, et al. Skin dominance of the dielectric electronic-phononic-photonic attribute of nanoscaled silicon. Surf. Sci. Rep., 2013, 68(3-4): 418-445.

[25] Pauling L. Atomic radii and interatomic distances in metals. J. Am. Chem. Soc., 1947, 69(3): 542-553.

[26] Johnston H S, Parr C. Activation energies from bond energies:1. Hydrogen transfer reactions. J. Am. Chem. Soc., 1963, 85(17): 2544-2551.

[27] Weinberg W H. The bond-energy bond-order (BEBO) model of chemisorption. J. Vac. Sci. Technol., 1973, 10(1): 89-94.

[28] Shustorovich E. Chemisortion phenomena: Analytic modeling based perturbation theory and bond-order conservation. Surf. Sci. Rep., 1986, 6(1): 1-63.

[29] Gross H, Campbell C T, King D A. Metal-carbon bond energies for adsorbed hydrocarbons from calorimetric data. Surf. Sci., 2004, 572(2-3): 179-190.

[30] Weinberg W H, Merrill R P. Crystal-field surface orbital-bond-energy bond-order (CFSO-BEBO)

model for chemisorption-application to hydrogen adsorption on a platinum (111) surface. Surf. Sci., 1972, 33(3): 493-515.

[31] Campbell C T, Starr D E. Metal adsorption and adhesion energies on MgO(100). J. Am. Chem. Soc., 2002, 124(31): 9212-9218.

[32] Bondzie V A, Parker S C, Campbell C T. The kinetics of CO oxidation by adsorbed oxygen on well-defined gold particles on TiO$_2$ (110). Catal. Lett., 1999, 63(3-4): 143-151.

[33] Popovic Z S, Satpathy S. Wedge-shaped potential and airy-function electron localization in oxide superlattices. Phys. Rev. Lett., 2005, 94(17): 176805.

[34] Nie Y, Wang Y, Sun Y, et al. Cu-Pd interface charge and energy quantum entrapment: A tight-binding and XPS investigation. Appl. Surf. Sci., 2010, 257(3): 727-730.

[35] Sun C Q, Wang Y, Nie Y G, et al. Adatoms-induced local bond contraction, quantum trap depression, and charge polarization at Pt and Rh surfaces. J. Phys. Chem. C, 2009, 113(52): 21889-21894.

[36] Sun C Q. O-Cu(001): I. Binding the signatures of LEED, STM and PES in a bond-forming way. Surf. Rev. Lett., 2001, 8(3-4): 367-402.

[37] Stipe B C, Rezaei M A, Ho W. Single-molecule vibrational spectroscopy and microscopy. Science, 1998, 280(5370): 1732-1735.

[38] Zheng W T, Sun C Q, Tay B K. Modulating the work function of carbon by N or O addition and nanotip fabrication. Solid State Commun., 2003, 128(9-10): 381-384.

[39] Li J J, Zheng W T, Gu C Z, et al. Field emission enhancement of amorphous carbon films by nitrogen-implantation. Carbon, 2004, 42(11): 2309-2314.

[40] Zheng W T, Li J J, Wang X, et al. Electron emission of carbon nitride films and mechanism for the nitrogen-lowered threshold in cold cathode. J. Appl. Phys., 2003, 94(4): 2741-2745.

[41] Zhang X, Huang Y, Ma Z, et al. A common supersolid skin covering both water and ice. Phys. Chem. Chem. Phys., 2014, 16(42): 22987-22994.

[42] Fang B S, Lo W S, Chien T S, et al. Surface band structures on Nb(001). Phys. Rev. B, 1994, 50(15): 11093-11101.

[43] Bartynski R A, Heskett D, Garrison K, et al. The 1st interlayer spacing of Ta(100) determined by photoelectron diffraction. J. Vac. Sci. Technol. A, 1989, 7(3): 1931-1936.

[44] Dingreville R, Qu J, Cherkaoui M. Surface free energy and its effect on the elastic behavior of nano-sized particles, wires and films. J. Mech. Phys. Solids, 2005, 53(8): 1827-1854.

[45] Zhao M W, Zhang R Q, Xia Y Y, et al. Faceted silicon nanotubes: Structure, energetic, and passivation effects. J. Phys. Chem. C, 2007, 111(3): 1234-1238.

第3章 电子发射谱表征方法

要点

- STM/S 可表征费米面周围表层电子的信息
- 光电子能谱可提供块体和表层芯电子与价电子的键能信息
- 俄歇光电子能谱可检测电势屏蔽和电荷转移引起的双能级偏移信息
- 选区分辨光电子能谱可提供键弛豫、价带与深层能级、键能偏移等信息

摘要

本章主要介绍基于发射电子谱表征原子低配位和异质配位引起的原子间、局域、动态和定量的成键和电子能量学信息。原子低配位包括吸附原子、原子链末端、点缺陷、台阶边缘、固体和液体表皮以及各种形状的纳米结构。原子异质配位包括掺杂剂、杂质、界面、合金和化合物等。定量信息涵盖键长、键能、芯能级偏移、芯电荷钉扎、价电子极化、原子结合能和结合能密度等。

3.1 能带结构与电子动力学

图 3.1 所示为理想固体能带结构以及对应的光电子能谱和俄歇光电子谱原理图。N 个原子组成固体时，离散的能级拓展为 N 个子能带。$E_0 = 0$ 为真空能级，E_F 表示费米能级，两者之间的差值为功函数 ϕ，决定了物质发射电子的难易程度。E_0 和导带(CB)底边缘的差值为电亲和能，反映了物质捕获电子的难易程度。电负性是元素的内在属性，决定不同负性元素之间电子转移的难易程度。两元素之间的电负性差异决定它们之间成键的性质。量子钉扎增加电亲和能而极化降低功函数。电亲和能和功函数是催化行为和物质毒性的关键指标，特别是纳米尺度时以及配位数比光滑表面更低的原子位点[1]。

图 3.1(a)显示费米能级往下依次为半导体的价带(VB)或导带(CB)及芯能级(CL)。芯能级下移幅度与原子处于平衡位置时的键能成正比[2]。价带向下偏移时，带宽越来越窄，芯能级偏移量也越来越小。根据泡利不相容原理，电子将从基态逐渐上升至价带。导带中的电子比芯带的离域性更强，半导体价带中的电子局域

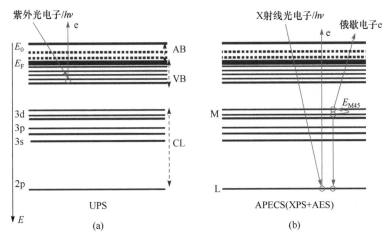

图 3.1 (a) 理想固体能带结构示意图及对应的(b) 光电子能谱和俄歇光电子谱原理图

(以 LMM 能级示例：L=2p，M=3d)

(a)图自上往下依次为真空能级($E_0 = 0$)、未占据的反键带(AB，虚线)、费米能级 E_F、价带或导带(VB 或 CB)与芯能级(CL)。(b)中 AES (或 PES)中，入射光束能量为 $h\nu$，其中 h 为普朗克常量，ν 为光的频率。根据能量守恒定律，基于 PES 或 AES 可以确定波段中键能与态密度的变化情况

性更强，因为半导体材料的原子具有共价键性质，如 Si 和 Ge。价带及其下方的能带会随配位数和化学环境的改变而变化。

在半导体中，缺陷处的原子处于低配位状态，该类原子的悬键电子将产生局域化和极化，如石墨烯等半导体的边缘、金属吸附原子或阶梯边缘原子，其悬键电子的局域化和极化引起反键(AB)偶极子，将占据价带顶或费米能级上端[3]。对于非晶态固体，其杂质态能量接近费米能级和价带尾[4, 5]。

3.2 非键和反键态的 STM/S 表征

图 3.2 所示为 STM/S 原理图及在 Cu(110)-(2×1)-O^{2-}表面沿 O^{2-}:Cu^p:O^{2-}链方向测得的 STM/S 结果。STM/S 通过检测作用有偏压 V 时，通过探头尖端与样品表面真空间隙的隧穿电流绘制表面形貌，并对固定原子位置记录 dI/dV-V 或 $d(\ln I)/d(\ln V)$-V 结果。STS 的能量窗口包含 E_F，仅几个 eV 能宽。STS 可表征横向原子尺度和垂直方向亚原子尺度的局域态密度[6]。若样品受负偏压，电荷将从样品流向针尖，样品处于占据态，STS 特征低于 E_F；反之，电荷反向流动，探测到的则为 E_F 之上的未占据态。

图 3.2(b)所示为 Cu(110)清洁表面(光谱 A)和吸附氧原子后(光谱 B 和 C)的典型 STS，测试了 O^{2-}:Cu^p:O^{2-}链的不同位置(插图)，其中 Cu^p 为突出的偶极子[6]。氧吸附时，E_F 上方 0.5～1.8 eV 处的初始未占据态密度被 Cu^p 电子部分占据，削弱了

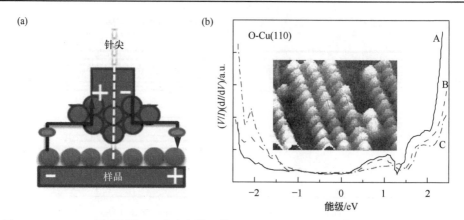

图 3.2　(a) STM/S 原理图及(b)　清洁和附 O 的 Cu(110)-(2×1)-O^{2-}表面沿 O^{2-}:Cu^p:O^{2-}链方向的
STM/S 结果

(b) 中 A 指示清洁表面，B 和 C 分别为附 O-Cu(110)的桥和顶两个位置。微分电导 dI/dV 或 VdI/IdV 与局域态密度
成正比。正偏压时，电流从针尖流向表面，STS 检测所示为未占据的态密度，位于 E_F 之上；负偏压时，测得的为
占据态密度，处于 E_F 之下[6, 7]

未占据态的强度。同时，O^{2-}的孤对电子在–2.0 eV 处产生额外的态密度特征。角
分辨 PES 和亚稳态原子退激发光谱检测均发现了孤对电子和偶极子的存在[8]。

3.3　能级偏移的 PES 和 AES 表征

3.3.1　ARPES

　　角分辨 PES(ARPES)指通过改变入射光与晶格实空间的〈10〉参考方向或布
里渊区域 $\overline{\Gamma}\overline{X}$ 方向之间的方位角来采集 PES 数据的测试方法，如图 3.3 所示。角

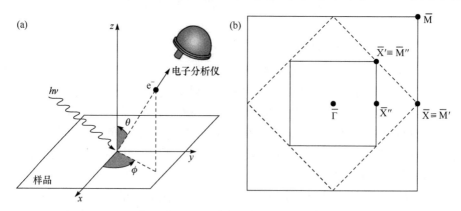

图 3.3　(a) ARPES 测试的几何示意图和(b)　二维布里渊区倒易点阵
(a)中光电子的发射方向由极性(θ)和方位角(ϕ)指定[11]

度变化可用于晶体结构各向异性和实空间中价电子分布的分析，特别是重构表面的价电子。这一技术为研究高温超导体和拓扑绝缘体电子结构奠定了基础[9, 10]。

3.3.2　PES 与 AES

进行 PES 测试时，可以通过调节光源测量不同的能级状态。He-II 能量低于 50 eV，为 40.8 eV，以此为光源的 UPS 可监测因电荷输运、钉扎、极化和电子-空穴引起的价带变化。以 21.2 eV 的 He-I 为光源的 IPES 则可通过反键偶极子探测费米能级的未占据态密度。

XPS，也称为 ESCA，是一种常用的表面分析技术。它通过 X 射线入射束获取样品表面激发的电子(或光电子)而得到图谱。不同化学元素的光电子峰可依据各自固有的特征峰识别。常用检测样品的面积为 1 mm^2～1 cm^2，这使得 XPS 可以广泛应用。图 3.4 示例了 InAs 氧化后的 XPS 结果[12]。XPS 可用于监测由键弛豫引起的晶体势变化以及芯能级偏移过程中的键性质变化。与 UPS 相比，XPS 数据的分析要相对简单[13]。

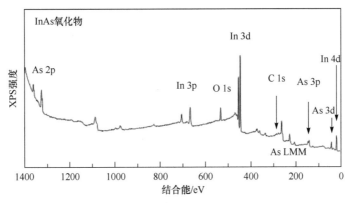

图 3.4　InAs 氧化物表面 XPS

图中的 XPS 峰主要有 In、As 及表面 C 和 O 的对应峰。在 200～400 eV 还出现了系列 As 的 LMM 俄歇峰[12]

在 PES 中，入射 $h\nu$ 能量将激发特定的第 ν 能级的电子，这些被激发的电子将克服束缚(功函数或相应内层键能如 L 能级的 $E_{B(L,VB)}$)并从样品中逃逸出来，动能计为 $E_{K(L,VB)}$。在 XPS 中使用高能电子源代替 X 射线即可获得 AES，具体过程如下[14, 15]：

(1) AES 的电离过程与 PES 的相同。入射电子束激发深层能级使电子逸出，电离表层原子。以 Cu 为例，逸出电子飞离表面的同时，在 L(2p)能级留下一个空位。

(2) 由于原子内部以及原子间势能的屏蔽作用减弱，芯电子电离作用可引起所有能级发生弛豫。

(3) 电子将从弛豫的 M($3d_{5/2}$)上层转移至初始 L 层，填充该层空位。这一过程中释放的能量等于两层之间的禁带宽度，即 $\Delta E_R=E_{BL}-E_{BM}$。

(4) 随后，ΔE_R 能量能继续激发进一步弛豫的 M($3d_{3/2}$)能级上的电子，形成能量超过 E_{BM} 的俄歇电子，并从固体逃逸，动能为 E_{KM}。

PES 和 AES 中的电子满足如下能量守恒关系：

$$\begin{cases} h\nu = E_{B(L,VB)} + \phi + E_{K(L,VB)} & \text{(PES)} \\ E_{BL} - E_{BM} = E_{M45} + E_{BM} + \phi + E_{KM} & \text{(AES)} \end{cases} \tag{3.1}$$

对于 Cu，E_{M45} 为自旋 $3d_{3/2}$ 和 $3d_{5/2}$ 能级的能带宽度。

3.4 俄歇光电子关联谱

3.4.1 俄歇参数

对式(3.1)中的 L 和 M 能级求导可得

$$\begin{cases} \Delta E_{BL} = -\Delta E_{KL} \\ 2\Delta E_{BM} = \Delta E_{BL} - \Delta E_{KM} \end{cases} \tag{3.2}$$

$$\Delta \alpha' = -(\Delta E_{KL} + \Delta E_{KM}) = 2\Delta E_{BM} \tag{3.2a}$$

同一物质中，电离和弛豫对 $\Delta\phi$ 和 $\Delta E_{M45} = \Delta(E_{3d_{5/2}} - E_{3d_{3/2}})$ 的影响可忽略不计。因此，通过式(3.2)可以将 AES 能级偏移与 L 和 M 能级关联。

AES 和 XPS 组合可形成俄歇光电子关联谱(APECS)，如图 3.5 所示。XPS 和 AES 中的电子动能变化量相加($\Delta E_{KL}+\Delta E_{KM}$)(通常称为俄歇参数$\Delta\alpha'$)，等于 M(3d)能级移动幅度的两倍。因此，APECS 可用于解析 L 和 M 能级且无须任何近似或假设。

AES 谱图通常应用俄歇参数和化学状态图(即 Wagner plot)来描述[16, 17]，

$$\begin{cases} \Delta \alpha' = |\Delta E_{BL}| + |\Delta E_{KM}| \cong 2\Delta R^{ex} & \text{(俄歇参数)} \\ E_{KM,x} - E_{KM,1} = \beta(E_{BL,x} - E_{BL,1}) & \text{(Wagner plot)} \end{cases} \tag{3.3}$$

假设 L 和 M 能级偏移对 $\Delta\alpha'$ 贡献相等并不合适。俄歇参数$\Delta\alpha'$大于ΔE_{BL} 和ΔE_{KM} 中的任何一项。$\Delta\alpha'$更易受化学环境或配位数影响。R^{ex}是假设参数，表示芯层原子电离引起的弛豫或极化能。化学状态曲线的斜率β与俄歇动能ΔE_{KM}和光电子动能ΔE_{KL}(或ΔE_{BL})的变化相关[18, 19]，其中下标 x 表示化合物中元素的浓度。

式(3.2)可证明 $\Delta\alpha'$ 是配位效应引起的 ΔE_{BM} 的两倍，

$$\Delta \alpha' = |\Delta E_{BL}| + |\Delta E_{KM}| = -(\Delta E_{KL} + \Delta E_{KM}) = 2\Delta E_{BM} \tag{3.4}$$

因此，人们可以应用 $\Delta E_{BM} = -(\Delta E_{KL} + \Delta E_{KM})/2$ 测量高于 M 能级(或价带)的能量偏移[16]。

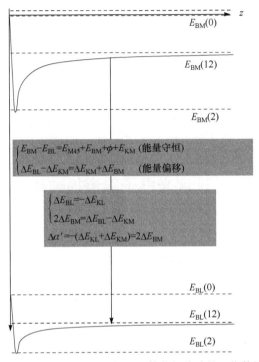

图 3.5 APECS 中的能量守恒及晶体能级偏移的配位数效应图

图中实线表示配位诱导的能级 $E_{BM}(z)$ 和 $E_{BL}(z)$ 的变化趋势，虚线表示 z 分别为 0、2 和 12 几种特殊配位情况时的 E_{BM} 和 E_{BL} 能级及相应的能级偏移。在 APECS 计算过程中忽略了功函数 ϕ 和次能级带宽 E_{M45} 的影响[21]

3.4.2 能级相对偏移

若不同化合物中含有某相同组分 x 但浓度不同，两者的俄歇参数分别为 $\alpha'_1 = E_B(1s) + E_K(KLL)$ 和 $\alpha'_2 = E_B(2p) + E_K(KLL)$，对比即可估算该组分元素原子两个能级之间的带隙宽度 $E_B(1s) - E_B(2p)$[16, 20, 21]。

3.4.3 化学状态图的拓展

虽然能级偏移因能级不同会有所差异，但若未涉及化学反应，则每个能级相对于各自参考值而言，偏移量应该是不变的。据此，可以将化学状态图的应用范围拓展至低配位情况，并关联 APECS 涉及的能级偏移。这样可以区分晶体场屏蔽和价电荷转移的影响。

$$\begin{cases} \kappa_{ML} = \dfrac{E_{BM}(z)-E_{BM}(0)}{E_{BM}(12)-E_{BM}(0)} \Big/ \dfrac{E_{BL}(z)-E_{BL}(0)}{E_{BL}(12)-E_{BL}(0)} = 1 & \text{(化学状态图系数)} \\ \eta_{ML} = \dfrac{E_{BM}(12)-E_{BM}(0)}{E_{BL}(12)-E_{BL}(0)} > 1 & \text{(屏蔽系数)} \end{cases} \tag{3.5}$$

式中，屏蔽系数 η_{ML} 表示单质固体中这两个能级的相对值。斜率 κ_{ML} 与两个能级的相对偏移有关，表示配位或化学环境变化时价态的充电效应。理想情况下，若没有发生化学反应，$\kappa_{ML}=1$。因此，κ_{ML} 可用于监测反应状况，其值与原子化学键关联。依此基于屏蔽系数拓展的化学状态图系数，可通过晶体尺寸或配位数的变化来监测能级偏移情况，比传统方法更方便，表述更清晰[13]。

3.5　选区光电子能谱提纯技术

3.5.1　分析方法

基于电子发射谱，我们可以获得低配位和异质配位引起的有关原子间、局域、动态和定量的成键和电子能量学信息。若尝试进一步对比如下示例条件改变时的两条光谱，又能够获得什么新的信息呢？

(1) 无缺陷表面，不同发射角度；

(2) 相同探测条件下，同一表面缺陷在吸附原子或化学吸附前后；

(3) 样品组分相同，浓度不同。

ZPS 提纯技术即指从实际表面 XPS 中扣除同物质的理想表面 XPS 以解析有关局域键长、键能、结合能、电荷极化和钉扎等以及它们的动力学过程的定量信息。在背景校正和谱峰面积归一化标准处理之后，针对条件(1)，因为增大发射角度，XPS 收集到的表面信息越多，对比大小角度的 XPS，ZPS 可滤除块体信息以提取表皮的光谱特征[22, 23]；针对条件(2)，对比吸附前后的光谱，ZPS 可提纯吸附引起的光谱特征；针对条件(3)，ZPS 可辨析合金效应对特定元素各个能级偏移的影响。ZPS 提纯技术可滤掉所有人为因素的影响，如整个测量过程都存在的初-末态弛豫现象。ZPS 方法可以对晶体生长、缺陷产生、化学反应、合金形成等过程的表面和界面进行静态和动态监测，灵敏度高、精度高，无须任何近似或假设，也避开了常规、繁琐的光谱峰值分析过程。

由于散射效应，在较大发射角或较粗糙表皮收集的谱峰强度比其他条件下的弱。出射电子的平均自由程一般比入射电子的穿透深度长[24]。不过，在相同探测条件下，特定峰的面积积分与样品发射的电子总数量成正比。为了使所有光谱间可定量比较，对于不同条件下收集的相同谱峰，需要进行面积归一化，这样可以将散射或人为影响最小化。所有光谱归一化后，再将某条件下的归一化光谱减去参考光谱即可得到 ZPS。

3.5.2 定量信息

ZPS 谱图以横轴上方的波峰描述态密度增加，以横轴下方的波谷表示态密度损耗(图 2.5(b))。这样就去除了共享的谱图区域，提纯放大了相异的谱图信息。理想情况下，横轴上下两部分的光谱面积应相同，即 ZPS 谱图的正负面积之和守恒归零。任何不恰当的背景校正或光谱归一化都会使光谱增加和损耗改变。基于这些限定，ZPS 可提取各种情况下局域键长、键能、电荷钉扎和极化等定量信息。

通常，在分解 XPS 之前，需要应用标准 Tougaard 方法[25-27]，以高斯函数、洛伦兹函数和 Doniach-Sunjic-type 卷积函数对光谱背景进行校正。但 ZPS 简化了背景校正、组分判定和峰值微调等冗长过程。ZPS 直接提纯表层或其他条件激励的光谱信息为波峰，块体光谱信息为波谷。

3.6 总　　结

选区光电子能谱可作为 STM/S 和光电子能谱的补充，它可以揭示局部键弛豫、芯能级偏移和价电荷演化过程，获取包括局域结合能密度、原子结合能、电荷量子钉扎和极化等的定量信息。俄歇光电子关联谱可获得两个能级之间的能量偏移、电荷共享系数和势场屏蔽系数。同时，明确俄歇参数的变化量等于上一能级偏移的两倍，而非上和下两能级偏移的总和。基于原子配位数效应，还可获得样品的屏蔽和电荷传输信息。扫描隧道显微谱、选区光电子能谱和俄歇光电子关联谱的综合应用，可以拓展现有光谱技术探明非常规配位原子的成键和非键电子能量学的演化过程，并能定量获取局域的键弛豫动态信息。这些光谱技术的耦合应用比独立使用获得的信息更为丰富且更具启发性。

参 考 文 献

[1] Sun C Q. Relaxation of the Chemical Bond. Heidelberg: Springer, 2014.

[2] Sun C Q. Surface and nanosolid core-level shift: Impact of atomic coordination-number imperfection. Phys. Rev. B, 2004, 69 (4): 045105.

[3] Abrahams E, Anderson P W, Licciardello D C, et al. Scaling theory of localization: Absence of quantum diffusion in two dimensions. Phys. Rev. Lett., 1979, 42(10): 673-676.

[4] Street R A. Hydrogenated Amorphous Silicon. Cambridge: Cambridge University Press, 1991.

[5] Sun C Q. Dominance of broken bonds and nonbonding electrons at the nanoscale. Nanoscale, 2010, 2(10): 1930-1961.

[6] Chua F M, Kuk Y, Silverman P J. Oxygen chemisorption on Cu(110): An atomic view by scanning

tunneling microscopy. Phys. Rev. Lett., 1989, 63(4): 386-389.

[7] Sun C Q. Oxidation electronics: Bond-band-barrier correlation and its applications. Prog. Mater. Sci., 2003, 48(6): 521-685.

[8] Jacob W, Dose V, Goldmann A. Atomic adsorption of oxygen on Cu (111) and Cu (110). Appl. Phys. A, 1986, 41(2): 145-150.

[9] Feng D L. Photoemission spectroscopy: Deep into the bulk. Nat. Mater., 2011, 10(10): 729-730.

[10] Damascelli A, Hussain Z, Shen Z X. Angle-resolved photoemission studies of the cuprate superconductors. Rev. Mod. Phys., 2003, 75(2): 473.

[11] Omar M A. Elementary Solid State Physics: Principles and Applications. New York: Addison-Wesley , 1993.

[12] Petrovykh D, Sullivan J, Whitman L. Quantification of discrete oxide and sulfur layers on sulfur-passivated inas by XPS. Surf. Interface Anal., 2005, 37(11): 989-997.

[13] Liu X J, Zhang X, Bo M L, et al. Coordination-resolved electron spectrometrics. Chem. Rev., 2015, 115(14): 6746-6810.

[14] Qin W, Wang Y, Huang Y L, et al. Bond order resolved 3d(5/2) and valence band chemical shifts of Ag surfaces and nanoclusters. J. Phys. Chem. A, 2012, 116(30): 7892-7897.

[15] Sun C Q, Pan L K, Bai H L, et al. Effects of surface passivation and interfacial reaction on the size-dependent 2p-level shift of supported copper nanosolids. Acta Mater., 2003, 51(15): 4631-4636.

[16] Moretti G. Auger parameter and Wagner plot in the characterization of chemical states by X-ray photoelectron spectroscopy: A review. J. Electron. Spectrosc. Relat. Phenom., 1998, 95(2-3): 95-144.

[17] Moretti G. The Wagner plot and the Auger parameter as tools to separate initial-and final-state contributions in X-ray photoemission spectroscopy. Surf. Sci., 2013, 618: 3-11.

[18] Satta M, Moretti G. Auger parameters and Wagner plots. J. Electron. Spectrosc. Relat. Phenom., 2010, 178: 123-127.

[19] Briggs D, Seah M P. Practical Surface Analysis by Auger and X-Ray Photoelectron Spectroscopy. 2nd ed. Chichester: Wiley, 1990.

[20] McEleney K, Crudden C M, Horton J H. X-ray photoelectron spectroscopy and the Auger parameter as tools for characterization of silica-supported Pd catalysts for the Suzuki-Miyaura reaction. J. Phys. Chem. C, 2009, 113(5): 1901-1907.

[21] Sun C Q, Pan L K, Chen T P, et al. Distinguishing the effect of crystal-field screening from the effect of valence recharging on the $2p_{3/2}$ and $3d_{5/2}$ level energies of nanostructured copper. Appl. Surf. Sci., 2006, 252(6): 2101-2107.

[22] Balasubramanian T, Andersen J N, Wallden L. Surface-bulk core-level splitting in graphite. Phys. Rev. B, 2001, 64(20): 205420.

[23] Nelin C J, Uhl F, Staemmler V, et al. Surface core-level binding energy shifts for MgO(100). Phys. Chem. Chem. Phys., 2014, 16(40): 21953-21956.

[24] Wallin D, Shorubalko I, Xu H, et al. Nonlinear electrical properties of three-terminal junctions. Appl. Phys. Lett., 2006, 89(9): 092124.

[25] Hajati S, Coultas S, Blomfield C, et al. XPS imaging of depth profiles and amount of substance based on tougaard's algorithm. Surf. Sci., 2006, 600(15): 3015-3021.

[26] Seah M P, Gilmore I S, Spencer S J. Background subtraction. Ⅱ. General behaviour of reels and the Tougaard universal cross section in the removal of backgrounds in AES and XPS. Surf. Sci., 2000, 461(1-3): 1-15.

[27] Zhou X B, Erskine J L. Surface core-level shifts at vicinal tungsten surfaces. Phys. Rev. B, 2009, 79(15): 155422.

第4章 固体表皮

要点

- BOLS-TB-XPS 方法可获取 $E_v(0)$ 和 $E_v(12)$ 定量信息，还能构建配位数与 d_z、E_z、E_D 和 E_C 的定量关系
- 表皮原子的配位数仅与所处层数相关，与化学成分无关
- 低配位原子的化学键变短、芯电子钉扎、能量致密化、芯能级正偏移
- 表皮原子比内部排列更致密、结合更紧密，但化学活性和热力学性能却更为活跃

摘要

表皮 XPS 可分解出多层组分，获取局域键长、键能、原子结合能、能量密度、单原子能级 $E_v(0)$ 等定量信息以及它们与配位数之间的定量函数关系。$E_v(0)$ 和 $E_v(12)$ 为常数。原子所在层数和表面结构直接影响配位数，而原子低配位诱导键收缩则进一步促进了表面结构弛豫和重构。

4.1 XPS 谱学信息

表皮芯能级偏移问题长期存在争议，是正偏移、负偏移还是混合偏移，一直未有定论。科研工作者使用"初-末"状态弛豫方法进行了大量直观的模拟分析和计算，但仍然无法确定能级偏移的内在机理。以费米能级为参考点，Nb(100)[1, 2]、石墨[3]、Tb(0001)[4]、Ta(100)[5]、Ta(110)[6]、Mg($10\bar{1}0$)[7] 和 Ga(0001)[8] 等表皮芯能级发生正偏移(各层能级次序：E_F、B、$\cdots$、S_2、S_1)；Be(0001)[9]、Be($10\bar{1}0$)[7, 10, 11]、Ru($10\bar{1}0$)[12]、Mo(110)[13]、Al(100)[14]、W(110)[15]、W(320)[16] 和 Pd 的(110)、(100)、(111)[17] 表皮芯能级发生负偏移(各层能级次序：E_F、S_1、S_2、$\cdots$、B)；而 Si(111)[18]、Si(113)[19]、Ge(100)[20]、Ge(111)[21]、Ru(0001)[22] 和 Be($10\bar{1}0$)[23] 发生混合偏移(各层能级次序：S_2、S_1、$\cdots$、B、E_F)。

XPS 谱峰的强度和能量受到表皮晶面取向和原子密度的影响。一方面，高密度表皮不仅会阻碍入射光束向内层原子的穿透，同时还约束了深层电子的逃逸，

因此减弱了块体成分的谱峰强度。另一方面，表皮原子配位数引起键弛豫，导致原子密度增大，芯能级偏移量减小。fcc 结构(110)、(100)和(111)面的原子密度关系是$1/\sqrt{2}$ ：1：$2/\sqrt{3}$。根据 BOLS 理论，表皮原子密度越高，原子配位数越大，则键强越弱[24]。图 4.1 所示为 Li、Na 和 K 表皮和块体成分谱峰强度随入射光束能量变化的情况[25]。入射光能量增大，块体谱峰强度随之增大。这一测试结果也为 Li、Na 和 K 固体的 XPS 谱图分析提供了表皮和块体组分分解的直接标准。

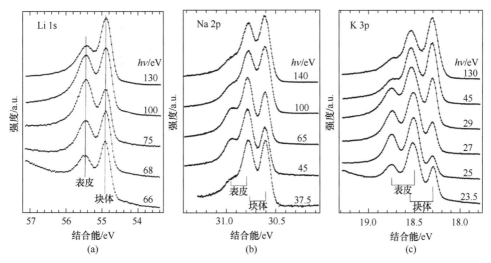

图 4.1　(a) Li、(b) Na 和(c) K 表皮和块体组分强度随入射光能量的变化[25]

同物质的(111)表皮 S_1 组分芯能级偏移量比(110)和(100)面的都要小，因为其原子的配位数比后两者都稍大。Andersen 等也证实了密排(111)面的 S_1 峰强比(110)面的更强[17]。图 4.2 所示为 390 eV X 射线激发获得的 Pd(110)、(100)和(111)面上的 334.35 eV (B)和~334.92 eV (S_1)组分。(111)面的 S_1 组分强度比(110)的高，但(111)面 S_1 的能级偏移量明显小于(110)的。这一趋势与第一性原理计算和理论预测一致[26]。若逃逸电子的平均自由程(约为 40 nm)大于入射电子的穿透深度，这一趋势也成立[27, 28]。

基于 BOLS-TB 理论结合 XPS 构建的 $E_v(0)$、$E_v(12)$、$E_v(z)$、d_z、E_z、E_D 和 E_C 之间的定量关系，可以发现，所有表皮的芯能级呈正向偏移，表皮原子的有效配位数仅与晶面几何取向和层数相关，与材料的化学组分无关[24, 29, 30]。$E_v(0)$ 和 $E_v(12)$ 可从表皮 XPS 谱图中获得，为随后缺陷、纳米结构和界面的键参数定量信息的确定提供基础。

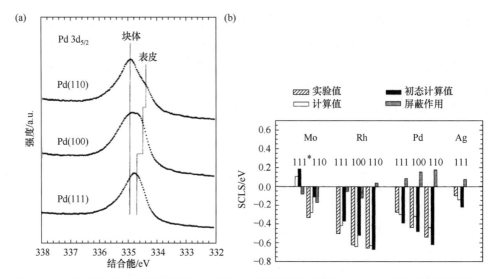

图 4.2　(a) 在 390 eV X 射线激发下，Pd(111)、(100)和(110)表皮 Pd 3d$_{5/2}$ 芯能级的偏移情况；
　　　　(b) "初-末"状态弛豫方法对 Mo、Rh、Pd 和 Ag 表皮 3d 芯能级偏移的模拟结果[17]

4.2　BOLS-TB 理论

固体表皮原子的配位数与芯能级偏移之间满足如下关系：

$$
\begin{cases}
E_\nu(0) = \left[C_{z'}^m E_\nu(z') - C_z^m E_\nu(z) \right] \big/ \left(C_{z'}^m - C_z^m \right) \\
E_\nu(z) = E_\nu(0) + \Delta E_\nu(12) C_z^{-m}
\end{cases}
\tag{4.1}
$$

若极化和钉扎的耦合作用明显，$E_\nu(z)$表达式中的 C_z^{-m} 项将用 pC_z^{-m} 项代替。极化系数 p 表示极化效应抵消量子钉扎效应的程度，这也决定了芯能级偏移的正负属性。

计算过程中，首先要确定 $E_\nu(0)$ 值。如果从样品 XPS 中提取的表皮信息层数 l 大于 2，则 $E_\nu(0)$ 和 $\Delta E_\nu(12)$ 存在 $N = C(l,2) = l!\big/[(l-2)!2!]$ 种可能性，且均在误差 (σ)范围内。此时，$E_\nu(0)$ 和 $\Delta E_\nu(12)$ 取平均值

$$
\begin{cases}
E_\nu(x_l) = \langle E_\nu(0) \rangle \pm \sigma + \Delta E_\nu(12)(1 + \Delta_{Hl}) \\
\langle E_\nu(0) \rangle = \sum_N E_{\nu l}(0) \big/ N \\
\sigma = \sqrt{\sum_{C(l,2)} \left[E_{\nu l}(0) - \langle E_\nu(0) \rangle \right]^2 \Big/ \left[N(N+1) \right]}
\end{cases}
\tag{4.2}
$$

通过测量同种物质在 fcc(100)、(110)和(111)表皮的一系列 XPS，获得 $l = 1 + 3 \times 3 = 10$

个子层(各表皮均只考虑 S_1、S_2、S_3 三个原子层和共同的块体组分 B)。因此，$\langle E_v(0)\rangle$ 为 $N = C(10, 2) = 45$ 个 $E_v(0)$ 的平均值。N 越大，$\langle E_v(0)\rangle$ 值就越精确可靠。

在进行 XPS 分析之前，还需要确定键性质参数 m 值。在已知物质形状因子 τ 的情况下，通过拟合尺寸 K 与熔点 T_m 的关系可得到 m 值，具体关系式如下[31]：

$$\frac{T_m(K) - T_m(\infty)}{T_m(\infty)} = \tau K^{-1} \sum_{i \leqslant 3} C_i \left(z_{ib} C_i^{-m} - 1 \right)$$

其中，$T_m(K)$ 和 K 都是可测量的，$T_m(\infty)$ 为已知物质的块体熔点。块体配位数为 12，相对原子有效配位数 $z_{ib} = z_i / 12$。

若 m 值确定，再利用下式调整所有可能的 $E_v(z)$ 直至 σ 最小($< 10^{-3}$)以实现 $E_v(0)$ 的优化：

$$\frac{E_v(z) - E_v(0)}{E_v(z') - E_v(0)} = \frac{C_z^{-m}}{C_{z'}^{-m}} \tag{4.3}$$

σ 越小，平均值 $\langle E_v(0)\rangle$ 越接近真实情况。据此，通过表皮 XPS 解析可以定量表征 $E_v(0)$、各晶面子层的有效配位数 z 和能级偏移量 ΔE_v ($2 \leqslant z \leqslant 12$)。

4.3　XPS 能谱解析

4.3.1　面心立方：Al、Ag、Au、Ir、Rh、Pd

图 4.3～图 4.6 为 Rh、Pd、Al、Ag、Au 和 Ir 不同晶面的 XPS 解谱结果。同一物质 fcc(100)、(110)和(111)表皮 XPS 共含有 $l = 7$ 个组分峰，即各自的 S_1、S_2 子层谱峰和共同的块体谱峰 B[32, 33]。$\langle E_v(0)\rangle$ 取 $C(7, 2)=21$ 个不同 $E_v(0)$ 的平均值。解谱能够精确判定表皮各子层原子的有效配位数。表 4.1 总结了图 4.3～图 4.6 的 6 种物质不同晶面的解谱信息，包含原子有效配位数 z、键应变 ε_z、键能 E_z、能量密度 E_D、原子结合能 E_C 以及与其相应块体值的比值。这些基本物理量决定了物质表皮的性质，如 E_D 决定应力强度和杨氏模量，E_C 决定扩散率、热稳定性和相变临界温度[31]。

每个晶面表皮的 XPS 均可分解为 S_1、S_2 和 B 三个组成部分[17, 34]。主峰深能级边缘处不对称的峰尾是空位缺陷或吸附原子的钉扎效果[24]。图 4.3 中，Pd $3d_{5/2}$ 的 XPS 为单个对称卷积峰，而 Rh $3d_{5/2}$ 则存在两个主峰。在主峰深能级边缘存在不对称峰尾，表明此处可能存在缺陷或吸附原子，它们造成了键能的量子钉扎。Pd($5s^0 4d^{10}$)、Rh($5s^1 4d^8$)和 Ir($6s^2 5d^7$)的电子构型会影响它们的光谱模式，因为它们具有相同的几何形状和相似的散射原子截面[24]。尖锐边缘的原子可能会部分保留孤立原子的轨道特性。

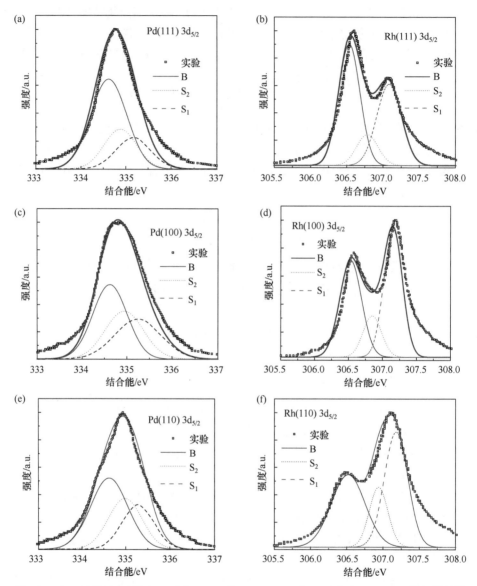

图 4.3　(a)、(c)和(e) Pd 及(b)、(d)和(f) Rh 的(111)、(100)和(110)表皮 3d$_{5/2}$ XPS 的解谱结果

研究结果表明[17]，(110)面比(001)和(111)的原子芯能级偏移量都要大，因为(110)面上原子的有效配位数最少，而(111)面的有效原子配位数最大，其芯能级偏移量最小。无论表面是何种晶面，其最外层原子的化学键比其下亚原子层的更短、更强。Matsui 等关于 Ni 表面的研究结果予以了证实[35]。他们发现，Ni 表面最外

三层原子的 Ni 2p 能级均向深层能级偏移，且最外层的芯能级偏移量最大。

低配位原子可引起局域应变和应力(亦即键能梯度)，可进一步在横向平面上重构表皮结构，并引起垂直方向的弛豫行为。不过，fcc 金属表皮上最多有三个原子层与内部块体结构不同[31]。

图 4.4 和图 4.5 所示为 BOLS-TB 方法解析的 Ir、Al 和 Au 的(100)、(111)、(110)等表皮 $4f_{7/2}$ 谱图[36]。表 4.1 中也列出了 $4f_{7/2}(0, z, 12)$ 最优组分和 fcc Au 表皮的块体偏移量 $\Delta E_{4f_{5/2}}(12)$。图 4.5(d)为金箔在 100 ℃经由 O_3 氧化后的 $4f_{7/2}$ 的 ZPS 结果[37]。

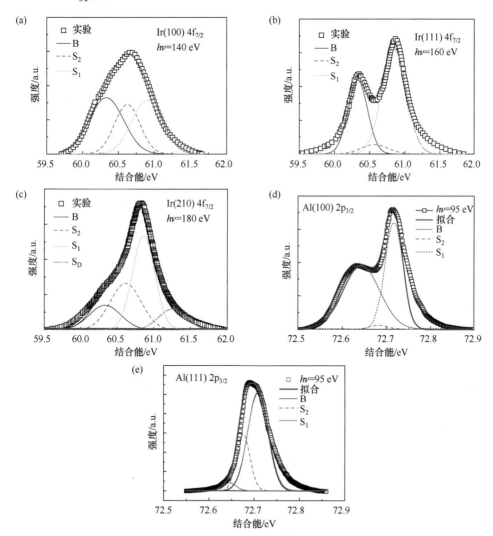

图 4.4　(a)～(c) Ir(100)、(111)、(210)表皮 $4f_{7/2}$[39-41]和(d)、(e) Al(100)、(111)表皮 $2p_{3/2}$ 的 XPS 解谱结果[42](组分能量从低到高分别为：B、S_2、S_1、S_D[43, 44])

显然，氧化使表皮极化，但过量的氧在表面形成氢键网络后会消除表皮偶极子，阻止表皮进一步氧化[38]。图 4.6 为 Ag (100)和(111)表皮的 3d 能级解谱图。

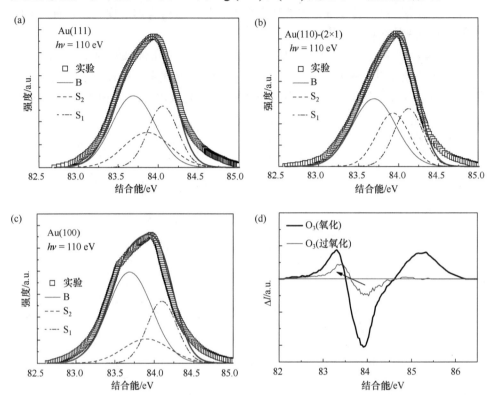

图 4.5 (a)～(c) Au(111)、(110)、(100)表皮的 XPS[36]及(d)金箔在 100 ℃被 O₃ 氧化后 4f₇/₂ 能级的 ZPS[37, 38]

(d)中子图为大图数据的原始图，即差谱前的原始图

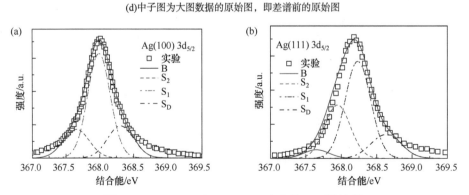

图 4.6 (a) Ag(100)和(b) Ag(111)表皮的 XPS[17, 46, 47]

表 4.1　层数和晶粒取向引起的原子有效配位数(z)、优化 $E(z)$、$E_v(0)$ 和块体偏移量 $\Delta E(12)$ 的变化

	i	z	Pd $3d_{5/2}$	Rh $3d_{5/2}$	Ir $4f_{7/2}$	Al $2p_{3/2}$	Au $4f_{7/2}$	Ag $3d_{5/2}$	$-\varepsilon_z/\%$	$\delta E_z/\%$	$\delta E_D/\%$	$-\delta E_C/\%$
m			1[17]	1[34]	1[39-41, 43]	1[42]	1[36]	1[47]				
$E_v(0)$		0	330.261	302.163	56.367	72.146	80.726	363.022				
σ			0.003	0.004	0.002	0.003	0.002	0.003				
$E_v(12)$	B	12	334.620	306.530	60.332	72.645	83.692	367.650	0	0	0	0
$\Delta E_v(12)$	—	—	4.359	4.367	3.965	0.499	2.866	—				
(111)	S_2	6.31	334.88	306.79	60.571	72.675	84.057	367.93	5.63	5.97	26.08	44.28
	S_1	4.26	335.18	307.08	60.84	72.709	83.863	368.24	11.31	12.75	61.60	59.97
	D	3.14	—	—	—	—	—	368.63	17.45	21.15	115.39	68.30
(100)	S_2	5.73	334.94	306.85	60.624	72.682	84.099	367.99	6.83	7.33	32.70	48.75
	S_1	4.00	335.24	307.15	60.898	72.716	83.902	368.31	12.44	14.20	70.09	61.93
(110)	S_2	5.40	334.98	306.89	—	—	84.122	—	7.62	8.25	37.33	51.29
	S_1	3.87	335.28	307.18	—	—	83.929	—	13.05	15.02	74.99	62.91
(210)	S_3	5.83	—	—	60.613	—	—	—	6.60	7.07	31.43	47.98
	S_2	4.16	—	—	60.861	—	—	—	11.72	13.28	64.68	60.73
	S_1	2.97	—	—	61.251	—	—	—	18.78	23.12	129.77	69.53

注：基于最优的配位数和已知的 m 值，可推导出键应变 $\varepsilon_z = C_z - 1$、相对键能增量 $\delta E_z = C_z^{-m} - 1$、结合能密度 $\delta E_D = C_z^{-(m+\tau)} - 1$、各子层中的原子结合能 $\delta E_C = z_{ib} C_z^{-m} - 1$。能量单位为 eV。

4.3.2　体心立方：W、Mo、Ta

　　需要指出，为规范表示有效配位数，将体心立方结构满配位情况的原子配位数定义为 12（常规情况下为 8），或采用 $z = 12(CN_{bcc})/8$ 来计算有效配位数数值。前面已证实，XPS 解谱能便捷得到表皮 S_2、S_1 及块体 B 三部分的定量信息[13, 48-50]。图 4.7 和图 4.8 分别为 (100)、(110) 和 (111) 晶面的 W $4f_{7/2}$、Ta $4f_{7/2}$ 和 Mo $3d_{5/2}$ 能级的 XPS 解谱结果，相应数值列于表 4.2。

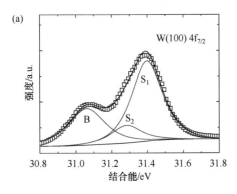

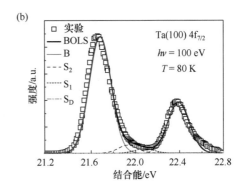

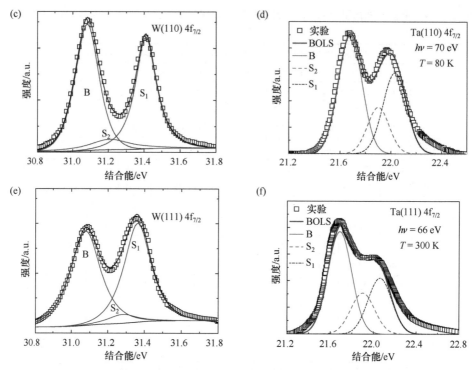

图 4.7　(a) W(100)、(c) (110)和(e) (111)[48, 49]和(b) Ta(100)、(d) (110)和(f) (111)[6, 52, 55]晶面 4f$_{7/2}$
能级的解谱图[54, 56](曲线中的基线用于光谱背景校正)

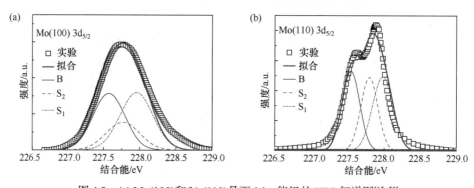

图 4.8　(a) Mo(100)和(b) (110)晶面 3d$_{5/2}$ 能级的 XPS 解谱图[13, 50]

表 4.2　体心立方结构的 W[48, 49, 51]、Mo[13, 50]和 Ta [6, 52]不同取向表皮各原子层的 z、$E_\nu(0)$、$E_\nu(12)$、
$\Delta E_\nu(12)$、ε_z、δE_z、δE_C 和δE_D

	i	z	W 4f$_{7/2}$	Mo 3d$_{5/2}$	Ta 4f$_{7/2}$	$-\varepsilon_z$/%	δE_z/%	$-\delta E_C$/%	δE_D/%
m			1 [53]	1[54]	1[6, 52]				
$E_\nu(0)$	—	0	28.889	224.868	19.368				
$E_\nu(12)$	B	12	31.083	227.567	21.650	0	0	0	0

续表

	i	z	W 4f$_{7/2}$	Mo 3d$_{5/2}$	Ta 4f$_{7/2}$	$-\varepsilon_z$/%	δE_z/%	$-\delta E_C$/%	δE_D/%
$\Delta E_v(12)$		—	2.194	2.699	2.282				
σ			0.002	0.002	0.002				
(100)	S_2	5.16	31.283	227.813	21.855	8.27	9.01	53.13	41.21
	S_1	3.98	31.398	227.957	21.977	12.53	14.32	62.08	70.81
(110)	S_2	5.83	31.240	227.761	21.811	6.60	7.07	47.98	31.43
	S_1	3.95	31.402	227.962	21.981	12.67	14.51	62.31	71.92
(111)	S_2	5.27	31.275	—	21.847	7.96	8.65	52.28	39.37
	S_1	4.19	31.370	—	21.949	11.60	13.12	60.50	63.73

4.3.3 金刚石结构：Si、Ge

图 4.9 为金刚石结构的(100)和(111)表皮上 Si 2p$_{3/2}$[57, 58]和 Ge 3d$_{5/2}$ [21, 59]的 XPS 解谱结果，获取的定量信息列于表 4.3。由于金刚石结构由两个 fcc 结构嵌套而成，所以(100)表面的 z_1 = 5.08 而非 4.0。谱图结果进一步证实，在(100)和(111)晶面上 Si 2p$_{3/2}$ 和 Ge 3d$_{5/2}$ 因原子低配位呈现出局域钉扎效应。

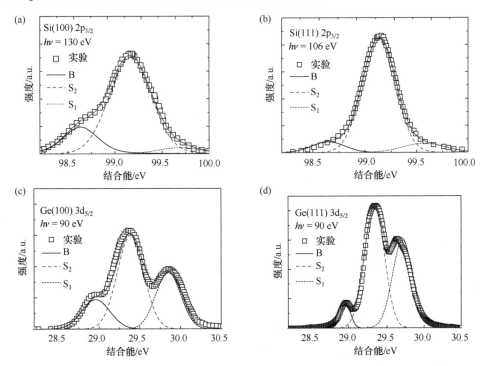

图 4.9　(a)和(b) Si 2p$_{3/2}$ [57, 58]和(c)和(d) Ge 3d$_{5/2}$[21, 59]的(100)和(111)表皮 XPS 解谱图
三个高斯分峰代表 B、S$_2$ 和 S$_1$ 三个组分，各分峰对应的 d_z、$E_v(z)$、$E_v(0)$和$\Delta E_v(12)$值列于表 4.3[62]

表4.3　金刚石结构的 Si[57, 58] 和 Ge[21, 59] 的不同取向表皮各原子层的 z、$E_v(0)$、$E_v(12)$、$\Delta E_v(12)$、ε_z、δE_z、δE_C 和 δE_D

	i	z	Si $2p_{3/2}$	Ge $3d_{5/2}$	$-\varepsilon_z/\%$	$\delta E_z/\%$	$-\delta E_C/\%$	$\delta E_D/\%$
m			4.88[60]	5.47[61]				
$E_v(0)$	—	0	96.089	27.579				
$E_v(12)$	B	12	98.550	28.960	0	0	0	0
$\Delta E_v(12)$		—	2.461	1.381				
σ			0.003	0.002				
(100)	S_2	6.76	99.224	29.391	4.84	31.18	26.10	52.24
	S_1	5.08	99.884	29.823	8.49	62.50	31.21	112.08
(111)	S_2	7.08	99.143	29.339	4.34	27.47	24.79	45.62
	S_1	5.39	99.719	29.713	7.65	54.54	30.58	96.22

4.3.4　密排六方：Be、Re、Ru

　　图 4.10 和图 4.11 分别列出了 Be[9, 11, 63, 64]、Re[65, 66]、Ru[22, 67] 不同取向表皮芯能级的 XPS 解谱结果，与前述面心立方、体心立方和金刚石结构的金属表皮不同，密排六方结构的三种金属表皮 XPS 能谱解析均超过 B、S_2、S_1 三个组分。Be(0001) 的 Be 1s 能级包含 B、S_3、S_2、S_1 四个组分。Be(10$\bar{1}$0) 能谱包含 5 个组分，最深能

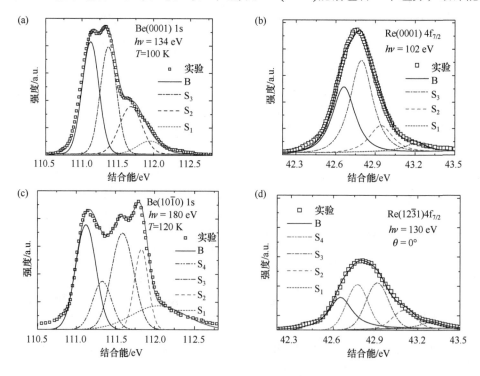

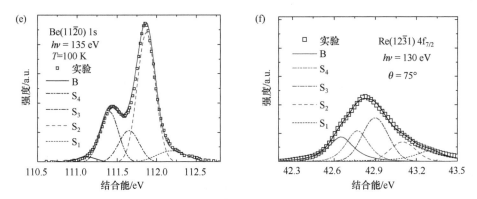

图 4.10 (a) Be(0001)、(c) (10$\bar{1}$0)、(e) (11$\bar{2}$0)表皮 1s 能级[9, 11, 63, 64]及(b) Re(0001)、(d)和(f)
(12$\bar{3}$1)表皮 4f$_{7/2}$能级[66, 67]的 XPS 解谱图

(d)和(f)中 S$_3$与 B 组分强度随发射角的相对变化说明表面芯能级发生正偏移,更为详细的信息列于表 4.4 [29, 68]

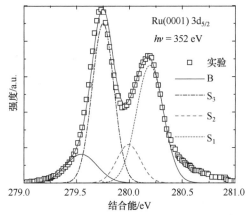

图 4.11 Ru(0001)表皮 3d$_{5/2}$的 XPS 解谱结果[22, 65]

级处的 S$_1$分峰来自 Be(10$\bar{1}$0) 弯折边缘的低配位 Be 原子。Be(10$\bar{1}$0)、(0001)和
(11$\bar{2}$0)表皮共包含 12 个组分和 55 个可能的 E_v(0)值。

根据解谱原则,同一物质的所有表面都必须存在共同的块体组分并且能级恒定。然而,在 Be(11$\bar{2}$0)能谱中观察不到块体组分。这是因为 Be(11$\bar{2}$0)表皮较高的原子密度阻止了入射光束穿透块体或者说是阻止了电子从块体中逃逸出来。较深原子层上原子的电子无法获得足够能量而难以从晶体表皮逃逸。Be 原子截面较小,填充密度较高,所有的 Be 表面至少包含 4 个原子层(还可能增加缺陷或吸附原子层)。Be(11$\bar{2}$0)光谱中缺乏块体信息也从另一个角度说明,135 eV 的 X 射线穿透深度仅局限于最外三个原子层(厚度小于 1 nm)。

图 4.10(b)、(d)和(f)为 Re 4f$_{7/2}$能级的 XPS 解谱结果。由于 Re(12$\bar{3}$1)晶面的扭结,表皮被分解为 4 个组分。Re(0001)和(12$\bar{3}$1)共有 8 个组分和 28 个可能的 E_v(0)

值。Re(12$\bar{3}$1)最外层的配位数为 2.836，低于 Re(0001)晶面顶层原子配位数 3.50。图中的低强度峰对应更低配位的缺陷或边缘原子的量子钉扎。Ru(0001)表皮的 Ru 3d$_{5/2}$ 能级解谱显示也包含有 4 个组分[22, 65]，详细结果参看表 4.4。

表 4.4　密排六方结构的 Be、Re 和 Ru 表皮原子能谱解析结果

	i	z	Re 4f$_{5/2}$	Ru 3d$_{5/2}$	Be 1s	$-\varepsilon_z$/%	δE_z/%	$-\delta E_C$/%	δE_D/%
m			1[29]	1[30]	1[68]				
$E_v(0)$		0	40.015	275.883	106.416				
σ			0.003	0.003	0.003				
$E_v(12)$	B	12	42.645	279.544	111.110				
$\Delta E_v(12)$			2.629	4.661	3.694				
	S$_3$	6.50	42.794	279.749	111.370	5.28	5.58	42.81	24.25
(0001)	S$_2$	4.39	42.965	279.992	111.680	10.79	12.10	58.99	57.90
	S$_1$	3.50	43.110	280.193	111.945	15.06	17.73	65.66	92.14
	S$_4$	6.97	—	279.719	111.330	4.51	4.72	39.18	20.26
(10$\bar{1}$0)	S$_3$	4.80	—	279.921	111.590	9.35	10.31	55.88	48.08
	S$_2$	3.82	—	280.105	111.830	13.30	15.35	63.28	77.01
	S$_1$	3.11	—	280.329	112.122	17.68	21.47	68.52	117.74
	S$_4$	6.22	—	—	111.400	5.80	6.16	44.97	27.01
(11$\bar{2}$0)	S$_3$	4.53	—	—	111.650	10.27	11.45	57.93	54.26
	S$_2$	3.71	—	—	111.870	13.88	16.11	64.10	81.76
	S$_1$	2.98	—	—	112.190	18.70	22.99	69.46	128.84
	S$_4$	6.78	42.779		—	4.81	5.05	40.65	21.79
(12$\bar{3}$1)	S$_3$	4.88	42.910	—	—	9.09	10.00	55.27	46.43
	S$_2$	3.55	42.100	—	—	14.77	17.33	65.29	89.49
	S$_1$	2.84	43.305	—	—	19.89	24.83	70.46	142.80

4.4　局域能量密度和原子结合能

经过一系列不同几何构型的金属不同取向表皮的 XPS 解谱分析，可以获得以下参考标准：fcc(100)表皮的配位数为 $z_1 = 4$、$z_2 = 5.73$ 和 $z_{i>3} = 12$；键长收缩比

例从块体值 1 减小到 $C_1 = 0.88$、$C_2 = 0.92$、$C_{i \geqslant 3} = 1$；金属材料(如 Au、Ag 和 Cu) 的键性质参数 $m = 1$、碳材料 $m = 2.56$[69]、硅材料 $m = 4.88$[70]。通过已知的 m 和 键能(Cu 为 4.39 eV/原子，金刚石为 7.37 eV/原子，硅为 4.63 eV/原子)[71]，可以得 到表皮原子的晶向、亚层原子的能量密度 E_D(eV/nm³)及原子结合能 E_C(eV/原子)， 详见表 4.5。结果表明，表皮 E_D 总是大于块体值，而表皮 E_C 则总是小于块体值。 图 4.12 为不同几何结构固体表皮的键应变 ε_z、$\Delta E_v(12)$、E_C 和 E_D 随配位数 z 变化 的 BOLS 理论预测(实线)和 XPS 解谱(散点)结果，两者趋势非常吻合。这也说明 XPS 的应用范围可得到进一步拓展，所得信息能为材料设计提供指导依据。

表 4.5　键性质参数 m 与固体表皮和块体 E_D、E_C 的关系[73]

m	E_D(块体) /(eV/nm³)	E_D(表皮) /(eV/nm³)	E_D(表皮) /E_D(块体)	E_C(块体) /(eV/原子)	E_C(表皮) /(eV/原子)	E_C(表皮) /E_C(块体)
1 (Cu)	155.04	198.60	1.468	4.39	2.00	0.455
2.56 (金刚石)	1307.12	2262.63	1.713	7.37	3.86	0.524
4.88 (Si)	164.94	357.09	2.165	4.63	3.00	0.649

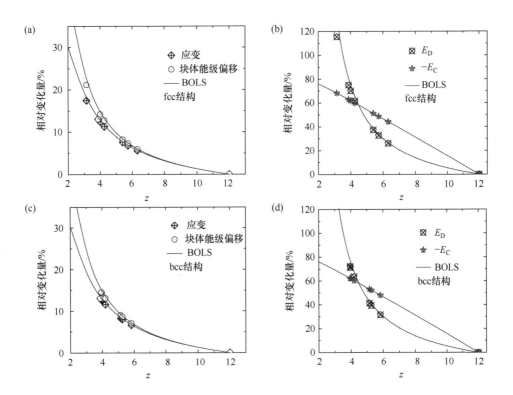

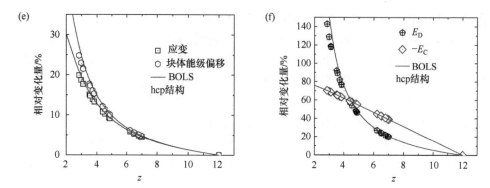

图 4.12　(a)和(b) fcc、(c)和(d) bcc 及(e)和(f) hcp 三种结构固体表皮的键应变、块体能级偏移 $\Delta E_{\nu}(12)$、原子结合能 E_C、能量密度 E_D 与配位数 z 的关系(实线为 BOLS 理论计算结果，散点为 XPS 数据)[72]

4.5　总　　结

BOLS-TB 理论结合 XPS 解谱，可以定量分析 fcc、bcc、hcp 和金刚石结构的物质表皮不同晶面的原子芯能级偏移，获取表皮键长、键能、键能密度、原子结合能等定量信息，并据此分析孤立原子和块体能级以及原子低配位引起的能级偏移，辨明了无论化学成分如何，相同几何结构的相同原子层数具有相同的有效配位数。

表皮的芯能级偏移实际均为正偏移。负偏移或混合偏移可能是表皮极化对晶体势的劈裂和屏蔽作用引起的，但微弱极化在平面上无法检测。低配位原子的化学键变短变强，局域能量密度增大，势阱加深，对哈密顿量产生扰动。"初-末态"弛豫和电荷效应贯穿整个能谱测试过程，一般通过背景校正予以扣除。

参 考 文 献

[1] Fang B S, Lo W S, Chien T S, et al. Surface band structures on Nb(001). Phys. Rev. B, 1994, 50(15): 11093-11101.

[2] Alden M, Skriver H L, Johansson B. *Ab initio* surface core-level shifts and surface segregation energies. Phys. Rev. Lett., 1993, 71(15): 2449-2452.

[3] Balasubramanian T, Andersen J N, Wallden L. Surface-bulk core-level splitting in graphite. Phys. Rev. B, 2001, 64: 205420.

[4] Navas E, Starke K, Laubschat C, et al. Surface core-level shift of 4f states for Tb(0001). Phys. Rev. B, 1993, 48(19): 14753.

[5] Bartynski R A, Heskett D, Garrison K, et al. The 1st interlayer spacing of Ta(100) determined by photoelectron diffraction. J. Vac. Sci. Technol. A, 1989, 7(3): 1931-1936.

[6] Riffe D M, Wertheim G K. Ta(110) surface andsubsurface core-level shifts and 4f$_{7/2}$ line shapes. Phys. Rev. B, 1993, 47(11): 6672-6679.

[7] Cho J H, Kim K S, Lee S H, et al. Origin of contrasting surface core-level shifts at the Be(10$\bar{1}$0) and Mg(10$\bar{1}$0) surfaces. Phys. Rev. B, 2000, 61(15): 9975-9978.

[8] Fedorov A V, Arenholz E, Starke K, et al. Surface shifts of 4f electron-addition and electron-removal states on Gd(0001). Phys. Rev. Lett., 1994, 73(4): 601-604.

[9] Johansson L I, Johansson H I P, Andersen J N, et al. Surface-shifted core levels on Be(0001). Phys. Rev. Lett., 1993, 71(15): 2453-2456.

[10] Lizzit S, Pohl K, Baraldi A, et al. Physics of the Be(1010) surface core level spectrum. Phys. Rev. Lett., 1998, 81(15): 3271-3274.

[11] Johansson H I P, Johansson L I, Lundgren E, et al. Core-level shifts on Be(10$\bar{1}$0). Phys. Rev. B, 1994, 49(24): 17460-17463.

[12] Baraldi A, Lizzit S, Comelli G, et al. Core-level subsurface shifted component in a 4d transition metal: Ru(10$\bar{1}$0). Phys. Rev. B, 2000, 61(7): 4534-4537.

[13] Lundgren E, Johansson U, Nyholm R, et al. Surface core-level shift of the Mo(110) surface. Phys. Rev. B, 1993, 48(8): 5525-5529.

[14] Nyholm R, Andersen J N, Vanacker J F, et al. Surface core-level shifts of the Al(100) and Al(111) surfaces. Phys. Rev. B, 1991, 44(19): 10987-10990.

[15] Riffe D M, Kim B, Erskine J L. Surface core-level shifts and atomic coordination at a stepped W(110) surface. Phys. Rev. B, 1994, 50(19): 14481-14488.

[16] Cho J H, Oh D H, Kleinman L. Core-level shifts of low coordination atoms at the W(320) stepped surface. Phys. Rev. B, 2001, 64(11): 115404.

[17] Andersen J N, Hennig D, Lundgren E, et al. Surface core-level shifts of some 4d-metal single-crystal surfaces: Experiments and *ab initio* calculations. Phys. Rev. B, 1994, 50(23): 17525-17533.

[18] Slack G A, Bartram S F. Thermal expansion of some diamond-like crystals. J. Appl. Phys., 1975, 46(1): 89-98.

[19] Hart T R, Aggarwal R L, Lax B. Temperature dependence of Raman scattering in silicon. Phys. Rev. B, 1970, 1(2): 638-642.

[20] Liu M S, Bursill L A, Prawer S, et al. Temperature dependence of the first-order Raman phonon line of diamond. Phys. Rev. B, 2000, 61(5): 3391-3395.

[21] Kuzmin M, Punkkinen M J P, Laukkanen P, et al. Surface core-level shifts on Ge(111)c(2×8): Experiment and theory. Phys. Rev. B, 2011, 83(24): 245319.

[22] Lizzit S, Baraldi A, Groso A, et al. Surface core-level shifts of clean and oxygen-covered Ru(0001). Phys. Rev. B, 2001, 63(20): 205419.

[23] Cui J B, Amtmann K, Ristein J, et al. Noncontact temperature measurements of diamond by Raman scattering spectroscopy. J. Appl. Phys., 1998, 83(12): 7929-7933.

[24] Wang Y, Nie Y G, Pan J S, et al. Orientation-resolved 3d(5/2) binding energy shift of Rh and Pd surfaces: Anisotropy of the skin-depth lattice strain and quantum trapping. Phys. Chem. Chem. Phys., 2010, 12(9): 2177-2182.

[25] Wertheim G, Riffe D M, Smith N, et al. Electron mean free paths in the alkali metals. Phys. Rev. B, 1992, 46(4): 1955.

[26] Sun C Q. Surface and nanosolid core-level shift: Impact of atomic coordination-number imperfection. Phys. Rev. B, 2004, 69 (4): 045105.

[27] Powell C J, Jablonski A. Progress in quantitative surface analysis by X-ray photoelectron spectroscopy: Current status and perspectives. J. Electron. Spectrosc. Relat. Phenom., 2010, 178-179: 331-346.

[28] Chawla J, Zhang X, Gall D. Effective electron mean free path in TiN (001). J. Appl. Phys., 2013, 113(6): 063704.

[29] Nie Y G, Pan J S, Zheng W T, et al. Atomic scale purification of Re surface kink states with and without oxygen chemisorption. J. Phys. Chem. C, 2011, 115(15): 7450-7455.

[30] Wang Y, Nie Y G, Wang L L, et al. Atomic-layer- and crystal-orientation-resolved 3d5/2 binding energy shift of Ru(0001) and Ru(1010) surfaces. J. Phys. Chem. C, 2010, 114(2): 1226-1230.

[31] Sun C Q. Relaxation of the Chemical Bond. Heidelberg: Springer, 2014.

[32] Huang W J, Sun R, Tao J, et al. Coordination-dependent surface atomic contraction in nanocrystals revealed by coherent diffraction. Nat. Mater., 2008, 7(4): 308-313.

[33] Qi W H, Huang B Y, Wang M P. Bond-length and -energy variation of small gold nanoparticles. J. Comput. Theor. Nanosci., 2009, 6(3): 635-639.

[34] Baraldi A, Bianchettin L, Vesselli E, et al. Highly under-coordinated atoms at Rh surfaces: Interplay of strain and coordination effects on core level shift. New J. Phys., 2007, 9: 143.

[35] Matsui F, Matsushita T, Kato Y, et al. Atomic-layer resolved magnetic and electronic structure analysis of Ni thin film on a Cu(001) surface by diffraction spectroscopy. Phys. Rev. Lett., 2008, 100(20): 207201.

[36] Heimann P, van der Veen J F, Eastman D E. Structure-dependent surface core level shifts for the Au(111), (100), and (110) surfaces. Solid State Commun., 1981, 38(7): 595-598.

[37] Klyushin A Y, Rocha T C R, Havecker M, et al. A near ambient pressure XPS study of Au oxidation. Phys. Chem. Chem. Phys., 2014, 16: 7881-7886.

[38] Sun C Q. Oxidation electronics: Bond-band-barrier correlation and its applications. Prog. Mater. Sci., 2003, 48(6): 521-685.

[39] Bianchi M, Cassese D, Cavallin A, et al. Surface core level shifts of clean and oxygen covered Ir(111). New J. Phys., 2009, 11: 063002.

[40] Barrett N, Guillot C, Villette B, et al. Inversion of the core level shift between surface and subsurface atoms of the iridium (100)(1×1) and (100)(5×1) surfaces. Surf. Sci., 1991, 251: 717-721.

[41] Gladys M J, Ermanoski I, Jackson G, et al. A high resolution photoemission study of surface core-level shifts in clean and oxygen-covered Ir(210) surfaces. J. Electron. Spectrosc. Relat. Phenom., 2004, 135(2-3): 105-112.

[42] Borg M, Birgersson M, Smedh M, et al. Experimental and theoretical surface core-level shifts of aluminum (100) and (111). Phys. Rev. B, 2004, 69(23): 235418.

[43] Bo M, Wang Y, Huang Y, et al. Coordination-resolved local bond relaxation, electron

binding-energy shift, and Debye temperature of ir solid skins. Appl. Surf. Sci., 2014, 320: 509-513.

[44] Qin W, Wang Y, Huang Y L, et al. Bond order resolved 3d(5/2) and valence band chemical shifts of Ag surfaces and nanoclusters. J. Phys. Chem. A, 2012, 116(30): 7892-7897.

[45] Yu W, Bo M, Huang Y, et al. Coordination-resolved spectrometrics of local bonding and electronic dynamics of Au atomic clusters, solid skins, and oxidized foils. ChemPhysChem, 2015, 16(10): 2159-2164.

[46] Rocca M, Savio L, Vattuone L, et al. Phase transition of dissociatively adsorbed oxygen on Ag(001). Phys. Rev. B, 2000, 61(1): 213-227.

[47] Zhu Y, Qin Q, Xu F, et al. Size effects on elasticity, yielding, and fracture of silver nanowires: *In situ* experiments. Phys. Rev. B, 2012, 85(4): 045443.

[48] Jupille J, Purcell K G, King D A. W(100) clean surface phase transition studied by core-level-shift spectroscopy: Order-order or order-disorder transition. Phys. Rev. 1989, 39(10): 6871-6879.

[49] Purcell K G, Jupille J, Derby G P, et al. Identification of underlayer components in the surface core-level spectra of W(111). Phys. Rev. B, 1987, 36(2): 1288-1291.

[50] Minni E, Werfel F. Oxygen interaction with Mo (100) studied by XPS, AES and EELS. Surf. Interf. Anal., 1988, 12(7): 385-390.

[51] Zhou X B, Erskine J L. Surface core-level shifts at vicinal tungsten surfaces. Phys. Rev. B, 2009, 79(15): 155422.

[52] van der Veen J, Himpsel F, Eastman D. Chemisorption-induced 4f-core-electron binding-energy shifts for surface atoms of W (111), W (100), and Ta (111). Phys. Rev. B, 1982, 25(12): 7388.

[53] Nie Y G, Zhang X, Ma S Z, et al. XPS revelation of tungsten edges as a potential donor-type catalyst. Phys. Chem. Chem. Phys., 2011, 13(27): 12640-12645.

[54] Zhou W, Bo M, Wang Y, et al. Local bond-electron-energy relaxation of Mo atomic clusters and solid skins. RSC Adv., 2015, 5(38): 29663 - 29668.

[55] Riffe D M, Hale W, Kim B, et al. Conduction-electron screening in the bulk and at low-index surfaces of Ta metal. Phys. Rev. B, 1995, 51(16): 11012.

[56] Wang Y, Zhang X, Nie Y G, et al. Under-coordinated atoms induced local strain, quantum trap depression and valence charge polarization at W stepped surfaces. Phys. B, 2012, 407(1): 49-53.

[57] Himpsel F, Heimann P, Chiang T, et al. Geometry-dependent Si(2p) surface core-level excitations for Si(111) and Si(100) surfaces. Phys. Rev. Lett., 1980, 45(13): 1112-1115.

[58] Himpsel F, Hollinger G, Pollak R. Determination of the Fermi-level pinning position at Si(111) surfaces. Phys. Rev. B, 1983, 28(12): 7014-7018.

[59] Niikura R, Nakatsuji K, Komori F. Local atomic and electronic structure of Au-adsorbed Ge (001) surfaces: Scanning tunneling microscopy and X-ray photoemission spectroscopy. Phys. Rev. B, 2011, 83(3): 035311.

[60] Pan L, Xu S, Liu X, et al. Skin dominance of the dielectric electronic-phononic-photonic attribute of nanoscaled silicon. Surf. Sci. Rep., 2013, 68(3-4): 418-445.

[61] Wu L, Bo M, Guo Y, et al. Skin bond electron relaxation dynamics of germanium manipulated by

interactions with H_2, O_2, H_2O, H_2O_2, HF, and Au. ChemPhysChem, 2016, 17(2): 310-316.

[62] Bo M, Wang Y, Huang Y, et al. Coordination-resolved local bond contraction and electron binding-energy entrapment of Si atomic clusters and solid skins. J. Appl. Phys., 2014, 115(14): 4871399.

[63] Johansson L I, Glans P A, Balasubramanian T. Fourth-layer surface core-level shift on Be(0001). Phys. Rev. B, 1998, 58(7): 3621-3624.

[64] Johansson L I, Johansson H I P. Unusual behaviour of surface shifted core levels on Be (0001) and Be($10\bar{1}0$). Nucl. Instrum. Methods Phys. Res. B, 1995, 97(1-4): 430-435.

[65] Martensson N, Saalfeld H B, Kuhlenbeck H, et al. Structural dependence of the 5d-metal surface energies as deduced from surface core-level shift measurements. Phys. Rev. B, 1989, 39(12): 8181-8186.

[66] Chan A S Y, Wertheim G K, Wang H, et al. Surface atom core-level shifts of clean and oxygen-covered Re(1231). Phys. Rev. B, 2005, 72(3): 035442.

[67] Baraldi A, Lizzit S, Comelli G, et al. Oxygen adsorption and ordering on Ru($10\bar{1}0$). Phys. Rev. B, 2001, 63(11): 115410.

[68] Wang Y, Nie Y G, Pan J S, et al. Layer and orientation resolved bond relaxation and quantum entrapment of charge and energy at Be surfaces. Phys. Chem. Chem. Phys., 2010, 12(39): 12753-12759.

[69] Zheng W T, Sun C Q. Underneath the fascinations of carbon nanotubes and graphene nanoribbons. Energy Environ. Sci., 2011, 4(3): 627-655.

[70] Sun C Q. Size dependence of nanostructures: Impact of bond order deficiency. Prog. Solid State Chem., 2007, 35(1): 1-159.

[71] Kittel C. Intrduction to Solid State Physics. New York: Willey, 2005.

[72] Liu X J, Bo M L, Zhang X, et al. Coordination-resolved electron spectrometrics. Chem. Rev., 2012, 115(14): 6746-6810.

[73] Zhao M, Zheng W T, Li J C, et al. Atomistic origin, temperature dependence, and responsibilities of surface energetics: An extended broken-bond rule. Phys. Rev. B, 2007, 75(8): 085427.

第 5 章　吸附、缺陷与台阶边缘

要点

- 原子配位缺失导致键长收缩、键能增强
- 吸附原子与金属基体间的化学键比内部缩短 18%，键能增强 21%
- Re 和 Co 台阶边缘量子钉扎效应致使吸附 Pt 原子成为受主型催化剂
- Au、Ag、Cu 和 W 吸附原子引起的极化效应使得 Rh 吸附原子成为施主型催化剂

摘要

　　低配位原子的化学键变短变强，能量和电荷局域致密化，局域势阱加深引起芯电子钉扎，而钉扎的芯电子进一步极化价电子。这些价电子主要是类似 Rh、Au、Ag、Cu 的 s 轨道、W 吸附原子 $4f^{14}5d^46s^2$ 轨道、Mo $4d^55s^1$ 轨道上的未配对孤对电子。而 Co $3d^74s^2$ 中完全占据的 s 轨道电子和 Re $5d^56s^2$ 半占据的 d 轨道电子则产生钉扎效应。极化和钉扎两种效应致使低配位原子显示出截然相反的催化属性。

5.1　XPS 与 STM 实验实例

　　尺寸效应指物质性能参数(如杨氏模量、熔点等)随晶体形状或尺寸的变化而变化。无磁性金属在纳米尺度下将显现磁性[1-3]；几纳米的金属材料从导体转变为绝缘体[4]；纳米金能够达到局域表面等离子体的状态[5, 6]，纳米金还可以大幅提高 CO 的催化能力[7-9]。这些都是材料尺寸效应的表现，本质是原子低配位诱导纳米材料展现的迥异于块体的新奇特性。某些特性已得到实际应用，如 RNA 递送、局域表面等离子体共振拉曼谱[10, 11]、激光应用药物治疗[12]、光致发光增强[13]等。面心立方结构的块体在向十面体或二十面体等结构演变时[14, 15]，块体最外层原子间的化学键也将因为配位数缺失而收缩[16]，我们可以将这种原子层描述为块体表面覆盖的弹性表皮[17]。

　　纳米颗粒会因尺寸效应呈现键收缩、势阱加深、电荷和能量密度致密化、电

子结构变化等现象。STS 结果表明 Au 和 Pd 的带隙宽度与其晶粒直径成反比[4, 18]；STM/S 显示 Au 原子单体和二聚体[19]、原子链[19, 20]、纳米线[21]的价带态密度皆有上升趋势，意味着尺寸效应诱导了局域极化作用。这些低配位原子展现的有趣特性，与库仑阻塞效应[4]、纳米尺寸反应动力学[18]和台阶边缘驻波[22]密切相关。

台阶边缘、点缺陷或吸附位置处存在配位数更低的原子，这些原子间的相互作用可以使其能级偏移呈现无序状态。图 5.1 为 Rh 和 Pt 吸附原子的 XPS 图谱。Rh 吸附原子引起了能量范围在 306.6～307.1 eV 能级的变化，但其能级偏移特征不是单向的正偏移或负偏移[23]。Pt 吸附原子越少，70.5 eV 表皮峰的强度越高，但其能级并未发生偏移[24]。W(110)[25]、Re[26, 27]、Rh(111)[28] 和 Rh(110) 缺失行重构表皮[29]的台阶边缘都呈现出 XPS 能谱能级偏移的无序性。相较于表皮，更低配位的这些台阶边缘原子的信号更弱，因此也难以直接从 XPS 解谱中获取更多的信息。

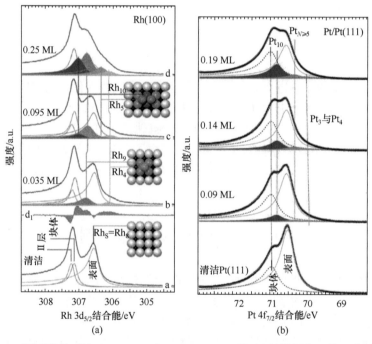

图 5.1　不同吸附量时的(a) Rh 3d$_{5/2}$ 和(b) Pt 4f$_{7/2}$ XPS[23, 24](扫描封底二维码可看彩图)

Rh 3d$_{5/2}$ 能谱测试选用 380 eV 的入射光谱。相对于表面法线，极发射角选取 35°(光谱 a 和 b)和 20°(光谱 c)。Pt 4f$_{7/2}$ 能谱测试选用光源能量为 125 eV，测试温度为 30 K，沿法向采集信息

金属吸附原子与金属氧化物基体间的相互作用是催化研究的关键点。吸附于 TiO_2 和 CeO_2 表皮的 Au 和 Pt 纳米颗粒，因其有效的低温氧化催化作用备受关注[33]。作为典型催化剂，红宝石 TiO_2(110)晶面上的 Au 吸附已被广泛研究。TiO_2(110)晶面含有氧空位和 Ti 间隙原子点缺陷，是最佳的金属氧化物研究基体。

　　图 5.2 比较了 TiO$_2$(110)[30, 32]和 CeO$_2$(111)表面 Au/Pt 吸附原子的低温 STM/TEM 谱图[31]。结果显示，Au 原子倾向吸附处于突起的氧空位顶部，而 Pt 原子则是倾向于底部。DPT 计算结果也表明[34, 35]，Au 吸附原子(半径 1.336～1.439 Å，5d^{10}6s^1)更倾向吸附于氧空位处。

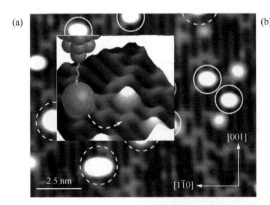
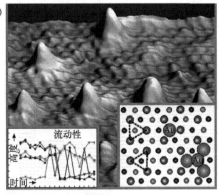

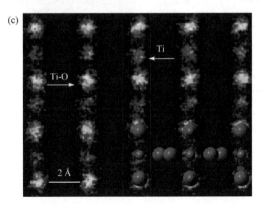

图 5.2　(a) TiO$_2$(110)[30]和(b) CeO$_2$(111)[31]表面 Au 吸附原子的 STM 图和(c) TiO$_2$(110)表面 Pt 吸附原子的 TEM 图[32](扫描封底二维码可看彩图)
Au 倾向吸附处于高突起的氧空位顶部位置，而 Pt 倾向处于底部

　　覆盖率较低时，Au 吸附原子均匀分布于 CeO$_2$(111)表面，在台阶边缘处也不会成键，如图 5.2(b)所示。随着覆盖率增加，Au 原子总量增多，形成如直立的二聚体、双层或三层的锥体类的超小团簇，并表现出明显的流动性，即扫描过程中容易通过针尖改变其形状和位置。研究表明，CeO$_2$(111)表面存在多种等能的 Au 异构体，与金属氧化物间的相互作用较弱。覆盖率较高时，CeO$_2$ 表面呈现大量的 Au 三维粒子，其电导光谱显示存在一组位于 Au 6p 能级区域的未占据态。无论是从形貌还是光谱数据上，都没有发现缺乏缺陷的 CeO$_2$(111)表面存在 Au 的电荷，这意味着 Au 原子主要以中性电荷状态成键[31]。STM 结果显示，Pt 吸附原子(半

径 1.290～1.385 Å，$5d^96s^1$ 或 $5d^{10}6s^0$)倾向吸附处于壳层以下的氧空位位置。

相比之下，XPS 能谱显示 Pt 原子可以进入并均匀分布于 InSe 层内两个三棱柱的位置，如图 5.3 所示。Pt 初始扩散阶段，孤立的 Pt 原子作为表面受体将界面转变为固有界面。在一定的亚层铂覆盖范围之外，Pt-InSe 反应使 InSe 带隙内的局域态由 InSe 价带最大值产生。当铂吸附层的厚度增加时，Pt 4f、In 4d 和 Se 3d 均出现芯能级负偏移现象[36]。

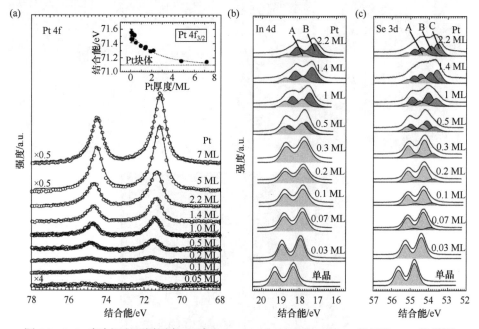

图 5.3　InSe 表皮沉积不同厚度 Pt 时(a) Pt 4f、(b) In 4d 和(c) Se 3d 能级的 XPS 能谱[36]
随着 Pt 吸附层厚度增加，Pt 4f、In 4d 和 Se 3d 能级皆红移

5.2　吸附原子的 ZPS 解析

选区光电子能谱提纯(ZPS)以满配位时的 $E_v(12)$ 为光谱波谷，将低配位吸附原子、缺陷、台阶、化学吸附和重构表面引起的势阱加深，并将极化差谱作为光谱波峰部分，用以辨析低配位引起的芯能级偏移问题。对吸附少于一个原子层(ML)的情况，可以利用 ZPS 对少量吸附原子引起的化学键和电子信息进行提纯，且不需要预先指定任何光谱成分。如图 5.4 示例，根据 ZPS 差谱结果可以明确态密度增益部分为吸附原子作用所致，态密度损失部分源自块体/表面。Pt 吸附原子在芯能带的较深边缘(71.00 eV)产生了势阱钉扎(T)效果，波谷(B，70.49 eV)损耗源自块体部分。Pt 吸附原子的有效配位数为 3.15，低于光滑平整表面时的原子配位数 4.0。根据

BOLS 理论，Pt 吸附原子形成的化学键比内部块体键长收缩 17.5 %、键能增强 21%。

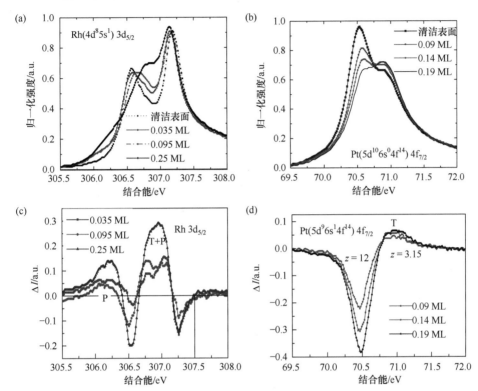

图 5.4 (a) Rh 3d$_{5/2}$[23]和(b) Pt 4f$_{7/2}$[24]随吸附原子覆盖厚度变化的 XPS 及(c)和(d) 相应的 ZPS 结果[37](扫描封底二维码可看彩图)

ZPS 波谷对应块体部分，Pt 为 70.49 eV、Rh 为 306.53 eV。(c)中存在量子钉扎(T)和极化(P)以及两者的耦合效应，(d)中以量子钉扎为主导，其有效配位数 $z = 3.15$

相较而言，Rh 吸附原子的 XPS 更为复杂。除因原子配位($z = 4\sim6$)所引起的量子势阱钉扎外，在 306.20 eV 能级处还存在极化现象。这一极化态是低配位($z\sim3$)引起的量子钉扎所诱导的能级上移。块体能级处于波谷 306.53 eV。值得一提的是，ZPS 方法可以直接确定 Pt 和 Rh 的块体能级分别为 70.49 eV 和 306.53 eV，与表皮 XPS 分析结果一致(详见 4.3 节和后面的表 5.2)。Rh 位于 307.25 eV 的波谷是吸附原子偶极子对晶体势屏蔽和分裂引起的，它抵消了部分低配位($z=3.15\sim6$)引起的量子钉扎。Rh 吸附原子的传导电子完全被极化，屏蔽了晶体势，使得芯能级态密度向 $z=4\sim6$ 的情况偏移，产生 T+P 态，偏移量为 pCz^{-m}。Pt(5d^{10}6s^{0}4f^{14}) 4f$_{7/2}$ 光谱中极化态缺失表明，空的 6s 轨道和完全占据的 4f^{14}态几乎不可能被极化。

图 5.5 为重构六边形 Pt(100)边缘相对于 Pt(100)-(1×1)面 Pt 4f$_{7/2}$的 ZPS 结果[38]，清晰说明了吸附原子引起的量子钉扎特征。由于重构表皮顶层的 Pt-Pt 收缩，其所

容纳的 Pt(100)边缘原子比 Pt(100)-(1×1)层多约 25%。这一结果有力证实了 BOLS-TB-ZPS 理论断定的低配位 Pt 边缘原子间化学键变短变强，引起量子钉扎并造成晶体结构弛豫。

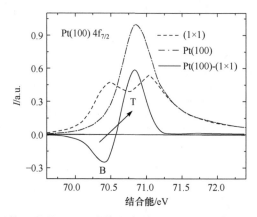

图 5.5　重构六边形 Pt(100)边缘和光滑 Pt(100)-(1×1)表面[37]的 ZPS[38]
块体(B)能级为 70.45 eV、边缘钉扎态(T)能级为 70.80 eV

Pt 和 Rh 吸附原子 ZPS 结果的差异也验证了 BOLS-NEP 概念，可以断定除非 s 电子半满的 $Rh(4d^8 5s^1)$ 可以被极化并局域为原子偶极子，否则电导能力很低。块体时无磁性的材料，在小尺寸团簇情况下，其局域极化的电子对于诱导弱磁性起到重要作用[39-41]。这说明吸附原子偶极子的极化孤电子主导纳米晶体磁性[41]。不过，氢化会使未成对偶极子湮灭，团簇尺寸增大也会降低团簇表层偶极子的比例[41,42]。

Pt 和 Rh 吸附原子在催化反应中所起的作用截然不同。从电子结构角度来说，势阱钉扎使低配位的 Pt 吸附原子成为受主型催化剂，有利于氧化，而 Rh 吸附原子则成为施主型催化剂。催化反应过程中，Pt 吸附原子易于从反应物中捕获电子，Rh 吸附原子则更易失去电子。Au 和 Pt 吸附原子会占据 TiO_2(110)表面上的不同空位，这也是因为原子低配位引起了量子钉扎和极化。据此，可以应用 ZPS 分析方法设计寻找满足不同需求的新型催化剂。

5.3　台阶边缘的 ZPS 解析

5.3.1　原子排布

图 5.6(a)为 fcc(111)邻位面(151，513)和(553)边缘在有效覆盖量为 0.07 ML 和 0.26 ML 时的原子分布示意图。邻位面存在吸附原子(A)、边缘原子(E)、表层原子(1，2)和块体原子(B)等五种原子，有效配位数顺序为 $z_A < z_E < z_1 < z_2 < z_B = 12$。

图 5.6(b)为重构 fcc(110)-(1×2)和(1×2)+(1×1)表面原子分布。(1×2)表面每隔一行缺失一行原子，(1×2)+(1×1)表面则是每隔两行缺失两行原子。"A"表示近邻缺失行空位"M"的原子。图 5.6(c)为 bcc(110)邻位面(320) (边缘有效覆盖量 0.28 ML)和(540) (边缘有效覆盖量 0.16 ML)上的原子分布。

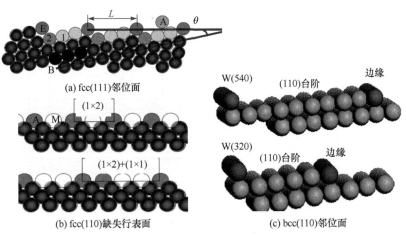

(a) fcc(111)邻位面

(b) fcc(110)缺失行表面

(c) bcc(110)邻位面

图 5.6 (a) fcc(111)邻位面(151, 513)和(553)边缘、(b)重构 fcc(110)-(1×2)和(1×2)+(1×1)面以及(c) bcc(110)邻位面(320)和(540)上吸附原子的分布示意图

(a)中边缘原子覆盖量为 0.07 ML 和 0.26 ML。A 为吸附原子，E 为边缘原子，1 和 2 为表面原子，B 为块体原子，各位置原子的有效配位数服从 $z_A < z_E < z_1 < z_2 < z_B=12$。(b)的(1×2)和(1×2)+(1×1)重构 fcc(110)表面上，原子覆盖量同为 0.5 ML，但原子配位数略有不同。(c)中(320)和(540)表面边缘原子有效覆盖量分别为 0.28 ML 和 0.16 ML

图 5.6(b)中两个表面上的原子覆盖量只有 0.5 ML，但(1×2)缺失行空位附近 E 原子的有效配位数比其他的略低。图 5.6(c)中边缘原子即对应 bcc(110)的邻位面。hcp(0001)面邻位的$(12\bar{3}1)$也更为粗糙，含有的低配位台阶原子比例更高。这些低配位原子易于发生量子钉扎或极化，从而引发如拓扑绝缘体中狄拉克-费米子之类的有趣现象。此时借助 ZPS 分析方法能够辨析配位数的微小变化引起的芯能级偏移情况。

5.3.2 Rh(110)和 Rh(111)台阶边缘

图 5.7 为 Rh(111)和 Rh(110)邻位面的 XPS 和 ZPS 图。ZPS 结果展示了钉扎、极化特征和块体能级("B"，306.53 eV)。表面含有边缘原子时，块体组分的峰值强度会因极化作用部分抵消而衰减，此时 ZPS 只显示一个波谷 B。一般而言，低配位的 Rh 吸附原子会新增两个态密度：一是位于块体能级之上的极化态，另一个是能级相当于有效配位数 $z = 4\sim6$ 情况的钉扎和极化耦合态，对应于 $z\sim3$ 时的初始钉扎能态能级上移，幅度为 pC_z^{-m}。

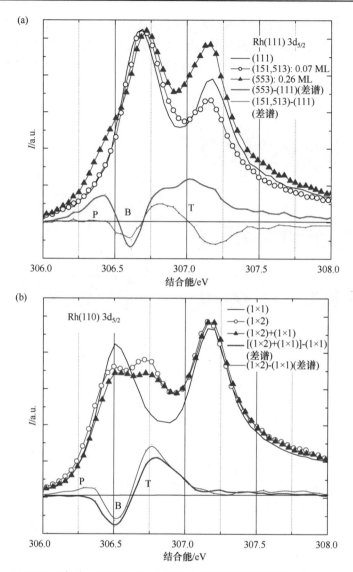

图 5.7　(a) Rh(111)邻位面[28]和(b) Rh(110)缺失行型重构表面[29]的 XPS 和 ZPS 图[43]
波谷中心为块体能级 306.53 eV。ZPS 可以辨析芯能带极化屏蔽效应，以此揭示配位数的微弱变化

　　一般情况下，芯电子都具有量子钉扎和极化两个普遍特征。图 5.7(a)中(151, 513)(0.07 ML)和图 5.7(b)中(1×2)+(1×1)(0.5 ML)的 ZPS 曲线显示的极化效果很弱。这两种情况均产生量子钉扎，但前者极化作用太弱，不足以影响芯能级；后者配位数不够低，无法诱导极化。图 5.7(b)中(1×2)和(1×2)+(1×1)两种情况的吸附原子覆盖量都为 0.5 ML，但是前者双台阶情况比后者单台阶具有更强的极化屏蔽效应。从这一系列实验分析可见，ZPS 是检测原子配位数微小变化所造成影响的最

灵敏的方法。

5.3.3 W(110)台阶边缘

图 5.8(a)为 W(110)、(320)和(540)表层 W $4f_{7/2}$ 能级的原始 XPS[25]。从原始谱中很难区分能谱之间的特征差异,为此进行 ZPS 处理,将含有台阶边缘的 W(540)和(320)的 XPS 减去无台阶 W(110)的 XPS,如图 5.8(b)所示。ZPS 显示在 30.95 eV和 31.31 eV 处存在两个波峰;在 31.08 eV 和 31.45 eV 处存在两个波谷。这些光谱特征说明边缘原子与块体内部或平整表面原子的电子结构确有不同。图 5.8(b)中的光谱特征与低配位 Rh 原子的相同,即极化主导了屏蔽和能级劈裂现象。钉扎的芯电子能级会因极化影响而发生正向偏移。

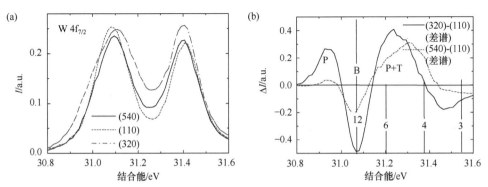

图 5.8 (a) W(110)、(320)和(540)晶面 W $4f_{7/2}$ 的 XPS[25]及相应的(b) ZPS[44]
ZPS 中展现了极化态(P)、极化-钉扎耦合态(P+T)、块体能态(B)及附加波谷能态[44],这些特征与 Rh 边缘和吸附原子极化主导的能态情况相同

基于图 5.8(b)的 ZPS 结果可以直接标识波谷的块体能级为 31.08 eV,无须任何假设(这已在第 4 章中提及),改进了长期以来以波谷 31.45 eV 为块体能级的标识方式[45]。块体能级以下的钉扎态来自边缘量子钉扎。ZPS 还证实了局域致密钉扎可极化边缘原子的价电子,从而屏蔽并劈裂晶体势,使能级上移抵消钉扎态。

极化产生了能为 30.95 eV 的波峰。已知 P 和 B 组分能级后,可以估算极化系数 $p = [E_{4f_{7/2}}(P) - E_{4f_{7/2}}(0)]/[E_{4f_{7/2}}(12) - E_{4f_{7/2}}(0)] = (30.945 - 28.889)/2.194 = 93.7\%$,即极化导致块体内部 W 4f 电子的晶体势减弱了 6.3%。另外,钉扎(T)与极化(P)的耦合作用,使原本的 T 组分转变为 T+P,这与 Rh 吸附原子和台阶边缘原子的能级偏移机理相同。屏蔽效应同样存在于量子钉扎状态,诱发新的波谷且使 T 组分演变为 T+P。$pC_3^{-1} = C_{3.75}^{-1}$ 取代 C_3^{-1},即位于 $z = 3$ 的初始边缘能态上移至 $z = 3.75$ 对应的能态。由于 T+P 耦合效应,边缘化学键增强了 $[E_{4f_{7/2}}(3.75) - E_{4f_{7/2}}$

$(0)]/[E_{4f_{7/2}}(12) - E_{4f_{7/2}}(0)] = (31.310-28.889)/2.194 = 1.103$ 或 10.3%。

W 边缘原子的 ZPS 结果与 Rh 边缘或吸附原子的 ZPS 属性相同[37]，后者已被证实为施主型催化剂。从电子结构角度可预计低配位 W 边缘与 Rh 吸附原子一样具有施主型催化剂特征。

DFT 方法计算得到的平面 W(110) 和边缘 W(320)、(540) 表面的局域价带态密度验证了 BOLS-NEP 理论对于表皮键收缩和价电荷极化的预测结果[46, 48]，详见表 5.1 和图 5.9。此外，还计算证实尺寸减小引起了 Mo_N 团簇的 Mo 4s 芯能级钉扎和 Mo $4d^35s^1$ 价带极化。

表 5.1　基于 DFT 计算导出的 W 表皮键收缩情况[46]

	键序	应变/%
W(110)	1-2	−3.28
	2-3	−0.36
W(320)	E-1	−5.84
	E-2	−5.47
	2-3	−0.07
W(540)	E-1	−4.74
	E-2	−5.84
	2-3	−0.29

一般情况下，DFT 计算的键应变结果低于实际情况[47]，但基本与 BOLS-NEP 计算结果一致。

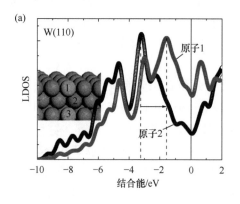

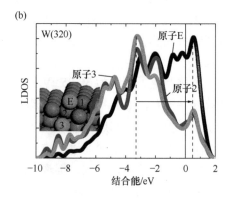

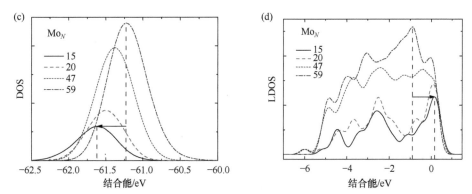

图 5.9 DFT 计算获得的(a) W(110)和(b) W(320)表皮 W $5d^46s^2$ 的局域态密度(LDOS)以及 Mo_N

团簇(c) Mo 4s 芯能级钉扎和(d) Mo $4d^35s^1$ 价带极化的尺寸效应[46, 48]

(b)中边缘原子(原子 E)的极化比平整表皮原子(原子 1)和亚层原子(原子 2 和 3)的更为显著

5.3.4 Re(0001)和 Re(12$\bar{3}$1)台阶边缘

图 5.10(a)为 Re(12$\bar{3}$1) $4f_{5/2}$ 和 $4f_{7/2}$ 的 ZPS[21, 22, 24, 28, 49-52]，由背景校正和面积归一化后的 75°入射 XPS 减去 0°入射 XPS[26, 27, 53-58](图中用 75°-0°表示)。$4f_{7/2}$ 能带上边缘存在微小波峰，这是台阶边缘原子的 Re $5p_{3/2}$ 能级与其重叠所致，而非极化导致。$4f_{5/2}$ 能级的详细信息展示于图 5.10(b)。能级位于 42.645 eV 和 42.910 eV 的两个波谷分别为 B(块体)和 S_3(第三原子层)组分。实际上，42.778 eV 能级为 S_4(第四原子层)组分。最外两层原子的有效配位数分别为 3.6 (S_2)和 2.8 (S_1)，贡献量子钉扎作用。图 5.10(a)的 $4f_{5/2}$ 能带底部还有一个较小的宽峰，这是 S_2 和 S_1 台阶引起的电子能量增益。因此，ZPS 可以提纯台阶和块体信息，且无须对块体或表层组分进行任何假设。

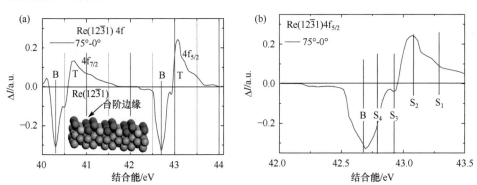

图 5.10 (a) 含有台阶的 Re(12$\bar{3}$1) 4f 能带[54]及(b) $4f_{5/2}$ 能级的 ZPS[59]

(a)中波谷对应块体(B)组分，波峰对应量子钉扎态(T)；(b)中波谷能级为 42.645 eV，实际包含 B、S_4 和 S_3 三部分的贡献，波峰包含最外两原子层台阶原子的量子钉扎效应

基于块体能级宽度和 TB 近似，重叠积分 β 相较于交换积分 α 微不足道。芯能带宽度为 $2z\beta$，孤立原子相对于块体的能级偏移为 $\alpha+z\beta$。4f$_{7/2}$ 和 4f$_{5/2}$ 的块体能级宽度均为～0.25 eV，块体偏移量 $\alpha+z\beta$ = 2.63 eV (详见表 5.2)，则 $\beta/\alpha \approx 0.01/2.63 <$ 0.4%。

表 5.2　基于 BOLS-NEP-ZPS 理论获取的 Rh(100)、W(110)、Pt (111)、Re(12$\bar{3}$1)表面有关量子钉扎和极化的定量信息

能级	位置	z	C_z	d_z/Å	E_z/eV	$E_v(z)$/eV
Rh(100) 3d$_{3/2}$[23]	孤立原子	0		—		302.16
	块体	12.0	1.00	2.68	0.48	306.53
	S$_1$	4.0	0.88	2.36	0.54	307.15
	吸附原子	3.0	0.82	2.20	0.58	307.51
	偶极子		—			306.20
W(110) 4f$_{7/2}$[25]	孤立原子	0		—		31.083
	块体	12	1.00	2.79	1.11	33.256
	S$_1$(P)	6	0.94	2.61	1.19	33.401
	台阶边缘(P)	4	0.88	2.44	1.29	33.565
	偶极子		—			28.910
Pt (111) 4f$_{7/2}$[24]	孤立原子	0		—		68.10
	块体	12.00	1.00	2.77	0.4867	70.49
	S$_1$	4.25	0.89	2.47	0.5468	70.91
	吸附原子	3.15	0.83	2.20	0.5935	71.18
Re (12$\bar{3}$1) 4f$_{5/2}$[54]	孤立原子	0		—		40.014
	块体	12	1.00	2.75	0.67	42.643
	S$_1$	3.6	0.86	2.35	0.78	43.088
	台阶边缘	2.8	0.80	2.19	0.84	43.310
	S$_1$	3.6	0.86	2.35	0.78	40.30
	O-(12$\bar{3}$1) S$_1$	氧原子位于最外两个原子层之间				40.65

注：获取 z、d_z 和 E_z 后，可计算得到 E_D 和 E_C。表层和吸附原子组分及其有效配位数会受极化 pC_z^{-m} 影响而发生变化。

5.3.5　Re(12$\bar{3}$1)氧吸附台阶边缘

图 5.11(a)和(b)分别为表面无氧吸附和有氧吸附的 Re(12$\bar{3}$1) 4f$_{7/2}$ 解谱图[54]。

氧吸附的 Re(12$\bar{3}$1)光谱因存在氧化键，直接应用配位解谱方法不再有效。O—Re
键会增强吸附区域的局域晶体势，加深表面态[27, 58]。氧吸附引起的 Re 4f$_{7/2}$ 能级
偏移与已有报道的实验结果一致[60]。此外，O 2p 能级在氧化物形成时，也发生了～
0.5 eV 的正向偏移。

　　图 5.11(c)比较了 Re(12$\bar{3}$1)表面无氧吸附和有氧吸附时的 ZPS。氧吸附使块体
能级从 40.30 eV 稍许变化至 40.40 eV，且组分 S$_4$ 仅存在于无氧吸附的情况。这些
差异表明，O—Re 键更强，且 90 eV 的同步辐射入射光从块体或 S$_4$ 区域采集到的
信息很少。ZPS 提纯技术可以将化学吸附表面态与块体明确区分，并且能分析氧
吸附涉及的至少两个原子层深度。氧原子倾向吸附于第一和第二原子层之间，位
于两个成键金属原子和两个非键孤对电子构成的四面体中心位置[60]。

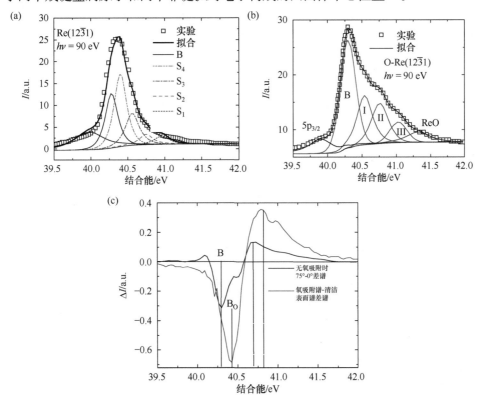

图 5.11　(a) 清洁(无氧吸附)和(b)有氧吸附 Re(12$\bar{3}$1)表面 4f$_{7/2}$能级的 XPS 解谱图[54]以及(c) ZPS
结果[59]

因吸附了氧，O-Re(12$\bar{3}$1) 4f$_{7/2}$的块体组分能级略微加深，从 40.3 eV 增至 40.4 eV。T 峰来自最外两个原子层的贡
献，也表明吸附的氧原子倾向位于四面体中心位置[60]

5.4　总　　结

表 5.2 汇总了 BOLS-NEP-ZPS 方法获取的一组金属表皮有关低配位诱导的量子钉扎和极化的定量信息，展现了量子钉扎和极化，特别是后者对于超低配位原子物性的主控影响。以下总结了超低配位($z < 4$)原子的相关物性机理。

(1) 吸附原子、缺陷、台阶边缘都具有量子钉扎和极化现象，块体或平整表面原子不存在这些属性。

(2) 低配位原子和基体之间形成的键比平整表面原子与基体间的更短、更强。原子配位数越低、键长越短、势阱越深、极化程度越高。

(3) 极化使 Rh 吸附原子或台阶边缘原子成为施主型催化剂。W 的台阶边缘原子具有相同的极化趋势，也可能成为施主型催化材料。

(4) 钉扎使 Pt 吸附原子或台阶边缘原子成为受主型催化剂。Re 与之具有相同的态密度弛豫特征，可能成为受主型催化剂的替代材料。

(5) Re($12\bar{3}1$)表面氧吸附形成的 O—Re 键位于最外两个原子层之间，使得该表面 Re 原子的芯能级偏移量增大。

(6) ZPS 对原子配位数和吸附作用的微小变化非常敏感，无须任何假设就可以通过解谱直接给出块体能级信息。

参 考 文 献

[1] Garitaonandia J S, Insausti M, Goikolea E, et al. Chemically induced permanent magnetism in Au, Ag, and Cu nanoparticles: Localization of the magnetism by element selective techniques. Nano Lett., 2008, 8(2): 661-667.

[2] Yamamoto Y, Miura T, Suzuki M, et al. Direct observation of ferromagnetic spin polarization in gold nanoparticles. Phys. Rev. Lett., 2004, 93(11): 116801.

[3] Magyar R, Mujica V, Marquez M, et al. Density-functional study of magnetism in bare Au nanoclusters: Evidence of permanent size-dependent spin polarization without geometry relaxation. Phys. Rev. B, 2007, 75(14): 144421.

[4] Wang B, Xiao X D, Huang X X, et al. Single-electron tunneling study of two-dimensional gold clusters. Appl. Phys. Lett., 2000, 77(8): 1179-1181.

[5] Yeshchenko O A, Dmitruk I M, Alexeenko A A, et al. Size-dependent surface-plasmon -enhanced photoluminescence from silver nanoparticles embedded in silica. Phys. Rev. B, 2009, 79(23): 235438.

[6] Sancho-Parramon J. Surface plasmon resonance broadening of metallic particles in the quasi-static approximation: A numerical study of size confinement and interparticle interaction effects. Nanotechnology, 2009, 20(23): 235706.

[7] Turner M, Golovko V B, Vaughan O P, et al. Selective oxidation with dioxygen by gold

nanoparticle catalysts derived from 55-atom clusters. Nature, 2008, 454(7207): 981-983.

[8] Valden M, Lai X, Goodman D W. Onset of catalytic activity of gold clusters on titania with the appearance of nonmetallic properties. Science, 1998, 281(5383): 1647-1650.

[9] Wittstock A, Neumann B R, Schaefer A, et al. Nanoporous Au: An unsupported pure gold catalyst? J. Phys. Chem. C, 2009, 113(14): 5593-5600.

[10] Zheng Y B, Jensen L, Yan W, et al. Chemically tuning the localized surface plasmon resonances of gold nanostructure arrays. J. Phys. Chem. C, 2009, 113(17): 7019-7024.

[11] Elbakry A, Zaky A, Liebl R, et al. Layer-by-layer assembled gold nanoparticles for siRNA delivery. Nano Lett., 2009, 9(5): 2059-2064.

[12] Pustovalov V, Babenko V. Optical properties of gold nanoparticles at laser radiation wavelengths for laser applications in nanotechnology and medicine. Laser Phys. Lett., 2004, 1(10): 516-520.

[13] Gu M X, Sun C Q, Tan C M, et al. Local bond average for the size and temperature dependence of elastic and vibronic properties of nanostructures. Int. J. Nanotechnol., 2009, 6(7-8): 640-652.

[14] McKenna K P. Gold nanoparticles under gas pressure. Phys. Chem. Chem. Phys., 2009, 11(21): 4145-4151.

[15] Jadzinsky P D, Calero G, Ackerson C J, et al. Structure of a thiol monolayer-protected gold nanoparticle at 1.1 angstrom resolution. Science, 2007, 318(5849): 430-433.

[16] Qi W H, Huang B Y, Wang M P. Bond-length and -energy variation of small gold nanoparticles. J. Comput. Theor. Nanos., 2009, 6(3): 635-639.

[17] Sun C Q. Thermo-mechanical behavior of low-dimensional systems: The local bond average approach. Prog. Mater. Sci., 2009, 54(2): 179-307.

[18] Wang B, Wang K D, Lu W, et al. Size-dependent tunneling differential conductance spectra of crystalline Pd nanoparticles. Phys. Rev. B, 2004, 70 (20): 205411.

[19] Crain J N, Pierce D T. End states in one-dimensional atom chains. Science, 2005, 307(5710): 703-706.

[20] Nilius N, Wallis T M, Ho W. Development of one-dimensional band structure in artificial gold chains. Science, 2002, 297(5588): 1853-1856.

[21] Schouteden K, Lijnen E, Muzychenko D A, et al. A study of the electronic properties of Au nanowires and Au nanoislands on Au(111) surfaces. Nanotechnology, 2009, 20(39): 395401.

[22] Briner B G, Hofmann P, Doering M, et al. Charge-density oscillations on Be($10\bar{1}0$): Screening in a non-free two-dimensional electron gas. Phys. Rev. B, 1998, 58(20): 13931-13943.

[23] Baraldi A, Bianchettin L, Vesselli E, et al. Highly under-coordinated atoms at Rh surfaces: Interplay of strain and coordination effects on core level shift. New J. Phys., 2007, 9: 143.

[24] Bianchettin L, Baraldi A, de Gironcoli S, et al. Core level shifts of undercoordinated Pt atoms. J. Chem. Phys., 2008, 128 (11): 114706.

[25] Zhou X B, Erskine J L. Surface core-level shifts at vicinal tungsten surfaces. Phys. Rev. B, 2009, 79(15): 155422.

[26] Martensson N, Saalfeld H B, Kuhlenbeck H, et al. Structural dependence of the 5d-metal surface energies as deduced from surface core-level shift measurements. Phys. Rev. B, 1989, 39(12): 8181-8186.

[27] Chan A S Y, Chen W, Wang H, et al. Methanol reactions over oxygen-modified Re surfaces: Influence of surface structure and oxidation. J. Phys. Chem. B, 2004, 108(38): 14643-14651.

[28] Gustafson J, Borg M, Mikkelsen A, et al. Identification of step atoms by high resolution core level spectroscopy. Phys. Rev. Lett., 2003, 91(5): 056102.

[29] Baraldi A, Lizzit S, Bondino F, et al. Thermal stability of the Rh(110) missing-row reconstruction: Combination of real-time core-level spectroscopy and *ab initio* modeling. Phys. Rev. B, 2005, 72 (7): 075417.

[30] Mellor A, Humphrey D, Yim C M, et al. Direct visualization of Au atoms bound to TiO_2 (110) O-vacancies. J. Phys. Chem. C, 2017, 121(44): 24721-24725.

[31] Pan Y, Cui Y, Stiehler C, et al. Gold adsorption on CeO_2 thin films grown on Ru(0001). J. Phys. Chem. C, 2013, 117(42): 21879-21885.

[32] Chang T Y, Tanaka Y, Ishikawa R, et al. Direct imaging of Pt single atoms adsorbed on TiO_2 (110) surfaces. Nano Lett., 2014, 14(1): 134-138.

[33] Haruta M. Size-and support-dependency in the catalysis of gold. Catal. Today, 1997, 36(1): 153-166.

[34] Matthey D, Wang J, Wendt S, et al. Enhanced bonding of gold nanoparticles on oxidized TiO_2 (110). Science, 2007, 315(5819): 1692-1696.

[35] Chrétien S, Metiu H. Density functional study of the interaction between small Au clusters, Au_n (n=1～7) and the rutile TiO_2 surface. I. Adsorption on the stoichiometric surface. J. Chem. Phys., 2007, 127(24): 244708.

[36] Sánchez-Royo J, Pellicer-Porres J, Segura A, et al. Buildup and structure of the InSe/Pt interface studied by angle-resolved photoemission and X-ray absorption spectroscopy. Phys. Rev. B, 2006, 73(15): 155308.

[37] Sun C Q, Wang Y, Nie Y G, et al. Adatoms-induced local bond contraction, quantum trap depression, and charge polarization at Pt and Rh surfaces. J. Phys. Chem. C, 2009, 113(52): 21889-21894.

[38] Baraldi A, Vesselli E, Bianchettin L, et al. The (1×1) $\rightarrow$ hexagonal structural transition on Pt(100) studied by high-energy resolution core level photoemission. J. Chem. Phys., 2007, 127 (16): 164702.

[39] Sun C Q. Size dependence of nanostructures: Impact of bond order deficiency. Prog. Solid State Chem., 2007, 35(1): 1-159.

[40] Cox A J, Louderback J G, Apsel S E, et al. Magnetism in 4d-transition metal-clusters. Phys. Rev. B, 1994, 49(17): 12295-12298.

[41] Roduner E. Size matters: Why nanomaterials are different. Chem. Soc. Rev., 2006, 35(7): 583-592.

[42] Sun C Q. Dominance of broken bonds and nonbonding electrons at the nanoscale. Nanoscale, 2010, 2(10): 1930-1961.

[43] Zheng W, Zhou J, Sun C Q. Purified rhodium edge states: Undercoordination-induced quantum entrapment and polarization. Phys. Chem. Chem. Phys., 2010, 12(39): 12494-12498.

[44] Nie Y G, Zhang X, Ma S Z, et al. XPS revelation of tungsten edges as a potential donor-type

catalyst. Phys. Chem. Chem. Phys., 2011, 13(27): 12640-12645.

[45] Riffe D M, Kim B, Erskine J L. Surface core-level shifts and atomic coordination at a stepped W(110) surface. Phys. Rev. B, 1994, 50(19): 14481-14488.

[46] Wang Y, Zhang X, Nie Y G, et al. Under-coordinated atoms induced local strain, quantum trap depression and valence charge polarization at W stepped surfaces. Physica B, 2012, 407(1): 49-53.

[47] Zhang X, Nie Y G, Zheng W T, et al. Discriminative generation and hydrogen modulation of the Dirac-Fermi polarons at graphene edges and atomic vacancies. Carbon, 2011, 49(11): 3615-3621.

[48] Zhou W, Bo M, Wang Y, et al. Local bond-electron-energy relaxation of Mo atomic clusters and solid skins. RSC Adv., 2015, 5: 29663-29668.

[49] He Z, Zhou J, Lu X, et al. Ice-like water structure in carbon nanotube (8, 8) induces cationic hydration enhancement. J. Phys. Chem. C, 2013, 117(21): 11412-11420.

[50] Klyushin A Y, Rocha T C R, Havecker M, et al. A near ambient pressure XPS study of Au oxidation. Phys. Chem. Chem. Phys., 2014, 16(17): 7881-7886.

[51] Jupille J, Purcell K G, King D A. W(100) clean surface phase transition studied by core-level-shift spectroscopy: Order-order or order-disorder transition. Phys. Rev. B, 1989, 39(10): 6871-6879.

[52] Purcell K G, Jupille J, Derby G P, et al. Identification of underlayer components in the surface core-level spectra of W(111). Phys. Rev. B, 1987, 36(2): 1288-1291.

[53] Asscher M, Carrazza J, Khan M, et al. The ammonia synthesis over rhenium single-crystal catalysts: Kinetics, structure sensitivity, and effect of potassium and oxygen. J. Catal., 1986, 98(2): 277-287.

[54] Chan A S Y, Wertheim G K, Wang H, et al. Surface atom core-level shifts of clean and oxygen-covered Re(12$\bar{3}$1). Phys. Rev. B, 2005, 72(3): 035442.

[55] Ducros R, Fusy J. Core level binding energy shifts of rhenium surface atoms for a clean and oxygenated surface. J. Electron. Spectrosc. Relat. Phenom., 1987, 42(4): 305-312.

[56] Johansson B, Martensson N. Core-level binding-energy shifts for the metallic elements. Phys. Rev. B, 1980, 21(10): 4427-4457.

[57] Spanjaard D, Guillot C, Desjonquères M C, et al. Surface core level spectroscopy of transition metals: A new tool for the determination of their surface structure. Surf. Sci. Rep., 1985, 5(1-2): 1-85.

[58] Wang H, Chan A S Y, Chen W, et al. Facet stability in oxygen-induced nanofaceting of Re(12$\bar{3}$1). ACS Nano, 2007, 1(5): 449-455.

[59] Nie Y G, Pan J S, Zheng W T, et al. Atomic scale purification of Re surface kink states with and without oxygen chemisorption. J. Phys. Chem. C, 2011, 115(15): 7450-7455.

[60] Sun C Q. Oxidation electronics: Bond-band-barrier correlation and its applications. Prog. Mater Sci., 2003, 48(6): 521-685.

第6章 原子链、团簇与纳米晶体

要点

■ 吸附原子 Au、Ag、Cu 主导极化而 Co 和 Si 纳米颗粒引起量子钉扎
■ 选区分辨光电子能谱可辨析超低配位原子的钉扎与极化作用
■ 俄歇光电子关联谱可辨析 Ag、Cu、Ni 晶粒与基底的相互作用及能带偏移现象
■ 尺寸纳米化增大晶粒曲率，强化钉扎或极化作用，使纳米晶粒呈现出迥异于块体的新奇特性

摘要

单原子链末端和原子团簇因其原子低配位引起强量子钉扎与极化而展现出诸多奇异特性。结合 DFT 理论计算和 XPS/STS 实验测量可深入辨析这些奇异性能的物理根源。XPS 结合 APECS 以及电声耦合过程中的屏蔽效应和电荷输运信息，可明确原子芯能级和价带的能级偏移情况。

6.1 实 验 现 象

原子配位数自零增加至体相 fcc 结构标准配位数 12 时，其芯能级将从孤立原子能级 $E_v(0)$ 先增加到双原子时的最大能级，然后以 K^{-1} 的趋势逐步降至块体能级 $E_v(12)$ (图 2.3(a))。芯能级的偏移量不仅取决于特定的孤立原子能级 $E_v(0)$，还取决于物质的形状和尺寸。Au、Ag、Ni、Cu、Pd、Si、C 以及它们的复合物遵循"尺寸减小诱导芯能级正向偏移"的规律[1-12]。Ag、Cu、Ni 和 Fe 原子链的键收缩 12.5%～18.5 %，键能增强 0.5～2.0 eV[13,14]。Cu_{18} 和 Ni_{18} 团簇的 2p 能级从块体能级正向偏移 0.7～0.8 eV，相应的团簇平均应变从 0 增至约 6%[15]。这些证据说明：低配位原子间化学键变短变强。

ZnS 和 CdS 纳米颗粒中 S 2s 和 2p 轨道均由三个部分组成，分别为覆盖层、表层和颗粒核芯[16,17]。覆盖层和表层厚度均为 0.2～0.3 nm。颗粒尺寸减小将增强覆盖层和表层的能谱强度，减弱核芯强度，与纳米颗粒其他物性的尺寸效应相一致。因此，无论纳米颗粒的组成成分或晶体结构如何，颗粒尺寸的减小，整体上

将增加纳米颗粒芯能级的偏移[1]。

本章将利用键弛豫-非键电子极化(BOLS-NEP)理论、密度泛函理论(DFT)与扫描隧道显微镜/谱(STM/S)、光电子能谱(PES)、俄歇光电子关联谱(APECS)、选区光电子能谱(ZPS)等方法，从局域键收缩、量子钉扎和非键(价)电子极化角度，系统阐释原子团簇和纳米晶粒能级偏移的特性与物理机理。

6.2 键弛豫理论与紧束缚近似

纳米团簇芯能级偏移的尺寸效应关联式[18, 19]为

$$\frac{E_v(K) - E_v(12)}{E_v(12) - E_v(0)} = \begin{cases} \Delta_{\mathrm{H}}(\tau, m, K) & (\text{BOLS}) \\ B_v / K & (\text{实验}) \end{cases} \tag{6.1a}$$

其中，

$$\begin{cases} \Delta_{\mathrm{H}}(\tau, m, K) = \sum_{i \leqslant 3} \gamma_i \left(C_i^{-m} - 1 \right) & (\text{微扰}) \\ \gamma_i = \tau C_i K^{-1} & (\text{表体比}) \end{cases} \tag{6.1b}$$

微扰Δ_{H}取决于键性质参数m、团簇尺寸K和形状因子τ。B_v为纳米团簇芯能级线性偏移的斜率。Δ_{H}包含最外三层原子权重不同的贡献。$C_i^{-m} - 1$表示第i层低配位原子对总能的微扰。实际上，纳米结构是点缺陷、曲率不同的颗粒表皮及核-壳结构的延伸。

若已知τ、m、$E_v(12)$和$E_v(0)$，则可解析芯能级偏移的尺寸效应。首先，线性拟合实验数据，$E_v(K) = b + B'/K$，拟合直线的纵轴截距b即为$E_v(12)$。根据式(6.1a)有$\Delta_{\mathrm{H}} = B_v / K$且$B_v = \tau \sum_{i \leqslant 3} C_i \left(C_i^{-m} - 1 \right)$。基于实验数据线性拟合的斜率可计算得到键收缩系数$C_i(z)$，再应用 BOLS 理论(式(2.5))获得原子配位数z_i。随即可获得键性质参数m、维度τ和孤立原子能级$E_v(0)$。纳米颗粒的 XPS 数据分析精度比表皮的低，这主要是因为纳米颗粒的粒径大小及其均匀性难以完全确定。

6.3 Au

6.3.1 链末端与边缘极化的 STM/S-DFT 解析

图 6.1(a)为 Si(553)基底上 Au 原子链的 STM/S 结果。链末端原子的拓扑程度高于链内原子，呈现E_{F}以下$\sim$0.5 eV 处的新态密度特征[20]，这对应着链末端原子的量子极化效应。末端原子与其最近邻原子间的化学键因配位数缺失，产生致密的电子钉扎，从而导致量子极化，使原子体积增加、局域价态能级升高。图 6.1 (b)展示了分子动力学(MD)模拟的粒径为 3.5 nm 的 Au 颗粒核心至表皮的键收缩情

况。图 6.1(c)和(d)分别为不同厚度 Au 纳米线的线性扫描结果及相应的 dI/dV 能谱图[21]。图 6.1(e)和(f)分别为 DFT 模拟得到的 Au 纳米颗粒的态密度结果。

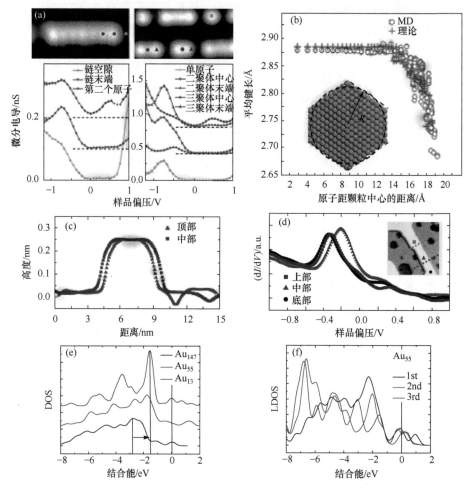

图 6.1　(a) Au 原子链内部和末端的 STM/S 结果[20]，(b) 3.5 nm Au 颗粒核心至表皮的键收缩情况的 MD 模拟结果[22]，(c) 不同厚度 Au 纳米线的线性扫描结果，(d) 相应的 dI/dV 能谱图[21]，(e) 不同尺寸 Au 团簇 DOS 的变化情况及(f) Au$_{55}$ 团簇表皮三个壳层的 LDOS 差异[3](扫描封底二维码可看彩图)

　　Huang 等利用电子相干衍射方法发现，Au 纳米颗粒仅径向最外两个原子层的 Au—Au 键发生收缩[22]，这与 MD 的模拟结果一致[23]。图 6.1(b)显示，3.5 nm Au 纳米颗粒的 Au—Au 键收缩了 7%，稍低于 BOLS 的预测结果[22]。根据原子链的局域应变温度效应可知，4 K 时稳定的 Au 单原子链 Au—Au 键长从块体值 0.29 nm 收缩至 0.20 nm，缩短约 30%[24]。fcc(100)上的 Au—Au 键收缩 12%。键收缩与配位数的关系对于基底类型[25]、元素种类、相结构和化学键性质不敏感[26, 27]。

应用 DFT 模拟不同尺寸的 Au 团簇(原子数目 13～147)，结果表明(详见图 6.1(e)和(f))[3]：

(1) Au—Au 键长收缩可高达 30%；

(2) 原子的价电子可从晶体内层转移至外部壳层；

(3) 小尺寸团簇的极化程度比大尺寸团簇更加明显；

(4) 低配位引起的价电子极化增强了 Au 吸附原子的催化能力。

Au 纳米颗粒和 DNA 碱基对之间成键机理的 DFT 模拟研究进一步证实[28]：局域量子钉扎效应促使负电荷从内部转移至颗粒表面，极化则使得价态向费米能级偏移。正因如此，Au 偶极子在鸟嘌呤的成键过程中表现十分活跃，且 Au 颗粒尺寸越小越明显。

6.3.2　PES 的解析

Visikovskiy 等对沉积在无定型碳上的 Au 纳米团簇 5d 价带和 4f 芯能级的尺寸效应进行了测试[29]。结果表明，d 能带的带宽 $W(d)$、中心能级 $E(d)$ 和表面 $5d_{3/2, 5/2}$ 自旋轨道分裂的能级 $E(SO)$ 均与团簇原子数目(Au_n，$11 < n < 1600$)及其平均原子配位数相关。在没有明显极化的情况下，团簇尺寸减小时，5d 价带和 4f 芯能级均发生正偏移，如图 6.2 所示。

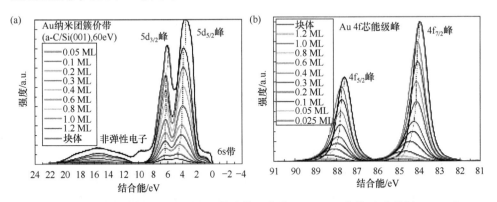

图 6.2　生长在无定形碳上的 Au 纳米团簇自旋退化的(a) $5d_{3/2, 5/2}$ 价带(光束能量 60 eV)和(b) $4f_{7/2, 5/2}$ 芯能级(光束能量 140 eV)的尺寸效应[29](扫描封底二维码可看彩图)

图 6.3 为硫基包覆的 Au 颗粒[30]和沉积在辛烷二硫酚[12]、TiO_2 [31]和 Pt[32]基底上的 Au 原子团簇 4f 能带随尺寸减小发生正偏移的现象。这与沉积在碳纳米管[5, 33]、高定向热解石墨(HOPG) [34, 35]、SiO_2[36-39]、GaN[40, 41]和 Re[32]基底上 Au 团簇能级偏移的趋势一致。然而，若界面存在合金效应，则情况有异，如沉积在 NiO(100)基底上 Au 颗粒的 4f 能级保持不变[42]，Pt 基底上 Au 颗粒的 4f 能级偏移

也可能发生负偏移[32]。

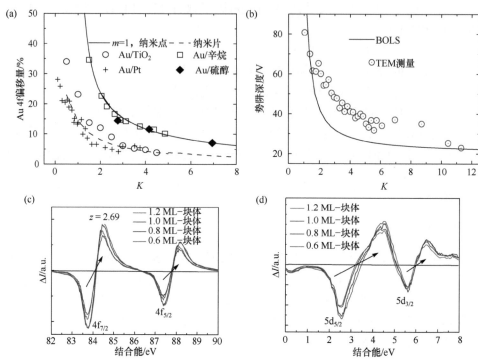

图 6.3　(a) Au 团簇 4f 能级的相对偏移量($\Delta E_{4f}(K)/\Delta E_{4f}(\infty)-1$)[45]和(b) muffin-tin 内势的尺寸效应[3, 44]，生长在无定形碳上的厚度不同的 Au (c) 4 f 和(d) 5d 能级偏移的 ZPS 结果[29](扫描封底二维码可看彩图)

(a)和(b)中的实线为 BOLS 理论预测趋势，散点为实验测量值。硫基包覆[30]和辛烷[12]上的 Au 颗粒呈现三维特征，而沉积在 TiO₂[31]和 Pt[32]上的仅表现出二维特征[1]。(c)和(d)的原始数据源自图 6.2

6.3.3　BOLS-TB 理论的定量解析

物质表皮原子配位数与尺寸满足关系：$z_1 = 4(1-0.75/K)$、$z_2 = z_1+2$ 和 $m = 1$[43]。根据 BOLS 理论和辛硫醇基底上 Au 纳米颗粒的 $\Delta E_{4f}(K)$实测数据，可获得 $E_{4f}(0) = 81.50$ eV、$\Delta E_{4f}(\infty) = 2.86$ eV，与 4.3 节中相关表皮的 XPS 分析结果一致。图 6.3(a)所示 TiO₂ 和 Pt(100)基底上 Au 纳米颗粒的 4f 能级随尺寸减小发生正偏移[31, 32]。图 6.3(b)中利用 TEM 测得的 Au 纳米颗粒 muffin-tin 内势的尺寸效应与 BOLS 预测趋势相似[44]。图 6.3(c)和(d)中生长在无定形碳上厚度不同的 Au 颗粒的 4f 和 5d 能谱图均呈现不同程度的量子钉扎效应，能级的相对偏移量分别为 $[E_{4f_{5/2}}(K)-E_{4f_{7/2}}(K)]/[E_{4f_{5/2}}(\infty)-E_{4f_{7/2}}(\infty)] \approx (88.2-84.5)/(87.4-83.7) = 1$和$(6.5-4.4)/(5.6-2.5) = 2.1/3.1 \approx 2/3$。相对于内层能带 4f，价带 5d 能级对配位数更敏感。表 6.1 为沉积在不同基底上的 Au 4f 能级的尺寸效应信息。

表 6.1　不同基底上 Au 纳米颗粒的 $E_{4f}(K)$ 能级相关信息[1]

	Au/辛烷	Au/TiO$_2$	Au/Pt	Au 表皮
m[1]	1			
τ	3	1	1	1
$E_{4f}(0)$	81.504	81.506	81.504	80.726
$E_{4f}(12)$	84.370			83.692
$\Delta E_{4f}(12)$	2.866	2.864	2.866	2.866

注：纳米晶体电荷效应可抵消 $E_{4f}(0)$ 但不会抵消 $E_{4f}(12)$[45]。Au 表皮的信息详见 4.3 节。

6.4　Ag

6.4.1　吸附原子的极化

图 6.4(a)的 STS 曲线表明 Ag(111)晶面上沉积的 Ag 团簇原子能级发生正

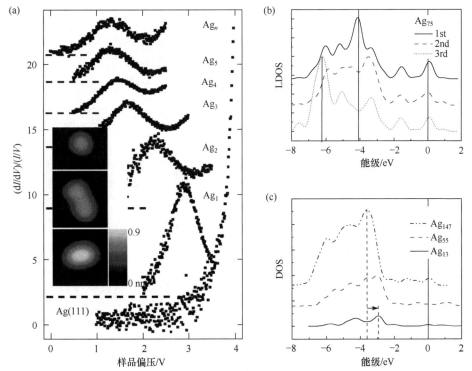

图 6.4　(a) 沉积于 Ag(111)晶面上的 Ag 团簇的 STS 光谱[46, 47]，(b) 团簇 Ag$_{75}$ 和(c) 不同尺寸 Ag 团簇的态密度的 DFT 结果[11]

(a)中插图自上而下分别为 Ag$_1$、准二聚物、Ag$_2$ 的 STM 图；(b)体现了团簇表皮不同壳层配位影响的局域态密度改变；(c)则展示了尺寸引起的态密度极化效果偏移[46,47]，极化程度随尺寸减小而增大。图 6.4 (b)和(c)中局域态密度与配位数或尺寸的关系遵循 BOLS-NEP 理论。团簇最外层和尺寸最小颗粒的价电子极化程度最高[11]。因此，电子极化尺寸效应可用于分析 Ag 颗粒的表面增强拉曼谱[48]；芯电子局域量子钉扎和价态电荷极化可用于分析 Ag 颗粒的尺寸和形状对物质性能[49]的影响。

6.4.2　AES 的能级偏移

图 6.5 展示了沉积在 CeO₂ 表面的 Ag 3d 芯能级偏移的尺寸效应及团簇的形状(STM)[50]。图 6.6 为基于 APECS 获得的更详细的芯能级偏移、价带极化及俄歇参数信息[50-53]，与沉积在 Al₂O₃ 表面的 Ag 团簇所呈现的特征一样[54-57]。随着团簇尺寸的减小，$\Delta E_{3d\,5/2}$ 增大，俄歇参数$(E_{3d}+E_K)$减小，价电子极化。高定向热解石墨[58]和 TiO₂[59]上沉积的 Ag 颗粒具有相同的 3d 芯电子量子钉扎和价电子极化趋势。不过，测量温度降低，获得的芯能级偏移量增大[58]。

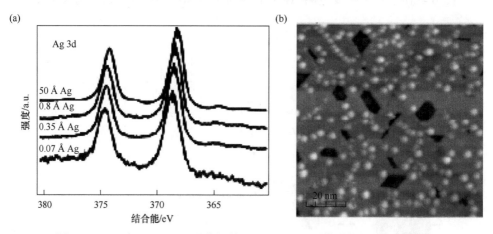

图 6.5　CeO₂ 表面(a) Ag 3d 芯能级的 XPS 和(b) Ag 团簇形状的 STM 结果[50]

6.4.3　高定向热解石墨的 TB 解析

若获得了不同基底上 Ag 团簇的维度 τ 和键性质参数 m，就可以构建其 APECS 物性参数的尺寸效应关系式。CeO₂ 衬底和 Ag 团簇之间不存在电荷转移[51]，因此 Ag/CeO₂ 团簇的键性质参数 $m=1$[26]。根据实测的 $E_{3d_{5/2}}$-K 线性关系，拟合得到斜率 $B_v = 5.567$ 和 $E_{3d}(\infty) = 368.25$ eV。结合 $z_i(K)$关系式 $z_1 = 4(1-1.5/K)$、斜率和式(6.1)可得维度 $\tau = 1.45$。因为生长在 Al₂O₃ 和 CeO₂ 基底上的 Ag 团簇形状相同[54]，所以 $\tau = 1.45$ 也适用于 Al₂O₃ 基底情况[26]。然而，Al₂O₃ 基底和 Ag 团簇之间存在电荷转移[57]，则其 m 值不同。与 Ag/CeO₂ 类似，根据 Ag/Al₂O₃ 团簇的 B_v 和 $E_{3d}(\infty)$

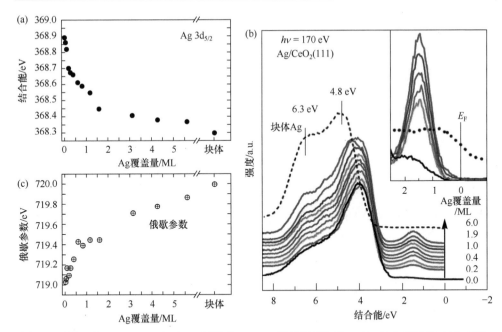

图 6.6 室温下，CeO₂(111)表面 Ag 团簇的(a) 3d$_{5/2}$ 能级量子钉扎、(b) 价电子极化和(c) 俄歇
参数的尺寸效应[51]

结果，可得 $m = 3.82$。Ag/Al₂O₃ 的 m 值更高，说明 Ag 与 Al₂O₃ 基底之间的键更
强，DFT 计算结果也证实了这一点[57]。

已知 m 和 τ 值后，应用 BOLS 理论可建立 Ag 颗粒 3d$_{5/2}$、5s 价带和俄歇参数
E_K 与尺寸的关系。图 6.7(a)和(c)为价带和俄歇参数尺寸效应的理论与实验结果的
对比，定量信息详见表 6.2。图 6.7(b)和(d)为 Ag 团簇 3d 能级相对偏移量的 Wagner
图。清洁 Ag 表面 XPS 分析所获 $E_{3d}(0)$ 和 $E_{3d}(\infty)$(见表 6.2)与上述 APECS 分析结
果一致。可见，XPS、APECS 和 BOLS 三者结合，可以揭示芯能级偏移的物理
机理。

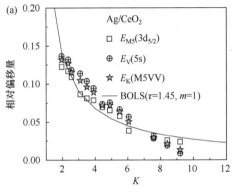

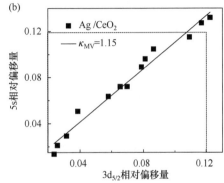

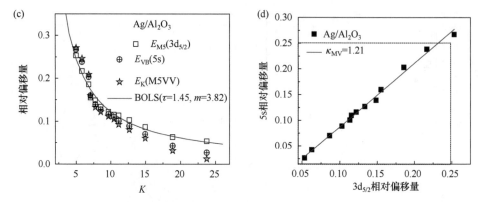

图 6.7　(a) CeO₂ [51]和(c) Al₂O₃ [54]基底上 Ag 团簇的 E_{3d}、E_{5s} 和 E_K 尺寸效应的实测(散点)与 BOLS 理论预测结果(实线)，(b)和(d)为 Ag 3d 能级相对偏移量([$\Delta E_{5s}(K)/\Delta E_{5s}(12)-1$] = κ_{MV}[$\Delta E_{3d}(K)/\Delta E_{3d}(12)-1$])的 Wagner 图[60]

表 6.2　BOLS-APECS-XPS 方法定量获得的 Ag 团簇的 $E_{3d}(z)$、$E_{5s}(z)$、$E_K(z)$[60]及 Ag(100)和(111)面的配位数(z)、$E_{3d5/2}(0)$、$\Delta E_{3d5/2}(12)$[61, 62]

APECS	Ag/Al₂O₃	Ag/CeO₂	Ag 表皮
m[60]	3.82	1	1
τ	1.45(椭圆)		1
$E_{3d}(12)$	367.59	368.25	367.650
$E_{3d}(0)$	363.02	363.02	363.022
$\Delta E_{3d}(12)$	4.57	5.23	4.628
$E_{5s}(12)$	7.56	8.32	
$E_{5s}(0)$	0.36	0.36	
$\Delta E_{5s}(12)$	7.20	7.96	
$E_K(12)$	352.45	351.61	
$E_K(0)$	362.30	362.30	
$\Delta E_K(12)$	−9.85	−10.69	
η_{VM}	1.55	1.52	
κ_{VM}	1.21	1.15	

表 6.2 中 $z=12$ 表示理想块体，此时 $K=\infty$；屏蔽系数 η_{VM} 表示 5s 价带(V)到深层能级 3d(M)的相对结合能。介电系数 κ_{VM} 可描述化学过程。物质表皮和纳米颗粒的 ε_z、E_z、E_C 和 E_D 可基于下式获得[60]：

$$\begin{cases} \Delta E_v(K) = \Delta E_v(\infty) \times (1 + \Delta_\mathrm{H}) \\ \Delta_\mathrm{H}(\tau, m, K) = \tau K^{-1} \sum_{i \leqslant 3} C_i(C_i^{-m} - 1) \end{cases}$$

参数 m、κ_{MV} 和 η_{MV} 为表示界面反应或表面化学环境的参数。m 越大表示对应的化学键越强。κ_{MV} 描述电荷转移过程中价电荷充电的效果。颗粒形状和尺寸对其影响可忽略，但化学配位环境的影响很大。如果电荷从一种成分转移到另一种成分，κ 值将增加，否则 κ 值保持不变。屏蔽系数 η_{MV} 表示晶体结合能到 5s 价带的能量是其到深层能级 3d 所需能量的 η_{MV} 倍。极化只发生在反键空带或价带顶边缘。与 Rh 和 W 的价电子一样，Ag 的价电子极化强度不足以劈裂和屏蔽局域势能。

6.5　Cu

6.5.1　量子钉扎和极化的 STM/S-PES-DFT 解析

图 6.8 为低温时沉积于 Cu(111)晶面上 Cu 吸附原子的 STM/S 图[63]和 DFT 模

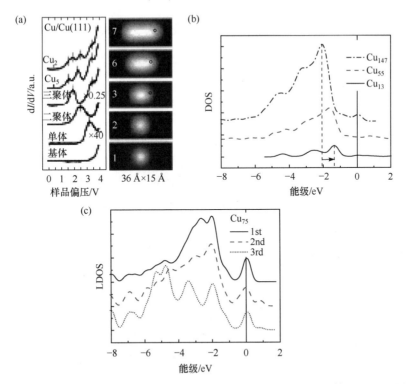

图 6.8　(a) Cu(111)晶面上 Cu 吸附原子的 STM/S 图，(b) 不同尺寸 Cu 团簇和(c) Cu$_{75}$ 团簇表皮的局域态密度[11, 63]

拟得到的 Cu 团簇态密度尺寸效应及 Cu_{75} 团簇表皮的局域态密度的变化。STM/S 和 DFT 结果共同证实，局域致密钉扎的成键电子使价带和导带产生极化。图 6.9 的 PES 测量结果进一步证实 Cu 纳米团簇价带态密度的极化[64]和 2p 态密度钉扎[65]现象，与 Au 和 Ag 团簇呈现的现象一致。

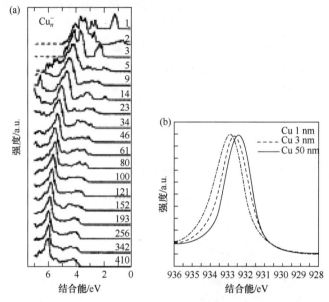

图 6.9　Cu 纳米团簇(a) 价带态密度极化和(b) 2p 态密度钉扎的 PES 结果[64, 65]

6.5.2　APECS 的能级偏移

　　Yang 和 Sacher 系统研究了各种条件下利用 APECS 测量获得的沉积在 HOPG 和 CYCL(甲基环戊烯醇酮 3022)上的 Cu 纳米颗粒 2p 能级的偏移情况，以及 Ar^+ 和 N^+ 轰击造成的影响[66-68]。图 6.10(a)和(b)表明 $2p_{3/2}$ 和俄歇参数的偏移符合 K^{-1} 比例关系，

$$\Delta E_v\left(K\right) = K^{-1}\left[\tau E_v(\infty)\sum_{i<3}C_i\left(C_i^{-m}-1\right)\right] = B_vK^{-1}\pm\sigma\left(0.01\sim0.02\right) \qquad (6.2)$$

其中，B_v 是拟合直线的斜率，σ 是线性化的标准偏差。

　　Wu 等测量了 80 K 和 300 K 温度下沉积在 Al_2O_3 基底上的 Cu 膜的 2p 能级偏移，结果显示：$2p_{3/2}$ 和俄歇参数偏移不仅与膜厚有关，还受基底温度影响，如图 6.10(c)和(d)所示[69]。升温使原子间相互作用变弱，减小了 $2p_{3/2}$ 能级偏移，但增大了俄歇能量 E_{KM}。

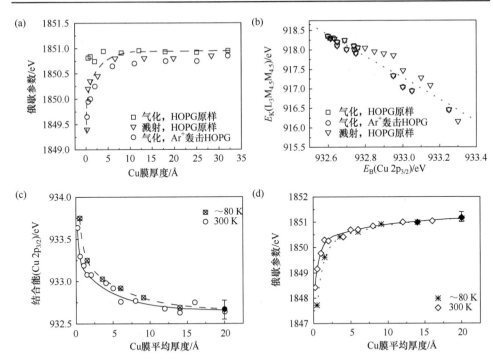

图 6.10 Cu/HOPG 团簇的(a) 俄歇参数和(b) Wagner 图的尺寸效应，Cu/Al₂O₃ 团簇(c) 2p₃/₂ 能级和(d) 俄歇参数随团簇尺寸和沉积温度的变化[66, 69]

6.5.3 BOLS-TB 理论的定量解析

基于 BOLS-TB 方法，可以从金属原子团簇的 APECS 数据中获取有关化学

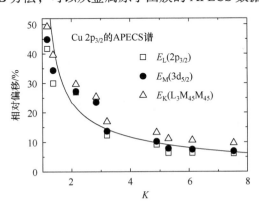

图 6.11 沉积在 HOPG 上的 Cu 纳米团簇的 $E_L(K)$、$E_M(K)$ 和 $E_K(K)$ 实测(散点)和 BOLS 理论预测(实线)结果[66]

匹配 BOLS 预测曲线与实测数据可获取 $E_L(0)$、$E_M(0)$、$E_K(0)$ 及其块体偏移量，同时可定量确定 $\eta_{ML} = 1.25$、$\kappa_{ML} = 1.05$，详见表 6.3[71]

成键和电子结构的信息。如 Cu/HOPG 团簇,其 APECS 谱峰与团簇尺寸呈线性关系,斜率为 B_v、截距为 $E_{2p}(\infty) = 932.7$ eV[70]。已知 Cu 颗粒形状因子 $\tau = 3$、键性质参数 $m = 1$,则可通过拟合 Cu/HOPG 团簇的 $E_L(K)$、$E_M(K)$ 和 $E_K(K)$ 曲线(图 6.11),获得 $E_v(0)$ 和 $E_v(\infty)$ 值。

表 6.3 列出了基于实测数据和 BOLS 理论预测获取的系列物理量定量信息。Cu 2p 能级 $E_{2p}(0) = 931.0$ eV、块体偏移量 $\Delta E_{2p}(\infty) = 1.70$ eV、$E_{3d}(0) = 5.11$ eV、$\Delta E_{3d}(\infty) = 2.12$ eV。$E_{3d}(0)$ 相当于费米能级, $E_{3d}(\infty) = E_{3d}(0) + \Delta E_{3d}(\infty) = 7.23$ eV,为 Cu 3d 能带上边缘能级[72-75]。结合 $\Delta E_{2p}(\infty) = 1.70$ eV 和 Cu/CYCL 团簇尺寸诱导的 $\Delta E_{2p}(K)$,可计算得到 $m = 1.82 > 1$。这说明 Cu/CYCL 界面的相互作用比 Cu/HOPG 界面更强。基于 $\Delta E_{2p}(\infty) = 1.70$ eV 和 $\Delta E_{3d}(\infty) = 2.12$ eV,对其他铜样品的 APECS 数据曲线迭代计算可获得 m 值随样品处理条件的变化情况,如图 6.12 所示。

表 6.3　基于 BOLS 理论预测和实测的不同基底上 Cu 团簇的 APECS(E_K(L$_3$M$_{45}$M$_{45}$))结果获取的孤立原子 M(3d$_{5/2}$)和 L(2p$_{3/2}$)能级及其块体偏移量

基底	HOPG	CYCL	CYCL	CYCL	Al$_2$O$_3$	Al$_2$O$_3$
条件	Ar$^+$	—	Ar$^+$	N$^+$	80 K	300 K
m	1	1.30	1.82	1.96	1.27	1.94
τ			3			1
$B_v/E_v(\infty)$	2.08	2.78	4.03	4.39	1.01	1.61
$E_{M5}(\infty)$			7.23			
$E_{M5}(0)$			5.11			
$\Delta E_{M5}(\infty)$			2.12			
$E_L(\infty)$			932.70[71]			
$E_L(0)$			931.00			
$\Delta E_L(\infty)$			1.70			
η_{MV}			1.25			
κ_{MV}	1.05	1.42	1.15	2.05	1.04	1.23

能级偏移的尺寸效应服从如下公式:

$$E_v(z) = \langle E_v(0) \rangle \pm \sigma + \Delta E_v(12)(1 + \Delta_H)$$

$$= \begin{cases} 931.00 \pm 0.01 + 1.70(1 + \Delta_H) & (2p) \\ 5.11 \pm 0.02 + 2.12(1 + \Delta_H) & (5s) \end{cases} \text{(eV)}$$

应用公式 $\Delta E_{2p}(K) = b/K \pm \sigma (0.01 \sim 0.02)$ 对 Cu/HOPG、Cu/CYCL、Cu/Al$_2$O$_3$[66]的 XPS 数据进行线性拟合[69]获得了表 6.3 中所列各定量物理信息[19]。

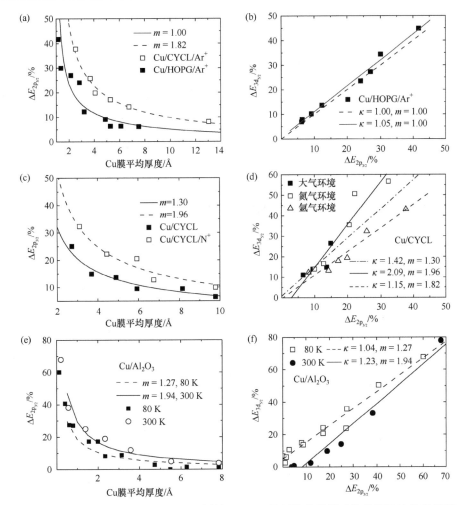

图 6.12　(a)和(c) Cu/HOPG、Cu/CYCL 团簇 Cu 2p$_{3/2}$ 能级偏移的尺寸依赖性及钝化条件[66]，

(e) Cu/Al$_2$O$_3$ 团簇 Cu 2p$_{3/2}$ 能级偏移受尺寸与温度的影响[69]，(b) Ar$^+$等离子对 Cu/HOPG 和(d)

N$^+$、Ar$^+$等离子对 Cu/CYCL 以及(f) 温度对 Cu/Al$_2$O$_3$ 的 Cu 2p$_{3/2}$ 与 3d$_{5/2}$ 能级偏移的影响[19]

Cu 易于在 Al$_2$O$_3$ 上逐层生长，因此 $\tau = 1$。根据(b)、(d)和(f)的 Wagner 扩展图，可从 APECS 能量偏移与 M(3d)和

L(2p)的线性关系获得参数 κ_{ML}

　　应用 BOLS-TB 理论对多种基底上生长的 Cu 纳米颗粒的 APECS 数据进行分析，可获得以下结论：

　　(1) Cu/HOPG/Ar$^+$、Cu/CYCL、Cu/CYCL/Ar$^+$三者的键性质参数 m 分别为 1、1.30 和 1.82，表明 Cu 与 CYCL 的反应比 HOPG 更为活跃。Cu 原子在室温下很难与 C 发生反应[76]，但极易与高分子聚合物反应[77, 78]。Ar$^+$不会与 Cu 发生反应，不过 Ar$^+$的轰击能够促进 Cu 与 CYCL 的反应。

(2) Cu/CYCL 在受到 N^+ 轰击后，m 从 1.30 增大为 1.96，说明 N^+ 的轰击使界面处化学键从金属键转变为离子键，从而增强了晶体势能[79]。

(3) 虽然金属在氧化物表面的生长机理仍然存在争议[80]，但 Cu 膜在 Al_2O_3 上逐层生长的模式在实验和理论方面都得到了证实[80]。80 K 和 300 K 两种温度下生长的 Cu/Al_2O_3 的 m 值分别为 1.27 和 1.94，意味着 Cu 在室温下比在低温下更容易与 O 原子成键[66]。

(4) 屏蔽系数 $\eta_{ML} \approx 1.25$，表示晶体 3d 能级(M)的成键强度比深层 2p 能级(L)的高 25%。

(5) 参数 κ_{ML} 对颗粒形状和尺寸不敏感，但是对化学处理非常敏感。如果电荷从一个组分转移到另一个组分，电荷总数不变，κ_{ML} 值将发生变化。

6.6　Ni

6.6.1　表皮量子钉扎的 NEXAFS-XPS 解析

图 6.13 为 Ni(110)近边 X 射线吸收精细结构(NEXAFS)谱[81]，描述表皮各层 Ni 2p 的正向能级偏移，且最外层偏移量最大。低能电子衍射(LEED)测量发现，Ni(110)晶面第一层间距相对于块体晶格常数收缩了(9.8±1.8)%[82]。这些观测结果与 BOLS 理论预测相吻合，再次证明了 BOLS 理论在表面键弛豫和相关局域量子钉扎预测与分析的可行性和准确性。

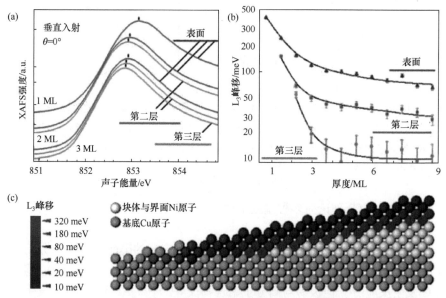

图 6.13　Ni(110)表皮各原子层的(a) X 射线吸收精细结构谱($L_3(2p_{3/2})$)和(b) L_3 边缘峰值相对于块体组分的偏移以及(c) 原子排列示意图[81]

6.6.2　APECS 的能级偏移

图 6.14 所示为 SiO₂ 基底上 Ni 纳米颗粒 2p₃/₂ 能级的 XPS 和相应的 TEM 图。XPS 结果表明，随着颗粒尺寸减小，2p 峰显示出量子钉扎效应[83]。图 6.15 为沉积在 TiO₂ 基底上 Ni 薄膜的 APECS 测试结果。Ni 膜很薄时[84]，$E_{2p_{1/2}}$、$E_{2p_{3/2}}$、$E_{3d_{5/2}}$ 皆呈现正偏移，而 E_K(LMM)发生负偏移。NEXAFS、XPS 和 APECS 结果的一致性证实，BOLS 理论对 Ni 表面量子钉扎的预测符合实际情况。

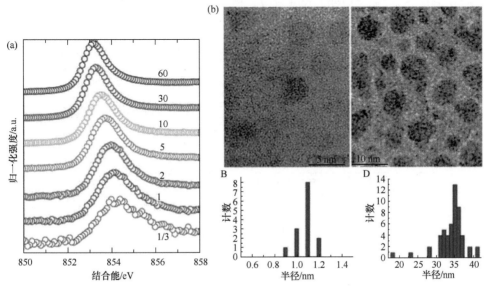

图 6.14　SiO₂ 基底上 Ni 纳米颗粒的(a) 2p₃/₂ 能级偏移受生长时间(min)的影响及(b) 沉积时间分别为 2 min 和 30 min 时颗粒的 TEM 结果[83]

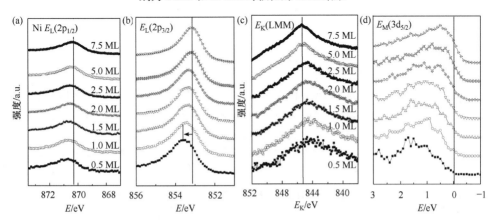

图 6.15　TiO₂ 基底上 Ni 薄膜的 APECS 测试结果：(a) $E_{2p_{1/2}}$、(b) $E_{2p_{3/2}}$、(c) E_K(LMM)和(d) $E_{3d_{5/2}}$ 的尺寸效应[84]

6.6.3 BOLS-TB-ZPS 的综合解谱

图 6.16(a)为沉积 3 min 和 60 min 获得的两种 Ni 薄膜的 Ni $2p_{3/2}$ 能级 XPS 光谱的 ZPS 结果。能级 853 eV 的波谷对应块体组分，854 eV 的波峰对应于尺寸效应诱导的量子钉扎。图 6.16(b)为 BOLS 预测的 APECS 结果，与实测散点数据吻合很好。线性拟合 $2p_{1/2}$、$2p_{3/2}$、E_K(LMM)和 $3d_{5/2}$ 等曲线可以确定 $E_\nu(0)$ 和 $\Delta E_\nu(\infty)$。图 6.16(c)为 Wagner 扩展图，得到斜率 $\kappa_{L3M5} \sim 1$。图 6.16(d)为 BOLS 预测的 Ni[13]、Al[85]、Pd[86] 薄膜晶格应变的尺寸效应。相关的定量信息列于表 6.4。

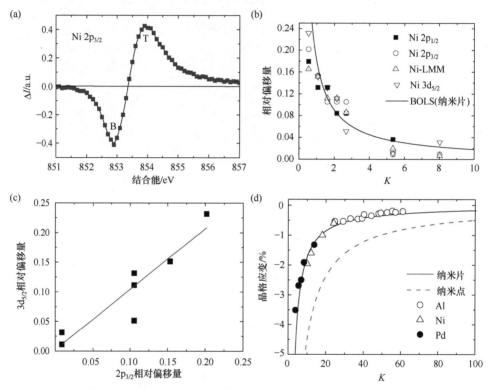

图 6.16　(a) 在 TiO₂ 上沉积 3 min 和 60 min 所得 Ni 薄膜 Ni $2p_{3/2}$ 能级的 ZPS 及(b) Ni 膜 APECS 有关相对能级偏移($\Delta_H = \Delta E_\nu(K)/\Delta E_\nu(\infty)$)的测量和 BOLS 预测结果，(c) Wagner 扩展图，(d) Ni、Al、Pd 薄膜晶格应变的尺寸效应[13, 85-87]

(a)中波谷表示块体能级(B, 853 eV)、波峰则为尺寸诱导的量子钉扎(T, 854 eV)。(c)中拟合直线斜率($\Delta E_M - \Delta E_L$ 斜率)趋近于 1，表明 Ni 晶体和 TiO₂ 基底的相互作用微不足道

表 6.4　基于 BOLS-TB-APECS 获取的 Ni/TiO₂ 薄膜的 E_M(=3d)、E_L(=2p)、E_K 能量偏移值[84]

Ni ($m = 1$, $\tau = 1$)	$E_\nu(0)$/eV	$E_\nu(\infty)$/eV	$\Delta E_\nu(\infty)$/eV
$2p_{1/2}$	868.23	870.33	2.10
$2p_{3/2}$	851.10	853.18	2.08

续表

Ni ($m = 1$，$\tau = 1$)	$E_\nu(0)$/eV	$E_\nu(\infty)$/eV	$\Delta E_\nu(\infty)$/eV
3d$_{5/2}$	0.51	5.49	4.99
E_K(LMM)	853.02	845.45	−7.57

注：$\eta_{L3M5} = 4.99/2.08 \approx 2.40$，表明 3d 电子引起的晶体势是 2p 电子的 2.4 倍。$\kappa_{L3M5} \sim 1$ 表明 Ni/TiO$_2$ 界面效应可以忽略。L1、L3 和 M5 能级偏移与配位数的关系服从(单位：eV)。

$$E_\nu(z) = \langle E_\nu(0) \rangle + \Delta E_\nu(12) C_z^{-1}$$
$$= \begin{cases} 868.23 + 2.10 C_z^{-1} & (2\mathrm{p}_{1/2}) \\ 851.10 + 2.08 C_z^{-1} & (2\mathrm{p}_{3/2}) \\ 0.51 + 4.99 C_z^{-1} & (3\mathrm{d}_{5/2}) \end{cases}$$

6.7　Li、Na、K

6.7.1　Na 2p 与 K 3p 的电子钉扎效应

图 6.17 和表 6.5 所示为团簇 Na 2p 能级[88]和团簇 K 3p 能级[89]的 XPS 及获取

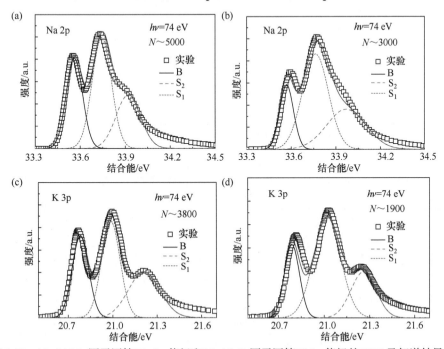

图 6.17　(a), (b) Na 原子团簇 Na 2p 能级和(c), (d) K 原子团簇 K 3p 能级的 XPS 及解谱结果(完整谱峰皆分解为块体 B、表皮 S$_1$ 和 S$_2$ 三部分)[90, 91]

的系列参数。表 6.6 列出了 DFT 计算的两种团簇 I_h-13 和 I_h-55 结构不同位置原子的电荷转移和晶格应变情况。结果表明，团簇表皮的量子钉扎作用使表面低配位原子俘获团簇内部原子的电荷。低配位原子或边缘原子之间形成的键比内部成键的收缩系数更大[90]。

表 6.5　Na[88]和 K[89]原子团簇各组分能级和原子有效配位数($m = 1$)

		z	E_{2p}
Na			
$E_{2p}(0)$ /eV		0	31.167
$E_{2p}(12)$ /eV	B	12	33.568
$\Delta E_{2p}(12)$ /eV			2.401
3000	S_2	5.46	33.762
	S_1	3.63	33.968
5000	S_2	5.71	33.745
	S_1	3.91	33.921
K			
$E_{3p}(0)$ /eV		0	18.034
$E_{3p}(12)$ /eV	B	12	20.788
$\Delta E_{3p}(12)$ /eV			2.754
1900	S_2	5.32	21.020
	S_1	3.58	21.257
3800	S_2	5.74	20.987
	S_1	3.80	21.212

注：基于表中数据可以分析获得各层的局域晶格应变ε_z、键能、相对 E_C 和 E_D[90]。

表 6.6　DFT 计算的 Na 和 K 原子团簇不同位置的局域键应变 C_z-1、电荷变化(e)和芯能级偏移(CLS)[90]

	(C_z-1) /% (1-2)	(C_z-1) /% (1-3)	e (1-2)	e (1)	e (2)	e (3)	CLS (1-2)	CLS (1-3)
Na$_{13}$	−8.32	—	−0.072	−0.006	0.075	—	0.198	—
Na$_{55}$	−10.04	−6.65	−0.510	−0.052	−0.011	0.051	0.196	0.393
K$_{13}$	−7.814	—	−0.324	−0.027	0.323	—	0.324	—
K$_{55}$	−8.335	−5.188	−1.186	−0.059	−0.009	0.097	0.188	0.338

注：(1-2)代表标记为 1 和 2 的原子之间的键长相对变化。

6.7.2 配位诱导能级偏移

图 6.18 为 DFT 模拟的 Na_{13} 和 Na_{55} 团簇中配位数不同的 Na 原子的 2p 能级变化。近邻原子数目越少,芯能级偏移量越大。K 3p 芯能级偏移的尺寸效应与 Na 2p 相同。表 6.6 所列 Na_{13} 和 Na_{55} 团簇低配位诱导键弛豫的各种参数变化也呈现出配位数越低、参数变化越显著的趋势。

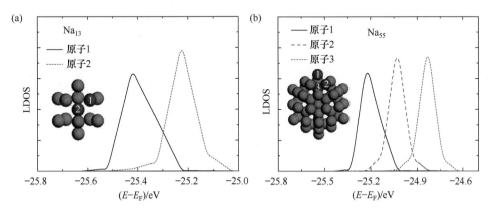

图 6.18 (a) Na_{13} 和(b) Na_{55} 团簇不同原子位置(配位数: $z_1 < z_2 < z_3$) 2p 能级态密度的 DFT 计算结果[90]

6.7.3 表皮尺寸效应

图 6.19 展示了表面为(110)晶面的 Li 1s[92]、Na 2p[93]和 K 3p[94]的 XPS 原谱和解谱结果以及基于实测数据和 DFT 模拟结果获取的芯能级偏移的尺寸效应[88, 95]。表 6.7 列出了相应的定量信息。结果证实,低配位可加深原子芯能级,且晶体表面和原子团簇低配位效应趋势相同。应用 BOLS-XPS 分析方法,还可以获得局域键长、键能、能量密度和原子结合能。

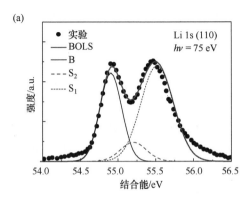
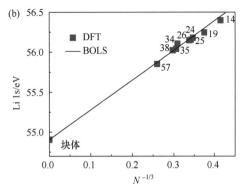

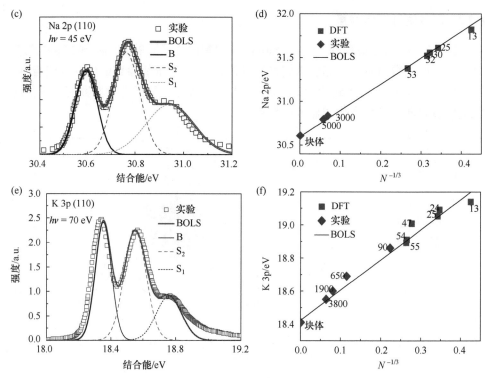

图 6.19　表面为(110)晶面的(a) Li 1s[92]、(c) Na 2p[93]和(e) K 3p[94]芯能级偏移解谱分析和(b)、(d)、(f)相应团簇的[88, 95]尺寸效应[90, 91, 96]

表 6.7　Li、Na、K 的 bcc (110)表面原子结合能信息[90, 91, 96]

$m = 1$	i	z	Li $E_{1s}(z)$	Na $E_{2p}(z)$	K $E_{3p}(z)$
	原子	0	50.673	28.194	15.595
	B	12	54.906	30.595	18.354
bcc (110)	S_2	5.83	55.205	30.764	18.551
	S_1	3.95	55.520	30.943	18.757
	$\Delta E_{1s}(12)$	—	4.233	2.401	2.758

　　图 6.20 所示为(110)面的 Rb 4p、Cs 5p 芯能级 XPS 解谱分析，表 6.8 为相应的定量信息。图 6.20 插图为入射光束能量不同时的 XPS 原谱和 ZPS 结果，可以看出，相较于高能光束，低能光束能捕捉更多的表皮信息。

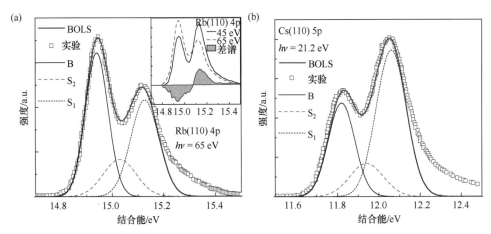

图 6.20 (a) Rb (110)晶面 4p 能级(入射光束能量为 65 eV)[92]和(b) Cs (110)晶面 5p 能级(入射光
束能量为 21.2 eV)的 XPS 解谱分析[97]

XPS 全谱解谱获得 B、S_2 和 S_1 三部分。(a)中插图对比了入射光束能量为 45 eV 和 65 eV 时的 XPS 结果以及两能
谱的差谱,根据 ZPS 分析得到块体 B 能级为 14.940 eV、表皮第一层 S_1 能级为 15.127 eV

表 6.8 Rb (110)[92]和 Cs (110)[97, 98]表皮各层的能级及相对变化量

| | i | z | Rb (110) | | Cs (110) | | $-\varepsilon_z$/% | δE_z/% | $-\delta E_C$/% | δE_D/% |
			$E_{4p}(i)$	$\Delta E_{4p}(i)$	$E_{5p}(i)$	$\Delta E_{5p}(i)$				
单原子	—	0	13.654	—	10.284	—	—	—	—	—
块体	B	12.00	14.940	1.286	11.830	1.546	0	0	0	0
bcc (110)	S_2	5.83	15.029	1.375	11.940	1.656	6.605	7.072	47.981	31.433
	S_1	3.95	15.127	1.473	12.053	1.769	12.669	14.507	62.308	71.919

图 6.21 和表 6.9 描述了 DFT 计算的 Rb 和 Cs 团簇不同原子位置的局域态密
度情况[98],晶格应变、键能和芯能级偏移情况同样与 BOLS 预测相一致。

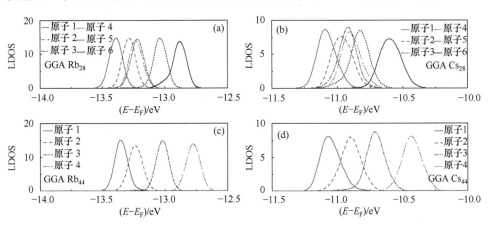

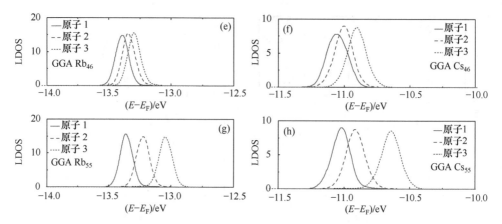

图 6.21　(a)和(b) C_1 28、(c)和(d) O_h 44、(e)和(f) C_{3v} 46 以及(g)和(h) O_h 55 结构的 Rb 和 Cs 团簇
不同位置原子局域态密度变化的 DFT 结果[98]

从团簇最外层向内计数，原子的有效原子配位数依次增加。表 6.9 列出了有关 Rb 和 Cs 团簇低配位对其性能影响
的详细信息[98]

表 6.9　Rb 和 Cs 团簇不同位置原子的平均有效配位数 z、芯能级偏移量 ΔE_z、相对配位数 z_{fb}
和键应变 ε_z[98]

	原子位置	$E_{4p或5p}$ (i)	z	ΔE_z	z_{fb} /%	$-\varepsilon_z$ /%
Rb$_{28}$	1	13.374	2.197	0.480	18.308	27.186
	2	13.267	2.575	0.373	21.458	22.485
	3	13.214	2.836	0.320	23.633	19.926
	4	13.214	2.836	0.320	23.633	19.926
	5	13.054	4.320	0.160	36	11.066
	6	12.894	12	0	100	0
Rb$_{44}$	1	13.368	1.949	0.582	16.242	31.160
	2	13.262	2.209	0.476	18.408	27.014
	3	12.998	3.659	0.212	30.492	14.152
	4	12.786	12	0	100	0
Rb$_{46}$	1	13.403	3.169	0.268	26.408	17.243
	2	13.349	3.638	0.214	30.317	14.268
	3	13.295	4.320	0.160	36	11.066
Rb$_{55}$	1	13.371	2.836	0.320	23.633	19.926
	2	13.211	4.320	0.160	36	11.066
	3	13.051	12	0	100	0
Cs$_{28}$	1	11.102	2.527	0.462	21.058	23.010
	2	10.972	3.110	0.332	25.917	17.678
	3	10.918	3.470	0.278	28.917	15.244
	4	10.918	3.470	0.278	28.917	15.244

续表

原子位置		$E_{4p或5p}(i)$	z	ΔE_z	z_{fb} /%	$-\varepsilon_z$ /%
Cs$_{28}$	5	10.825	4.417	0.185	36.808	10.689
	6	10.640	12	0	100	0
Cs$_{44}$	1	11.089	2.048	0.646	17.067	29.470
	2	10.905	2.527	0.462	21.058	23.010
	3	10.721	3.470	0.278	28.917	15.244
	4	10.443	12	0	100	0
Cs$_{46}$	1	11.091	3.470	0.278	28.917	15.244
	2	10.998	4.417	0.185	36.808	10.689
	3	10.906	6.287	0.093	52.397	5.673
Cs$_{55}$	1	11.013	2.901	0.371	24.175	19.356
	2	10.920	3.470	0.278	28.917	15.244
	3	10.642	12	0	100	0

注：E 的下标 4p 对应 Rb，5p 对应 Cs。

6.8 Si、Pb

6.8.1 Si 2p 能级与价带的量子钉扎

图 6.22(a)和(b)为 Vodel 等应用 X 射线光化电离方法获得的 $Si_N^+(N=5\sim92)$ 2p 芯带和价带钉扎随尺寸变化的情况[99]。图 6.22(c)为多孔硅有效团簇尺寸为 1.4～2.1 nm 时的 Si 2p 芯带偏移情况[100]。两种硅团簇的研究结果都证实原子低配位可引起局域量子钉扎。

Si 2p 芯带和价带能级都随团簇尺寸遵循 $N^{-1/3}$ 的趋势。$N = 4\pi K^3/3$ 相应于 $K^{-1} = (3N/4\pi)^{-1/3} = 1.61\ N^{-1/3}$。已知块体能级值 $E_{2p}(12) = -99.2$ eV，还应考虑实验过程中表面电荷效应引起的能量抵消值，即 0.14 (= 99.2 - 99.06) eV 和 -3.4 (= 99.2 - 102.6) eV，

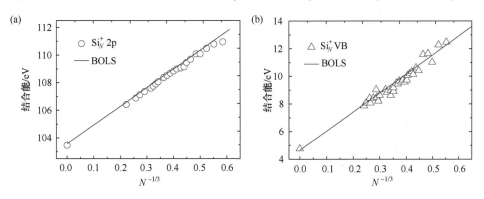

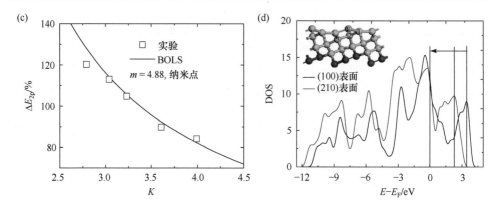

图 6.22 (a)和(b) Si$_N^+$ 团簇 2p 芯带和价带[99]以及(c) 多孔 Si 2p 芯带[100]随尺寸变化的情况，

(d) Si (210)台阶表面和(100)平整表面价带态密度的 DFT 优化结果[102]

多孔 Si 的颗粒半径为 1.4～2.1 nm，对应的 K 值范围为 2.7～4.0。(d)中 DFT 计算的原子 E 与其最近邻原子 1、2 和 3 之间的距离分别为 0.2577 nm、0.3572 nm 和 0.3394 nm，相对应的块体间距分别为 0.3840 nm、0.4503 nm 和 0.3840 nm

再通过 BOLS 预测重现实验测量值而得到 Si 孤立原子能级，$E_{2p}(0)=96.74$ eV 和块体偏移量 $\Delta E_{2p}(12)=2.46$ eV。Si$_N^+$ 团簇中消失一个电子将削弱对晶体势的屏蔽作用，从而增大能级偏移。

对多孔 Si[101] 和 Si$_N^+$ 团簇[99]随尺寸(K)变化的趋势进行拟合分析，可以获得 Si 2p 与价带能级与价带偏移随尺寸变化的表达式：

$$
\begin{cases}
E_{2p}(K) = E_{2p}(\infty) + b / K = 99.06 + 9.68 / K & [p\text{-Si}] \\
E_{2p}(K) = 102.60 + 13.8 / N^{1/3} = 102.60 + 10.69 / K & [\text{Si}_N^+] \\
E_{VB}(K) = 4.20 + 10.89 / K & [\text{Si}_N^+]
\end{cases}
$$

图 6.22(d)比较了 Si 的(100)平整表面和(210)台阶表面价带态密度的 DFT 优化结果。(210)台阶边缘低配位原子键收缩，使价带 DOS 增强约 1.0 eV，且没有极化现象。Si 原子团簇中的低配位原子同样加深了 Si 2p 芯带和价带能级。这些现象在 4.5 节的 XPS 分析中也有体现。

6.8.2 Pb 5d 的能级偏移

图 6.23(a)～(d)为 Pd(111)表面、沉积在 Si(100)基底上的 Pd 膜以及 Pb$_{1000}$ 和 Pb$_{3000}$ 团簇的 Pb 5d$_{3/2}$ 能级的 XPS 及解谱结果。图 6.23(e)是 BOLS 预测、实验测量以及 DFT 计算所得的 Pb 5d 芯能级相较于 E_F 的能级偏移量的尺寸效应。很明显，BOLS 预测结果与实验及计算值高度吻合。

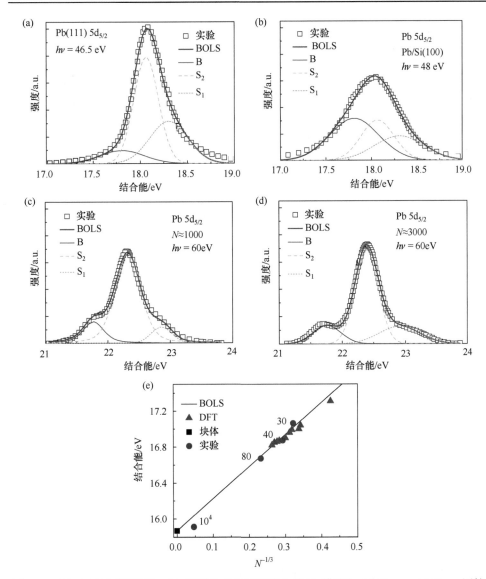

图 6.23　(a) Pb (111) 表面[103]、(b) 沉积在 Si(100) 基底上的 Pb 膜[104]、(c) Pb$_{1000}$、(d) Pb$_{3000}$ 团簇 Pb 5d$_{5/2}$ 能级的 XPS 及解谱结果[105]以及(e) 该能级偏移量的尺寸效应

　　表 6.10 汇总了 Pb 和 Si 表面与团簇的有效配位数 z、能级 $E_\nu(z)$、孤立原子能级 $E_\nu(0)$ 和块体能级偏移量 $\Delta E_\nu(12)$ 的定量信息。Si$_N^+$ 缺失一个电子将抵消部分 $E_\nu(0)$，量值为 4.87 eV，即表皮 Si 和 Si$_N^+$ 的 $E_\nu(0)$能级差，但不改变 $\Delta E_\nu(12)$值 (2.46 eV)。这些可以为 XPS 电荷效应修正提供理论指导。

表 6.10　基于 BOLS-TB 方法获取的 Pb 和 Si 表面与团簇的有效配位数 z、能级 $E_v(z)$、孤立原子能级 $E_v(0)$ 和块体能级偏移量 $E_v(12)$[99, 103-105]

		z	Pb $5d_{3/2}$	Si $2p_{3/2}$ (Si^+_N)	Si $2p_{3/2}$ (壳层)
m			1[1]	4.88 [102]	4.88 [102]
$E_v(0)$ /eV		0	14.334	100.96	96.089
σ			0.005	0.003	0.003
$E_v(12)$ /eV	B	12	17.809	98.550	103.42
$\Delta E_v(12)$ /eV	—	—	3.475	2.461	2.460
fcc(111)	S_2	6.31	18.016	—	—
	S_1	4.26	18.304	—	—
fcc(100)	S_2	5.73	18.020	—	—
	S_1	4.00	18.254	—	—
$N=3000$	S_2	3.69	22.325	—	—
	S_1	2.45	22.855	—	—
$N=1000$	S_2	3.47	22.387	—	—
	S_1	2.37	22.910	—	—

注：Si 团簇获取的各物理量结果与 4.5 节中 Si 表皮 XPS 分析所得相一致[106]。

6.9　Co、Fe、Pt、Rh、Pd

6.9.1　Co 岛群的量子钉扎

Mironets 等结合 STM/S 测量与 DFT-MD 计算获得了沉积于 Cu 之上的 Co 岛群的平均晶格常数：颗粒中心约为块体值 0.251 nm，表面则收缩为 0.236 nm，原子间距收缩率达 6%[107]。图 6.24 显示了当 Co 岛群尺寸从 22.5 nm 减小到 4.8 nm

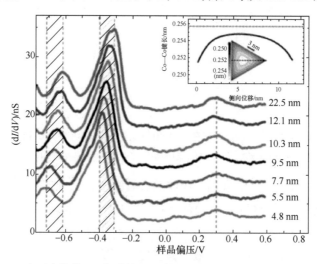

图 6.24　Cu(111) 表面生长的 Co 岛群的 STS(插图示意 Co—Co 键长在岛边缘处收缩)[110]

时，价带态密度加深约 0.2 eV[108]。然而，未占据态处于 0.3 eV 保持不变，这说明原子低配位诱导了量子钉扎但没有发生极化，这与 Pt 原子吸附[109]和 Si 台阶边缘情形相同。

6.9.2　Fe、Pt、Rh 和 Pd 的量子钉扎

图 6.25 为 BOLS 方法预测的 Pd、Pt、Fe 和 Rh 纳米晶体芯能级偏移的尺寸效应。图 6.25(d)的插图补充了 Pt 和 Rh 纳米晶体的晶格应变与尺寸的关系。XRD 测试结果也证实了 Pt 晶格收缩的尺寸效应[111]。表 6.11 汇总了相应的定量信息。Pd、Pt、Fe 和 Rh 纳米颗粒的芯能级偏移的一致性说明，尺寸减小将诱导电荷量子钉扎。Rh 和 Pt 团簇[112]、Cu 和 Ag 团簇[11]的 DFT 计算结果证实了这一观点。

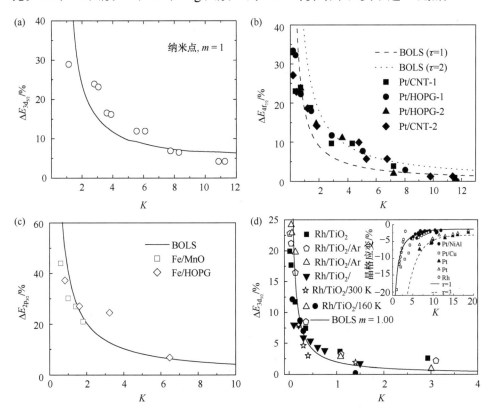

图 6.25　BOLS 理论预测的多种基底上的(a) Pd 3d[113]、(b) Pt 4f[114-117]、(c) Fe 2p[118, 119]和(d) Rh 3d[120-122]芯能级偏移的尺寸效应

详细定量信息见表 6.11。(d)中插图为 BOLS 理论预测的 Pt 和 Rh 纳米晶体晶格应变的尺寸效应[123-125]

表 6.11　沉积在不同基底上的 Pd[125]、Pt[124]、Fe[118, 119]和 Rh[120-122]纳米晶体的孤立原子和块体能级偏移量

	Pd 3d	Pt/C 4f	Fe/MgO 2p	Fe/HOPG 2p	Rh/TiO$_2$ 3d
m		1			
τ	3	3	1	1	3
$E_\nu(12)$ /eV	330.34	71.10	706.37	707.02	307.50
$E_\nu(0)$ /eV	334.35	68.10	704.38	704.65	302.16
$\Delta E_\nu(12)$ /eV	3.98	2.99	1.99	2.37	5.34
$\Delta E_\nu(12)$ /eV	4.359[126]	3.28 [127]	—	—	4.367[126]

6.10　总　　结

综合 BOLS-NEP 理论预测、DFT 计算以及 STM/S、TEM、XPS 和 APECS 等实验技术，分析获得了一系列金属纳米结构的晶格应变、muffin-tin 内势、芯能级偏移、链末端和岛群电荷极化等相关物理量以及与配位数之间的依赖关系，并以此证实了 BOLS-NEP 理论的有效性和准确性。原子低配位可导致局域应变、量子钉扎、电荷致密化和价电子极化，这是已知各物性尺寸效应的本征因素，也因此诱导了系列新奇特性(如催化强化、毒性、稀磁性、拓扑绝缘体的狄拉克-费米极化子、金属-绝缘体转变等)。量子钉扎可使电亲和力及带隙增大，而极化则能降低功函数。

Au($6s^1$)、Ag($5s^1$)、Rh($5s^1$)和 Cu($4s^1$)局域极化的非键 s 电子使这些金属在纳米尺度转变为绝缘体。而对于 Pt($6s^0$)吸附原子、重构的 Pt 表面、Co($4s^2$)岛群以及 Co、Si 和 Ni 纳米晶体，如 BOLS 理论预测和现有测试结果所示，因不成对的 s^1 电荷的缺失，量子钉扎主导这些原子的能量弛豫。与此相反，W($5d^46s^2$)和 Mo($5s^14d^5$)则显示强极化作用。

参 考 文 献

[1] Sun C Q. Surface and nanosolid core-level shift: Impact of atomic coordination-number imperfection. Phys. Rev. B, 2004, 69 (4): 045105.

[2] Aruna I, Mehta B R, Malhotra L K, et al. Size dependence of core and valence binding energies in Pd nanoparticles: Interplay of quantum confinement and coordination reduction. J. Appl. Phys., 2008, 104(6): 064308.

[3] Zhang X, Kuo J L, Gu M X, et al. Local structure relaxation, quantum trap depression, and valence charge polarization induced by the shorter-and-stronger bonds between under-coordinated atoms in gold nanostructures. Nanoscale, 2010, 2(3): 412-417.

[4] Reif M, Glaser L, Martins M, et al. Size-dependent properties of small deposited chromium clusters by X-ray absorption spectroscopy. Phys. Rev. B, 2005, 72(15): 155405.

[5] Bittencourt C, Felten A, Douhard B, et al. Photoemission studies of gold clusters thermally evaporated on multiwall carbon nanotubes. Chem. Phys., 2006, 328(1-3): 385-391.

[6] Suprun S P, Fedosenko E V. Low-temperature recrystallization of Ge nanolayers on ZnSe. Semiconductors, 2007, 41(5): 590-595.

[7] Tao J G, Pan J S, Huan C H A, et al. Origin of XPS binding energy shifts in Ni clusters and atoms on rutile TiO_2 surfaces. Surf. Sci., 2008, 602(16): 2769-2773.

[8] Balamurugan B, Maruyama T. Size-modified d bands and associated interband absorption of Ag nanoparticies. J. Appl. Phys., 2007, 102(3): 034306.

[9] Balamurugan B, Maruyama T. Inhomogeneous effect of particle size on core-level and valence-band electrons: Size-dependent electronic structure of Cu_3N nanoparticles. Appl. Phys. Lett., 2006, 89(3): 033112.

[10] Kim S, Kim M C, Choi S H, et al. Size dependence of Si 2p core-level shift at Si nanocrystal/SiO_2 interfaces. Appl. Phys. Lett., 2007, 91(10): 103113.

[11] Ahmadi S, Zhang X, Gong Y, et al. Skin-resolved local bond contraction, core electron entrapment, and valence charge polarization of Ag and Cu nanoclusters. Phys. Chem. Chem. Phys., 2014, 16(19): 8940-8948.

[12] Ohgi T, Fujita D. Consistent size dependency of core-level binding energy shifts and single-electron tunneling effects in supported gold nanoclusters. Phys. Rev. B, 2002, 66(11): 115410.

[13] Kara A, Rahman T S. Vibrational properties of metallic nanocrystals. Phys. Rev. Lett., 1998, 81(7): 1453-1456.

[14] Feibelman P J. Relaxation of hcp(0001) surfaces: A chemical view. Phys. Rev. B, 1996, 53(20): 13740-13746.

[15] Richter B, Kuhlenbeck H, Freund H J, et al. Cluster core-level binding-energy shifts: The role of lattice strain. Phys. Rev. Lett., 2004, 93(2): 026805.

[16] Nanda J, Sarma D D. Photoemission spectroscopy of size selected zinc sulfide nanocrystallites. J. Appl. Phys., 2001, 90(5): 2504-2510.

[17] Grüneisen E. The state of a body//Handbook of Physics. vol. 10, 1-52 (NASA translation RE2-18-59W).

[18] Liu X J, Zhang X, Bo M L, et al. Coordination-resolved electron spectrometrics. Chem. Rev., 2015, 115(14): 6746-6810.

[19] Sun C Q, Pan L K, Bai H L, et al. Effects of surface passivation and interfacial reaction on the size-dependent 2p-level shift of supported copper nanosolids. Acta Mater., 2003, 51(15): 4631-4636.

[20] Crain J N, Pierce D T. End states in one-dimensional atom chains. Science, 2005, 307(5710): 703-706.

[21] Schouteden K, Lijnen E, Muzychenko D A, et al. A study of the electronic properties of Au nanowires and Au nanoislands on Au(111) surfaces. Nanotechnology, 2009, 20(39): 395401.

[22] Huang W J, Sun R, Tao J, et al. Coordination-dependent surface atomic contraction in nanocrystals

revealed by coherent diffraction. Nat. Mater., 2008, 7(4): 308-313.

[23] Qi W H, Huang B Y, Wang M P. Bond-length and -energy variation of small gold nanoparticles. J. Comput. Theor. Nanosci., 2009, 6(3): 635-639.

[24] Sun C Q, Li C M, Li S, et al. Breaking limit of atomic distance in an impurity-free monatomic chain. Phys. Rev. B, 2004, 69 (24): 245402.

[25] Miller J T, Kropf A J, Zha Y, et al. The effect of gold particle size on Au-Au bond length and reactivity toward oxygen in supported catalysts. J. Catal., 2006, 240(2): 222-234.

[26] Sun C Q. Size dependence of nanostructures: Impact of bond order deficiency. Prog. Solid State Chem., 2007, 35(1): 1-159.

[27] Sun C Q. Thermo-mechanical behavior of low-dimensional systems: The local bond average approach. Prog. Mater. Sci., 2009, 54(2): 179-307.

[28] Zhang X, Sun C Q, Hirao H. Guanine binding to gold nanoparticles through nonbonding interactions. Phys. Chem. Chem. Phys., 2013, 15(44): 19284-19292.

[29] Visikovskiy A, Matsumoto H, Mitsuhara K, et al. Electronic d-band properties of gold nanoclusters grown on amorphous carbon. Phys. Rev. B, 2011, 83(16): 165428.

[30] Zhang P, Sham T. X-ray studies of the structure and electronic behavior of alkanethiolate-capped gold nanoparticles: The interplay of size and surface effects. Phys. Rev. Lett., 2003, 90(24): 245502.

[31] Howard A, Clark D N S, Mitchell C E J, et al. Initial and final state effects in photoemission from Au nanoclusters on TiO$_2$(110). Surf. Sci., 2002, 518(3): 210-224.

[32] Salmeron M, Ferrer S, Jazzar M, et al. Core- and and valence-band energy-level shifts in small two-dimensional islands of gold deposited on Pt(100)-the effect of step edge, surface, and bulk atoms. Phys. Rev. B, 1983, 28(2): 1158-1160.

[33] Felten A, Bittencourt C, Pireaux J J. Gold clusters on oxygen plasma functionalized carbon nanotubes: XPS and TEM studies. Nanotechnology, 2006, 17(8): 1954-1959.

[34] Tanaka A, Takeda Y, Nagasawa T, et al. Chemical states of dodecanethiolate-passivated Au nanoparticles: Synchrotron-radiation photoelectron spectroscopy. Solid State Commun., 2003, 126(4): 191-196.

[35] Lim D C, Dietsche R, Bubek M, et al. Chemistry of mass-selected Au clusters deposited on sputter-damaged HOPG surfaces: The unique properties of Au-8 clusters. Chem. Phys. Lett., 2007, 439(4-6): 364-368.

[36] Boyen H G, Ethirajan A, Kästle G, et al. Alloy formation of supported gold nanoparticles at their transition from clusters to solids: Does size matter? Phys. Rev. Lett., 2005, 94(1): 016804.

[37] DiCenzo S B, Berry S D, Hartford E H. Photoelectron spectroscopy of single-size Au clusters collected on a substrate. Phys. Rev. B, 1988, 38(12): 8465.

[38] Yasuda H, Mori H. Spontaneous alloying of zinc atoms into gold clusters and formation of compound clusters. Phys. Rev. Lett., 1992, 69(26): 3747-3750.

[39] Lim D C, Lopez-Salido I, Dietsche R, et al. Electronic and chemical properties of supported Au nanoparticles. Chem. Phys., 2006, 330(3): 441-448.

[40] Zou C W, Sun B, Wang G D, et al. Initial interface study of Au deposition on GaN(0001). Physica

B, 2005, 370(1-4): 287-293.

[41] Barinov A, Casalis L, Gregoratti L, et al. Au/GaN interface: Initial stages of formation and temperature-induced effects. Phys. Rev. B, 2001, 63(8): 085308.

[42] Okazawa T, Fujiwara M, Nishimura T, et al. Growth mode and electronic structure of Au nano-clusters on NiO(001) and TiO$_2$(110). Surf. Sci., 2006, 600(6): 1331-1338.

[43] Buffat P, Borel J P. Size effect on the melting temperature of gold particles. Phys. Rev. A, 1976, 13(6): 2287-2298.

[44] Donnadieu P, Lazar S, Botton G A, et al. Seeing structures and measuring properties with transmission electron microscopy images: A simple combination to study size effects in nanoparticle systems. Appl. Phys. Lett., 2009, 94(26): 263116-263113.

[45] Sun C Q, Bai H L, Li S, et al. Length, strength, extensibility, and thermal stability of a Au-Au bond in the gold monatomic chain. J. Phys. Chem. B, 2004, 108(7): 2162-2167.

[46] Sperl A, Kroger J, Neel N, et al. Unoccupied states of individual silver clusters and chains on Ag(111). Phys. Rev. B, 2008, 77(8): 085422-085427.

[47] Sperl A, Kroger J, Berndt R, et al. Evolution of unoccupied resonance during the synthesis of a silver dimer on Ag(111). New J. Phys., 2009, 11(6): 063020.

[48] Roy D, Barber Z, Clyne T. Ag nanoparticle induced surface enhanced Raman spectroscopy of chemical vapor deposition diamond thin films prepared by hot filament chemical vapor deposition. J. Appl. Phys., 2002, 91(9): 6085-6088.

[49] Pal S, Tak Y K, Song J M. Does the antibacterial activity of silver nanoparticles depend on the shape of the nanoparticle? A study of the gram-negative bacterium escherichia coli. Appl. Environ. Microbiol., 2007, 73(6): 1712-1720.

[50] Luches P, Pagliuca F, Valeri S, et al. Nature of Ag islands and nanoparticles on the CeO$_2$(111) surface. J. Phys. Chem. C, 2011, 116(1): 1122-1132.

[51] Kong D D, Wang G D, Pan Y H, et al. Growth, structure, and stability of Ag on CeO$_2$ (111): Synchrotron radiation photoemission studies. J. Phys. Chem. C, 2011, 115(14): 6715-6725.

[52] Farmer J A, Baricuatro J H, Campbell C T. Ag adsorption on reduced CeO$_2$ (111) thin films. J. Phys. Chem. C, 2010, 114(40): 17166-17172.

[53] Branda M A M, Hernández N C, Sanz J F, et al. Density functional theory study of the interaction of Cu, Ag, and Au atoms with the regular CeO$_2$ (111) surface. J. Phys. Chem. C, 2010, 114(4): 1934-1941.

[54] Luo K, Lai X, Yi C W, et al. The growth of silver on an ordered alumina surface. J. Phys. Chem. B, 2005, 109(9): 4064-4068.

[55] Moretti G. Auger parameter and wagner plot in the characterization of chemical states by X-ray photoelectron spectroscopy: A review. J. Electron. Spectrosc. Relat. Phenom., 1998, 95(2-3): 95-144.

[56] Ohno M. Many-electron effects in the auger-photoelectron coincidence spectroscopy spectra of the late 3d-transition metals. J. Electron. Spectrosc. Relat. Phenom., 2004, 136(3): 229-234.

[57] Hernández N C, Graciani J, Márquez A, et al. Cu, Ag and Au atoms deposited on the α-Al$_2$O$_3$ (0001) surface: A comparative density functional study. Surf. Sci., 2005, 575(1-2): 189-196.

[58] Lopez-Salido I, Lim D C, Kim Y D. Ag nanoparticles on highly ordered pyrolytic graphite (HOPG) surfaces studied using STM and XPS. Surf. Sci., 2005, 588(1-3): 6-18.

[59] Luo K, St Clair T P, Lai X, et al. Silver growth on TiO$_2$ (110)(1×1) and (1×2). J. Phys. Chem. B, 2000, 104(14): 3050-3057.

[60] Qin W, Wang Y, Huang Y L, et al. Bond order resolved 3d(5/2) and valence band chemical shifts of Ag surfaces and nanoclusters. J. Phys. Chem. A, 2012, 116(30): 7892-7897.

[61] Rocca M, Savio L, Vattuone L, et al. Phase transition of dissociatively adsorbed oxygen on Ag(001). Phys. Rev. B, 2000, 61(1): 213-227.

[62] Andersen J N, Hennig D, Lundgren E, et al. Surface core-level shifts of some 4d-metal single-crystal surfaces: Experiments and *ab initio* calculations. Phys. Rev. B, 1994, 50(23): 17525-17533.

[63] Folsch S, Hyldgaard P, Koch R, et al. Quantum confinement in monatomic Cu chains on Cu(111). Phys. Rev. Lett., 2004, 92(5): 056803.

[64] Cheshnovsky O, Taylor K J, Conceicao J, et al. Ultraviolet photoelectron-spectra of mass-selected copper clusters-evolution of the 3d band. Phys. Rev. Lett., 1990, 64(15): 1785-1788.

[65] Shin D W, Dong C, Mattesini M, et al. Size dependence of the electronic structure of copper nanoclusters in sic matrix. Chem. Phys. Lett., 2006, 422(4): 543-546.

[66] Yang D Q, Sacher E. Initial- and final-state effects on metal cluster/substrate interactions, as determined by XPS: Copper clusters on dow cyclotene and highly oriented pyrolytic graphite. Appl. Surf. Sci., 2002, 195(1-4): 187-195.

[67] Yang D Q, Martinu L, Sacher E, et al. Nitrogen plasma treatment of the dow cyclotene 3022 surface and its reaction with evaporated copper. Appl. Surf. Sci., 2001, 177(1-2): 85-95.

[68] Yang D Q, Sacher E. Argon ion treatment of the dow cyclotene 3022 surface and its effect on the adhesion of evaporated copper. Appl. Surf. Sci., 2001, 173(1-2): 30-39.

[69] Wu Y T, Garfunkel E, Madey T E. Initial stages of Cu growth on ordered Al$_2$O$_3$ ultrathin films. J. Vac. Sci. Technol. A, 1996, 14(3): 1662-1667.

[70] Bearden J, Burr A. Reevaluation of X-ray atomic energy levels. Rev. Mod. Phys., 1967, 39(1): 125.

[71] Sun C Q, Pan L K, Chen T P, et al. Distinguishing the effect of crystal-field screening from the effect of valence recharging on the 2p$_{3/2}$ and 3d$_{5/2}$ level energies of nanostructured copper. Appl. Surf. Sci., 2006, 252(6): 2101-2107.

[72] Sun C Q. Oxidation electronics: Bond-band-barrier correlation and its applications. Prog. Mater. Sci., 2003, 48(6): 521-685.

[73] Sun C Q. Relaxation of the Chemical Bond. Heidelberg: Springer, 2014.

[74] DiDio R, Zehner D, Plummer E. An angle-resolved UPS study of the oxygen-induced reconstruction of Cu (110). J. Vac. Sci. Technol. A, 1984, 2(2): 852-855.

[75] Sun C Q. Electron and Phonon Spectrometrics. Heidelberg: Springer, 2020.

[76] Egelhoff J W F, Tibbetts G G. Growth of copper, nickel, and palladium films on graphite and amorphous carbon. Phys. Rev. B, 1979, 19(10): 5028.

[77] Burkstrand J M. Substrate effects on the electronic structure of metal overlayers-an XPS study of polymer-metal interfaces. Phys. Rev. B, 1979, 20(12): 4853.

[78] Chtaib M, Ghijsen J, Pireaux J, et al. Photoemission study of the copper/poly (ethylene terephthalate) interface. Phys. Rev. B, 1991, 44(19): 10815.

[79] Sun C Q. A model of bonding and band-forming for oxides and nitrides. Appl. Phys. Lett., 1998, 72(14): 1706-1708.

[80] Borgohain K, Singh J B, Rao M V R, et al. Quantum size effects in CuO nanoparticles. Phys. Rev. B, 2000, 61(16): 11093-11096.

[81] Matsui F, Matsushita T, Kato Y, et al. Atomic-layer resolved magnetic and electronic structure analysis of Ni thin film on a Cu(001) surface by diffraction spectroscopy. Phys. Rev. Lett., 2008, 100(20): 207201.

[82] Xu M L, Tong S Y. Summary Abstracti The structure of overlayer adsorption on Ni(001) by high-resolution electron-energy loss spectroscopy. J. Vac. Sci. Technol. A, 1986, 4(3): 1302-1303.

[83] Nie Y G, Pan J S, Zhang Z, et al. Size dependent 2p(3/2) binding-energy shift of Ni nanoclusters on SiO_2 support: Skin-depth local strain and quantum trapping. Appl. Surf. Sci., 2010, 256(14): 4667-4671.

[84] Sun Y, Pan J S, Tao J G, et al. Size dependence of the 2p(3/2) and 3d(5/2) binding energy shift of Ni nanostructures: Skin-depth charge and energy trapping. J. Phys. Chem. C, 2009, 113(25): 10939-10946.

[85] Woltersdorf J, Nepijko A, Pippel E. Dependence of lattice parameters of small particles on the size of the nuclei. Surf. Sci., 1981, 106(1): 64-69.

[86] Lamber R, Wetjen S, Jaeger N I. Size dependence of the lattice parameter of small palladium particles. Phys. Rev. B, 1995, 51(16): 10968.

[87] Zhao M, Zhou X, Jiang Q. Comparison of different models for melting point change of metallic nanocrystals. J. Mater. Res., 2001, 16(11): 3304-3308.

[88] Peredkov S, Öhrwall G, Schulz J, et al. Free nanoscale sodium clusters studied by core-level photoelectron spectroscopy. Phys. Rev. B, 2007, 75(23): 235407.

[89] Rosso A, Öhrwall G, Bradeanu I L, et al. Photoelectron spectroscopy study of free potassium clusters: Core-level lines and plasmon satellites. Phys. Rev. A, 2008, 77: 043202.

[90] Bo M, Wang Y, Huang Y, et al. Atomistic spectrometrics of local bond-electron-energy pertaining to Na and K clusters. Appl. Surf. Sci., 2015, 325: 33-38.

[91] Zhang T, Bo M, Guo Y, et al. Coordination-resolved atomistic local bonding and 3p electronic energetics of k(110) skin and atomic clusters. Appl. Surf. Sci., 2015, 325: 33-38.

[92] Wertheim G, Riffe D M, Smith N, et al. Electron mean free paths in the alkali metals. Phys. Rev. B, 1992, 46(4): 1955.

[93] Riffe D M, Wertheim G, Citrin P. Enhanced vibrational broadening of core-level photoemission from the surface of Na (110). Phys. Rev. Lett., 1991, 67(1): 116-119.

[94] Wertheim G, Riffe D M. Evidence for crystal-field splitting in surface-atom photoemission from potassium. Phys. Rev. B, 1995, 52(20): 14906.

[95] Mikkelä M H, Tchaplyguine M, Jänkälä K, et al. Size-dependent study of Rb and K clusters using core and valence level photoelectron spectroscopy. Eur. Phys. J. D, 2011, 64(2): 347-352.

[96] Bo M, Guo Y, Huang Y, et al. Coordination-resolved bonding and electronic dynamics of Na

atomic clusters and solid skins. RSC Adv., 2015, 5(44): 35274-35281.

[97] Wertheim G, Buchanan D. Conduction-electron screening and surface properties of Cs metal. Phys. Rev. B, 1991, 43(17): 13815.

[98] Guo Y L, Bo M L, Wang Y, et al. Atomistic bond relaxation, energy entrapment, and electron polarization of the Rb_n and Cs_n clusters ($n \leqslant 58$). Phys. Chem. Chem. Phys., 2015, 17(45): 30389-30397.

[99] Vogel M, Kasigkeit C, Hirsch K, et al. 2p core-level binding energies of size-selected free silicon clusters: Chemical shifts and cluster structure. Phys. Rev. B, 2012, 85(19): 195454.

[100] Pan L K, Ee Y K, Sun C Q, et al. Band-gap expansion, core-level shift, and dielectric suppression of porous silicon passivated by plasma fluorination. J. Vac. Sci. Technol. B, 2004, 22(2): 583-587.

[101] Pan L, Xu S, Liu X, et al. Skin dominance of the dielectric electronic-phononic-photonic attribute of nanoscaled silicon. Surf. Sci. Rep., 2013, 68(3-4): 418-445.

[102] Bo M, Wang Y, Huang Y, et al. Coordination-resolved local bond contraction and electron binding-energy entrapment of Si atomic clusters and solid skins. J. Appl. Phys., 2014, 115(14): 4871399.

[103] Dalmas J, Oughaddou H, Le Lay G, et al. Photoelectron spectroscopy study of Pb/Ag (111) in the submonolayer range. Surf. Sci., 2006, 600(6): 1227-1230.

[104] Le Lay G, Hricovini K, Bonnet J. Ultraviolet photoemission study of the initial adsorption of Pb on Si (100) 2×1. Phys. Rev. B, 1989, 39(6): 3927.

[105] Peredkov S, Sorensen S, Rosso A, et al. Size determination of free metal clusters by core-level photoemission from different initial charge states. Phys. Rev. B, 2007, 76(8): 081402.

[106] Bo M, Wang Y, Huang Y, et al. Coordination-resolved local bond relaxation and electron binding-energy shift of Pb solid skins and atomic clusters. J. Mater. Chem. C, 2014, 2(30): 6090-6096.

[107] Mironets O, Meyerheim H L, Tusche C, et al. Bond length contraction in cobalt nanoislands on Cu(001) analyzed by surface X-ray diffraction. Phys. Rev. B, 2009, 79: 035406.

[108] Mironets O, Meyerheim H L, Tusche C, et al. Direct evidence for mesoscopic relaxations in cobalt nanoislands on Cu(001). Phys. Rev. Lett., 2008, 100(9): 096103.

[109] Bianchettin L, Baraldi A, de Gironcoli S, et al. Core level shifts of undercoordinated Pt atoms. J. Chem. Phys., 2008, 128 (11): 114706.

[110] Rastei M V, Heinrich B, Limot L, et al. Size-dependent surface states of strained cobalt nanoislands on Cu(111). Phys. Rev. Lett., 2007, 99(24): 246102-246104.

[111] Leontyev I, Kuriganova A, Leontyev N, et al. Size dependence of the lattice parameters of carbon supported platinum nanoparticles: X-ray diffraction analysis and theoretical considerations. RSC Adv., 2014, 4(68): 35959-35965.

[112] Ahmadi S, Zhang X, Gong Y, et al. Atomic under-coordination fascinated catalytic and magnetic behavior of Pt and Rh nanoclusters. Phys. Chem. Chem. Phys., 2014, 16(38): 20537-20547.

[113] Aiyer H N, Vijayakrishnan V, Subbanna G N, et al. Investigations of Pd clusters by the combined use of HREM, STM, high-energy spectroscopies and tunneling conductance measurements. Surf. Sci., 1994, 313(3): 392-398.

[114] Marcus P, Hinnen C. XPS study of the early stages of deposition of Ni, Cu and Pt on HOPG. Surf. Sci., 1997, 392(1-3): 134-142.

[115] Yang D Q, Sacher E. Platinum nanoparticle interaction with chemically modified highly oriented pyrolytic graphite surfaces. Chem. Mater., 2006, 18(7): 1811-1816.

[116] Yang D Q, Sacher E. Strongly enhanced interaction between evaporated Pt nanoparticles and functionalized multiwalled carbon nanotubes via plasma surface modifications: Effects of physical and chemical defects. J. Phys. Chem. C, 2008, 112(11): 4075-4082.

[117] Bittencourt C, Hecq M, Felten A, et al. Platinum-carbon nanotube interaction. Chem. Phys. Lett., 2008, 462(4-6): 260-264.

[118] Yang D Q, Sacher E. Characterization and oxidation of Fe nanoparticles deposited onto highly oriented pyrolytic graphite, using X-ray photoelectron spectroscopy. J. Phys. Chem. C, 2009, 113(16): 6418-6425.

[119] Di Castro V, Ciampi S. XPS study of the growth and reactivity of Fe/MnO thin films. Surf. Sci., 1995, 331: 294-299.

[120] Berkó A, Ulrych I, Prince K. Encapsulation of Rh nanoparticles supported on TiO_2 (110)-(1×1) surface: XPS and STM studies. J. Phys. Chem. B, 1998, 102(18): 3379-3386.

[121] Sadeghi H R, Henrich V E. Rh on TiO_2: Model catalyst studies of the strong metal-support interaction. Appl. Surf. Sci, 1984, 19(1): 330-340.

[122] Óvári L, Kiss J. Growth of Rh nanoclusters on TiO_2(110): XPS and LEIS studies. Appl. Surf. Sci., 2006, 252(24): 8624-8629.

[123] Wang Y, Wang L L, Sun C Q. The $2p_{3/2}$ binding energy shift of Fe surface and Fe nanoparticles. Chem. Phys. Lett., 2009, 480(4-6): 243-246.

[124] Sun Y, Wang Y, Pan J S, et al. Elucidating the 4f binding energy of an isolated Pt atom and its bulk shift from the measured surface- and size-induced Pt 4f core level shift. J. Phys. Chem. C, 2009, 113(33): 14696-14701.

[125] Sun C Q. Atomic-coordination-imperfection-enhanced Pd-3d(5/2) crystal binding energy. Surf. Rev. Lett., 2003, 10(6): 1009-1013.

[126] Wang Y, Nie Y G, Pan J S, et al. Orientation-resolved 3d(5/2) binding energy shift of Rh and Pd surfaces: Anisotropy of the skin-depth lattice strain and quantum trapping. Phys. Chem. Chem. Phys., 2010, 12(9): 2177-2182.

[127] Sun C Q, Wang Y, Nie Y G, et al. Adatoms-induced local bond contraction, quantum trap depression, and charge polarization at Pt and Rh surfaces. J. Phys. Chem. C, 2009, 113(52): 21889-21894.

第 7 章　碳同素异构体

要点

- 双配位碳原子间的 C—C 键收缩 30%，键能增大 150%，伴随极化
- 三配位碳原子间的 C—C 键收缩 19%，键能增大 68%，伴随量子钉扎
- 悬键电荷的孤立与极化诱导沿锯齿型石墨烯带边缘形成狄拉克-费米极化子
- 扶手椅型或重构锯齿型石墨烯带边缘则因 C—C 键长较短而抑制了狄拉克-费米极化子的形成

摘要

STM/S 和选区分辨光电子能谱共同证实了键弛豫-非键电子极化理论关于碳同素异构体性能的预测：原子有效配位数减少时，C—C 键收缩，芯电子钉扎、价电子极化。价电子极化仅在点缺陷周围或沿原子间距 $\sqrt{3}d$ 的锯齿形边缘发生。C—C 三键或准三键的形成可阻止单层石墨和石墨烯扶手椅型边缘或重构锯齿型边缘的电荷极化。狄拉克-费米极化子是一种拓扑绝缘体的载体，是未配对、自旋的 σ 悬键电子超低配位引起的孤立和极化诱导形成的。

7.1　引　言

7.1.1　单壁碳纳米管和石墨烯纳米带

自 20 世纪 90 年代初发现碳纳米管(CNT)以来[1]，人们越来越热衷于新型碳结构的研究。因为这些新型的碳同素异构体不仅具备异于石墨或金刚石的结构和性能，而且在科学和工程领域都具有重要的潜在应用，如用于原子力显微镜探头[2]、阴极场发射器[3,4]、电子电路器件[5,6]、储氢材料[7-10]、化学传感器[11,12]、能量储存和管理设备[13-16]以及声子和电子传导装置[17-20]。

将一个单壁碳纳米管(SWCNT)展开即可形成一条石墨烯纳米带(GNR)[21,22]。裂口处绝大部分碳原子处于低配位状态，引发了许多奇异现象，促使人们对边缘效应展开研究。实际上，无论是单壁碳纳米管，还是无限大的石墨烯(LGS)都可检

测到边缘效应造成的异常物性[23-31]。

石墨烯不仅是宇宙中已知的最薄物质,还具有有史以来的最高强度纪录。它的电荷载体(或称之为狄拉克-费米子)具有极高的本征迁移率,可以在室温下运动数微米而不发生散射。石墨烯可以维持比 Cu 高出六个数量级的电流密度,具有创纪录的导热性和导电性、气体不可渗透性,还可以调和诸如脆性与延展性等相互矛盾的性质。

狄拉克-费米子作为拓扑绝缘体中量子自旋霍尔效应的载体[28, 32-40],因其低维度和"相对"能带结构[41]而呈现出独特的超导电流特性[42]。在与两个超导电极接触时,石墨烯可支持库珀对的输运,从而产生众所周知的约瑟夫森效应(Josephson effect)[43]。狄拉克-费米子在 STM/S 图形中显示为突出物[44-46],在原子缺陷周围、单层石墨台阶边缘和石墨烯纳米带的光谱图中表现为 E_F 处的尖锐共振峰[47-50]。这些极化子表现出诸多反常现象,如极低的有效质量[51]、极高的群速度和 1/2净自旋[52, 53]、遵循狄拉克方程且呈近线性的色散关系(狄拉克锥)[28, 32-35, 54-61]。石墨烯中的电子输运性能使得在实验室中可以观测到相对论量子现象。这些奇特现象以及扶手椅型石墨烯带宽引起的带隙膨胀,在单壁碳纳米管、石墨烯或石墨晶体中并不存在[24, 62]。

7.1.2 挑战与目标

目前,有关碳纳米管和石墨烯纳米带的绝大多数实验工作集中在其生长、表征和实际应用功能方面。人们在狄拉克-费米子的性能和能量与结构优化方面已经开展了大量理论研究。然而,狄拉克-费米子呈现的新奇现象的物理根源以及它们对碳纳米管和纳米带依赖关系的研究仍然极具挑战,可总结如下。

(1) 碳纳米管和石墨烯纳米带在力学、电学和光学性能上十分优越,但其化学和热学性能却不太稳定。碳纳米管具有极高的强度,但化学稳定性和热稳定性比块体石墨低。单壁碳纳米管的弹性模量为 $0.5\sim5.5$ TPa[63-70],块体值为 1.05 TPa。多壁碳纳米管(MWCNT)的弹性模量随壁厚增大而减小,若壁厚不变,多壁碳纳米管最外层半径变化并不会影响弹性模量[71, 72]。单壁碳纳米管开口边缘的原子在1593 K 时凝聚[73],温度达~2000 K 时,其伸长率可达~280%[74]。单壁碳纳米管的燃点极低,普通相机的闪光即可点燃[75]。一般而言,块体材料的弹性模量与其熔点成正比,但碳纳米管的弹性模量增大时熔点降低,这一反常现象的机理仍旧是谜。

(2) 碳纳米管的壁厚、C—C 键长和键能以及原子低配位效应仍有待明确。单壁碳纳米管中 C—C 键的杨氏模量与壁厚相关,连带这两个物理量都不确定。缺陷附近原子或缺陷尖端(或表面)原子可能对于控制碳纳米管和石墨烯纳米带的机械性能和热学性能起到了一定的作用,但鉴于碳纳米管中不可忽视的低配位原子,需要从低配位角度探究其奇异物性。

(3) 磁性锯齿型石墨烯碳纳米带(ZGNR)和扶手椅型石墨烯碳纳米带(AGNR)半导体性能的物理机理仍不清楚。与石墨烯片或碳纳米管相比，ZGNR 具有强烈的局域边缘态[76]、磁性和金属属性；而 AGNR 带隙(E_G)更大，且与带宽成反比，呈半导体性质[77-79]。石墨烯纳米带带隙的理论计算结果[52,79,80]与实验值[78]差异较大。虽然人们已提出了如掺杂[81]、缺陷形成[52,82,83]、对称性破坏[84]、基底效应[85]、边缘畸变[77]、应变效应[86]、量子限域[49]及交错亚晶格势能调制[87]等一系列关于局域边缘态产生和带隙宽化的可能物理机理，但依旧缺乏统一的认知。

(4) 狄拉克-费米子的边缘选择性生长机理和氢湮灭机理尚未有定论。原子空位[44,88]、单层石墨平台和 ZGNR 边缘[47-50]可产生狄拉克-费米子[45,46]，而在 AGNR 或重构锯齿型石墨烯碳纳米带(rec-ZGNR)边缘则不会形成。目前尚不清楚为什么带边和位点会影响狄拉克-费米子的产生。

(5) 石墨烯纳米带 C 1s 芯能级正偏移与纳米带边缘、内部以及层数诱导的功函数变化之间的关联机理尚未明确。目前，已从石墨烯 XPS 中解析获得三个 C 1s 组分：纳米带边缘、单层纳米带或三层石墨烯表面、块体石墨[89]。多层石墨烯的 C 1s 谱由表面和块体两组分决定，而单层和三层的光谱则由表面和边缘组分决定。在外延生长的石墨烯中，当功函数从 4.6 eV 降到 4.3 eV 时，C 1s 芯能级从 284.42 eV 增大至 284.83 eV，石墨烯的层数从 10 减少为 1，这与狄拉克点能量与厚度关系的报道相一致[90]。在 C_{60} 中也观察到了相同的层数效应[91]。然而，很少有理论模型从配位数角度来解析 C 1s 芯能级偏移与功函数减少的物理起因及其相互依赖关系。

(6) 当层数、应变、温度和压力发生变化时，石墨烯纳米带与其他碳同素异构体的振动频率发生异常频移。因此，建立晶格动力学关系式非常重要。

(7) 确定碳同素异构体的异常现象的共同本征起源以及现象之间的相互关联十分必要。石墨和石墨烯纳米带或碳纳米管之间的区别仅仅是原子低配位状态，故可以此为研究的切入点。Girit 等通过高分辨原位 TEM 观察悬空单层石墨烯边缘碳原子的动力学过程，发现了碳原子重排以及电子束诱导碳原子激射形成空位的行为[50]。他们还观察了"锯齿形"边缘结构的重构和稳定性，证实边界原子优先反应。由此可见，原子的低配位数及其对键长、键能和相关电子动力学行为的影响可能是碳同素异构体异常现象以及彼此关联的本质原因。

为了有效应用石墨烯纳米带或碳纳米管，必须澄清上述疑问。需要清楚其优点是什么，局限是什么，如何利用优势并克服在实际应用中的局限性。物质的性质取决于键和非键的形成、解离、弛豫、振动以及电荷转移、极化、致密化和局域化相关的能量学和动力学过程[92]。原子低配位引起局域键收缩和量子钉扎，原子空缺和 ZGNR 边缘未配对的σ悬键 sp^2 电子被中心钉扎的成键电荷极化，AGNR

和 rec-ZGNR 边缘最近邻σ悬键电子之间形成伪 π 键,这些可能是各自展现特殊物性的原因。低配位碳原子间变短变强的 C—C 键调控局域原子结合能和哈密顿量,从而改变可测宏观物理量,以此为理论基础可以重现实验观测的弹性模量增大、熔点降低、C 1s 芯能级偏移、带隙展宽、边缘和缺陷狄拉克-费米子生成及关联磁性等物性现象。理论预测与实验测量的一致性印证了理论的有效性和正确性。本章正是从原子化学键的角度澄清上述问题。

7.2 实 验 现 象

7.2.1 STM/S-DFT:纳米带边缘与缺陷的极化

碳原子的 sp 轨道杂化能力使其可以形成一系列新型碳同素异构体,如金刚石、石墨、富勒烯(C_{60})、碳纳米管、碳纳米芽(CNB)、石墨烯、石墨烯纳米带等。它们源自于碳元素,但物性却千差万别。譬如,石墨与金刚石,前者是不透明的电子导体,后者是几乎可透所有波长的绝缘体;前者易发生非键孤对电子(或 π 键)sp^2轨道杂化,后者则为更加理想的 sp^3 轨道杂化。石墨烯纳米带与碳纳米管(或无限大石墨烯)会因为双配位边缘原子的成键作用引发性能差异[21, 38, 50, 93-98]。

石墨点缺陷和边界类型不同的石墨烯纳米带展现出诸多迥异于片状石墨烯和块体石墨的特异性质,如典型的狄拉克-费米子[100-103]边缘选择性生成现象,这种狄拉克-费米子有效质量极低、迁移率极高[99]、非零自旋,呈现自旋量子霍尔效应[49, 104]。薛定谔方程无法描述狄拉克-费米子的反常现象,但却符合狄拉克运动方程,在 E_F 附近呈近线性色散[36, 56]。基于极化和局域性[94],又可将狄拉克-费米子称为狄拉克-费米极化子,涉及原子处于 ZGNR 边缘或点缺陷附近,晶格间距为 $\sqrt{3}d$[93]。与石墨烯纳米带内部非键电子孤对性能不同,狄拉克-费米极化子决定了石墨烯边缘催化、电学、磁性、光学和传输等性质[49, 105, 106]。ZGNR 呈现金属性质,而 AGNR 却表现出半导体性质。

图 7.1(a)和(b)为 STM 探测的原子空位周围[44-46, 88]、单层石墨边缘和石墨烯纳米带[48-50]的狄拉克-费米极化子,图中呈现为明亮突起,具有 E_F 位置的共振峰。零偏压下,共振电流在 STM 针尖和纳米带边缘流动。这种共振态在石墨平整表面、石墨烯内部或 AGNR 边缘都不存在。STM 图像的锐度和共振峰对仪器探头和测试温度十分敏感。这些现象说明,石墨表面点缺陷和 AGNR 边缘本质上是相同的,都具备键弛豫、芯电子钉扎和非键电子极化性能[94]。

图 7.1(c)所示为 DFT 计算呈现的 ZGNR 边缘或石墨表面原子空位处高自旋密度的狄拉克-费米极化子[94]。致密钉轧的芯电子极化了边缘间距为 $\sqrt{3}d$ 的σ悬键电子。图 7.1(d)为 BOLS-TB 理论结合 DFT 计算获得的 ZGNR 边缘或石墨表面原子

空位处的局域态密度。E_F 附近出现的尖锐共振峰对应于狄拉克-费米极化子，这与 STM 探测结果吻合[44]。局域致密的成键电子通过极化来诱捕狄拉克-费米极化子。但是，AGNR 和 rec-ZGNR 边缘的最近邻原子易形成准三键，这将阻止狄拉克-费米极化子的产生。

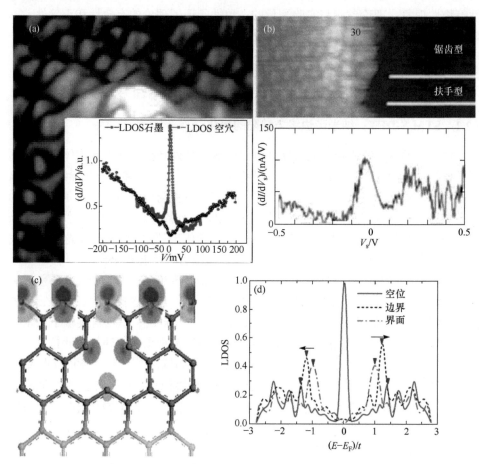

图 7.1 (a) 石墨表面原子缺陷与(b) ZGNR 的 STM 和 STS 结果及其(c)和(d) 边缘态的 DFT 计算结果[44, 94, 107](扫描封底二维码可看彩图)

(c)和(d)中的边缘态电子呈非对称哑铃状分布，具备未配对、极化、有自旋向上与自旋向下态等特征

7.2.2 TEM：C—C 键能弛豫

图 7.2 为石墨烯纳米带边缘的 STM 图像，同时含有锯齿型(I，ZGNR)、扶手椅型(II，AGNR)和重构锯齿型(III，rec-ZGNR)三种边缘类型。与较大的石墨烯片或单壁碳纳米管相比，ZGNR 和空位边缘原子构成六边形晶格，呈强局域边缘态[76]。而 AGNR 则带有 E_G 带隙，隙宽与石墨烯纳米带的宽度成反比[52, 77-79, 83, 108]。

rec-ZGNR 与 AGNR 性质相似，三种边缘的最外层边缘原子间距不同，AGNR 与 rec-ZGNR 是 d 和 $2d$ 周期性交替出现，ZGNR 为 $\sqrt{3}d$。虽然石墨烯纳米带卷曲成为单壁碳纳米管能产生些许应变，但仍视之等价于片状无限大的纳米带[93]，边缘只出现在碳纳米管的末端或缺陷处。

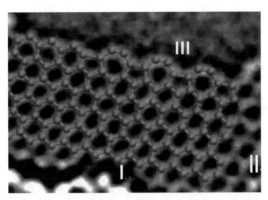

图 7.2　石墨烯带中 ZGNR（Ⅰ）、AGNR（Ⅱ）和 rec-ZGNR（Ⅲ）三种边缘的 STM 图像[50, 109]

ZGNR 边缘原子间距为 $\sqrt{3}d$、AGNR 边缘原子间距为 d 和 $2d$ 交替出现，rec-ZGNR 边缘原子间距近似于 AGNR。ZGNR 边缘产生呈现磁性和金属性的狄拉克-费米极化子，而 AGNR 和 rec-ZGNR 呈现半导体性质[50]

　　TEM 测试发现，悬空石墨烯纳米带晶格常数为 0.21 nm，相比于石墨晶格常数 0.246 nm 收缩了 14.7%。当入射电子能量达到 80 keV 时，转移到 C 原子上的最大能量可达 15.8 eV。激射晶格阵列内三键 C 原子的能量阈值为 17 eV，相应的入射电子能量为 86 keV。因此，80 keV 的入射电子束并不会使这种 C 原子受激射出。然而，一旦原子周围出现缺陷，激射的能量阈值可以降到 15 eV，若存在多个缺陷，能量阈值可能降得更低。实测结果发现，对于悬空石墨烯，断开双配位碳原子单键所需的最低能量($15/2 = 7.50$ eV/键)比断开三配位碳原子单键的最低能量($17/3 = 5.67$ eV/键)高 32%[50]。

7.2.3　XPS：C 1s 芯能级与功函数的偏移

　　图 7.3(a)为能量 635 eV 的入射光束测得的沉积于 SiO$_2$ 基底上层数不同的石墨烯 C 1s 能谱[89]。从单层石墨烯到多层石墨烯，其 C 1s 能级分别为 285.97 eV、284.80 eV 和 284.20 eV，证实配位数对 C 1s 峰值和峰强以及芯能级偏移都存在影响，此即配位数效应。对于多层石墨烯，其 C 1s 能谱组分自深层能级到浅层能级分别对应于石墨烯纳米带边缘(E)、单层石墨烯纳米带或表皮(S)以及块体石墨(B)。S 和 B 组分为多层石墨烯 C 1s 能谱的主要组成部分，而三层和单层石墨烯的主要组分则为 E 和 S 组分。

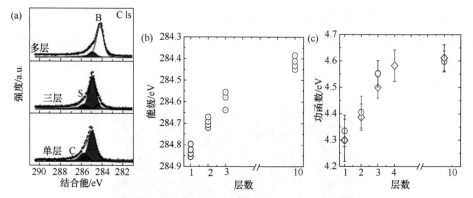

图 7.3　不同层数石墨烯纳米带的(a) C 1s 能谱[89]、(b) C 1s 能级偏移和(c) 功函数变化[90]
结果表明，低配位碳原子同时出现量子钉轧和极化现象[89, 90]

　　图 7.3(b)和(c)分别为 6H-SiC(0001)基底上生长的不同层数石墨烯的 C 1s 能级偏移和功函数变化情况[90, 110-112]。当原子层数从 10 减少到 1 时，C 1s 能级从 284.42 eV 正向移动至 284.83 eV，而功函数从 4.6 eV 降低为 4.3 eV[90]。这些趋势与紫外光电子能谱(UPS)、X 射线光电子能谱(XPS)和同步辐射观测的沉积在 CuPc 基底上 C_{60} 的结果相同[91]。Lin 等通过系统研究悬空和附着于基底的不同层数的石墨烯，证实了 C 1s 和功函数呈现与图 7.3 所示相同的变化趋势[113]。其他碳同素异构体的 C 1s 偏移也显示了相同的配位数依赖性[114]。散射、测量偏振角[115]和表面的变化对所测 C 1s 谱的特征都存在影响[116]，但 C 1s 能级和功函数的协同弛豫本质上说明了量子钉扎和极化的同时产生，且随着配位数减少而增强。

7.3　BOLS-TB 定量解析

　　表 7.1 汇总了基于实测单壁碳纳米管末端的刚度和熔点(T_m=1593 K)获取的 C—C 键特征参数[117]。刚度由杨氏模量 Y 和壁厚(键长)t 的乘积决定，即 $Yt = 0.3685$ TPa·nm，熔点 T_m 为 1593 K[118]。相比于金刚石的 C—C 键(0.154 nm, 1.84 eV)，单壁碳纳米管的 C—C 键长度收缩了 18.5%，键能增强了 69%。

　　碳纳米管开口端的 C—C 键收缩 30%、键能增强 153%，键性质参数 $m = 2.56$。碳纳米管的杨氏模量达 2.6 TPa，金刚石的仅 1.0 TPa[118]。金刚石结构为两个 fcc 结构嵌套而成，其原子有效配位数为 12 而非 4。金刚石的 C—C 键长为 0.154 nm，石墨的为 0.142 nm，根据键收缩系数 C_z 的表达式可确定石墨的有效配位数为 5.335[93]。

表 7.1　已知单壁碳纳米管末端的$(Yt)_{z=3}$ 和 $T_m(2)$，根据 BOLS 理论获得的 C—C 键长、壁厚、相对键能、键性质参数、杨氏模量和管壁熔点[93, 118]

$(Yt)_{z=3}$	尖端-尾部熔点 $T_m(2)$	键性质参数 m	管壁熔点 $T_m(3)$	杨氏模量 Y	壁厚 $t(3)$	键长 $d(2)$ $(c(2)=0.6973)$	键长 $d(3)$ $(c(3)=0.8147)$	相对键能 $E(2)/E(12)$	相对键能 $E(3)/E(12)$
0.3685 TPa·nm	1593 K	2.5585	1605 K	2.595 TPa	0.142 nm	0.107 nm	0.126 nm	2.52	1.69

根据 BOLS-TB 理论，碳同素异构体的 XPS 组分遵循以下关系[119]：

$$\frac{E_{1s}(z) - E_{1s}(0)}{E_{1s}(z') - E_{1s}(0)} = \frac{E_z}{E_{z'}} = \frac{C_z^{-2.56}}{C_{z'}^{-2.56}} \quad (z' \neq z) \tag{7.1}$$

基于已知的 C 1s 值：285.97 eV$(z=2)$、284.87 eV$(z=3)$和284.27 eV$(z=5.335)$[89]，可以得到 $E_{1s}(0)$和$\Delta E_{1s}(12)$，即孤立 C 原子的$\langle E_{1s}(0)\rangle$为(282.57 ± 0.01) eV，其块体偏移量$\Delta E_{1s}(12) = (1.321 \pm 0.001)$ eV。因此，C 1s 能级偏移量与配位数的关系式为$(z > 2)$

$$E_{1s}(z) = E_{1s}(0) + \Delta E_{1s}(12) C_z^{-2.56} = 282.57 \pm 0.01 + 1.32 C_z^{-2.56} \quad \text{(eV)} \tag{7.2}$$

图 7.4 所示为 BOLS-TB 理论预测的碳同素异构体 C 1s 偏移情况，可从中获

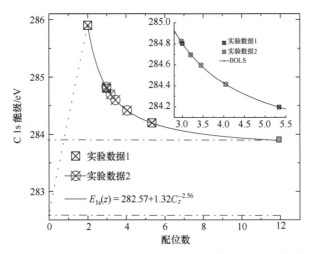

图 7.4　碳同素异构体 C 1s 能级随原子配位数的变化(实验数据 1 和 2 分别来源自文献[89]和[90])[119]

理论预测与实验数据相匹配，可获得不同层数石墨烯纳米带的有效配位数：1 层，$z = 2.97$；2 层，$z = 3.20$；3 层，$z = 3.45$；10 层，$z = 4.05$

得不同层数纳米带相应的有效配位数。逆向推导可知，功函数的减少是因为 E_F 的上升，E_F 能量正比于能级中心(E)的电荷密度$[n(E)]^{2/\tau}$[120]，其中τ为尺寸因子(随材料维度变化)。悬键电子极化[23, 92]会使态密度能量增强[121]。因此，少数几层和单层石墨烯呈现的功函数减少和 C 1s 能级偏移现象，验证了 BOLS-NEP 理论的预测。

7.4 ZPS 表征钉扎与极化

图 7.5(a)为无缺陷 HOPG(0001)晶面在不同入射角下测得的 XPS，图 7.5(b)为缺陷密度不同的 HOPG(0001)晶面在固定 50°入射角下测得的 XPS[122]。采用能量为 0.5 keV 的 Ar$^+$垂直轰击石墨表面，通过改变轰击时间和电流密度来控制缺陷密度。在高真空中，Ar$^+$轰击只会产生空位缺陷，不会发生任何化学反应

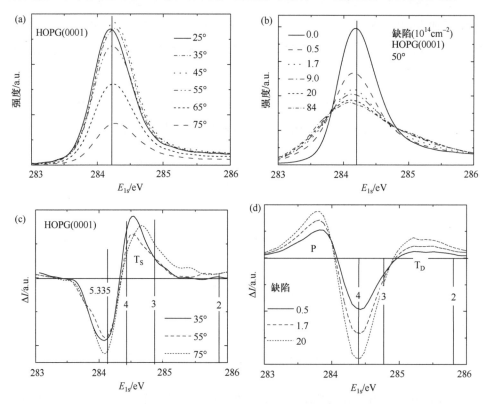

图 7.5 (a) 不同散射角下无缺陷 HOPG(0001)晶面和(b) 50°测试的不同 Ar$^+$浓度轰击下 HOPG(0001)晶面的 XPS，(c) 无缺陷和(d) 含缺陷 HOPG(0001)晶面的 ZPS[122]

(c)辨明了单层表皮的量子钉扎态(T_S，$z\sim3.1$)和块体损失(z=5.335)。(d)中缺陷引起了量子钉扎态(T_D，z=2.2$\sim$2.4)和极化态(P)，波谷为表皮和块体(z=4)态的共同损耗

或相变[123]。随着入射角度增大，C 1s 能级发生微弱正偏移，而含缺陷 HOPG(0001) 晶面的 XPS 谱线两侧都存在带尾，含有低强度峰。在较大散射角或高缺陷密度下收集的光谱信息会因散射损耗而使整个峰的强度减弱[124]。

所有光谱进行面积归一化和背景校正之后，以无缺陷表面的 25°散射角测试光谱为参考进行 ZPS 处理，可以获取高入射角和低入射角光谱的区别以辨析表皮信息。含缺陷表面 ZPS 选择了同样的参考谱。详细结果如图 7.5(c)和(d)所示。

ZPS 差谱 x 轴之上的峰为态密度增益，与单层表皮或缺陷引起的极化和量子钉扎相关；而 x 轴以下的为块体组分的态密度损耗。根据 BOLS-TB 理论，各个特定峰谱与 $E_{1s}(0)$ (= 282.57 eV)之间的差值正比于相应的 C—C 键能：

$$\frac{E_{1s}(z) - E_{1s}(12)}{E_{1s}(5.335) - E_{1s}(12)} = \left(\frac{C_z}{C_{5.335}}\right)^{-2.56}$$

图 7.5(c)的波谷在 284.20 eV 处，对应于石墨块体组分($z = 5.335$)。图 7.5(d)的波谷在 284.40 eV 处，是块体和表皮($z = 4$)共同作用所致。此外，波谷还存在一个量子钉扎对应的谱峰(T_S)，位于 C 1s 带底边缘，源自配位数 $z \sim 3.1$ 的表皮区域。缺陷引起极化而形成的谱峰处于比 T_S 能级更深的位置，对应的原子配位数为 2.2～2.4。令人惊奇的是，STM/S 测量发现，T_S 至 T_D 能级偏移的同时伴随着 C 1s 带顶边缘 P 成分和 E_F 边缘狄拉克-费米极化子的形成[44-46, 48-50, 88]。T_D 比 T_S 更深，说明缺陷处的键比单层表皮上的更短、更强。随着缺陷密度增加，T_D 组分强度增大，能量值保持不变，而能谱中的 P 组分能量和强度都增大。这说明，原子配位数下降到极低值(2.2 为最近邻、2.4 为次近邻)时量子钉扎保持稳定，而极化程度随缺陷密度增加而增强。T_D 的能量仅由原子配位数决定，极化则由低配位原子的密度和配位数共同决定。

图 7.6 为单层石墨表面和空位缺陷的 ZPS 图，前者为 75°和 25°入射角采集谱的差谱，后者为形成高密度缺陷前后的 75°入射角采集谱的差谱。插图中深色区域即为生成新状态的源头。石墨烯表层原子的配位数为 3.1，接近内部理想原子配位数 3.0，缺陷原子的配位数低至 2.2～2.4，缺陷处的次近邻原子加宽了 ZPS 特征。

很明显，空位缺陷区域原子的有效配位数类似于石墨烯纳米带边缘。根据式(7.2)，可获得低配位原子 C—C 键长、键强以及 C 1s 能级偏移量，详见表 7.2。有效配位数和特定能级能量偏移实测和预测结果的一致性充分证明了 BOLS-TB-ZPS 理论方法的有效性和准确性。

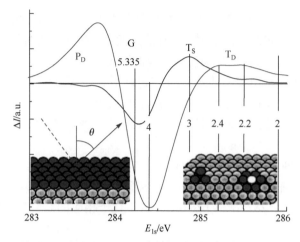

图 7.6　HOPG(0001)单层石墨表皮在 75° 和 25° 两种入射角以及有无缺陷(入射角固定为 75°)时 C 1s 的 ZPS[122]

　　含有 P_D、T_D 两部分的曲线为缺陷引起的 C 1s 芯能级能移,另一条则为入射角度差异造成的效果。缺陷由 $Ar^+(9×10^{14}\ cm^{-2})$ 轰击而成。波谷 G 点对应块体组分($z=5.335$),能量为 284.20 eV;位于 284.40 eV 的波谷为块体和表皮两部分的混合。$T_S(z\sim3.1)$ 是表皮钉扎,$T_D(z=2.2\sim2.4)$ 为缺陷钉扎。晶体势屏蔽和劈裂引起能带顶产生 P 组分,相应于图 7.1(a)中 STM/S 所示的狄拉克-费米极化子。插图则示意了极化、钉扎新能态形成的源头

表 7.2　基于 BOLS-TB-ZPS 理论获得的碳同素异构体的 C—C 键长 d_z、键能 E_z 和 C 1s 结合能随配位数的变化情况[122]

	z	C_z	d_z/nm	E_z/eV	C 1s 结合能/eV	文献中的结合能/eV	极化态/eV
单原子	0	—	—	—	282.57	—	
金刚石	12.00	1.00	0.154	0.615	283.89	283.50~289.30[127-129]	
石墨烯纳米带边缘	2.00	0.70	0.107	1.548	285.89	285.97[89]	283.85
石墨空位	2.20	0.73	0.112	1.383	285.54	—	283.85
	2.40	0.76	0.116	1.262	285.28	—	
石墨烯纳米带内部	3.00	0.81	0.125	1.039	284.80	284.80[89]、284.42[130]、284.90[131]、284.53~284.74[132]	
石墨表皮	3.10	0.82	0.127	1.014	284.75	—	
石墨	5.335	0.92	0.142	0.757	284.20	284.20[89]、284.30[130, 131]、284.35[133]、284.45[134]	

　　单层石墨烯双配位和三配位原子能级偏移的比值(252/169 = 149%)和键收缩比(18.5%)与实验测试结果高度一致[50]。悬空石墨烯中,C—C 键自 0.246 nm 收缩为 0.2 nm,缩幅 14.7%;断开双配位碳原子间 C—C 键所需的最低能量(7.50 eV/

键)比三配位 C—C 键的(5.67 eV/键)高 32%。表 7.2 列出了基于 BOLS-TB-ZPS 理论导出的碳同素异构体有关配位数与能级偏移的定量信息[125, 126]。令人惊奇的是，单层表皮内和表层边缘碳原子的配位数仅相差 1，性能上却有巨大区别。碳原子缺陷诱导极化与 Rh、Au、Ag、Cu、W 吸附原子或台阶边缘情况相同；表皮钉扎与 Pt、Re 和 Co 吸附原子或纳米颗粒情况相同。

7.5　总　　结

结合 BOLS-NEP 理论方法和 STM/S、TEM 和 ZPS 实验技术和分析方法，可以获得石墨烯纳米带边缘、石墨点缺陷、单层石墨烯有关局域键长、键能、能量密度和原子结合能的全面信息。石墨表面点缺陷在 STM 图中显示为明亮突起，在 STS 中体现为 E_F 共振峰，与 ZGNR 边缘所呈现的结果在本质上是相同的。边缘碳原子配位数与表面碳原子的相差仅为 1，却可导致两者能级偏移主导机理截然不同。更为重要的是，澄清了狄拉克-费米极化子的产生机理及行为。致密钉扎的成键电子极化悬键电子是石墨烯纳米带呈现异常特性的主要原因。

参 考 文 献

[1] Iijima S. Helical microtubes of graphitic carbon. Nature, 1991, 354(6348): 56-58.

[2] Dai H J, Hafner J H, Rinzler A G, et al. Nanotubes as nanoprobes in scanning probe microscopy. Nature, 1996, 384(6605): 147-150.

[3] Collins P G, Zettl A. Unique characteristics of cold cathode carbon-nanotube-matrix field emitters. Phys. Rev. B, 1997, 55(15): 9391-9399.

[4] Deheer W A, Chatelain A, Ugarte D. A carbon nanotube field-emission electron source. Science, 1995, 270(5239): 1179, 1180.

[5] Bachtold A, Hadley P, Nakanishi T, et al. Logic circuits with carbon nanotube transistors. Science, 2001, 294(5545): 1317-1320.

[6] Lee J, Kim H, Kahng S J, et al. Bandgap modulation of carbon nanotubes by encapsulated metallofullerenes. Nature, 2002, 415(6875): 1005-1008.

[7] Dillon A C, Jones K M, Bekkedahl T A, et al. Storage of hydrogen in single-walled carbon nanotubes. Nature, 1997, 386(6623): 377-379.

[8] Wu C Z, Cheng H M. Effects of carbon on hydrogen storage performances of hydrides. J. Mater. Chem., 2010, 20(26): 5390-5400.

[9] Xia Y Y, Zhu J Z H, Zhao M W, et al. Enhancement of hydrogen physisorption on single-walled carbon nanotubes resulting from defects created by carbon bombardment. Phys. Rev. B, 2005, 71(7): 075412.

[10] Liu C, Chen Y, Wu C Z, et al. Hydrogen storage in carbon nanotubes revisited. Carbon, 2010, 48(2): 452-455.

[11] Collins P G, Bradley K, Ishigami M, et al. Extreme oxygen sensitivity of electronic properties of carbon nanotubes. Science, 2000, 287(5459): 1801-1804.

[12] Kong J, Franklin N R, Zhou C W, et al. Nanotube molecular wires as chemical sensors. Science, 2000, 287(5453): 622-625.

[13] Centi G, Perathoner S. Problems and perspectives in nanostructured carbon-based electrodes for clean and sustainable energy. Catal. Today, 2010, 150(1-2): 151-162.

[14] Che G L, Lakshmi B B, Fisher E R, et al. Carbon nanotubule membranes for electrochemical energy storage and production. Nature, 1998, 393(6683): 346-349.

[15] Liu C, Li F, Ma L P, et al. Advanced materials for energy storage. Adv. Mater., 2010, 22(8): E28-E62.

[16] Teo E H T, Yung W K P, Chua D H C, et al. A carbon nanomattress: A new nanosystem with intrinsic, tunable, damping properties. Adv. Mater., 2007, 19(19): 2941-2945.

[17] Chen X, Xie Z, Zhou W, et al. Thermal rectification and negative differential thermal resistance behaviors in graphene/hexagonal boron nitride heterojunction. Carbon, 2016, 100: 492-500.

[18] Chen X, Xie Z, Zhou W, et al. Phonon wave interference in graphene and boron nitride superlattice. Appl. Phys. Lett., 2016, 109(2): 023101.

[19] Li B, Chen K. Huge inelastic current at low temperature in graphene nanoribbons. J. Phys. Condens. Matter, 2016, 29(7): 075301.

[20] Tan C, Zhou Y, Chen C, et al. Spin filtering and rectifying effects in the zinc methyl phenalenyl molecule between graphene nanoribbon leads. Org. Electron., 2016, 28(28): 244-251.

[21] Novoselov K S, Geim A K, Morozov S V, et al. Electric field effect in atomically thin carbon films. Science, 2004, 306(5696): 666-669.

[22] Nakada K, Igami M, Wakabayashi K, et al. Localized π electronic edge state in nanographite. Mol. Cryst. Liq. Cryst. Sci. Technol. Sect. A, 1998, 310: 225-230.

[23] Sun C Q, Fu S Y, Nie Y G. Dominance of broken bonds and unpaired nonbonding π-electrons in the band gap expansion and edge states generation in graphene nanoribbons. J. Phys. Chem. C, 2008, 112(48): 18927-18934.

[24] Hod O, Barone V, Peralta J E, et al. Enhanced half-metallicity in edge-oxidized zigzag graphene nanoribbons. Nano Lett., 2007, 7(8): 2295-2299.

[25] Levy N, Burke S A, Meaker K L, et al. Strain-induced pseudo-magnetic fields greater than 300 tesla in graphene nanobubbles. Science, 2010, 329(5991): 544-547.

[26] Prasher R. Graphene spreads the heat. Science, 2010, 328(5975): 185, 186.

[27] Lin Y M, Dimitrakopoulos C, Jenkins K A, et al. 100 GHz transistors from wafer-scale epitaxial graphene. Science, 2010, 327(5966): 662.

[28] Hsieh D, Xia Y, Qian D, et al. A tunable topological insulator in the spin helical Dirac transport regime. Nature, 2009, 460(7259): 1101-1159.

[29] Geim A K. Graphene: Status and prospects. Science, 2009, 324(5934): 1530-1534.

[30] Odom T W, Huang J L, Kim P, et al. Atomic structure and electronic properties of single-walled carbon nanotubes. Nature, 1998, 391(6662): 62-64.

[31] Castro Neto A H, Guinea F, Peres N M R, et al. The electronic properties of graphene. Rev. Mod.

Phys., 2009, 81(1): 109-162.

[32] Konig M, Wiedmann S, Brune C, et al. Quantum spin hall insulator state in HgTe quantum wells. Science, 2007, 318(5851): 766-770.

[33] Hsieh D, Qian D, Wray L, et al. A topological Dirac insulator in a quantum spin Hall phase. Nature, 2008, 452(7190): 970-975.

[34] Yu R, Zhang W, Zhang H J, et al. Quantized anomalous Hall effect in magnetic topological insulators. Science, 2010, 329(5987): 61-64.

[35] Zhang T, Cheng P, Chen X, et al. Experimental demonstration of topological surface states protected by time-reversal symmetry. Phys. Rev. Lett., 2009, 103(26): 266803.

[36] Novoselov K S, Geim A K, Morozov S V, et al. Two-dimensional gas of massless Dirac fermions in graphene. Nature, 2005, 438(7065): 197-200.

[37] Tombros N, Jozsa C, Popinciuc M, et al. Electronic spin transport and spin precession in single graphene layers at room temperature. Nature, 2007, 448(7153): 571-574.

[38] Novoselov K S, Jiang Z, Zhang Y, et al. Room-temperature quantum hall effect in graphene. Science, 2007, 315(5817): 1379.

[39] Brey L, Fertig H A. Electronic states of graphene nanoribbons studied with the Dirac equation. Phys. Rev. B, 2006, 73(23): 235411.

[40] Pellegrino F M D, Angilella G G N, Pucci R. Strain effect on the optical conductivity of graphene. Phys. Rev. B, 2010, 81(3): 035411.

[41] Girit C, Bouchiat V, Naamanth O, et al. Tunable graphene superconducting quantum interference device. Nano Lett., 2009, 9(1): 198, 199.

[42] Heersche H B, Jarillo-Herrero P, Oostinga J B, et al. Bipolar supercurrent in graphene. Nature, 2007, 446(7131): 56-59.

[43] Black-Schaffer A M, Doniach S. Possibility of measuring intrinsic electronic correlations in graphene using a d-wave contact josephson junction. Phys. Rev. B, 2010, 81(1): 014517.

[44] Ugeda M M, Brihuega I, Guinea F, et al. Missing atom as a source of carbon magnetism. Phys. Rev. Lett., 2010, 104: 096804.

[45] Matsui T, Kambara H, Niimi Y, et al. STS observations of landau levels at graphite surfaces. Phys. Rev. Lett., 2005, 94(22): 226403.

[46] Li G, Andrei E Y. Observation of landau levels of Dirac fermions in graphite. Nat. Phys., 2007, 3(9): 623-627.

[47] Niimi Y, Matsui T, Kambara H, et al. Scanning tunneling microscopy and spectroscopy of the electronic local density of states of graphite surfaces near monoatomic step edges. Phys. Rev. B, 2006, 73(8): 085421-085428.

[48] Niimi Y, Kambara H, Fukuyama H. Localized distributions of quasi-two-dimensional electronic states near defects artificially created at graphite surfaces in magnetic fields. Phys. Rev. Lett., 2009, 102(2): 026803, 026804.

[49] Enoki T, Kobayashi Y, Fukui K I. Electronic structures of graphene edges and nanographene. Int. Rev. Phys. Chem., 2007, 26(4): 609-645.

[50] Girit C O, Meyer J C, Erni R, et al. Graphene at the edge: Stability and dynamics. Science, 2009,

323(5922): 1705-1708.

[51] Miller D L, Kubista K D, Rutter G M, et al. Observing the quantization of zero mass carriers in graphene. Science, 2009, 324(5929): 924-927.

[52] Son Y W, Cohen M L, Louie S G. Energy gaps in graphene nanoribbons. Phys. Rev. Lett., 2006, 97(21): 216803.

[53] Fujita M, Wakabayashi K, Nakada K, et al. Peculiar localized state at zigzag graphite edge. J. Phys. Soc. Jpn., 1996, 65(7): 1920-1923.

[54] Geim A K, Novoselov K S. The rise of graphene. Nat. Mater., 2007, 6(3): 183-191.

[55] Vozmediano M A H, Lopez-Sancho M P, Stauber T, et al. Local defects and ferromagnetism in graphene layers. Phys. Rev. B, 2005, 72(15): 155121.

[56] Zhou S Y, Gweon G H, Graf J, et al. First direct observation of Dirac fermions in graphite. Nat. Phys., 2006, 2(9): 595-599.

[57] de Martino A, Dell'Anna L, Egger R. Magnetic confinement of massless Dirac fermions in graphene. Phys. Rev. Lett., 2007, 98(6): 066802.

[58] Nomura K, MacDonald A H. Quantum transport of massless Dirac fermions. Phys. Rev. Lett., 2007, 98(7): 076602.

[59] Yan J, Zhang Y B, Kim P, et al. Electric field effect tuning of electron-phonon coupling in graphene. Phys. Rev. Lett., 2007, 98(16): 166802.

[60] Li G H, Luican A, Andrei E Y. Scanning tunneling spectroscopy of graphene on graphite. Phys. Rev. Lett., 2009, 102(17): 176804.

[61] Yan X Z, Ting C S. Weak localization of Dirac fermions in graphene. Phys. Rev. Lett., 2008, 101(12): 126801.

[62] Yang L, Park C H, Son Y W, et al. Quasiparticle energies and band gaps in graphene nanoribbons. Phys. Rev. Lett., 2007, 99(18): 186801.

[63] Hernandez E, Goze C, Bernier P, et al. Elastic properties of C and $B_xC_yN_z$ composite nanotubes. Phys. Rev. Lett., 1998, 80(20): 4502-4505.

[64] Yu M F, Lourie O, Dyer M J, et al. Strength and breaking mechanism of multiwalled carbon nanotubes under tensile load. Science, 2000, 287(5453): 637-640.

[65] Yu M F, Files B S, Arepalli S, et al. Tensile loading of ropes of single wall carbon nanotubes and their mechanical properties. Phys. Rev. Lett., 2000, 84(24): 5552-5555.

[66] Treacy M M J, Ebbesen T W, Gibson J M. Exceptionally high Young's modulus observed for individual carbon nanotubes. Nature, 1996, 381(6584): 678-680.

[67] Salvetat J P, Kulik A J, Bonard J M, et al. Elastic modulus of ordered and disordered multiwalled carbon nanotubes. Adv. Mater., 1999, 11(2): 161-165.

[68] Salvetat J P, Briggs G A D, Bonard J M, et al. Elastic and shear moduli of single-walled carbon nanotube ropes. Phys. Rev. Lett., 1999, 82(5): 944-947.

[69] Thostenson E T, Ren Z F, Chou T W. Advances in the science and technology of carbon nanotubes and their composites: A review. Compos. Sci. Technol., 2001, 61(13): 1899-1912.

[70] Yakobson B I, Brabec C J, Bernholc J. Nanomechanics of carbon tubes: Instabilities beyond linear response. Phys. Rev. Lett, 1996, 76(14): 2511-2514.

[71] Liu W, Jawerth L M, Sparks E A, et al. Fibrin fibers have extraordinary extensibility and elasticity. Science, 2006, 313(5787): 634.

[72] Tu Z C, Ou-Yang Z C. Dimensional crossover of dilute neon inside infinitely long single-walled carbon nanotubes viewed from specific heats. Phys. Rev. B, 2003, 68(15): 153403.

[73] An B, Fukuyama S, Yokogawa K, et al. Surface superstructure of carbon nanotubes on highly oriented pyrolytic graphite annealed at elevated temperatures. Jpn. J. Appl. Phys., 1998, 37(6B): 3809-3811.

[74] Nikolaev P, Thess A, Rinzler A G, et al. Diameter doubling of single-wall nanotubes. Chem. Phys. Lett., 1997, 266(5-6): 422-426.

[75] Ajayan P M, Terrones M, de la Guardia A, et al. Nanotubes in a flash-ignition and reconstruction. Science, 2002, 296(5568): 705.

[76] Nakada K, Fujita M, Dresselhaus G, et al. Edge state in graphene ribbons: Nanometer size effect and edge shape dependence. Phys. Rev. B, 1996, 54(24): 17954-17961.

[77] Gunlycke D, White C T. Tight-binding energy dispersions of armchair-edge graphene nanostrips. Phys. Rev. B, 2008, 77(11): 115116.

[78] Han M Y, Ozyilmaz B, Zhang Y B, et al. Energy band-gap engineering of graphene nanoribbons. Phys. Rev. Lett., 2007, 98(20): 206805.

[79] Yu S S, Wen Q B, Zheng W T, et al. Electronic properties of graphene nanoribbons with armchair-shaped edges. Mol. Simul., 2008, 34(10-15): 1085-1090.

[80] Reich S, Maultzsch J, Thomsen C, et al. Tight-binding description of graphene. Phys. Rev. B, 2002, 66(3): 035412.

[81] Zanella I, Guerini S, Fagan S B, et al. Chemical doping-induced gap opening and spin polarization in graphene. Phys. Rev. B, 2008, 77: 073404.

[82] Rotenberg E, Bostwick A, Ohta T, et al. Origin of the energy bandgap in epitaxial graphene. Nat. Mater., 2008, 7(4): 258, 259.

[83] Wang Z F, Li Q X, Zheng H X, et al. Tuning the electronic structure of graphene nanoribbons through chemical edge modification: A theoretical study. Phys. Rev. B, 2007, 75: 113406.

[84] Zhou S Y, Siegel D A, Fedorov A V, et al. Origin of the energy bandgap in epitaxial graphene - reply. Nat. Mater, 2008, 7(4): 259, 260.

[85] Zhou S Y, Gweon G H, Fedorov A V, et al. Substrate-induced bandgap opening in epitaxial graphene. Nat. Mater., 2007, 6(10): 770-775.

[86] Gui G, Li J, Zhong J X. Band structure engineering of graphene by strain: First-principles calculations. Phys. Rev. B, 2008, 78(7): 075435.

[87] Kane C L, Mele E J. Quantum spin Hall effect in graphene. Phys. Rev. Lett., 2005, 95(22): 226801.

[88] Kondo T, Honma Y, Oh J, et al. Edge states propagating from a defect of graphite: Scanning tunneling spectroscopy measurements. Phys. Rev. B, 2010, 82(15): 153414.

[89] Kim K J, Lee H, Choi J H, et al. Scanning photoemission microscopy of graphene sheets on SiO_2. Adv. Mater., 2008, 20(19): 3589-3591.

[90] Hibino H, Kageshima H, Kotsugi M, et al. Dependence of electronic properties of epitaxial few-layer graphene on the number of layers investigated by photoelectron emission microscopy. Phys.

Rev. B, 2009, 79(12): 125431.

[91] Mao H Y, Wang R, Huang H, et al. Tuning of C60 energy levels using orientation-controlled phthalocyanine films. J. Appl. Phys., 2010, 108(5): 053706.

[92] Sun C Q. Dominance of broken bonds and nonbonding electrons at the nanoscale. Nanoscale, 2010, 2(10): 1930-1961.

[93] Zheng W T, Sun C Q. Underneath the fascinations of carbon nanotubes and graphene nanoribbons. Energy Environ. Sci., 2011, 4(3): 627-655.

[94] Zhang X, Nie Y G, Zheng W T, et al. Discriminative generation and hydrogen modulation of the Dirac-Fermi polarons at graphene edges and atomic vacancies. Carbon, 2011, 49(11): 3615-3621.

[95] Zhang Y B, Tan Y W, Stormer H L, et al. Experimental observation of the quantum Hall effect and berry's phase in graphene. Nature, 2005, 438(7065): 201-204.

[96] Ohta T, Bostwick A, Seyller T, et al. Controlling the electronic structure of bilayer graphene. Science, 2006, 313(5789): 951-954.

[97] Meyer J C, Geim A K, Katsnelson M, et al. The structure of suspended graphene sheets. Nature, 2007, 446(7131): 60-63.

[98] Caridad J, Rossella F, Bellani V, et al. Automated detection and characterization of graphene and few-layer graphite via Raman spectroscopy. Journal of Raman Spectroscopy, 2011, 42(3): 286-293.

[99] Brey L, Fertig H. Electronic states of graphene nanoribbons studied with the Dirac equation. Phys. Rev. B, 2006, 73(23): 235411.

[100] Lehtinen P O, Foster A S, Ma Y, et al. Irradiation-induced magnetism in graphite: A density functional study. Phys. Rev. Lett., 2004, 93(18): 187202.

[101] Palacios J J, Fernandez-Rossier J, Brey L. Vacancy-induced magnetism in graphene and graphene ribbons. Phys. Rev. B, 2008, 77(19): 195428.

[102] Červenka J, Katsnelson M, Flipse C. Room-temperature ferromagnetism in graphite driven by two-dimensional networks of point defects. Nat. Phys., 2009, 5(11): 840-844.

[103] Pereira V M, Guinea F, Dos Santos J L, et al. Disorder induced localized states in graphene. Phys. Rev. Lett., 2006, 96(3): 036801.

[104] Soldano C, Mahmood A, Dujardin E. Production, properties and potential of graphene. Carbon, 2010, 48(8): 2127-2150.

[105] Acik M, Chabal Y J. Nature of graphene edges: A review. Jpn. J. Appl. Phys., 2011, 50(7): 070101.

[106] Yu S S, Zheng W T. Effect of N/B doping on the electronic and field emission properties for carbon nanotubes, carbon nanocones, and graphene nanoribbons. Nanoscale, 2010, 2(7): 1069-1082.

[107] Kobayashi Y, Fukui K, Enoki T, et al. Observation of zigzag and armchair edges of graphite using scanning tunneling microscopy and spectroscopy. Phys. Rev. B, 2005, 71(19): 193406.

[108] Zhang X, Kuo J L, Gu M X, et al. Graphene nanoribbon band-gap expansion: Broken-bond-induced edge strain and quantum entrapment. Nanoscale, 2010, 2(10): 2160-2163.

[109] Koskinen P, Malola S, Hakkinen H. Evidence for graphene edges beyond zigzag and armchair.

Phys. Rev. B, 2009, 80: 073401.

[110] Starke U, Riedl C. Epitaxial graphene on SiC(0001) and SiC(000 $\bar{1}$): From surface reconstructions to carbon electronics. J. Phys. Condens. Matter, 2009, 21(13): 134016.

[111] Filleter T, Emtsev K V, Seyller T, et al. Local work function measurements of epitaxial graphene. Appl. Phys. Lett., 2008, 93(13): 133117.

[112] Emtsev K V, Speck F, Seyller T, et al. Interaction, growth, and ordering of epitaxial graphene on SiC{0001} surfaces: A comparative photoelectron spectroscopy study. Phys. Rev. B, 2008, 77(15): 155303.

[113] Lin C Y, Shiu H W, Chang L Y, et al. Core-level shift of graphene with number of layers studied by microphotoelectron spectroscopy and electrostatic force microscopy. J. Phys. Chem. C, 2014, 118(43): 24898-24904.

[114] Sun C Q. Thermo-mechanical behavior of low-dimensional systems: The local bond average approach. Prog. Mater. Sci., 2009, 54(2): 179-307.

[115] Lizzit S, Zampieri G, Petaccia L, et al. Band dispersion in the deep 1s core level of graphene. Nat. Phys., 2010, 6(5): 345-349.

[116] Stacey A, Cowie B C C, Orwa J, et al. Diamond C 1s core-level excitons: Surface sensitivity. Phys. Rev. B, 2010, 82(12): 125427.

[117] An B, Fukuyama S, Yokogawa K, et al. Surface superstructure of carbon nanotubes on highly oriented pyrolytic graphite annealed at elevated temperatures. Jpn. J. Appl. Phys., 1998, 37: 3809-3811.

[118] Sun C Q, Bai H L, Tay B K, et al. Dimension, strength, and chemical and thermal stability of a single C—C bond in carbon nanotubes. J. Phys. Chem. B, 2003, 107(31): 7544-7546.

[119] Sun C Q, Sun Y, Nie Y G, et al. Coordination-resolved C—C bond length and the C 1s binding energy of carbon allotropes and the effective atomic coordination of the few-layer graphene. J. Phys. Chem. C, 2009, 113(37): 16464-16467.

[120] Zheng W T, Sun C Q, Tay B K. Modulating the work function of carbon by N or O addition and nanotip fabrication. Solid State Commun., 2003, 128(9-10): 381-384.

[121] Sun C Q. Size dependence of nanostructures: Impact of bond order deficiency. Prog. Solid State Chem, 2007, 35(1): 1-159.

[122] Sun C Q, Nie Y, Pan J, et al. Zone-selective photoelectronic measurements of the local bonding and electronic dynamics associated with the monolayer skin and point defects of graphite. RSC Adv., 2012, 2(6): 2377-2383.

[123] Ostrikov K. Colloquium: Reactive plasmas as a versatile nanofabrication tool. Rev. Mod. Phys, 2005, 77(2): 489-511.

[124] Yang D Q, Sacher E. s-p Hybridization in highly oriented pyrolytic graphite and its change on surface modification, as studied by X-ray photoelectron and Raman spectroscopies. Surf. Sci, 2002, 504(1-3): 125-137.

[125] Wang Y, Yang X X, Li J W, et al. Number-of-layer discriminated graphene phonon softening and stiffening. Appl. Phys. Lett, 2011, 99(16): 163109.

[126] Yang X X, Li J W, Zhou Z F, et al. Raman spectroscopic determination of the length, strength,

compressibility, Debye temperature, elasticity, and force constant of the C—C bond in graphene. Nanoscale, 2012, 4(2): 502-510.

[127] Speranza G, Laidani N. Measurement of the relative abundance of sp^2 and sp^3 hybridised atoms in carbon based materials by XPS: A critical approach. Part I. Diamond Relat. Mater., 2004, 13(3): 445-450.

[128] Takabayashi S, Motomitsu K, Takahagi T, et al. Qualitative analysis of a diamondlike carbon film by angle-resolved X-ray photoelectron spectroscopy. J. Appl. Phys., 2007, 101(10): 103542.

[129] Saw K G, du Plessis J. The X-ray photoelectron spectroscopy C 1s diamond peak of chemical vapour deposition diamond from a sharp interfacial structure. Mater. Lett., 2004, 58(7-8): 1344-1348.

[130] Balasubramanian T, Andersen J N, Wallden L. Surface-bulk core-level splitting in graphite. Phys. Rev. B, 2001, 64(20): 205420.

[131] Shulga Y M, Tien T C, Huang C C, et al. XPS study of fluorinated carbon multi-walled nanotubes. J. Electron. Spectrosc. Relat. Phenom., 2007, 160(1-3): 22-28.

[132] Goldoni A, Larciprete R, Gregoratti L, et al. X-ray photoelectron microscopy of the C 1s core level of free-standing single-wall carbon nanotube bundles. Appl. Phys. Lett., 2002, 80(12): 2165-2167.

[133] Bennich P, Puglia C, Bruhwiler P A, et al. Photoemission study of K on graphite. Phys. Rev. B, 1999, 59(12): 8292-8304.

[134] Yannoni C S, Bernier P P, Bethune D S, et al. NMR determination of the bond lengths in C_{60}. J. Am. Chem. Soc., 1991, 113(8): 3190-3192.

第8章 异质界面

要点

- 界面键性质的改变调控芯能级偏移
- Cu/Pd、Cu/Sn 和 Ge/Si 界面易发生量子钉扎
- Ag/Pd、Zn/Pd、Cu/Si 和 Be /W 界面易发生极化
- Si/C 和 Ge/C 界面同时发生 C 1s 极化和 Si(Ge)量子钉扎

摘要

界面异质配位键的形成改变了局域键强和电荷的分布。极化作用诱使芯能级减弱，使合金界面强度弱化，成为类施主型催化剂；钉扎作用引起的效果则完全相反。

选区分辨光电子能谱技术适用于合金、化合物、杂质和界面的成键与电子动力学过程的分析，可为材料设计和应用提供理论指导。

8.1 引　言

异质配位是合金、化合物、掺杂剂、杂质、超晶格等物质的重要配位方式[1]。由于存在 A—B 型交换相互作用，界面处的化学键与各组分自身的化学键不完全相等[2,3]。界面成键会引起哈密顿量、能量密度和原子结合能的改变，以催化、电学、介电、光学、磁学和热学等宏观物性呈现出来。异质界面合金被广泛应用于现代工业，如新型催化剂[4,5]、热障涂层材料[6]、耐磨材料[7,8]、光电材料[9]、CMOS 装置[10]、防辐射材料[11,12]等。在连续沉积异种金属的过程中，可以通过改变成分或热退火条件有效调节原子间的应变，并在界面处重新分配键合原子附近的电荷[13-15]。调控化学键、能量和电子性能可实现物质宏观性能的调制，这是物质设计的关键。

Be/W 复合材料是核聚变装置第一防护层应用材料，辐射防护时受等离子体作用，Be/W 合金化过程自然发生[11, 12]。W 的电子结构为 $6s^2 5d^4$，离域 d 电子主控，而 Be 的电子结构以 $2s^2$ 态主控，因此 Be/W 合金化对价电子(W)和芯电子(Be)影响都十分明显。然而，迄今为止，对这一现象依旧缺乏深刻认知。

　　金属合金化后催化性能有很大变化。单质 Ag 和 Cu 常与 Pd 形成合金[16-18]，但它们呈现的催化性能即氧化或还原能力完全不同[19, 20]。Cu/Pd 常用于 CO 和烯烃氧化以及 CO、NO、甲苯、1,3-丁二烯的氢化以及乙醇的分解[21]，而 Ag/Pd 则常用于氢化和渗透的催化过程[22, 23]。Si、Ge、Sn、C 和 Cu 也可作为锂离子电池的电极成分[24]。

　　催化反应过程中，催化剂与气态吸附物之间电荷流动的方向和能力是研究重点。反应速度不仅取决于催化剂空反键态被反应电子填充的程度，也取决于催化剂为样品提供价电子的能力。反应过程中，催化剂和吸附剂能量相似的轨道会发生电荷转移重叠[25,26]。尽管对于 Cu/Pd 和 Ag/Pd 合金的催化行为已有系列研究[14, 19, 27-31]，但其芯电子和价电子的能量转换机理以及催化本质仍有待确定。

　　金属与电负性元素如 O、N、F 等反应时，其芯能级会因电荷极化和转移引起的新的价带态密度而发生偏移[32, 33]。例如，氧吸附会加深 Ru(0001)光滑表面块体组分和表皮组分的 3d$_{5/2}$ 能级，增幅可达 1.0 eV[34]。氧化也能使 Rh 3d$_{5/2}$ 能级及其周围能级发生偏移，幅度在 0.4 eV 以上[35]。这些发现表明，表皮的键弛豫和新键的形成会共同促使芯能级发生正偏移，偏移幅度不仅与初始 $E_v(0)$ 有关，还受反应程度影响[36]。O、N、F 等所带孤对电子会产生极化作用，在深层能级的偏移中并不明显，但可在导带顶和价带中形成极化态，屏蔽并劈裂局域晶体势，从而影响芯能级偏移[37]。

　　异质成键引起的 XPS 特征峰偏移是正还是负，取决于局域势能的变化。例如，Ag/Pd[38]、Zn/Pd[39] 和 Be/W[40] 合金形成使价带和芯能级向浅层能级偏移，而 Cu/Pd[38,41] 合金中所有能带向深层能级移动，详见表 8.1。包含 N 个组分的合金将有 $C(N, 2)$ 种相互作用，如 AB 合金中包含 A—A、B—B 和 A—B 相互作用，其中合金化后新增的 A—B 型交换作用有利于非晶态的整体势能。Khanuja 等采用物理气相沉积方法，在 10 nm Pd 薄膜上分别沉积了 2 nm 厚 Cu 薄膜和 Ag 薄膜[15]。室温下，Ag 或 Cu 在 Pd 上逐层生长并不形成合金[14, 42, 43]。当 Cu/Pd 加热至 940 K，Ag/Pd 加热至 573 K 时，合金形成，其 XPS 和 UPS 光谱的峰值从块体(B)向合金界面(I)过渡。探明异质界面化学键属性、电子重构和能量扰动非常重要且极具挑战性。

表 8.1　Cu/Pd、Zn/Pd、Ag/Pd 和 Be/W 合金形成前后组分的 XPS 峰值及相对强度变化[44-46]

	T/K	块体/eV	界面/eV	I_B/I_A	块体/eV	界面/eV	I_B/I_A
		Pd 3d$_{5/2}$			Cu 2p$_{3/2}$		
CuPd	340	335.67	337.10	15.30	931.65	933.20	11.50
	540	335.66	337.17	5.06	931.57	933.21	2.93
	940	335.58	337.26	0.18	931.65	933.19	0.28
	均值	335.63	337.18	—	931.62	933.20	—

续表

T/K		块体/eV	界面/eV	I_B/I_A	块体/eV	界面/eV	I_B/I_A
ZnPd		Pd $3d_{5/2}$			Zn $3d_{5/2}$		
	540			4.0			4.0
		335.43	334.75		9.6	8.8	
	940			0.2			0.2
AgPd		Pd $3d_{5/2}$			Ag $3d_{5/2}$		
	300	335.62		14.17	368.32	367.18	12.00
	473	335.52	334.33	1.83	368.28	367.16	0.79
	573	335.52		0.32	368.38	367.10	0.12
	均值	335.55	334.33	—	368.33	367.15	—
BeW		Be $1s$			W $4f_{7/2}$		
	300			8.47			9.19
		111.11	110.48		31.07	30.66	
	970			0.19			1.02

8.2 光电子能谱的 BOLS-TB 解析

应用 ZPS 分析技术可从 XPS 中确定界面键能,并判断金属合金化时是量子钉扎主导还是极化主导。若从合金元素的 XPS 中获得了块体能级偏移量 $E_v(12)-E_v(0)$,则可进一步算得界面键能密度、原子结合能和自由能:

$$\gamma_I = \frac{E_v(x)-E_v(0)}{E_v(12)-E_v(0)} = \frac{E_I}{E_B} = \begin{cases} >1 & (T) \\ <1 & (P) \end{cases} \tag{8.1}$$

式中,E_I 和 E_B 分别为界面键能和块体键能,$E_v(x)-E_v(0)$ 为界面元素的块体能级偏移量。γ_I 为界面和块体键能之比,当 $\gamma_I > 1$ 时表明界面钉扎使键能增强,当 $\gamma_I < 1$ 时表示界面极化使键能减弱。

图 8.1(a)比较了 UPS 测得的 Ag、Cu 和 Pd 单质表皮归一化后的价电子态密度[27-29, 47]。以 E_F 为参考点,Ag 的价带范围为 4~7 eV,Cu 为 2~6 eV,Pd 为 0~6 eV。价带态密度特征说明了为什么 Ag 和 Pd 具备特殊的催化性能。Ag 的价电子态密度距离 E_F 很远,这使得 Ag 易于在反应中得到电子,成为类受主型催化剂。而 Pd 的价电子态密度范围靠近甚至包含了 E_F 能级,意味着 Pd 在化学反应中易于为反应物提供电子,成为类施主型催化剂。Ag 和 Pd 两者在催化反应中的行为截然相反。

将合金 UPS 归一化强度 $I_{合金}$ 减去按组分比例叠加的 UPS 强度 $I_{组分}(= [xI_A + (1-$

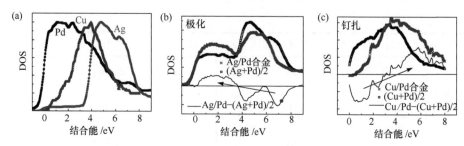

图 8.1　(a) UPS 测得的 Cu、Pd 和 Ag 单质表皮归一化的价电子态密度[38]，(b) Ag/Pd 和(c)
Cu/Pd 合金的 ZPS[45]

图中能级以费米能级 E_F 为参考能级。Ag/Pd 的价带态密度向浅层能级偏移，呈现极化性质；Cu/Pd 的价带态密度
则是向深层能级偏移，体现出钉扎属性。Ag/Pd 合金易于提供电子，有利于还原；Cu/Pd 合金则易于捕获电子进
行氧化。箭头所指即为合金化后的能级偏移方向

$x)I_B$]）得到 ZPS 谱强ΔI(=$I_{合金}$—$I_{组分}$)，其中 x 为组分 A 在 AB 合金中的浓度。ZPS
提供了因合金形成而导致的价带态密度变化的信息。图 8.1(b)显示 Ag/Pd 合金化使
价带态密度向浅层能级偏移，而图 8.1(c)中，Cu/Pd 合金化使价带态密度向深层芯
能级偏移。价带态密度偏移方向相反表明 Ag/Pd 和 Cu/Pd 合金的催化行为截然相
反，前者表现为类施主型催化剂，后者为类受主型催化剂。

8.3　界面性能的 ZPS 解析

8.3.1　Cu/Pd、Ag/Pd、Zn/Pd、Be/W 界面

图 8.2 和图 8.3 给出了合金化前后 Ag $3d_{5/2}$、Pd $3d_{5/2}$、Cu $2p_{3/2}$、Zn $3d_{5/2}$、Be
1s 和 W $4f_{7/2}$ 能带的 XPS 和 ZPS[44,45]，各组分强度的变化已列于表 8.1。根据 ZPS
分析得到的各合金界面势阱深度$\gamma = \Delta E_v(I)/\Delta E_v(B)$总结于表 8.2。图 8.2 和图 8.3
的 ZPS 提供了如下信息。

(1) Cu/Pd 合金形成时，Cu 2p 和 Pd 3d 能级自 B 组分状态向 I 组分状态正偏
移(即向深层能级偏移)，与价带偏移方向一致。此时，界面 Cu—Cu 和 Pd—Pd 键
增强，伴随量子钉扎。

(2) Ag/Pd 合金形成时，Ag 3d 和 Pd 3d 能级从 B 组分状态向 I 组分状态负偏
移(即向浅层能级偏移)，亦与价带能级偏移趋势一致。合金化弱化了 Ag—Ag 和
Pd—Pd 键，伴随极化产生。

(3) Zn/Pd 和 Be/W 界面的 Zn 3d、Pd 3d、Be 1s 和 W 4f 能级皆向浅层能级偏
移，显示极化现象，与 Ag/Pd 界面发生的变化一致。

(4) 合金界面上价带和芯带的能级偏移方向是一致的，可预测 Zn/Pd 和 Be/W
界面的价带具有与芯带相同的极化趋势。

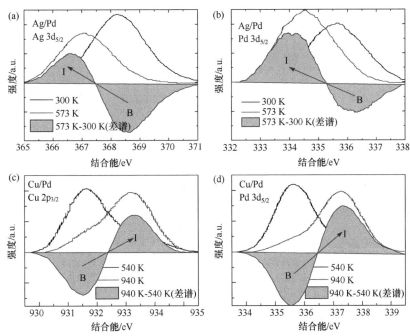

图 8.2 (a)和(b) Ag/Pd、(c)和(d) Cu/Pd 合金界面与组分单质芯能级的 XPS 与 ZPS[38]

Ag/Pd 界面极化为主，Cu/Pd 界面钉扎为主[47]

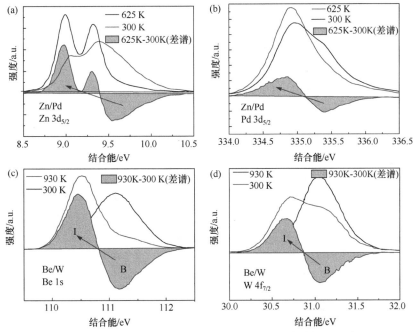

图 8.3 (a)和(b) Zn/Pd、(c)和(d) Be/W 合金界面和组分单质的 XPS 与 ZPS[39, 48]

Zn/Pd 和 Be/W 界面皆以极化为主[49]

表 8.2　Cu/Pd、Ag/Pd 和 Be/W 合金界面的相对键能偏移[46, 50]

合金	能级	$E_v(0)$/eV	ΔE_v (B)/eV	ΔE_v (I)—ΔE_v (B)/eV	γ	T(γ>1)或 P(γ<1)
Cu/Pd	Cu 2p$_{3/2}$[51]	931.00	1.70	1.58	1.94	T
Ag/Pd	Pd 3d$_{5/2}$[52]	330.26	4.36	1.55	1.36	T
				−1.22	0.72	P
	Ag 3d$_{5/2}$[53]	363.02	4.63	−1.18	0.75	P
Be/W	Be 1s[54]	106.42	4.69	−0.63	0.86	P
	W 4f$_{7/2}$[55]	28.91	2.17	−0.41	0.81	P

注：$\gamma = [\Delta E_v(\text{I})/\Delta E_v(\text{B})]$。

8.3.2　C/Si、C/Ge、Si/Ge、Cu/Si、Cu/Sn 界面

图 8.4 所示为 C/Si、C/Ge 和 Si/Ge 合金中 C 1s、Si 2p 和 Ge 3p 的 ZPS，表 8.3 汇总了相关物理量信息。我们可以获得以下结果。

(1) 对于 C/Si 界面，C 1s 键能从块体值 284.20 eV 转变为界面值 282.74 eV，负偏移 1.46 eV，比率 γ 为 0.11。Si 2p 键能从块体值 99.20 eV 正偏移 0.98 eV，变为 100.18 eV，γ 为 1.40。类似地，C/Ge 合金中，C 和 Ge 的 γ 值分别为 0.47 和 1.61。C/Si 和 C/Ge 界面的 C 1s 发生负偏移，呈极化特征；而 Si 和 Ge 的芯带则表现出钉扎特征。

(2) 对于 Si/Ge 界面，Ge 3d 和 Si 2p 能级相对于各自的块体能级发生正偏移。Ge 和 Si 的 γ 值分别为 1.58 和 1.45，表明它们处于界面时的势阱比块体时更深。

(3) 不同合金中相同组分的键能偏移并不相同。例如，C/Si 中 C 1s 的 γ 值为 0.11，C/Ge 中为 0.47；C/Si 中 Si 2p 的 γ 值为 1.40，Si/Ge 中则为 1.45。

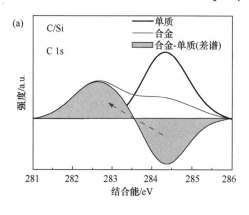

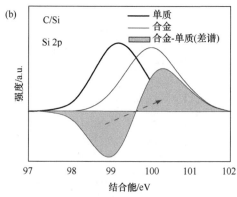

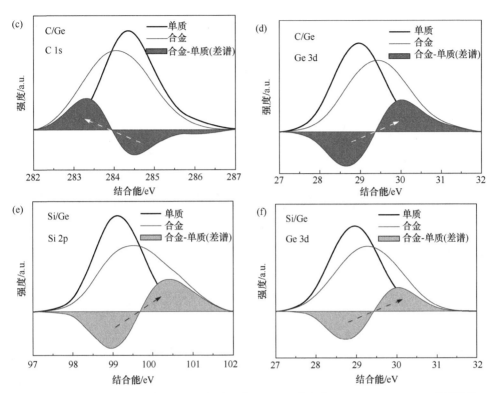

图 8.4　(a)和(b) C/Si、(c)和(d) C/Ge 以及(e)和(f) Si/Ge 合金中 C 1s、Si 2p、Ge 3d 芯能级的

ZPS[24, 56-58]

合金中的 C 1s 都显示极化特征，而 Si 2p 和 Ge 3d 显示钉扎特征

表 8.3　C/Si、C/Ge 和 Si/Ge 界面各芯能级键能 E_v (I)和能级偏移相对比率γ以及各能级的孤立
原子能级 E_v (0)和块体能级 E_v (B)　　　　　　　　　(单位：eV)

界面	芯能级	$E_v(0)$	$E_v(B)$	$E_v(I)$	$\Delta E_v(B)$	$\Delta E_v(I)$	γ
C/Si	C 1s[59]	282.57	284.20	282.74	1.63	0.17	0.11
	Si 2p[60]	96.74	99.20	100.18	2.46	3.44	1.40
C/Ge	C 1s[59]	282.57	284.20	283.33	1.63	0.76	0.47
	Ge 3d[61]	27.58	28.96	29.80	1.38	2.22	1.61
Si/Ge	Si 2p[60]	96.74	99.20	100.29	2.46	3.56	1.45
	Ge 3d[60]	27.58	28.96	29.76	1.38	2.18	1.58

注：γ>1 时，界面量子钉扎主导；γ<1 时，则极化主导。

图 8.5 为 Cu/Si 和 Cu/Sn 合金的 ZPS，表 8.4 汇总了相关信息。Cu/Si 界面上 Cu 2p$_{3/2}$ 和 Si 2p 均发生负偏移，表明极化效应起主导作用；而 Cu/Sn 界面的 Cu 2p$_{3/2}$

和 Sn 3d$_{5/2}$ 发生正偏移,说明量子钉扎占主导地位。Cu/Sn 界面中电荷的迁移方向与 Cu/Si 界面的相反。Cu/Si 界面强度比 Cu 或 Si 自身要弱,而 Cu/Sn 合金化后界面被强化。

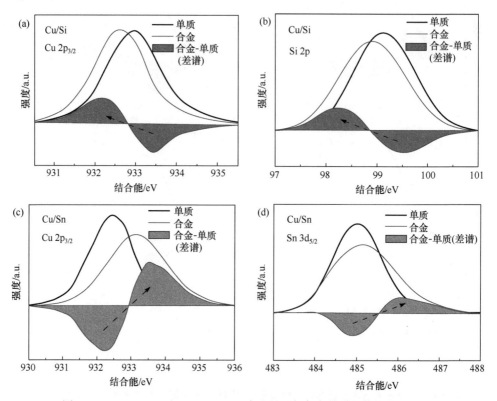

图 8.5　(a), (b) Cu/Si 和(c), (d) Cu/Sn 合金界面与各自单质芯能级的 ZPS[24]

Cu 2p 和 Si 2p 在 Cu/Si 界面中呈极化特征,而 Cu 2p 和 Sn 3d 在 Cu/Sn 界面处呈钉扎特征

表 8.4　Cu/Si 和 Cu/Sn 界面 Cu 2p$_{3/2}$、Si 2p 和 Sn 3d$_{5/2}$ 的孤立原子能级 $E_v(0)$、块体能级 $E_v(B)$ 及其相对偏移量 $\Delta E_v(B)$、界面能级 $E_v(I)$ 及其相对偏移量 $\Delta E_v(I)$ 以及偏移量相对比率 γ

界面	芯能级	$E_v(0)$ / eV	$E_v(B)$ / eV	$E_v(I)$ / eV	$\Delta E_v(B)$ / eV	$\Delta E_v(I)$ / eV	γ
Cu/Si	Cu 2p$_{3/2}$[45]	931.00	932.70	932.00	1.70	1.00	0.59
	Si 2p[60]	96.74	99.20	98.46	2.46	1.72	0.70
Cu/Sn	Cu 2p$_{3/2}$[45]	931.00	932.70	933.82	1.70	2.82	1.66
	Sn 3d$_{5/2}$[24]	479.60	484.86	485.75	5.26	6.15	1.17

注:$\gamma > 1$ 时,界面以量子钉扎为主;否则以极化为主。

8.4 能量密度、结合能与自由能

基于 ZPS 可以推导出界面势阱深度，并估算界面区域的能量密度、原子结合能和自由能。能量密度等于单胞键能的总和，结合能等于界面原子所有配位的键能之和。本书中，界面自由能取值为单胞能量与单胞横截面积之商，与传统定义的单位面积界面能不同。

假定界面单胞为含 4 个原子($N = 4$)的 fcc 结构单胞，界面区域原子的配位数为满配位，即 $z_{\mathrm{I}} = 12$，则根据下式可以获得平均界面键能$\langle E_{\mathrm{I}} \rangle$：

$$\frac{\langle E_{\mathrm{I}} \rangle}{\langle E_{\mathrm{b}} \rangle} = \frac{\Delta E_\nu(\mathrm{I})}{\Delta E_\nu(\mathrm{B})} = \gamma \tag{8.2}$$

结合 A—A、B—B 和 A—B 型相互作用，Vegard's 方程也可给出平均界面键能$\langle E_{\mathrm{IS}} \rangle$和键长$\langle d_{\mathrm{IS}} \rangle$的表达式[62]：

$$\begin{cases} \langle d_{\mathrm{IS}} \rangle = x d_{\mathrm{IA}} + (1-x) d_{\mathrm{IB}} \\ \langle E_{\mathrm{IS}} \rangle = x E_{\mathrm{IA}} + (1-x) E_{\mathrm{IB}} + x(1-x)\sqrt{E_{\mathrm{IA}} E_{\mathrm{IB}}} \end{cases} \tag{8.3}$$

式中，$\langle E_{\mathrm{IS}} \rangle$的最后一项即为 A—B 交互作用，$x$ 为 A 组分的浓度。表 8.5 和表 8.6 汇总了多种合金界面能量的相关信息。

表 8.5 Be/W、Cu/Pd 和 Ag/Pd 合金界面的键能相关信息[45, 46, 50]

合金	原子	E_{b}/eV	E_{I}(A—A)/eV	E_{I}(A—B)/eV	$\langle E_{\mathrm{IS}} \rangle$/eV	d_{b}/nm	$\langle d_{\mathrm{IS}} \rangle$/nm	E_{IC}/eV	E_{ID}/($\times 10^{10}$ J/m^3)	η/(J/m^2)
Be/W	Be	0.28	0.24	0.38	0.52	0.229	0.273	6.24	9.85	26.85
	W	0.74	0.60			0.316				
Cu/Pd	Cu	0.29	0.56	0.50	0.63	0.360	0.375	7.56	4.59	17.20
	Pd	0.32	0.45			0.389				
Ag/Pd	Pd	0.32	0.22	0.20	0.26	0.389	0.399	2.76	1.57	6.28
	Ag	0.25	0.19			0.409				

注：E_{b} 和 d_{b} 分别是单质原子的键能和键长，E_{I}(A—A 或 B—B)是界面中 A—A 或 B—B 键能，E_{I}(A—B)是 A—B 交换作用能，$\langle E_{\mathrm{IS}} \rangle$、$\langle d_{\mathrm{IS}} \rangle$、$E_{\mathrm{IC}}$、$E_{\mathrm{ID}}$ 和 η 分别表示平均键能、平均晶格常数、界面原子结合能、能量密度以及自由能。

表 8.6　Si/C、Ge/C、Ge/Si、Cu/Si 和 Cu/Sn 合金界面的键能相关信息

界面	原子	$E_b^{[63]}$/eV	E_I/eV	$\langle E_{IS}\rangle$/eV	$d_b^{[63]}$/nm	$\langle d_{IS}\rangle$/nm
Si/C	C	1.38	0.15	0.42	0.671	0.607
	Si	0.39	0.55		0.543	
Ge/C	C	1.38	0.65	0.73	0.671	0.618
	Ge	0.32	0.52		0.566	
Ge/Si	Si	0.39	0.56	0.66	0.543	0.555
	Ge	0.32	0.50		0.566	
Cu/Si	Cu	0.29	0.17	0.27	0.360	0.452
	Si	0.39	0.27		0.543	
Cu/Sn	Cu	0.29	0.48	0.48	0.360	0.472
	Sn	0.26	0.30		0.583	

若已获得 $\langle d_{IS}\rangle$ 和 $\langle E_{IS}\rangle$，则可进一步算得原子结合能 E_{IC}、界面能量密度 E_{ID} 和界面自由能 γ_I：

$$
\begin{cases}
E_{IC} = z_I\langle E_{IS}\rangle & \text{(界面原子结合能)} \\[2mm]
E_{ID} = \dfrac{E_{单胞}}{V_{单胞}} = \dfrac{Nz_I\langle E_{IS}\rangle}{2d_{IS}^3} & \text{(界面能量密度)} \\[2mm]
\gamma_I = \dfrac{E_{单胞}}{A_{单胞横截面}} = E_D d_{IS} = \dfrac{Nz_I\langle E_{IS}\rangle}{2d_{IS}^2} & \text{(界面自由能)}
\end{cases}
\tag{8.4}
$$

合金界面存在的交换耦合作用致使界面处的物理量与在元素单质块体中完全不同。由表 8.5 可知，Be/W 界面的 E_{ID} 值在三种材料中最大。正因为 Be/W 的高能量密度和界面极化，它常被用作重要的防辐射介质材料。表 8.7 和图 8.6 汇总了 C/Si、C/Ge、Si/Ge、Cu/Si 和 Cu/Sn 合金界面的自由能信息。

表 8.7　C/Si、C/Ge、Si/Ge、Cu/Si 和 Cu/Sn 合金界面的原子结合能 E_C、结合能密度 E_D 和自由能(γ_I)[24]

界面	E_C/eV	E_D/($\times 10^{10}$ J/m³)	γ_I/(J/m²)
C/Si	3.64	0.52	3.16
C/Ge	6.33	0.86	5.31
Si/Ge	7.92	1.48	8.21
Cu/Si	3.24	1.12	5.06
Cu/Sn	5.81	1.77	8.35

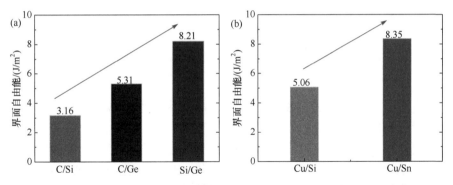

图 8.6 (a) C/Si、C/Ge、Si/Ge[56-58]和(b) Cu/Si、Cu/Sn 合金的界面自由能[64]

8.5 应 用 基 础

ZPS 结果表明，Cu/Pd 合金界面以量子钉扎为主，而 Ag/Pd、Zn/Pd 和 Be/W 合金界面则以极化效应为主。量子钉扎在价带顶产生空穴，因此 Cu/Pd 合金与 Pt 吸附原子[65]一样，在催化反应中作为电荷受主。量子钉扎增加了低配位吸附原子和异质配位原子的电亲和性。与之相反，Ag/Pd、Zn/Pd 和 Be/W 界面的极化作用会在导带顶边缘产生额外电子，进而使之在催化反应中成为电荷施主，这与 Rh 吸附原子的催化作用相同[65]。价电子极化和高界面能量密度解释了为什么 Be/W 合金可作为核反应防辐射材料，而 Zn/Pd 则可用作施主型催化剂的替代材料[66]。

Cu/Pd 合金中的量子钉扎似乎违背了 Cu(1.9)和 Pd(2.2)之间的电负性规则。价电荷本应从 Cu 流向 Pd，但结果却显示两者均倾向于从外界获得电子。这一悖论说明，晶格应力和合金键的形成在界面处确实产生了量子钉扎，而最初的电负性规则在合金形成过程中失去了作用。低能电子衍射和光电子衍射表明，界面处 Cu—Pd 键收缩了 (7±2.5)%[30, 67, 68]，Ag—Pd 键收缩了 2.5% [31]。这一实验结果有利地证明：尽管 Cu(1.9)的电负性比 Pd(2.2)低[2, 14]，但由于异质配位的 Cu 原子的 $4s^1$ 价带是半满的，所以 Cu 原子很容易从 Pd $4d^{10}$ 满电子价带中得到电子。Ag(1.9)的电负性与 Cu 相同，但 Ag/Pd 合金却呈极化特征。这可能是由电子壳层数目或原子半径不同引起的。Ag $5s^1$ 半满轨道中的电子相较于半径不同的 Cu $4s^1$ 中的电子更容易被极化。类似地，电荷极化也出现在 Au $6s^1$ 和 Rh $5s^1$ 中，而不发生在 Pt $6s^0$ 和 Co $3d^74s^2$ 中[65]。即便如此，Cu、Ag 与 Pd 合金化时的电荷转移方向仍然有待进一步研究。

C/Si、C/Ge 和 Si/Ge 合金中，C 1s 呈现极化特征，而 Si 2p 和 Ge 3p 则表现钉扎特征。Cu 3d 和 Si 2p 在 Cu/Si 合金中呈现极化特征，但 Cu 3d 和 Sn 3d 在 Cu/Sn 合金中却表现钉扎特征。可见，在没有实验验证的情况下，人们很难预测能级如何受到异质配位的影响。

8.6 总　　结

通过拓展 BOLS-NEP-ZPS 理论和分析方法，从化学键-能量-电子关联性及哈密顿量微扰的角度，将界面能和原子成键关联起来。ZPS 方法可以确定合金界面是量子钉扎主导还是极化主导，如 Cu/Pd 界面以量子钉扎为主，成为受主型催化剂；而 Ag/Pd 和 Zn/Pd 界面则以极化为主，成为施主型催化剂。由于高界面能量密度和极化效应，Be/W 可用作防核辐射材料。ZPS 对异质界面分析得到了如下结论。

(1) 单位体积能量密度增益和单原子剩余结合能相关概念的提出，在研究界面能和界面属性过程中必不可少。

(2) 化学键性质的改变和电荷的共享决定界面能量，并不遵循电负性差异的一般规律。

(3) BOLS-NEP-ZPS 理论和分析方法能够从原子尺度确定界面键能、能量密度、结合能和自由能。

(4) 键序改变和键性变化在本质上改变了哈密顿量，从而调控界面势，最终导致键能发生偏移和相关属性的变化。

材料纯度、缺陷浓度和测量技术等因素都可能影响理论计算的孤立原子能级 $E_v(0)$ 和界面键能 $E_v(I)$ 的精度。界面量子钉扎和极化的概念对理解界面区域或杂质附近的异质配位原子的成键和电子行为非常重要。

参 考 文 献

[1] Sun C Q. Relaxation of the Chemical Bond. Heidelberg: Spinger, 2014.

[2] Rodriguez J A, Goodman D W. The nature of the metal metal bond in bimetallic surfaces. Science, 1992, 257(5072): 897-903.

[3] Kamakoti P, Morreale B D, Ciocco M V, et al. Prediction of hydrogen flux through sulfur-tolerant binary alloy membranes. Science, 2005, 307(5709): 569-573.

[4] Fox E B, Velu S, Engelhard M H, et al. Characterization of CeO₂-supported Cu-Pd bimetallic catalyst for the oxygen-assisted water-gas shift reaction. J. Catal., 2008, 260(2): 358-370.

[5] Bloxham L H, Haq S, Yugnet Y, et al. Trans-1,2-dichloroethene on Cu₅₀Pd₅₀(110) alloy surface: Dynamical changes in the adsorption, reaction, and surface segregation. J. Catal., 2004, 227(1): 33-43.

[6] Padture N P, Gell M, Jordan E H. Thermal barrier coatings for gas-turbine engine applications. Science, 2002, 296(5566): 280-284.

[7] Veprek S, Veprek-Heijman M G J. The formation and role of interfaces in superhard nc-Me$_n$N/a-

Si₃N₄ nanocomposites. Surf. Coat. Technol., 2007, 201(13): 6064-6070.

[8] Veprek S, Argon A S. Towards the understanding of mechanical properties of super- and ultrahard nanocomposites. J. Vac. Sci. Technol. B, 2002, 20(2): 650-664.

[9] Gabriel N T, Talghader J J. Optical coatings in microscale channels by atomic layer deposition. Appl. Opt., 2010, 49(8): 1242-1248.

[10] Tung C H, Pey K L, Tang L J, et al. Percolation path and dielectric-breakdown -induced-epitaxy evolution during ultrathin gate dielectric breakdown transient. Appl. Phys. Lett., 2003, 83(11): 2223-2225.

[11] Allouche A, Wiltner A, Linsmeier C. Quantum modeling (DFT) and experimental investigation of beryllium-tungsten alloy formation. J. Phys. Condens. Matter, 2009, 21(35): 355011.

[12] Doerner R P, Baldwin M J, Causey R A. Beryllium-tungsten mixed-material interactions. J. Nucl. Mater., 2005, 342(1-3): 63-67.

[13] Zhang D H, Shi W. Dark current and infrared absorption of p-doped ingaas/algaas strained quantum wells. Appl. Phys. Lett., 1998, 73(8): 1095-1097.

[14] Liu G, St Clair T P, Goodman D W. An XPS study of the interaction of ultrathin Cu films with Pd(111). J. Phys. Chem. B, 1999, 103(40): 8578-8582.

[15] Khanuja M, Mehta B R, Shivaprasad S M. Geometric and electronic changes during interface alloy formation in Cu/Pd bimetal layers. Thin Solid Films, 2008, 516(16): 5435-5439.

[16] Newton M A. The oxidative dehydrogenation of methanol at the CuPd[85 : 15]{110} p(2×1) and Cu{110} surfaces: Effects of alloying on reactivity and reaction pathways. J. Catal., 1999, 182(2): 357-366.

[17] Venezia A M, Liotta L F, Deganello G, et al. Catalytic Co oxidation over pumice supported Pd-Ag catalysts. Appl. Catal. A, 2001, 211(2): 167-174.

[18] Lee C L, Tseng C M, Wu R B, et al. Catalytic characterization of hollow silver/palladium nanoparticies synthesized by a displacement reaction. Electrochim. Acta, 2009, 54(23): 5544-5547.

[19] Venezia A M, Liotta L F, Deganello G, et al. Characterization of pumice-supported Ag-Pd and Cu-Pd bimetallic catalysts by X-ray photoelectron spectroscopy and X-ray diffraction. J. Catal., 1999, 182(2): 449-455.

[20] Choi I S, Whang C N, Hwang C Y. Surface-induced phase separation in Pd-Ag alloy: The case opposite to surface alloying. J. Phys. Condens. Matter, 2003, 15(25): L415-L422.

[21] Reilly J P, Barnes C J, Price N J, et al. The growth mechanism, thermal stability, and reactivity of palladium mono- and multilayers on Cu(110). J. Phys. Chem. B, 1999, 103(31): 6521-6532.

[22] Amandusson H, Ekedahl L G, Dannetun H. Hydrogen permeation through surface modified Pd and PdAg membranes. J. Membr. Sci., 2001, 193(1): 35-47.

[23] Efremenko I, Matatov-Meytal U, Sheintuch M. Hydrodenitrification with PdCu catalysts: Catalyst optimization by experimental and quantum chemical approaches. Isr. J. Chem., 2006, 46(1): 1-15.

[24] Wang Y, Pu Y, Ma Z, et al. Interfacial adhesion energy of lithium-ion battery electrodes. Extrem. Mech. Lett., 2016, 9: 226-236.

[25] Roduner E. Size matters: Why nanomaterials are different. Chem. Soc. Rev., 2006, 35(7): 583-

592.

[26] Hammer B, Norskov J K. Why gold is the noblest of all the metals. Nature, 1995, 376(6537): 238-240.

[27] Matensson N, Nyholm R, Calén H, et al. Electron-spectroscopic studies of the Cu_xPd_{1-x} alloy system: Chemical-shift effects and valence-electron spectra. Phys. Rev. B, 1981, 24(4): 1725.

[28] Rochefort A, Abon M, Delichere P, et al. Alloying effect on the adsorption properties of $Pd_{50}Cu_{50}\{111\}$ single crystal surface. Surf. Sci., 1993, 294(1-2): 43-52.

[29] Pope T D, Griffiths K, Norton P R. Surface and interfacial alloys of Pd with Cu(100): Structure, photoemission and Co chemisorption. Surf. Sci., 1994, 306(3): 294-312.

[30] Barnes C J, Gleeson M, Sahrakorpi S, et al. Electronic structure of strained copper overlayers on Pd(110). Surf. Sci., 2000, 447(1-3): 165-179.

[31] Sengar S K, Mehta B. Size and alloying induced changes in lattice constant, core, and valance band binding energy in Pd-Ag, Pd, and Ag nanoparticles: Effect of in-flight sintering temperature. J. Appl. Phys., 2012, 112(1): 014307.

[32] Sun C Q. Oxidation electronics: Bond-band-barrier correlation and its applications. Prog. Mater. Sci., 2003, 48(6): 521-685.

[33] Zheng W T, Sun C Q. Electronic process of nitriding: Mechanism and applications. Prog. Solid State Chem., 2006, 34(1): 1-20.

[34] Slack G A, Bartram S F. Thermal expansion of some diamond-like crystals. J. Appl. Phys., 1975, 46(1): 89-98.

[35] Pu X D, Chen J, Shen W Z, et al. Temperature dependence of Raman scattering in hexagonal indium nitride films. J. Appl. Phys., 2005, 98(3): 2006208.

[36] Du H B, de Sarkar A, Li H S, et al. Size dependent catalytic effect of TiO_2 clusters in water dissociation. J. Mol. Catal. A, 2013, 366: 163-170.

[37] Sun C Q. Dominance of broken bonds and nonbonding electrons at the nanoscale. Nanoscale, 2010, 2(10): 1930-1961.

[38] Coulthard I, Sham T K. Charge redistribution in Pd-Ag alloys from a local perspective. Phys. Rev. Lett., 1996, 77(23): 4824-4827.

[39] Lipton-Duffin J A, Macleod J M, Vondracek M, et al. Thermal evolution of the submonolayer near-surface alloy of ZnPd on Pd(111). Phys. Chem. Chem. Phys., 2014, 16(10): 4764-4770.

[40] Schriver-Mazzuoli L, Schriver A, Hallou A. Ir reflection-absorption spectra of thin water ice films between 10 and 160 K at low pressure. J. Mol. Struct., 2000, 554(2-3): 289-300.

[41] Nie Y, Wang Y, Sun Y, et al. CuPd interface charge and energy quantum entrapment: A tight-binding and XPS investigation. Appl. Surf. Sci., 2010, 257(3): 727-730.

[42] Lee C L, Huang Y C, Kuo L C. High catalytic potential of Ag/Pd nanoparticles from self-regulated reduction method on electroless ni deposition. Electrochem. Commun., 2006, 8(6): 1021-1026.

[43] Cole R J, Brooks N J, Weightman P, et al. The physical and electronic structure of the $Cu_{85}Pd_{15}(110)$ surface; clues from the study of bulk Cu_xPd_{1-x} alloys. Surf. Rev. Lett., 1996, 3(5-6): 1763-1772.

[44] Wiltner A, Linsmeier C. Surface alloying of thin beryllium films on tungsten. New J. Phys., 2006,

8: 181.

[45] Sun C Q, Wang Y, Nie Y G, et al. Interface quantum trap depression and charge polarization in the CuPd and AgPd bimetallic alloy catalysts. Phys. Chem. Chem. Phys., 2010, 12(13): 3131-3135.

[46] Ma Z S, Wang Y, Huang Y L, et al. XPS quantification of the hetero-junction interface energy. Appl. Surf. Sci., 2013, 265: 71-77.

[47] Sun C Q, Wang Y, Nie Y G, et al. Interface charge polarization and quantum trapping in AgPd and CuPd bimetallic alloy catalysts. Phys. Chem. Chem. Phys., 2010, 12: 3131-3135.

[48] Wiltner A, Linsmeier C. Surface alloying of thin beryllium films on tungsten. New J. Phys., 2006, 8(9): 181.

[49] Wang Y, Nie Y G, Pan L K, et al. Potential barrier generation at the BeW interface blocking thermonuclear radiation. Appl. Surf. Sci., 2011, 257(8): 3603-3606.

[50] Nie Y, Wang Y, Zhang X, et al. Catalytic nature of under- and hetero-coordinated atoms resolved using zone-selective photoelectron spectroscopy (ZPS). Vacuum, 2014, 100: 87-91.

[51] Yang D Q, Sacher E. Initial- and final-state effects on metal cluster/substrate interactions, as determined by XPS: Copper clusters on dow cyclotene and highly oriented pyrolytic graphite. Appl. Surf. Sci., 2002, 195(1-4): 187-195.

[52] Rao C N R, Kulkarni G U, Thomas P J, et al. Size-dependent chemistry: Properties of nanocrystals. Chem. Eur. J., 2002, 8(1): 29-35.

[53] Qin W, Wang Y, Huang Y L, et al. Bond order resolved 3d(5/2) and valence band chemical shifts of Ag surfaces and nanoclusters. J. Phys. Chem. A, 2012, 116(30): 7892-7897.

[54] Wang Y, Nie Y G, Pan J S, et al. Layer and orientation resolved bond relaxation and quantum entrapment of charge and energy at Be surfaces. Phys. Chem. Chem. Phys., 2010, 12(39): 12753-12759.

[55] Nie Y G, Zhang X, Ma S Z, et al. XPS revelation of tungsten edges as a potential donor-type catalyst. Phys. Chem. Chem. Phys., 2011, 13(27): 12640-12645.

[56] Miyoshi K, Buckley D H. Tribological properties and surface chemistry of silicon carbide at temperatures to 1500℃. Asle Transact., 1983, 26(1): 53-63.

[57] Jiang C, Zhu J, Han J, et al. Chemical bonding and optical properties of germanium-carbon alloy films prepared by magnetron Co-sputtering as a function of substrate temperature. J. Non. Cryst. Solids, 2011, 357(24): 3952-3956.

[58] Arghavani M, Braunstein R, Chalmers G, et al. XPS study of single crystal Ge-Si alloys. Solid State Commun., 1989, 71(7): 599-601.

[59] Sun C Q, Sun Y, Nie Y G, et al. Coordination-resolved C—C bond length and the C 1s binding energy of carbon allotropes and the effective atomic coordination of the few-layer graphene. J. Phys. Chem. C, 2009, 113(37): 16464-16467.

[60] Sun C Q, Pan L K, Fu Y Q, et al. Size dependence of the 2p-level shift of nanosolid silicon. J. Phys. Chem. B, 2003, 107(22): 5113-5115.

[61] Liu X J, Zhang X, Bo M L, et al. Coordination-resolved electron spectrometrics. Chem. Rev., 2015, 115(14): 6746-6810.

[62] Vegard L, Schjelderup H. Constitution of mixed crystals. Physik. Z, 1917, 18: 93-96.

[63] Kittel C. Intrduction to Solid State Physics. Willy: New York, 2005.

[64] Ringeisen F, Derrien J, Daugy E, et al. Formation and properties of the copper silicon (111) interface. J. Vac. Sci. Technol. B, 1983, 1(3): 546-552.

[65] Sun C Q, Wang Y, Nie Y G, et al. Adatoms-induced local bond contraction, quantum trap depression, and charge polarization at Pt and Rh surfaces. J. Phys. Chem. C, 2009, 113(52): 21889-21894.

[66] Tamtögl A, Kratzer M, Killman J, et al. Adsorption/desorption of H_2 and Co on Zn-modified Pd (111). J. Chem. Phys., 2008, 129(22): 224706.

[67] de Siervo A, Soares E A, Landers R, et al. Photoelectron diffraction studies of Cu on Pd(111) Random surface alloys. Phys. Rev. B, 2005, 71(11): 115417.

[68] de Siervo A, Paniago R, Soares E A, et al. Growth study of Cu/Pd(111) by RHEED and XPS. Surf. Sci., 2005, 575(1-2): 217-222.

第9章　轨道杂化成键动力学

要点

- ■ sp 轨道杂化形成了四个新的价带态密度
- ■ 强吸附键的形成加深了芯能级并使成键结合更紧密
- ■ 电子-空穴对的生成可拓宽带隙而偶极子的形成会降低功函数
- ■ 原子配位和轨道杂化引起的自旋极化促成高温和拓扑超导性

摘要

　　电负性原子(如 F、O、N、S)与低电负性原子结合形成新化学键时会伴随有正电荷空穴、非键电子孤对、反键偶极子，并因此形成四个新的态密度特征而调节价带。利用扫描隧道显微谱、逆光电子能谱和光电子能谱可检测附加的态密度特征值，三者检测的能级范围分别为 E_F 附近、$E > E_F$ 和 $E < E_F$。新键的形成会改变晶体势，引起芯能级钉扎。极化则屏蔽并劈裂晶体势，新增芯带附近的态密度特征。原子低配位和轨道杂化彼此增强对非键电子的极化作用，促成单层结构的高温和拓扑绝缘体边缘的超导性。

9.1　反键和非键态的 STS 和 IPES 表征

　　扫描隧道显微谱(STS)和逆光电子能谱(IPES)可检测位于 E_F 能级附近的反键态和非键态[1, 2]。能级低于 E_F 的态密度(DOS)特征对应非键态；高于 E_F 的对应于反键态[3]。电流穿过尖端和样品之间的障碍或带隙，从负向流向正向。IPES 可通过对表面小块分区积分求和来探测能级在 E_F 之上的表面偶极子电子对反键空态的占据情况。STS 可以用于探测表面偶极子的非键态。STS 和 IPES 两者都可以检测表面的极化现象。

　　图 3.2 中曾比较过 Cu(110) 和 O-Cu(110) 表面不同原子位置的 STS[4]。清洁表面在 E_F 以上 0.8~1.8 eV 位置呈现空的态密度特征，而 E_F 以下几乎不存在任何态密度特征。O-Cu(110) 和 O-Cu(111) 表面的角分辨光电子能谱(ARPES)[5]、亚稳态原子的去激发光谱[6] 和 O-Cu(001) 表面的 VLEED 谱[7, 8] 可以获取一系列的态密度特

征谱峰。氧吸附形成 "O^{2-} : Cu^P : O^{2-}" 链，吸附产生的极化电子占据而弱化 E_F 之上的空态。吸附还在 $-1.4\sim-2.1\,eV$ 附近产生了新的附加态密度特征，对应于非键孤对电子。

　　O-Cu(110)表面两 Cu^P 偶极子之间区域的 STS 可呈现出比单个 Cu^P 顶部位置更为丰富的非键特征。考虑到 STS 针尖的尺寸效应($\sim$2.5 Å 横向不确定性)和恒流模式，Cu^P 顶部和两 Cu^P 之间 STS 的强度差异来源于 STS 针尖处于后一位置时能收集更多的孤对电子信息。E_F 能级之上的占据态特征源自两相邻偶极子突起，而 E_F 能级以下的特征来自 O^{2-} 的孤对电子。因此，两 Cu^P 偶极子之间采集的 E_F 以上的态密度特征强度更高；Cu^P 顶部的针尖可同时收集孤对电子和偶极子的信息，但由于偶极子位置的正曲率问题，采集的信号较弱。

　　Cu 3d 的态密度特征处于 $-2\sim-5\,eV$[5, 7-10]，O—Cu 键衍生的态密度特征在 O 2p 能级附近，$-5.6\sim-7.8\,eV$[11]。Cu 3d 和 O—Cu 键的态密度特征约位于 $E_F\pm2.5\,eV$ 处，超出了 STS 的检测范围。

　　图 9.1 为 Nb(110)和 Cu(110)表面氧吸附前后的 STS[12, 13]。O-Nb(110)表面的 STS 显示，O-Nb(110)形成的 E_F 能级附近的态密度特征没有 O^{2-} : Cu^P : O^{2-}链的明

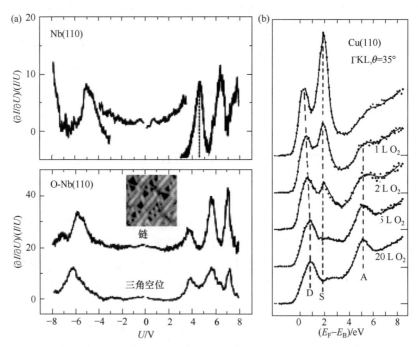

图 9.1　氧吸附前后(a) Nb(110)的 STS[12]和(b) Cu(110)的 IPES(入射光束能量为 9.7 eV)[13]
(a)中插图为含有 O-Nb 链和三角形原子空位的 O-Nb(110)表面 STM 图像；(b)中所示为氧吸附时，反键偶极子占据空表面态，使 IPES 中表面态 S 峰(2.0 eV)强度发生衰减。A 峰为氧吸附诱生的特征值，D 峰则是块体特征峰。
图中 L 是曝氧量的单位，1L=10^{-6}torr · s=1.33×10^{-8}Pa · s

显[12]。样本正偏压(未占据态)时的共振峰由镜像态和外加电场共同诱导的量子化隧穿效应引起[14,15]。由于最低镜像态在能量上与真空能级相关，因此可以利用第一个共振峰估算功函数[15]。在 6.4 eV 和 7.7 eV 处较强的共振峰与其他过渡金属如 Cu/Mo(110)[14]和 Ni(001)表面发现的共振峰相一致[15, 16]。氧吸附后，无论是在 O-Nb 链上或之外的位置，采集的这些共振峰均向低能级偏移。O-Cu(110)的 XPS 中，2.0 eV 峰的强度降低，表明氧化诱导的表面偶极子电子占据了反键态。由于共振和隧穿现象，其余两个峰均保持不变[13]。

室温下，氧覆盖量少于一个单层时，氧吸附使 Nb 的功函数降低$\Delta\phi = -0.45$ eV；随后，在稍高一些的氧覆盖量下，功函数增加$\Delta\phi = 0.8$ eV，其值甚至高于清洁表面的功函数[17]。第二个峰(5.6 eV)的偏移与功函数的增加相一致，其余的两个峰属于伴峰共振峰。O—Nb 键的占据态态密度特征位于–5.8 eV 和–6.2 eV，对应于 STM 图中的三角形空位。清洁 Nb(110)表面的态密度特征值为–5.0 eV。有观点认为，占据态的能级偏移是由 O-Nb(110)重构表面的 O 2p 和 Nb 4d 能带的重叠引起的[12]。

O $2p_{\bar{y}}$占据态的对称色散与 O—Cu 的σ键的双能级近似相一致。由于E_F上方能带为空表面态，因此它的分布与E_F下方的 O $2p_{\bar{y}}$态一致实属偶然情况[18]。对此，目前尚未有明确解释。这一空表面态特征随着氧含量的增加而逐渐减少。IPES 测得的 2.0 eV 处的态密度特征与 O-Cu(110)表面的 STS 探测结果一致。

图 9.1(b) 中 IPES 获得的 O-Cu(110)表面未占据态随氧吸附量的变化情况[13]与 O-Nb(110)表面 STS 呈现结果相似。因 IPES 技术给 O-Cu 系统增加了额外电子，所以E_F上方 4.0 eV 处的特征对应于 Cu $3d^{10}$能态，相当于基态时的 Cu $3d^9$能态[13]。

图 9.2 为 O-Cu(001)表面的 PES 曲线图，价带(>7.04 eV)中新增了 1.45 eV、3.25 eV 和 5.35 eV 三个态密度特征峰[19]。1.45 eV 附近的非键态属于反共振态，即入射光束能量变化时，其强度并未发生明显改变。反共振态密度特征属于一维电子的特性，如分子链[20]。电

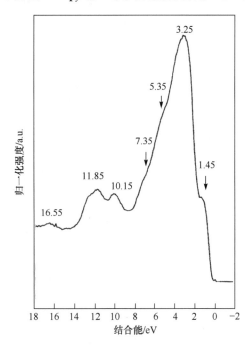

图 9.2　O-Cu(001)表面态密度特征的 PES(入射束能量为 70 eV)[19]

子孤对使 Cu(001)-O^{2-}表面的 "O^{2-} : Cu^p : O^{2-}" 链呈现出锯齿形[7, 8]。

9.2　空穴、非键态和成键态的 ARPES 表征

　　紫外光源的角分辨光电子能谱(ARPES)可用于探测价带中的空穴、非键态和成键态及其在二维平面上的分布情况。图 9.3 即为 O-Cu(110)表面的 ARPES，显示了氧化导致的三个额外特征峰。这些特征峰被指定为 $Op_{\bar{y}}$ 和 $Op_{\bar{z}}$ 能态[21]。首先，假定沿 O—Cu—O 链存在最强的 Cu—O 相互作用，这样可以指定 $Op_{\bar{y}}$ 为色散最强的结构。其次，这一特征仅能在入射角 θ 较大时即近平面内才能观测到，基于极化关系，这一特征只能是 $Op_{\bar{y}}$ 轨道(沿 O—Cu—O 链)。基于极化关系及与 $p_{\bar{z}}$

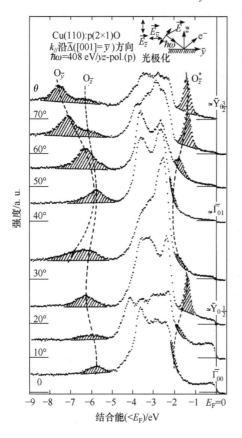

图 9.3　O-Cu(110)表面的 ARPES(−1.2 eV 和 −6 eV 附近的附加特征(阴影)分别为非键态和 O—Cu 成键态)[21, 22]

轨道色散的比较可以指定 $p_{\bar{z}}$ 结构(星号表示反键能级)。可以估计，位于 Cu 3d 能带下方的 O 2p 带对应于 O—Cu 成键能带[21]，而高于 Cu 2d 能带的 O 2p 带则是被占据的 O—Cu "反键能带"。

　　O-Cu/Ag(110)(2×2)p2mg 相的 UPS 显示出−1 eV、−3 eV 和−6 eV 三个附加态密度特征。若不考虑化学吸附过程中的电荷输运、sp 轨道杂化及极化作用，部分附加特征可认为是 Cu 3d(−3 eV)和 O 2p(−(1~2) eV)能态[23]。1997 年，在首次采用类 H_2O 的 sp 轨道杂化进行氧化和硝化反应研究并引入反键态、空穴态、非键态和成键态后，人们对于上述元素轨道的认定方式彻底发生了改变[22, 24-51]。

　　图 9.4 所示为 O-Pd(110)表面能级在 E_F 以下的两个相邻态密度的 ARPES[52]。一个对应于−2.0 eV 附近的孤对电子非键态，另一个是−5.0 eV 左右的 O—Pd 成键态。这些特征是电子从 Pd 原子转移到 O 吸附原子上时产生的空穴弱化 E_F 附近的态密度而形成的。

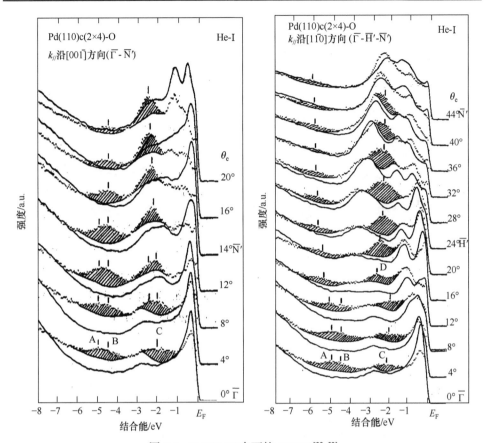

图 9.4　O-Pd(110)表面的 ARPES[22, 52]

阴影区域为氧吸附所附加的特征：–2 eV 附近的非键孤对电子和–5 eV 附近的 O—Pd 成键态。部分角度(如 0°和 44°)测得的 ARPES 在 E_F 附近峰强减弱，这是 Pd+空穴产生所致[22]

图 9.5 比较了 Rh(001)表面 c(2×2)-O−相(径向重构)和(2×2)p4g-O²⁻相(顺时针和逆时针旋转)的 ARPES[53]。谱图显示[53-55]，氧吸附对 E_F 能级以下–2～–6 eV 附近能态的影响比较明显。能级在 E_F 以下的空穴态密度从两个不同相结构的 PES 中都可获得[56]。对于(2×2)-O−相，氧吸附的衍生峰出现在–5 eV 附近；对于(2×2)p4g-O²⁻相，在某些方位角下，–5 eV 的态密度特征稍微深移，并在–2 eV 附近出现了附加特征峰。

图 9.6 为 Rh(001)表面硫吸附时的价带态密度特征，与 O-Rh(001)的类似。这说明 S 可能同样发生 sp³ 轨道杂化，形成成键态、非键态、空穴态和反键态，这还需要进一步验证。总地来说，这四种价态态密度特征可能是表面吸附含有非键电子孤对的电负性元素原子时呈现的共性特征。

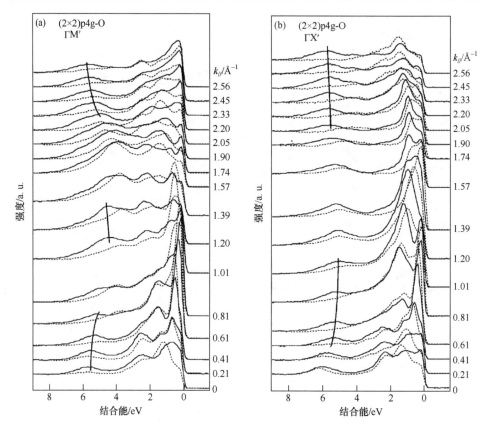

图 9.5　清洁表面 Rh(001)(虚线)和 Rh(001)(2×2)p4g-O(实线)的 ARPES(测试角度间隔量为4°，

$k_{//}$平行动量)[53]

(a)的数据采集沿ΓM′⟨10⟩方向，(b)沿ΓX′⟨11⟩方向

9.3　O-Cu 价带态密度的演变

图 9.7 所示为不同曝氧量下多晶 Cu 表面的 PES(He-II，21.22 eV)，揭示了多晶铜表面氧化分三个阶段[10]。

(1) 曝氧量为 12 L 时，氧化开始。−1.5 eV 处原纯 Cu 峰肩和−6.0 eV 位置立即增强，形成标记为 K 和 D 的谱峰，分别对应非键态和 O—Cu 成键态。同时，−3.0 eV 和 E_F 能级之间的态密度特征峰急剧下降，说明产生了 Cu^+空穴。

(2) 曝氧量在 12～1000 L 时，−6.0 eV 和−3.0 eV < E < E_F 的态密度特征变化明显，因为随着 Cu 原子向 O 原子转移的电荷增加，O—Cu 键也在增多。

(3) 曝氧量达到 5000 L 时，表面化合物形成，电子结构与块体 Cu_2O 非常相似，显示半导体性质。新的特征谱峰出现，−3 eV 及以上的特征谱峰同步急剧下降。E_F 能级的态密度降至零并产生～1 eV 的带隙，这就是 Cu_2O 表面呈现半导体性能的原因。

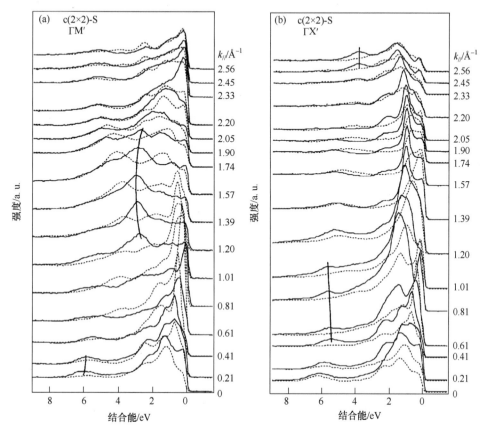

图 9.6　清洁表面 Rh(001)(虚线)和 Rh(001)(2×2)-S 表面(实线)的 ARPES[53]
平行方向的动量 $k_{//}$ 来自 E_F 能级发射的电子。(a)的数据采集沿ΓM′〈10〉方向，而(b)沿ΓX′〈11〉方向

VLEED 测试确认上述反应步骤与 O-Cu(001)表面的 Cu_3O_2 键合动力学相吻合[29]。-6.0 eV 附近的特征峰对应于 O—Cu 杂化成键态，-1.5 eV 处的特征峰则为氧孤对电子的非键态。d 能带上端能级下降意味着电子从 Cu 原子的最外层跃迁至更深的 O 的空 sp 杂化轨道或 Cu 的更高的空能级以形成偶极子。-1.5 eV 特征峰的上升与 E_F 能级附近峰强下降无关。价带态密度随曝氧量的变化情况可以为电子输运动力学研究提供丰富信息[49]。

传统惯例认为，能级在-2.0～-1.4 eV 附近的铜氧化物的附加态密度特征峰有：① O—Cu 反键态[5, 19, 57]，② O 2p 反键态[5, 21, 57]，③ O 2s 能态[58, 59]以及④含 Cu spd 轨道杂化电子的 O 2p 能态[10]。-5.5 eV 附近的附加态密度特征被认为是宿主表面价带附加的 O 2p 能态[5, 9, 21]。-3.0 eV < E < E_F 范围的态密度特征峰急剧

下降表示清洁 Cu 表面能态在消失。

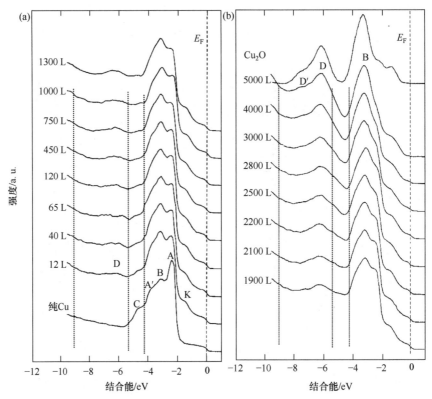

图 9.7　氧吸附多晶铜表面 PES 随曝氧量的变化情况[10]

存在与其他氧吸附表面类似的特征峰：非键态(K, –1.5 eV)、成键态(D, –6 eV)、E_F 能级附近的电子-空穴态

　　化学吸附表面价带及以上能级出现的态密度特征本质上是一样的，即使表面几何结构和拓扑类型不同，这在上述 O-Pd(110)[60]、O-Cu(110)[13, 19, 21]、O-Cu(111)[5]、O-Rh(001)[61]和 S-Rh(110)表面的 PES 中已得到充分证明。吸附诱导 sp 轨道杂化会形成反键态、非键态、空穴态和成键态四种态密度特征。

9.4　DFT 模拟分析

9.4.1　O-Ti(0001)

　　图 9.8 为 Ti(0001)表面氧吸附的 DFT 优化结构及价带态密度的异质配位效应。氧吸附确实产生了四个附加态密度特征，即 O—Ti 成键、O 的孤对电子、Ti[+]的电子-空穴和 Ti 偶极子反键态，调控催化剂的带隙、功函数、载流子寿命等[62-64]。

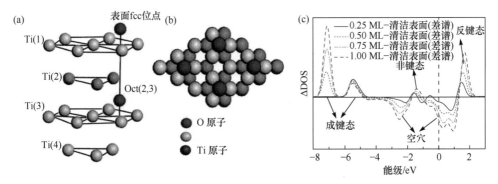

图 9.8　DFT 模拟的 O-Ti(0001)-p(2×2)表层(a) 侧视图和(b) 俯视图以及(c) 能态 ZPS(n(Ti+O)-n(Ti))[62] 曝氧量为 0.25 ML 时，氧原子占据表面 fcc 位点；0.50 ML 时，占据第二和第三 Ti 原子层(Oct(2, 3))之间的 fcc 和八面体点。四个态密度特征分别为反键偶极子(1.6 eV)、非键孤对电子((−1.6 ± 0.5) eV)、空穴((−1.5 ± 1.5) eV)和成键态((−6.0 ± 1.0) eV)

9.4.2　N-Ti(0001)

图 9.9 为 Ti(0001)表面氮吸附的优化位点及功函数随曝氮量的变化[65]。N 原子以单层和多层的混合方式被吸附到 Ti(0001)表层，并非驻留于表面顶部。LEED 和 AES 测量发现，吸附的 N 原子初始构成(1×1)单层，随后变化为(1×1)+($\sqrt{3}×\sqrt{3}$)多层形式。DFT 模拟选用单层和多层表面结构如(2×2)和(3×3)超晶胞，计算氮吸附前后的功函数变化[65]。清洁表面功函数为 4.47 eV，与其他 DFT 计算值～4.45 eV[66] 和测量值 4.45～4.60 eV[67] 一致。图 9.9(d)所示的 DFT 计算结果显示，随着曝氮量增加，功函数先减小再增大直至饱和，与实验测试结果一致[68]。

图 9.10 为 N-Ti(0001)表面价带态密度随曝氮量的变化。N 吸附新增四个附加态密度特征[69]，对应于 N—Ti 成键、N 的孤对电子、Ti$^+$电子-空穴和 Ti^p 偶极反键态[63, 64]，与 N-Ru(0001)一致。图 9.10(b)显示，((1×1)+($\sqrt{3}×\sqrt{3}$))-12N 吸附结构相较于(1×1) -9N，反键态减弱，这是因为功函数在增大。

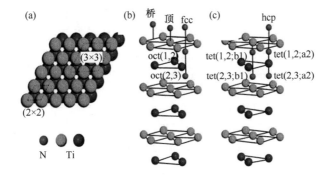

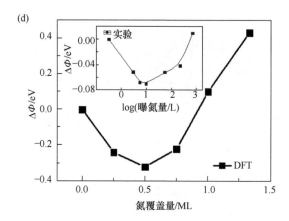

图 9.9　N-Ti(0001)表面(a)俯视图(基本单元为(2×2)和(3×3))和(b), (c) 氮吸附位点示意图及(d)功函数随曝氮量的变化[68]

符号 oct(*i*, *j*)表示第 *i* 和 *i*+1 层之间的八面体位点，tet(*i*, *j*: b1(或 a2))表示第 *i* 层正下方的四面体位点。(d)中插图为实验结果，与 DFT 模拟结果一致

9.4.3　N-Ru(0001)与 O-Ru(10$\bar{1}$0)

图 9.11 比较了 N-Ru(0001)[69]和 O-Ru(10$\bar{1}$0)[71]表面价带态密度的差谱，表面吸附的 O 和 N 原子厚度至少为 1.0Å，且不考虑四面体成键。两者态密度特征相同，即成键态($-6.0\,eV$)、非键态($-3.0\,eV$)、空穴态($-1.0\,eV$)和反键态($3.0\,eV$)。目前，在氮化物表面[27, 42, 72, 73]和碳纳米管[74]上已广泛观测到氮诱导的孤对电子态。

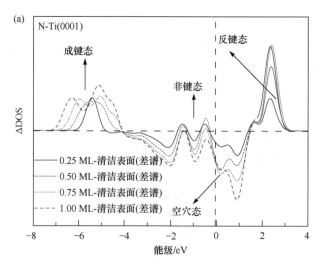

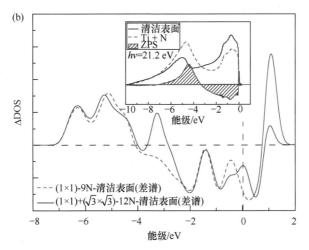

图 9.10 (a) 不同曝氮量下 N-Ti(0001) 表面及 (b) Ti(0001)-(1×1)-9N 和 ((1×1)+($\sqrt{3}\times\sqrt{3}$))-12N 两种 N 吸附结构的局域价带态密度的 ZPS 结果[65,70]

(a) 对应于 N 单层吸附, N 原子占据 (2×2) 单胞的 oct(1,2) 位点。(b) 对应于 N 多层吸附, 其中插图为实验测量的价带态密度, 缺失了孤对电子特征

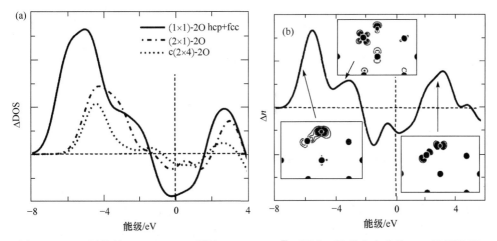

图 9.11 DFT 计算的 (a) N-Ru(0001)[69] 和 (b) O-Ru(10$\bar{1}$0)[71] 表面价带态密度的 ZPS 结果[69,71]

9.5 XPS 与 ZPS 解谱分析

9.5.1 O-Ta(111) 和 O-Ta(001)

图 9.12 比较了 DFT 计算和实验测试的 bcc 结构的 Ta(111)[75] 和 Ta(100)[76] 表面氧吸附后的 ZPS[77,78]。实验和计算结果的一致性证实, 氧吸附使得 4f 芯能级发生钉扎。谱图显示出四个价带态密度, 分别为 O—Ta 成键、O 的孤对电子、Ta+ 离

子和 Ta^p 反键偶极子[22]。

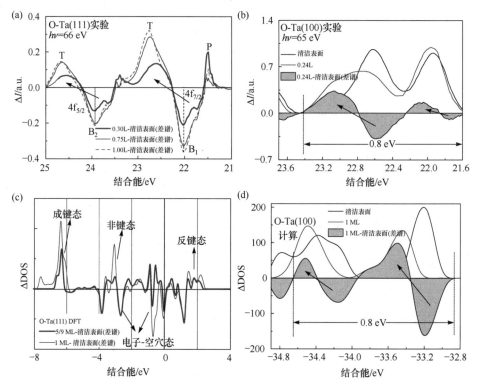

图 9.12　实验测量的(a) O-Ta(111)[75]和(b) O-Ta(100)[76]表面 ZPS 与(c), (d) DFT 模拟结果的对比[77]

9.5.2　单层高温超导与拓扑边缘超导

原子低配位和 sp^3 轨道杂化引起的自旋分辨极化有利于提升高温超导体 (HTSC)和拓扑绝缘体(TI)边缘的导电性。大多数超导储能元件倾向于将层状结构、层与层之间的范德瓦耳斯间隙当作电荷传输的通道。拓扑绝缘体边缘超低配位原子产生的狄拉克-费米子可作为载流子沿边缘传输。图 9.13 比较了 FeTe$_{0.55}$Se$_{0.45}$ 拓扑绝缘体[79]和铁基(Ba$_{0.6}$K$_{0.4}$)Fe$_2$As$_2$ 超导体[80]的 ARPES。结果显示，在类空穴费米表面的超导态中出现了尖锐的超导相干峰，而在正常能态中不存在准粒子峰，其电子行为与费米液体系统有很大差别。这种系统的超导能隙表现出异常的温度依赖性，在超导状态下几乎为常数，温度达到 T_C 时瞬间闭合。但在超导状态下，超导能隙对动量依赖性极强。

TI 和 HTSC 的电导率相似，但 T_C 值或相干峰能量不同。FeTe$_{0.55}$Se$_{0.45}$ 的相干峰峰值为 10 meV，T_C 为 38.5 K，TI 的相干峰能量和 T_C 均更低。这表明 TI 和 HTSC

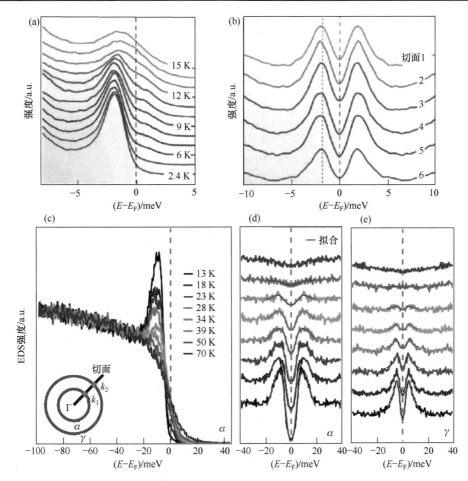

图 9.13　FeTe$_{0.55}$Se$_{0.45}$ 拓扑绝缘体(a)变温和(c)狄拉克表面态沿不同费米波矢方向的能态分布[79]，(Ba$_{0.6}$K$_{0.4}$)Fe$_2$As$_2$ 超导体(b)变温和(d), (e)两个不同 k 点的能态分布[80] FeTe$_{0.55}$Se$_{0.45}$ 拓扑绝缘体和(Ba$_{0.6}$K$_{0.4}$)Fe$_2$As$_2$ 超导体的 T_C 分别为 12 K 和 38.5 K。各自的特征相干峰能量 2 meV 和 20 meV 对应于相应的 T_C 值

具有相同的引发 E_F 附近能级劈裂(即费米口袋)的相互作用但是程度不同。T_C 即对应于口袋能隙消失的温度。

图 9.14 所示为 Bi-2223/2212 HTSC 的 ARPES。Bi-2212 的峰值位于 30 meV，T_C 为 91 K(最高可达 136 K)。相比之下，TI 的相干峰能量和 T_C 都比 Bi-2212 低一个数量级。显然，相干峰能量和 T_C 是呈比例改变的。有意思的是，Bi-2212 高温超导的导电性与厚度无关，详见图 9.15。常温下，单层 Bi-2212 的 T_C 为 105 K[82]，与其体相的相同[83]。这里单层是指在平面外法线方向上含有两个 CuO$_2$ 平面的半个单胞，它被范德瓦耳斯间隙隔开。这一结果不仅展现了 Bi-2212 超导电性的趋

肤特性，还表明了原子低配位对超导电性的影响。

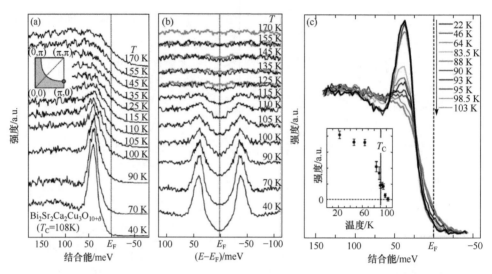

图 9.14　Bi-2223($Bi_2Sr_2Ca_2Cu_3O_{10+\delta}$, T_C = 108 K)费米口袋电导率的温度依赖性。(a) 原始光谱和(b) 对称化光谱[80]和(c) Bi-2212 (T_C = 91 K)(插图为超导峰强随温度的变化)[80, 81]

　　更令人惊奇的是，在钇钡铜氧化物(YBCO) HTSC 中刻蚀一组小孔(~100 nm)阵列，可使其实现超导-量子金属-绝缘体相变[84]。在非常薄的 HTCS 中，电子对并不是协同运动，而是相互约束驻留在小岛上，无法跳跃到下一个小岛。当 YBCO 中有电流通过并暴露在磁场中时，其电荷载流子将像水流绕着排水管孔隙旋转一样以玻色子回旋加速器方式运动。

　　传统超导体(如 Nb 或 Pd)的正常态是一种费米液体，具有清晰的费米表面，准粒子沿表面运动。超导电性是通过超导态费米表面的不稳定性和电子对(库珀对)的形成和凝聚来实现的。Bardeen-Cooer-Schrieffer(BCS)超导理论充分描述了传统超导金属和合金的起源和行为，它们的超导转变临界温度低于 30 K。

　　根据 BCS 理论，费米表面附近电子对耦合产生的大量玻色-爱因斯坦凝聚态(即库珀对)控制超导电性。当电子在材料的原子晶格中移动时"嘎嘎"作响，就产生了电阻。但当电子结合形成库珀对时，会经历一个显著的转变。电子本身就是费米子，也应当遵循泡利排斥原理，这意味着每个电子都趋向于保持自身的量子态。然而，库珀对的行为像玻色子，它们可以愉快地共享相同的状态。这种玻色子行为允许库珀对之间协调运动，从而将阻力降为零[85]。

　　一般而言，超导电性是在一个具有明确费米表面但正常状态下沿表面没有准粒子的系统中实现的。但高温铜氧化物超导体代表了超导电性的另一种极端情况，即在低掺杂区，由于赝隙的形成而没有明确的费米表面，同时在正常状态下，波峰区域附近也没有准粒子，此时超导电性依然可以实现。

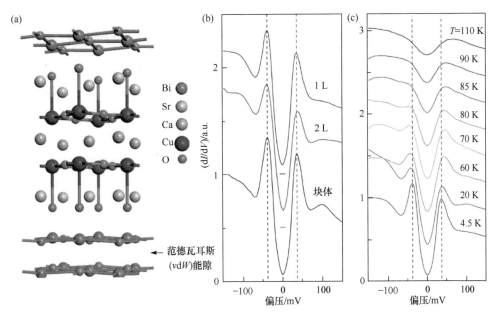

图 9.15 (a) Bi-2212 的原子结构和单层、双层与块体的空间平均(b) 微分电导和(c) 温度
依赖性[82]

单层是指平面外法线方向上含有两个 CuO_2 平面的半个单胞，被范德瓦耳斯间隙隔开。单层超导转变温度 T_C 为
105 K，这与块体 Bi-2212 的室温值相同[83]

　　然而,高温超导及原子在单层和缺陷中的低配位效应超出了 BCS 理论的分析范围。首先，考查 HTSC 和 TI 物质的形成元素。主要是 B、C、N、O、F 及其周围元素的化合物，特别是周期表中第 V 和 VI 族中的元素。它们的 T_c 和结合能暗示了这些元素潜在的相似性。N、O 和 F 的 sp^3 轨道杂化会在费米面附近产生非键态和反键态。N 和 O 也可以通过 sp^2 轨道杂化产生未成对和成对电子[86]。这些局域的孤对和反键电子很有可能形成主导 HTSC 和 TI 特性的库珀对。当存在外加电场时，这些局域电子对很容易被激发，在适当的传输通道下导电。与石墨烯带边的狄拉克-费米极化子相比，这些电子的有效质量很小，群速度很高。还有一个重要特征是，这些高温超导体都具有二维层状结构，如 Cu^p:O^{2-}:Cu^p 链或 CuO_2 平面，在其上超导性能延续。

　　电子自旋的强关联性作为 HTSC 和 TI 的一种可能机理，备受关注。费米表面附近的非键态和反键态的存在至少起到了竞争作用。若 B 和 C 的 1s 轨道电子受激占据 $2sp^3$ 杂化轨道，B 和 C 很可能形成类似于 N 和 O 的价带结构，从而产生超导电性。V 族和 VI 族元素原子应保持弱 sp 轨道杂化特性，因此，非键孤对可能是 HTSC 和 TI 的主导因素之一。从反键态和非键态的形成以及相应的电子学和能量学角度来阐释高温超导机理，可能会获得更多的新认知。自旋-自旋耦合可以决定相干峰能量，自旋的热致退耦合可能获得临界温度。从这一角度来看，TI 的自旋耦合比 HTSC 弱，因为前者的 T_c 和相干峰能量比后者要低得多，而且通过边缘低配位原子导电。

另一方面，低配位原子的 sp 轨道杂化增强了极化作用，可以此区分 HTSC 导电的趋肤特性和 TI 导电的边缘狄拉克-费米极化子作用。由于极化态的局部化和俘获，对于多孔 HTSC，其极化态的局域化和钉扎性能将其转变成了常规导体。尽管还需进一步论证，但原子低配位和 sp 轨道杂化实现自旋非键电子极化的双重过程可能为理解和设计 HTSC 和 TI 提供一种可行的机理。

9.5.3　其他物质表面

一般而言，化学吸附通常会加深金属的芯能级，因为有较强的化学键形成。氧吸附加深了 Pd $3d_{5/2}$ 能级～0.6 eV[87]。O-Cu(001)表面，O 1s 能级深移了 0.6 eV，从−529.5 eV 到−530.1 eV [88]。O-Rh(111)表面 Rh 3d 结合能每个 O—Rh 键增加～0.3 eV[89]。O-Ru(0001)表面随曝氧量的增加，Ru $3d_{5/2}$ 芯能级偏移高达～1.0 eV[90]。

化学吸附是一个动力学过程，化学键成分的价态变化将引起表面原子尺寸和位置的改变。氧吸附时，电子从施主价带移动到 O 的空 p 轨道上成键，O 原子也会杂化产生孤对电子。这些孤对电子随后极化周围原子，施主偶极子电子将从原始能级跃迁至更高能级。这一过程又将重新分配价带电子，最终形成四个附加价带态密度。

O-Pd[91, 92]、O-Cu(110)[93]、O-Nb(110)[94]、AgO [95]和 $Bi_2Sr_2CaCu_2O_8$[96]等一系列氧吸附反应的 PES、IPES 和 XPS 实验数据的系统分析显示，这些光谱在价带及以上呈现类似的态密度特征。沉积在 TiO_2(110)基底上的 Au 纳米团簇因界面氧化，在−1 eV 位置也表现出了弱的态密度特征[97]。

9.6　总　　结

电子光谱观测结果证实了化学吸附过程中价带态密度产生和演变的一般规律及对芯能级偏移造成的影响。除成键态外，吸附物的非键电子孤对、受主的反键偶极子以及施主原子的电子-空穴也不可忽视，它们调控了吸附表面的物理属性。这些结果通用于轻的电负性元素吸附表面。表 9.1 总结了典型的 O、N、S 吸附观测结果。虽然存在孤对电子非键态和带正电荷的空穴能态，但由于它们可能具有相同的结合能，也许无法被检测出来。类氢键的形成能使 M^p 转变为 $M^{+/p}$，从而弱化反键态。

表 9.1 化学吸附诱生的价带态密度特征[49] (单位：eV)

文献	受主	施主(X)	反键偶极子 M^P (>E_F)	非键孤对电子(<E_F)	空穴 M^+ (<E_F)	X—M 成键 (≪E_F)
[19, 98]	O	Cu(001)		-1.5 ± 0.5	-3.0 ± 1.0	-6.5 ± 1.5
			1.2	-2.1		
[57]	O	Cu(001)		$-1.37; -1.16$		
[99]	O	Ni(001)				$E_F \sim -6.0$
[4, 5, 9, 13, 100, 101]	O	Cu(110)	~ 2.0	-1.5 ± 0.5	-3.0 ± 1.0	-6.5 ± 1.5
			1.3 ± 0.5	-2.1 ± 0.5		
[10]	O	Cu(多晶)		-1.5	-3.0 ± 1.0	-6.5 ± 1.5
[23]	O	Cu/Ag(110)		-1.5		$-3.0; -6.0$
[102]	O	Rh(001)	1.0	-3.1		-5.8
[87]	O	Pd(110)		-2.0 ± 0.5	$-0.5, 3.0$	-4.5 ± 1.5
[103]	O	Al(多晶)	1.0			
[104]	O	Gd(0001)		-3.0	$-1.0, -8.0$	-6.0
[105]				-1.0 ± 1.0		-5.5 ± 1.5
[106]	O	Ru(0001)		-0.8		-4.4
[107]			1.5	-4		$-5.5, -7.8$
[108]			1.7	-3.0		-5.8
[71]	O	Ru(10$\bar{1}$0)	2.5	$-2\sim-3.0$		-5.0
[109]		MgO/Ag(001)		-3.0 ± 1.0		
[110]	O	Co(多晶)		-2.0	-0.7	-5.0
[111]	O	C(金刚石)		-3.0		
[112]	O	碳纳米管	0.8			
[113]	O, S	Cu(001)		-1.3		-6.0
[114]	O, S, N	Ag(111)		-3.4		-8.0
[99, 113]	N	Cu(001)	3.0	-1.2	-4.0	-5.6
				-1.0		-5.5
[69]	N	Ru(0001)	3.0	-3.0		-6.0
[113]	N	Ag(111)		-3.4		-8.0
[115]		TiCN		0.0 ± 1.0		-5.7
[116]		a-CN		-4.5		-7.1
[117]		CN		-2.3		

因 sp 轨道杂化和原子低配位，拓扑绝缘体的边缘超导性和单层结构的高温超导性具有相同的自旋极化特性，但自旋耦合强度的不同会引起两者相干峰能量、临界温度和超导通道的差异。Bi-2212 的超导性不受材料厚度影响，证实高温超导体具有趋肤特性。

参 考 文 献

[1] Chua F M, Kuk Y, Silverman P J. Oxygen chemisorption on Cu(110): An atomic view by scanning

tunneling microscopy. Phys. Rev. Lett., 1989, 63(4): 386-389.

[2] Tersoff J, Hamann D. Theory of the scanning tunneling microscope. Phys. Rev. B, 1985, 31(2): 805-813.

[3] Wintterlin J, Behm R J. In the Scanning Tunnelling Microscopy I. Berlin: Springer, 1992.

[4] Chua F M, Kuk Y, Silverman P J. Oxygen-chemisorption on Cu(110)-an atomic view by scanning tunneling microscopy. Phys. Rev. Lett., 1989, 63(4): 386-389.

[5] Jacob W, Dose V, Goldmann A. Atomic adsorption of oxygen on Cu(111) and Cu(110). Appl. Phys. A, 1986, 41(2): 145-150.

[6] Sesselmann W, Conrad H, Ertl G, et al. Probing the local density of states of metal-surfaces by deexcitation of metastable noble-gas atoms. Phys. Rev. Lett., 1983, 50(6): 446-450.

[7] Sun C Q. O-Cu(001): II. VLEED quantification of the four-stage Cu_3O_2 bonding kinetics. Surf. Rev. Lett., 2001, 8(6): 703-734.

[8] Sun C Q. O-Cu(001): I. Binding the signatures of LEED, STM and PES in a bond-forming way. Surf. Rev. Lett., 2001, 8(3-4): 367-402.

[9] DiDio R, Zehner D, Plummer E. An angle-resolved UPS study of the oxygen-induced reconstruction of Cu (110). J. Vac. Sci. Technol. A, 1984, 2(2): 852-855.

[10] Belash V P, Klimova I N, Kormilets V I, et al. Transformation of the electronic structure of Cu into Cu_2O in the adsorption of oxygen. Surf. Rev. Lett., 1999, 6(3-4): 383-388.

[11] Courths R, Cord B, Wern H, et al. Dispersion of the oxygen-induced bands on Cu(110) -an angle-resolved UPS study of the system p(2×1)O/Cu(110). Solid State Commun., 1987, 63(7): 619-623.

[12] Surgers C, Schock M, von Lohneysen H. Oxygen-induced surface structure of Nb(110). Surf. Sci., 2001, 471(1-3): 209-218.

[13] Dose V. Momentum-resolved inverse photoemission. Surf. Sci. Rep., 1986, 5(8): 337-378.

[14] Binnig G, Frank K H, Fuchs H, et al. Tunneling spectroscopy and inverse photoemission-image and field states. Phys. Rev. Lett., 1985, 55(9): 991-994.

[15] Jung T, Mo Y W, Himpsel F J. Identification of metals in scanning-tunneling -microscopy via image states. Phys. Rev. Lett., 1995, 74(9): 1641-1644.

[16] Portalupi M, Duo L, Isella G, et al. Electronic structure of epitaxial thin NiO(100) films grown on Ag(100): Towards a firm experimental basis. Phys. Rev. B, 2001, 64(16): 165402.

[17] Pantel R, Bujor M, Bardolle J. Continuous measurement of surface-potential variations during oxygen-adsorption on (100), (110) and (111) faces of niobium using mirror electron-microscope. Surf. Sci., 1977, 62(2): 589-609.

[18] Chen C T, Smith N V. Unoccupied surface-states on clean and oxygen-covered Cu(110) and Cu(111). Phys. Rev. B, 1989, 40(11): 7487-7490.

[19] Warren S, Flavell W R, Thomas A G, et al. Photoemission studies of single crystal CuO(100). J. Phys. Condens. Matter, 1999, 11(26): 5021-5043.

[20] Emberly E G, Kirczenow G. Antiresonances in molecular wires. J. Phys. Condens. Matter, 1999, 11(36): 6911-6926.

[21] Hüfner S. Photoelectron Spectroscopy: Principles and Applications. Heidelberg: Springer Science & Business Media, 2013.

[22] Sun C Q. Oxidation electronics: Bond-band-barrier correlation and its applications. Prog. Mater.

Sci., 2003, 48(6): 521-685.

[23] Sekiba D, Ogarane D, Tawara S, et al. Electronic structure of the Cu-O/Ag(110) (2×2)p2mg surface. Phys. Rev. B, 2003, 67(3): 035411.

[24] Sun C Q. Time-resolved VLEED from the O-Cu(001): Atomic processes of oxidation. Vacuum, 1997, 48(6): 525-530.

[25] Sun C Q. Nature of the O-fcc(110) surface-bond networking. Mod. Phys. Lett. B, 1997, 11(25): 1115-1122.

[26] Sun C Q. Oxygen-reduced inner potential and work function in vleed. Vacuum, 1997, 48(10): 865-869.

[27] Sun C Q. A model of bond-and-band for the behavior of nitrides. Mod. Phys. Lett. B, 1997, 11(23): 1021-1029.

[28] Sun C Q. Angular-resolved VLEED from O-Cu(001): Valence bands, chemical bonds, potential barrier, and energy states. Int. J. Mod. Phys. B, 1997, 11(25): 3073-3091.

[29] Sun C Q. Exposure-resolved VLEED from the O-Cu(001): Bonding dynamics. Vacuum, 1997, 48(6): 535-541.

[30] Sun C Q. Coincidence in angular-resolved VLEED spectra: Brillouin zones, atomic shifts and energy bands. Vacuum, 1997, 48(6): 543-546.

[31] Sun C Q. Spectral sensitivity of the VLEED to the bonding geometry and the potential barrier of the O-Cu(001) surface. Vacuum, 1997, 48(5): 491-498.

[32] Sun C Q. What effects in nature the two-phase on the O-Cu(001)? Mod. Phys. Lett. B, 1997, 11(2-3): 81-86.

[33] Sun C Q, Bai C L. Modelling of non-uniform electrical potential barriers for metal surfaces with chemisorbed oxygen. J. Phys. Condens. Matter, 1997, 9(27): 5823-5836.

[34] Sun C Q, Bai C L. A model of bonding between oxygen and metal surfaces. J. Phys. Chem. Solids, 1997, 58(6): 903-912.

[35] Sun C Q, Bai C L. Oxygen-induced nonuniformity in surface electrical-potential barrier. Mod. Phys. Lett. B, 1997, 11(5): 201-208.

[36] Sun C Q, Zhang S, Hing P, et al. Spectral correspondence to the evolution of chemical bond and valence band in oxidation. Mod. Phys. Lett. B, 1997, 11(25): 1103-1113.

[37] Sun C Q. On the nature of the O-Co(1010) triphase ordering. Surf. Rev. Lett., 1998, 5(5): 1023-1028.

[38] Sun C Q. Driving force behind the O-Rh(001) clock reconstruction. Mod. Phys. Lett. B, 1998, 12(20): 849-857.

[39] Sun C Q. O-Ru(0001) surface bond and band formation. Surf. Rev. Lett., 1998, 5(2): 465-471.

[40] Sun C Q. Origin and processes of O-Cu(001) and the O-Cu(110) biphase ordering. Int. J. Mod. Phys. B, 1998, 12(9): 951-964.

[41] Sun C Q. Nature and dynamics of the O-Pd(110) surface bonding. Vacuum, 1998, 49(3): 227-232.

[42] Sun C Q. A model of bonding and band-forming for oxides and nitrides. Appl. Phys. Lett., 1998, 72(14): 1706-1708.

[43] Sun C Q. On the nature of the O-Rh(110) multiphase ordering. Surf. Sci., 1998, 398(3): L320-L326.

[44] Sun C Q. On the nature of the triphase ordering. Surf. Rev. Lett., 1998, 5(05): 1023-1028.

[45] Sun C Q. Mechanism for the N-Ni(100) clock reconstruction. Vacuum, 1999, 52(3): 347-351.

[46] Sun C Q, Hing P. Driving force and bond strain for the C-Ni(100) surface reaction. Surf. Rev. Lett.,

1999, 6(1): 109-114.

[47] Sun C Q. The sp hybrid bonding of C, N and O to the fcc(001) surface of nickel and rhodium. Surf. Rev. Lett., 2000, 7(3): 347-363.

[48] Sun C Q. Oxygen interaction with Rh(111) and Ru(0001) surfaces: Bond-forming dynamics. Mod. Phys. Lett. B, 2000, 14(6): 219-227.

[49] Sun C Q, Li S. Oxygen-derived DOS features in the valence band of metals. Surf. Rev. Lett., 2000, 7(3): 213-217.

[50] Sun C Q, Xie H, Zhang W, et al. Preferential oxidation of diamond {111}. J. Phys. D Appl. Phys., 2000, 33(17): 2196-2199.

[51] Zheng W T, Sun C Q. Electronic process of nitriding: Mechanism and applications. Prog. Solid State Chem., 2006, 34(1): 1-20.

[52] Yagi K, Higashiyama K, Fukutani H. Angle-resolved photoemission-study of oxygen-induced c(2×4) structure on Pd(110). Surf. Sci., 1993, 295(1-2): 230-240.

[53] Mercer J, Finetti P, Scantlebury M, et al. Angle-resolved photoemission study of half-monolayer O and S structures on the Rh (100) surface. Phys. Rev. B, 1997, 55(15): 10014.

[54] Zacchigna M, Astaldi C, Prince K C, et al. Photoemission from atomic and molecular adsorbates on Rh(100). Surf. Sci., 1996, 347(1-2): 53-62.

[55] Tucker C W. Oxygen faceting of rhodium (210) and (100) surfaces. Acta Metall., 1967, 15(9): 1465-1474.

[56] Wintterlin J, Schuster R, Coulman D J, et al. Atomic motion and mass-transport in the oxygen induced reconstructions of Cu(110). J. Vac. Sci. Technol. B, 1991, 9(2): 902-908.

[57] Pforte F, Gerlach A, Goldmann A, et al. Wave-vector-dependent symmetry analysis of a photoemission matrix element: The quasi-one-dimensional model system Cu(110)(2×1)O. Phys. Rev. B, 2001, 63(16): 165405.

[58] Benndorf C, Egert B, Keller G, et al. Initial oxidation of Cu(100) single-crystal surfaces -electron spectroscopic investigation. Surf. Sci., 1978, 74(1): 216-228.

[59] Benndorf C, Egert B, Keller G, et al. Oxygen interaction with Cu(100) studied by AES, ELS, LEED and work function changes. J. Phys. Chem. Solids, 1979, 40(12): 877-886.

[60] Bondzie V, Kleban P, Dwyer D. XPS identification of the chemical state of subsurface oxygen in the O/Pd (110) system. Surf. Sci., 1996, 347(3): 319-328.

[61] Schwarz E, Lenz J, Wohlgemuth H, et al. The interaction of oxygen with a rhodium (110) surface. Vacuum, 1990, 41(1-3): 167-170.

[62] Li L, Meng F, Tian H, et al. Oxygenation mediating the valence density-of-states and work function of Ti (0001) skin. Phys. Chem. Chem. Phys., 2015, 17: 9867-9872.

[63] Sun C Q. Relaxation of the Chemical Bond. Heidelberg: Springer, 2014.

[64] Li L, Tian H W, Meng F L, et al. Defects improved photocatalytic ability of TiO_2. Appl. Surf. Sci., 2014, 317(0): 568-572.

[65] Li L, Meng F L, Hu X Y, et al. Nitrogen mediated electronic structure of the Ti(0001) surface. RSC Adv., 2016, 6(18): 14651-14657.

[66] Huda M, Kleinman L. Density functional calculations of the influence of hydrogen adsorption on

the surface relaxation of Ti(0001). Phys. Rev. B, 2005, 71(24): 241406.

[67] Hanson D, Stockbauer R, Madey T. Photon-stimulated desorption and other spectroscopic studies of the interaction of oxygen with a titanium (001) surface. Phys. Rev. B, 1981, 24(10): 5513-5521.

[68] Fukuda Y, Elam W T, Park R L. Nitrogen, oxygen, and carbon monoxide chemisorption on polycrystalline titanium surfaces. Appl. Surf. Sci., 1978, 1: 278-287.

[69] Schwegmann S, Seitsonen A P, Dietrich H, et al. The adsorption of atomic nitrogen on Ru (0001): Geometry and energetics. Chem. Phys. Lett., 1997, 264(6): 680-686.

[70] Eastman D. Photoemission energy level measurements of sorbed gases on titanium. Solid State Commun., 1972, 10(10): 933-935.

[71] Schwegmann S, Seitsonen A P, de Renzi V, et al. Oxygen adsorption on the Ru(10$\bar{1}$0) surface: Anomalous coverage dependence. Phys. Rev. B, 1998, 57(24): 15487-15495.

[72] Fu Y Q, Sun C Q, Du H J, et al. Crystalline carbonitride forms harder than the hexagonal Si-carbonitride crystallite. J. Phys. D Appl. Phys., 2001, 34(9): 1430-1435.

[73] Sun C Q, Tay B K, Lau S P, et al. Bond contraction and lone pair interaction at nitride surfaces. J. Appl. Phys., 2001, 90(5): 2615-2617.

[74] Terrones M, Ajayan P M, Banhart F, et al. N-doping and coalescence of carbon nanotubes: Synthesis and electronic properties. Appl. Phys. A Mater. Sci. Process., 2002, 74(3): 355-361.

[75] van der Veen J, Himpsel F, Eastman D. Chemisorption-induced 4f-core-electron binding-energy shifts for surface atoms of W(111), W(100), and Ta(111). Phys. Rev. B, 1982, 25(12): 7388.

[76] Guillot C, Roubin P, Lecante J, et al. Core-level spectroscopy of clean and adsorbate-covered Ta(100). Phys. Rev. B, 1984, 30(10): 5487.

[77] Guo Y, Bo M, Wang Y, et al. Tantalum surface oxidation: Lattice reconstruction, bond relaxation, energy entrapment, and electron polarization. Appl. Surf. Sci., 2017, 396(28): 177-184.

[78] Guo Y, Bo M, Wang Y, et al. Tantalum surface oxidation: Bond relaxation, energy entrapment, and electron polarization. Appl. Surf. Sci., 2017, 396: 177-184.

[79] Lv B, Qian T, Ding H. Angle-resolved photoemission spectroscopy and its application to topological materials. Nat. Rev. Phys., 2019, 1(10): 609-626.

[80] Fedorov A, Valla T, Johnson P, et al. Temperature dependent photoemission studies of optimally doped Bi$_2$Sr$_2$CaCu$_2$O$_8$. Phys. Rev. Lett., 1999, 82(10): 2179.

[81] Damascelli A, Hussain Z, Shen Z X. Angle-resolved photoemission studies of the cuprate superconductors. Rev. Mod. Phys., 2003, 75(2): 473.

[82] Yu Y, Ma L, Cai P, et al. High-temperature superconductivity in monolayer Bi$_2$Sr$_2$CaCu$_2$O$_{8+\delta}$. Nature, 2019, 575: 156-163.

[83] Sato T, Matsui H, Nishina S, et al. Low energy excitation and scaling in Bi$_2$Sr$_2$Ca$_{n-1}$Cu$_n$O$_{2n+4}$ ($n=1\sim3$): Angle-resolved photoemission spectroscopy. Phys. Rev. Lett., 2002, 89(6): 067005.

[84] Yang C, Liu Y, Wang Y, et al. Intermediate bosonic metallic state in the superconductor-insulator transition. Science, 2019, 366(6472): 1505-1509.

[85] Stacy K. Research Reveas New State of Matter: A Cooper Pair Metal. Providence: Brown University, 2019.

[86] Zhang L, Yao C, Yu Y, et al. Stabilization of the dual-aromatic cyclo-N$_5^-$ anion by acidic

entrapment. J. Phys. Chem. Lett., 2019, 10: 2378-2385.

[87] Bondzie V A, Kleban P, Dwyer D J. XPS identification of the chemical state of subsurface oxygen in the O/Pd(110) system. Surf. Sci., 1996, 347(3): 319-328.

[88] Tillborg H, Nilsson A, Hernnas B, et al. O/Cu(100) studied by core level spectroscopy. Surf. Sci., 1992, 270: 300-304.

[89] Ganduglia-Pirovano M V, Scheffler M. Structural and electronic properties of chemisorbed oxygen on Rh(111). Phys. Rev. B, 1999, 59(23): 15533-15543.

[90] Lizzit S, Baraldi A, Groso A, et al. Surface core-level shifts of clean and oxygen-covered Ru(0001). Phys. Rev. B, 2001, 63(20): 205419.

[91] Pillo T, Zimmermann R, Steiner P, et al. The electronic structure of PdO found by photoemission (UPS and XPS) and inverse photoemission (BIS). J. Phys. Condens. Matter, 1997, 9(19): 3987-3999.

[92] Yagi K, Fukutani H. Oxygen adsorption site of Pd(110)c(2×4)-O: Analysis of arups compared with STM image. Surf. Sci., 1998, 412-413: 489-494.

[93] Ozawa R, Yamane A, Morikawa K, et al. Angle-resolved UPS study of the oxygen-induced 2×1 surface of Cu(110). Surf. Sci., 1996, 346(1-3): 237-242.

[94] Wang Y S, Wei X M, Tian Z J, et al. An AES, UPS and HREELS study of the oxidation and reaction of Nb(110). Surf. Sci., 1997, 372(1-3): L285-L290.

[95] Boronin A I, Koscheev S V, Zhidomirov G M. XPS and UPS study of oxygen states on silver. J. Electron. Spectrosc. Relat. Phenom., 1998, 96(1-3): 43-51.

[96] Aprelev A M, Grazhulis V A, Ionov A M, et al. UPS (8.43 eV and 21.2 eV) data on the evolution of DOS spectra near E_F of $Bi_2Sr_2CaCu_2O_8$ under thermal and light treatments. Phys. C, 1994, 235: 1015-1016.

[97] Howard A, Clark D N S, Mitchell C E J, et al. Initial and final state effects in photoemission from au nanoclusters on TiO_2(110). Surf. Sci., 2002, 518(3): 210-224.

[98] Sun C Q, Li S, Tay B K, et al. Solution certainty in the Cu(110)-(2×1)-$2O^{2-}$ surface crystallography. Int. J. Mod. Phys. B, 2002, 16(1-2): 71-78.

[99] Tillborg H, Nilsson A, Wiell T, et al. Electronic-structure of atomic oxygen adsorbed on Ni(100) and Cu(100) studied by soft-X-ray emission and photoelectron spectroscopies. Phys. Rev. B, 1993, 47(24): 16464-16470.

[100] Spitzer A, Luth H. The adsorption of oxygen on copper surfaces.1. Cu(100) and Cu(110). Surf. Sci., 1982, 118(1-2): 121-135.

[101] Spitzer A, Luth H. The adsorption of oxygen on copper surfaces. 2. Cu(111). Surf. Sci., 1982, 118(1-2): 136-144.

[102] Alfe D, de Gironcoli S, Baroni S. The reconstruction of Rh(001) upon oxygen adsorption. Surf. Sci., 1998, 410(2-3): 151-157.

[103] Perrella A C, Rippard W H, Mather P G, et al. Scanning tunneling spectroscopy and ballistic electron emission microscopy studies of aluminum-oxide surfaces. Phys. Rev. B, 2002, 65(20): 201403.

[104] Zhang J D, Dowben P A, Li D Q, et al. Angle-resolved photoemission-study of oxygen-chemisorption on Gd(0001). Surf. Sci., 1995, 329(3): 177-183.

[105] Bottcher A, Niehus H. Oxygen adsorbed on oxidized Ru(0001). Phys. Rev. B, 1999, 60(20):

14396-14404.

[106] Bottcher A, Conrad H, Niehus H. Reactivity of oxygen phases created by the high temperature oxidation of Ru(0001). Surf. Sci., 2000, 452(1-3): 125-132.

[107] Bester G, Fahnle M. On the electronic structure of the pure and oxygen covered Ru(0001) surface. Surf. Sci., 2002, 497(1-3): 305-310.

[108] Stampfl C, Ganduglia-Pirovano M V, Reuter K, et al. Catalysis and corrosion: The theoretical surface-science context. Surf. Sci., 2002, 500(1-3): 368-394.

[109] Altieri S, Tjeng L H, Sawatzky G A. Electronic structure and chemical reactivity of oxide-metal interfaces: MgO(100)/Ag(100). Phys. Rev. B, 2000, 61(24): 16948-16955.

[110] Mamy R. Spectroscopic study of the surface oxidation of a thin epitaxial Co layer. Appl. Surf. Sci., 2000, 158(3-4): 353-356.

[111] Zheng J C, Xie X N, Wee A T S, et al. Oxygen-induced surface state on diamond (100). Diamond Relat. Mater., 2001, 10(3-7): 500-505.

[112] Lin L W. The role of oxygen and fluorine in the electron-emission of some kinds of cathodes. J. Vac. Sci. Technol. A, 1988, 6(3): 1053-1057.

[113] Tibbetts G G, Burkstrand J M, Tracy J C. Electronic properties of adsorbed layers of nitrogen, oxygen, and sulfur on copper (100). Phys. Rev. B, 1977, 15(8): 3652-3660.

[114] Tibbetts G G, Burkstrand J M. Electronic properties of adsorbed layers of nitrogen, oxygen, and sulfur on silver (111). Phys. Rev. B, 1977, 16(4): 1536-1541.

[115] Fuentes G G, Elizalde E, Sanz J M. Optical and electronic properties of TiC_xN_y films. J. Appl. Phys., 2001, 90(6): 2737-2743.

[116] Souto S, Pickholz M, dos Santos M C, et al. Electronic structure of nitrogen-carbon alloys (a-CN_x) determined by photoelectron spectroscopy. Phys. Rev. B, 1998, 57(4): 2536-2540.

[117] Chen Z Y, Zhao J P, Yano T, et al. Valence band electronic structure of carbon nitride from X-ray photoelectron spectroscopy. J. Appl. Phys., 2002, 92(1): 281-287.

第 10 章　异质配位与低配位耦合效应

要点

- 异质配位与低配位耦合能增强芯能级偏移和价带态密度
- 极化作用可屏蔽并劈裂晶体势能、补偿芯能级偏移
- 异质配位与低配位耦合可调控带隙、电负性、载流子寿命与功函数
- 配位控键工程是调控材料性能的有力手段

摘要

异质配位和低配位耦合能强化电荷钉扎与极化作用，从而调节原子成键与电子动力学行为，成为调控物质性能的有效手段。在临界尺寸下，极化作用屏蔽或劈裂原子间相互作用势从而补偿或弱化量子钉扎效应。

10.1　Ti(0001)表层与 TiO_2 纳米晶粒

10.1.1　含缺陷 TiO_2 的光催化活性

纳米尺度或高缺陷的 TiO_2 具有可调的带隙和功函数，使其在光催化领域获得广泛关注[1-6]。异质配位的块体 TiO_2 只有在紫外激发电子克服其自身带隙时方显活性(锐钛矿相～3.2 eV，金红石相～3.0 eV)[7, 8]。含缺陷或低配位的 TiO_2(如含有 Ti^{3+} 离子或氧空位)可以吸收可见光[9, 10]，但缺陷对带隙、电负性、载流子寿命和功函数的调控机理仍有待讨论。

有人认为，两 Ti^{3+} 之间的氧空位(O_{br})诱生的 Ti 3d 局域态(能级～0.85 eV，位于 E_F 以下)使带隙变窄[7-14]。每个氧空位有两个多余的电子转移到邻近的 Ti 原子上形成离子。但 Martinez 等[1]通过对 TiO_2(110)的 UPS、STM 和 DFT 分析发现，Ti 3d 缺陷态主要由近表面区域的 Ti^{3+} 间隙离子引起而并非表面氧空位。含缺陷 TiO_2 在光催化制氢方面表现出显著活性[15]，其缺陷引起的能带弯曲导致价带和导带能级均向上偏移[16]。

10.1.2　Ti(0001)表层的能级偏移

图 10.1 为完美 Ti(0001)表面 $2p_{3/2}$ 能级的 XPS[17]。解谱可以获得 $E_{2p_{3/2}}(0)$ 和 $\Delta E_{2p_{3/2}}(12)$ 以及 $E_{2p_{3/2}}(z)(=451.47\pm0.003+2.14C_z^{-4.6})$。氧化和缺陷会引起有效配位数变化，所以 $E_{2p_{3/2}}(z)$ 会随之偏移。

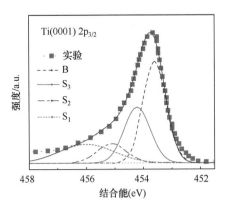

图 10.1　Ti(0001) $2p_{3/2}$ 的 XPS 及其解谱结果[17, 18]

所获相关信息列于表 10.1。表皮各层的有效 CN 分别为：$z_1=3.50$、$z_2=4.36$、$z_3=6.48$、$z_b=12$，与同类 hcp 表层各原子层配位数值一致[19]，同时确定了 Ti 的键性质参数 $m=4.6$

10.1.3　缺陷诱导的量子钉扎与极化效应

图 10.2 为 Ar+轰击 TiO₂ 表面形成缺陷后的 Ti $2p_{3/2}$ 和 O 1s 的 ZPS[20]，可以得到如下结论：

(1) 波谷 458.41 eV 为块体 TiO₂ 的 Ti $2p_{3/2}$ 能级，波谷 529.83 eV 则对应于 O 1s 能级。由于 Ti-O 间相互作用增强了晶体势，所以 TiO₂ 中的 Ti $2p_{3/2}$ 能态相较于块体 Ti 正偏移～4.8 eV。

(2) TiO₂ 表面缺陷在 Ti $2p_{3/2}$ 能带中诱生了钉扎态(T, 461.14 eV)和极化态(P, 456.41 eV)，但 O 1s 中仅呈现出钉扎态而无极化态。这是因为 O 1s 轨道位于深层能级(528.83−458.41 = 70.42 (eV))，屏蔽和劈裂氧原子间势能形成的极化效应非常弱。

(3) 随着缺陷浓度增加，极化态和钉扎态的峰强增强。含缺陷 TiO₂ 的有效配位数比 Ti(0001)表层($z=3.5$)更低。根据 ZPS，可获得极化参数，

$$p=[E_{2p_{3/2}}(P)-E_{2p_{3/2}}(0)]/[E_{2p_{3/2}}(12(TiO_2))-E_{2p_{3/2}}(0)]=0.71$$

(4) 芯能级偏移量正比于平衡态键能，因此可基于块体 Ti 的键能 $\langle E_b(Ti)\rangle=0.41\,eV/$键[21]得到 TiO₂ 块体平均键能 $\langle E_b(TiO_2)\rangle=1.51\,eV/$键 和含缺陷 TiO₂ 的平均键能 $\langle E_b(缺陷)\rangle=2.11\,eV/$键。

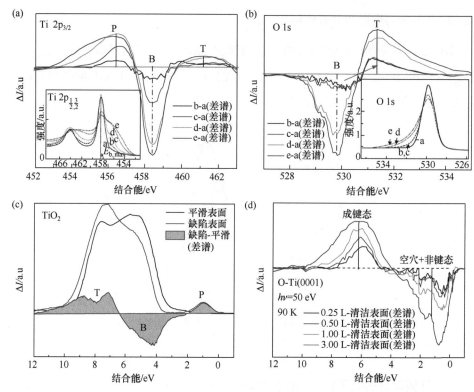

图 10.2　TiO₂ 的(a) Ti 2p₃/₂、(b) O 1s 和含缺陷时(c) 价带能级的 ZPS[17]，(d)不同曝氧量下 O-Ti(0001)的 ZPS[22](扫描封底二维码可看彩图)

(a)和(b)中插图原始数据分别对应于：a-平整表面、b-热处理与 Ar⁺轰击形成的缺陷表面、c-轰击 10 min、d-轰击 30 min 和 e-轰击 50 min [20]。由于低配位与异质配位的耦合作用，导带和价带都呈现出钉扎和极化效应。只是 O 1s 能级更深，所以仅表现出钉扎效应

　　图 10.2(c)中价带的 ZPS 显示钉扎态和极化态共存。由于芯电子被屏蔽，价带和芯能级发生同向偏移，这与 Ag/Pd 合金及 Rh 吸附原子效果相同。图 10.2 (d)为不同曝氧量下 Ti(0001)表面的 ZPS，与 DFT 模拟结果吻合。表 10.1 列出了氧吸附和缺陷条件下 Ti 和 TiO₂ 的 $E_{2p_{3/2}}$ 和价带能级变化情况。

表 10.1　Ti(0001)表皮各层的 $E_{2p_{3/2}}$ 能级及氧吸附和含缺陷时的能态变化

	z	Ti(0001) $E_{2p_{3/2}}$	缺陷 TiO₂	O-Ti(0001)[23]
		($m=4.6$[17])	($m=5.34$[24, 25])	($m=5.34$[24, 25])
原子	0	451.47	—	—
块体	12.00	453.61	458.41(B)	—
S₃	6.48	454.22	—	—
S₂	4.36	455.11	—	—
S₁	3.50	456.00	—	—

续表

z	Ti(0001) $E_{2p_{3/2}}$	缺陷 TiO$_2$	O-Ti(0001)[23]
	($m=4.6$[17])	($m=5.34$[24, 25])	($m=5.34$[24, 25])
$E_{2p_{3/2}}$		461.14(T)	—
		456.41(P)	—
O 1s		529.8(B)	
		532.5(T)	
价带(VB)		1.0(P)	−1.6 (反键)
		4.5 (B)	1.6 ± 0.5 (非键)
			1.5 ± 1.5 (空穴)
		8 ± 1(T)	6.0 ± 1(成键)

10.1.4　缺陷对光催化活性的增强效应

当入射 TiO$_2$ 表面的光能等于带隙时,价带(VB)电子将受激跃迁至导带顶(CB, e$^-$),在价带中留下空穴(h$^+$)。受激发的载流子具有很强的氧化还原能力。它们主要有三种可能的跃迁模式:①返回价带与空穴再复合;②被钉扎于表面的亚稳态;③与催化剂表面的吸附受主或施主物质发生反应。

改善 TiO$_2$ 光催化性能主要有三种方法:

(1) 减小带隙,使之与激发电子的可见光波长相互匹配;

(2) 减小功函数,提高激发电子的迁移率;

(3) 延长载流子的寿命,减缓光生载流子的再复合。

实际上,带隙仅能与占太阳光波段 4% 的紫外线区间相匹配。光催化反应过程中,当还原反应和氧化反应不能同时发生时,就会有电子在导带累积,从而导致电子-空穴对快速复合。因此,局域钉扎极化电子调制带隙和功函数以及增加载流子寿命和电负性是提高太阳光利用率的有效途径。

原子的低配位和异质配位可以实现上述调制需求。一方面,价电子钉扎会深化能级、增强电负性、极化导带电子、降低功函数。同时,极化会屏蔽和劈裂局域势能而形成极化态,从而使价带顶上升,使带隙变窄。缺陷偶极子的强局域化可以有效地延长载流子的寿命。由此可见,通过低配位缺陷来调制带隙、载流子寿命和功函数是一种非常有效的方法。同时,这也可以解释为什么金属原子吸附在缺陷 TiO$_2$ 和石墨烯表面时能够更为有效地提高室温 CO 的氧化效率,而不像 Ti 表面吸附 Au 原子一样需完全覆盖表面[26]。TiO$_2$ 缺陷偶极子可以极化低配位金属吸附原子,进一步降低功函数,从而提高吸附的金属原子偶极子的反应效率[27]。

10.2　ZnO 纳米晶粒

10.2.1　钉扎与极化的尺寸效应

图 10.3(a)显示了 Zn 2p$_{3/2}$ 能级的低配位和异质配位耦合作用效果[28]。当 ZnO 晶粒尺寸从 202 nm 减小到 8.5 nm 时，钉扎效应占主导，尺寸越小钉扎程度越深，芯能级发生正偏移。而晶粒尺寸从 8.5 nm 减小到 3.0 nm 时，芯能级开始反向负偏移，意味着尺寸减小引起的有效原子配位数的进一步减小增强了极化效应并使之逐步成为主导。

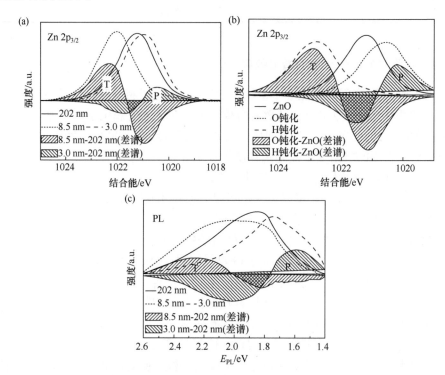

图 10.3　Zn 2p$_{3/2}$ 的 ZPS 显示：(a) 晶粒尺寸减小到 8.5 nm 时，钉扎(T)主导将转变为极化(P)主导[28]；(b) 在 $0.21O_2 + 0.79N_2$ 条件下热处理后，极化增强，而在 $0.03H_2 + 0.97Ar$ 条件下热处理后，钉扎增强[29, 30]；(c) 光致发光谱显示出与(a)相同的变化趋势，即临界尺寸 8.5 nm 时，谱峰蓝移(T)转变为红移(P)[28]
(b)的结果说明，氢钝化会湮灭表面偶极子，从而弱化晶体势的屏蔽效应[31]

图 10.3(b)所示为 200 nm 的 ZnO 纳米晶粒在异质配位条件下的芯能级偏移。由于孤对电子的相互作用，氧化和氮化皆能增强极化效应，但氢化会湮灭表面偶

极子而使极化减弱，导致芯能级加深。此外，氢化对表面偶极子的湮灭还会减弱 Pt 团簇的磁性[31]。图 10.3(c)所示光致发光(PL)谱与图 10.3(a)呈现的芯能级偏移尺寸效应趋势相同，即 ZnO 晶粒尺寸达 8.5 nm 时，芯能级从蓝移(T)转变为红移(P)[28]。光致发光谱的芯能级偏移量也正比于键能，涉及本征带隙弛豫、电子-声子耦合和化学键弛豫过程[32, 33]。

10.2.2 带隙、功函数与磁性

标准大气压下，在 $0.03H_2+0.97Ar$（Ⅰ）和 $0.21O_2+0.79N$（Ⅱ）两种气体环境下进行 900 ℃、24 h 的热处理，制备两种 ZnO 样品[30]。样品 Ⅰ 和 Ⅱ 的 PL 谱峰值分别为 2.46 eV 和 2.26 eV。若在纯 O_2 环境下热处理，PL 峰值将降低至 2.15 eV[30]。

N 和 O 钝化会使 ZnO 带隙变窄，因为孤对电子极化弱化了晶体势。带隙和芯能级偏移都正比于键能。偶极子形成会屏蔽晶体势并形成能带尾，从而缩小带隙。样品 Ⅰ 和 Ⅱ 的价带最大值下移，价带略微展宽，此时绿光发射强度相对于紫外线增大。而 H 钝化则通过 H 去除了未配对电子的偶极子，这就可以消除带尾并增大带隙。

ZnO 的表皮偶极子对其弱磁性、疏水性和电子发射能量至关重要。低配位和异质配位共同作用确实可以相互增强对方在调节带隙、功函数、电亲和性以及决定疏水性的表皮偶极子密度等方面的效用，也因此赋予了 ZnO 结构尖锐边缘具有疏水性、磁性、光催化敏感性、电子易发射性等特性。

10.3　SrTiO₃ 表面

图 10.4 的原位 XPS 显示，缺陷能增强 SrTiO₃ 表皮的钉扎和极化[34]。Ar^+(3 keV) 轰击 20 min 后，SrTiO₃ 表面价带新增了两个附加能态：1 eV 的极化态

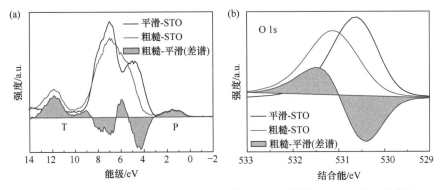

图 10.4　3 keV 的 Ar^+ 轰击 SrTiO₃ 表面后获取的(a) 价带和(b) O 1s 能态变化[34]
价带新增了 1 eV 的极化态和 12 eV 的钉扎态，而 O 1s 能级仅新增了 0.6 eV 的钉扎态而没有产生极化态

和 12 eV 的钉扎态。O 1s 能级较深，对极化不敏感，所以仅新增了 0.6 eV 的钉扎态。这些实验结果有利地证实了 BOLS-NEP 理论的预测——表面缺陷可以增强极化和钉扎。价带 ZPS 清晰呈现出极化、电子-空穴对和钉扎特征，与含缺陷 TiO_2 的结果相一致(图 10.2(c))。

表 10.2 总结了 ZnO 和 $SrTiO_3$ 晶体非常规耦合配位效应引起的能级变化情况。缺陷使有效原子配位数减小，会增强化学键弛豫和非键电子极化。化学钝化和低配位彼此增强在电荷钉扎和极化方面的作用。SiO_2 表面划痕[35]和 HOPG 的氧等离子刻蚀[36]同样存在低配位与异质配位的耦合作用。ZPS 差谱分析方法可以提纯金属纳米化的影响，也可以辨析金属表面钝化的效能[37]。

表 10.2　ZnO 和 $SrTiO_3$ 晶体异质配位和低配位耦合效应引起的能级变化(单位：eV)

样品	能级	极化(P)	钉扎(T)	块体谷值(B)
ZnO (8.5～200 nm)	Zn $2p_{3/2}$	—	1022.5	1021
	PL		2.3	1.8
ZnO(3.5～200 nm)	Zn $2p_{3/2}$	1020.7	—	1021.8
	PL	1.6	—	2.0
O 钝化 ZnO (200 nm)	Zn $2p_{3/2}$	1020.3	—	1021.4
H 钝化 ZnO (200 nm)	Zn $2p_{3/2}$	—	1023.0	1021.2
SrTiO$_3$	VB	1	12	4～8
	O 1s	—	531.5	530.4

10.4　总　　结

结合 BOLS-NEP 理论和 ZPS 差谱分析方法可辨明异质配位和低配位耦合对 TiO_2、ZnO 和 $SrTiO_3$ 价带和芯能级偏移的影响。配位耦合效应可以有效调制带隙、载流子寿命、电负性和功函数，这些因素则决定物质的催化能力、电子-声子激发、疏水性、磁性和毒性等物性。缩小带隙有利于扩大可见光的吸收范围，降低功函数则可以提高光激发电子的利用率并避免光生载流子的再复合。

参 考 文 献

[1] Martinez U, Hansen J O, Lira E, et al. Reduced step edges on rutile TiO2(110) as competing defects to oxygen vacancies on the terraces and reactive sites for ethanol dissociation. Phys. Rev. Lett., 2012, 109(15): 155501.

[2] Jin S, Li Y, Xie H, et al. Highly selective photocatalytic and sensing properties of 2d-ordered dome films of nano titania and nano Ag^{2+} doped titania. J. Mater. Chem., 2012, 22(4): 1469-1476.

[3] Borodin A, Reichling M. Characterizing TiO_2(110) surface states by their work function. Phys. Chem. Chem. Phys., 2011, 13(34): 15442-15447.

[4] Kong M, Li Y, Chen X, et al. Tuning the relative concentration ratio of bulk defects to surface defects in TiO_2 nanocrystals leads to high photocatalytic efficiency. J. Am. Chem. Soc., 2011, 133(41): 16414-16417.

[5] Tao J, Batzill M. Role of surface structure on the charge trapping in TiO_2 photocatalysts. J. Phys. Chem. Lett., 2010, 1(21): 3200-3206.

[6] Yim C M, Pang C L, Thornton G. Oxygen vacancy origin of the surface band-gap state of TiO_2(110). Phys. Rev. Lett., 2010, 104(3): 036806.

[7] Diebold U. The surface science of titanium dioxide. Surf. Sci. Rep., 2003, 48(5): 53-229.

[8] Daghrir R, Drogui P, Robert D. Modified TiO_2 for environmental photocatalytic applications: A review. Ind. Eng. Chem. Res., 2013, 52(10): 3581-3599.

[9] Kollbek K, Sikora M, Kapusta C, et al. X-ray spectroscopic methods in the studies of nonstoichiometric TiO_{2-x} thin films. Appl. Surf. Sci., 2013, 281(0): 100-104.

[10] Zuo F, Wang L, Wu T, et al. Self-doped Ti^{3+} enhanced photocatalyst for hydrogen production under visible light. J. Am. Chem. Soc., 2010, 132(34): 11856-11857.

[11] Mitsuhara K, Okumura H, Visikovskiy A, et al. The source of the Ti 3d defect state in the band gap of rutile titania (110) surfaces. J. Chem. Phys., 2012, 136(12): 124707.

[12] Chrétien S, Metiu H. Electronic structure of partially reduced rutile TiO_2(110) surface: Where are the unpaired electrons located? J. Phys. Chem. C, 2011, 115(11): 4696-4705.

[13] Krüger P, Bourgeois S, Domenichini B, et al. Defect states at the TiO_2 surface probed by resonant photoelectron diffraction. Phys. Rev. Lett., 2008, 100(5): 055501.

[14] Zhang Z, Jeng S P, Henrich V E. Cation-ligand hybridization for stoichiometric and reduced TiO_2(110) surfaces determined by resonant photoemission. Phys. Rev. B, 1991, 43(14): 12004.

[15] Chen X, Liu L, Peter Y Y, et al. Increasing solar absorption for photocatalysis with black hydrogenated titanium dioxide nanocrystals. Science, 2011, 331(6018): 746-750.

[16] Zhang Z, Yates J T, Jr. Band bending in semiconductors: Chemical and physical consequences at surfaces and interfaces. Chem. Rev., 2012, 112(10): 5520-5551.

[17] Li L, Tian H W, Meng F L, et al. Defects improved photocatalytic ability of TiO_2. Appl. Surf. Sci., 2014, 317: 568-572.

[18] Kuznetsov M, Tel minov A, Shalaeva E, et al. Study of adsorption of nitrogen monoxide on the Ti (0001) susrface. Phys. Metals Metall., 2000, 89(6): 569-580.

[19] Wang Y, Nie Y G, Wang L L, et al. Atomic-layer- and crystal-orientation-resolved $3d_{5/2}$ binding energy shift of Ru(0001) and Ru(1010) surfaces. J. Phys. Chem. C, 2010, 114(2): 1226-1230.

[20] Göpel W, Anderson J, Frankel D, et al. Surface defects of TiO_2(110): A combined XPS, XAES and ELS study. Surf. Sci., 1984, 139(2): 333-346.

[21] Kittel C. Intrduction to Solid State Physics. New York: Willey, 2005.

[22] Hanson D, Stockbauer R, Madey T. Photon-stimulated desorption and other spectroscopic

studies of the interaction of oxygen with a titanium (001) surface. Phys. Rev. B, 1981, 24(10): 5513-5521.

[23] Hanson D M, Stockbauer R, Madey T E. Photon-stimulated desorption and other spectroscopic studies of the interaction of oxygen with a titanium (001) surface. Phys. Rev. B, 1981, 24(10): 5513.

[24] Liu X J, Yang L W, Zhou Z F, et al. Inverse Hall-Petch relationship of nanostructured TiO_2: Skin-depth energy pinning versus surface preferential melting. J. Appl. Phys., 2010, 108(7): 073503.

[25] Liu X J, Pan L K, Sun Z, et al. Strain engineering of the elasticity and the Raman shift of nanostructured TiO_2. J. Appl. Phys., 2011, 110(4): 044322.

[26] Chen M S, Goodman D W. The structure of catalytically active gold on titania. Science, 2004, 306(5694): 252-255.

[27] Zhang X, Sun C Q, Hirao H. Guanine binding to gold nanoparticles through nonbonding interactions. Phys. Chem. Chem. Phys., 2013, 15(44): 19284-19292.

[28] Tay Y Y, Li S, Sun C Q, et al. Size dependence of Zn $2p_{3/2}$ binding energy in nanocrystalline ZnO. Appl. Phys. Lett., 2006, 88(17): 173118.

[29] Tay Y, Tan T, Liang M, et al. Specific defects, surface band bending and characteristic green emissions of ZnO. Phys. Chem. Chem. Phys., 2010, 12(23): 6008-6013.

[30] Tay Y Y, Tan T, Boey F, et al. Correlation between the characteristic green emissions and specific defects of ZnO. Phys. Chem. Chem. Phys., 2010, 12(10): 2373-2379.

[31] Sun C Q. Dominance of broken bonds and nonbonding electrons at the nanoscale. Nanoscale, 2010, 2(10): 1930-1961.

[32] Pan L, Xu S, Liu X, et al. Skin dominance of the dielectric electronic-phononic-photonic attribute of nanoscaled silicon. Surf. Sci. Rep., 2013, 68(3-4): 418-445.

[33] Li J W, Ma S Z, Liu X J, et al. ZnO meso-mechano-thermo physical chemistry. Chem. Rev., 2012, 112(5): 2833-2852.

[34] Sun C Q, Sun Y, Ni Y G, et al. Coulomb repulsion at the nanometer-sized contact: A force driving superhydrophobicity, superfluidity, superlubricity, and supersolidity. J. Phys. Chem. C, 2009, 113(46): 20009-20019.

[35] Hasegawa M, Shimakura T. Observation of electron trapping along scratches on SiO_2 surface in mirror electron microscope images under ultraviolet light irradiation. J. Appl. Phys., 2010, 107(8): 084106-084107.

[36] Paredes J I, Martinez-Alonso A, Tascon J M D. Multiscale imaging and tip-scratch studies reveal insight into the plasma oxidation of graphite. Langmuir, 2007, 23(17): 8932-8943.

[37] Tong W P, Tao N R, Wang Z B, et al. Nitriding iron at lower temperatures. Science, 2003, 299(5607): 686-688.

第 11 章　水与溶液耦合氢键弛豫动力学

要点

■ 分子低配位与离子水合化对 O:H—O 耦合氢键弛豫的作用相同
■ O 1s 和 K-边吸收能偏移量正比于 H—O 键能
■ 带电离子的水合作用可探测束缚能的位点和尺寸效应以及电子寿命
■ DPS、SFG 和理论计算一致证实溶液 H—O 键的弛豫及热稳定性

摘要

　　冰水超固态由低配位极化的水分子构成，如块体冰水、纳米气泡、纳米液滴表皮(亦为受限情况)，或盐溶液中离子静电场极化的水合壳层。本章从氢键(O:H—O 或 HB，":" 为 O^{2-} 上的电子孤对)协同弛豫和极化角度，介绍了有关超固态氢键-电子-声子弛豫动力学的最新进展和未来趋势。超固态具有 H—O 键短而强、O:H 键长而软、O 1s 能级深、光电子和声子寿命长等特征，形成密度小、黏弹性好、力学和热稳定性好的宏观物性。O:H—O 耦合氢键的协同弛豫可调整超固态的相边界，提高冰水的熔点而降低冰点。

11.1　低配位与水合作用

　　水分子的低配位和静电极化是独立的自由度，使冰水及水溶液呈现出诸多神秘现象[1]。冰水块体内部的水分子配位数为 4，则低配位水分子的配位数少于 4($z<4$)，即指其最近邻的水分子数目少于 4。氢键网络末端、块体冰水表皮、水分子团簇、超薄水薄、雪花、云、雾、纳米液滴、纳米气泡、气态水中都存在大量的低配位水分子。

　　低配位的水分子具有疏水性、密度小、黏弹性、熔点升高、冰点降低、微通道内超流等特性[2-6]。SiO_2 表面在室温下可以形成含少量分子的冰层[7]。纳米气泡具有寿命长、机械强度高、热稳定性好等特性。液滴尺寸减小时，冰点甚至可以从 258 K 降至 150 K，称为过冷区或 "无人区" [4, 8]。核磁共振和差示扫描量热法测量显示，在带有不同孔径的多孔玻璃中，冰的熔化过程是不均匀的，在孔表面

与冰晶之间存在 0.5 nm 的界面液层[9]。间距少于 6 个分子层厚度的石墨烯薄片间存在超流现象[10]。低配位水分子还存在包括 O-O 间距增大、H—O 声子蓝移、O:H 声子红移、O 1s 芯能级深移、光电子和 H—O 声子寿命变长等一系列特征[11-20]。水分子在受限物体内或物质表面运动时的速度比在块体中慢得多(约一个数量级)[8, 21]。上述系列特征随着分子配位数的减少会变得越发明显。

　　盐溶剂化作用会使水合壳层中局部溶液的物理化学性质不同于普通的水。应用泵浦-探测光谱可以研究水分子在时间和空间域中的分子属性,如和频振动光谱(SFG)可以描述气/液界面上分子偶极子取向或表皮介质信息[22],超快二维红外吸收谱(2DIR)可以从溶液声子寿命和黏度角度探究溶质或水分子的扩散动力学[23]。

　　霍夫梅斯特(Hofmeister)效应[24, 25]是有关溶质调节溶液表面应力和蛋白质溶解度的基本规则,现有机理包括结构强化与破坏[26-28]、离子规则[29]、量子色散[30]、表皮诱导[31]、量子扰动[32]以及溶质-溶剂相互作用[33]等。氯化物、溴化物和碘化物溶液,随着溶质浓度增加,H—O 键拉伸振动模式向高频蓝移[34, 35]。这通常解释为结构破坏,即 Cl⁻、Br⁻和 I⁻弱化了周围的 O:H 非键。

　　外加 10^9 V/m 量级的电场可以减缓溶液中水分子的运动,甚至使溶液基体结晶。根据分子动力学模拟,Na^+产生的点源电场在局部重新排列甚至水解其邻近水分子[36]。溶液阳离子可在自身与邻层石墨氧化物(带负电荷)缺陷之间形成与石墨烯片垂直的 "(−)～(+)～(−)" 加强型圆柱体,这一刚硬的水合柱体可以使石墨烯-氧化物层间距扩大至 1.5 nm,并能随阳离子类型变化来调控层间距的变化[37,38]。值得注意的是,盐溶质溶解注入的电荷对 O:H—O 耦合氢键分段长度、刚度以及 H—O 声子寿命的作用与低配位效应相同[39-41]。

　　对于盐溶液水合作用和水分子低配位效应,可以从以下多尺度角度进行深入研究:

　　(1) 经典连续热力学[42-47]可从自由能方面计算水与水溶液的电介质、扩散系数、表面应力、黏度、潜热、熵、形核和液/气相变等相关物理量,但无法用于分析水合动力学和冰水物性。

　　(2) 分子动力学(MD)[48-50]计算结合超快声子谱可用于分析水和溶质分子的时空特性以及质子和孤对电子的输运行为,从中可以获取的信息包括溶质分子附近、不同配位条件或扰动下的声子弛豫或分子驻留时间。

　　(3) 核量子相互作用[51-53]模拟能够实现水分子团簇内质子量子隧穿效应的可视化,并量化零点运动对水/固界面处单个氢键强度的影响。STM/S 结合从头算路径积分分子动力学(PIMD)明确了水分子的 sp^3 轨道杂化发生在 5 K。质子量子相互作用会拉长弱的 O:H 分段而缩短强的 H—O 分段。

　　(4) 耦合氢键(O:H—O)的协同弛豫[1, 54-56]可以解决诸多冰水的奥秘。综合拉格朗日力学理论分析、MD 与 DFT 模拟计算以及声子光谱测量方法,可以量化

O:H—O 键从体相水模式向各条件状态的转变，获得包括受扰时分子转换分数、刚度和涨落序度的变化，以及它们对溶液黏度、表面应力、相界色散、临界相变压力和温度等的定量信息。

然而，因为缺乏有关 O:H—O 氢键协同弛豫和极化的系统知识[57]，在很大程度上影响了从键弛豫动力学、溶质能力以及分子间和分子内相互作用的角度对低配位水分子和盐溶液水合作用的研究。澄清盐溶液水合作用和分子低配位诱导 O:H—O 氢键协同弛豫的机理和规律是一个重要挑战。目前尚不清楚阴离子和阳离子如何调节氢键网络和盐溶液的性质，如表面应力、溶液黏度、溶液温度以及临界相变压力和温度[34, 58]，也不清楚低配位水分子如何影响过冷和过热现象以及纳米液滴、纳米气泡和冰水表皮的异常性能。深入研究精细分辨检测技术和深刻理解分子内和分子间相互作用及其对水溶液和低配位系统物性的影响逐步受到广泛关注。

鲍林(Pauling)认为[59]，化学键的属性是连接物质结构和性能的桥梁。因此，化学键的形成和弛豫以及相关的电子能量学、局域化、钉扎和极化都会影响物质的宏观性能[39]。O:H—O 氢键的分段差异和 O-O 排斥，决定了冰水的超常自适应、协同性、自愈合和高敏感等奇特性能[54]。因此，人们需要关注冰水表皮和溶液水合壳层中的化学键弛豫[59]和价电子极化[39, 54]以获得有关冰水奇异物性和盐溶液水合动力学的新认知。

本章为低配位水分子和水合氢键网络及超固态的化学键-电子-声子关联提供电子和声子光谱证据。盐溶液中的离子形成点源电场，以自身为中心重排、拉伸和极化近邻水分子，进而屏蔽离子电场，形成尺寸有限的水合壳层[40]。低配位水分子的 H—O 键会自发缩短，同时极化作用使 O:H 非键伸长[40]。分子低配位与盐溶液水合作用对氢键网络结构和性质具有相同的作用效果。

11.2　O:H—O 耦合氢键

11.2.1　水的基本规律

液态水是由超固态表皮包裹的、具有四面体结构的静态均匀单相而动态强涨落的单晶[1, 54]。图 11.1(a)为含有四个定向 O:H—O 键的 $2H_2O$ 单胞，从 C_{2v} 对称的 V 形 H_2O 单元过渡到 C_{3v} 对称的 $2H_2O$ 单元。作为基本结构和储能单元，O:H—O 键包含分子间较弱的 O:H 非键(或称范德瓦耳斯键，～0.1 eV)和分子内较强的 H—O 极性共价键(～4.0 eV)两个分段。

氢键非对称双段内各自的短程相互作用及相邻氧离子上电子对之间一直被忽视的库仑排斥作用相耦合，决定着冰水受扰时表现的超常自适性、协同性和自愈性[1]。O:H—O 键角和长度决定冰水的几何结构和质量密度。分段伸缩振动频率 ω_x 基于爱因斯坦关系可确定德拜温度 $\theta_{Dx} \propto \omega_x$($x$=L 和 H，分别表示 O:H 和 H—O 分段)，构建分段比热曲线。分段键能与比热积分($\eta_x(T/\theta_{Dx})$)相关。O:H—O 键长及其夹角弛豫改变体系能量，但涨落对体系能量贡献不大。

　　水是具有明确晶格几何、强关联和强涨落的单晶结构。除非引入过量的 H+ 或 ":"，否则 H+ 或 ":" 并不能独立自由运动，而是附着在水分子上。对于含有 N 个氧原子的样品，所有的 $2N$ 个 H+ 质子和 $2N$ 对孤对电子 ":" 将形成 O:H—O 键，除氢键网络终端存在 H—O 悬键和悬挂孤对电子外，无论结构相如何，$2N$ 数目和 O:H—O 键构型一直保持不变，此即氢键的 $2N$ 守恒规则[60]。

　　酸溶解将过量的 H+ 注入水中，将与水分子结合形成 H_3O^+ 离子和 H↔H 反氢键[61]。碱或双氧水溶解以 HO- 形式引入过多的非键 ":"，与近邻水分子形成 O:⇔:O 超氢键[62]。在图 11.1(a)中，H_3O^+ 或 HO- 将取代中心 H_2O，但由于晶格几何结构及与其他邻近水分子间的相互作用，邻近水分子仍保持原有取向。H_3O^+ 或 HO- 在梯度电场或热场作用下可能发生布朗运动或漂移扩散。

　　水分子的运动或质子 H+ 的输运受到氢键结构和内部作用力的限制。$2H_2O$ 单胞中的中心水分子绕 C_{3v} 对称轴旋转超过 60° 时，H↔H 和 O:⇔:O 排斥将起到制止作用。所以，从能量角度来看，超过这一过角度的旋转可能性被限制了。由于 H—O 键能为 ~4.0 eV，相邻水分子之间的 H+ 平动隧穿也被禁止。事实上，只有 121.6 nm 波长的激光辐射才能破坏气相水分子中的 H—O 键或 D—O 键[63, 64]。121.6 nm 波长对应 5.1 eV 的能量，大于基于 T_C-P 曲线预估的 H—O 键能 4.0 eV[65, 66]。

11.2.2　耦合氢键协同效应

　　图 11.1(b)显示了氢键分段的非对称、超短程、强耦合三体势[55, 56]。以 H+ 质子为相对坐标原点，左侧为 O:H 非键范德瓦耳斯(vdW)相互作用，右侧是 H—O 极性共价键交换作用，邻近 O^{2-} 上的电子对之间存在库仑排斥，三种相互作用将 O:H—O 氢键耦合为一个振子对。

　　O:H 非键和 H—O 共价键的差异及 O-O 耦合促使 O:H—O 氢键双段发生协同弛豫，即两个 O 离子发生同方向位移，但量值不同，如图 11.1(c)所示。以 H+ 原点为参考点，较软的 O:H 非键总是比较硬的 H—O 共价键弛豫程度更大。O:H—O 氢键键角也会发生弛豫，但仅对几何形状和质量密度稍有贡献，并不影响分段的协同弛豫方式。O:H—O 氢键的弯曲振动模式特定，并不会干扰 H—O 和 O:H 两者的伸缩振动[1]。正是 O:H—O 氢键弛豫的协同性决定了冰水受到如分子低配位[5, 6, 68-70]、机械压缩[34, 58, 65, 71, 72]、热激发[2, 73, 74]、溶剂化[75, 76]等激励时的性能，同时决定水分子的行为，如溶质分子和水分子热涨落、溶质运动或声子弛豫等[2, 41, 67]。

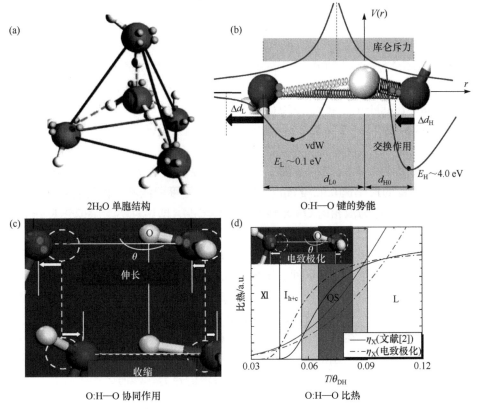

图 11.1　(a) 含有四个取向等同的 O:H—O 氢键的水分子单胞结构[1]及(b) 耦合氢键中的三体势,

(c) 氢键双段的协同弛豫模式及(d) 比热曲线[2, 41, 55, 56, 67] (扫描封底二维码可看彩图)

(b)中三体势具有非对称、超短程和强耦合特征。(c)中氢键协同弛豫表明,无论受到何种激励,双段中的某一分段
伸长,总是伴随着另一分段的收缩。(d)中分段比热曲线的交叠定义了冰水的各个区间[2]:气相(η_L=0)、液相和冰
I_{h+c}相(η_L/η_H<1)、准固态相(QS, η_L/η_H>1)、XI相($\eta_L \cong \eta_H \cong 0$)和 QS 边界($\eta_L/\eta_H$ = 1)。QS 边界对应着两比热曲线的
交点,温度分别接近熔点 T_m 和冰点 T_N。电致极化(如注入盐离子)[40]或分子低配位[41]将促使 QS 边界向外扩张

11.2.3　比热与相变

图 11.1(d)所示为氢键双段的德拜近似比热曲线[2]。分段比热满足两个条件:
一是爱因斯坦关系,即 $\theta_{Dx} \propto \omega_x$,另一个是键能 E_x 正比于比热曲线对温度的积分。
基于此可以判定,O:H 非键的 ω_x 和 E_x 分别为 200 cm^{-1}、~0.1 eV;H—O 键的分
别为 3200 cm^{-1} 和~4.0 eV。外界扰动引起 ω_x 变化时,德拜温度和比热曲线也随之
变化。分段比热曲线的交叠定义冰水的各个区间,包括气相(η_L=0)、液相(η_L/η_H<1)、
准固态相(QS, η_L/η_H>1)、冰 I_{h+c} 相(η_L/η_H<1)和XI相($\eta_L \cong \eta_H \cong 0$)以及 QS 边界($\eta_L/\eta_H$=1,
接近熔点 T_m 和冰点 T_N)[2, 4]。

冰水的热力学行为受其分段比热差异影响,表现为低比热分段遵循常规的热

胀冷缩规律，另一分段则随之以相反的方式协同弛豫。在环境压力下，冰水的热力学行为和密度振荡可分区探讨[2, 4]：

(1) 气相中(> 373 K)，$\eta_L \cong 0$，O:H 相互作用可以忽略，H_2O 构架仍然存在。

(2) 液相($277 \sim 373$ K)中，$\eta_L/\eta_H < 1$，O:H 冷却自发收缩伴随 H—O 伸长，因 O:H 收缩幅度大于 H—O 伸长，水整体呈冷却收缩，分子间距最短(277 K)为 $d_{OO}=d_H+d_L = 1.0004+1.6946=2.6950$ (Å)。

(3) QS 阶段($258 \sim 277$ K)，$\eta_L/\eta_H > 1$，H—O 自发冷却收缩幅度小于 O:H 的膨胀，因此 O:H—O 长度增大，发生冰浮现象。

(4) QS 边界(258 K，277 K)处，$\eta_L/\eta_H=1$，密度从 277 K 时的最大值 1 g/cm³ 下降至 258 K 的最小值 0.92 g/cm³。由于比热和密度曲线不存在明显的奇异性，因此可将 277 K 作为液相向 QS 相转变的临界温度，即熔点 T_m，将 258 K 作为冰的均匀形核温度，即冰点 T_N。

(5) 冰 I_{c+h} 相($100 \sim 258$ K)中，$\eta_L/\eta_H < 1$，氢键弛豫行为与液相中类似，只是速率相对较低。在这一温度区间，密度从 0.92 g/cm³ 增大至 0.94 g/cm³。

(6) 在冰XI相(< 100 K)中，$\eta_L \cong \eta_H \cong 0$，O:H 和 H—O 双段对热激发都不敏感，因此密度几乎保持不变，除冷却时轻微的 ∠O:H—O 键角膨胀。

值得注意的是，在受到微扰时，O:H—O 键长和能量发生弛豫会引起相边界的移动，如图 11.1(d)所示的电致极化引起了准固态相边界向外扩展。总地来说，O:H—O 氢键的振动和弛豫决定了冰水和水溶液的热力学性质。

11.3　超固态与准固态

11.3.1　主要特征

超固态的概念最初是从 ⁴He 固体在 mK 温度下呈现的超流性行为拓展而来的。在低于 200 mK 的温度下，⁴He 碎片进行无黏性、高弹性、强排斥的无摩擦运动[77]。这是因为原子低配位造成了电荷和能量的局部致密化，并相应产生极化[78]。冰水的超固态是指冰和水在低配位和静电场作用诱导的极化影响下呈现的状态。当分子配位数小于 4 时，H—O 键自发收缩，极化作用致使 O:H 伸长。冰水表皮上，低配位驱使 H—O 键从 1.00 Å 收缩到 0.95 Å，O:H 键从 1.70 Å 伸长至 1.95 Å，相应的 H—O 声子频率从 3200 cm⁻¹ 蓝移至 3450 cm⁻¹，O:H 声子频率从 200 cm⁻¹ 红移至 75 cm⁻¹[79]。随着分子配位数的进一步减少，氢键双段键长和振频的偏移幅度也会相应增加。

准固态相非常特殊，遵循反常的热缩冷胀规律，密度从 277 K 时的液相最大值 1.0 g/cm³ 变化至 258 K 时的固相最小值 0.92 g/cm³。QS 相的特殊性源自 $\eta_L/\eta_H < 1$

决定的冷却膨胀和 QS 边界的受激可调性。$\eta_L/\eta_H < 1$ 意味着 H—O 键为主动段，冷却自发收缩，诱导非键 O:H 协同膨胀。而且，$\angle$O:H—O 键角也些微冷却膨胀[2]。

受扰时，O:H—O 氢键协同弛豫使其双段声子反向频移，相应地调整相边界，如 I_c-XI 相界的 T_C 随液滴尺寸变化时能从 100 K 降至 60 K[80, 81]。分子低配位或静电极化引起 QS 相边界色散，冰点 T_N 降低，熔点 T_m 升高，这就是室温时形成薄冰[7]和纳米气泡机械和热稳定[82]的原因。纳米水滴因高比例的低配位水分子和拓宽的 QS 相边界而产生过冷情况[1]。压缩对 QS 相边界弛豫起到相反作用，会提高 T_N 和降低 T_m，造成冰受压熔化，一旦压力释放将重新结冰，即复冰现象[66]。

强极化和氢键协同弛豫使冰水表皮呈现超固态，表现出高弹性、高黏性、低密度($0.75\ \text{g/cm}^3$)、高稳定性等特征。O:H 软声子($\Delta\omega_L<0$)的高弹性又形成了自适应性，表面致密的偶极子则使得接触界面存在排斥性，引起冰表面的超润滑性[83]、纳米气泡的持久性[82]以及水表皮的超韧性[84]。在姆潘巴效应(Mpemba effect)中，超固态表皮的低密度可提高热扩散系数[85]。

盐溶剂化过程可得到弥散分布于溶液中的阴、阳离子[40]。每个离子作为点源电场中心，对周围 O:H—O 氢键进行重排、拉伸和极化，使形成的水合壳层具有超固态特征，壳层大小取决于水合 H_2O 偶极子的屏蔽效果及离子带电量和体积大小。

11.3.2　超固态过冷

如图 11.2 所示，减小液滴尺寸和在冰上撒盐都可以降低冰点 T_N。图 11.1(d) 已表明，准固态相边界伴随声子频移引起德拜温度(θ_{Dx})变化而向外扩展，引起结冰时的过冷和熔化时的过热现象，类似人们所观察到的冰的"无人区"的情况。

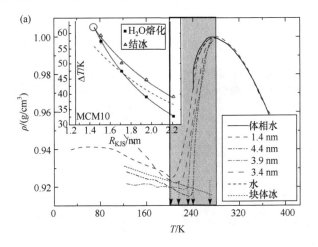

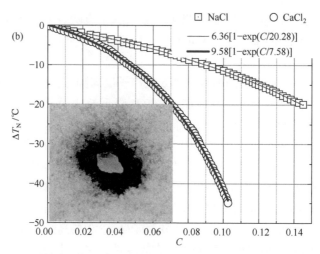

图 11.2　(a) 液滴冰点随尺寸的变化[2-6]和(b) NaCl 和 CaCl₂浓度变化引起的冰点改变[86, 87]
(a) 1.4 nm 的液滴的冰点从块体的 258 K 降至 200 K。(b)的插图表示撒盐防冰现象

XRD、Raman 和 MD 结果表明，1.2 nm 的液滴在 173 K 时结冰[5]，而$(H_2O)_{3\sim18}$团簇即使温度降到 120 K 时也暂未结冰[6]。

11.4　电子与声子谱学

11.4.1　STM 和 STS：强极化

图 11.3 为利用 STM/S 探测的 5 K 时沉积在 NaCl(001)表面上的 H_2O 单体和$(H_2O)_4$ 四聚体的分子轨道图像及态密度分布 dI/dV 光谱[88]。最高的占据分子轨道(HOMO)处于单体 E_F 之下，呈双瓣结构，中间存在节面；而最低的未占据分子轨道(LUMO)处于单体 E_F 之上，在 HOMO 双瓣结构上发展成卵圆形叶状。不同深度的 STS 光谱辨析了单体到四聚体横跨 E_F 的态密度情况。

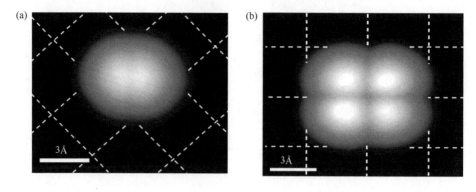

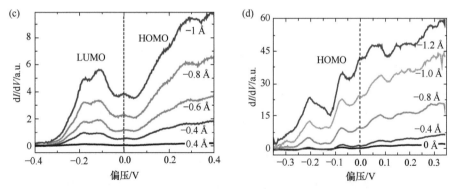

图 11.3　(a) 水单体和(b) 四聚体的 STM 图及(c)和(d) 各自的 dI/dV 谱[88]

测试条件为 T= 5 K、V=100 mV、I=100 pA，dI/dV光谱在 50 pA 下从不同高度处获得。(a)与(b)中的网格表示 NaCl(001) 基底的 Cl$^-$晶格，LUMO(> E_F)和 HOMO(< E_F)表示轨道能态

STM 图像证实[88]，在 5 K 或更低温度下 H$_2$O 单体中 O 原子发生 sp^3 轨道杂化，以及(H$_2$O)$_4$ 中存在分子间相互作用。因此，无论温度如何，2N 守恒都成立。即便在 2000 K 温度和 2 TPa 压力的极端条件下，2H$_2$O 也转变为 H$_3$O$^+$:HO$^-$超离子态[89]，质子和孤对电子的 2N 数目守恒仍然存在。根据化学键-能带-势垒关联理论[39, 90]，位于 E_F 下方的 HOMO 对应于 O 原子孤对电子的占据能态，LUMO 对应于尚未被占据的反键偶极子电子能态。H$_2$O 单体的图像显示定向孤对电子指向表皮外侧。H$^+$只能与 O 共用成对电子，而 NaCl 基底中的 Cl$^-$仅与 H$^+$产生静电吸引作用。

11.4.2　表皮：钉扎与极化

与常规材料类似，水分子低配位可使局域电荷致密化[15, 16, 91-94]、能量钉扎[14, 91, 95, 96]和非键电子极化[93]。如图 11.4(a)所示，水内部、表皮以及气化水分子的 O 1s 能级逐渐加深，从 536.6 eV 移至 538.1 eV 再到 539.7eV [97-99]。O 1s 能级深移直接源于 H—O 键能增强，而 O:H 非键的贡献仅 3%，可以忽略不计[100]。

分子配位数减少时，非键电子会发生双重极化[1]。首先，键收缩加深了 H 收缩势阱，使成键电子和 O 芯轨道电子钉扎并致密而极化它的孤对电子。冰表皮的 DFT 计算表明[79]，O 离子净电荷从体内的-0.616e 增至-0.652e。O 离子电荷的增加进一步增强了 O 离子电排斥，发生第二次极化。这种双重极化行为可以提高价带能量，如图 11.4(b)所示。随着(H$_2$O)$_n$ 团簇中水分子数目的减小(n=11~2)[101-103]，电子束缚会进一步降低趋近于 0[93]。

11.4.3　超快 PES：非键电子极化

应用超快泵浦-探针液体-射流紫外光电子能谱(UPS)可以检测到分子低配位

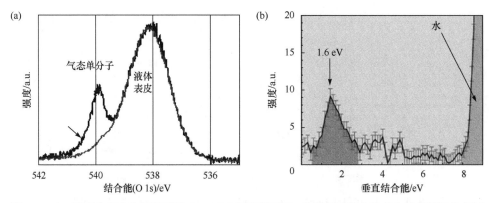

图 11.4　(a) 液态水表皮和气态时的 O 1s XPS 能谱[99]及(b) 分子低配位会造成电子束缚能改变[14] 液体水的 O 1s 为 536.6 eV，水分子处于表皮时增大至 538.1 eV，气态时进一步增大为 539.9 eV。双重极化使电子束缚能从体相时的 3.3 eV 减小到液态表皮的 1.6 eV

诱导的表层极化情况[93]。自由电子注入水中[104]将被局域定向的溶剂分子俘获，并短暂地限制在由朝向水合电子的 H—O 键定义的近球形空腔内[105]。水合电子在不改变溶剂几何结构的情况下充当局部环境的探针。利用超快泵浦-探针光电子能谱，Verlet 等发现[15]，多余的电子可能被水团簇表面或水/空气界面吸附。$(D_2O)_{50}^-$ 内部溶剂化电子的束缚能约-1.75 eV，表面局域态约-0.90 eV。这两个能态随 $(D_2O)_{50}^-$ 团簇大小变化，也会因 $(D_2O)_{50}^-$ 改变为 $(H_2O)_{50}^-$ 而略有不同。水合电子的垂直束缚能(等效于功函数)在表层为 1.6 eV，在块体内部为 3.2 eV，随$(H_2O)_N$团簇的水分子数目减小而减小[102, 103]。

　　水合电子位于表层附近比位于体内时的寿命长 100 ps 以上，这一超出预期长度的表皮水合电子的寿命可归因于表面和内部态之间的自由能垒[93]。实验表明[41]，分子低配位效应加剧了非键电子的极化，增强了表皮分子的黏弹性，并也因此降低了流动性。纳米液滴表皮钉扎的偶极子通过静电、范德瓦耳斯力和疏水作用与其他物质相互作用，过程中并不交换电子或成键[106]。

　　进一步减小团簇尺寸或减少分子配位数可增强非键电子的双重极化效果，如图 11.5(a)所示。双重极化指低配位分子通过致密钉扎的 H—O 成键电子和相邻氧离子间电子对的排斥作用对非键电子进行两轮极化作用[1]。因此，平面和曲面表皮上的电偶极子会增强这种极化，从而产生排斥力，使液态水表皮具有疏水性，冰表皮具有光滑性。

　　水合电子可以驻留在水/空气界面，但仍处在分界面下 1 nm 内[103, 107]。相比于水合电子的束缚能，$(H_2O)_N$团簇 H—O 键的振动频率(图 11.5(a)插图[23])和光电子寿命(图 11.5(b))随团簇尺寸倒数呈线性变化[108-110]。表面声子和电子的寿命比内部的长，意味着电子和声子在超固态相中能耗较慢。这一系列有关团簇尺寸、分子位置引起的电子束缚能、声子刚度和电子声子寿命变化趋势共同证实,分子低配位诱生了超固态。

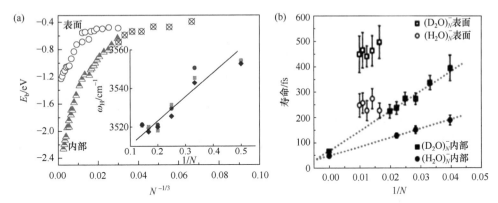

图 11.5　(a)　$(H_2O)_N^-$ (N=2～11)团簇大小变化及不同分子位置的水合电子结合能[101-103],

(b) $(H_2O)_N^-$ 和 $(D_2O)_N^-$ 水合电子的寿命[15, 93]

(a)中插图为 H—O 声子频率的尺寸效应[108, 109, 111]。(b)中水合电子的寿命记录于电子从表皮(0.75 eV, 空心符号)和内部(1.0 eV, 实心符号)激发之后

11.4.4　XAS：超固态热稳定性

图 11.6 比较了纳米气泡、水蒸气、液体表皮和体相水的近边 X 射线精细结构吸附光谱(NEXFAS)[112, 113]。图 11.6(a)中 535.0 eV、536.8 eV 和 540.9 eV 三个峰位对应于块体、表皮和 H—O 悬键。

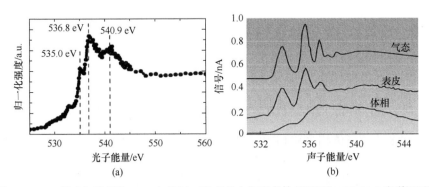

图 11.6　(a) 纳米气泡[113]、(b) 水蒸气、液态表皮和液态体相[112]的 NEXFAS 光谱[112, 114]

NEXFAS 测量的能量守恒机理与 XPS 不同[100]。NEXFAS 涉及价带和 O 1s 芯能级偏移,但 XPS 只涉及 O 1s 芯能级。NEXFAS 边前峰能级偏移等于 O 1s 芯能级偏移量ΔE_{1s} 和价带能级偏移量ΔE_{vb}(4a$_1$ 轨道)的相对偏移量:$\Delta E_{edge} = \Delta E_{1s} - \Delta E_{vb} \propto \Delta E_H < 0$ (H—O 键能)[41],其中的能级偏移量为当前能级和对应的孤立原子能级之差。由于外轨道电子的屏蔽作用,ΔE_{vb} 总是大于ΔE_{1s}[115]。

1. H—O 键的热稳定性

图 11.7 比较了体相水与 5 M LiCl (1 M=1 mol/L)溶液的变温 NEXFAS[116]。结果显示，升温时，水的边前峰负向偏移速率比 LiCl 溶液的更快，因为 O:H 非键在去离子水和 LiCl 溶液中的热致伸长速率不同。25 ℃时，以 KCl 的边前峰值 534.67 eV 为参考，碱金属氯化物中阳离子引起的边前峰能移大小次序为：Li$^+$(0.27 eV)、Na$^+$(0.09 eV)、K$^+$(0.00 eV)。而对于卤化钠溶液，阴离子引起的边前峰偏移量稍小，次序为：Cl$^-$(0.09 eV)、Br$^-$(0.04 eV)和 I$^-$(0.02 eV)。阴阳离子引起的边前峰能级偏移趋势与溶液和表皮高频差分声子谱(ω_H, DPS)呈现的趋势相同[117]。Li:O 极化或 O:H 结合能对系统能量变化的贡献很小。盐离子极化氢键时，H—O 键变短变强，比去离子水中的 H—O 键更为稳定，类似于水表皮中的 H—O 键[117]。

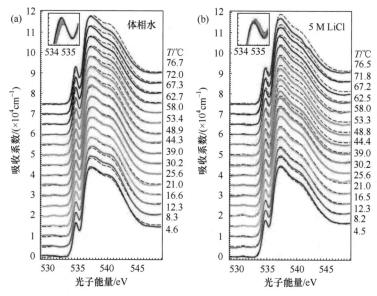

图 11.7　(a) 体相水和(b) 5 M LiCl 溶液的变温 XAS(虚线为 25℃采集的参考曲线)[116]

图 11.8 比较了体相水和 Li$^+$水合壳层中超固态水的 XAS 边前峰的热致偏移以及硅毛细管中不同浓度 KCl 溶液的热致 H—O 声子拉曼频移[118]。水合壳层中氧的 XAS 峰负向偏移速率比块体中的慢。拉曼峰位 3200 cm^{-1}(PK1)对应于体相 ω_H 峰，3450 cm^{-1}(PK2)对应于表皮 ω_H 峰。室温下，离子极化可促使 3200 cm^{-1} 峰蓝移甚至达到 3450 cm^{-1}。加热与极化耦合驱使 H—O 键收缩蓝移，速率与温度和溶液浓度相关。溶液温度位于 373 K 以下时，ω_H 随溶质浓度的偏移幅度比升温大。温度超过 373 K 后，ω_H 依然会随温度升高而进一步蓝移，但随溶质浓度增大反而发生红移。在 373 K 及以上温度，液体变成蒸汽直至达到 100 MPa 的饱和气压。

水合 H—O 键在 373～473 K 的热致频移反转说明,液相和气相的水合 H—O 键比去离子水的 H—O 热稳定性更好,极化形变后的 H—O 键几乎没有进一步变形。

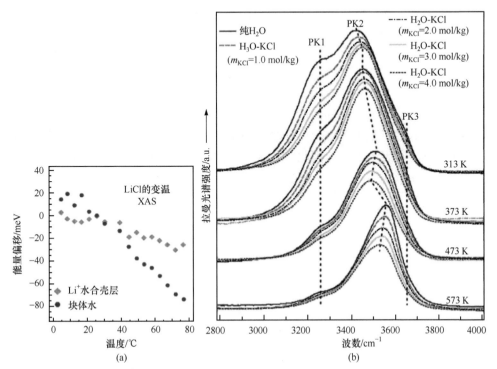

图 11.8 (a) NEXAFS 探测的 Li+水合超固态[116]和(a) 拉曼谱测试的变浓度 KCl 溶液 H—O 键[117]的热稳定性[116, 118]

(a) 超固态水合壳层中,O 的 E_{edge} 峰的负偏移量比体相水的小。(b) 373～473 K 温度区间,H—O 键仍为热致蓝移,但浓度增加造成 H—O 声子红移,这一热致频移反转证明了 KCl 超固态水合 H—O 键的热稳定性

2. 能级偏移的钉扎-极化竞争

图 11.9 比较了变浓度 LiCl 和浓度 3 M 的 YCl 与 NaX 溶液的 X 衍射吸收光谱(XAS)。盐溶剂化使边前峰正向偏移,与加热引起的负向偏移形成鲜明对比,然而矛盾的是,加热和离子极化同使 H—O 键收缩。H—O 键的收缩决定芯能级和价带的能量偏移[100],因为 O:H 键能相比弱得多,对能级偏移的贡献可以忽略不计。

为澄清上述反常现象,需要考虑 H—O 键收缩和静电极化引起能级偏移的竞争机理[100]。第一,电子从 O 1s(K)能级跃迁至价带顶(4a₁ 轨道)所吸收的能量等于 XAS 的边前峰能 E_{edge}。第二,价带和 O 1s 能级相对于孤立氧原子能级的偏移差值决定了 XAS 边前峰能量的偏移,即 $\Delta E_{edge} = \Delta E_{1s} - \Delta E_{vb}$。第三,所涉及的相关能级均发生正偏移,这是因为根据紧束缚近似,晶体内晶体势与原子内势之和正比于键能[119]。H—O 键的收缩引起量子钉扎、能级深移[100]。由于外轨道电子对势能的屏蔽作用，不同能级的偏移量不同，最外层轨道的价带能级偏移比内部能级大得多。因此有，$\Delta E_{vb} > \Delta E_{1s}$ 且 $\Delta E_{edge} = \Delta E_{vb} - \Delta E_{1s} < 0$。

　　另一方面，静电极化引起的效果相反。电荷极化屏蔽并劈裂局部势能，将一部分电子移动到能带上，导致其发生负偏移。由于 $-\Delta E_{vb} > -\Delta E_{1s}$，因此 $\Delta E_{edge} = \Delta E_{1s} - \Delta E_{vb} > 0$，极化引起正偏移。事实上，分子低配位或盐溶剂化引起的键收缩都与极化有关。因此，无极化时，H—O 键热收缩引起边前峰能级负偏移。在盐溶液中，离子极化占主导地位，其影响比 H—O 键热收缩的大，故 $\Delta E_{edge} = \Delta E_{1s} - \Delta E_{vb} > 0$。所以，XAS 的边前峰能级偏移对局部能量环境非常敏感，可以辨析是单纯键收缩引起的钉扎还是电荷极化作用。若钉扎与极化作用相当，则 XAS 边前峰能级可能不会发生偏移。因此，XAS 可以用于探测价电子极化作用，而 XPS 仅能获取极化微扰引起的 O 1s 芯能级偏移情况。

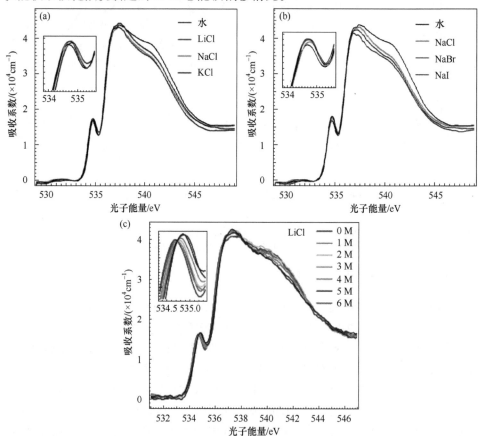

图 11.9　浓度为 3M 的(a) YCl(Y=Li、Na、K)和(b) NaX(X=Cl、Br、I)以及(c) 25℃的 LiCl 溶液的 NEXAFS[116, 120] (扫描封底二维码可看彩图)

插图示意极化主导的边前峰能级正偏移情况

3. 离子水合壳层的能级偏移

纯水和 5M LiCl 溶液中 O_{fw}-O_{bw} 和 O_{bw}-O_{bw}(O_{fw} 和 O_{bw} 分别对应第一水合壳层和其外的水分子)的热膨胀情况相同[116]，说明 Li^+ 水合壳层的尺寸升温时并不变化，因此不会干扰水合和非水合氧离子间的热学行为。表 11.1 列出了 MD 计算和中子衍射获得的多种盐溶液阴阳离子的第一水合壳层($O^{2-}:Y^+$)和($O^{2-} \leftrightarrow X^-$)的大小[116]，结果与 DFT 导出的 X-溶质周围 O:H—O 氢键的分段应变吻合[61]。拉曼谱和 XAS 测试结果一致证实了水合壳层超固态的热稳定性，并阐释了边前峰能级偏移的热致弛豫和电荷极化竞争机理。主要结论如下。

表 11.1　YX 溶液中 Y^+:O^{2-}和 $X^- \leftrightarrow O^{2-}$的间距[116, 122, 123]

		Li^+:O^{2-} (5 M LiCl)	Na^+:O^{2-}	K^+:O^{2-}
Y^+:O^{2-}间距/Å	MD[116]	2.00 (5 ℃)	—	—
		1.99 (25 ℃)	2.37	2.69
		1.98 (80 ℃)	—	—
	中子衍射[116, 122, 123]	1.90	2.34	2.65
$X^- \leftrightarrow O^{2-}$间距(MD, Å)[116]		$Cl^- \cdot H^+$—O^{2-}	$Br^- \cdot H^+$—O^{2-}	$I^- \cdot H^+$—O^{2-}
		3.26	3.30	3.58
不同离子水分子壳层中的氢键应变 (DFT)[61]		$Cl^- \cdot$(H—O:H)	$Br^- \cdot$(H—O:H)	$I^- \cdot$(H—O:H)
	1st (ε_H; ε_L)%	−0.96; +26.1	−1.06; +30.8	−1.10; +41.6
	2nd (ε_H; ε_L)%	−0.73; +19.8	−0.78; +22.8	−0.83; +28.6
5 M LiCl 中 Li^+的水分子壳层中的水分子间距(XAS, Å)[116]		Li^+：(第一层的 O:H—O)	Li^+：(第二层的 O:H—O)	O:H—O (H_2O)
	5 ℃	d_{O-O} = 2.71 (4 ℃时，d_{O-O} = d_H + d_L = 1.0004 +1.6946 = 2.695 [67])		
	80 ℃	2.76 ($\Delta d_L > -\Delta d_H$, $\Delta d_H < 0$)		

注：(ε_H; ε_L)%是 DFT 计算得到的酸溶液中沿 X^-阴离子电场径向的第一和第二个 O:H—O 键的分段应变。X^--H^+表示阴离子与 H^+的库仑相互作用。

(1) XAS 边前峰能级偏移 ΔE_{edge} 为 O 1s 芯能级偏移 ΔE_{1s} 与价带能级偏移 ΔE_{vb} 之间的差值，即 $\Delta E_{edge} = \Delta E_{1s} - \Delta E_{vb}$[41]。当 H—O 收缩、$\Delta E_H > 0$ 时，$\Delta E_{edge} < 0$[100]。与之相反，当极化作用相比于 H—O 热致收缩效果更强时，它使所有的能级向上偏移，$\Delta E_{1s} - \Delta E_{vb} > 0$。H—O 键的收缩和极化作用之间的竞争决定边前峰的能量偏移。

(2) H—O 共价键在液态水升温[35]、表皮水分子低配位[41]和受极化作用[121]时收缩储能。收缩变强的 H—O 键的热稳定性和机械稳定性更高，它对扰动也更不敏感。收缩的 H—O 键升温时有：$(d|E_H|/dT)_{超固态}/(d|E_H|/dT)_{块体} < 1$，$(d|\omega_H|/dT)_{超固态}/$

$(\mathrm{d}|\omega_\mathrm{H}|/\mathrm{d}T)_{\text{块体}} < 1$，所以对于硬化的 H—O 键难以再通过外部激励(如加热)使之进一步变强。

(3) 参考图 11.8(a)中 XAS 曲线的斜率，对于体相水而言，QS 相上边界位于 4℃；对于超固态水，QS 上边界则在 25℃。超固态的 QS 相边界向外拓展。在 QS 相之外，O:H—O 键的弛豫遵循热力学规律：$\mathrm{d}d_\mathrm{L}/\mathrm{d}T > 0$，$\mathrm{d}d_\mathrm{H}/\mathrm{d}T < 0$。

(4) 小尺寸阳离子的局域电场比大尺寸阴离子的要强，因为阴离子的超固态水合壳层中有序排列的水分子偶极子数目不足完全屏蔽阴离子电场而在邻近阴离子之间存在 X⁻↔X⁻ 排斥[40]。

11.5　卤化物溶液的阴离子作用

为什么 X⁻离子遵循霍夫梅斯特(Hofmeister)的极化能力序列?为什么 HF 不能极化水分子? 这些问题可以在 $HSO_4^-\cdot(HX)$ 复合物的从头算(*ab initio*)和 PES 测量结果中找到答案[124]。图 11.10 即为 $HSO_4^-\cdot(HX)$ 复合物的优化结构和光电子谱。不同阴离子的 $HSO_4^-\cdot(HX)$ 最优结构表明，HCl、HBr 和 HI 溶解成为 H⁺ 和 X⁻，其中的 H⁺ 与近邻 O⁻相结合。离子的电负性越高，越容易夺取与低电负性离子成键的质子。HF 难以溶解分散成离子，维持着自身接触离子对形式。温度为 20 K 时，高电负性的离子在 157 nm 以下的激光作用下很难发射电子。

图 11.10 的结果还展示了 X:H—O 分段长度的协同弛豫以及阴离子的极化能力。对于 X 离子(X=Cl、Br 和 I)，每一个离子都能与近邻分子形成两个等同的 X:H—O 氢键。它的分段长度也遵循协同弛豫规则，即一段伸长，另一段缩短[54]。X 按 Cl、Br、I 变化时，阴离子极化使 H—O 键长度从 1.015 Å 缩短至 1.007 Å 和 1.002 Å，相应地，X:H 从 1.996 Å 伸长至 2.155 Å 和 2.462 Å。这一协同弛豫也证实了 O-X 排斥的耦合作用效果。根据 $HSO_4^-\cdot(HF)$ 的优化结构可知，HF 保留接触离子对整体构型，因此可以形成一个 F:H—O 键和一个 O:H—F 键，两者的键长和键角并不相同。

图 11.10(b)比较了 $HSO_4^-\cdot(HX)$ 复合物不同阴离子时的 PES。HSO_4^-:(HF)的光谱特征类似于孤立的 HSO_4^-，但复合后能级正偏移~0.65 eV。电子与复合物的结合比与单独的 HSO_4^- (~4.75 eV)[125]或 X⁻ (~3.06~3.61 eV)的结合更为强劲。另一方面，$HSO_4^-\cdot(HX)$ 按 X=Cl、Br 和 I 的顺序，光谱特征峰偏移幅度分别为~2.6 eV、2.2 eV 和 1.8 eV。标记为 A 和 B 的两个谱带为自旋轨道(SO)劈裂而成($\Omega = 3/2$ 和 1/2)，X=Br 和 I 时比 Cl 的明显[126-129]。这些复合物能态表明，X=F 时，HSO_4^- 携带电子云最多；X=Cl、Br 和 I 时，X⁻携带的电子云最多，其中 I⁻的作用效果最大。

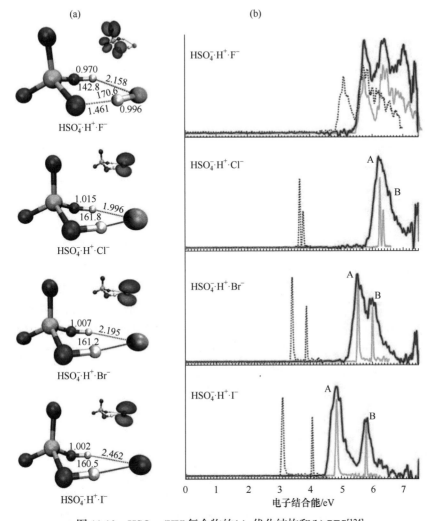

图 11.10　HSO₄⁻·(HX)复合物的(a) 优化结构和(b) PES[124]

PES 采用 157 nm 的激光在 20 K 下测试完成。点线和灰色曲线分别表示 HSO₄⁻和 X⁻的原始谱[126]。(a)的插图示意了最高占据的分子轨道(HOMO)。优化结果中的标记数值分别表示键长(Å)和键角(°)

表 11.2 比较了光电子谱测量和 DFT 计算得到的 HSO₄⁻·(HX)复合物的垂直剥离能(VDE)[130, 131]。DFT 计算采用 B3LYP 函数，耦合团簇涵盖单态、双重和三重态激发能级(CCSD(T))。结果显示了对于水和水溶液中 H 质子失措隧穿行为的质疑。从图 11.10(a)可以看出，HX(X=F、Cl、Br 和 I)与 HSO₄⁻形成复合物时，都形成了 X:H—O 氢键，水中 O:H—O 氢键中的 O 与前者相同，H⁺质子要在两氧之间对称的位置隧穿必须要打破高能 H—O 键，表 11.2 的数据给出了否定答案。

表 11.2　　HSO₄⁻·(HX)复合物的离子半径 R、电负性 η、极化率 $\alpha^{[132]}$、
键长和复合物电子能量[124]

X	R	η	$\alpha/\text{Å}^3$	H—O 键长/Å	X:H	B3LYP	CCSD(T)	实验值
F	1.33	4.0	0.952	0.970	2.158	5.71	5.95	5.74
Cl	1.81	3.0	3.475	1.015	1.996	5.94	6.04	6.22
Br	1.96	2.8	4.821	1.007	2.195	5.56	5.49	5.52
I	2.20	2.5	7.216	1.002	2.462	4.93	4.84	4.84

11.6　总　　结

综合 STM/S、XPS、XAS、超快 UPS、SFG、DPS 以及超快 FTIR 测量和量子理论计算，本章揭示了受限水与水合超固态的键-电子-声子关联性。分子低配位和盐溶剂化对 O:H—O 弛豫和非键电子极化具有相同的影响，通过驱使 H—O 键收缩和 O:H 键伸长来调节局域氢键网络和水与溶液的性质。O 1s 能级深移、电子垂直束缚能变小，但电子和声子的寿命增加。超固态具有低密度、黏弹性、机械稳定性、热稳定性、疏水性和无摩擦等特性。分子低配位和盐溶剂化引起的 O:H—O 键协同弛豫使准固态相边界向外拓展，提高了冰水熔点、降低了冰点。

基于本篇内容，给出了以下几点新思考和新方法：

(1) 元素周期表中，与 N、O、F 及其邻近元素有关的非键电子孤对是构成我们生命的主要元素，应该受到应有的重视。非键孤对电子对于 DNA 折叠和展开、调节和信息传递都有重要作用。合成血液中的非药物治疗和 CF₄ 抗凝也是通过电子孤对与活细胞的相互作用来实现的。孤对电子可形成 O:H 和 O:⇔:O 键，与 H↔H 一起决定着分子的相互作用。然而，局域的、弱的孤对电子相互作用的存在和功能一直被忽视。若没有孤对电子，O:H—O 氢键和氧化都不可能实现，分子间相互作用的平衡也不可能实现。将有关孤对电子及其极化的相关理论知识拓展到催化、溶液蛋白、药物细胞、液-固态、胶体基质，甚至高能炸药和其他分子晶体将具有开创性的意义。

(2) O:H—O 键的关键是 O-O 耦合。没有这一耦合，就没有冰水和水溶液中氢键网络的协同弛豫，也就不存在诸如浮冰、复冰、过冷或过热、负热膨胀、温水速冷、冰表面超滑、水表面超弹等奇异现象。然而，O-O 耦合在实践中长期被忽视。因此，需要把水和溶剂基质视为高度有序、强关联和强涨落的晶体，特别是由盐溶剂化和分子低配位引起的超固态，它并不是非晶态或多相结构。水是表皮超固态包裹内部均匀氢键网络的单晶结构，并不是随机混合物。除非引入过多的 H⁺ 或孤对电子，否则，尽管 O:H—O 构型分段长度和能量发生弛豫，液态水和

水溶液基质也会遵循质子和孤对电子的 $2N$ 数目守恒以及 O:H—O 构型守恒的规则。

（3）作为一个独立自由度，原子和分子的低配位构成了缺陷和表面科学、纳米科学和工程的基础。低配位诱导键收缩、相关电子和能量的钉扎以及局域极化调控着低配位系统的性能。可以认为，溶质的溶剂化过程实质是电荷注入的过程，具有多重相互作用。水合电子、质子、孤对电子、阳离子、阴离子，甚至分子偶极子的电荷注入水体，可以调控其氢键网络结构和溶液性能。盐溶剂化和分子低配位具有相同的极化能力，可调节黏度、表面应力、声子刚度和声子寿命。准固态和超固态对冰水和水溶液的影响都非常重要。准固态由 O:H—O 键分段比热差异引起的分段反常弛豫形成，具有负热膨胀性质。超固态由低配位分子或电致极化引起的氢键拉长形成，其相边界会受扰调整，调节氢键网络弛豫和临界相变压强和温度变化等热力学行为。

（4）关注化学键-电子-声子-物性的相互关联，将空间和时间分辨的电子/声子/光子谱学仪器相互结合，可为相关研究进展提供新的证据。结合空间分辨的电子/声子差谱和时间分辨的超快泵浦-探针光谱，不仅可以提取液相条件下声子丰度-刚度-寿命的信息，而且可以识别电子/声子的能量耗散和相互作用方式。分子在一定配位环境下的驻留时间或漂移运动是能量耗散的特征，但很难给出这些过程受扰时能量交换的直接信息。极化、钉扎和吸收决定了能量耗散。关注 O:H—O 键的分段差异和协同性以及比热差异将有助于从全新角度探索冰水和水溶液的正常或反常现象的物理机理。

本章内容可拓展至水-蛋白质相互作用、生物化学、环境和制药行业。作为主要的结构和功能单元，孤对电子和质子在分子相互作用中起到了关键作用。疏水界面与自由表面属性相同。盐和其他溶质溶剂化的注入电荷提供局域电场。分子低配位和电致极化作为重要的自由度，在我们的日常生活和生活条件中无处不在。

参 考 文 献

[1] Huang Y L, Zhang X, Ma Z S, et al. Hydrogen-bond relaxation dynamics: Resolving mysteries of water ice. Coord. Chem. Rev., 2015, 285: 109-165.

[2] Sun C Q, Zhang X, Fu X, et al. Density and phonon-stiffness anomalies of water and ice in the full temperature range. J. Phys. Chem. Lett., 2013, 4(19): 3238-3244.

[3] Erko M, Wallacher D, Hoell A, et al. Density minimum of confined water at low temperatures: A combined study by small-angle scattering of X-rays and neutrons. Phys. Chem. Chem. Phys. 2012, 14(11): 3852-3858.

[4] Mallamace F, Branca C, Broccio M, et al. The anomalous behavior of the density of water in the range 30 K < T < 373 K. Proc. Natl. Acad. Sci. U.S.A., 2007, 104(47): 18387-18391.

[5] Alabarse F G, Haines J, Cambon O, et al. Freezing of water confined at the nanoscale. Phys. Rev. Lett., 2012, 109(3): 035701.

[6] Moro R, Rabinovitch R, Xia C, et al. Electric dipole moments of water clusters from a beam deflection measurement. Phys. Rev. Lett., 2006, 97(12): 123401.

[7] Hu J, Xiao X D, Ogletree D, et al. Imaging the condensation and evaporation of molecularly thin films of water with nanometer resolution. Science, 1995, 268(5208): 267-269.

[8] Cerveny S, Mallamace F, Swenson J, et al. Confined water as model of supercooled water. Chem. Rev., 2016, 116(13): 7608-7625.

[9] Rault J, Neffati R, Judeinstein P. Melting of ice in porous glass: Why water and solvents confined in small pores do not crystallize? Eur. Phys. J. B, 2003, 36(4): 627-637.

[10] Chen S, Draude A P, Nie X, et al. Effect of layered water structures on the anomalous transport through nanoscale graphene channels. J. Phys. Commun., 2018, 2(8): 085015.

[11] Liu K, Cruzan J D, Saykally R J. Water clusters. Science, 1996, 271(5251): 929-933.

[12] Ludwig R. Water: From clusters to the bulk. Ang. Chem. Int. Ed., 2001, 40(10): 1808-1827.

[13] Michaelides A, Morgenstern K. Ice nanoclusters at hydrophobic metal surfaces. Nat. Mater., 2007, 6(8): 597-601.

[14] Turi L, Sheu W S, Rossky P J. Characterization of excess electrons in water-cluster anions by quantum simulations. Science, 2005, 309(5736): 914-917.

[15] Verlet J R R, Bragg A E, Kammrath A, et al. Observation of large water-cluster anions with surface-bound excess electrons. Science, 2005, 307(5706): 93-96.

[16] Hammer N I, Shin J W, Headrick J M, et al. How do small water clusters bind an excess electron? Science, 2004, 306(5696): 675-679.

[17] Gregory J K, Clary D C, Liu K, et al. The water dipole moment in water clusters. Science, 1997, 275(5301): 814-817.

[18] Pérez C, Muckle M T, Zaleski D P, et al. Structures of cage, prism, and book isomers of water hexamer from broadband rotational spectroscopy. Science, 2012, 336(6083): 897-901.

[19] Ishiyama T, Takahashi H, Morita A. Origin of vibrational spectroscopic response at ice surface. J. Phys. Chem. Lett., 2012, 3(20): 3001-3006.

[20] Li F Y, Wang L, Zhao J J, et al. What is the best density functional to describe water clusters: Evaluation of widely used density functionals with various basis sets for $(H_2O)_n$ ($n=1\sim10$). Theor. Chem. Acc., 2011, 130(2-3): 341-352.

[21] Swenson J, Cerveny S. Dynamics of deeply supercooled interfacial water. J. Phys. Condens. Matter, 2015, 27(3): 032101.

[22] Shen Y R, Ostroverkhov V. Sum-frequency vibrational spectroscopy on water interfaces: Polar orientation of water molecules at interfaces. Chem. Rev., 2006, 106(4): 1140-1154.

[23] van der Post S T, Hsieh C S, Okuno M, et al. Strong frequency dependence of vibrational relaxation in bulk and surface water reveals sub-picosecond structural heterogeneity. Nat. Commun., 2015, 6: 8384.

[24] Hofmeister F. Concerning regularities in the protein-precipitating effects of salts and the relationship of these effects to the physiological behaviour of salts. Arch. Exp. Pathol. Pharmacol., 1888, 24: 247-260.

[25] Jungwirth P, Cremer P S. Beyond hofmeister. Nat. Chem., 2014, 6(4): 261-263.

[26] Cox W M, Wolfenden J H. The viscosity of strong electrolytes measured by a differential method. Proc. Roy. Soc. London A, 1934, 145(855): 475-488.

[27] Ball P, Hallsworth J E. Water structure and chaotropicity: Their uses, abuses and biological implications. Phys. Chem. Chem. Phys., 2015, 17(13): 8297-8305.

[28] Collins K D, Washabaugh M W. The Hofmeister effect and the behaviour of water at interfaces. Q. Rev. Biophys., 1985, 18(04): 323-422.

[29] Collins K D. Charge density-dependent strength of hydration and biological structure. Biophys. J., 1997, 72(1): 65-76.

[30] Collins K D. Why continuum electrostatics theories cannot explain biological structure, polyelectrolytes or ionic strength effects in ion-protein interactions. Biophys. Chem., 2012, 167: 43-59.

[31] Liu X, Li H, Li R, et al. Strong non-classical induction forces in ion-surface interactions: General origin of hofmeister effects. Sci. Rep., 2014, 4: 5047.

[32] Zhao H, Huang D. Hydrogen bonding penalty upon ligand binding. Plos One, 2011, 6(6): e19923.

[33] O'Dell W B, Baker D C, McLain S E. Structural evidence for inter-residue hydrogen bonding observed for cellobiose in aqueous solution. Plos One, 2012, 7(10): e45311.

[34] Zeng Q, Yan T, Wang K, et al. Compression icing of room-temperature NaX solutions (X= F, Cl, Br, I). Phys. Chem.Chem. Phys., 2016, 18(20): 14046-14054.

[35] Zhang X, Yan T, Huang Y, et al. Mediating relaxation and polarization of hydrogen-bonds in water by NaCl salting and heating. Phys. Chem.Chem. Phys., 2014, 16(45): 24666-24671.

[36] Druchok M, Holovko M. Structural changes in water exposed to electric fields: A molecular dynamics study. J. Mol. Liq., 2015, 212: 969-975.

[37] Abraham J, Vasu K S, Williams C D, et al. Tunable sieving of ions using graphene oxide membranes. Nat. Nano, 2017, 12(6): 546-550.

[38] Chen L, Shi G, Shen J, et al. Ion sieving in graphene oxide membranes via cationic control of interlayer spacing. Nature, 2017, 550(7676): 380-383.

[39] Sun C Q. Relaxation of the Chemical Bond. Heidelberg: Springer, 2014.

[40] Sun C Q, Chen J, Gong Y, et al. (H, Li)Br and LiOH solvation bonding dynamics: Molecular nonbond interactions and solute extraordinary capabilities. J. Phys. Chem. B, 2018, 122(3): 1228-1238.

[41] Sun C Q, Zhang X, Zhou J, et al. Density, elasticity, and stability anomalies of water molecules with fewer than four neighbors. J. Phys. Chem. Lett., 2013, 4(15): 2565-2570.

[42] Araque J C, Yadav S K, Shadeck M, et al. How is diffusion of neutral and charged tracers related to the structure and dynamics of a room-temperature ionic liquid? Large deviations from stokes-einstein behavior explained. J. Phys. Chem. B, 2015, 119(23): 7015-7029.

[43] Amann-Winkel K, Böhmer R, Fujara F, et al. Colloquium: Water's controversial glass transitions. Rev. Mod. Phys., 2016, 88(1): 011002.

[44] Zhang Z, Liu X Y. Control of ice nucleation: Freezing and antifreeze strategies. Chem. Soc. Rev., 2018, 47: 7116-7139.

[45] Wark K. Generalized Thermodynamic Relationships (5th ed.). New York: McGraw-Hill, Inc., 1988.

[46] Jones G, Dole M. The viscosity of aqueous solutions of strong electrolytes with special reference to Barium chloride. J. Am. Chem. Soc., 1929, 51(10): 2950-2964.

[47] Zhang Z, Li D, Jiang W, et al. The electron density delocalization of hydrogen bond systems. Adv. Phys. X, 2018, 3(1): 1428915.

[48] Thämer M, de Marco L, Ramasesha K, et al. Ultrafast 2D IR spectroscopy of the excess proton in liquid water. Science, 2015, 350(6256): 78-82.

[49] Ren Z, Ivanova A S, Couchot-Vore D, et al. Ultrafast structure and dynamics in ionic liquids: 2D-IR spectroscopy probes the molecular origin of viscosity. J. Phys. Chem. Lett., 2014, 5(9): 1541-1546.

[50] Park S, Odelius M, Gaffney K J. Ultrafast dynamics of hydrogen bond exchange in aqueous ionic solutions. J. Phys. Chem. B, 2009, 113(22): 7825-7835.

[51] Guo J, Li X Z, Peng J, et al. Atomic-scale investigation of nuclear quantum effects of surface water: Experiments and theory. Prog. Surf. Sci., 2017, 92(4): 203-239.

[52] Peng J, Guo J, Hapala P, et al. Weakly perturbative imaging of interfacial water with submolecular resolution by atomic force microscopy. Nat. Commun., 2018, 9(1): 122.

[53] Peng J, Guo J, Ma R, et al. Atomic-scale imaging of the dissolution of NaCl islands by water at low temperature. J. Phys. Condens. Matter, 2017, 29(10): 104001.

[54] Sun C Q, Sun Y. The Attribute of Water. Heidelberg: Springer, 2016.

[55] Huang Y L, Zhang X, Ma Z S, et al. Potential paths for the hydrogen-bond relaxing with $(H_2O)_n$ cluster size. J. Phys. Chem. C, 2015, 119(29): 16962-16971.

[56] Huang Y, Zhang X, Ma Z, et al. Hydrogen-bond asymmetric local potentials in compressed ice. J. Phys. Chem. B, 2013, 117(43): 13639-13645.

[57] Editorial. So much more to know. Science, 2005, 309(5731): 78-102.

[58] Zeng Q, Yao C, Wang K, et al. Room-temperature NaI/H_2O compression icing: Solute-solute interactions. Phys. Chem. Chem. Phys., 2017, 19: 26645-26650.

[59] Pauling L. The Nature of the Chemical Bond. New York: Cornell University Press, 1960.

[60] Zhang X, Sun P, Yan T T, et al. Water's phase diagram: From the notion of thermodynamics to hydrogen-bond cooperativity. Prog. Solid State Chem., 2015, 43(3): 71-81.

[61] Zhang X, Zhou Y, Gong Y, et al. Resolving H(Cl, Br, I) capabilities of transforming solution hydrogen-bond and surface-stress. Chem. Phys. Lett., 2017, 678: 233-240.

[62] Sun C Q, Chen J, Yao C, et al. (Li, Na, K)OH hydration bonding thermodynamics: Solution self-heating. Chem. Phys. Lett., 2018, 696: 139-143.

[63] Harich S A, Yang X, Hwang D W, et al. Photodissociation of D_2O at 121.6 nm: A state-to-state dynamical picture. J. Chem. Phys., 2001, 114(18): 7830-7837.

[64] Harich S A, Hwang D W H, Yang X, et al. Photodissociation of H_2O at 121.6 nm: A state-to-state dynamical picture. J. Chem. Phys., 2000, 113(22): 10073-10090.

[65] Sun C Q, Zhang X, Zheng W T. The hidden force opposing ice compression. Chem. Sci., 2012, 3: 1455-1460.

[66] Zhang X, Huang Y, Sun P, et al. Ice regelation: Hydrogen-bond extraordinary recoverability and water quasisolid-phase-boundary dispersivity. Sci. Rep., 2015, 5: 13655.

[67] Huang Y, Zhang X, Ma Z, et al. Size, separation, structural order, and mass density of molecules packing in water and ice. Sci. Rep., 2013, 3: 3005.

[68] Sotthewes K, Bampoulis P, Zandvliet H J, et al. Pressure induced melting of confined ice. ACS nano, 2017, 11(12): 12723-12731.

[69] Qiu H, Guo W. Electromelting of confined monolayer ice. Phys. Rev. Lett., 2013, 110(19): 195701.

[70] Wang B, Jiang W, Gao Y, et al. Chirality recognition in concerted proton transfer process for prismatic water clusters. Nano Res., 2016, 9(9): 2782-2795.

[71] Bhatt H, Mishra A K, Murli C, et al. Proton transfer aiding phase transitions in oxalic acid dihydrate under pressure. Phys. Chem. Chem. Phys., 2016, 18(11): 8065-8074.

[72] Bhatt H, Murli C, Mishra A K, et al. Hydrogen bond symmetrization in glycinium oxalate under pressure. J. Phys. Chem. B, 2016, 120(4): 851-859.

[73] Kang D, Dai J, Sun H, et al. Quantum simulation of thermally-driven phase transition and oxygen K-edge X-ray absorption of high-pressure ice. Sci. Rep., 2013, 3: 3272.

[74] Dong K, Zhang S, Wang Q. A new class of ion-ion interaction: Z-bond. Sci. China Chem., 2015, 58(3): 495-500.

[75] Li F, Men Z, Li S, et al. Study of hydrogen bonding in ethanol-water binary solutions by Raman spectroscopy. Spectrochim. Acta A, 2018, 189: 621-624.

[76] Li F, Li Z, Wang S, et al. Structure of water molecules from Raman measurements of cooling different concentrations of NaOH solutions. Spectrochim. Acta A, 2017, 183: 425-430.

[77] Day J, Beamish J. Low-temperature shear modulus changes in solid ^{4}He and connection to supersolidity. Nature, 2007, 450(7171): 853-856.

[78] Sun C Q. Size dependence of nanostructures: Impact of bond order deficiency. Prog. Solid State Chem., 2007, 35(1): 1-159.

[79] Zhang X, Huang Y, Ma Z, et al. A common supersolid skin covering both water and ice. Phys. Chem. Chem. Phys., 2014, 16(42): 22987-22994.

[80] Medcraft C, McNaughton D, Thompson C D, et al. Water ice nanoparticles: Size and temperature effects on the mid-infrared spectrum. Phys. Chem. Chem. Phys., 2013, 15(10): 3630-3639.

[81] Medcraft C, McNaughton D, Thompson C D, et al. Size and temperature dependence in the far-ir spectra of water ice particles. Astrophys. J., 2012, 758(1): 17.

[82] Zhang X, Liu X, Zhong Y, et al. Nanobubble skin supersolidity. Langmuir, 2016, 32(43): 11321-11327.

[83] Zhang X, Huang Y, Ma Z, et al. From ice superlubricity to quantum friction: Electronic repulsivity and phononic elasticity. Friction, 2015, 3(4): 294-319.

[84] Zhang X, Huang Y, Wang S, et al. Supersolid skin mechanics of water and ice. Procedia IUTAM, 2017, 21: 102-110.

[85] Zhang X, Huang Y, Ma Z, et al. Hydrogen-bond memory and water-skin supersolidity resolving the mpemba paradox. Phys. Chem. Chem. Phys., 2014, 16(42): 22995-23002.

[86] Lide D R. CRC Handbook of Chemistry and Physics. 80th ed. Boca Raton: CRC Press, 1999.

[87] Metya A K, Singh J K. Nucleation of aqueous salt solutions on solid surfaces. J. Phys. Chem. C, 2018, 122(15): 8277-8287.

[88] Guo J, Meng X, Chen J, et al. Real-space imaging of interfacial water with submolecular resolution. Nat. Mater., 2014, 13: 184-189.

[89] Wang Y, Liu H, Lv J, et al. High pressure partially ionic phase of water ice. Nat. Commun., 2011, 2: 563.

[90] Sun C Q. Oxidation electronics: Bond-band-barrier correlation and its applications. Prog. Mater. Sci., 2003, 48(6): 521-685.

[91] Marsalek O, Uhlig F, Frigato T, et al. Dynamics of electron localization in warm versus cold water clusters. Phys. Rev. Lett., 2010, 105(4): 043002.

[92] Liu S, Luo J, Xie G, et al. Effect of surface charge on water film nanoconfined between hydrophilic solid surfaces. J. Appl. Phys., 2009, 105(12): 124301-124304.

[93] Siefermann K R, Liu Y, Lugovoy E, et al. Binding energies, lifetimes and implications of bulk and interface solvated electrons in water. Nat. Chem., 2010, 2: 274-279.

[94] Paik D H, Lee I R, Yang D S, et al. Electrons in finite-sized water cavities: Hydration dynamics observed in real time. Science, 2004, 306(5696): 672-675.

[95] Vacha R, Marsalek O, Willard A P, et al. Charge transfer between water molecules as the possible origin of the observed charging at the surface of pure water. J. Phys. Chem. Lett., 2012, 3(1): 107-111.

[96] Baletto F, Cavazzoni C, Scandolo S. Surface trapped excess electrons on ice. Phys. Rev. Lett., 2005, 95(17): 176801.

[97] Abu-Samha M, Børve K J, Winkler M, et al. The local structure of small water clusters: Imprints on the core-level photoelectron spectrum. J. Phys. B, 2009, 42(5): 055201.

[98] Nishizawa K, Kurahashi N, Sekiguchi K, et al. High-resolution soft X-ray photoelectron spectroscopy of liquid water. Phys. Chem. Chem. Phys., 2011, 13: 413-417.

[99] Winter B, Aziz E F, Hergenhahn U, et al. Hydrogen bonds in liquid water studied by photoelectron spectroscopy. J. Chem. Phys., 2007, 126(12): 124504.

[100] Liu X J, Zhang X, Bo M L, et al. Coordination-resolved electron spectrometrics. Chem. Rev., 2015, 115(14): 6746-6810.

[101] Kim J, Becker I, Cheshnovsky O, et al. Photoelectron spectroscopy of the "missing" hydrated electron clusters (H2O)n, n=3, 5, 8 and 9: Isomers and continuity with the dominant clusters n=6, 7 and 11. Chem. Phys. Lett., 1998, 297(1-2): 90-96.

[102] Coe J V, Williams S M, Bowen K H. Photoelectron spectra of hydrated electron clusters vs. cluster size: Connecting to bulk. Int. Rev. Phys. Chem., 2008, 27(1): 27-51.

[103] Kammrath A, Verlet J R R, Griffin G, et al. Photoelectron spectroscopy of large (water)n- (n=50~200) clusters at 4.7 eV. J. Chem. Phys., 2006, 125(7): 076101.

[104] Hart E J, Boag J. Absorption spectrum of the hydrated electron in water and in aqueous solutions. J. Am. Chem. Soc., 1962, 84(21): 4090-4095.

[105] Kevan L. Solvated electron structure in glassy matrixes. Acc. Chem. Res., 1981, 14(5):

138-145.

[106] Silvera Batista C A, Larson R G, Kotov N A. Nonadditivity of nanoparticle interactions. Science, 2015, 350(6257): 1242477.

[107] Sagar D, Bain C D, Verlet J R. Hydrated electrons at the water/air interface. J. Am. Chem. Soc., 2010, 132(20): 6917-6919.

[108] Ceponkus J, Uvdal P, Nelander B. On the structure of the matrix isolated water trimer. J. Chem. Phys., 2011, 134(6): 064309.

[109] Buch V, Sigurd B, Devlin J P, et al. Solid water clusters in the size range of tens-thousands of H_2O: A combined computational/spectroscopic outlook. Int. Rev. Phys. Chem., 2004, 23(3): 375-433.

[110] Ceponkus J, Uvdal P, Nelander B. Water tetramer, pentamer, and hexamer in inert matrices. J. Phys. Chem. A, 2012, 116(20): 4842-4850.

[111] Ceponkus J, Uvdal P, Nelander B. Intermolecular vibrations of different isotopologs of the water dimer: Experiments and density functional theory calculations. J. Chem. Phys., 2008, 129(19): 194306.

[112] Wilson K R, Rude B S, Catalano T, et al. X-ray spectroscopy of liquid water microjets. J. Phys. Chem. B, 2001, 105(17): 3346-3349.

[113] Zhang L J, Wang J, Luo Y, et al. A novel water layer structure inside nanobubbles at room temperature. Nucl. Sci. Tech., 2014, 25: 060503.

[114] Belau L, Wilson K R, Leone S R, et al. Vacuum ultraviolet (VUV) photoionization of small water clusters. J. Phys. Chem. A, 2007, 111(40): 10075-10083.

[115] Liu X J, Zhang X, Bo M L, et al. Coordination-resolved electron spectrometrics. Chem. Rev., 2015, 115(14): 6746-6810.

[116] Nagasaka M, Yuzawa H, Kosugi N. Interaction between water and alkali metal ions and its temperature dependence revealed by oxygen K-edge X-ray absorption spectroscopy. J. Phys. Chem. B, 2017, 121(48): 10957-10964.

[117] Zhou Y, Zhong Y, Gong Y, et al. Unprecedented thermal stability of water supersolid skin. J. Mol. Liq., 2016, 220: 865-869.

[118] Hu Q, Zhao H. Understanding the effects of chlorine ion on water structure from a Raman spectroscopic investigation up to 573 K. J. Mol. Struct., 2019, 1182: 191-196.

[119] Omar M A. Elementary Solid State Physics: Principles and Applications. New York: Addison-Wesley, 1993.

[120] Nagasaka M, Yuzawa H, Kosugi N. Development and application of in situ/operando soft X-ray transmission cells to aqueous solutions and catalytic and electrochemical reactions. J. Electron. Spectrosc. Relat. Phenom., 2015, 200: 293-310.

[121] Sun C Q. Perspective: Supersolidity of undercoordinated and hydrating water. Phys. Chem. Chem. Phys., 2018, 20(48): 30104-30119.

[122] Mancinelli R, Botti A, Bruni F, et al. Hydration of sodium, potassium, and chloride ions in solution and the concept of structure maker/breaker. J. Phys. Chem. B, 2007, 111(48): 13570-13577.

[123] Ohtomo N, Arakawa K. Neutron diffraction study of aqueous ionic solutions. I. Aqueous solutions of lithium chloride and caesium chloride. Bull. Chem. Soc. Jpn., 1979, 52(10): 2755-2759.

[124] Hou G L, Wang X B. Spectroscopic signature of proton location in proton bound $HSO_4^{-} \cdot H^{+} \cdot X^{-}$ (X= F, Cl, Br, and I) clusters. J. Phys. Chem. Lett., 2019, 10(21): 6714-6719.

[125] Hou G L, Lin W, Deng S H M, et al. Negative ion photoelectron spectroscopy reveals thermodynamic advantage of organic acids in facilitating formation of bisulfate ion clusters: Atmospheric implications. J. Phys. Chem. Lett., 2013, 4(5): 779-785.

[126] Cheng M, Feng Y, Du Y, et al. Communication: Probing the entrance channels of the $X+CH_4 \rightarrow HX+CH_3$ (X = F, Cl, Br, I) reactions via photodetachment of $X^{-}CH_4$. J. Chem. Phys., 2011, 134(19): 191102.

[127] Haberland H. On the spin-orbit splitting of the rare gas-monohalide molecular ground state. Z. Phys. A, 1982, 307: 35-39.

[128] Zhao Y, Arnold C C, Neumark D M. Study of the $I \cdot CO_2$ van der Waals complex by threshold photodetachment spectroscopy of $I^{-}CO_2$. J. Chem. Soc. Faraday Trans., 1993, 89: 1449-1456.

[129] Arnold D W, Bradforth S E, Kim E H, et al. Study of halogen-carbon dioxide clusters and the fluoroformyloxyl radical by photodetachment of $X^{-}(CO_2)$ (X = I, Cl, Br) and FCO_2^{-}. J. Chem. Phys., 1995, 102(9): 3493-3509.

[130] Becke A D. Density-functional thermochemistry. III. The role of exact exchange. J. Chem. Phys., 1993, 98(7): 5648-5652.

[131] Lee C, Yang W, Parr R G. Development of the Colle-Salvetti correlation-energy formula into a functional of the electron density. Phys. Rev. B, 1988, 37(2): 785-789.

[132] Fajans K. Polarizability of alkali and halide ions, especially fluoride ion. J. Phys. Chem., 1970, 74(18): 3407-3410.

第 12 章　第一篇结束语

要点

- 键弛豫理论-非键电子极化-局域键平均近似方法可以通过选区分辨光电子能谱辨析化学成键和电子动力学过程蕴含的物理信息
- 俄歇光电子关联谱、扫描隧道显微镜/谱、光电子能谱和俄歇电子能谱可相互协作探测更为丰富的物质信息
- 非常规配位可引起化学键弛豫和局域电子钉扎或极化
- 键长和键能、能量密度、原子结合能和电荷分布可辨析物质结构和物性演变的重要信息

摘要

　　综合键弛豫理论-非键电子极化-局域键平均近似方法和选区光电子能谱、俄歇光电子关联谱实验分析方法，能够对非常规原子配位材料的物性展开深入探究并获得规律性认知。这一套分析方法可以获取原子的局域定量信息，包括键长、键能、结合能密度、原子结合能、孤立原子能级及其随配位环境变化的定量函数关系式，这对于功能材料的设计与制备至关重要。

12.1　主 要 成 果

　　本篇主要结论如下：

　　(1) 键的形成和弛豫及其相关的能量学、局域化、致密化、钉扎和极化决定着物质的结构和性质。

　　(2) 低配位诱导的键收缩、异质配位诱导的键性质改变以及非键电子的极化对哈密顿量产生扰动，使得物质的所有能级在相同方向上发生不同程度的偏移，能级越高偏移量越大。

　　(3) 基于紧束缚方法提出的化学键弛豫-非键电子极化理论，实现了非常规配位体系化学键-能量-电子关联性的定量化研究，只需关注平衡位置的晶体势微扰，而无须考虑布洛赫波函数或晶体势的特定形状。

(4) 孤立原子能级是芯能级偏移的参考标准。成键电子的局域致密化和量子钉扎在整个能带发生正偏移，而致密成键电子对非键电子的极化作用会引起晶体势劈裂，并抵消钉扎态。

(5) 传统的"初-末态"弛豫和"表面电荷"存在于整个能谱检测过程，但可以通过后续数值校准，特别是选区光电子能谱分析加以处理弱化。

(6) 键弛豫-非键电子极化理论可以丰富基于俄歇光电子关联谱、超低能电子衍射谱、选区分辨光电子能谱、扫描隧道显微镜/谱、紫外光电子能谱和多场声子谱等测量数据获得的局域成键和电子动力学信息。

值得注意的是，选区光电子能谱对原子配位数或化学条件的微小变化极其敏感，可直接解析局域键弛豫、钉扎与极化的动态、局部和定量信息，且无须任何近似或假设，这是对现有分析方法的强有力补充。选区光电子能谱适用于下列情况：

(1) 表面重构后不同原子层的配位数会稍有差异，如 Rh(110)-(1×2) 和 (1×1)+(1×2)，前者对应于隔行缺失的情况，后者则是每隔两行，三行缺失。

(2) 表面污染、化学吸附和催化反应(如 O 吸附于 Re 表皮，表面的 O、N、H 污染，ZnO 团簇大尺寸变化)都可增强配位效应对表面电荷分布的影响。

(3) 表面粗糙化(如 SrTiO$_3$ 表层，HOPG 等离子体刻蚀和 SiO$_2$ 机械腐蚀)会对表面电荷极化产生重要影响。

(4) N 和 O 化学吸附会新增四个附加价带态密度：成键态(~6 eV)、非键态(~2 eV)、离子空穴(1~3 eV)和反键偶极子态(> E_F)，会减小功函数，并在导体中形成带隙。

(5) 含有低配位和异质配位原子的物质，两者的耦合对于物质的电子结构和催化性能(如 TiO$_2$)及带隙和芯能级偏移(如 ZnO)都起到了重要作用。

(6) 受限和水合壳层中水的电子和声子谱分析证实了超固态的存在。分子低配位和盐溶剂化注入电荷的极化对氢键弛豫具有相同的作用,皆可拉伸 O:H 非键、缩短 H—O 共价键，并能极化非键电子。

(7) 选区光电子能谱可以分析自旋简并子能级的偏移和电荷效应的修正。

(8) 选区光电子能谱也可以辨析单层表皮、点缺陷、吸附物、台阶和纳米带边缘的能态。

选区光电子能谱无须严格的背景校正但需进行谱峰面积归一化。不准确的背景校正只会导致轻微的定量偏差，不影响结果呈现的本质原因和变化趋势。光谱面积归一化补偿了光电子衍射引起的光电子各向异性，因为它只影响峰的强度并不影响峰位能量。

俄歇光电子关联谱和 X 射线吸收光谱能同时获得两个能级的能量转移，一个是价带顶，另一个是芯带。俄歇参数的能级偏移是价带顶偏移量的两倍，而非价带顶和芯带能级偏移量之和的平均值。拓展的 Wagner 图揭示了有关上述两个能级屏蔽作用和各自能级偏移化学效应的重要信息。

汇总本篇获得的一系列电子谱学信息，可以得到以下几点：

(1) 由最多三个原子层组成的固体表皮，其化学键相比于体内的键更短更强、电荷更致密、能级更深，但结合能更低。能量密度和结合能的偏移调控着低配位和异质配位体系的性能。

(2) 缺陷、吸附原子、台阶边缘、晶界和纳米结构都为低配位系统，但一个原子近邻配位原子数目缺失的幅度，如吸附原子相比于平面原子配位数更少，会影响其极化能力。而低配位体系产生的这种极化作用对于调控带隙、功函数、电亲和力以及电子和光子的发射率等具有重要意义。

(3) Pt 吸附原子和 Cu/Pd 合金因钉扎主导成为受主型催化剂，Rh 吸附原子和 Ag/Pd 合金则因极化主导成为施主型催化剂。低配位的 Co、Ni 和 Re 原子展现钉扎优势而 W、Au、Ag 和 Cu 则是极化主导。钉扎或极化可为催化剂的设计和判定提供指导。

(4) 石墨的狄拉克-费米极化子是由缺陷周围和锯齿形纳米带边缘致密钉扎的成键电子形成的 σ 悬键电子孤立和极化而生成的。这一形成机理可以推广至强极化作用主控的单原子催化物、热电子器件、超导体等体系。

(5) Be/W 合金具有高界面能密度和电荷极化作用，对辐射具有一定的防护作用，适用于核工业器件的防护领域。

(6) 缺陷通过低配位诱导的量子钉扎和极化(钉扎偶极子)降低带隙和功函数、延长载流子寿命，从而提高 TiO_2 的光催化能力。纳米颗粒尺寸和表面曲率变化可能在某一临界值改变钉扎或极化的主导地位，从而影响物质性能。

(7) 水的结构是分子晶体中最为简单的，它含有等量的悬键质子和电子孤对，这两者是晶体结构和功能的基本单元。分子低配位和静电极化使 H—O 键收缩、O:H 键伸长，伴随强极化作用，导致形成超固态相，具有高黏弹性、疏水性、低密度、机械和热稳定性。超固态可以拓展准固态相边界色散，提高熔点、降低冰点和气化温度。

(8) 原子低配位和 sp 轨道杂化引起的自旋极化可以调节表皮和单层膜的高温超导性以及拓扑绝缘体边缘超导性。自旋-自旋耦合强度决定超导相变温度和导带宽度，局域极化决定载流子运动的边缘或表皮路径。

这些发现不仅证实了键弛豫理论-非键电子极化-选区分辨光电子能谱结合俄歇光电子关联谱的策略在充实 STM/S 和 PES 测量与分析方面具有强大作用，也证明了非常规原子和分子配位以及轨道杂化相关的成键和电子动力学的重要性。控制成键和非键的形成与弛豫以及相应的电子转移、极化、局域化、致密化动力学是进行功能材料设计的有效手段。

12.2　局　限　性

应用键弛豫-非键电子极化理论及俄歇光电子关联谱和选区分辨光电子能谱方法研究物质性能时，为确保所获局域键弛豫和能级偏移的准确性和可靠性，需要注意以下方面：

(1) 在紧束缚方法中，芯能级偏移量与交换和重叠积分之和成正比。重叠积分的贡献仅为交换积分的 3%或更小，特别是对于深层的芯能级。考虑重叠积分可以提高数值的精度。

(2) 对于合金或化合物中的某一特定元素，与其芯能级不同，它的价带更为复杂，包含各组成元素原子之间电荷输运的卷积特征，最终形成的价带特征涵盖成键、非键、空穴和反键偶极子等状态。

(3) 基于 BOLS-TB 理论从表皮光电子能谱中获取的信息较之从纳米颗粒光电子能谱中获得的更为可靠，因为晶粒尺寸和形状的均一性难以确定。同时，数据的可靠性和准确性还取决于表皮光电子能谱数据库的大小。数据库越大，分析所得的可靠性和准确性就越高。例如，从层状和取向(hkl)表皮上采集的光电子能谱在确定孤立原子能级和配位诱导偏移量时，结果的标准偏差与数据数目的平方根成反比。

(4) 分析俄歇光电子关联谱时，常忽略自旋轨道简并能级的相对偏移，特别是深层能级。

(5) 选区分辨光电子能谱可用于监测导体和半导体成键和电子性能的配位数和化学效应，绝缘体除外。还可以利用声子和光子光谱检测绝缘体和液体在机械和热激励下的成键能量学行为，无须高真空环境。

(6) 对于特定的晶体几何结构，不用区分化学成分，其表面和子层的原子配位数应恒定。所以，原子配位数可以标准化。

12.3　应　用　前　景

选区分辨光电子能谱对化学环境和配位环境的微小变化具有很高的灵敏度，特别适用于微量元素吸附的静态和动态监测。选区分辨光电子能谱通过扣除背景来获取内在信息。例如，在分析吸附态或缺陷态时，选区分辨光电子能谱的波峰对应于最低原子配位诱导的特征、波谷为满配位时的块体特征，去除了中间配位数目的特征。选区分辨光电子能谱可辨析表皮富集某金属成分的双金属体系、吸附或催化引起表皮成分改变的合金等情况下异质配位和低配位诱导的物性演变，因为光谱谱峰的峰位和强度会随表皮附加元素的增加而改变。

　　除化学和配位条件之外，选区分辨光电子能谱对施于样品上的电场、磁场、温场、力场等任何激励都十分敏感。基于键弛豫理论-非键电子极化-局域键平均近似方法和选区分辨光电子能谱分析策略，人们可以获得局域键长和键能、不同能带的电荷分布、键能密度、原子结合能等定量信息，为物质宏观性能的原子尺度调控提供了有效途径。

　　原子配位分辨的电子光谱学或键弛豫理论-非键电子极化-选区分辨光电子能谱策略，可以拓展到更为普遍的光谱分析中，如声子和光子谱学，可辨析特定位置化学键、电子、声子和光子的多场耦合效应。可以想象，如果将聚焦点从平衡态键能转移到声子频率或光波波长，可以获得更为丰富的信息：原子势能泰勒级数的零阶项为键能，二阶导数项对应于声子振动能；光子发射和光子吸收的能量取决于带隙和电子-声子耦合；带隙与平衡时的键能成正比。因此，化学键、电子、声子和光子的原子尺度光谱对于物质性能的分析非常重要。拓展现有谱学技术必将对低配位与异质配位物理化学领域产生深远影响。

第二篇 超低能电子衍射解谱：成键动力学

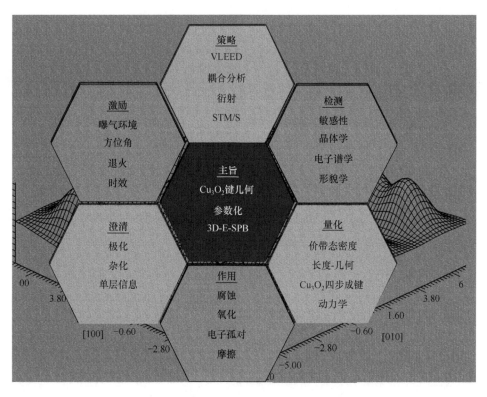

策略
VLEED
耦合分析
衍射
STM/S

激励
曝气环境
方位角
退火
时效

检测
敏感性
晶体学
电子谱学
形貌学

主旨
Cu_3O_2键几何
参数化
3D-E-SPB

澄清
极化
杂化
单层信息

量化
价带态密度
长度-几何
Cu_3O_2四步成键
动力学

作用
腐蚀
氧化
电子孤对
摩擦

00
3.80
[100]
-0.60
-2.80
-5.00
1.60
-0.60
[010]
3.80
6

解析 VLEED 可获取成键几何、布里渊区、能带结构、内势常数、表面势能、功函数、Cu_3O_2四步成键动力学及其最外两原子层氧化诱生四个价态的能态演变动力学(扫描封底二维码可看彩图)

第 13 章　第二篇绪论

要点

■ 拓展 LEED 晶体学是构建化学键-能带-势垒动力学的重要理论方法
■ VLEED 谱可以检测原子和价电子行为以及化学吸附成键动力学
■ VLEED 谱可以探测最外两原子层的键几何结构、能态密度和势函数
■ VLEED 谱可以解析功函数、muffin-tin 内势、布里渊区边界

摘要

应用 VLEED 谱解析化学键-能带-势垒反应动力学,能够获得有关材料表面最外层原子的键几何结构和价带及以上电子行为的综合信息,这已被扫描隧道显微镜(STM)和光电子能谱(PES)测试验证。

13.1　内　容　概　览

超低能电子衍射(very low-energy electron diffraction,VLEED,$E \leqslant 16.0$ eV)是一种独特的实验技术,能收集表面最外两层原子的键几何结构以及实空间和动量空间的电子能量分布信息。结合扫描隧道显微镜/谱(scanning tunneling microscopy/spectroscopy,STM/S)和光电子能谱(photoelectron spectroscopy,PES),VLEED 技术能够揭示化学键形成和断裂的动力学过程、价带态密度(density of state,DOS)以及化学吸附表面势垒(surface potential barrier,SPB)的关联演变。基于 VLEED 计算参数信息灵敏度的分析发现,键的几何结构和表面势垒的实部即弹性势能决定 VLEED 的精细结构特征,而由第二层及其上以电子分布为主的非弹性阻尼决定电子谱的强度。根据从不同方位角测量的 VLEED 剖面图可以获得布里渊区的变形、键几何性质以及 muffin-tin 内势常数和化学吸附表面功函数的信息。此外,必须考虑实空间中表面势垒的各向异性和价电荷的不均匀性。随着吸附过程中曝氧量的增加,Cu(001)表面氧吸附成键的四步反应过程呈现出由 CuO_2 偏心金字塔结构向 Cu_3O_2 四面体结构转变的过程。但是,在约 550 K 温度退火时,氧的 sp^3 轨道发生退杂化效应,降低了氧化程度。

从晶体学、显微学和电子能谱学的角度讨论，Cu_3O_2 四步成键动态过程代表了自然界氧化行为的真实情况。sp 轨道杂化成键、非键电子孤对和金属偶极子的形成以及低配位导致的化学键的自发收缩是化学吸附的重要过程。与 STM 和 PES 结合，VLEED 提供了一种独特的方法，可以从表面最外两层原子和最外层价带收集全面的、无损伤、定量的氧化过程信息。

本篇主要内容包括：第 13 章和 14 章介绍 VLEED 光谱技术及 O-Cu(001) 表面化学吸附的基本原理。第 15 章描述基于 Thurgate[1]、van Hove 和 Tong[2]、化学键-能带-势垒模型(3B)[3, 4]共同开发的多原子和多重衍射的 LEED 计算代码，并以 O-Cu(001) 表面为例，分析氧化过程以及价带态密度、表面势垒的变化过程。第 16 章探讨 VLEED 解析技术的灵敏度及分析方法，对数值模拟、解析策略和可靠性进行证明。第 17 章描述从 O-Cu(001) 表面解析一系列动态 VLEED *I-E* 光谱结果，获得键几何变化、布里渊区、价带态密度、表面势垒、功函数和内势常数等定量信息[5]。第 18 章详细探讨 Cu_3O_2 四步成键动力学过程。第 19 章探讨氧化过程中的退火和时效情况。第 20 章总结全篇主要工作，并展望化学吸附成键的实际应用。

13.2　超低能电子衍射谱学概述

低能电子衍射(LEED)谱学是研究晶体表面及以下几层原子几何结构的一项重要技术[6, 7]。常规 LEED 中，能量超过 30 eV 的散射电子束由入射电子束与多个原子层的离子实相互作用而形成[2, 8]。LEED 光谱可以表征表面晶格的二维结构，从衍射强度随入射电子束方位角的变化情况推断垂直方向上的原子排列信息并能测定表层原子间距，类似于 XRD 测定晶体结构。特别地，LEED 是表面科学中用来分析化学吸附层结构和清洁表面重构行为的重要工具，其光谱和 *I-E* 剖面图的解析非常关键，是化学吸附过程分析的基础，对于催化和腐蚀过程的理解至关重要。然而，LEED 谱图的分析仅能获得吸附层中晶体单胞的相对大小、对称性和方位，不能对吸附层与衬底之间的间距定量分析。而且，光谱分析虽然可以找到吸附点，但所得键长和表面层间距的精确度往往不足[9]。

等离子体激发或电离下的 VLEED 谱能够提供更为丰富的信息，涉及表面原子层几何结构、表面势垒实部与虚部描述的表面电子行为等。表面势垒与多重衍射动力学相结合能进一步表征与表面状态、表面共振或 VLEED 精细结构等相关的有趣现象[7, 10]。

入射电子束与表面电子之间的相互作用决定 VLEED *I-E* 谱的精细结构特征，即意味着表面电子与表面原子的位置和价态密切相关。VLEED 谱主要蕴含以下信息[11, 12]：

(1) 基于离子核衍射分析得到的表面原子层和衍射层数取决于入射光束的能量；

(2) 表面弹性势垒引起入射光束的散射和干涉；

(3) 表面电子能量交换和声子激发会造成表面虚势垒或非弹性阻尼的衰减。

VLEED 的物理机理比常规 LEED 更为复杂，它能揭示更为全面和深刻的物理本质。但由于离散电子和磁场对迁移电子的影响以及理论计算程序的限制，VLEED 技术暂时没有得到广泛使用。通常在能量较高的情况下，光电势能与电子能量是无关的，能量低于等离子体激发能时除外。光谱精细结构对表面势垒的形状十分敏感。在常规计算中，表面势垒散射是以一种简单方式进行处理的，但这对于表面化学吸附系统而言远远不够。

常规 LEED 无法同时确定晶体几何性质和表面势垒，因为它无法鉴定光谱特征是由原子位置变化还是表面势垒形状改变引起的。若表面势垒形状未知，则依赖于 muffin-tin 内势常数的能量是未知的，依赖于空间衰变和非弹性势的能量也是未知的。因此，仅从 VLEED 精细结构特征还无法获取这些综合信息。所以，解析 VLEED 谱并建立所有响应与其本质联系的模型是一个巨大的挑战。

密堆积过渡金属表面[13-20]和 ZnO(0001)表面[21]的研究证实，VLEED 获取表面势垒和能带结构信息比 LEED 更具优势。结合极低能量下的光吸附散射强度，可以建立相关模型以获取这些独立表面原子的原子价态[3, 11, 12]并确认吸附物位置[22]。

事实上，化学键的形成会改变光吸附负离子和主价态的电子结构[4]。在 VLEED 的计算中，涉及的光束和相移均较少，且在能量范围内呈现出更大密度的谱峰。因此，计算时间大大减少。用合适的计算代码和结构模型，可通过高分辨率 VLEED *I-E* 剖面图同时分析原子和表面电子的运动情况。

VLEED *I-E* 剖面图具有两个特点：一是 Rydberg 级数，它与表面势垒引起的干扰或共振效应有关[23]，来源于入射光和基底晶格及表面势垒之间因多次反射而发生的干涉。因为 Rydberg 级数在衍射光束出现阈值前开始收敛，所以又被称为"阈值效应"[6]，也即"表面势垒共振或干涉"[24]。另一个显著特征来自布里渊区边界带隙的布拉格衍射[25]。这些窄、尖、单独且剧烈的谱峰依赖于表面晶体几何结构以及电子束的入射角和方位角[26, 27]。研究人员发现，O-Ru(001)[28]、Cu(111)[29, 30]、Ni(111)和 ZnO(0001)[21]晶体表面峰值汇聚将导致新阈值的出现。能带结构会引起这些波峰的变化，而 VLEED 光谱图附加的波浪式能量则引起这些波谷的变化[31]。

基于理论和实验数据之间的相互匹配，VLEED 可以得到能带结构与弹性反射系数之间的关系[32, 33]。在固体中，真空波函数与叠加的布洛赫波相互匹配可以得到弹性反射系数。VLEED 光谱中波谷能量位置对应于反射的快速变化,与布里渊区边界上的能带结构临界位置一致[34, 35]。因此,可以通过直接测定临界点能量位置来确定 VLEED 剖面图和能带结构之间的联系。

目前,研究人员主要致力于利用 VLEED 来描述真空表面上的能量状态,即未占据态。Strocov 等[14-17]已证明 VLEED 非常适合于表征高能态。从能带结构角度来看,VLEED 对于因几何结构变化引起的高能价态形成十分敏感,这有利于应用 VLEED 研究能带结构和原子几何结构。Bartos 等[29, 36]考虑 Cu(111)表面电子衰减的各向异性(非弹性势)时,从理论上得到的 I-E 曲线与实验数据基本一致,表明 VLEED 能够提供关于表面势垒各向异性的信息。

即使到 1995 年,利用 VLEED 测定大单位网格的物质表面或含有吸附分子的表面结构方面依旧进展缓慢,更无利用 VLEED 同时确定键几何、能态、三维表面势垒以及吸附系统成键动力学的尝试[11, 12]。目前,人们为探究 Cu(001)表面的化学氧吸附动力学,开发了多原子和多重衍射编码[1],正在逐步改变这种现状。

在多重衍射计算编码中,应用含有 5 个原子的复杂单元格作为干涉附加层来处理表面势垒。不过,用于描述表面势垒弹性的实部 $\mathrm{Re}V(z)$ 和非弹性的虚部 $\mathrm{Im}V(z, E)$ 的表述中含有的参数太多。在一维系统中,至少需要 9 个变量来描述表面势垒的空间变化和能量依赖性。如果将强相关的表面势垒参数单独处理,即一维近似,不仅会缺失价态的局域性质和表面势垒各向异性信息,对于化学吸附表面的分析也没有任何作用。它在处理纯净 Cu(001)表面时效果很好,但对 Cu(001)吸附表面的 VLEED 数据解析困难重重。尽管后续发展了多种结构模型和表面势垒参数分析方法[1],但对于 O-Cu(001)表面 ⟨11⟩ 方位附近的光谱始终无法得到。三维表面势垒对吸附系统非常重要,能从原子尺度影响诸多物性。

事实上,准确的表面势垒参数必定依赖于能量 E、横向动量 $k_{//}$ 以及表面原子坐标 (x, y)。然而,表面势垒中的 3D 项会在表面势垒散射矩阵中产生非对角矩阵元素,这将增加计算机的运算时间。一种简单体现 3D 效果的方法是混合一维模型,其中蕴含着一些重要的 3D 特性。而且多重散射在 VLEED 能量中并不重要,因此一维模型与 3D 特性的混合模型可以接受。

高能光子、X 射线或强紫外电离辐射在真空室轰击样品释放出电子,探测器收集这些自由电子并测量其能量和运动方向。紫外光电子能谱(ultroviolet photoelectron spectrometer, UPS)可检测价电子,适于确定表面物质的成键特性和价电子结构细节。对于化学吸附情况,UPS 能够揭示吸附物轨道与基底成键之间的关系。因此,如果从满能级发射出的光电子具有跃迁至这个结构区域内的动能,那么,UPS 采集的强度即为满能级和空态态密度与转移概率矩阵的卷积。因此,价电子谱对光子能量具有较强的依赖性。在 X 射线光电子能谱(X-ray photoelectron spectroscopy，XPS)中，因价态光电子动能对应于末态情况，所以观察到的态密度更接近于初始的态密度。高分辨全谱图可展示费米能级附近的能带结构和电子态密度的截断情况。

STM/S 在揭示表面原子尺度的直接和定性信息方面取得了巨大进展，但它获得的图像尚未有合适的物理解释[37]。VLEED、PES 和 STM/S 互为补充，可以将实空间和 K 空间结合起来，获得宏观材料表面的原子尺度信息。VLEED 与 STM/S 组合可以减少各自单独应用时的局限性。STM/S 可提供直观的表面形貌，解析VLEED 谱可获得相应的定量信息，实空间和能量范畴理论模型可将形态学和光谱学联系起来。STM 成像有助于建立化学键形成和电子态演化的模型，能够区分单个原子状态和表面势垒的非均匀性。从 STM 图像中推导的结果可以作为模拟VLEED 光谱的输入参数和证明依据。VLEED 模拟结果反过来可加强对 STM/S 和PES 观察结果的理解，进一步从表面原子和电子的行为中提取更为丰富的信息。获取的有关化学吸附成键和能带形成动力学的信息，可以应用于更多的表面化学吸附行为[3, 4]的研究。还可以根据基本原理，指定单个原子状态，从而推导出VLEED、STM/S 和 PES 的表面反应方程。若可以获得指定离子、偏振态或缺失原子空位所产生的 STM 信号，对于化学吸附的阐释则将变得更为简单[38]。

13.3　表面化学吸附概述

自 1956 年 Young 等发现 Cu(001)表面比 Cu 单晶其他平面更易氧化后[39]，O-Cu(001)表面氧吸附成为研究表面化学吸附问题的重要模型。氧的化学吸附问题在理论和实验上都开展了深入的研究。对于 Cu(001)表面的氧诱导重构现象，存在诸多解释。人们利用各种实验技术[40]和理论方法[41, 42]导出了多种原子超结构。当然，即使利用相同的方法，所观察到的原子结构也各有不同。目前颇受学者广泛认同的是 1990 年由 Zeng 和 Mitchell 首次提出的缺失行型(missing-row，MR)Cu(001)-$(2\sqrt{2} \times \sqrt{2})$R45°-O 结构[43]。STM 观察[44, 45]和 VLEED 计算[3, 11, 12]证实，在氧化环境下将首先形成偏心金字塔结构 Cu(001)-c(2×2)-O^-，随后再形成超晶格结构 MR $(2\sqrt{2} \times \sqrt{2})$R45°-$2O^{2-}$。

图 13.1 所示为基于 MR 钢球模型[46]描述的 Cu(001)表面氧吸附重构的 STM 图[45, 47]。根据有效介质理论，Jacobsen 和 Nørskov[48]认为缺失行型重构对于O-Cu(001)和 O-Cu(110)表面是最稳定的。在 O-Cu(001)表面，氧原子首先吸附于第一 Cu 原子层之下的空穴处，随后偏离中心 0.3～0.5 Å 的距离。与此同时，一对 Cu 原子覆盖于缺失行之上。这一行为的物理机理尚不清楚。

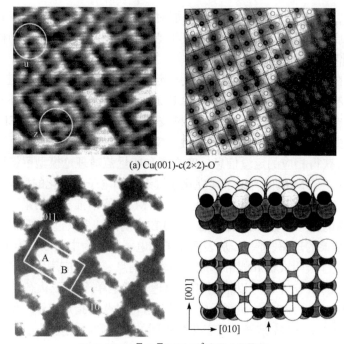

(a) Cu(001)-c(2×2)-O⁻

(b) Cu(001)-($\sqrt{2}×2\sqrt{2}$)R45°-2O²⁻与缺失行模型

图 13.1　O-Cu(001)吸附结构的 STM 图

(a)为曝氧量 25 L 时吸附形成的 c(2×2)-O⁻域锯齿形结构和 U 形突起边界[44, 52]。网格线为 Cu 基底原子的初始理想位置。空圆环和实心圆分别代表 Cu 原子和吸附 O 原子。(b)所示为在曝氧量 1000 L、300 ℃下退火 5 min 获得的 Cu(001)-($\sqrt{2}×2\sqrt{2}$)R45°-2O²⁻结构[47]以及缺失行模型的侧视与俯视图[3]

　　1993 年，Lederer 等[49-51]曾提出在 O-Cu(001)表面重构过程中存在未重构和重构两个阶段。未重构时，氧原子吸附于第一 Cu 原子层之上 0.8 Å 处，形成中心偏离金字塔结构或偏离对称中心 0.1 Å 的 c(2×2)-O 结构。重构后，吸附原子以 MR ($\sqrt{2}×2\sqrt{2}$)R45°-O 结构位于第一 Cu 原子层之上 0.2 Å 处。这两个连续阶段中，O 吸附原子首先停留在中心偏离金字塔顶端，然后转移至扭曲的四面体顶端。O—Cu 键的性质在第一阶段被认为主要是离子键，第二阶段则为共价键。1996 年，Fujita 等[44]通过 STM 观察证实了双相结构。在曝氧量为 25 L 或更低时，O 原子吸附于次近邻原子空位并形成中心偏离金字塔构型。前驱体相由纳米量级的 c(2×2)-O 域与突出边界组成。随着曝氧量增加，c(2×2)-O 演化成($\sqrt{2}×2\sqrt{2}$)R45°-O 结构，其中每隔三行缺一行 Cu 原子。1998 年，Tanaka 等[52]研究表明，在高能 Ar⁺ 光束轰击下，这两个阶段可逆。

　　1997 年，Sun 和 Bai 等[3, 53]明确了 MR 实际是氧吸附四面体成键过程形成的，无须其他扰动即可打破所有 MR 原子的键。在 Cu(001)的特定几何条件下，O⁻过渡到 O²⁻状态分为两个阶段[53]。图 13.1(a)显示了 O⁻衍生出第一阶段的锯齿形和 U

形突起边界。与之相对应，图 13.1(b)中 O^{2-} 衍生的哑铃形突起在缺失行之上连接起来。Jensen 等[47]将这种奇异的形状解释为：Cu—O—Cu 链的配对方式是将 Cu 和/或 O 原子置换到缺失行附近约 0.35 Å 处；Cu—O—Cu 链由非局域的反键态连接。Sun 认为是非键电子孤对 ":" 连接着 $O^{2-}:Cu^p:O^{2-}$ 且 $Cu^p \leftrightarrow Cu^p$ 配对偶极子横跨缺失行，"$\leftrightarrow$" 表示偶极子之间的斥力[3]。

　　图 13.1(b)为双行间隔约为(2.9±0.3) Å 的 STM 图。亮斑长度约为 5.1 Å，高度为 0.45 Å，而纯 Cu(001)表面的突起高度约为 0.3 Å[39]。基于这些 STM 图，可以建立相关理论模型辨析化学键性质及其对单个原子状态的影响。

　　Hitchen、Thurgate 和 Jennings[54]在远低于等离子体激发能量范围(6.0～16.0 eV)内收集了 O-Cu(001)表面高分辨率的 VLEED 光谱，发现在 200～300 L 氧环境下，O-Cu(001)的 VLEED 光谱强度发生剧烈变化。这一变化与 c(2×2)至($\sqrt{2} \times 2\sqrt{2}$)R45°相转变有关。然而，O-Cu(001)表面 VLEED 数据证实的两个超结构均不能应用统一的一维表面势垒模型来重现。

13.4　本篇主旨

　　本篇主要展示 O-Cu(001)吸附表面 VLEED 谱的解析过程。结合 VLEED、STM 和 PES 提供下列综合信息：

　　(1) 定量解析键几何、键长和 Cu_3O_2 的四步成键动力学过程；

　　(2) 确定表面原子价态和价带态密度；

　　(3) 描述表面势垒的各向异性和非均匀性；

　　(4) 测定氧吸附影响的功函数和 muffin-tin 内势常数；

　　(5) 确定二维布里渊区以及布里渊区边界附近电子的有效质量；

　　(6) 澄清主控键形成的因素以及重构背后的驱动力；

　　(7) 证实四面体键的形成和表面键收缩；

　　(8) 明确 STM/S、PES 和 VLEED 的光谱特征。

参 考 文 献

[1] Thurgate S M, Sun C. Very-low-energy electron-diffraction analysis of oxygen on Cu(001). Phys. Rev. B, 1995, 51(4): 2410-2417.

[2] van Hove M A, Tong S Y. Surface Crystallography by LEED: Theory, Computation and Structural Results. Heidelberge: Springer Science & Business Media, 2012.

[3] Sun C Q. Oxidation electronics: Bond-band-barrier correlation and its applications. Prog. Mater. Sci., 2003, 48(6): 521-685.

[4] Sun C Q. Relaxation of the Chemical Bond. Heidelberge: Springer, 2014.

[5] Sun C Q. Spectral sensitivity of the VLEED to the bonding geometry and the potential barrier of the O-Cu(001) surface. Vacuum, 1997, 48(5): 491-498.

[6] van Hove M A, Weinberg W H, Chan C M. Low-energy Electron Diffraction: Experiment, Theory and Surface Structure Determination. Heidelberge: Springer Science & Business Media, 2012.

[7] Jones R O, Jennings P J. LEED fine structure: Origins and applications. Surf. Sci. Rep., 1988, 9(4): 165-196.

[8] Pendry J B, Alldredge G P. Low energy electron diffraction: The theory and its application to determination of surface structure. Phys. Today, 1977, 30(2): 57.

[9] van Hove M A, Somorjai G A. Adsorption and adsorbate-induced restructuring: A LEED perspective. Surf. Sci., 1994, 299-300: 487-501.

[10] McRae E G. Electron diffraction at crystal surfaces: I. Generalization of Darwin's dynamical theory. Surf. Sci., 1968, 11(3): 479-491.

[11] Sun C Q. O-Cu(001): II. VLEED quantification of the four-stage Cu_3O_2 bonding kinetics. Surf. Rev. Lett., 2001, 8(6): 703-734.

[12] Sun C Q. O-Cu(001): I. Binding the signatures of LEED, STM and PES in a bond-forming way. Surf. Rev. Lett., 2001, 8(3-4): 367-402.

[13] McRae E G, Caldwell C W. Absorptive potential in nickel from very low energy electron reflection at Ni (001) surface. Surf. Sci., 1976, 57(2): 766-770.

[14] Strocov V N, Starnberg H I, Nilsson P O, et al. New method for absolute band structure determination by combining photoemission with very-low-energy electron diffraction: Application to layered VSe_2. Phys. Rev Lett., 1997, 79(3): 467.

[15] Strocov V N, Blaha P, Starnberg H I, et al. Three-dimensional unoccupied band structure of graphite: Very-low-energy electron diffraction and band calculations. Phys. Rev. B, 2000, 61(7): 4994.

[16] Strocov V N. Intrinsic accuracy in 3-dimensional photoemission band mapping. J. Electron Spectros., 2003, 130(1): 65-78.

[17] Strocov V N, Claessen R, Nicolay G, et al. Absolute band mapping by combined angle-dependent very-low-energy electron diffraction and photoemission: Application to Cu. Phys. Rev. Lett., 1998, 81(22): 4943.

[18] Jaklevic R C, Davis L C. Band signatures in the low-energy-electron reflectance spectra of fcc metals. Phys. Rev. B, 1982, 26(10): 5391.

[19] Bedell L R, Farnsworth H E. A study of the (00) LEED beam intensity at normal incidence from CdS (0001), Cu (001), Cu (111), and Ni (111). Surf. Sci., 1974, 41(1): 165-194.

[20] Feder R, Jennings P J, Jones R O. Spin-polarization in LEED: A comparison of theoretical predictions. Surf. Sci., 1976, 61(2): 307-316.

[21] Møller P J, Komolov S A, Lazneva E F. VLEED from a ZnO (0001) substructure. Surf. Sci., 1994, 307-309(B): 1177-1181.

[22] Pfnür H, Lindroos M, Menzel D. Investigation of adsorbates with low energy electron diffraction at very low energies (VLEED). Surf. Sci., 1991, 248(1-2): 1-10.

[23] McRae E. Electronic surface resonances of crystals. Rev. Mod. Phys., 1979, 51(3): 541.

[24] Papadia S, Persson M, Salmi L A. Image-potential-induced resonances at free-electron-like metal surfaces. Phys. Rev. B, 1990, 41(14): 10237.

[25] Sun C Q. Angular-resolved vleed from O-Cu(001): Valence bands, chemical bonds, potential barrier, and energy states. Int. J. Mod. Phys. B, 1997, 11(25): 3073-3091.

[26] Hitchen G, Thurgate S. Azimuthal angular dependence of LEED fine structure from Cu (001). Surf. Sci., 1988, 197(1-2): 24-34.

[27] Hitchen G, Thurgate S. Determination of azimuth angle, incidence angle, and contact-potential difference for low-energy electron-diffraction fine-structure measurements. Phys. Rev. B, 1988, 38(13): 8668.

[28] Lindroos M, Pfnür H, Menzel D. Theoretical and experimental study of the unoccupied electronic band structure of Ru (001) by electron reflection. Phys. Rev. B, 1986, 33(10): 6684.

[29] Bartoš I, van Hove M A, Altman M S. Cu (111) electron band structure and channeling by VLEED. Surf. Sci., 1996, 352-354: 660-664.

[30] Jacob W, Dose V, Goldmann A. Atomic adsorption of oxygen on Cu (111) and Cu (110). Appl. Phys. A, 1986, 41(2): 145-150.

[31] Baribeau J M, Carette J D, Jennings P J, et al. Low-energy-electron-diffraction fine structure in W (001) for energies from 0 to 35 eV. Phys. Rev. B, 1985, 32(10): 6131.

[32] Tamura E, Feder R, Krewer J, et al. Energy-dependence of inner potential in Fe from low-energy electron absorption (target current). Solid State Commun., 1985, 55(6): 543-547.

[33] Baribeau J M, Carette J D. Observation and angular behavior of Rydberg surface resonances on W (110). Phys. Rev. B, 1981, 23(12): 6201.

[34] Herlt H J, Feder R, Meister G, et al. Experiment and theory of the elastic electron reflection coefficient from tungsten. Solid State Commun., 1981, 38(10): 973-976.

[35] Komolov S A. Total Current Spectroscopy of Surfaces. Boca Raton: CRC Press, 1992.

[36] Bartoš I, Jaroš P, Barbieri A, et al. Cu(111) surface relaxation by VLEED. Surf. Rev. Lett., 1995, 2(4): 477-482.

[37] van Hove M A, Cerda J, Sautet P, et al. Surface structure determination by STM vs LEED. Prog. Surf. Sci., 1997, 54(3): 315-329.

[38] Sun C Q, Bai C L. Modelling of non-uniform electrical potential barriers for metal surfaces with chemisorbed oxygen. J. Phys. Condens. Matter, 1997, 9(27): 5823-5836.

[39] Young F W, Cathcart J V, Gwathmey A T. The rates of oxidation of several faces of a single crystal of copper as determined with elliptically polarized light. Acta Metall., 1956, 4(2): 145-152.

[40] Woodruff D P, Delchar T A. Modern Techniques of Surface Analysis. New York: Cambridge University Press, 1986.

[41] Bagus P S, Illas F. Theoretical analysis of the bonding of oxygen to Cu (100). Phys. Rev. B, 1990, 42(17): 10852.

[42] Nørskov J K. Theory of adsorption and adsorbate-induced reconstruction. Surf. Sci., 1994, 299-300: 690-705.

[43] Zeng H C, Mitchell K. Further LEED investigations of missing row models for the Cu

(100)-(22×2) R45°-O surface structure. Surf. Sci., 1990, 239(3): L571-L578.

[44] Fujita T, Okawa Y, Matsumoto Y, et al. Phase boundaries of nanometer scale c (2× 2)-O domains on the Cu (100) surface. Phys. Rev. B, 1996, 54(3): 2167.

[45] Lederer T, Arvanitis D, Comelli G, et al. Adsorption of oxygen on Cu (100). I. Local structure and dynamics for two atomic chemisorption states. Phys. Rev. B, 1993, 48(20): 15390.

[46] Besenbacher F, Nørskov J K. Oxygen chemisorption on metal surfaces: General trends for Cu, Ni and Ag. Prog. Surf. Sci., 1993, 44(1): 5-66.

[47] Jensen F, Besenbacher F, Laegsgaard E, et al. Dynamics of oxygen-induced reconstruction on Cu(100) studied by scanning tunneling microscopy. Phys. Rev. B, 1990, 42(14): 9206-9209.

[48] Jacobsen K W. Theory of the oxygen-induced restructuring of Cu (110) and Cu (100) surfaces. Phys. Rev. Lett., 1990, 65(14): 1788.

[49] Arvanitis D, Comelli G, Lederer T, et al. Characterization of two different adsorption states for O on Cu (100). Ionic versus covalent bonding. Chem. Phys. Lett., 1993, 211(1): 53-59.

[50] Yokoyama T, Arvanitis D, Lederer T, et al. Adsorption of oxygen on Cu (100). II. Molecular adsorption and dissociation by means of O K-edge X-ray-absorption fine structure. Phys. Rev. B, 1993, 48(20): 15405.

[51] Lederer T, Arvanitis D, Comelli G, et al. Adsorption of oxygen on Cu (100). I. Local structure and dynamics for two atomic chemisorption states. Phys. Rev. B, 1993, 48(20): 15390.

[52] Tanaka K I, Fujita T, Okawa Y. Oxygen induced order-disorder restructuring of a Cu (100) surface. Surf. Sci., 1998, 401(2): L407-L412.

[53] Sun C Q. Exposure-resolved VLEED from the O-Cu(001): Bonding dynamics. Vacuum, 1997, 48(6): 535-541.

[54] Hitchen C, Thurgate S, Jennings P. A LEED fine structure study of oxygen adsorption on Cu (001) and Cu (111). Aust. J. Phys., 1990, 43(5): 519-534.

第 14 章 固体表皮化学吸附原理

要点

- VLEED 综合了布拉格与表面势垒弹性和非弹性共振衍射
- 键几何、价带态密度与表面势垒共同主导 VLEED 的精细结构特征
- 键几何和三维表面势垒需恰当建模和参数化
- 动态 VLEED 可揭示化学吸附反应中化学键-能带-势垒的动力学演化过程

摘要

成键与非键电子对诱导的氧吸附四面体成键过程，可确定键几何、价带态密度和表面势垒。以键角、键长和表面势垒原点为自变量，将氧吸附反应过程中涉及的所有相关物理量参数转变为这三者的函数，不仅可以简化计算，更重要的是能获得更接近实际氧吸附情况的有效结果。

14.1 VLEED 共振衍射

人们早期采用双衍射 VLEED 编码方案[1]通过积分来计算物质表面势垒，积分范围从无限远处到体内某 z_c 点，该点势能近似等于原子 muffin-tin 内势常数。应用这一编码方案模拟的纯 Cu(001)表面单原子的 VLEED 光谱曲线与实测结果十分吻合[2]。然而，对于化学吸附表面而言，双衍射和单原子衍射都无法模拟实际情况。因此，需要对反射强度进行多重衍射，以多阶衍射方案来模拟化学吸附表面，如 O-Cu(001)表面[3]。下面着重介绍多原子和多重衍射方案的一些基本细节。

14.1.1 多重衍射

为了模拟基底散射，先假设基底由半无限的原子层叠加而成。每一个原子层具有一个散射矩阵，用以描述入射光束转换成多条反射光束的情况。再通过设置光束重复转换和多条反射光束的矩阵来表示表面势垒散射。利用倍层法将这些矩阵添加到基底晶格反射矩阵中。该模型包含了基底晶格与表面势垒之间的多重反射。因此，晶体表面势垒散射振幅实际为无限多的内部反射求和的几何级数[4]。

图 14.1 说明了 VLEED 模式的多重衍射机理[3],图 14.2 则表明了 VLEED (00)束强度能谱[5]。

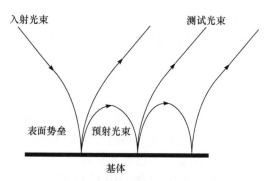

图 14.1　VLEED 精细结构的物理机理示意图[3]

入射光束的振幅一部分被衍射至待测光束方向,一部分转换为预射光束,其强度将被表面势垒重新折返,部分进入下一个循环。光谱强度测量值为振幅的平方和

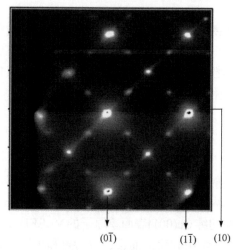

$(0\bar{1})$　　　$(1\bar{1})$　(10)

图 14.2　O-Cu(001)表面$(\sqrt{2}\times2\sqrt{2})$有序超结构的 LEED 衍射图

图中结果为室温及 480 L 曝氧量下所获得。6~16 eV 范围内的(00)方向的强度-能量(I-E)曲线可通过 VLEED 光谱测量获得[3,5]

　　表面势垒的散射通过光束的传输和反射矩阵来描述。应用层倍增公式将这些指标添加到基底反射矩阵中, 就可以解释基底和表面势垒之间所有可能的多重反射。晶体表面散射振幅表达式如下:

$$R_{\mathrm{T}}^{-+} = r^{-+}+t^{-}R^{-+}(1-r^{+-}R^{-+})t^{++} \tag{14.1}$$

其中,

$$\begin{cases} r = \dfrac{ik_\perp \psi + \psi'}{ik_\perp \psi - \psi'}\exp(-2ik_\perp z) \\[2ex] t = \dfrac{2ik_\perp}{ik_\perp \psi - \psi'}\exp(ik_\perp z) \end{cases} \tag{14.1a}$$

r 和 t 分别表示反射和传输系数。以半无限大基底为例，$z>0$，上标"+"表示电子初始方向，"—"表示最终方向。R_T^{-+} 为不包含表面势垒的基底反射矩阵，r^{-+}、r^{+-}、t^{--} 与 t^{++} 分别是表面势垒的反射和传输矩阵。ψ 和 ψ' 表示点 z 处的波函数，$k_\perp$ 描述电子的垂直动量。

14.1.2　多光束干涉

待测光束(通常为镜面方向)与预射光束之间的干涉随晶体几何和表面势垒变化，它们决定着 VLEED 的精细结构特征。当电子束撞击到晶体时，它被衍射至镜面方向，再依据入射条件向各个方向散射成高阶光束。若高阶光束在垂直于表面的方向上没有足够的能量挣脱表面势垒逃逸出去，那么它们将在晶体内部进行反射，随后被基底散射回镜面方向。

随着入射光束能量增加，衍射光束的垂直动量也将随之增大，光束自基底传播得更远、相变更大。当光束能量接近出射能量时，较小的能量增加也会导致相位较大的变化，此时峰值聚集在一起形成固定的能量。逆 PES 谱图物理过程与此类似[6-8]。每一条预射光束都有助于观察精细结构。预射光束与镜面光束之间的干扰可以从谱峰强度变化中进行分辨，但是这一干扰必须满足以下条件：

(1) 方向相同：入射光束衍射成其他光束，然后被基底和表面势垒反复衍射，部分被衍射至待测方向。

(2) 振幅兼容：预射光束和镜面光束必须有相似的振幅，以满足任何测量所需的调制和强度干扰。

(3) 相位差固定：衍射光束波长相同对干扰至关重要，相位差必须为 2π 的整数倍。

在布拉格衍射条件下，预射光束的能量仅依赖于二维晶体几何结构，可以通过 Ewald 结构进行验证。精细结构特征收敛，可类似 Rydberg 级数表征。表面势垒的高度和形状对光束能量也略有调节作用。

14.1.3　散射矩阵和相移

将复杂薛定谔方程自顶层原子积分到离表面一定距离处或势能影响不明显的位置，即可得到势垒散射矩阵。为了获得所需的反射和透射系数，需要从晶体内部沿负 z 方向指向外表面进行积分，且积分的范围取决于电子能量与内部势垒之比。这样可以获得波函数及其导数，再结合式(14.1(a))计算获得反射和透射系数。积分范围的选择取决于对哪一部分的系数进行求解。如果求解 r^{-+} 和 t^{--}，波函数就从表面积分至 z 点，即 $z = 0$ 的末端。积分起点的选择依赖于电子的能量与势能之间的比值。

对于接近束缚能的电子而言，路径相对较长，约为 150 个原子单位。但如果电子的能量与势垒高度相比较小或较大，那么路径就会缩短为大约 50 个原子单位。通过改变积分的方向，得到另一对反射和透射系数。

应用 Runga-Kutta 方法对势垒积分可得到 ψ 和 ψ'。初始波函数一般认为是平面波。通过对离子实的径向薛定谔方程积分，并与 muffin-tin 内势半径相匹配，可确定分波相移。

14.1.4　多原子计算代码

早期进行 VLEED 计算分析的代码针对单个原子，并不适用于多原子系统和表面重构系统。为了分析复杂原子系统，需要开发多原子代码。因此，对早期的单原子代码进行以下修改：

(1) 基于 Malmström 和 Rundgren 代码[9]，Lindroos 开发了一种新代码，通过计算表面势垒的反射和透射系数来计算表面势垒对 *I-E* 曲线的影响。通过对 Lindroos 和 Pfnür[10]的编码进一步修改，使其适合于处理层状散射矩阵时的低能条件。

(2) 应用 Runga-Kutta 方法完成薛定谔方程自表层到基底的积分。Malmstrom 和 Rundgren 的程序包通过将假想势积分至离衬底无限远处来计算表面势垒的反射和透射系数。所有这些对表面势垒效应的计算均假设表面势为离基底无限远的一维函数。

(3) 表面势垒对基底散射影响的程序汇总。一旦计算得到了反射系数和透射系数，则可表示表面势垒的反射矩阵和透射矩阵。单层的散射光束可用($n×n$)矩阵来描述，其中 n 表示活动光束的数量。由于是一维势垒，在某一方向上的光束不会被散射到其他方向上，所以势垒矩阵必定是对角的。为了简化表述，Thurgate 将反射矩阵和透射矩阵写为向量形式，并编写了相关程序来计算表面势垒对基底散射的影响，主要通过基底和表面势垒之间的多重散射求和至无穷来实现。

14.2　化学吸附成键动力学

14.2.1　观测结果

表 14.1 汇总了金属表面化学氧吸附及其对应的各种观测结果，提供了对于氧-

金属相互作用的最新理解，为金属表面化学氧吸附时化学键-能带-势垒模型的建立提供了理论基础和依据。

表 14.1　金属表面化学氧吸附的相关实验现象和基本解释

显微测量 空间电子分布	(1) STM 突起和凹陷的强烈对比[11]； (2) PEEM 检测到突起部分[12]
光谱测量 态密度变化	$E > E_F$ (1) 表面空态占据[13]； (2) 功函数减小[14]； (3) 费米能级之上存在附加态密度[15] $E < E_F$ (1) 在 1.4～2.1 eV 处产生新的占据态密度[16]； (2) Cu 3d 能带和 O p 能态上移[17, 18]
晶体学行为	(1) 横向重构、层间弛豫[19]； (2) 形成 O—M—O 链和缺失行[18]
固有特性	(1) 强烈局域化特征； (2) 非欧姆特征
解释和预测	(1) 金属电子极化影响 STM/S 电流[20]； (2) 形成的表面偶极子降低功函数[21]； (3) O—M 强键形成导致键弛豫与重构[22]； (4) 含氧量增加使吸附物与基底间的键弛豫增加[23]
起因	(1) 发生反应时，价态和原子尺寸发生改变； (2) 原子发生集体移动，而非单个原子在某方向上的单次移动； (3) 显微学、光谱学和晶体学表征的各种现象起源于化学成键以及质量传输和结构相的形成； (4) 吸附反应是动态过程，无法用原子静态描述

14.2.2　化学吸附规则

化学氧吸附成键的性质、数量和几何结构(键角和键长)遵循以下三个原则[24, 25]：

1. 电负性特异性

两种元素间的电负性差值($\Delta\chi$)描述了高电负性元素原子从低电负性元素原子中俘获电子的能力，即电负性越大的元素，其原子在形成化学键时对成键电子的吸引力越强。相较而言，电亲和性表示原子束缚电子的能力，即电亲和性越大，俘获并束缚电子的能力越强。电负性是原子的固有性质，而电亲和性则是可调量。鲍林指出[26]，如果原子间的电负性差足够大，就易于形成离子键；若差值很小，则为共价键或极性共价键。

氧原子的电负性为 3.5，过渡金属约为 1.8，贵金属约为 2.2。氧原子的高电负性使之能通过捕获电子形成以离子或极性共价键为主的化合物。金属元素与氧反应时，氧获得的净电荷可引入系数ε进行表述[27]：

$$\varepsilon = \varepsilon_c + \Delta\chi(\varepsilon_i - \varepsilon_c)/2, \quad \Delta\chi \leqslant 2 \tag{14.2}$$

则低电负性元素原子损失的净电荷量为

$$q = \varepsilon e \leqslant e \tag{14.2a}$$

对于理想共价态和离子态：$\varepsilon_c = 0.5$ ($\Delta\chi = 0$)、$\varepsilon_i = 1.0$ ($\Delta\chi = 2$)。如果$\Delta\chi \geqslant 2$，将形成理想离子键[28]，金属原子提供给氧原子的净电荷量 $q = e$。对于水分子 H_2O，其中的氢原子的电负性$\chi=2.2$，与氧原子的电负性差$\Delta\chi = 1.3$，形成的 H—O 键为极性共价键，电荷转移量为$(0.62\sim0.65)\,e$。

2. 氧的轨道杂化

轨道杂化是氧原子的固有特征，它能产生四个呈四面体方向的杂化轨道。杂化需要能量较少，形成的杂化轨道比原来的 2s、$2p_x$、$2p_y$ 和 $2p_z$ 轨道更加稳定。

任何 AB_n 型分子，其中心原子 A 的价层电子将重新排布[29]。AB_2 型分子是元素 A 的常见形式。氧原子是典型的 A 元素原子，它具有两个孤对非键轨道(lone-pair nonbonding orbital，LP)和两个成键轨道(electron-pair bonding orbital，BP)。在 H_2O 分子中，O 2s 和 2p 杂化形成 sp³ 轨道。在两个 BP 上存在成键电子对 "—"；在两个 LP 上则为电子孤对 ":"。广义上，由电子孤对和极性共价键相互作用形成的化学键基本单元被称为氢键，如 O^{2-}:H^+—O^{2-}，这是冰水及溶液体系中的基本单元[30]。

在 AB_2 结构中，氧原子与金属原子(M)之间成键应构成 M_2O 四面体。在 H_2O 分子中，孤对电子轨道上的电荷云只受氧原子核的影响，而成键轨道上的共享电荷同时受到 O、H 原子核的作用，故 LP 比 BP 大。两个 LP 上电荷间的斥力(H^+:O^{2-}:H^+)使得两者之间的夹角增大至 109°28′或更大。由于 sp³ 杂化轨道结构的方向性，一个 O 原子不可能从一个原子中获得两个电子[31]。成键轨道上电子对受到的斥力将轨道(H^+—O^{2-}—H^+)紧密地结合在一起，使得这一键角减小至 104.5°或更小。四个轨道之间的斥力大小依次为 LP $\leftrightarrow$ LP > BP $\leftrightarrow$ BP > LP $\leftrightarrow$ BP。

3. 表皮键的自发收缩

当金属原子失去电子转变为离子或被极化后，其原子半径随之变化，如 Cu 变为 Cu^+ 时，半径从 1.27 Å 减小为 0.53 Å；O 变为 O^{2-} 时，半径从 0.64 Å 增大至 1.32 Å[32]。另一方面，原子配位数(coordination number，CN)发生变化时，原子半径也会相应变化。在第一篇中介绍的 BOLS 理论[29]也适用于化学吸附表面原子，对于 H_2O 分子中的 H—O 共价键同样有效，能促进水分子团簇、纳米水滴、纳米气泡以及冰水表面超固态相的形成[30]。

当 Cu 原子的 CN 从 12 减至 1 时，其原子半径从 1.276 Å 缩短至 1.173 Å(约 8%)。Jorgensen[33]和 Kamimura 等[34]发现，随着空穴掺杂浓度的增加，八角形 CuO₆ 结构顶部氧原子的成键长度缩短。La-Sr-Cu-O 超导材料中，O—Cu 长度的收缩量可达 0.26 Å (约 14%)。因此，除价态变化引起的原子半径改变之外，表面原子配位数的减少将导致这些原子半径的进一步收缩，这与原子本质属性无关[32]。与鲍林的特定原子半径概念相比，Goldschmidt 的描述更为普适。键弛豫理论(BOLS)核心公式为[35]

$$R(z) = R(12)[1-Q(z)] = \frac{2R(12)}{1+\exp\left(\frac{12-z}{8z}\right)} \qquad (14.3)$$

其中，z 为原子配位数，取值为 12 时为块体满配位情况。BOLS 理论对于低配位体系的常见现象给予了充分解释，如表皮第一层间距的收缩[36, 37]、纯金属表面 STM 图像中呈现的微小突起[16]等。材料纳米与块体尺度物性差异对比研究已证实，低配位状态确实诱导了化学键的收缩[29, 32]。

14.2.3　M₂O 四面体结构

氧的轨道杂化奠定了 M₂O 四面体成键结构的研究基础，如图 14.3 所示[31]。O 原子(6e⁻)和金属原子(2e⁻)的价电子占据杂化轨道，并产生两个电子孤对(4e⁻)和两个收缩的离子键(4e⁻)。每个金属原子(1 和 2)，均向中心 O 原子提供一个电子形成离子键。原子 1、2 以及离子 O²⁻ 的半径随原子价态或尺寸发生变化。此外，非键孤对电子易使金属原子极化，标记为 3 的位置即对应于孤对电子诱生的金属偶极子，其尺寸和能量状态的升高，导致了 STM 图像中的突起和局部功函数的减少。这与 Lang[38]的隧道理论一致。该理论预测，氧吸附物主要通过金属原子的电子极化影响隧道电流。

初始 M₂O 四面体在下列因素下将发生扭曲：①轨道斥力改变键角[BA$_{ij}$ ($\angle iOj$)，i, j = 1、2、3)；BA$_{12}$ ≤ 104.5°、BA$_{33}$ > 109.5°]；②原子配位差异调整局域键长[BL$_i$ = (R_{M^+} + $R_{O^{2-}}$)×(1−Q_i)，i = 1、2，Q_i 是有效收缩系数]。BL₃ 和 BA₃₃ 随配位环境变化。

配位环境调节原子体系晶体几何和晶格常数，促使四面体结构形成[31]。图 14.3 中标示的 1-2 和 3-3 间距为理想条件下的晶体结构，1O2 所在平面垂直于 3O3 平面。而在实际情况下，此处存在原子位错和键角变形。此外，氧原子总是寻求四个近邻配位原子构成稳定的四面体结构。需要注意的是，孤对电子诱导的偶极子由于排斥作用易朝向表面开口端。因此，反应过程中出现的原子位错是由成键动力学和键几何结构确定的。

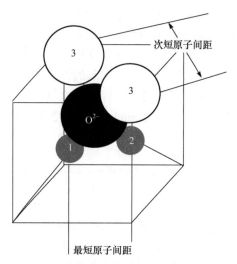

图 14.3　氧化过程的四面体成键模型[39]

金属原子 1 和 2，各自向中心 O 原子提供一个电子，形成离子键。标记为 3 的较大原子实际为孤对电子诱导形成的金属偶极子，其尺寸和能量都得到了提升。键角排斥和配位数引起的键长变化会造成四面体结构扭曲。3-O 间的相互作用比(1、2)-O 间的要弱得多[39]

　　AB_2 分子形成 M_2O 结构后将含有三个价态：①与成键和非键轨道杂化的 O^{2-}；②孤对电子诱导的金属偶极子；③带有电子-空穴的金属离子。偶极子与另一个 O 原子之间的相互作用(O^{2-}: $M^{+/p}$—O^{2-})类似于冰水中的氢键(O^{2-}: H^+—O^{2-})[30]。氧与偶极子之间的相互作用(O^{2-}: $M^{+/p}$)比普通的范德瓦耳斯键强，但比离子或共价 M—O 键要弱得多。O^{2-}: $M^{+/p}$—O^{2-} 相互作用也可以被称为"类氢键"，相当于 O^{2-}: H^+—O^{2-} 氢键中 H^+ 被 $M^{+/p}$ 取代的情形。除了氧原子和金属原子之间的成键外，吸附反应中还会形成氧原子的非键电子孤对、金属原子偶极子反键态以及氢键。值得强调的是，氧化成键会在化合物某特定原子周围形成非均匀电子结构。陶瓷性能的各向异性(如超巨磁阻)正是由这一局部特征造成的。由于氧和金属原子之间明显的电子输运，氧吸附过程中电子孤对和氢键的形成几乎被忽略。

　　氧化初始阶段，氧分子通过键解离形成 O^-，直接与近邻金属原子作用成键。对于电负性较低($\chi < 2$)和原子半径较小(< 1.3 Å)的过渡金属元素，如 Cu 和 Co，O 常与其表面邻近原子成键；而对于电负性较高($\chi > 2$)和原子半径较大(> 1.3 Å)的贵金属元素，如 Rh 和 Pd，O 则倾向位于空位，与其下方近邻原子成键[31]。O^- 也会极化其他近邻原子，将金属偶极子径向推至吸附物。这一过程会导致 STM 中的突起并产生反键偶极子。

14.2.4　O-Cu(001)的键结构与原子化合价

对于 O-Cu(001)吸附体系，反应过程中先后形成了两个相：一是在表面曝氧量低于 25 L 时形成的具有突出边界的 Cu(001)-c(2×2)-2O⁻纳米结构，二是 MR 型 $Cu(\sqrt{2}\times 2\sqrt{2})R45°-2O^{2-}$结构，如图 14.4 和图 14.5 所示。

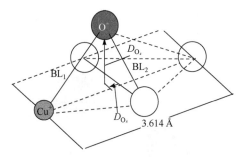

图 14.4　前驱体相 Cu(001)-c(2×2)-2O⁻的偏心金字塔结构[31]

反应过程为：O_2(吸附物) + 4Cu(表面) + 2Cu(基底)

$\Rightarrow 2O^- + Cu^{2+}$(表面)　　(CuO₂ 双金字塔)

$+ 3Cu^p(O^-$-诱导$) + 2Cu$(基底)　(O^-成键效应)

1. CuO₂ 双金字塔结构前驱体相

图 14.4 表示单个 $Cu(I)O(Cu^+ + O^-)$金字塔结构，为 c(2×2)-2O⁻混合晶胞的一部分。混合晶胞也可表述为 CuO_2 双金字塔结构($Cu^{2+} + 2O^- + 6Cu^p$)。在吸附初始阶段，两个 O 原子从同一个近邻 Cu 原子或分别从两个 Cu 原子中各自捕获一个电子，形成收缩的离子键 BL_1。与此同时，O⁻极化其他的近邻原子形成了突出域边界。如果 $D_{O_x} = 0$，O 原子将位于中心金字塔的顶点，形成四个等同的 O—Cu 键，但这不可能存在。因此，实际形成的是偏心金字塔结构，几何参数(D_{O_x}、D_{O_z}、BL_1和 BL_2)可由 D_{O_z} 和 BL_1 确定。

2. Cu₃O₂ 双四面体结构

在增加表面曝氧量的情况下，偏心双金字塔结构逐渐演变为双四面体结构，如图 14.5 所示。每个 O⁻与其下方的原子成键，然后形成 Cu_3O_2 双四面体，"两个 O 原子从 3 个 Cu 原子中获取 4 个电子"[40]。标记 1、2、3 分别对应 Cu^{2+}、Cu^+、孤对电子诱导形成的 Cu^p 偶极子。这一过程形成 $Cu(001)-(\sqrt{2}\times 2\sqrt{2})R45°-2O^{2-}$混合晶胞，在其顶层中含有 1 个 O^{2-}、1 个 Cu 空位和 2 个偶极子。对于 Cu(001)表面，第一和第二最短原子间距分别为 2.555 Å 和 3.614 Å。

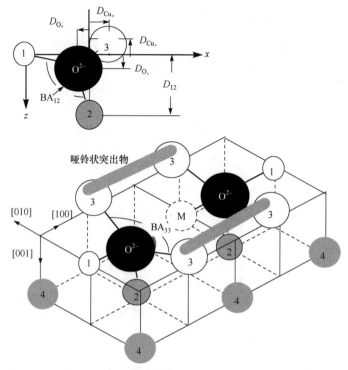

图 14.5　Cu(001)-($\sqrt{2} \times 2\sqrt{2}$)R45°-2O^{2-}的双四面体结构[31]

反应过程为：O$_2$ (吸附物) + 4Cu (表面) + 2Cu (基底)

$\Rightarrow$ 2O^{2-} (轨道杂化) + Cu^{2+} (表面) + 2Cu$^+$ (基底)　(Cu$_3$O$_2$ 双四面体)

+ 2Cu^p (孤对电子诱导) + Cu(MR 空位)　　(O^{2-}成键效应)

O^{2-}倾向于占据四面体中心。标记 1、2 分别为 Cu^{2+}和 Cu$^+$，3 为 Cu^p，M 指缺失 Cu 原子空位，4 为金属 Cu 原子。

3↔3 偶极子桥横跨 MR 缺失行

14.2.5　键几何与原子位置

1. 基本参数

在 VLEED 多原子计算代码中，基本几何参数包括层间距 D_{12} 和顶层混合晶胞中各原子的位置，后者包含于 Cu(001)正则矩阵。对于 O-Cu(001)体系，由于晶格周期性，所有原子在 y 方向(沿缺失行)没有位移。因此，在计算时，D_{12}、O 在 x 和 z 方向的位移 D_{O_x} 与 D_{O_z} 以及 Cu 偶极子在 x 和 z 方向的位移 D_{Cu_x} 与 D_{Cu_z} 为输入参数。原子 1 为坐标原点。偶极子对各自的 D_{Cu_x} 和 D_{Cu_z} 相同但方向相反。MR 缺失行正位于偶极子对的对称中心。考虑到对称性和周期性，描述原子位错共有 5 个独立参数。

2. 成键变量

与单个原子的常规位置表述不同,Cu_3O_2 成键结构 $Cu(001)\text{-}(\sqrt{2} \times 2\sqrt{2})$ $R45°\text{-}2O^{2-}$ 的相关几何描述有:

(1) BL_1:O^{2-} 到 Cu^{2+} 的距离,Cu^{2+} 设为坐标原点;

(2) BL_2:第二原子层中 O^{2-} 到 Cu^{2+} 的距离;

(3) BL_3:O^{2-} 到 Cu^p 的距离,即表面的突起;

(4) $BA_{ij}(\angle iOj)$:原子 i-O^{2-}-j (i,j = 1,2,3)之间的角度。

BL_1 和 BL_2 因原子低配位发生收缩:

$BL_i = (R_{O^{2-}} + R_{Cu^+})(1 - Q_i)$,$Q_i$ (i = 1,2)表示低配位引起的收缩系数。

设定 O^{2-} 和 Cu^+ 的半径分别为 1.32 Å 和 0.53 Å,标准体积 Cu_2O 的离子键长为 1.85 Å。Cu^{2+} 和 Cu^+ 的有效配位数分别为 4 和 6,相应的收缩系数分别为 Q_1=0.12 和 Q_2=0.04。则收缩的离子键长为

$$BL_1 = 1.85 \times 0.88 = 1.628 \text{ (Å)}$$

$$BL_2 = 1.85 \times 0.96 = 1.776 \text{ (Å)}$$

由于成键轨道之间的排斥较小,键角 BA_{12} 为 104.5° 或更小;而电子孤对引起的偶极子排斥作用较强,使键角 BA_{33} 可能是大于 109.5° 的任何值。在动态过程模拟时,收缩系数 Q_2 为可调变量,Q_1 (= 0.12)为固定值,这在氧分子离解时已确定。因此,Q_2、D_{Cu_x} 和 BA_{12} 是调控反应过程中复杂晶胞原子集体运动的独立变量。在有限时间间隔内,这些变量独立变化。通常初始设置 D_{Cu_x} = (0.25±0.25) Å、$BA_{12} \leqslant 104.5°$、Q_2 = 0.04 ± 0.04。选择这一组变量,可以将可调变量个数从常规的 5 个减少为 2 个(稳定系统)或 3 个(动态系统),而且键几何受四面体成键规则约束。这些变量中任何一个发生变化都会使原子产生错位。此外,这些变量对成键导致的几何结构变化起到修正作用。在真实的反应体系中,原则上任一原子移动都将影响整个系统的其余原子。换言之,从键几何结构分析反应过程比单原子行为更实际,更便利。

3. 键弛豫与原子位错

键弛豫过程中晶体几何结构(Q_1=0.12、Q_2、D_{Cu_x} 和 BA_{12})的变化决定计算使用的所有结构参数(D_{12}、D_{O_x}、D_{O_z}、D_{Cu_x} 和 D_{Cu_z})。D_{Cu_x} 与 D_{Cu_z} 共同决定 Cu^p 和 O^{2-} 之间的距离和方向。原子位置和键几何参数之间相互关联且可以互相替换,如图 14.6 与图 14.7 所示。

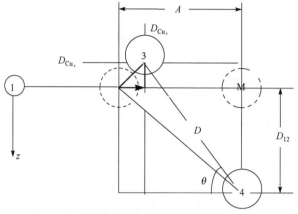

(010)偶极子3与原子4构成的平面

图 14.6 D_{Cu_x} 和 D_{Cu_z} 的关系[24, 25]

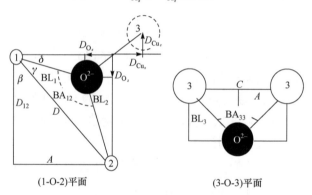

(1-O-2)平面   (3-O-3)平面

图 14.7 原子位移和键几何的关系[24, 25]

BA_{12}、BA_{33}、β、γ 和 δ 皆为键角

1) 配位体系和约束条件

图 14.6 的坐标体系与图 14.5 相同，1 号原子为坐标原点，z 轴指向基底，x 轴沿[100]方向，垂直于 MR。1 号原子仅沿 z 方向发生位移，2 号原子为四面体的一部分，位于非重构基底的第二原子层。VLEED 采集信息时，仅能探测到第二及以上原子层。计算表明，第二原子层之下的原子几何结构几乎不变。D_{Cu_z} 和 D_{Cu_x} 描述偶极子 3 的位错，两者数值相当，但比偶极子 3 到 4(缺失行之下)的间距 D 相差甚远。D_{Cu_z} 需满足约束条件：

$$D^2 \approx A^2 + D_{12}^1$$

其中，A=1.807 Å，为最近的行间距。D 为结构敏感性检测参数之一，取常规原子间距值 D_1，以保持偶极子 3 和原子 4 之间的正常原子间距，或取值 D_2 以考虑弛

豫 D_{12}：

$$D = D_1 = 2.555 \text{ Å} \quad \text{或} \quad D = D_2 = [A^2 + D_{12}{}^2]^{1/2}$$

2) 参数变换和初始化

基于键几何结构变化，定义原子位移如下：

$(D_{12}、D_{Cu_x}、D_{Cu_z}、D_{O_x}、D_{O_z})\Leftrightarrow$

$(Q_1 = 0.12、Q_2 = 0.04\pm0.04、D_{Cu_x} = (0.25 \pm 0.25)$ Å、$BA_{12}\leqslant104.5°)$。

D_{Cu_x} 和 D 决定 D_{Cu_z}，详见图 14.7：

$$D_{Cu_z} = \left[D^2 - \left(A - D_{Cu_x}\right)^2 \right]^{1/2} - D_{12}$$

14.2.6 表面重构机理

1. 表面原子价态

O-Cu(001)重构主要基于 AB_2 模式，原子结构和价态演化可理解如下[31]：

(1) 键长和几何结构弛豫决定原子分布。BL_1、BL_2 和 BA_{12} 的变化决定第一层间距。第二层中，原子 2 从金属到 Cu^+ 的价态转变，缩短了第二层间距。第三层中，带电离子与中性金属原子之间的相互作用强于初始中性金属原子之间的相互作用。

(2) 原子大小和价态在反应过程中发生改变。氧吸附实际是成键的过程，会产生 Cu^{2+}、Cu^+、O^-、O^{2-} 以及孤对电子诱导形成的 Cu^p 和 MR 空位。重构而成的 Cu_3O_2 结构在复杂晶胞中构建了 3 个子层和 6 个不同的原子行。3 个子层位于顶部，第一子层为尺寸膨胀的 Cu^p，第二子层为 Cu^{2+} 并伴随半径收缩和能量降低，第三子层由 O^{2-} 构成。Cu^{2+} 和 O^{2-} 因能量相对较低，STM 测试显示均为凹陷。沿[100]方向，每一缺失行的两侧均有一行 Cu^p、一行 O^{2-} 和一行 Cu^{2+}。Cu^p 行向外移动，紧挨缺失行。Cu^{2+} 行配对两个 Cu^p 行。$Cu^p \leftrightarrow Cu^p$ 反键位于缺失行之上。

(3) O^{2-} 倾向位于 M_2O 四面体的中心位置，而不是四面体的某个顶点。因此，O^{2-} 位于顶层下方且因键收缩而靠近原子 1。

(4) O—Cu—O 链由孤对电子($Cu^p:O^{2-}:Cu^p$)弯折成 Z 字形，并非任何成键态或反键态。$Cu^p \leftrightarrow Cu^p$ 反键在 STM 图像中显示为突起的哑铃状。MR 行上最初存在的原子实际在键形成过程中与其他相邻原子隔离开来。MR 的所有近邻原子皆与吸附原子成键。

2. 成键反应动力学

Cu(001)表面氧吸附成键过程包含两个阶段：首先形成 O^-，然后发生 O^{2-} 轨道

杂化, 产生孤对电子:

前驱体相 Cu(001)-(2×2)-2O$^-$可简单近似为偏心 CuO$_2$ 双金字塔的形成:

$$O_2 (吸附物) + 4Cu (表面) + 2Cu (基底)$$

$$\Rightarrow 2O^- + Cu^{2+} (表面) \qquad (CuO_2 双金字塔)$$

$$+ 3Cu^p (O^- \text{-} 诱导) + 2Cu (基底) \qquad (O^- 成键效应)$$

MR 型 Cu(001)-($\sqrt{2} \times 2\sqrt{2}$)R45°-2O^{2-}结构由 CuO$_2$ 双金字塔结构进一步演变为 Cu$_3$O$_2$ 双四面体:

$$\Rightarrow 2O^{2-}(轨道杂化) + Cu^{2+} (表面) + 2Cu^+ (基底) \qquad (Cu_3O_2 双四面体)$$

$$+ 2Cu^p(孤对电子诱导) + Cu(MR 空位) \qquad (O^{2-} 成键效应)$$

3. 表面成键网络与形态

　　Cu(001)表面氧吸附形成的复杂晶胞堆垛构成表面成键网络。从 Cu(110)表面沿 O—Cu 链测量的 STS 形貌验证了呈四面体的电子构型[41]。基于傅里叶变换, 晶胞中原子和电子的性能可反映反应过程中所有的可能行为。图 14.8 所示为 O^{2-}-诱导 Cu(001)表面重构形貌的 STM 图像。

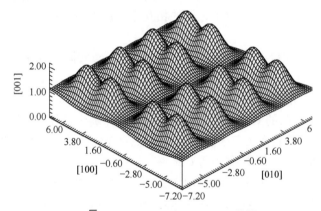

图 14.8　基于 Cu(001)-($2\sqrt{2} \times 2$)R45°-2O^{2-}表面 STM 图像模拟的 $z_0(x, y)$结果[24, 25]
哑铃状突起表示桥架于缺失行上的金属偶极子对, 凹陷表示缺失行空位和 Cu^{2+}离子, O^{2-}: Cu^p:O^{2-}链沿[010]方向延伸

　　STM 结果显示[42], 清洁表面 Cu(001)的原子间距(2.555 Å)比 O-Cu(001)表面偶极子对链间的间距(2.9±0.3) Å 要短得多。前者没有电子云重叠, 后者在缺失行上桥架有明显的哑铃状突起。这一突出物是恒流模式下, 在针尖和样品之间施加电压采集的空间态密度图。钢球模型无法对这种明显突起给出较为合理的解释。这应是化学成键和电子极化造成的, 也同样适用于原子低配位, 如石墨烯锯齿边缘、单原子 Ag 链、Ag 吸附原子等, 诱导极化造成的 STM 结果[29]。

从空间角度来看,离子实位移和孤对诱导偶极子电荷中心的偏移决定 STM 突起的尺寸。金属电子的极化导致表面电荷强局域化和极化态密度的明显突起。另一方面, 从能量角度来看, 孤对电子和 Cu^P 之间的相互作用, 甚至沿[100]方向的 $Cu^P \leftrightarrow Cu^P$ 排斥作用都将进一步提高能级和偶极子突起, 此即反键态。这一物理图像与 O-Cu(110)的 STS 测试结果相匹配, 可证实占据态的态密度比纯铜的能量更高, 也证实了金属电子的极化现象。另一方面, 电子极化、缺失行形成以及金属原子的离子化引起的电荷强局域化, 造成表面各个位置接触势存在差异。

4. 表面重构驱动力

与成键和反键状态不同, 非键电子对的能级相较于孤立原子轨道上未配对电子而言, 几乎不变。然而, 孤对电子可极化近邻金属原子, 使其电子能量提升至费米能级 E_F 之上[29]。偶极子正负电荷中心沿两个孤对作用的合成方向反向移动。"$O^{2-} : Cu^P : O^{2-}$" 的作用强度是非键相互作用(~ 0.1 eV)的两倍[30]。

金属键转换为离子键, 键能可自 ~ 1.0 eV 增加到 ~ 3.0 eV。其中一部分能量用于 O sp 轨道杂化, 从而降低系统能量。离子键形成所产生的能量为表面重构和缺失行的形成提供驱动力。

14.3　价带态密度

14.3.1　O⁻派生的态密度

吸附氧化物的形成使金属价带态密度新增了额外特征。图 14.9 所示为价带或真空能级 E_0 之上的态密度演化。箭头表示金属能带和氧吸附后能带之间的电子输运过程。最初, 金属费米能级 E_F 以下的能态被完全占据。功函数 ϕ_0、费米能级 E_F 和真空能级 E_0 服从关系 $E_0 = \phi_0 + E_F$。以 Cu 为例, $E_0 = 12.04$ eV、$\phi_0 = 5.0$ eV、$E_F = 7.04$ eV。Cu 3d 能带位于 E_F 之下 $-2.0 \sim -5.0$ eV, 而 O 2p 能级为-5.5 eV, 几乎等值于 Cu 的 E_F。

反应初始阶段, 电子从金属原子最外壳层转移至未满的 O 2p 轨道, 随后, O⁻极化近邻原子。图 14.9(c)表示金属表面 O⁻的作用效果, 体现了态密度综合特征:

(1) 综合能带展现出一个额外的态密度特征, 对应于自金属到 O⁻的 O p 轨道电荷输运;

(2) O⁻极化其近邻原子, 在 E_F 之上形成偶极子亚带, 使局部功函数从 ϕ_0 降至 ϕ_1;

(3) 成键和偶极子形成在 E_F 之下产生电子-空穴对, 从而在金属中形成带隙 E_G, 或者将半导体的带隙从 E_{G0} 扩展至 E_{G1}。

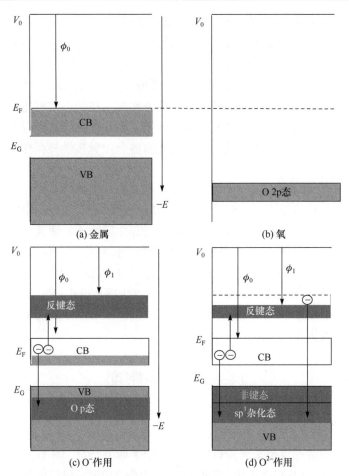

图 14.9　氧吸附金属表面的价带态密度[39, 43]：(a) 纯金属和(b) 氧的价带，(c) 反应初始阶段，金属表面吸附氧后以及(d) 形成 O^{2-} 后的能带变化

(b)中显示 O 2p 能级远小于金属费米能级 E_F。(c)中形成 O^- 后，呈现成键态、空穴和反键态三个态密度特征。(d)中形成 O^{2-} 后呈现四个局域态密度子带特征

14.3.2 O^{2-} 派生的态密度

随着 O 的 sp 轨道杂化，金属能带结构从图 14.9(c)演化至图 14.9(d)的情况。除在 O^- 前驱体相中出现的空穴和反键偶极子外，O p 子带劈裂为非键(电子孤对)和成键子带。此时的反键态不再是 O^- 诱导形成而是由孤对电子造成[24]。O sp 杂化非键态(孤对)能级(∼1.5 eV)位于 E_F 之下，sp 杂化成键态之上，比 O 2p 轨道能级稍小，因为杂化降低了整个系统的能量。以 Cu 为例，4s 电子(导带)要么 sp 杂化成键，要么跃迁至自身的空态上(如 4p 轨道)，能量甚至高于 E_F。这一过程会造成 E_F 之下出现空态，这将使氧化铜呈现半导体性质。不过，孤对电子可能会与这

些空态重叠，使之难以识别。

14.3.3　异常的类氢键

氧过量的情况下容易形成氢键。偶极子将其极化电子贡献给氧吸附物的成键轨道。图 14.9(d)中自反键态指向 O sp 成键态的箭头所示过程意味着类氢键的形成。STS 和 VLEED 测试表明，O-Cu 的反键态能级约为(1.3±0.5) eV，非键态约为(−2.1±0.7) eV，位于 E_F 附近。应用 PEM 探测到 O-Pt 表面 10^2 μm 范围的暗区转变为亮区，功函数比清洁表面低 1.2 eV[44-46]。

14.4　表面势垒与能量的关联性

14.4.1　基本方案

表面势垒描述实空间和能量空间的电荷分布，与表面原子的价态变化和几何排列相关联[47]。它是复函数，实部描述镜像弹性势能，虚部描述实空间和能量空间中的电荷分布。前者决定入射电子束的反射方向，后者引起电子谱强度的非弹性阻尼衰减，速度与能量单调相关。对于清洁金属表面，如 Cu(001)[48]、W(001)[1, 49, 50]、Ru(110)[10, 51]及 Ni[52]，其表面势垒近似于均匀的薄膜干涉层。STM/S 测试证实了这一结论[42, 53]：STM 检测发现带有小突起(0.15～0.30 Å)的离子核规则排列在均质背底或费米子海洋中；Cu(110)表面的 STS 结果证实费米能级以下的态密度具有一致性[16]。因此，清洁金属表面可近似处理为理想费米体系，可采用均匀表面势垒，其误差在允许范围内。

与纯金属表面不同，化学氧吸附表面有许多局域化特征。化学氧吸收不仅导致离子实错位，而且在原子尺寸和价态变化过程中，产生电荷传输和极化现象。更重要的是，氧与金属成键产生了偶极子层。在某些情况下，移除表面原子会导致表面变得更加粗糙。

即使在极低的曝氧环境下，Cu(001)表面也会因突出的域边界而变得粗糙。按 STM 的标度，化学氧吸附表面(0.45～1.1 Å)要比纯金属高得多(0.3 Å 或更小)。O-Cu (110)表面 O—Cu 链区域的 STS 结果显示此处能带有所提升。特别是，费米面以上的空表面态被占据，并在费米面以下产生了一个新的态密度特征。

此外，Thurgate 和 Sun 基于 O-Cu(001)表面 VLEED 数据的解析发现[3]，无论是采用 Cu(001)-c(2×2)-2O⁻或($\sqrt{2} \times 2\sqrt{2}$)R45°-2O²⁻结构，或是两者组合并采用不同的表面势垒参数，在接近⟨11⟩方向(垂直于缺失行)的方位角处采集的光谱不能用均匀表面势垒进行模拟。因此，若没有适当的参数化建模，VLEED 很难确定表面势垒和晶体结构。

化学氧吸附系统能态的原子尺度局域化和原位变化表明，考虑表面区域的电子分布十分必要。表面三维效果、能态变化以及参数间的关联性使得化学氧吸附系统的 VLEED 解谱过程变得非常复杂。

因此，对于化学氧吸附系统，除了 M_2O 成键几何结构，构建恰当的非均匀表面势垒模型也非常重要：

(1) 减少表面势垒独立变量，正确关联表面本征物性，简化 VLEED 解析方法，确保方案的有效性；

(2) 设计计算代码自动优化 $z_0(E)$ 图像以重现实验数据；

(3) 保证 $z_0(E)$ 随晶体结构原位变化，以反映原子几何结构和电子分布之间的相互依赖性；

(4) 最终，获得本征的态密度特征。

14.4.2 表面势垒

能量为 E 的电子穿过表面的过程可以描述为在复杂光学势中的移动[54, 55]：

$$V(r,E) = \mathrm{Re}V(r) + \mathrm{i}\mathrm{Im}V(r,E) = \mathrm{Re}V(r) + \mathrm{i}\mathrm{Im}[V(r)\times V(E)] \qquad (14.4)$$

其中，$V(r,E)$ 需满足的约束条件如下。

1. 弹性和非弹性势能

弹性势能 $\mathrm{Re}V(r)$ 与电场 $\varepsilon(r)$、电荷密度 $\rho(r)$ 和虚势 $\mathrm{Im}V(r,E)$ 关系如下：

$$\begin{cases} \nabla[\mathrm{Re}V(r)] = -\varepsilon(r) \\ \nabla^2[\mathrm{Re}V(r)] = -\rho(r) \propto \mathrm{Im}V(r,E) = \mathrm{Im}V(r)\times\mathrm{Im}V(E) \end{cases} \qquad (14.5)$$

其中，$\mathrm{Re}V(r)$ 满足泊松方程，$\mathrm{Re}V(r)$ 的梯度等于电场 $\varepsilon(r)$。如果 $\rho(r)=0$，那么 $\mathrm{Re}V(r)$ 相当于不含电源的保守场，也就是说，运动电子不会损失能量而非弹性阻尼虚势 $\mathrm{Im}V(r) \propto \rho(r)=0$。因此，$\mathrm{Im}V(r)$ 和 $\mathrm{Re}V(r)$ 通过电荷密度 $\rho(r)$ 相互关联。

2. 非弹性电子耗散

非弹性势能 $\mathrm{Im}V(E)$ 代表低于等离子激发能之下由声子和单电子激发主导的所有能量耗散。这意味着单电子激发发生在电子占据空间(以 $\rho(r)$ 描述)，而且任何入射能皆大于功函数。

Pendry 指出[56]，仅当入射电子能量足以激发损耗机理时，$\mathrm{Im}V(r)$ 才会产生变化。在金属自由电子导带中，等离子体激发所需能量约为 15 eV(低于 E_F)[57]，低于该值，等离子体激发对 $\mathrm{Im}V(E)$ 没有作用。在非自由电子金属中，存在更普遍的激发团簇，能量相当于等效自由电子等离子体能量。在低于等离子体能量的情况下，单电子仍然可以从导带激发，只是它们产生的 $\mathrm{Im}V(E)$ 比等离子体激发的小。

在金属中，只要入射电子能量大于功函数($E \geqslant \phi$)，单电子皆可被激发。而在绝缘体中，情况截然不同。另一方面，能量在低于E_F时，声子和光子也可能被激发。因此，能量范围处于功函数和等离子激发阈值之间时，单电子激发占主导，它能增强非弹性阻尼，展示这一能量区间的态密度特征。

3. 衍射光束的振幅和相移

$\mathrm{Im}V(z, E)$和$\mathrm{Re}V(z)$沿z方向积分，可获得反射电子束的振幅损失ΔA和相变$\Delta\Phi$，用平面波可描述为

$$\begin{cases} \varphi = A\exp(-\mathrm{i}\boldsymbol{k}\cdot\boldsymbol{r}+\Phi) \\ \Delta A \propto \int_a^{-\infty} \varphi\,\mathrm{Im}V(z,E)\varphi^*\mathrm{d}z \\ \Delta\Phi \propto \int_a^{-\infty} \varphi\,\mathrm{Re}V(z)\varphi^*\mathrm{d}z \end{cases} \quad (14.6)$$

其中，$\boldsymbol{k}$是平面波矢。积分从晶体内部某点(a)开始至表面(或无限远处)。参数a随入射光束的穿透深度变化，可据此获得特定入射情况的$\mathrm{Im}V(z)$、$\mathrm{Im}V(E)$和$\mathrm{Re}V(z)$的数学表达式，如式(14.6)所示。因此，强相关参数的精确取值远不如积分本身重要。表面势垒参数之间关联获得的数值解与实际情况相符，提供了更为丰富的物理意义。

更重要的是，键长和几何结构的变化与电子在实空间(以$\mathrm{Im}V(r)$表示)和能量空间(以$\mathrm{Im}V(E)$或态密度表示)的行为相互依赖，因为它们皆为与原子位置、尺寸、化学状态相关的表面成键和电子行为的结果。

14.4.3　一维原子势垒

Jones、Jennings 和 Jepsen 构建了$\mathrm{Re}V(z)$的表达式[1]，近似于表面势垒的凝胶模型和密度泛函理论计算结果。这一模型被广泛应用于 VLEED 精细结构特征和逆光电子图像的表征，表述如下[4]：

$$\mathrm{Re}V(z) = \begin{cases} \dfrac{-V_0}{1+A\exp\left[-B(z-z_0)\right]}, & z \geqslant z_0 \text{(赝费米z函数)} \\ \dfrac{1-\exp\left[\lambda(z-z_0)\right]}{4(z-z_0)}, & z < z_0 \text{(经典镜像势)} \end{cases} \quad (14.7)$$

其中，$B = V_0/A$，$A = -1 + 4V_0/\lambda$，V_0表示晶体的 muffin-tin 内势常数；z轴指向晶体，z_0表示局域电子所处像平面的初始值；λ为饱和度。

当$z = z_0$时，$\mathrm{Re}V(z)$从赝费米函数转变为$1/(z-z_0)$形式的经典镜像势。泊松方程与$\mathrm{Re}V(z)$势以及电子态的关联性为

$$\nabla^2 \mathrm{Re}V(z) = \begin{cases} -\rho(z) & (z > z_0) \\ 0 & (z \leqslant z_0) \end{cases} \tag{14.8}$$

如果允许 z_0 随表面原子配位数变化，则 $z_0(x, y)$ 可以模拟 STM 空间电子分布图。因此，原子势垒的特性可通过 z_0 来描述。这一结果指导我们选择 z_0 为非均匀的原子势垒独立特征变量。

对于纯金属而言，目前有几种非弹性阻尼的能量模型，$\mathrm{Im}V(E)$。比如，在 Ni 表面的 LEED 计算中，非弹性阻尼与能量呈 1/3 次方关系($E^{1/3}$)[52]。1976 年，McRae 和 Caldwell[58]在对 Ni 表面 VLEED 谱研究时提出了替代方案，后来该方案被广泛用于处理其他金属表面。阻尼随能量单调变化：

$$\mathrm{Im}V(E) = \gamma(1 + E/\phi)^\delta \quad (\gamma = -0.26, \delta = 1.7)$$

其中，ϕ 为功函数。

非弹性阻尼 $\mathrm{Im}V(z)$ 的空间衰减可通过阶跃和高斯型函数表示：

$$\mathrm{Im}V(z) = \begin{cases} \beta \times \exp[-\alpha|z - z_1|] & (z < z_1) \\ \eta & (z_1 < z \leqslant z_{\mathrm{SL}}) \end{cases} \tag{14.9}$$

其中，β、α、η 和 z_1 在计算中为可调参数。β 和 η 表示不同区域的阻尼强度，z_{SL} 为第二原子层的原子位置。

传统意义上，$\mathrm{Re}V(z)$、$\mathrm{Im}V(z)$ 和 $\mathrm{Im}V(E)$ 彼此独立。独立处理确实可以方便地探测各自的贡献，但实际上，参数之间呈现相关性。在一维方法中，共有 7 个独立参数在 VLEED 谱分析中需要优化，以 z 为积分变量有

$$\mathrm{Re}V(z;\ \lambda, z_0, V_0);\ \mathrm{Im}V(z, E; z_1,\ \alpha,\ \beta,\ \eta,\ \gamma,\ \delta)$$

这种大量相关参数的独立处理给解的唯一性带来了麻烦。图 14.10 所示为 $\mathrm{Re}V(z)$、赝费米 z 函数、阶跃高斯函数 $\mathrm{Im}V(z)$ 和费米衰变 $\rho(z)$ 函数的示意图[43]。

14.4.4　表面势垒的能量描述

VLEED 集成了表面大量区域的物理信息，可将以位置为自变量的函数 $z_0(x, y)$ 转变为与整体能量相关的函数 $z_0(E)$。众所周知，在 $z = z_0$ 时，泊松方程接近零。因此，z_0 是被电子所占据的边界。若 z_0 可表示为表面配位数的函数，那么 $z_0(x, y)$ 可用于描述电子的空间分布。$k_{//}$ 与表面坐标 (x, y) 有关，在倒易晶格中 $k_x \propto 1/x$。实际上，表面势垒是能量 E、横向波矢 $k_{//}$ 和表面坐标 (x, y) 的函数。但是 $z_0(E, k_{//}(x, y))$ 结果非常复杂，将其推广至实空间和倒易空间的理论模型中不切实际。

另一方面，VLEED 谱中的每条光束都有特定的 $k_{//}$，$k_{//}(x, y)$ 即为 VLEED 谱涉及的大量表面区域中光束的集成贡献。VLEED 谱计算只能提供 $z_0(E)$ 的平均效果，是能量和表面原子配位数的共同贡献。由于空间积分的影响，能量效应决定 $z_0(E)$

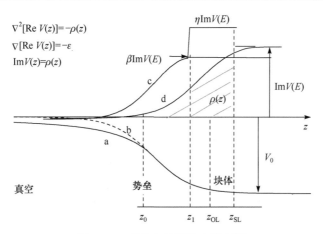

图 14.10　非均匀原子势垒模型[43]

曲线 a 表示 Re$V(z)$、曲线 b 为准费米 z 函数。曲线 c 是非弹性阻尼的常规阶跃高斯衰减函数，其中 β 和 η 是调节不同区域强度的独立参数。曲线 d 是费米 z 函数 $\rho(z)$，模拟空间电子的分布。Im$V(E)$ 是随能量变化的体相阻尼，V_0 是内势常数。z_{OL} 和 z_{SL} 分别表示晶格顶层和第二层的位置

特征，而多阶或高阶衍射只能改变表面原子对 $z_0(E)$ 形状的影响。因此，可以将平面图像处理为能量 $z_0(E)$ 的相关函数。$z_0(E)$ 轮廓可以是任何形式，而非固定常数或能量的单调函数，应如 STM 和 STS 测量结果，展现出价带态密度和表面形貌的耦合特征。

14.4.5　基本参数与函数

1. 局域态密度和功函数

为替代泊松方程获得的复杂 $\rho(z)$ 函数，可定义费米 z 函数来描述 Im$V(z)$ 的电子空间分布(图 14.10)[43]，

$$\rho(z) = \frac{V_0}{1 + \exp\left[-\dfrac{(z - z_1)}{\alpha}\right]} \tag{14.10}$$

$\rho(z)$ 由 z_1 和 α 表征，约束条件为 $\rho(z_0) \approx 0$。因此，$\rho(z)$ 在某特定原子层之外沿 z 向的积分正比于占据态的局部态密度 $n(x, y)$。积分范围通常局限于一个原子层内，因为非弹性阻尼即局限于这一区域[59]。

金属表面功函数随氧吸附局域变化。氧吸附金属表面的 STM 图像显示出原子尺度的明显波纹，不过，测量所得的功函数是较大区域的平均值。因此，有必要引入局域功函数 $\phi_L(x, y)$ 的概念。它取决于 $[n(x, y)]^{2/3}$，其中 $n(x, y)$ 是费米 z 函数的积分。

虽然费米衰减 Im$V(z, E)$ 表示电子的空间分布，但因为 Im$V(z, E)$ 随能量变化，

所以很难对这一积分进行校正。幸运的是，局域功函数可以连接 $\mathrm{Re}V(z)$ 和 $\mathrm{Im}V(z, E)$。表面局域态密度正比于费米 z 函数 $\rho(z)$ 自晶体内某位置到无限远处的积分。设定 $n(x, y)$ 和 n_0 分别为氧吸附表面和清洁表面的态密度，那么

$$
\begin{cases}
n(x,y) = \displaystyle\int_{D_{12}}^{-\infty} \rho\big(z, V_0, z_0(x,y), \lambda(z_0)\big)\mathrm{d}z \\[2mm]
n_0 = \displaystyle\int_{D_{12}}^{-\infty} \rho\big(z, 11.56, -2.5, 0.9\big)\mathrm{d}z
\end{cases}
\tag{14.11}
$$

因此，局域功函数随原子配位数和能量的变化形式为

$$
\phi_{\mathrm{L}}(x,y) = E_0 - E_{\mathrm{F}}\left[\frac{n(x,y)}{n_0}\right]^{\frac{2}{3}}
\tag{14.12}
$$

其中，$E_0 = 12.04\ \mathrm{eV}$、$E_{\mathrm{F}} = 7.04\ \mathrm{eV}$，分别为清洁 Cu 表面的真空和费米能级。校正参数 n_0 基于 Cu(001) 表面数据($V_0 = 11.56\ \mathrm{eV}$，$z_1 = z_0 = -2.5$ 玻尔半径，$1/\alpha = \lambda = 0.9$) 确定[60]。不同校准值只是抵消 $\phi_{\mathrm{L}}(x,y)$ 值的程度不同，不影响 ϕ_{L} 的变化趋势。

功函数依赖于占据态密度，与样本维度无关。因强烈的"局域"特性，常用的功函数定义在化学氧吸附问题上失去了原有作用。局域功函数的概念已被用于解释单胞尺度化学氧吸附引起的现象[31]，这一概念可以推广到原子尺度，以研究单原子尺寸上的氧吸附问题。同一表面上，低迁移率的强局域电子不可能从 ϕ_{L} "较低"位置移动至"较高"位置。因为 VLEED 谱的积分覆盖了表面的很大区域，所有与表面位置 (x, y) 相关的物理量均转变为能量的函数。相应地，ϕ_{L} 中的 $n(x, y)$ 变为 $n(E)$，后者是占据态密度，由 $z_0(E)$ 表征。在当前的建模方法中，ϕ_{L} 转换成 E 的函数，而且还可拓展至大面积的 VLEED 态密度积分。

2. 3D 表面势垒的参数设定

基于占据态密度定义非弹性势，可以统一任意能量大于功函数的电子占据空间(费米 z 衰变)的阻尼效应[43]，

$$
\begin{aligned}
\mathrm{Im}V(z, E) &= \mathrm{Im}\big[V(z)\cdot V(E)\big] \\[2mm]
&= \gamma\rho(z)\exp\left[\frac{E - \phi_{\mathrm{L}}(E)}{\delta}\right] \\[2mm]
&= \frac{\gamma\exp\left[\dfrac{E - \phi_{\mathrm{L}}(E)}{\delta}\right]}{1 + \exp\left[-\dfrac{z - z_1(z_0)}{\alpha(z_0)}\right]}
\end{aligned}
\tag{14.13}
$$

其中，γ 和 δ 根据实测光谱强度校准获得。$z_1(z_0)$ 和 $\alpha(z_0)$ 表示费米 z 函数描述的电子分布。

单电子可被入射电子束激发，所以它的能量大于功函数，即 $E \geqslant \phi_L$，在非弹性阻尼中可以选用 $[E-\phi_L(E)]$ 形式描述这一情况。需要注意的是，表面电子密度 $\rho(z)$ 非常重要，它关联了所有的表面电子相关物理量，包括局域功函数 $\phi_L(x, y)$、弹性势 $\mathrm{Re}V(z)$、非弹性势 $\mathrm{Im}V(z)$ 及 $\mathrm{Im}V(E)$。

为减少计算工作量并保证解的唯一性，可以将表面势垒参数定义为 z_0 的函数[43]：

$$\begin{cases} z_1(z_0) = z_0 \exp\left[-\left(\dfrac{z_0 - z_{0M}}{\tau_1}\right)^2\right] \\ \alpha(z_0) = \dfrac{1}{\lambda(z_0)} \exp\left[-\left(\dfrac{z_0 - z_{0m}}{\tau_2}\right)^2\right] \end{cases} \tag{14.14}$$

其中，常数 τ_1 和 τ_2 是高斯函数的半高宽，通过最小化 Δz_0 计算分别优化为 0.75 和 1.5。$z_{0m} \sim -1.75$ 玻尔半径。

式(14.14)中 $\lambda(z_0)$ 随着 z_0 的外移增加[43]，

$$\lambda(z_0) = \lambda_{0M}\left\{x + (1-x)\exp\left[-\left(\dfrac{z_0 - z_{0M}}{\lambda_z}\right)^2\right]\right\}, \quad x = 0.4732 \tag{14.15}$$

$\lambda_{0M} = 1.275$ 是 λ 的最大值，对应于 $z_{0M} = -3.425$ 玻尔半径、$\lambda_z = 0.8965$。对 $z_0(E)-\lambda(E)$ 曲线进行最小二乘法拟合即可得到 O-Cu(001) 表面的相应常数。

式(14.14)和(14.15)不仅表征了表面势垒参数之间的关联，还体现了偶极子的位点信息，即 $z_{1M} \approx z_{0M}$、$\alpha \approx \lambda^{-1}$，缺失行或离子位置 $z_{1m} \ll z_{0m}$，且 STM 图像中 $\mathrm{Im}V(z)$ 凹陷处的饱和度比 $\mathrm{Re}V(z)$ 的低得多。表面势垒通过极化使平面图像 z_0 向外移动增加饱和度，详见图 14.11 的表面势垒参数与 z_0 的关系。

3. 表面势垒的物理指标

图 14.12 为典型的块体金属氧化物表面与真空之间界面的示意图，以此说明 z_0 和 z_1 随位置的变化情况。z 轴自顶层(z_{0L})指向块体内部。在偶极子和缺失行位置处的虚曲线对应于图 14.10(a)中的 $\mathrm{Re}V(z)$，说明表面上 z_0 和 λ 随位置有异。由于周围电子对镜像势的贡献，$z_0(x, y)$ 通常比 $z_1(x, y)$ 离表面远。根据费米 z 函数的定义以及 $\mathrm{Re}V(z)$ 和 $\mathrm{Im}V(z)$ 之间的关系有

$$\rho(z_1) = 0.5\rho(\text{块体}, z \geqslant z_{SL}) > \rho(z < z_0) \approx 0$$

空位处，最小 z_{1m} 比 z_{0m} 低得多，因为没有自由电子进入缺失行空位；偶极子处，最大 $z_{1M} \cong z_{0M}$。

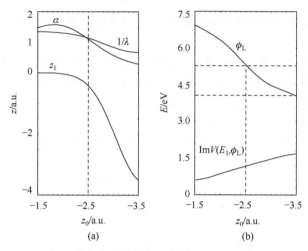

(a)　　　　　　　　　　　　(b)

图 14.11　z_0 对(a) 势垒函数的单变量参数和(b) 局域势函数的影响[43]

E_1=6.3 eV 和 E_2=16.0 eV 是 VLEED 谱窗口终端的特定能量。(a)图表示了 λ、z_1 和 α 随 z_0 的变化。(b)图说明随着 $-z_0$ 向外移动，$\phi_L(x, y)$ 减小，而非弹性阻尼 $\mathrm{Im}V(E)$ 增加。若 z_0 保持常数不变，则体系退化为一维模式

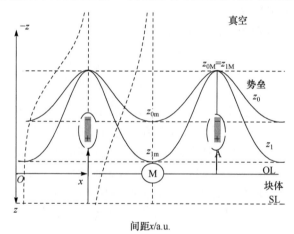

间距 x/a.u.

图 14.12　金属氧化物表面 z_0 与 z_1 的特征[43]

图中标记了块体($z > z_{OL}$)、势垒和真空区域以及偶极子的位移和垂直分量。M 表示缺失行空位。由于周围电子对镜像势的贡献，$\mathrm{Re}V(z)$ 中的 z_0 通常比 $\mathrm{Im}V(z)$ 中的 z_1 更高。距离表面足够远的位置，表面势垒趋近均一。虚曲线表示偶极子和缺失行位置的 $\mathrm{Re}V(z)$，体现两个位置的饱和度差异

金属偶极子的形成造成电子云饱和并向外移动，因此 STM 图像或 z_0 中突起越高，意味着表面势垒的饱和度越高，功函数值就越低。很明显，表面 $\mathrm{Re}V(z)$ 的梯度或电场强度也可以看作位置的函数(图 14.10)。偶极子所在位置的电场比清洁表面或 STM 凹陷处更强。在距离表面足够远的地方，非均匀表面势垒将退化为常规均匀类型。

在 VLEED 能量范围内，单电子激发控制着满带顶附近能量区域的衰减过程。

声子散射和其他过程可能导致入射束以单调方式衰减。而单电子激发会在 $ImV(E)$ 曲线上新增一个"驼峰"区域，改变衰减模式。另一方面，从电子密度角度来看，密度越大，阻尼越高。非弹性阻尼不会发生在没有电子的区域。入射束的单调衰减、单电子激发引起的"驼峰"以及密度效应，表明非弹性阻尼的真实形式非常复杂，难以通过常数或单调 $ImV(E)$ 形式予以描述。

14.4.6　表面势垒的意义和局限性

弹性 $ReV(z)$ 和非弹性 $ImV(z, E)$ 并非彼此独立，而是可通过表面电荷分布函数 $\rho(z)$ 相关联。除内势常数 V_0 外，其余各项参数 λ、α 和 z_1 都是 z_0 的函数，故表面势垒相关物理变量由 4 个减少为 1 个。此外，这种关联处理方式比单独讨论独立参数更有意义。

单变量参数化方法可以实现计算代码自动优化 z_0 以在任一能量值时匹配实验和计算结果。如果特征参数 z_0 为常数，则 $ReV(z)$ 和 $ImV(z, E)$ 将退化为传统形式，即一维均匀和单调的能量函数。此外，单变量参数化方法还可以呈现 $z_0(E)$ 曲线随原子排布的变化情况。表面化学键的形成和电荷的局域化使表面势垒与晶体几何结构彼此关联。另一方面，以 $z_0(E)$ 为变量讨论能态相关物理量也是化学吸附研究的一个重要角度。基于 VLEED 谱分析 $z_0(E)$ 曲线可以同时确定晶体及其电子的系列性能，是传统 VLEED 分析方法的重要补充。

在目前的表达式中，能带跃迁和单电子激发等造成单调阻尼曲线(均匀态密度或恒定功函数造成)中新增"驼峰"的过程还尚不清楚。不过，鉴于功函数为非常数态密度的函数这一前提，可以通过 z_0 优化方法来模拟重现"驼峰"现象。

单变量参数化方法将化学键、价态态密度、表面势垒与显微学、晶体学和光谱学的所有观测结果关联起来。这一方法的重要意义在于，通过恰当的参数化，可以表征键形成过程及表层原子和价电子行为相关物理量之间的本质联系。

14.5　总　　结

本章从能量角度构建了三维表面势垒和 M_2O 四面体结构模型的表征公式，对化学键几何、价带态密度和化学表面吸附形态学的相关物性参量进行了定量预测。表面势垒和晶体结构的参数化是关联表面形貌学、晶体衍射学和光电子声子能谱学的重要方式。单变量参数化方法通过减少独立参数的数量以简化计算，但同时保留了反映表面顶层原子和电子真实反应过程的能力。

参 考 文 献

[1] Jones R, Jennings P J, Jepsen O. Surface barrier in metals: A new model with application to W

(001). Phys. Rev. B, 1984, 29(12): 6474.

[2] Hitchen G, Thurgate S, Jennings P. Determination of the surface-potential barrier of Cu (001) from low-energy-electron-diffraction fine structure. Phys. Rev. B, 1991, 44(8): 3939.

[3] Thurgate S M, Sun C. Very-low-energy electron-diffraction analysis of oxygen on Cu(001). Phys. Rev. B, 1995, 51(4): 2410-2417.

[4] Jennings P, Thurgate S, Price G. The analysis of LEED fine structure. Appl. Surf. Sci., 1982, 13(1): 180-189.

[5] Ermakov A, Ciftlikli E, Syssoev S, et al. A surface work function measurement technique utilizing constant deflected grazing electron trajectories: Oxygen uptake on Cu (001). Rev. Sci. Instrum., 2010, 81(10): 105109.

[6] Chen C T, Smith N V. Energy dispersion of image states and surface states near the surface-Brillouin-zone boundary. Phys. Rev. B, 1987, 35(11): 5407-5412.

[7] Smith N V. Phase analysis of image states and surface states associated with nearly-free-electron band gaps. Phys. Rev. B, 1985, 32(6): 3549-3555.

[8] Inkson J. The effective exchange and correlation potential for metal surfaces. J. Phys. F, 1973, 3(12): 2143-2156.

[9] Malmström G, Rundgren J. A program for calculation of the reflection and transmission of electrons through a surface potential barrier. Comp. Phys. Commun., 1980, 19(2): 263-270.

[10] Lindroos M, Pfnür H, Menzel D. Theoretical and experimental study of the unoccupied electronic band structure of Ru(001) by electron reflection. Phys. Rev. B, 1986, 33(10): 6684-6693.

[11] Bai C. Scanning Tunneling Microscopy and its Application. Heidelberg: Springer Science & Business Media, 2000.

[12] Rotermund H. Investigation of dynamic processes in adsorbed layers by photoemission electron microscopy (PEEM). Surf. Sci., 1993, 283(1): 87-100.

[13] Döbler U, Baberschke J, Stöhr D, et al. Structure of c(2×2) oxygen on Cu(100): A surface extended X-ray absorption fine-structure study. Phys. Rev. B, 1985, 31(4): 2532.

[14] Ertl G. Reactions at well-defined surfaces. Surf. Sci., 1994, 299-300: 742-754.

[15] Jacob W, Dose V, Goldmann A. Atomic adsorption of oxygen on Cu(111) and Cu(110). Appl. Phys. A, 1986, 41(2): 145-150.

[16] Kuk Y, Chua F, Silverman P, et al. O chemisorption on Cu(110) by scanning tunneling microscopy. Phys. Rev. B, 1990, 41(18): 12393.

[17] Nørskov J. Theory of adsorption and adsorbate-induced reconstruction. Surf. Sci., 1994, 299: 690-705.

[18] Jacobsen K W. Theory of the oxygen-induced restructuring of Cu(110) and Cu(100) surfaces. Phys. Rev. Lett., 1990, 65(14): 1788.

[19] Zeng H, Mitchell K. Further LEED investigations of missing row models for the Cu (100)-(22×2) R45°-O surface structure. Surf. Sci., 1990, 239(3): L571-L578.

[20] Lang N. Vacuum tunneling current from an adsorbed atom. Phys. Rev. Lett., 1985, 55(2): 230.

[21] Rhodin T N, Ertl G. The Nature of the Surface Chemical Bond. New York: North-Holland

Publishing Company, 1979.

[22] Besenbacher F, Nørskov J K. Oxygen chemisorption on metal surfaces: General trends for Cu, Ni and Ag. Prog. Surf. Sci., 1993, 44(1): 5-66.

[23] van Hove M A, Somorjai G A. Adsorption and adsorbate-induced restructuring: A LEED perspective. Surf. Sci., 1994, 299-300: 487-501.

[24] Sun C Q. O-Cu(001): II. VLEED quantification of the four-stage Cu_3O_2 bonding kinetics. Surf. Rev. Lett., 2001, 8(6): 703-734.

[25] Sun C Q. O-Cu(001): I. Binding the signatures of LEED, STM and PES in a bond-forming way. Surf. Rev. Lett., 2001, 8(3-4): 367-402.

[26] Pauling L. The Nature of the Chemical Bond. 3th ed. New York: Cornell University Press, 1960.

[27] Sun C Q. Exposure-resolved VLEED from the O-Cu(001): Bonding dynamics. Vacuum, 1997, 48(6): 535-541.

[28] Zhang X, Huang Y L, Ma Z S, et al. A common supersolid skin covering both water and ice. Phys. Chem. Chem. Phys., 2014, 16(42): 22987-22994.

[29] Sun C Q. Relaxation of the Chemical Bond. Heidelberg: Springer, 2014.

[30] Sun C Q, Sun Y. The Attribute of Water: Single Notion, Multiple Myths. Heidelberg: Springer, 2016.

[31] Sun C Q. Oxidation electronics: Bond-band-barrier correlation and its applications. Prog. Mater. Sci., 2003, 48(6): 521-685.

[32] Sun C Q. Size dependence of nanostructures: Impact of bond order deficiency. Prog. Solid State Chem., 2007, 35(1): 1-159.

[33] Jorgensen J D. Defects and superconductivity in the copper oxides. Phys. Today, 1991, 44(6): 34-40.

[34] Kamimura H, Suwa Y. New theoretical view for high temperature superconductivity. J. Phys. Soc. Jpn., 1993, 62(10): 3368-3371.

[35] Goldschmidt V M. Crystal structure and chemical constitution. Trans. Faraday Soc., 1929, 25: 253-283.

[36] Adams D, Nielsen H, Andersen J, et al. Oscillatory relaxation of the Cu (110) surface. Phys. Rev. Lett., 1982, 49(9): 669.

[37] Jennings P, Sun C Q. Low-energy electron diffraction//O'Connor J, Sexton B, Smart R S. Surface Analysis Methods in Materials Science. Vol. 23, ed. Heidelberg: Springer Science & Business Media, 2013.

[38] Lang N D. Theory of single-atom imaging in the scanning tunneling microscope. Phys. Rev. Lett., 1986, 56(11): 1164.

[39] Sun C Q. A model of bonding and band-forming for oxides and nitrides. Appl. Phys. Lett., 1998, 72(14): 1706-1708.

[40] Cole A P, Root D E, Mukherjee P, et al. A trinuclear intermediate in the copper-mediated reduction of O_2: Four electrons from three coppers. Science, 1996, 273(5283): 1848.

[41] Chua F M, Kuk Y, Silverman P J. Oxygen chemisorption on Cu(110): An atomic view by scanning tunneling microscopy. Phys. Rev. Lett., 1989, 63(4): 386-389.

[42] Jensen F, Besenbacher F, Laegsgaard E, et al. Dynamics of oxygen-induced reconstruction on Cu(100) studied by scanning tunneling microscopy. Phys. Rev. B, 1990, 42(14): 9206-9209.

[43] Sun C Q, Bai C L. Modelling of non-uniform electrical potential barriers for metal surfaces with chemisorbed oxygen. J. Phys. Condens. Matter, 1997, 9(27): 5823-5836.

[44] Rotermund H, Lauterbach J, Haas G. The formation of subsurface oxygen on Pt (100). Appl. Phys. A, 1993, 57(6): 507-511.

[45] Lauterbach J, Asakura K, Rotermund H. Subsurface oxygen on Pt (100): Kinetics of the transition from chemisorbed to subsurface state and its reaction with CO, H_2 and O_2. Surf. Sci., 1994, 313(1-2): 52-63.

[46] Lauterbach J, Rotermund H. Spatio-temporal pattern formation during the catalytic CO-oxidation on Pt (100). Surf. Sci., 1994, 311(1): 231-246.

[47] Boulliard J, Sotto M. On the relations between surface structures and morphology of crystals. J. Cryst. growth, 1991, 110(4): 878-888.

[48] Dietz R, McRae E, Campbell R. Saturation of the image potential observed in low-energy electron reflection at Cu (001) surface. Phys. Rev. Lett., 1980, 45(15): 1280.

[49] Read M, Christopoulos A. Resonant electron surface-barrier scattering on W (001). Phys. Rev. B, 1988, 37(17): 10407.

[50] Adnot A, Carette J. High-resolution study of low-energy-electron-diffraction threshold effects on W (001) surface. Phys. Rev. Lett., 1977, 38(19): 1084.

[51] Pfnür H, Lindroos M, Menzel D. Investigation of adsorbates with low energy electron diffraction at very low energies (VLEED). Surf. Sci., 1991, 248(1-2): 1-10.

[52] Demuth J, Jepsen D, Marcus P. Comments regarding the determination of the structure of c (2×2) sulfur overlayers on Ni (001). Surf. Sci., 1974, 45(2): 733-739.

[53] Fujita T, Okawa Y, Matsumoto Y, et al. Phase boundaries of nanometer scale c (2×2)-O domains on the Cu (100) surface. Phys. Rev. B, 1996, 54(3): 2167.

[54] McRae E G. Electron diffraction at crystal surfaces: I. Generalization of Darwin's dynamical theory. Surf. Sci., 1968, 11(3): 479-491.

[55] Jones R O, Jennings P J. LEED fine structure: Origins and applications. Surf. Sci. Rep., 1988, 9(4): 165-196.

[56] Pendry J B, Alldredge G. Low energy electron diffraction: The theory and its application to determination of surface structure. Phys. Today, 1977, 30(2): 57-58.

[57] Nishijima M, Jo M, Kuwahara Y, et al. Electron energy loss spectra of a Pd (110) clean surface. Solid State Commun., 1986, 58(1): 75-77.

[58] McRae E G, Caldwell C W. Absorptive potential in nickel from very low energy electron reflection at Ni (001) surface. Surf. Sci., 1976, 57(2): 766-770.

[59] Sun C Q. Spectral sensitivity of the VLEED to the bonding geometry and the potential barrier of the O-Cu(001) surface. Vacuum, 1997, 48(5): 491-498.

[60] Hitchen C, Thurgate S, Jennings P. A LEED fine structure study of oxygen adsorption on Cu (001) and Cu (111). Aust. J. Phys., 1990, 43(5): 519-534.

第 15 章　VLEED 解析技术

要点

- 氧化物四面体构型和三维表面势垒模型可以解析 STM/S 观测结果
- 表面势垒参数化可以描述电子的空间和能量分布
- 键长和几何结构的弛豫形成了价态和表面势垒
- 参数化方法被证实是合理的、有效的、富有意义的

摘要

　　VLEED 解析将原子位错转化为四面体键几何、利用泊松方程关联 $ReV(z)$和 $ImV(z, E)$，这不仅大大减少了表面势垒描述的自由可调参数数目，而且表征了 VLEED 的真实过程。弹性 $ReV(z)$的积分决定相移，非弹性 $ImV(z, E)$的积分决定衍射电子束的振幅损耗。初步计算结果一致证实了参数化、解谱技术、计算代码以及键几何和表面势垒模型的有效性。

15.1　解　析　方　法

15.1.1　数据校准

　　采用数值计算方法分析 VLEED 的 I-E，有助于理解实验观测数据蕴含的物理意义，也是判定相应理论模型正确与否的重要依据。计算之前需要对实验数据进行合理的校准和数字化，不恰当的前期处理可能会导致错误的结论。

1. 传统方法

　　通常是对单条 I-E 曲线进行归一化。测量和计算的 I_e-E、I_c-E 完整谱峰除以各自最大的峰强 I_{eM} 和 I_{cM}，所有归一化曲线的最大值都等于单位 1。然后利用最小二乘法 R 因子比较计算结果与实验结果：

$$R = 1 - \sqrt{\frac{\sum_{i=1}^{N}\left[I_c(E_i) - I_e(E_i)\right]^2}{N(N-1)}}$$

其中，$I_c(E_i)$和$I_e(E_i)$是能量为E_i(步长为：$E_i - E_{i-1} = 0.1$ eV)时曲线的归一化强度。R因子决定拟合程度，取值为1代表理想情况。这种方法通常用于定性分析单条VLEED光谱，可以获得理论和实验曲线形状相似时的信息。

然而，这种方法不适合处理表面势垒，因为无法辨析不同条件(如曝氧量变化时)的I-E曲线之间的强度差异，可能漏掉重要信息，如氧吸附反应过程中的光谱强度相对变化。

2. 通用方法

通常，对于一套完整的I-E曲线，曲线间的相对强度蕴含着丰富的物理信息。因此，从所有实验光谱中选择一个$I_{eM}(E_i)$来校准所有I-E曲线，可以保证数据采集时不同曲线间相对强度变化信息的准确性，因为化学反应不仅改变了光谱形状，还改变了光谱强度。

另一方面，绝对谱强与实际状态的偏差可以通过阻尼势$(1\pm0.2) \times \mathrm{Im}V(E)$进行调节，修改阻尼常数即可调整计算曲线。因此，光谱强度变化对应于引起非弹性衰减的物理过程。

VLEED谱数字化解析的假定条件如下：

(1) 假定能量在$6.0\sim16.0$ eV的入射电流I_0为常数，误差处于设备容许范围内。内势常数V_0在计算中假定为恒值，即使它在常规LEED能量范围内探测纯Cu(001)表面时可能略有变化[1]。VLEED谱在价带顶即$6.0\sim16.0$ eV能量范围内非常活跃。

(2) 计算发现，(00)光束反射率(I_{00}/I_0)超过12.5%时将引发收敛问题，实验上测定的反射率也约为10%。因此，设定$I_{00}/I_0 = 10\%$为最大反射率来校准所有I-E曲线。每条曲线中，第一和最后一个能量值的绝对强度能用于确定非弹性势垒的γ和δ常数。一旦表面势垒函数确定，就可以应用正交分析方法获得的初始条件求解阻尼方程。

(3) 在采集一套角分辨VLEED谱数据时[2]，假定键几何没有任何变化。这一假设是合理的，因为曝氧量变化对反应起到的作用比之样品退火要强得多。

(4) Cu(001)表面的早期数据模拟得到$V_0 = 11.56$ eV、$z_0 = -2.5$ ($\cong 1.32$ Å，接近于Cu原子半径1.276 Å)和$\lambda = 0.9$[3]。这组数据现被用于校准局域功函数，并为表面势垒参数的设置提供参考。

(5) STM图像中z向刻度差0.45 Å为Δz_0提供了参考，因为STM图像和$z_0(x, y)$皆为表面电子分布的卷积。考虑到STM针尖有限尺寸的横向卷积和VLEED中多重及高阶衍射的修正，可以假定Δz_0和Δz_{STM}具有可比性，且Δz_0应尽可能小。

15.1.2　参数初始化

解析 VLEED 光谱前还需要对表面势垒参数进行初始化。首先，应用正交优化技术处理各能量 E_{0i} 下的参数 z_{0i}、λ_i 及相应的 ReV(z) 和 ImV(E_{0i})。应用最小二乘法拟合 $\lambda(z_0)$ 曲线获取常数。STM 图像和势垒分布表明表面势垒图像饱和度 λ 随 z_0 像平面的外移而增加。这一现象实际为 z_0-λ 关系的物理基础。优化后的 z_{0M} 和 z_{0m} 分别为 –3.425 a.u. 和 –1.750 a.u.，相应的 λ 分别为 1.275 和 0.650。

ImV(z, E) 中含有四个常数。匹配能量端点 6.0 eV 和 16.0 eV 处的峰强，可获得 γ 和 δ 值。$z_1(z_0)$ 和 $\alpha(z_0)$ 高斯函数的半高宽可以通过最小 Δz_0 值(在 ⟨11⟩ 附近存在最大值)来确定。

数值计算处理过程如下：

(1) 基于缺失行结构模型[4]和传统表面势垒的已知等式确定表面势垒参数。

(2) 通过调节最敏感参数来计算一些能量下的 VLEED 衍射数据，以确定单变量表面势垒函数中的常数。

(3) 构建表面势垒参数之间以及与局域功函数的关系，解决解的不确定问题。独立改变 λ 和 z_0，所得解数量无限，但引入 $\lambda(z_0)$ 关联参数，则可将无限数值解转变为有限解。再根据局域功函数，确定唯一解。

15.1.3　计算方法

通常，在计算时一次只能更改一个参数。但是可以通过正交优化技术缩短实验时间，同时预测结果的趋势及变量之间的相关性。应用 z_0-扫描和 z_0-优化进一步完善正交优化技术。确定表面势垒和键几何参数后，基于单变量参数化，改变 z_0 取值，范围 –2.5 ± 1.25，步长 0.25，进行计算。其中数值 –2.5 对应纯 Cu(001) 的 z_0 值。计算结果满足 $I_c(z_{0i}, E)/I_e(E) = 1.0\pm0.05$ 时，绘制 z_0-E 关系曲线。这不仅给出了测量数据的最佳拟合方式，也显示了所有的可能解。z_0-扫描和 z_0-优化方法也可以用于对不同模型进行比较，还可以对表面势垒形状和键几何进行优化。

一旦 $z_0(E)$ 曲线优化完成，程序将自动拟合获取满足条件的 $z_0(E_i)$，一般取为 $I_c(E_i)/I_e(E_i)=1.00 ± (0.01\sim0.03)$。与 z_0-扫描方法相比，步长 Δz_0 将根据 $\kappa = I_c(E_i)/I_e(E_i)$ 条件，自动从 0.25 变为 0.0005。如果 κ 值达到所需精度，计算将自动转到下一步，计算 E_{i+1}。这种方法可简单地给出 $z_0(E)$ 曲线，重现 VLEED 光谱，并可自动得到键几何、功函数、势垒形状和能带结构等物理参量。因此，对实验数据的精准校核至关重要。

15.1.4　模型校准原则

获得最佳 $z_0(E)$ 曲线需要最合适的键几何结构。通常，人们将 $z_0(E)$ 近似看作常量。对于具有均匀能量状态和较小离子实的纯金属表面而言，这是可以接受的，但不能应用于化学氧吸附。$z_0(E)$图除了与传统的常量或单调能量相关外，还应与表面形貌和价带态密度相关。由于电子激发，无论是传统方法还是新的表面势垒模型，均出现"驼峰"。$z_0(E)$曲线选择的原则如下：

(1) $z_0(E)$的解有限；

(2) Δz_0尽可能小；

(3) $z_0(E)$曲线上出现最少的额外特征。

应用z_0-扫描和z_0-优化方法比独立调节各个参数进行的计算更为精确。同时，这些方法能确定最优的模型，获得STM/S和VLEED图像的最佳匹配，并从中揭示电子空间分布状态和价带态密度的变化信息。

15.2　代码的有效性

15.2.1　清洁 Cu(001)表面

VLEED 精细结构特征由两个标识决定。一个是发生重构和弛豫的表面晶格结构，另一个是描述实空间和能量空间电子行为的表面势垒。通常，设定晶格几何结构为已知，以获取表面势垒参数。为验证多重衍射代码的有效性，常应用一维表面势垒近似和已知晶体结构的单调阻尼函数计算清洁 Cu(001)表面的散射谱。这样获得的清洁金属表面散射谱已能与实测曲线量相吻合[5]。

VLEED 精细结构特征对弹性势 $ReV(z; z_0, \lambda)$十分敏感。由于多原子和多重衍射代码已充分包含多重衍射效应，因此，早前研究获得的参数大同小异[6]。表面势垒参数共有 9 个，可分为两组进行正交优化 $L_{25}(5^6)$-$(\gamma, \delta, \eta, \beta, z_1, V_0)$和$L_9(3^4)$-$(z_0, \lambda, \alpha)$，计算过程如下：

(1) 探明主控参数并锁定参数取值范围以获得最佳拟合结果。计算结果的统计分析证实，光谱强度对参数α和β不敏感，可设定为常数。对于优化的清洁 Cu(001)表面，V_0保持恒值 11.56 eV。因此，9 个独立变量减少至 6 个。

(2) 利用参数间的关联性。$ReV(z; z_0, \lambda)$和 $ImV(z, E; \gamma, \delta; z_1, \alpha; \beta, \eta)$积分可将两组参数$(z_0, \lambda)$和$(\gamma, \delta; z_1, \alpha; \beta, \eta)$相互关联。可固定一对参数中的某一个，调节另一个，观察关联效果。因此，变量数目从 3 对进一步减少为 3 个独立变量。

(3) 重复(1)和(2)两个过程，优化晶体结构参数值。

图 15.1 比较了从 70.0°入射角和 42.0°方位角($\langle11\rangle$方向附近，45.0°)测量的清洁 Cu(001)表面的光谱结果(虚线)及其模拟结果(实线)。I_{00}/I_0是(00)方向测量光束与入射光束的强度比。实线是应用多重衍射方案和一维表面势垒模型的计算结果。

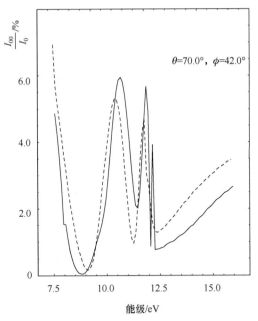

图 15.1　清洁 Cu(001)表面 VLEED 谱的模拟和实验结果对比[7]
入射角为 70.0°、方位角为 42.0°。对比结果表明，多重衍射方法足够准确和完整，涵盖了衍射中的所有重要信息，
且常规表面势垒模型已足以表征清洁金属表面

能量高于 9.0 eV 时，模拟结果较为合理。这证实了多重衍射方法精度足够，已涵盖了衍射中的所有重要信息。更重要的是，对于纯金属(理想费米子系统)，常规表面势垒模型足以获得表面势垒区域准确的高阶衍射强度。

15.2.2　O-Cu(001)表面

为了检验 O-Cu(001)表面计算代码的有效性，采用与清洁 Cu(001)表面相同的模式进行计算，应用含多个缺失行的几何结构模型优化表面势垒参数，模拟结果与测量数据吻合最好的即为最佳模型。

对 300 L 化学氧吸附 Cu(001)表面的两个典型 VLEED *I-E* 曲线进行模拟。入射角为 69.0°，测试的两曲线方位角分别为 23.5° (〈21〉 方向)和 43.5° (〈11〉 方向)。图 15.2 比较了两曲线相应的原子位置，上方的侧视图为沿 Cu—O—Cu 链的观察效果，下方的俯视图为入射光束方位角对应的 Cu(001)-$(\sqrt{2} \times 2\sqrt{2})$R45°-2O 复合单元。计算中使用的结构参数列于表 15.1，其中模型 A 为 M_2O 四面体结构，B 和 C 的五个参数$(D_{12}, D_{Cu_x}, D_{Cu_z}, D_{O_x}, D_{O_z})$来源于早期 LEED 计算的优化结果[8]，D 模型中的参数由有效介质理论预测得到[9]。

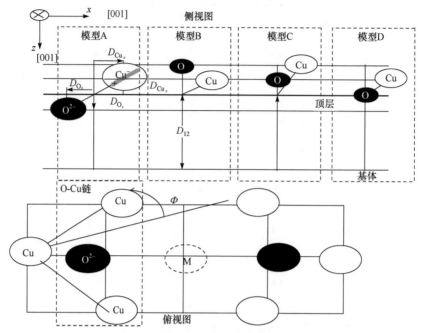

图 15.2 沿 Cu—O—Cu 观测的原子位置(上方侧视图)以及沿入射光束方位角观测的
Cu(001)- $(\sqrt{2} \times 2\sqrt{2})$ R45°-2O 复合单元结构(下方俯视图)[10, 11]
模型 A 中的原子位置源自 M_2O 四面体结构。这些模型代表了几乎所有的现有
Cu(001)- $(\sqrt{2} \times 2\sqrt{2})$ R45°-2O 原子结构

表 15.1 各模型的结构参数[10, 11]

模型	变量		原子位移/Å				键长/Å			键角/(°)		
	BA_{12}	D_{Cu_x}	D_{Cu_z}	D_{O_x}	D_{O_z}	D_{12}	BL_1	BL_2	BL_3	BA_{13}	BA_{23}	BA_{33}
A	102.0	0.250	−0.1495	−0.1876	0.1682	1.9343	1.628	1.776	1.926	105.3	99.5	
B		0.3	−0.1	0.0	−0.2	1.94						
C		0.1	−0.2	0.0	−0.1	2.06						
D		0.3	−0.1	0.0	0.0	1.94						

应用含 9 个参数的一维表面势垒函数计算,发现仅方位角位于 23.5°时,理论
计算结果与实验测量相一致。对于所有的比对结构模型,此方位角都远离⟨11⟩方
向,如图 15.3 所示。在 23.5°方位角所得结果中,约 6.8 eV 和 13.5 eV 处的曲线突
变源自带隙布拉格反射。理论计算曲线(实线)中的 Rydberg 主峰位于 13.0 eV 处,
对表面势垒非常敏感。

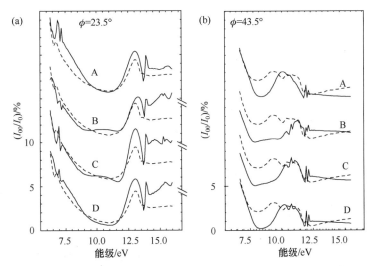

图 15.3　四种结构模型模拟的 O-Cu(001)表面在方位角(a) 23.5°和(b) 43.5°下的 *I-E* 曲线(实线)
与实验曲线(虚线)的对比[12]

实验测量的入射角为 69°。方位角为 43.5°时(近⟨11⟩方向)，四种结构模型的 *I-E* 曲线模拟结果都与实测不符

　　所有结构模型的模拟曲线皆在 13.0 eV 处呈现出 Rydberg 主峰，只是强度或
半高宽与实测曲线相比差异不同。但所有模拟曲线在 12.0 eV 以下强度或半高宽
与实测值存在差异，说明表面势垒需要优化修正，涉及 3D 效应和依赖于能量的
阻尼过程。曲线 B、C 和 D 在 15.5 eV 处的尖峰和 14.0～16.0 eV 区间实测与模拟
结果的差异无法通过调整表面势垒参数来消除。在理论模拟结果与实测结果匹配
前，13.0 eV 位置的主峰不会出现，如图 15.3(b)所示。模型 A 在 23.5°方位角下模
拟的 VLEED 谱与实测结果吻合最好，意味着模型 A 中的原子位置最接近真实情
况。然而，在方位角 43.5°处(近⟨11⟩方向)，四种模型的模拟结果都与实测不符。
这从侧面证实了表面势垒的三维效应、电子分布的不均匀性及各向异性。

　　图 15.4 比较了清洁 Cu(001)和 O-Cu(001)表面的阻尼曲线，吸附氧后的阻尼
(1.2 eV, 9.0 eV)比清洁表面的(0.78 eV, 0.81 eV)高得多。此外，由于结构的各向异
性，O-Cu(001)表面的非弹性阻尼表现为方位角的函数。由氧吸附而产生的非均匀
性和各向异性超越了一维表面势垒模型的表征范围，因此，基于传统方式获得的
信息不能完整描述表面化学吸附。

　　尽管一维表面势垒模型可以获得清洁 Cu(001)表面的 *I-E* 曲线，但对于化学氧
吸附系统效果欠佳。虽然模型 A 在 23.5°方位角处的计算结果比较接近实验值，
但无法很好地诠释结果的意义。模型 B、C 和 D 在 23.5°方位角处的曲线在较高能
量范围(14.0～16.0 eV)还显示出了意料之外的特征。事实上，这些特征源于晶体
几何形状的贡献而非计算代码造成的假象。15.0 eV 附近的尖峰和 14.0～16.0 eV

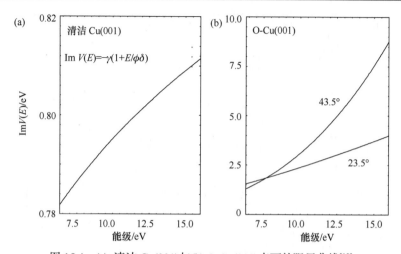

图 15.4　(a) 清洁 Cu(001)与(b) O-Cu(001)表面的阻尼曲线[12]

清洁 Cu(001)和 O-Cu(001)表面阻尼分别为(0.78 eV, 0.81 eV)和(1.2 eV, 9.0 eV)，且后者会随方位角发生变化，体现了表面势垒的各向异性和不均匀性

范围内强度的差异表明模型中的原子位置尚需修正。另一方面，除了模型 A 在 23.5°方位角处的计算结果外，其他模型的结果与实测结果相差较大，比较 A 之外模型间的优越性没有意义。

　　对于任何结构模型以及一维表面势垒模型参数的任一调整，43.5°方位角处模拟所得的 I-E 频谱都无法与实验测量结果匹配。这种不确定性很大程度上影响了化学氧吸附系统的单调阻尼和均匀表面势垒近似。具有多种附加特征的 O-Cu(001) VLEED 光谱不能应用适合于纯金属的模型进行模拟表征。因此，需要构建 3D-表面势垒模型，考虑表面势垒变量的能量与位置间的关联性。

15.3　模型的实现

15.3.1　数值量化

　　采用 z_0-优化方法和单变量参数化 3D-表面势垒函数修正如图 15.2 所示的结构模型。z_0-优化方法可通过重现实测数据，获取相应的 $z_0(E)$ 结果。程序会在每一个计算步中自动进行 $I_c(E_i)$ 和 $I_e(E_i)$ 匹配，标准为 $I_c(E_i)/I_e(E_i) = 1.00 \pm 0.03$。图 15.5 为 43.5°和 48.5°方位角的计算结果[10, 11]，其中所有模型都应用了 z_0-优化方法。

　　图 15.5 表明 z_0-优化后所有模型都能获得模拟结果，曲线间存在差异。尽管对于 M_2O 模型(即模型 A)还存在争议，但 VLEED 优化结果对模型 A 给予了有力支持。结构模型可以通过分析 $z_0(E)$ 曲线来确定。表 15.2 中模型 A 的 $\Delta z_{VLEED}/\Delta z_{STM}$

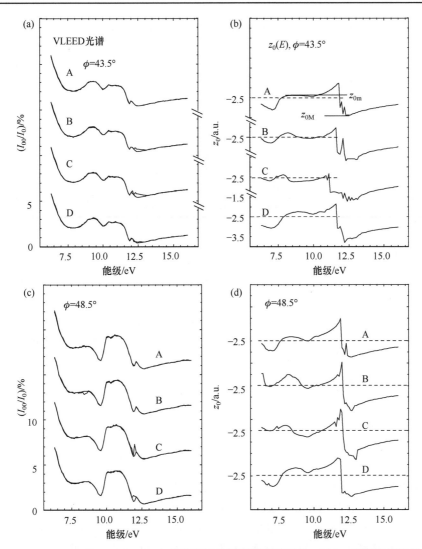

图 15.5　(a), (b) 43.5°和(c), (d) 48.5°方位角下四种模型模拟得到的 VLEED 光谱和相应的 $z_0(E)$
曲线[10, 11]

$\Delta z_{VLEED}(=z_{0M}-z_{0m})$最大值对应于唯一解区域，在 $\langle 11 \rangle$ 方向附近。综合四面体 M_2O 结构、3D-表面势垒模型和解码
方法，实现了沿 $\langle 11 \rangle$ 方向的光谱重现。$z_0(E)$曲线会随原子几何结构的微小变化而发生变化

最小($43.5°$方位角时Δz最大)，进一步证明了模型 A 的有效性。$z_0(E)$曲线的各向异
性意味着引入非均匀表面势垒模型非常重要，它比传统一维表面势垒方法更可靠，
获得的信息更为丰富。

表 15.2　Cu(001)-(222)R45°-2O 表面在 43.5°方位处的 VLEED 谱解析结果[13]

模型	E/eV	$-z_0$/a.u.	强度(理论)	强度(实验)	Δz_{VLEED}/Å	$\dfrac{\Delta z_{VLEED}}{\Delta z_{STM}}$
A	8.3	2.3861	0.02261	0.02216	0.5218	1.16
	12.6	3.3725	0.00454	0.00453		
B	8.2	2.2610	0.02214	0.02174	0.7165	1.59
	13.0	3.6154	0.00615	0.00553		
C	7.9	2.3852	0.02096	0.02070	0.6828	1.52
	12.6	3.6760	0.00771	0.00453		
D	8.9	2.2230	0.02984	0.02968	0.7406	1.65
	12.7	−3.6228	0.00565	0.00440		

15.3.2　物理意义

1. $z_0(E)$曲线

比较 $z_0(E)$图可以区分原子位置的结构合集(图 15.5 和表 15.2)。所有可能的晶体结构都会提供沿 ⟨11⟩ 方向匹配的光谱图,但各自的 $z_0(E)$曲线明显不同。原子位置的微小差异都可以导致 $z_0(E)$图的可观测变化,这也证明了 VLEED 对晶体几何结构非常敏感。基于 $z_0(E)$曲线的几何依赖性,通过简单地比较 $z_0(E)$图之间的形状可以判断原子的结构模型。

根据 15.1.4 节中给出的判别标准分析 $z_0(E)$曲线,可以确定原子的真实位置(表 15.2)。从能量角度看,$z_0(E)$曲线在 7.5 eV 以下的特征与 O-Cu(110) 和 O-Cu(001)表面 STS 和 PES 图在 E_F 能级以下的占据态密度相一致,这是 O sp³ 轨道杂化形成的非键态特征。11.5 eV 和 12.5 eV 位置的尖峰对应于布里渊区边界的布拉格反射,这相应于不同能带边缘的电子激发。相较于曲线 A 和 D,曲线 B 和 C 在 8.0 eV 位置处显示出额外特征,这很难指出其产生的原因,除非对价带态密度进行修正。

从空间角度看,z_{0m} 和 z_{0M} 的差异随晶体结构变化。结构 A 得到了最小的Δz_0,接近于 STM 的最小刻度(0.45 Å)。由此可见,计算结果更倾向于模型 A 设定的原子位置,其次是模型 D。VLEED 优化结果与 Besenbacher 和 Nørskov 等[9]提出的结论相一致,即 O 原子在第一层 Cu 原子之下成键。与此同时,一对 Cu 偶极子桥接于这一缺失行之上。成对的偶极子和缺失行空穴都源自 Cu_3O_2 表面的化学成键。然而,常规的 LEED 优化无法辨析模型 B 和 C 的差异。

2. 表面电子动力学

系列实测结果已验证了上述建模考虑的正确性。基于模型,不仅可以加深对表面电子行为的认识,还可以对 STM 观察的氧吸附表面的局部特征进行定量表征。在偶极子位置，$z_1 \cong z_0$、$\alpha \cong \lambda^{-1}$。这说明金属偶极子通过波函数的外移增强表面势垒，使其具有较高的饱和度。对于 O-Cu(001)表面，$z_{0M}(z_{0M}/z_0(Cu)$ = 3.37/2.50 ≈1.35)和λ_M ($\lambda_M/\lambda(Cu)$ = 1.27/0.9 ≈1.41)是纯 Cu(001)表面的 $\sqrt{2}$ 倍。导电电子容易移位并形成电子岛(金属偶极子)。z_{0M} 和 λ_M 值也可量化 STM 图中的突出部分。电子岛越高、电子云就越密集。在缺失行位置，$z_1 \ll z_0$、$\alpha \gg \lambda^{-1}$，说明缺失行空穴没有被"自由电子"占据，造成了 STM 图像中的最低表面势垒饱和度。O-Cu(001)表面的最低表面势垒饱和度为 Cu(001)表面的($\lambda_m/\lambda(Cu)$ = 0.65/0.9≈) $1/\sqrt{2}$ 倍。因此，化学氧吸附表面的电子具有强局域性。也因此，氧吸附金属表面为非费米子系统，不存在自由电子。O-Cu(001)表皮由偶极层组成，功函数降低。电子局域化也是氧化物表面呈非欧姆整流的原因。

目前的非均匀表面势垒方法能够解释化学氧吸附 Cu 表面上的电子行为，相关公式也可以很好地量化 STM 和 STS 图展现的局域特征。价带态密度的变化可以从 $z_0(E)$ 曲线中获得，解析入射电子与表面的相互作用。因为 $z_0(E)$ 曲线随晶体结构变化明显，通过简单优化，克服了同时量化晶体结构和电子分布的困难。模拟的 VLEED 谱图、$z_0(E)$ 曲线和饱和度以及 STM 和 STS 图像之间的一致性证明了当前表面势垒和四面体 M_2O 结构模型的合理性。

15.4　总　　结

O-Cu(001)表面 VLEED 谱的模拟过程验证了能量相关的 3D-表面势垒模型、M_2O 键几何结构以及光谱解析技术的重要性。单变量参数化方法使对比模型在所有方位角下模拟的 VLEED 谱具有一致性。几何结构敏感的 $z_0(E)$ 曲线提供了表面原子和电子动力学行为的丰富信息，如键几何结构、价带态密度和 3D-表面势垒等。一系列研究进展证明了配位键合和电子动力学在处理化学反应时的重要性与有效性。

参 考 文 献

[1] Jennings P, Thurgate S. The inner potential in leed. Surf. Sci., 1981, 104(2): L210-L212.

[2] Hitchen C, Thurgate S, Jennings P. A LEED fine structure study of oxygen adsorption on Cu(001) and Cu(111). Aust. J. Phys., 1990, 43(5): 519-534.

[3] Hitchen G, Thurgate S, Jennings P. Determination of the surface-potential barrier of Cu(001) from low-energy-electron-diffraction fine structure. Phys. Rev. B, 1991, 44(8): 3939-3942.

[4] Zeng H, Mitchell K. Further leed investigations of missing row models for the Cu(100)-(22×2) R45°-O surface structure. Surf. Sci., 1990, 239(3): L571-L578.

[5] Hitchen G, Thurgate S. Determination of azimuth angle, incidence angle, and contact-potential

difference for low-energy electron-diffraction fine-structure measurements. Phys. Rev. B, 1988, 38(13): 8668-8672.

[6] Thurgate S M, Sun C. Very-low-energy electron-diffraction analysis of oxygen on Cu(001). Phys. Rev. B, 1995, 51(4): 2410-2417.

[7] Bartoš I, van Hove M, Altman M. Cu(111) electron band structure and channeling by VLEED. Surf. Sci., 1996, 352: 660-664.

[8] Atrei A, Bardi U, Rovida G, et al. Test of structural models for Cu(001)-($\sqrt{2} \times 2\sqrt{2}$) R45°-O by LEED intensity analysis. Vacuum, 1990, 41(1): 333-336.

[9] Besenbacher F, Nørskov J K. Oxygen chemisorption on metal surfaces: General trends for Cu, Ni and Ag. Prog. Surf. Sci., 1993, 44(1): 5-66.

[10] Sun C Q. O-Cu(001): II. Vleed quantification of the four-stage Cu_3O_2 bonding kinetics. Surf. Rev. Lett., 2001, 8(6): 703-734.

[11] Sun C Q. O-Cu(001): I. Binding the signatures of LEED, STM and PES in a bond-forming way. Surf. Rev. Lett., 2001, 8(3-4): 367-402.

[12] Sun C Q, Bai C L. A model of bonding between oxygen and metal surfaces. J. Phys. Chem. Solids, 1997, 58(6): 903-912.

[13] Adams D, Nielsen H, Andersen J, et al. Oscillatory relaxation of the Cu(110) surface. Phys. Rev. Lett., 1982, 49(9): 669.

第 16 章　VLEED 解谱灵敏度与可靠性

要点

- ReV(z)表示衍射电子束的弹性部分，决定相移
- ImV(z, E)表示衍射电子束的非弹性部分，决定振幅损失
- VLEED 衍射光束覆盖价带能级，会因吸收耗能
- VLEED 衍射信号仅对最外两层原子的弛豫敏感

摘要

VLEED 解析技术非常独特，通过建模、参数化和解析，可以灵敏并可靠地获取键几何、价带态密度以及表面势垒(SPB)信息。基于傅里叶变换，VLEED 解析可获得与电子能谱、晶体学和几何形态学相一致的原子尺度信息。

16.1　解的唯一性

在 VLEED 谱的模拟计算中，独立处理键几何和 SPB 参数可能导致结果的不确定性[1]，因为衍射强度取决于不同截面散射中心的排列以及 SPB 对衍射光束的干涉。几何排列决定衍射光束的相位变化，衍射横截面随散射中心的有效电荷变化，干涉则决定衍射波的振幅。因此，反应过程中的电荷传输和极化会调整原子位置和 SPB。键几何、SPB 和参数化需恰当组合，尽可能避免 VLEED 解谱方案的不确定性，确保解析结果能正确反馈反应过程中的真实情况。

早前在验证解的唯一性时，SPB 的所有参数都处理为独立变量，明确结构和 SPB 参数在决定 VLEED 谱特征时的作用。在这里，我们将在选定能量值下验证解的唯一性。若选定 z_0 和 λ 两个 SPB 参数，结构和 SPB 其他参数皆保持不变。以 70°和 43.5°方位角采集的 VLEED 光谱的优化参数用于迭代计算。以最优的 $z_0(E)$ 作为参考，在计算时独立改变其参量。所有其他参数皆由 SPB 函数自动生成。计算时不断应用更新的变量值进行循环模拟。

16.1.1　$\text{Re}\,V(z;\, z_0,\, \lambda)$的灵敏度

$\text{Re}\,V(z;\, z_0,\, \lambda)$积分涵盖了图像平面的原点 z_0 和弹性 SPB 的饱和度 λ。这两个参数共同决定 $\text{Re}\,V(z;\, z_0,\, \lambda)$ 的形状和积分值。VLEED 关注的是 $\text{Re}\,V(z;\, z_0,\, \lambda)$ 的积分面积,而非决定相移和光束反射率的各个精确值。因此,设定 $\lambda(z_0)$ 为 z_0 的函数以减少涉及的物理量数目。当 z_0 偏离晶格时,极化会增强 SPB 的饱和度,与 STM 图像呈现的结果一样;若 z_0 向内移动,则意味着离子或原子空位的形成降低了 SPB 的饱和度。

图 16.1 展示了能量变化时 z_0 与 λ 之间的关系。每幅小图中都有两组关联曲线,彼此的相位差为 $2n\pi$。沿每条曲线的无限对 (z_{0i}, λ_i) 皆满足计算和实测强度相当,即 $I_c / I_e = 1.00 \pm 0.05$。为建立 z_0 和 λ 之间的关系,可以从每条 z_0-λ 曲线中采集一组 (z_{0i}, λ_i)($i = 1, 2, \cdots, 30$)数据,再对 $\text{Re}\,V(z; z_{0i}, \lambda_i)$ 进行积分。积分范围自第二原子平面 (D_{12}) 到远离表面的无限远处(实际积分上限取为–100 a.u.),则有

$$I(z_{0i}, \lambda_i) = \int_{D_{12}}^{-\infty} \text{Re}\,V(z; z_{0i}, \lambda_i)\mathrm{d}z, \quad i = 1, 2, \cdots, N(=30)$$

取 30 组数据即可进行有效的统计分析。图 16.1 中每条曲线积分值取平均可得

$$I = \frac{1}{N}\sum_{i=1}^{N} I(z_{0i}, \lambda), \quad N = 30$$

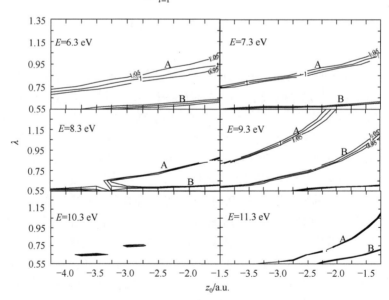

图 16.1　O-Cu(001)表面 VLEED 谱在不同能量下的 z_0-λ 关系[2]

每一固定能量下 A 和 B 两组曲线的相位相差 2π,且每条曲线给出了无穷数量的解。这说明缺乏适用于各个能量条件的通用常数,也意味着 SPB 相关参数独立处理时会导致解的不确定性

标准偏差为

$$D = \sqrt{\frac{\sum_{i=1}^{N}(I, -I)^2}{N(N-1)}}$$

表 16.1 汇总了沿 z_0-λ 曲线积分的 $\mathrm{Re}V(z; z_0, \lambda)$ 结果。除第一布里渊区边界上能量值取 $E = 10.3\mathrm{eV}$ 的情况，其他所有能量取值下都至少有两组曲线给出了满足 $I_c / I_e = 1.00 \pm 0.05$ 条件下的解。然而，对于所有考虑的能量，并没有合适的解适合于所有积分，这意味着没有常数 z_0 或 λ 适用于整个特定频谱。因此，表面上的不同位置会有不同的 z_0 和 λ。这也进一步说明，定义 $z_0(E)$ 是合理的。

表 16.1　图 16.1 所示曲线的 Re$V(z; z_0, \lambda)$积分结果

E /eV	$\mathrm{Re}V(z)$积分	标准偏差	偏差/强度
6.3-A	7.8032	0.0648	0.0083
7.3-A	8.0070	0.0631	0.0079
8.3-A	7.3052	0.0243	0.0033
9.3-A	8.5842	0.0131	0.0015
11.3-A	7.1091	0.0016	0.0002
6.3-B	6.6424	0.0453	0.0068
7.3-B	6.6531	0.0660	0.0099
8.3-B	6.7318	0.0742	0.0110
9.3-B	7.6051	0.0273	0.0036

注：积分范围为 D_{12}(~3.5 a.u.)~ −100 a.u.。

16.1.2　Im$R(z; z_1, \alpha)$的相关性

非弹性势能的空间积分 $\mathrm{Im}V(z, E)$ 与 z_1 和 α 相关，决定电子束的振幅变化。z_1 和 α 在费米–z 函数中描述电荷的空间分布，相当于费米函数中的 E_F 和 k_T。图 16.2 为不同能量下的 z_1-α 关系曲线。与 z_0-λ 关系不同，每个能量条件下的 z_1 都是唯一的。z_1-α 的变化趋势也与 z_0-λ 不同，呈现出表面非弹性势能衰减的局域特征，随位置和能量变化。如果固定 z_1，就能确定 α。这一相关性为非均匀 SPB 的函数化提供了依据。衍射光束强度对 $\mathrm{Im}V(z, E)$ 独立参数组合呈现的阻尼非常敏感。

16.1.3　解的确定性

任何一组 SPB 参数间的关系，甚至原子位置之间的关系，都可以通过独立处

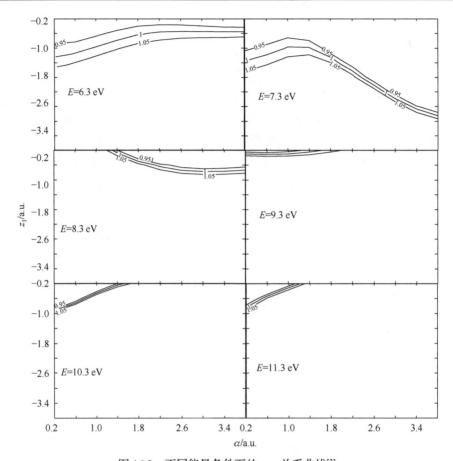

图 16.2　不同能量条件下的 z_1-α 关系曲线[3]

不同能量下单一关系曲线($I_{cal}/I_{exp} \approx 1$)的不同变化趋势体现了非弹性阻尼的非均匀空间衰减特征。能量为 10.3 eV 和 11.3 eV 时，随着 z_1 的内移，$ImV(z)$ 逐渐饱和(α 增大)。在 9.3 eV 时，α 小于 1.8，z_1 几乎限定为 –0.4 a.u.

理这些变量来获得，但这也导致了各能量下解的不确定性。例如，z_0-λ 关系图显示，在 9.3 eV 时，$ReV(z)$ 不饱和。$1/\lambda$ 随着 z_0 外移逐渐减少，给出了无穷数目的解。如果定义某 $\lambda(z_0)$ 函数与三条 z_0-λ 曲线正交，那么这三组无穷解会演变为三个有限解。如果把 SPB 的所有变量定义为 z_0 的函数，那么就能获得唯一解。因此，将所有的 SPB 参数限定为某个变量，即电子分布的特征位置($z_0(E)$)的函数是合适的。

　　图 16.3 所示为设定 z_0 为唯一的独立自变量后，不同 SPB 和结构模型的计算结果。(a)和(b)图是同选 Cu_3O_2 模型结构参数、SPB 函数不同时的结果。图(b)是标准情况，图(a)中取值 $z_1=z_0$ 和 $\alpha\lambda=1$。这意味着阻尼的空间衰减与 $ReV(z)$ 的费米部分相同。图(c)与图(b)的 SPB 函数相同，只是结构取为 c(2×2)且 O 原子位于未重构晶格平面之上 0.85 Å 处。不过结构(c)已被排除于 O-Cu(001)结构体系之外[4, 5]。

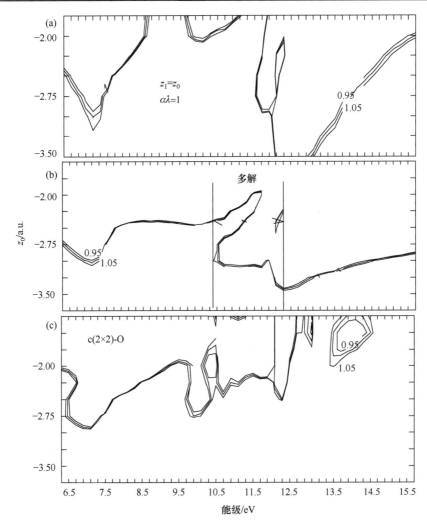

图 16.3　综合 Cu_3O_2 键几何、参数化 SPB 函数和 z_0-优化获得的 $z_0(E)$唯一解(方位角为 43.5°)[3]
(a)与(b)选用相同的 Cu_3O_2 结构但 SPB 不同, (b)与(c)的 SPB 相同但结构不同。从解的唯一性考虑, (b)是首选, 这也证实了当前所用的关于 SPB、结构模型及解的确定性方案的有效性

　　除 10.5~12.3 eV 能量区间之外, 其他区间均基于单变量 PB 函数获得了唯一解。很明显, 图(a)曲线变化急剧, Δz_1 很大; 图(c)在能量超过 9.5 eV 时解不再唯一; 图(b)则是考虑 Cu(001)氧吸附成键结构和非均匀 SPB 模型时, 解谱获得的最佳结果。因此, 目前的方法适合于 O-Cu(001)表面氧吸附情况。后续会证明这一方法通过 VLEED 解谱可获取有关键几何、表面形貌和价带态密度的丰富信息。

16.2 解谱功能性和可靠性

16.2.1 解析程序

解析计算基于 Cu_3O_2 双四面体结构[6]和优化的 SPB 参数进行，所需的几何变量由 Cu_3O_2 键几何转换获得。表 16.2 列出了键几何参数相应的层间距和原子位移。

表 16.2 O-Cu(001)表面 Cu_3O_2 双四面体结构的键几何与原子位移[3]

对照图 16.4 和图 16.5	键几何				原子位移/Å				
	$BA_{12}/(°)$	D_{Cu_z}/Å	D	Q_2	D_{12}	D_{O_x}	D_{O_z}	D_{Cu_x}	D_{Cu_z}
(a)-C	101.0	0.25	D_{av}	0.04	1.9086	−0.1852	0.1442	0.25	−0.1635
*a	102.0	0.25			1.9343	−0.1877	0.1682		−0.1495
*b	101.5	0.225			1.9251	−0.1863	0.1553	0.225	−0.1375
(a)-B	104.5	0.25			1.9968	−0.1956	0.2316		−0.1156
(a)-A	107.0	0.25			2.0567	−0.2055	0.2926		−0.0834
(b)-A	102.0	0.25	D_{av}	0.03	1.9545	−0.1879	0.1699	0.25	−0.1385
(b)-B				0.05	1.9141	−0.1876	0.1666		−0.1605
(b)-C				0.08	1.8531	−0.1870	0.1614		−0.1939
(c)-A	102.0	0.15	D_{av}	0.04	1.9343	−0.1877	0.1682	0.15	−0.0709
(c)-B		0.30						0.30	−0.1859
(c)-C		0.40						0.40	−0.2535
(d)-A	102.0	0.25	D_1	0.04	1.9343	−0.1877	0.1682	0.25	−0.0920
(d)-B			D_2						−0.2046

注：*a 和*b 表示图 16.4 和图 16.5 参考谱(虚线)的优化参数。(a)-C 代表图 16.5(a)中曲线 C，下同。

为了检测解谱技术的灵敏度，利用 z_0-优化方法模拟了两条 I-E 曲线[7]，表 16.2 列出了相应的优化结构参数。图 16.4 展示了优化 $z_0(E)$曲线。图 16.5 和图 16.6 重

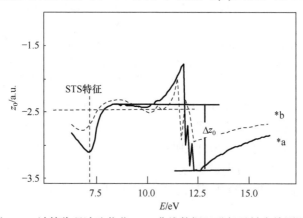

图 16.4 计算代码读取优化 $z_0(E)$曲线数据以进行灵敏度检测[8, 9]

光谱*a 比光谱*b 描述更为全面。7.5 eV 附近的波谷对应于非键态，已通过 STS 探明。12.5 eV 之下的剧烈振荡源自布拉格衍射

现了实测光谱(虚线). 灵敏度分析时，通过代码读取表 16.2 中的初始优化数据(*a 和*b)和图 16.4 的 $z_0(E)$ 曲线，随后调整各参数进行重复计算。

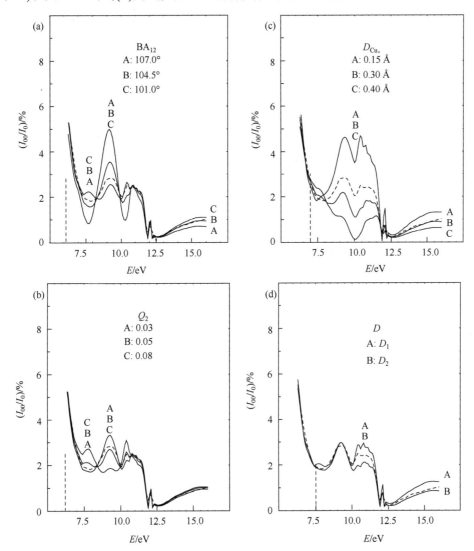

图 16.5　VLEED 谱对键几何的敏感性检测[11, 12]

表 16.2 列出了所需检测的参数[11, 12]。图中虚线为参考光谱。BA_{12} 和 Q_2 可调节 7.0～11.0 eV 的光谱特征，与曝氧量 25～200 L 的 VLEED 结果相对应。D_{Cu_x} 可调节 7.5～12.0 eV 的强度，与曝氧量>200 L 时的结果吻合很好。D_{Cu_x} 仅对 10.0～12.0 eV 的频谱稍有影响，但并未能匹配实测谱图上的任何特征。键几何对 7.0～12.5 eV 以外或 Cu 价带的特征几乎没有影响

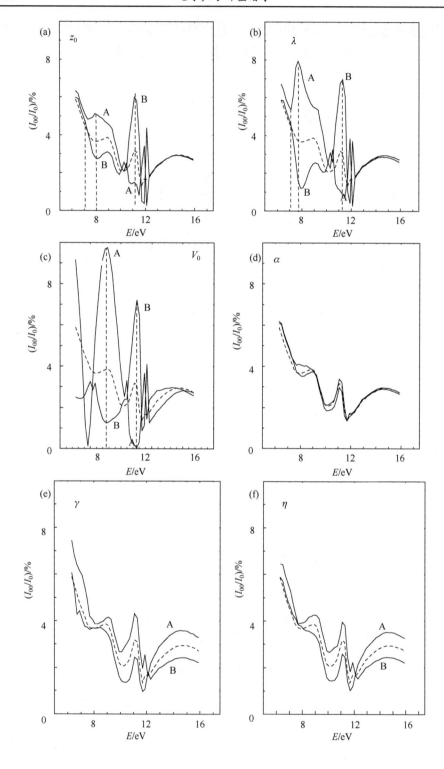

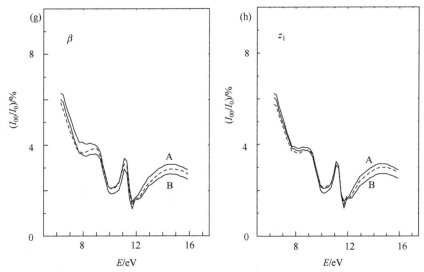

图 16.6　VLEED 谱对 SPB 参数的敏感度(参数变化量为±10%)[13, 14]: (a) z_0、(b) λ、(c) V_0、(d) α、

(e) γ、(f) η、(g) β、(h) z_1

(a)~(c)显示了弹性势对光束相位变化的影响。Re$V(z)$中 V_0、z_0 和λ改变 20%时具有类似的效果，可造成 π 值的相变。很明显，弹性势控制价带区间(≤12.0 eV)的光谱形状。图中虚线表示实测参考光谱[3]。(d)~(h)为虚$V(z)$参数变化引起的谱强的变化情况。γ和η的影响效果相同，说明最顶层(z<z_{SL})控制衰减过程。基底第二原子平面以下的电子没有起到作用，说明 VLEED 采集的是表面单层原子的信息

16.2.2　对键几何的敏感性

图 16.5 为调整 Cu_3O_2 键几何时的计算结果。除 BA_{12} 和 D_{Cu_x} 两个键参数外，Q_2 被视为第 3 个变量。同时还检测了单原子位移 D_{Cu_z} (表示为 D)造成的影响。结果表明[10]:

(1) 调整键角 BA_{12} 和键收缩系数 Q_2 以调制 D_{12} 间距，可以控制 7.0~11.0 eV 的精细结构特征，与 25~200 L 曝氧量下的光谱特征相吻合[10]。

(2) 增加 D_{Cu_x} 可减弱第二带隙以下(<12.0 eV)的能级强度，这与曝氧量>200 L 和长时间退火(>30 min)时获得的结果高度吻合[10]。

(3) 改变 D_{Cu_x} 除引起 9.5~11.5 eV 能量区间结果的些许变化外，并没有引起任何其他变化，而且这一轻微变化并没有对应于实测谱图上的任何特征。这说明单原子位移相比于键几何而言，在描述氧吸附反应动力学方面并没有实际意义。

(4) 几何敏感性检测表明，反应过程由 Cu_3O_2 成键主导，而成键引起的 SPB 几乎不受键几何的微小变化影响。

16.2.3　对表面势垒的敏感性

SPB 优化方案中采用 V_0、δ、γ 3 个常数和独立变量 z_0 来检测光谱对表面势

垒的敏感度，而一般情况是选用 8 个独立 SPB 参数，其中不含有常数 δ，而它决定 $\mathrm{Im}V(E)$ 的斜率，其值取决于光谱强度的校准。图 16.6 所示为 SPB 参数改变量为 10%时的敏感度测试结果。计算过程中没有使用参数的绝对值，因为大部分参数(如 λ、z_1 和 α)并非常数，以相同百分比变化作为比较更富意义。引入 β 和 η 调节不同区域的阻尼衰减：

$$\mathrm{Im}V(z, E) = \begin{cases} \beta \times \mathrm{Im}V(z, E), & z \leqslant z_1 \\ \eta \times \mathrm{Im}V(z, E), & z_1 < z \leqslant z_{\mathrm{SL}} \\ \mathrm{Im}V(z, E), & z_{\mathrm{SL}} < z \end{cases}$$

其中，z_{SL} 是第二原子平面的位置，z 轴指向晶体内部。

从图 16.6 所示结果可知[3]：

(1) 弹性势 $\mathrm{Re}V(z; z_0, \lambda, V_0)$ 控制精细结构形状。$\mathrm{Re}V(z; z_0, \lambda, V_0)$ 的积分比独立变量对于衍射束相位变化的控制情况更明确。这些参数变化幅度达 20%时会引起 π 值的相位变化，相应的光谱强度从极大值转变为极小值，如图 16.6(a)～(c) 所示。

(2) 精细结构形状对非弹性阻尼 $\mathrm{Im}V(z)$ 不敏感，但 $\mathrm{Im}V(z)$ 中的所有参数会影响频谱波函数的绝对反射率或振幅。因此，$\mathrm{Im}V(z)$ 中的所有参数都可表示为特征变量 z_0 的函数 ($\rho(z_0) = 0$，$\rho(z_1) = 0.5\rho_{\mathrm{M}}$)。非弹性势参数可应用于提高测试数据校核的准确度。

(3) 比较由 $\gamma(\mathrm{Im}V(z, E)$ 整个 z 范围内) 和 $\eta + \beta$ 调制的光谱强度容易发现，第二原子层外($z > z_{\mathrm{SL}}$)的电子主导非弹性衰减，$\beta(z \leqslant z_1)$ 和 $\eta(z_1 < z \leqslant z_{\mathrm{SL}})$ 合作用对反射率的量化影响与 γ 相当。所以，第二原子平面以下的电子不会对 VLEED 谱起作用。$\mathrm{Im}V(z, E)$ 描述的是实域和能域中的价带态密度分布。

(4) VLEED 谱对 α、β 和 z_1 不敏感。不过，研究不敏感参数对于特征参数的函数相关性也是有意义的，如 $\mathrm{Im}V(E)$ 中参数 δ 变化(斜率)的影响并没有考虑，但它实际可以用于补充数据采集的假设，即增大入射光束能量时，入射电流恒定。

(5) 能量高于价带(>12.0 eV)时，仅非弹性阻尼可调节光谱强度。这表明，深层能带中的电子受表面成键的影响较小，故而对表面弹性势的影响不大。

(6) 能量高于 7.0 eV (E_{F})的光谱强度不受键几何和弹性势形状(z_0 和 λ)的影响，如图 16.5 和图 16.6 所示。不过，该区域的光谱强度对内势常数 V_0 和非弹性势参数敏感。因此，7.0 eV 以上的光谱特征随表面电子密度变化，而与键几何或势垒形状无关。

16.3　总　　结

VLEED 谱对键几何和 SPB 参数敏感性的研究表明：

(1) VLEED 谱对键几何敏感，而受单原子位移的影响不大，故模拟表面成键过程中单原子的位置变化意义不大。通过调整键几何变量实现测量和计算谱图趋势吻合，这为量化表征 O-Cu(001) 成键动力学提供了重要依据。

(2) I-E 曲线形状对弹势 $ReV(z)$ 很敏感，其积分决定衍射电子束的相位变化。

(3) I-E 曲线的绝对强度由非弹性阻尼控制，因此，$ImV(z, E)$ 的参数可以补偿实验数据校正的准确度。

(4) 非弹性阻尼由第二原子层外的电子主导。因此，VLEED 解谱技术可以从表面单原子层中获取无损信息。

从 SPB 积分角度，模拟结果与实测数据自洽，充分证明了解谱技术和建模方法的正确性，也证实了 VLEED 解谱技术的能力与可靠性。综合考虑键几何、布拉格衍射、价态态密度强度损耗、$ImV(z, E)$ 和 $ReV(z, E)$ 的 VLEED 解谱技术可以充分阐释化学成键和电子动力学行为。

参 考 文 献

[1] Pouthier V, Ramseyer C, Girardet C, et al. Characterization of the Cu(110)-(2×1)O reconstruction by means of molecular adsorption. Phys. Rev. B, 1998, 58(15): 9998.

[2] Sun C Q, Bai C L. Modelling of non-uniform electrical potential barriers for metal surfaces with chemisorbed oxygen. J. Phys. Condens. Matter, 1997, 9(27): 5823-5836.

[3] Sun C Q. Spectral sensitivity of the VLEED to the bonding geometry and the potential barrier of the O-Cu(001) surface. Vacuum, 1997, 48(5): 491-498.

[4] Lederer T, Arvanitis D, Comelli G, et al. Adsorption of oxygen on Cu(100). I. Local structure and dynamics for two atomic chemisorption states. Phys. Rev. B, 1993, 48(20): 15390-15404.

[5] Mayer R, Zhang C S, Lynn K. Evidence for the absence of a c(2×2) superstructure for oxygen on Cu(100). Phys. Rev. B, 1986, 33(12): 8899-8902.

[6] Sun C Q. Oxidation electronics: Bond-band-barrier correlation and its applications. Prog. Mater. Sci., 2003, 48(6): 521-685.

[7] Sun C Q. Angular-resolved VLEED from O-Cu(001): Valence bands, chemical bonds, potential barrier, and energy states. Int. J. Mod. Phys. B, 1997, 11(25): 3073-3091.

[8] Sun C Q. O-Cu(001): II. VLEED quantification of the four-stage Cu_3O_2 bonding kinetics. Surf. Rev. Lett., 2001, 8(6): 703-734.

[9] Sun C Q. O-Cu(001): I. Binding the signatures of LEED, STM and PES in a bond-forming way. Surf. Rev. Lett., 2001, 8(3-4): 367-402.

[10] Hitchen C, Thurgate S, Jennings P. A LEED fine structure study of oxygen adsorption on

Cu(001) and Cu(111). Aust. J. Phys., 1990, 43(5): 519-534.

[11] Huang Y L, Zhang X, Ma Z S, et al. Hydrogen-bond relaxation dynamics: Resolving mysteries of water ice. Coord. Chem. Rev., 2015, 285: 109-165.

[12] Liu X J, Bo M L, Zhang X, et al. Coordination-resolved electron spectrometrics. Chem. Rev., 2015, 115(14): 6746-6810.

[13] Koch R, Schwarz E, Schmidt K, et al. Oxygen adsorption on Co(10$\bar{1}$0): Different reconstruction behavior of hcp(10$\bar{1}$0) and fcc(110). Phys. Rev. Lett., 1993, 71(7): 1047.

[14] Koch R, Burg B, Schmidt K, et al. Oxygen adsorption on Co(1010). The structure of p(2×1) 2O. Chem. Phys. Lett., 1994, 220(3-5): 172-176.

第 17 章　化学键-能带-势垒与功函数

要点

■ VLEED 可实现无损探测吸附成键几何结构和原子间电荷转移
■ Cu_3O_2 成键过程伴随形成缺失行和 O—Cu—O 链
■ 电荷自 Cu 转移至 O 原子降低了 muffin-tin 内势常数
■ 金属偶极子形成促使表面势垒原点外移，增强图像饱和度

摘要

O-Cu(001)化学吸附形成 Cu_3O_2 结构和 $Cu^p:O^{2-}:Cu^p$ 链，该链沿缺失行边界排列，使表面势垒和表面形貌变得粗糙。在偶极子处，表面势垒原点外移约 $\sqrt{2}z_0$、饱和度增强 $\sqrt{2}\lambda_0$；在原子空位处，表面势垒特征参数转变为 $z_0/\sqrt{2}$、$\lambda_0/\sqrt{2}$，其中 z_0 和 λ_0 为清洁 Cu(001) 表面参考值。将布拉格衍射峰连接起来可获得第一和第二二维布里渊区沿 $\langle 11 \rangle$ 方向的变形，也就是 Cu^p 偶极子相对于缺失行的位错 0.22 Å，同时获得布里渊区边界电子的有效质量为 $m_1^* = 1.10$、$m_2^* = 1.14$。

17.1　角分辨 VLEED

Jacobsen、Hitchen 和 Thurgate 测量了一系列不同条件下 O-Cu(001)表面的 VLEED 反射谱[1, 2]，这可能是迄今为止唯一的动态 VLEED 数据库。图 17.1 所示为曝氧量 300 L 时 Cu(001)表面的 VLEED *I-E* 图[3]。出于对称性考虑，采集角度范围为 18.5°～63.5°，间隔 5°，以获得足够方位的数据。*I-E* 图的特征可总结如下：

(1) 每条 *I-E* 曲线都存在两个尖锐、孤立的尖峰(用点线表示)。这两个尖峰从 $\langle 11 \rangle$ 方位彼此偏离。角分辨的尖峰特征将 VLEED 能态(6.0～16.0 eV)划分为在边界能范围变化的三个区域。这些关键位置的校准使功函数减小～1.1 eV[2, 3]。

(2) 随着方位角偏离对称点 45.0°，精细结构特征(用虚线所表示)劈裂为分立的两部分。第一部分在 33.5°～58.5°范围外消失。方位角偏离对称点越远，第二部分精细结构特征变得越窄。此外，当方位角大于 45.0°时，第二部分的峰强逐渐减弱。

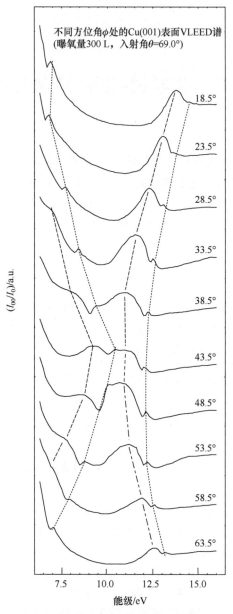

图 17.1　入射角 69.0° 采集的曝氧量 300 L 时 Cu(001) 表面的角分辨 VLEED 图像[4]

在约 45° 方位有一个 "交叉点"。每条曲线上都存在两个小的尖峰 (点线表示)。当方位角偏离 〈11〉 方向时，加宽的精细结构特征 (虚线表示) 出现劈裂[3]

（3）随着方位角偏离对称中心，峰位和强度对称度降低。较高方位角处峰强的减弱源于反应的进行，如长时间退火引起的光谱强度衰减。对称性出现偏差表明，初始的 C_{4v} 群对称性在反应过程中遭到了破坏。

17.2　布里渊区和能带结构

17.2.1　布里渊区和有效电子质量

Cu(001)表面氧吸附最终形成 Cu_3O_2 结构,产生 Cu(001)-($\sqrt{2} \times 2\sqrt{2}$)R45°-2O^{2-} 原胞。缺陷和杂质如缺失行空位和氧吸附原子,对于构建实空间或倒易空间晶格没有任何影响[5, 6]。然而,这些位置原子的位移如缺失行附近或$\langle 11 \rangle$方向原子的位移 D_{Cu_x} 会使实空间和倒易空间的晶格发生变形。

新的衍射光束的出现与内势和势垒形状无关,而取决于入射和衍射条件以及表面晶格的二维几何结构[7]。当衍射波横向分量 $k'_{//}$ 与入射波 $k_{//}$ 满足布拉格衍射条件 $k'_{//} - k_{//} = g$ 时,新的衍射光束就会出现,其中 g 为倒格矢。这种布拉格衍射发生在带隙或布里渊区边界处。因此,VLEED 谱新光束附近的尖峰源自第一、第二布里渊区边界的带隙反射。

表 17.1 汇总了角分辨 VLEED 谱中的尖峰位置,据此可以构建二维布里渊区。E_p 峰位在 k 空间可以分解为(原子单位:$m=e=\hbar=1$, 1 a.u.=0.529 Å, 1 a.u.=27.21 eV),

$$E_p = \frac{k_{\langle 01 \rangle}^2 + k_{\langle 10 \rangle}^2 + k_{\langle z \rangle}^2}{2m^*} \tag{17.1}$$

其中, $k_{\langle 01 \rangle} = \sqrt{2m^* E_p} \sin\theta \sin\phi$, $k_{\langle 10 \rangle} = \sqrt{2m^* E_p} \sin\theta \cos\phi$ 。m^* 为布里渊区边界的有效电子质量,用以补偿因能量损失而减小的衍射波矢 k'。θ 和 ϕ 分别代表入射光束的入射角和方位角。波矢 $k_{\langle 01 \rangle}$ 和 $k_{\langle 10 \rangle}$ 从第一布里渊区中心延伸至边界。

表 17.1　O-Cu(001)表面的角分辨 VLEED 谱中尖峰 E_{p_1} 和 E_{p_2} 的位置[4]

方位角/(°)	E_{p_1}/eV	E_{p_2}/eV
18.5	5.00	14.50
23.5	5.20	14.00
28.5	5.60	13.30
33.5	8.30	12.50
38.5	9.50	12.20
43.5	10.40	12.00
48.5	10.00	12.20
53.5	8.80	12.30
58.5	5.80	12.60
63.5	5.00	13.20

注:入射角为 69.0°[3]。

通过调整 m^* 值匹配理论标准结果（$k_{\langle 10 \rangle} = k_{\langle 01 \rangle} = n\pi / a$，$n = 1$、2)可以构造第一和第二两个布里渊区。利用最小二乘法优化布里渊区边界的有效电子质量：

$$m_1^* = 1.10, \quad m_2^* = 1.14$$

其中，m^* 随能量增加的趋势与衍射光束能量损失（$k' = k / \sqrt{m^*}$）随动能增加的趋势一致[8]。

另一方面，第一布里渊区在 Y 处收缩，在 X 附近膨胀。Y 处的收缩与实空间中 Cu^p 沿 $\langle 11 \rangle$ 方向的位移 D_{Cu_x} 有关，而 X 附近的膨胀还有待验证。

17.2.2　晶格重构

倒易空间基矢 $\boldsymbol{k}_i$ 和实空间基矢 $\boldsymbol{a}_i$ 之间的关系为

$$\boldsymbol{a}_i \cdot \boldsymbol{k}_j = 2\pi \delta_{ij}, \quad \delta_{ij} = \begin{cases} 1, & i = j \\ 0, & i \neq j \end{cases} \tag{17.2}$$

若初始原胞存在变形，则实验推导的布里渊区与理论结果存在偏差。因此，可以从布里渊区在 Y 处的收缩来反推 D_{Cu_x}。

基于倒易关系式(17.2)，k 空间的距离 $\overline{\Gamma Y} = \left| k_i + k_j \right| / 2 = \sqrt{2\pi} / a$ 与 $a_{\langle 11 \rangle}$ 之间存在如下关系：

$$a_{\langle 11 \rangle}(k_i + k_j) = a_{\langle 11 \rangle} \cdot 2\overline{\Gamma Y} = 2\pi \tag{17.3}$$

则有

$$a_{\langle 11 \rangle} = \pi / \overline{\Gamma Y} = a / \sqrt{2}$$

这对应于(001)晶面上最小的行间距。对数处理并对式(17.3)两边求导，可得

$$\frac{\mathrm{d}a_{\langle 11 \rangle}}{a_{\langle 11 \rangle}} + \frac{\mathrm{d}\overline{\Gamma Y}}{\overline{\Gamma Y}} = 0$$

因此，偶极子沿 $\langle 11 \rangle$ 方向的横向位移为

$$D_{Cu_x} = \mathrm{d}a_{\langle 11 \rangle} = -\frac{a_{\langle 11 \rangle}}{\overline{\Gamma Y}} \mathrm{d}\overline{\Gamma Y} = -\frac{a^2}{2\pi} \mathrm{d}\overline{\Gamma Y} \tag{17.4}$$

将 $m_1^* = 1.10$、$\theta = 69.0$、$E_{p1} = 10.4 \text{ eV} = 0.3804 \text{ a.u.}$(方位角 43.5°处的数据，接近 $\langle 11 \rangle$ 方向)代入式(17.4)，得到 $\overline{\Gamma Y}' = \sqrt{2m_1^* E_{p1}} \sin\theta = 0.8104 \ (\text{a.u.}^{-1})$。另一方面，取 $a \approx 2.555 / 0.529 \approx 4.8308 \ (\text{a.u.})$，可以得到理论值 $\overline{\Gamma Y} = \sqrt{2} \pi / a = 0.9217 \ (\text{a.u.}^{-1})$。因此

$$D_{\mathrm{Cu}_x} = -\frac{a^2}{2\pi}\left(\overline{\Gamma Y'} - \overline{\Gamma Y}\right)$$

$$= 0.4133\,(\mathrm{a.u.})$$

$$\cong 0.22\,(\text{Å})$$

这与 LEED[9]和 XRD[10](0.2~0.3 Å)以及 VLEED(~0.25 Å)的优化所得结果相符。

17.2.3　价带

图 17.2(a)为基于角分辨 VLEED 谱构建的布里渊区，临界点对应于布里渊区边界，也是能带边缘。整个 VLEED 能量范围被分为三个区域，对应于 Cu 的价带。带宽随方位角发生变化，即固体物理中的色散现象。

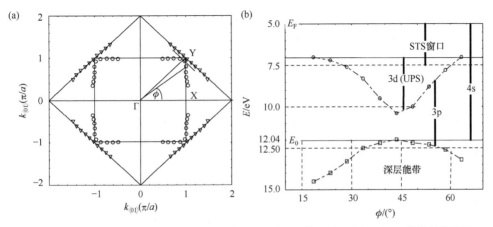

图 17.2　基于角分辨 VLEED 关键位置构建的(a) 第一和第二布里渊区及(b) 能带结构[4, 11]

(a)中第一和第二布里渊区边界分别用空心圆和空心三角形表示，实线为理论结果。Y 点附近的第一布里渊区的变形对应于实空间的 D_{Cu_x}。(b)中的边界线将 VLEED 能态划分为不同区域。图示 VLEED 结果涵盖了 Cu 的 4s、3d 和 2p 轨道，也包含了 STS 和 UPS 的能量区间

图 17.2(b)为从角分辨 VLEED 谱图中提取的能带图。在 7.0~10.4 eV 变化的第一个尖峰为 Cu 3d 带底，与 ARUPS 测得的 3d 能带结构一致，能量处于 E_F(5.0 eV)以下的 2.0~5.0 eV[12, 13]。两峰之间的区域对应 Cu 3p 能带。由于测试方位的影响，3p 和 3d 能带部分重叠。费米能级 E_F 和真空能级 E_0(12.04 eV)之间的 4 s 能带范围很宽，完全覆盖了 3p 和 3d 能带。能量大于第二布里渊区的深层能带，它们与 Cu 和 O 之间的价电子传输关联不大，超出了 VLEED 的探测范围。

17.3　键几何、价带态密度和三维表面势垒

计算中已假设采集 VLEED 数据时晶体结构不变。图 17.3(a)所示为匹配计算

和实验得到的 z_0 优化结果。图 17.3(b)和(c)为相应的 $z_0(E)$ 和非弹性阻尼 $ImV(E, \phi_L)$ 曲线。清洁 Cu(001)表面的参数 $z_0 = -2.5$ a.u. 和 $ImV(E, 5.0)$ 单调曲线以虚线标记于图中用作参考。表 17.2 汇总了计算获得的系列信息[4]。

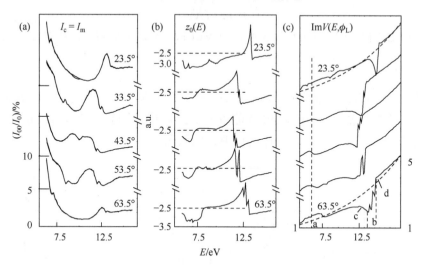

图 17.3　O-Cu(001)表面角分辨 VLEED 光谱的模拟再现(精度 3%)[4]

(a) z_0-优化计算光谱与实测谱的对比；(b) $z_0(E)$ 谱和(c) $ImV(E, \phi_L)$曲线；(c)中呈现了四个特征峰：a-杂化非键态,
b-带隙反射态, c 和 d 是不同能带边缘的激发态。(b)和(c)中的虚线参考线分别为清洁 Cu(001)表面的 $z_0 = -2.5$ a.u.
和单调 $ImV(E)$曲线

表 17.2　Cu(001)-$(\sqrt{2} \times 2\sqrt{2})$ R45°-2O²⁻表面角分辨 VLEED 谱的计算信息[4]

控制变量	Q_1	0.12
	Q_2	0.04
	$BA_{12}/(°)$	102.0
	$D_{Cu_s}/Å$	0.250
原子位移/Å	D_{Cu_s}	−0.1495
	D_{O_s}	−0.1876
	D_{O_s}	0.1682
	D_{12}	1.9343
键长/Å	BL_1	1.628
	BL_2	1.776
	$BL_{3(2)}$	1.926
键角/(°)	BA_{13}	105.3
	BA_{23}	99.5
	BA_{33}	139.4

续表

内势 V_0/eV		10.50
Im$V(E)$	γ	0.9703
	δ	6.4478
功函数减小量/eV	$\Delta\phi$	1.20
显微特征Δz_{VLEED}/Å		0.52
$z_0(E)$	<7.5 eV	杂化
	第二布里渊区边界	带隙反射
	布里渊区边界附近	带边激发
布里渊区		图 17.2(a)
能带		图 17.2(b)

原子位错、层间距弛豫、面内晶格重构以及原子吸附位置可以根据 Cu_3O_2 键几何唯一确定。据此推演出的原子排列情况与基于有效介质理论计算的结果相一致[14]。氧离子以成键形式处于第一原子层之下而并非位于表面。同时，缺失行上有一对 Cu 偶极子存在。

图 17.3(b)中的 $z_0(E)$ 曲线体现了形貌和态密度的综合特征。$z_0(E)$曲线的形状和强度以及图 17.3(c)中的阻尼曲线随方位角变化明显。在 43.5°方位角处(接近<11>方向)，$z_0(E)$曲线给出了最大的 $\Delta z_0 \sim 0.52$ Å，接近 STM 图像的刻度差。这一情况展现了 SPB 的非均匀性和各向异性。Baribeau 等的模拟研究也证实了这一特点[15]，他们提出，氧吸附使阻尼不再呈现各向同性。可以判定，若不考虑表面势垒的非均匀性和各向异性，将无法拟合〈11〉方向的 VLEED 光谱。

计算结果表明，能态变化会对能级衰减产生影响。图 17.3(b)和(c)展示了几个特殊的态密度特征：

(1) 低于 7.5 eV 的特征与方位角无关。这一能量区域内的驼峰与 STS 和 PES 表征的 O-Cu(110)表面约 7.1 eV 的特征一致，已被证实为 O^{2-}非键态。Warren 等采用 PES 测量证实了这一反共振特性(即强度与方位角和入射能量无关)[16]，也表明 O∶Cu∶O 链具有强一维局域性。VLEED 特征(功函数降低)与 STS(极化态)高于(反键态)和低于(非键态)E_F 的特征一致，证实了吸附氧原子自身发生轨道杂化并极化其近邻金属原子的行为。

(2) 在对称点 45°附近，第二布里渊区边界的带隙反射比较明显，而第一布里渊区边界没有这种带隙反射。这是因为在〈11〉方向附近，Cu 的 4s、3d 和 3p 能带高度重叠，如图 17.2 所示。

(3) 第二布里渊区周围的能级衰减源于不同频带边缘的电子激发。带底的电子比带顶的更难激发，因为后者的电子比前者密集。

17.4　内势常数与功函数

17.4.1　光束能量减小内势常数

muffin-tin 内势常数 V_0 是实现理论计算与实验测量 LEED 光谱之间最佳拟合的重要参数。早期研究表明[17]，V_0 随入射光束能量增加而减小，并认为 V_0 受表面偶极子层影响。Jennings 和 Thurgate[17]在研究 Ni 和 Cu 表面 V_0 时发现，在常规 LEED 采集区间，V_0 随入射束能量增加呈指数衰减。应用自由电子近似理论可解释为，随着电子速度增大，金属表面离子与入射电子之间的交换作用会减弱。

实验结果表明，Cu 表面入射光束能量极低（<40 eV）时，V_0 变化不明显。Rundgren 和 Malmström 认为[18]，入射光束轰击表面时会拖曳出表面离子实以中和表面负电荷，所以 V_0 降低。入射光束溅射表面减少了净电荷的数量。如果一个电子从表面溅射出来，余下的离子实也会减少净负电荷量。因此，表面电荷数量主导 V_0 变化。

17.4.2　化学氧吸附减小内势常数

化学氧吸附系统的 V_0 变化更为复杂，其减小幅度与计算中使用的晶体结构密切相关。对于 Cu(001)-c(2×2)-2O$^-$和($\sqrt{2} \times 2\sqrt{2}$)R45°-2O^{2-}两种结构，$V_0$ 分别减小 1.21 eV 和 2.15 eV[19]。使用 Cu$_3$O$_2$ 结构拟合 VLEED I-E 曲线时，Cu(001)表面的 V_0 减小 1.06 eV，约为块体值 11.56 eV 的 9.2%。Pfnür 等[20]也得出了类似结论。他们计算 VLEED 时发现，需要使用阶跃函数来描述 O-Ru 顶层 V_0 的减小。可以肯定，氧吸附会导致 V_0 显著降低，然而其物理机理仍不清楚。

图 16.6(c)比较了不同 V_0 对基于 Cu$_3$O$_2$ 模型计算的 VLEED 光谱的影响。V_0=10.50 eV 时，计算曲线与实测曲线一致。其余两条曲线是取 V_0 为(1±10%)10.50 eV 时的模拟结果。内势变化百分比从−10%到 10%，引起的相变为 $\Delta\phi \cong \pi$。因此，V_0=10.5 eV 是最佳取值。

17.4.3　化学氧吸附降低局域功函数

化学氧吸附的另一个显著特征是功函数 $\phi(E)$ 减小。表征功函数的减小量 $\Delta\phi$ 是描述表面电子性质的标准方法。Hofmann[21]、Benndorf[22, 23]等在实验中发现，氧气进入 Cu(001)表面后，ϕ 减小。Dubois 根据 HREELS 研究得出结论[24]，氧原子吸附于 Cu(111)表面的三重轴空位处，位于最外层 Cu 原子平面或平面之下，引起功函数变化。Ertl 和 Rhodin[25]认为，$\Delta\phi$ 是因为形成了偶极子层。Lauterbach[26, 27]

和 Rotermund[28]等将 $\Delta\phi$ 归因于氧偶极矩位于表面下时的反转。然而，功函数与偶极子层之间的关系很难确定。

17.5　物　理　机　制

氧吸附反应过程中，c(2×2)-2O⁻或偏心 CuO₂ 双金字塔会演变成 Cu₃O₂ 双四面体结构，形成 Cu(001)-($\sqrt{2}\times2\sqrt{2}$)R45°-2O²⁻相。STM 图像表明，偶极子的形成会造成拉伸和压缩应力[29]。

图 17.4 显示了氧吸附反应引起的表面电荷变化情况。与清洁 Cu(001)表面的费米子海洋中离子实规则排列的情形不同(图 17.4(a))，图 17.4(b)和(c)展示了 Cu(001)-($\sqrt{2}\times2\sqrt{2}$)R45°-2O²⁻相最外两个原子层的离子排列情况。Cu₃O₂ 成键结构在顶层复杂晶胞中形成了杂化的两个 O²⁻、一个 Cu²⁺、两个 Cuᵖ 以及一个缺失行。在第二层中，沿[010]方向每隔一行的每个 Cu 原子贡献给 O 原子一个电子。一个晶胞存在两个 Cu²⁺。图 17.4(a)和(b)的结果与 Jensen 等应用 STM 测得的结果吻合[30]。特别指出，图 17.4(b)可以对桥架于缺失行之上的"哑铃"突起以及凹陷予以解释。

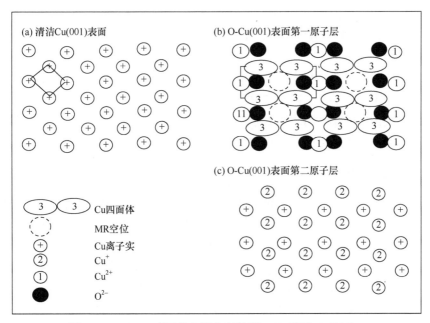

图 17.4　Cu(001)表面的电荷分布[30, 31]，(a) 清洁 Cu(001)、
Cu(001)-($\sqrt{2}\times2\sqrt{2}$)R45°-2O²⁻表面的(b) 顶层和(c)第二层
(a)中 Cu 离子实规则排列于费米子海洋中。(a)和(b)与 STM 图吻合

17.5.1　氧与光束能量降低内势常数

Cu_3O_2 结构的形成可解释 V_0 的减少。最初，在 Cu(001)-($\sqrt{2} \times 2\sqrt{2}$)R45°-2O²⁻ 晶胞顶层中有 4 个 Cu 原子，吸附 O 原子驱除了一个 Cu 原子，O 原子从顶层和第二层各捕获一个电子。因此，每一层对 V_0 有贡献的电子总数因 O 原子吸附(O 原子含有 8 个电子)和 Cu 原子移除(Cu 原子含 29 个电子)而减少。从第二层到氧吸附的两个电子的输运也会改变第一层和第二层的 V_0。因此，顶层的相对电荷量为

$$\{[29e \times 2(Cu^p) + (29-2)e \times 1(Cu^{2+}) + 29e \times 0(MR)] + [(8+2)e \times 2(O^{2-})]\} / [29e \times 4(Cu)]$$

$$= 105/116 = 90.5\%$$

$$\cong 10.50/11.56 = 90.8\% \quad \text{(VLEED 优化)}$$

在第二原子层中，沿着[100]方向，每隔一行 Cu 原子向吸附的 O 原子贡献一个电子。Cu 原子失去电子后，离子实也会减少 V_0。每失去一个电子等于从总负电荷中拿走两个电子，所以第二层 V_0 的相对变化为

$$[29e \times 2(Cu) + (29-2)e \times 2(Cu^+)] / [29e \times 4(Cu)] = 112/116 = 96.6\%$$

因此，顶层和第二层净电荷分别减少约 9.5% 和 34%。第三及以下的金属原子层的净电荷逐步接近块体值，氧吸附对其 V_0 影响较小，V_0 逐渐接近清洁 Cu(001) 的块体值，这已超出了 VLEED 的检测范围。上述分析与数值优化得到的顶层 V_0 一致，进一步证明 Cu_3O_2 成键模型描述 Cu(001)-($\sqrt{2} \times 2\sqrt{2}$)R45°-2O²⁻ 表面吸附反应时的真实性和完整性。

尽管这一分析基于特定 Cu(001)-($\sqrt{2} \times 2\sqrt{2}$)R45°-2O²⁻ 相的电子计数，结果却反映了成键和 V_0 及功函数减小之间的相关性。能量极低时，入射光束与表面离子之间的交换作用不明显，因为等离子体激发能通常在 E_F 以下约 15 eV，极低的入射能不足以电离表面原子。这是 VLEED 无损检测的另一个优势。

17.5.2　氧与光束能量减小功函数

业已证明，$\rho(x, y, z)$ 沿 z 方向自第二层到无限远处的积分，可以得到局域态密度 $n(x, y)$，获得以 $[n(x, y)]^{2/3}$ 形式描述的 SPB 和功函数[29]。因为 VLEED 在表面的积分覆盖面积较大，所有依赖于坐标 (x, y) 的量都可转变为以 E 描述。因此，在一定能量条件下，VLEED 积分可由 $n(x,y)$ 转化为与态密度和功函数相关的 $n(E)$。

功函数是无量纲的，只依赖于表面电子密度，也可转换为只与 $n(E)$ 相关的积分，即能量 E 处 $\rho(x, y, z)$ 沿 z 方向的积分。z_0 为 $\rho(x, y, z_0)$ 的边界，$\rho(z_0)=0$。功函数最终由 z_0 决定。$\Delta z_0 \cong 1.0$ a.u.(从 −2.3 偏移至 −3.3)对应于 $\Delta\phi \cong -1.2$ eV。这一等效与 O-Pt 体系氧化反应的 PEEM 结果一致。

Cu_3O_2 键几何结构从反键偶极子的形成角度解释了 $\Delta\phi$ 的来源。由 O⁻ 或非键孤

对电子引起的电子感应诱导形成了反键子带。在实空间中，偶极子的外凸程度与尺寸膨胀和能态演化密切相关。外凸偶极子并不改变表层净电荷，而使临界点 z_0 向外推移，增加了 SPB 的饱和度。因此，偶极子对 V_0 没有明显影响，但占据了 E_F 之上的空态态密度。由于 VLEED 是在大范围表面上进行积分的，因此试图在表面上对 V_0 进行位点辨析是不现实的。不过由于偶极子的形成，可以识别局域功函数。

17.6　总　　结

muffin-tin 内势常数 V_0 与净电荷量有关，局部功函数 $\phi(x, y, E)$ 依赖于极化电子的 z 向分布和能量相关性。Cu_3O_2 成键模型解释了氧吸附反应过程中电荷输运造成的 V_0 减小。最外两层原子的 V_0 分别降低了 9.5% 和 3.5%，不过 VLEED 解析计算结果仅对第一原子层敏感，V_0 降低 9.8%。外凸偶极子和极化会增加表面占据态密度，引起 $\phi(x, y, E)$ 减小，不过偶极子对 V_0 的影响非常小。极低能量下，入射光束和表面离子之间的交换作用太弱，不会影响表面电荷的数量或分布。可见，利用 VLEED 采集表面电子行为的无损信息是一种非常理想的手段。

解析角分辨 VLEED 光谱可以确定第一和第二两个布里渊区、有效电子质量、晶格重构、Cu_3O_2 键几何、能带结构以及 O^{2-} 非键孤对能态。系列计算和测量结果之间的一致性，充分验证了 VLEED 光谱探测吸附表面键几何、SPB 和价态信息的有效性和正确性。

参 考 文 献

[1] Jacobsen K W. Theory of the oxygen-induced restructuring of Cu(110) and Cu(100) surfaces. Phys.Rev. Lett., 1990, 65(14): 1788.

[2] Hitchen G, Thurgate S. Determination of azimuth angle, incidence angle, and contact-potential difference for low-energy electron-diffraction fine-structure measurements. Phys. Rev. B, 1988, 38(13): 8668.

[3] Hitchen G, Thurgate S. Azimuthal angular dependence of LEED fine structure from Cu(001). Surf. Sci., 1988, 197(1-2): 24-34.

[4] Sun C Q. Angular-resolved VLEED from O-Cu(001): Valence bands, chemical bonds, potential barrier, and energy states. Int. J. Mod. Phys. B, 1997, 11(25): 3073-3091.

[5] Omar M A. Elementary Solid State Physics: Principles and Applications. New York: Addison-Wesley, 1993.

[6] Kittel C. Intrduction to Solid State Physics. New York: Willey, 2005.

[7] Jones R O, Jennings P J. Leed fine structure: Origins and applications. Surf. Sci. Rep., 1988, 9(4): 165-196.

[8] McRae E G, Caldwell C W. Absorptive potential in nickel from very low energy electron reflection at Ni(001) surface. Surf. Sci., 1976, 57(2): 766-770.

[9] Zeng H, McFarlane R, Sodhi R, et al. LEED crystallographic studies for the chemisorption of oxygen on the(100) surface of copper. Can. J. Chem., 1988, 66(8): 2054-2062.

[10] Yokoyama T, Arvanitis D, Lederer T, et al. Adsorption of oxygen on Cu(100). II. Molecular adsorption and dissociation by means of O K-edge X-ray-absorption fine structure. Phys. Rev. B, 1993, 48(20): 15405.

[11] Read M, Christopoulos A. Resonant electron surface-barrier scattering on W(001). Phys. Rev. B, 1988, 37(17): 10407-10410.

[12] Döbler U, Baberschke K, Stöhr J, et al. Structure of c(2×2) oxygen on Cu(100): A surface extended X-ray absorption fine-structure study. Phys. Rev. B, 1985, 31(4): 2532.

[13] DiDio R, Zehner D, Plummer E. An angle-resolved UPS study of the oxygen-induced reconstruction of Cu(110). J. Vac. Sci. Technol. A, 1984, 2(2): 852-855.

[14] Besenbacher F, Nørskov J K. Oxygen chemisorption on metal surfaces: General trends for Cu, Ni and Ag. Prog. Surf. Sci., 1993, 44(1): 5-66.

[15] Baribeau J, Carette J. Observation and angular behavior of Rydberg surface resonances on W(110). Phys. Rev. B, 1981, 23(12): 6201.

[16] Warren S, Flavell W, Thomas A, et al. Photoemission studies of single crystal CuO(100). J. Phys. Condens. Matter, 1999, 11(26): 5021-5043.

[17] Jennings P, Thurgate S. The inner potential in LEED. Surf. Sci., 1981, 104(2): L210-L212.

[18] Rundgren J, Malmström G. Surface-resonance fine structure in low-energy electron diffraction. Phys. Rev. Lett., 1977, 38(15): 836.

[19] Thurgate S M, Sun C. Very-low-energy electron-diffraction analysis of oxygen on Cu(001). Phys. Rev. B, 1995, 51(4): 2410-2417.

[20] Pfnür H, Lindroos M, Menzel D. Investigation of adsorbates with low energy electron diffraction at very low energies(VLEED). Surf. Sci., 1991, 248(1-2): 1-10.

[21] Hofmann P, Unwin R, Wyrobisch W, et al. The adsorption and incorporation of oxygen on Cu(100) at T ⩾ 300 K. Surf. Sci., 1978, 72(4): 635-644.

[22] Benndorf C, Egert B, Keller G, et al. Oxygen interaction with Cu(100) studied by AES, ELS, LEED and work function changes. J. Phys. Chem. Solids, 1979, 40(12): 877-886.

[23] Benndorf C, Egert B, Keller G, et al. The initial oxidation of Cu(100) single crystal surfaces: An electron spectroscopic investigation. Surf. Sci., 1978, 74(1): 216-228.

[24] Dubois L. Oxygen chemisorption and cuprous oxide formation on Cu(111): A high resolution EELS study. Surf. Sci., 1982, 119(2-3): 399-410.

[25] Rhodin T N, Ertl G. The Nature of the Surface Chemical Bond. Oxford: North Holland Publishing Company, 1979.

[26] Lauterbach J, Rotermund H. Spatio-temporal pattern formation during the catalytic Co-oxidation on Pt(100). Surf. Sci., 1994, 311(1): 231-246.

[27] Lauterbach J, Asakura K, Rotermund H. Subsurface oxygen on Pt(100): Kinetics of the transition from chemisorbed to subsurface state and its reaction with Co, H_2 and O_2. Surf. Sci., 1994,

313(1-2): 52-63.

[28] Rotermund H, Lauterbach J, Haas G. The formation of subsurface oxygen on Pt(100). Appl. Phys. A, 1993, 57(6): 507-511.

[29] Sun C Q. Relaxation of the Chemical Bond. Heidelberg: Springer, 2014.

[30] Jensen F, Besenbacher F, Laegsgaard E, et al. Dynamics of oxygen-induced reconstruction on Cu(100) studied by scanning tunneling microscopy. Phys. Rev. B, 1990, 42(14): 9206-9209.

[31] Sun C Q. Oxygen-reduced inner potential and work function in VLEED. Vacuum, 1997, 48(10): 865-869.

第 18 章　化学吸附成键动力学

要点

■ 氧吸附涉及表面最外两个原子层，四步成键形成 Cu_3O_2 双四面体
■ O^- 倾向位于偏心金字塔顶部，极化近邻原子
■ 第二个 O—Cu 键在两原子层间形成，产生缺失行，键几何弛豫
■ Cu_3O_2 形成时伴有孤对电子产生，诱导 Cu^p 偶极子对形成并跨越缺失行

摘要

　　VLEED 解析可以定量表征 Cu(001) 表面氧吸附形成 Cu_3O_2 双四面体的四步成键过程，并可以辨析缺失行、Cu—O—Cu 链、Cu^p 偶极子对的形成、位置与作用。从总能量最小化或结构优化角度来看，氧吸附成键的相变动力学已超出任何计算的范围。退火使 Cu_3O_2 键几何、SPB 和价态相应松弛。在"暗红色"温度下，氧的 sp 轨道会退杂化，解吸附发生。

18.1　氧吸附四阶段

　　氧的化学吸附过程中，最为关键亦最为困难的是澄清其成键动力学。过去一个多世纪，诸多科学家致力于解决这一问题。STM/S 的发明推动了信息定性处理的发展[1, 2]。目前的建模和解码技术以及由 Hitchen、Thurgate 和 Jennings[3] 采集的丰富数据，为吸附成键动力学的研究突破提供了重要基础[4]。

　　图 18.1(a)、(c)、(e) 为 VLEED(00) 光束反射比 I_{00}/I_0 与在 70° 入射角和 42° 方位角下测量的入射光能量。精细结构特征对富氧环境非常敏感。随着曝氧量(Θ_0，单位 Langmuir，简写 L，$1\,L = 10^{-6}\,torr \cdot s = 133 \times 10^{-6}\,Pa \cdot s$) 变化，能量分别为 7.1 eV、9.1 eV 和 10.3 eV 的特征峰的变化展示了氧吸附反应的四个阶段[4]：

　　(1) $\Theta_0 \leqslant 30\,L$：7.1 eV 的峰值随曝氧量的增加而减小，直至曝氧量达到 30 L，其他峰几乎没有变化。

　　(2) $30\,L < \Theta_0 \leqslant 35\,L$：7.1 eV 的峰强稍有回升。

　　(3) $35\,L < \Theta_0 \leqslant 200\,L$：第一个峰变弱，9.1 eV 处出现一个新的峰；随后，9.1 eV

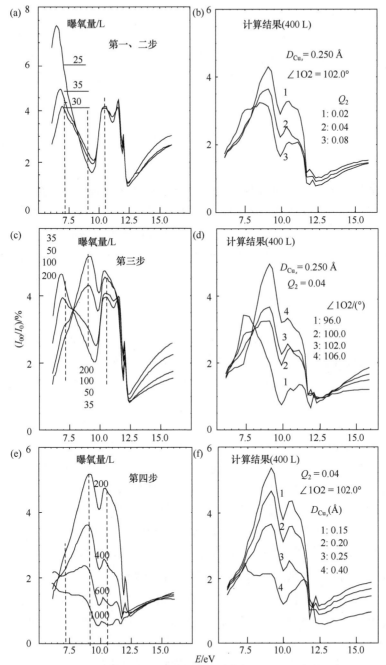

图 18.1 (a)、(c)、(e)是在 70°入射角和 42°方位角处测得的氧环境下 O-Cu(001) 表面的 VLEED 光谱；(b)、(d)、(f)是改变化学键各变量所得的计算结果[4]

(a)、(c)、(e)中的 7.1 eV、9.1 eV 和 10.3 eV 的强度变化展示了反应的四个阶段。(b)、(d)、(f)的曝氧量为 400 L，变化的键参数包括 Q_2、∠1O2 和 D_{Cu_x}

和 10.3 eV 两个峰均增大，直到曝氧量达 200 L 时达到最值。

(4) Θ_O>200 L：整个频谱出现衰减。

此外，10.3 eV 的峰随曝氧量增加向低能方向偏移。敏感性测试表明，调节 BA_{12} 和 Q_2 两个参数可以调控前两个峰的强度，而增大 D_{Cu_x} 会抑制大于 12.5 eV 的特征峰强度。

18.2　键几何分析

对曝氧量 400 L 时的键参数和 $z_0(E)$ 曲线进行优化，获得最佳参数 Q_2=0.04、BA_{12}=102.0°、D_{Cu_x}=0.25 Å，详见图 18.1(b)、(d)、(f)和表 18.1。分析最优 $z_0(E)$ 曲线时，不考虑单个变量参数化的准确性以及 SPB 随曝氧量的变化情况。随后研究 VLEED 光谱的结构敏感性，检测时一次仅调整一个几何参数，保持其他几何参数和 $z_0(E)$ 曲线不变。

图 18.1(b)、(d)、(f)比较了依次改变化学键变量 BA_{12}、Q_2 或 BL_2 和 D_{Cu_x} 时的计算结果，表明：

(1) 保持氧覆盖量恒定 0.5 ML，可以对不同曝氧量情况的 VLEED 谱进行模拟分析。曝氧量增加，新增的氧原子会促进反应。吸附饱和后，外加氧原子不再直接参与反应。这可视为饱和后效应。许多早期研究已经证实，曝氧量(单位：L)和覆盖量(单位：ML)之间没有定量的对应关系[5, 6]。饱和后效应的另一证据是：随着曝氧量的增加，原子层间距增大。

(2) 图 18.1(d)和(f)的模拟结果与图 18.1(c)和(e)的测试谱线趋势高度一致，这表明 Cu_2O 成键过程主导谱学特征，而 SPB 变化对曝氧量不太敏感。进一步证明，现用的化学键变量具有实际意义，且相应的 SPB 参数化是合理的、正确的。

(3) 反应的四个不连续阶段与化学键参数的独立变化相对应。例如，曝氧量 35~200 L 范围内出现的特征峰可以通过增大∠1O2 或 BL_2 来控制。曝氧量大于 200 L 时呈现的特征峰则由 D_{Cu_x} 单独控制。30~35 L 范围内，可以通过较小的 ∠1O2 和较小的 D_{Cu_x} 来增大 Q_2，从而恢复 7.1 eV 峰。

(4) 改变 D_{Cu_z} 可以检验单个原子位移的影响。D_{Cu_z} 的变化仅使 9.5~11.5 eV 的光谱强度发生微小改变，意味着单原子位移并不具备现实意义，难以表征真实的反应动力学过程。

图 18.1 表明，在曝氧量为 400 L 的计算结果中寻找最佳键参数是可行的。通过假设 $z_0(E)$ 对曝氧量不敏感，可反复计算以匹配图 18.1(a)、(c)、(e)中测量的三个谱峰。计算指导思想是大范围搜索、小范围精确计算。表 18.1 列出了不同曝氧

量下的最优结构参数。

表 18.1　O-Cu(001)表面的四步成键动力学相关参数[4]

曝氧量/L	键几何 Q_1=0.12			原子偏移/Å				键长/Å			键角/(°)		
	Q_2	BA_{12}	D_{Cu_x}	$-D_{Cu_z}$	$-D_{O_x}$	D_{O_z}	D_{12}	BL_1	BL_2	BL_3	BA_{13}	BA_{23}	BA_{33}
25	0	92.5	0.125	0.1460	0.1814	-0.0889	1.7522	1.628	1.850	1.8172	95.70	91.80	165.87
30	0	94.0	0.150	0.1440	0.1796	-0.0447	1.7966			1.8326	98.82	93.11	160.83
35	0.04	98.0	0.150	0.1268	0.1802	0.0618	1.8287		1.776	1.8833	104.24	95.75	145.26
50	0.04	100.0	0.150	0.0938	0.1831	0.1158	1.8824			1.8983	105.12	96.46	144.32
100		101.0	0.150	0.0844	0.1852	0.1422	1.9086			1.9053	105.64	96.83	143.02
200		102.0	0.150	0.0709	0.1877	0.1682	1.9343			1.9121	105.33	95.18	141.82
400			0.250	0.1495						1.9262	105.30	99.52	139.43
600			0.355	0.2239						1.9396	104.01	101.67	135.38
≥800			0.450	0.2849						1.9505	103.83	103.43	135.71

注：反应阶段中，1(<30 L，BL_1 形成)；2(30～35 L，BL_2 和∠1O2 变化)；3(35～200 L，∠1O2 增大)；4(>200 L，D_{Cu_z} 增加)。空的单元格与上一个单元格的值相同。所有信息都是通过调控变量(BA_{12}、Q_2、D_{Cu_z})获得的。化学键变量的误差为 0.010 Å 和 0.2°。SPB 常量为 V_0=10.50 eV、γ=-0.9703、δ=6.4478。

18.3　Cu_3O_2 四步成键过程

表 18.1 所列其他曝氧量条件下计算获得的最优键几何参数值进一步证实 SPB 对曝氧环境不敏感。图 18.2 所示为不同曝氧量下 $z_0(E)$ 图像的偏移，重现了图 18.1(a)、(c)、(e)的测试结果。从图中可知，$z_0(E)$ 曲线对曝氧量不敏感。除了在 25 L 时低于 7.5 eV 处的轻微差异外，其他的外形均相似。这进一步证明，相比于化学键几何，SPB 对于曝氧环境的敏感度要低得多。曝氧量较高时，$z_0(E)$ 曲线轻微外移(沿-z 方向，相对于-2.5 a.u.)增加了 $n(E)$，从而减小功函数并减弱反射光束的振幅。

$z_0(E)$ 形状由占据态态密度 $n(E)$，即实空间多重衍射的卷积控制。这一卷积能量在 VLEED 能量中占比最小。$z_0(E)$ 不是常数，归因于氧诱发的 "局部" 特征影响，如 STM/S 测得的非键态(7.1 eV)及之下的成键态。这种局域性特征起源于表面原子空位、离子化和极化。z 方向上的 $z_0(E)$ 约为 0.53Å((-2.3-(-3.3))a.u.)，接近于 STM 探测值～0.45 Å[2]。

曝氧量在 30～600 L 范围时，$z_0(E)$ 曲线上 7.1 eV 位置的小峰，与 STS 探测的 O—Cu—O 链区域上以及 PES 探测的 O-Cu 表面上 E_F 之下 2.1 eV 位置的尖峰吻合。

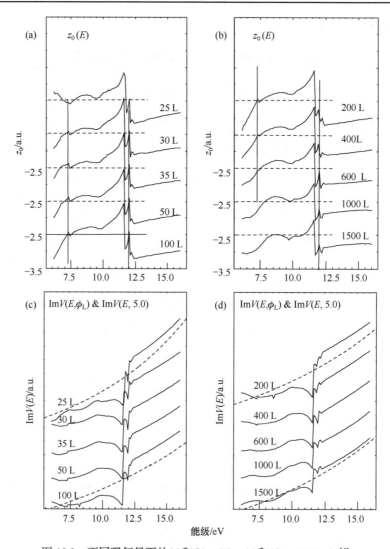

图 18.2 不同曝氧量下的(a)和(b) $z_0(E)$，(c)和(d) $\mathrm{Im}V(E, \phi_L)$[4]

(a)和(b)重现了图 18.1(a)、(c)、(e)的光谱结果。z 轴指向体内。$z_0(E)$曲线(≤600 L)上的 7.1 eV 特征峰与 STS 中的非键态相对应[7]。在 25 L 时，7.1 eV 以下没有特征峰，表明此时 O⁻占主导地位。11.8～12.5 eV 范围内的振荡特征峰来自带隙反射。虚线表示作为参考的清洁 Cu(001)表面的 z_0 值(−2.5 a.u.)和单调(d)阻尼 $\mathrm{Im}V(E,5.0)$。$z_0(E)$曲线外移表示功函数减小[8]

低于 7.5 eV 的新占据态源自氧原子轨道杂化形成的非键态的贡献。因此，25 L 时不存在低于 7.5 eV 的特征峰，意味着 O⁻形成阶段不存在 sp 轨道杂化。曝氧量高于 600 L 时，7.1 eV 的特征峰消失，此时反射强度的空间效应如金属偶极子 SPB 的外移和高度饱和，使得杂化态发生湮灭。成键态特征峰(低于 E_F，约−5 eV)无法用 VLEED 检测到，因为它们已被布里渊区边界的驻波所湮灭。

在 11.8～12.5 eV(近真空能级)范围出现的振荡特征峰来自于带隙的反射。周围的特征峰来自能带边缘的电子激发。能量高于 7.5 eV 时，所有的 $z_0(E)$ 图像形状十分相似，说明价带底甚至更深的 2p 能带受化学吸附的影响很小。因此，应着重关注价带态密度的变化。

需要注意，曝氧量 25 L 时的 VLEED 数据可以利用单一 $(\sqrt{2} \times 2\sqrt{2})$R45°-2O^{2-} 结构模拟获得。但计算结果与 STM 观测结果相矛盾[1]，证实在低曝氧量(<25 L)时，清洁 Cu(001)、c(2×2)-2O$^-$ 和 $(\sqrt{2} \times 2\sqrt{2})$R45°-2O^{2-} 结构共存。清洁 Cu(001)表面阻尼[Im$V(E$=6.0 eV，16.0 eV)$\cong$(0.78，0.81 eV)]和 c(2×2)-2O$^-$ 的阻尼(1.0，3.0 eV)都非常低[4]，两者的信息被高阻尼 $(\sqrt{2} \times 2\sqrt{2})$R45°-2O^{2-} 相(1.3，6.5 eV)过滤了。

将 γ=−0.9703，δ=6.4478 以及 ϕ=4.0eV 代入 Im$V(z, E)$，可以获得 Cu$_3$O$_2$ 相的高阻尼值。事实上，偶极子的相对数目和饱和程度控制着阻尼强度。O$^-$ 诱导的构成 c(2×2)-2O$^-$ 域边界的偶极子比 $(\sqrt{2} \times 2\sqrt{2})$R45°-2O^{2-} 中 O^{2-} 孤对诱导偶极子的饱和度更低。

图 18.3 展示了 VLEED 解析的 Cu$_3$O$_2$ 成键动力学过程。氧离解与表面的 Cu 原子结合形成 CuO$_2$ 双金字塔结构，然后 O$^-$ 与第一层的 Cu 原子形成第二个 O—Cu 键，伴随 sp^3 轨道杂化和孤对电子产生。孤对电子极化邻近 Cu 原子形成偶极子。在反应过程中，缺失行的持续形成造成了键长和键角的弛豫。

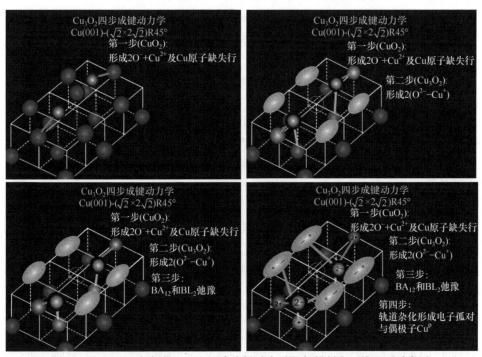

图 18.3　VLEED 解析的 Cu$_3$O$_2$ 四步成键动力学[9](扫描封底二维码可看彩图)

18.4　总　　结

氧吸附 Cu(001) 表面自 CuO_2 转变为 Cu_3O_2 结构的成键过程可以量化描述如下：

(1) $\Theta_0 \leqslant 30$ L：解离的 O 原子与表面的 Cu 原子(标记为 1)形成收缩($Q_1 = 12\%$)的离子键。D_{Cu_x} 达到 0.15 Å，$\angle 1O2$ 达到 94.0°。O^- 位于表面上方，形成偏心金字塔结构，极化近邻原子。

(2) 30 L $< \Theta_0 \leqslant 35$ L：O^- 与基底第二层的 Cu 原子(标记为 2)形成第二个收缩($Q_2 = 4\%$)的离子键。此时，O^{2-} 渗入内部，在成键过程中其位置自四面体顶端向四面体中心变动。同时，$\angle 1O2$ 从 94.0° 增大到 98.0°。

(3) 35 L $< \Theta_0 \leqslant 200$ L：$\angle 1O2$ 自 98.0° 增大至饱和值 102.0°，引起 D_{12} 弛豫，而其他参数几乎不变。

(4) $\Theta_0 > 200$ L：sp 轨道杂化发生在非键孤对的形成过程中。O^{2-} 与孤对电子诱导的 Cu^p 偶极子相互作用，在高曝氧量和长时效情况下主导反应。孤对电子向外推动 Cu^p，形成偶极子对并跨越缺失行。曝氧量约 800 L 时，D_{Cu_x} 从 0.15 Å 增加至 0.45 Å。

基于 $z_0(E)$ 曲线(图 18.2)与成键动力学过程的一致性，可总结得到如下特点：

(1) 7.5 eV 以下的特征，特别是曝氧量 30~600 L 时出现的 7.1 eV 的小峰，源自 O^{2-} 杂化形成的非键态[10]。

(2) 曝氧量更高时，$z_0(E)$ 曲线因金属偶极子对作用而稍许外移，造成功函数减小。

(3) 25 L 时非键态缺失是因为不存在 O^{2-} 轨道杂化。曝氧量增大时，由于金属偶极子对的形成，7.1 eV 的特征峰逐渐消失。

(4) 能量高于 7.5 eV 时，所有 $z_0(E)$ 曲线的形状相似，表明化学吸附对价带底及更深层的电子几乎没有影响。成键态(~-5.0 eV)超出了 VLEED 谱的检测范围。电子传输仅发生在价带顶部。

通过键几何和 $z_0(E)$ 曲线分析，可以丰富对化学吸附成键动力学和价带态密度变化的深层理解，证实 VLEED 解析建模方法的完整性、有效性及实用性。VLEED 解谱是一种独特技术，可实现价带态密度、表面势垒和表面成键动态过程的定量表征。

参 考 文 献

[1] Fujita T, Okawa Y, Matsumoto Y, et al. Phase boundaries of nanometer scale c(2×2)-O domains on

the Cu(100) surface. Phys. Rev. B, 1996, 54(3): 2167.

[2] Jensen F, Besenbacher F, Laegsgaard E, et al. Dynamics of oxygen-induced reconstruction on Cu(100) studied by scanning tunneling microscopy. Phys. Rev. B, 1990, 42(14): 9206-9209.

[3] Hitchen C, Thurgate S, Jennings P. A LEED fine structure study of oxygen adsorption on Cu(001) and Cu(111). Aust. J. Phys., 1990, 43(5): 519-534.

[4] Sun C Q. Exposure-resolved VLEED from the O-Cu(001): Bonding dynamics. Vacuum, 1997, 48(6): 535-541.

[5] Wuttig M, Franchy R, Ibach H. Structural models for the Cu(100)(2×22) R45°-O phase. Surf. Sci., 1989, 224(1): L979-L982.

[6] Zeng H, Mitchell K. Further LEED investigations of missing row models for the Cu(100)-(22×2) R45°-O surface structure. Surf. Sci., 1990, 239(3): L571-L578.

[7] Chua F M, Kuk Y, Silverman P J. Oxygen chemisorption on Cu(110): An atomic view by scanning tunneling microscopy. Phys. Rev. Lett., 1989, 63(4): 386-389.

[8] Sun C Q, Bai C L. Modelling of non-uniform electrical potential barriers for metal surfaces with chemisorbed oxygen. J. Phys. Condens. Matter, 1997, 9(27): 5823-5836.

[9] Sun C Q. Oxidation electronics: Bond-band-barrier correlation and its applications. Prog. Mater. Sci., 2003, 48(6): 521-685.

[10] Sun C Q, Li S. Oxygen-derived DOS features in the valence band of metals. Surf. Rev. Lett., 2000, 7(3): 213-217.

第 19 章 轨道杂化的热影响

要点

- 时效过程会优化 Cu_3O_2 键几何和表面势垒
- 500 K 温度下退火会使 O^{2-} sp 轨道去杂化，降低表面势垒饱和度
- 暗红温度下的时效可恢复 Cu_3O_2 键几何和表面势垒的弛豫行为
- Cu_3O_2 键几何与表面势垒形貌相互关联

摘要

退火引起 Cu_3O_2 键几何、表面势垒和价态发生弛豫。温度达到"暗红色"程度时可以消去 O sp 轨道杂化，进一步升温会发生脱附现象。因此，温度是促进或抑制氧化的关键因素。

19.1 退火和时效对 *I-E* 曲线的影响

图 19.1(a)所示为退火和时效对曝氧量 300 L 下 Cu(001)表面 VLEED *I-E* 曲线的影响。时间分辨光谱采集的入射角为 72.0°、方位角为 42.0°[1]。退火和时效条件变化引起一系列精细结构特征：

(1) 清洁 Cu(001)表面曝露于 300 L 的氧气中后，立即扫描(标记为 *A*)可获得 9.0 eV 和 11.0 eV 两个宽峰以及 10.5 eV 和 12.0 eV 两个尖峰。

(2) 经过 25 min 退火后，扫描获得的 *B* 曲线与 *A* 结果类似，只是能级低于 9.5 eV 的区段，曲线斜率有上升趋势。

(3) 微退火 5 min 后，扫描得到曲线 *C*，此时样品呈暗红色，显示出结构变化。9.5 eV 之上的谱段，强度增强。

(4) 进一步退火 3 min 后扫描得到曲线 *D*。除光谱强度整体衰减外，没有结构变化，与 *C* 结果类似，仅 9.5 eV 以下强度明显减小。曝氧量超过 200 L 时，*C* 和 *D* 扫描结果的变化情况类似。

一般来说，9.5 eV 以下的谱线形状和强度对时效和退火很敏感，表明反应改变了价带上部的能态。

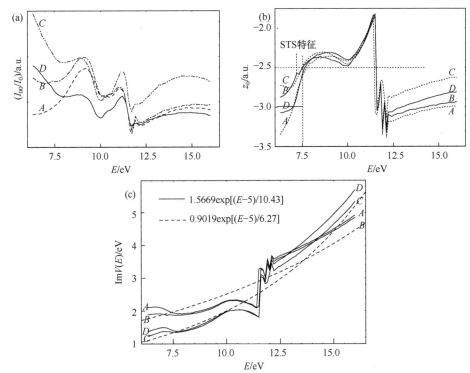

图 19.1 退火和时效对(a) VLEED 光谱[1]和相应的(b) $z_0(E)$曲线以及(c) $ImV(E)$阻尼曲线的影响[2] 退火增加了非弹性衰减的速率。除了 B，其他所有 $z_0(E)$曲线在 7.1 eV 处的杂化特征皆不明显。C 的 $z_0(E)$曲线中低于 7.5 eV(孤对电子特征)的曲线部分斜率剧降表明，氧因退火而轨道去杂化

19.2 退火和时效对轨道杂化的影响

图 19.1(a)中曲线 D 的键几何和 SPB 参数固定为常数，以作参照。图 19.1(b)和(c)分别为 $A \sim D$ 相应的优化 $z_0(E)$ 和 $ImV(E)$曲线。表 19.1 列出了时效和退火时 Cu_3O_2 结构的最佳参数。敏感度检测基于曲线 D 的固定参数进行。

表 19.1 O-Cu(001)表面 Cu_3O_2 结构随时效和退火的变化[2]

VLEED 扫描	键长/Å			键角/(°)				原子偏移/Å				层间距 D12/Å	阻尼γ	电势δ
	BL1	BL2	BL3	BA12	BA31	BA32	BA33	D_{Cu_z}	D_{Cu_x}	D_{O_z}	D_{O_x}			
A^*	1.628	1.776	1.9053	101.00	105.42	96.83	143.02	0.150	−0.0844	−0.1852	0.1482	1.9086	1.5669	10.427
B^*	1.628	1.776	1.9112	101.25	105.48	95.52	141.98	0.175	−0.1015	−0.1858	0.1488	1.9150		
C	1.628	1.776	1.9202	101.50	105.40	98.77	140.46	0.225	−0.1375	−0.1864	0.1553	1.9215	0.9019	6.2736
D	1.628	1.776	1.9297	102.00	105.17	100.03	138.92	0.275	−0.1679	−0.1877	0.1682	1.9343		

注：BA_{12} 和 D_{Cu_x} 为可调量；$V_0 = 10.56$ eV。

　　图 19.2 所示为调整 $BL_2(Q_2)$、BA_{12}、D_{Cu_x} 等各个独立变量后计算的 I-E 曲线。此外，还考察了 D_{O_z} 对单原子位移的影响。结果表明，时效和退火作用不容易通过单一键参数的变化完成定量分析，除非长时间作用(从 C 到 D)。长时间时效处理后采集的光谱可以简单通过单独调整参数 D_{Cu_x} 进行模拟。然而，如图 19.2 所示，图 19.1(a)中低于 9.5 eV 的特征需要通过调整 BA_{12} 和 Q_2 两个参数进行模拟计算。经过 5 min 退火后，C 曲线的特征可以通过减小 D_{Cu_x} 计算获得。调节参数 D_{Cu_z} 获得的模拟曲线没有明显变化。这进一步证实探讨单个原子的位移没有现实意义，应关注键几何的关联变化。

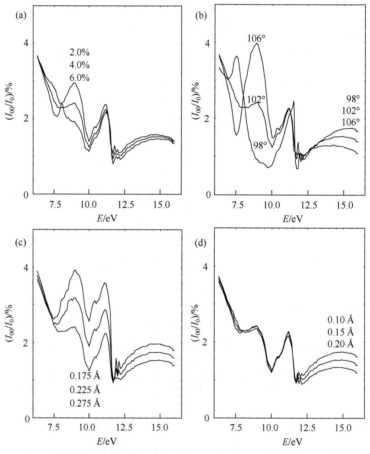

图 19.2　VLEED I-E 谱随键几何参数(a) Q_2、(b) BA_{12}、(c) D_{Cu_x} 以及(d) D_{Cu_z} 变化的敏感度检测结果[2]

时效和退火效果难以通过单一键参数进行定量分析，除非长时间作用(图 19.1(a)中的 C 到 D)。长时间时效处理后的光谱可以通过调整单一参数 D_{Cu_x} 进行模拟，如图(c)所示。低于 9.5 eV 的特征(图 19.1(a)中的 A～D)可以通过调节 Q_2((a)图)和 BA_{12}((b)图)两个参数来模拟实现

对比图 19.1 的实测曲线和图 19.2 的结构敏感性测试结果可以明确,时间分辨的 VLEED 数据可以模拟获得, 但提取的成键动力学信息没有曝氧量变化时明显和丰富。

图 19.1(b)和(c)所示的 $z_0(E)$ 和 Im$V(E)$曲线在 7.5～12.5 eV 之外变化明显。7.5 eV 以下的特征对应于 O^{2-} 的非键态, 12.5 eV 以上的 $z_0(E)$特征由非弹性衰减控制。7.1 eV 附近的小特征峰对应于氧的 sp 杂化, 随时效和退火条件变化。这些结果表明, 样品曝露于氧气中(A)后, sp 轨道杂化并非立刻完成。退火能消去杂化 (C), 曲线中杂化态(<7.5 eV)强度明显减弱。曲线 D 中的小特征峰消失, 类似于样品在曝氧量超过 600 L 时发生的情况, 这主要因为金属偶极子演变完成导致孤对电子特征消失。

另一方面, 退火处理改变了强度衰减速率, 如图 19.1(c)所示。能量较低部分, Im$V(E)$相对较低; 能量较高部分, Im$V(E)$也相对较高。7.5 eV 以下的特征表明价带顶的能态比价带底的更易受到退火影响。顶端能态变化对应于非键孤对的形成, 即 O^{2-} 的杂化。能量较低时, 退火使 $z_0(E)$和 Im$V(E)$特征峰减弱, 表明氧去杂化。因此, 退火为氧的去杂化提供能量, 这也是热脱附和氧化物四面体化学键转变的基础[3]。

19.3　总　　结

时效和退火对 O-Cu(001)体系的影响稍显复杂, 与曝氧量变化引起的效果相比, 更难以明确。但可以确定的是, 长时间退火和高浓度曝氧量对光谱特征的影响相同, 这是因为非键孤对电子和孤对诱导的 Cu^p 之间的相互作用增强。退火为氧的去杂化提供动力, 减小 D_{Cu_x}、减弱孤对电子态密度特征, 并没有加强化学键的形成。

参 考 文 献

[1] Hitchen C, Thurgate S, Jennings P. A LEED fine structure study of oxygen adsorption on Cu(001) and Cu(111). Aust. J. Phys., 1990, 43(5): 519-534.

[2] Sun C Q. Time-resolved vleed from the O-Cu(001): Atomic processes of oxidation. Vacuum, 1997, 48(6): 525-530.

[3] Sun C Q, Xie H, Zhang W, et al. Preferential oxidation of diamond {111}. J. Phys. D Appl. Phys., 2000, 33(17): 2196-2199.

第 20 章　第二篇结束语

要点

- ■ VLEED 在一定程度上关联了电子能谱学、结晶学和表面形貌学
- ■ 轨道杂化与表面键收缩是化学吸附的关键驱动力
- ■ 一个氧原子与任意特定原子间形成的化学键数目不会超过一个
- ■ O-Cu(001)吸附过程中两个 O—Cu 键依次形成，随后发生 sp^3 轨道杂化

　　动态 VLEED 与 STM 和 PES 相结合实现了 O-Cu(001)氧吸附成键过程的定量表征，加深了人们对于氧吸附 Cu(001)表面 CuO_2 四步成键和 Cu_3O_2 成键过程的键几何、价带态密度特征、三维表面势垒演变涉及的原子和价电子动力学行为的认知和理解。获得的定量信息还包括二维布里渊区、边界电子的有效质量、能带色散、muffin-tin 内势、功函数和缺失行形成驱动力、晶格重构与弛豫等。VLEED 解谱提供了一种特殊的、富有前景的技术方法，关联了结晶学、表面形貌学和电子能谱学，只是在解谱过程中需要严谨的逻辑思维和充分的耐心。系列进展证实配位键合和电子动力学对于探究表面化学吸附问题影响深远，也是研究低维体系结构与物性的重要方法。

　　动态 VLEED 结合 STM 和 PES 对 Cu(001)表面氧吸附过程的研究，使人们对于氧吸附化学成键动力学及原子和价电子的行为、键几何结构、价带态密度和三维表面势垒有了更为全面的认识。实践证实，本篇构建的 VLEED 解析策略十分有效、正确且必要。主要研究成果总结如下：

　　(1) VLEED 是一种独特的技术，可以从单原子层收集定量和无损的信息，包括键几何结构、成键动力学以及相应的原子位错变化、价带态密度和表面功函数等，构建了解析这一系列物理信息的 VLEED 解析模型，并验证了这一技术的灵敏度和可靠性。

　　(2) VLEED 谱灵敏度检测表明，$ReV(z)$参数发生 20%的变化将引起反相移，反向改变光谱特征的强度；光谱特征对 $ImV(z)$参数不敏感；键几何参数比单原子位错引起的光谱特征更为明显。

　　(3) 氧吸附四面体成键过程反映了原子总体移位的真实情形。模型分析结果表明，氧化是电子输运的动态过程：首先形成 O^-，随后转变为 O^{2-}，伴随 sp 轨道杂化和电子孤对的产生。O^{2-}倾向于四面体中心位置。O^-或非键孤对电子在表面

上诱导产生金属偶极子。除了氧与金属原子之间的电子输运外，金属偶极子以及 O^{2-} 杂化非键态在氧化过程的电子输运和物理属性中起着关键性作用，如强局域化的电子具有低迁移率，会降低功函数并增大接触电阻。

(4) 四面体成键会改变金属的价带态密度，在 E_F 附近产生四个附加态密度特征：远低于 E_F 的 O—M 成键态、低于 E_F 的非键态以及稍低于 E_F 的电子-空穴和稍高于 E_F 的金属反键偶极子态。因此，吸附的氧原子具备形成带隙或扩大已有带隙的能力，并在 E_F 上新增子带，降低功函数。这已在多种金属表面氧吸附的 PES 测试中得到了证实。

(5) 单变量参数化表面势垒函数赋予了 VLEED 谱获取键几何、表面势垒形状、价带态密度及其相互依赖性等方面信息的能力，并可以简单地通过比较 $z_0(E)$ 曲线形状判定模型的合理性。

(6) VLEED 谱解析技术比传统方法获取的信息更为丰富，不仅能反映真实的氧吸附动力学过程，而且大大减少了数值计算的工作量，并能保证求解的准确性。

(7) Cu(001)表面氧吸附反应是一个动态过程，包含四个阶段。末态相 Cu_3O_2 四面体结构的形成表明：一个 Cu 原子可以给不同的吸附 O 原子提供一个以上的电子，但一个 O 原子不能从某特定 Cu 原子处获得超过一个电子。这就是金刚石(111)面易于发生取向氧化[1]的原因。

(8) O-Cu(001)表面吸附成键造成了各种静态和动态现象。原子位错和表面弛豫由键几何决定。表面电子强局域化和能态变化以及功函数和内部电势常数的降低由电子在不同原子能级之间的迁移(如极化和离子化)造成。

(9) 氧化吸附成键引起的各种观测现象会随原子电负性、原子尺寸和晶格几何形状的不同而有所区别，也会随外部激励条件(如温度、曝氧量和时效时间)的变化而发生改变。

(10) 尽管不同体系的表面形貌和原子几何结构存在差异，但在所有的研究样本中，氧化物四面体结构、态密度特征和电子输运过程基本相同。氧化过程中的电子行为及其分析技术已逐步完善并形成了新的研究方向[2]。

(11) 本篇介绍的内容和方法揭示了氧化学吸附表面的两个重要过程：①表面的键收缩；②sp 轨道杂化伴随孤对电子和偶极子的形成。这是后续分析开展的基础[2-20]。自发键收缩导致结合能及系列物性参数发生变化。业已证实表面键收缩和表体比增加是纳米固体尺寸效应的原因，如纳米固体晶格收缩[21, 22]、表面应力和杨氏模量增大[22, 23]、带隙展宽[24, 25]、介电调制[26-28]，金刚石熔点升降[29]、磁化增强[30]、相变温度变化[31-33]等。表面键收缩整合了关于纳米颗粒尺寸效应的理论解析(其核心为低配位原子)，涵盖原子、缺陷、阶梯边缘、固体和液体表皮及各种形状的纳米结构。

(12) 拓展轨道杂化概念理解 C、N、O 与 Rh 和 Ni fcc(001)表面的相互作用，可以实现表面结合应力的定量表征，并且从这一角度可以阐释金刚石与金属之间黏附力的提升[34]。此外，带隙产生的物理机理使人们可以理解为什么 Pb、Zr、Ti 氧化物会发出强烈的蓝光[35]。

(13) Cu[36]和 Rh[37]的 fcc((001)、(110)、(111))表面以及 Ru[38]和 Co[39, 40]的 hcp((10$\bar{1}$0)、(0001))表面氧化四步成键动力学的认知对扫描隧道显微镜[41, 42]、低能电子衍射[43]、角分辨光电子能谱[44]等观察到的各种氧吸附现象有了一致性的诠释。虽然不同物质的表面形貌、键几何、相序等存在差异，但氧化过程的四面体成键结构、价带态密度特征和成键动力学行为基本相同[2]。

参 考 文 献

[1] Sun C Q, Xie H, Zhang W, et al. Preferential oxidation of diamond {111}. J. Phys. D Appl. Phys., 2000, 33(17): 2196-2199.

[2] Sun C Q. Oxidation electronics: Bond-band-barrier correlation and its applications. Prog. Mater. Sci., 2003, 48(6): 521-685.

[3] Sun C Q, Sun Y. The Attribute of Water: Single Notion, Multiple Myths. Heidelberge: Springer, 2016.

[4] Zhang X, Sun P, Yan T, et al. Water's phase diagram: From the notion of thermodynamics to hydrogen-bond cooperativity. Prog. Solid State Chem., 2015, 43: 71-81.

[5] Zhang X, Huang Y, Ma Z, et al. From ice superlubricity to quantum friction: Electronic repulsivity and phononic elasticity. Friction, 2015, 3(4): 294-319.

[6] Liu X J, Bo M L, Zhang X, et al. Coordination-resolved electron spectrometrics. Chem. Rev., 2015, 115(14): 6746-6810.

[7] Huang Y L, Ma Z S, Zhang X, et al. Hydrogen-bond relaxation dynamics: Resolving mysteries of water ice. Coord. Chem. Rev., 2015, 285: 109-165.

[8] Sun C Q. Relaxation of the Chemical Bond. Heidelberge: Springer, 2014.

[9] Pan L, Xu S, Liu X, et al. Skin dominance of the dielectric electronic-phononic-photonic attribute of nanoscaled silicon. Surf. Sci. Rep., 2013, 68(3-4): 418-445.

[10] Ma Z, Zhou Z, Huang Y, et al. Mesoscopic superelasticity, superplasticity, and superrigidity. Sci. China. Phys. Mech., 2012, 55(6): 963-979.

[11] Zheng W T, Sun C Q. Underneath the fascinations of carbon nanotubes and graphene nanoribbons. Energy Environ. Sci., 2011, 4(3): 627-655.

[12] Sun C Q. Dominance of broken bonds and nonbonding electrons at the nanoscale. Nanoscale, 2010, 2(10): 1930-1961.

[13] Sun C Q, Sun Y, Ni Y G, et al. Coulomb repulsion at the nanometer-sized contact: A force driving superhydrophobicity, superfluidity, superlubricity, and supersolidity. J. Phys. Chem. C, 2009, 113(46): 20009-20019.

[14] Sun C Q. Thermo-mechanical behavior of low-dimensional systems: The local bond average approach. Prog. Mater. Sci., 2009, 54(2): 179-307.

[15] Sun C Q. Size dependence of nanostructures: Impact of bond order deficiency. Prog. Solid State Chem., 2007, 35(1): 1-159.

[16] Gu M X, Pan L K, Tay B K, et al. Atomistic origin and temperature dependence of Raman optical redshift in nanostructures: A broken bond rule. J. Raman Spectrosc., 2007, 38(6): 780-788.

[17] Zheng W T, Sun C Q. Electronic process of nitriding: Mechanism and applications. Prog. Solid State Chem., 2006, 34(1): 1-20.

[18] Sun C Q. O-Cu(001): I. Binding the signatures of LEED, STM and PES in a bond-forming way. Surf. Rev. Lett., 2001, 8(3-4): 367-402.

[19] Sun C Q. O-Cu(001): II. VLEED quantification of the four-stage Cu_3O_2 bonding kinetics. Surf. Rev. Lett., 2001, 8(6): 703-734.

[20] Sun C Q. The sp hybrid bonding of C, N and O to the fcc(001) surface of nickel and rhodium. Surf. Rev. Lett., 2000, 7(3): 347-363.

[21] Sun C Q. The lattice contraction of nanometre-sized Sn and Bi particles produced by an electrohydrodynamic technique. J. Phys. Condens. Matter, 1999, 11(24): 4801- 4803.

[22] Sun C Q, Tay B K, Lau S P, et al. Bond contraction and lone pair interaction at nitride surfaces. J. Appl. Phys., 2001, 90(5): 2615-2617.

[23] Liu X J, Li J W, Zhou Z F, et al. Size-induced elastic stiffening of ZnO nanostructures: Skin-depth energy pinning. Appl. Phys. Lett., 2009, 94(13): 131902.

[24] Sun C Q, Gong H Q, Hing P, et al. Behind the quantum confinement and surface passivation of nanoclusters. Surf. Rev. Lett., 1999, 6(2): 171-176.

[25] Sun C Q, Sun X W, Gong H Q, et al. Frequency shift in the photoluminescence of nanometric SiO_x: Surface bond contraction and oxidation. J. Phys. Condens. Matter, 1999, 11(48): L547-L550.

[26] Sun C Q, Sun X W, Tay B K, et al. Dielectric suppression and its effect on photoabsorption of nanometric semiconductors. J. Phys. D Appl. Phys., 2001, 34(15): 2359-2362.

[27] Ye H T, Sun C Q, Huang H T, et al. Dielectric transition of nanostructured diamond films. Appl. Phys. Lett., 2001, 78(13): 1826-1828.

[28] Ye H T, Sun C Q, Huang H T, et al. Single semicircular response of dielectric properties of diamond films. Thin Solid Films, 2001, 381(1): 52-56.

[29] Sun C Q, Wang Y, Tay B, et al. Correlation between the melting point of a nanosolid and the cohesive energy of a surface atom. J. Phys. Chem. B, 2002, 106(41): 10701-10705.

[30] Zhong W H, Sun C Q, Li S, et al. Impact of bond-order loss on surface and nanosolid magnetism. Acta Mater., 2005, 53(11): 3207-3214.

[31] Huang H T, Sun C Q, Zhang T S, et al. Grain-size effect on ferroelectric $Pb(Zr_{1-x}Ti_x)O_3$ solid solutions induced by surface bond contraction. Phys. Rev. B, 2001, 63(18): 184112.

[32] Huang H T, Sun C Q, Hing P. Surface bond contraction and its effect on the nanometric sized lead zirconate titanate. J. Phys. Condens. Matter, 2000, 12(6): L127-L132.

[33] Sun C Q, Zhong W H, Li S, et al. Coordination imperfection suppressed phase stability of ferromagnetic, ferroelectric, and superconductive nanosolids. J. Phys. Chem. B, 2004, 108(3): 1080-1084.

[34] Sun C Q, Fu Y Q, Yan B B, et al. Improving diamond-metal adhesion with graded TiCN interlayers. J. Appl. Phys., 2002, 91(4): 2051-2054.

[35] Sun C Q, Jin D, Zhou J, et al. Intense and stable blue-light emission of $Pb(Zr_xTi_{1-x})O_3$. Appl. Phys. Lett., 2001, 79(8): 1082-1084.

[36] Sun C Q. Nature of the O-fcc(110) surface-bond networking. Mod. Phys. Lett. B, 1997, 11(25): 1115-1122.

[37] Sun C Q. On the nature of the O-Rh(110) multiphase ordering. Surf. Sci., 1998, 398(3): L320-L326.

[38] Meinel K, Wolter H, Ammer C, et al. Adsorption stages of O on Ru(0001) studied by means of scanning tunnelling microscopy. J. Phys. Condens. Matter, 1997, 9(22): 4611.

[39] Sun C Q. On the nature of the triphase ordering. Surf. Rev. Lett., 1998, 5(5): 1023-1028.

[40] Koch R, Schwarz E, Schmidt K, et al. Oxygen adsorption on Co(10$\bar{1}$0): Different reconstruction behavior of hcp(10$\bar{1}$0) and fcc(110). Phys. Rev. Lett., 1993, 71(7): 1047.

[41] Koch R, Burg B, Schmidt K, et al. Oxygen adsorption on Co(1010). The structure of p(2×1) 2O. Chem. Phys. Lett., 1994, 220(3-5): 172-176.

[42] Schwegmann S, Seitsonen A P, Dietrich H, et al. The adsorption of atomic nitrogen on Ru(0001): Geometry and energetics. Chem. Phys. Lett., 1997, 264(6): 680-686.

[43] Schwegmann S, Over H, de Renzi V, et al. The atomic geometry of the O and Co+ O phases on Rh(111). Surf. Sci., 1997, 375(1): 91-106.

[44] Yagi K, Higashiyama K, Fukutani H. Angle-resolved photoemission study of oxygen-induced c(2×4) structure on Pd(110). Surf. Sci., 1993, 295(1): 230-240.

第三篇 声子计量谱学：多场声子动力学

声子计量谱学可探测与多场微扰耦合或化学反应相关的键弛豫动力学，提供局域键长和能量、结合能密度、原子结合能、单键力常数、杨氏模量等定量信息以及德拜温度和声子丰度-刚度-序度从一个平衡态过渡到另一个平衡态时的涨落规律(扫描封底二维码可看彩图)

第 21 章　第三篇绪论

要点

- 物质受到外界扰动时，其结构和性能都将随之变化
- 键弛豫和相关电子能量决定材料的性能
- 构建物质化学键-声子谱-物性三者之间的关联性十分必要且极具挑战性
- 解析声子谱可获取系列定量物理参数并拓展声子谱的应用范围

摘要

外部扰动通过原子间化学键的弛豫和不同能带电子分布的变化调节物质的属性。声子光谱表征键从一个平衡态向另一个平衡态的弛豫或转变，电子光谱描述键弛豫诱导产生的电子分布变化，它们在化学、物理、材料科学与工程等领域具有重要影响。与晶体学和表面形态学相比，因缺乏基本规则，从声子光谱测量中提取信息并对光谱背后的物理现象获得统一的诠释仍处于初步阶段。传统的谱峰解析方法或扰动诱导光谱演化的经验模拟提供的信息有限，几乎不含有可调参数，且相关物理机理存疑。本篇提出的多场声子计量谱学旨在提取有关化学成键和非键动力学的原子、局部和定量信息，以及它们受扰时的关联演变及引起的物性改变。

21.1　内 容 概 览

本篇第 21 章概述了键弛豫理论、晶格振动机理、有效实验数据库的重要意义及存在的挑战和机遇。重点从低配位原子、机械作用、热效应和现有理论等多方面归纳描述了多场微扰引起的声子振动频率偏移(可简称为声子频移)现象。通过理论与实验结果的匹配，构建理论模型以基于声子受激频移获得系列定量信息。例如，晶体尺寸减小新增了三种声子频移现象，E_{2g} 蓝移、A_{1g} 红移和低频拉曼(LFR)振动模。拉曼声子频移、带隙和杨氏模量遵循 $1-U(T)/E_C$ 形式的温驱演化趋势，其中 $U(T)$ 和 E_C 分别为德拜比热积分和原子结合能。机械压缩使声子频率非线性增强，并能强化原子低配位对声子弛豫的影响。然而，对于化学键-声子-物质相

关性的认知还欠缺很多。当前对于某一现象的理解,存在多种理论,且各执一词。在有限的信息条件下进行常规解谱和演化模拟,没有自由可调参数,这实际上阻碍了对于观测现象的分析和理解。因此,迫切需要发展一种新的理论,对外界微扰-化学键-声子-性能进行相关性分析,以获得更为丰富和有效的成键动力学信息。

第 22 章结合量子方法和傅里叶变换讨论了均化键振动力学相关内容。通常应用吉布斯自由能、格林艾森参数或其他类似参数描述声子弛豫。本章主要讨论外部微扰下的哈密顿量、薛定谔方程、拉格朗日振动力学、傅里叶变换和泰勒级数势函数等与键弛豫的关联性。构建可测物理量(如声子频率、带隙、杨氏模量等)与键长和能量之间的函数关系,寻求可测物理量受激时的相对变化以探究推动键弛豫的本质因素。这将统一关联原子和分子的低配位、温度、应变和压力等外界微扰与键参数。

第 23 章主要讨论二维层状结构如石墨烯、黑磷和(W, Mo)(S, Se)$_2$ 的拉曼声子谱所蕴含的物理信息。从层数、单轴应变、压强和热激发引起的拉曼声子谱演变中可以提取键长和能量、键性质参数、双原子振动参考频率、德拜温度、原子结合能、热膨胀系数、压缩系数、杨氏模量、结合能密度等物理信息。研究发现,随着层状材料层数的减少,单一二聚物振动和集体振动分别控制声子谱的蓝移或红移。高温下,$\omega(T)$德拜近似曲线的衰减斜率$\partial\omega/\partial T$ 与原子结合能成反比,$\omega(P)$曲线斜率$\partial\omega/\partial P$ 则与结合能密度成反比。

第 24 章证明了纳米晶体的核壳结构,系统探讨了尺寸自块体变小到纳米量级时 IV、III-氮化物、II-氧化物的温度和压强效应。应用差分声子谱方法获取声子频移趋势,分析键性质参数、键长和键能、有效配位数、二聚体振动频率等信息,并结合德拜近似理论得到物质的原子结合能、德拜温度、结合能密度及弹性等物理信息。

第 25 章主要讲述了最近关于冰水和溶液氢键网络声子频移的相关研究工作[1-5]。主要涉及压强、温度、低配位以及酸、碱和盐溶剂化注入电荷对冰水性能的影响。重点探讨了以阴离子、阳离子、电子、孤对、分子偶极子和质子形式注入电荷于水溶液中,通过 O:H 非键的形成、H↔H 反氢键和 O:⇔:O 超氢键的排斥、静电屏蔽的极化、溶质-溶质相互作用以及键序缺失诱导的溶质 H—O 键收缩等因素调节氢键网络结构和溶液性质。并基于此分析了酸碱盐溶液的表皮应力、扩散能力、黏弹性、临界相变温度和压强等物性的变化。

第 26 章总结了本篇的研究成果、不足之处及未来展望。声子谱对外界微扰的直接响应与电子谱对不同能带/能级电子行为的表征相互结合为物质属性研究提供了完整方法。这一研究方法适用于电子和声子以及任何外部扰动情况下化学键和电子信息的研究,是设计功能材料必不可少的方法。

21.2 多场晶格振动

化学键的形成和解离一直备受人们关注[6]。例如，氮化作用将金属镓转变为半导体氮化镓，产生强烈的蓝光[7]。氧化作用将锌和铝转化为可作为电子光学器件的宽禁带 ZnO 半导体和具有快速散热能力的 Al_2O_3 绝缘体[8]。然而，很少有人关注因外界微扰引起化学键从一个平衡态到另一个平衡态弛豫对物质性能的影响，如压缩、加热、拉伸、缺陷、纳米结构、表面重构、电荷注入、掺杂等。键的弛豫及相关的能量和电子的局域化、钉扎和极化调节着物质的性能[9]。

纳米科学和纳米技术被认为是 21 世纪和未来几代科技发展的推动力[10, 11]。杨氏模量、介电常数、功函数、带隙、相变临界温度等物理量随着纳米结构形状和尺寸的变化而发生改变。因此，纳米材料的性能不同于其块体材料。材料尺寸的变化会引起低配位原子数目占比的改变。原子低配位会诱发纳米材料的诸多特殊物性，譬如最基本的键长变短、键能增强[12-14]，也能增强反 Hall-Petch 关系(几十纳米尺度下尤为显著)[12, 15]，可改变相变临界温度[16]等。异质配位可以通过能量致密化来硬化孪晶界[17]，还能通过极化软化界面材料[18]。

声子会直接影响半导体中的电子-声子耦合、光吸收、光发射和光传输波导等电输运和光输运动力学[19, 20]，因此，多场晶体振动受到了广泛关注[21-23]。Bi_2Se_3 纳米盘厚度自 15 nm 尺寸附近减小，其拉曼活性模式会降低几个波数[24]，类似于石墨烯 D 和 2D 模式的层数效应[25, 26]。CdS 薄膜厚度小于 80 nm 时也观察到了低模软化的现象[27]。在室温下，9.6 nm CdSe 纳米点的 LO 模频率略低于相应的 CdSe 块体，当尺寸减小至 3.8 nm 时，拉曼频率降低约 3 cm^{-1}[28]。

由于块体复合物具有优异的热学和力学性能，并有望在光电子、波导、激光倍频器件、大容量计算机存储单元、传感器、制动器等方面提供潜在的应用，因此块体复合物的研究也颇受关注[29, 30]。在机械和热扰动下，材料的结构和性能会发生变化，如相变或机械硬度[31]。压缩会使物质变硬，提高其相变温度或物质的振动频率和临界压力。加热和拉伸与压缩作用相反，可以减小禁带宽度、降低功函数。纳米孔的体积浓度低于临界值时会使物质硬化，而高于临界值则降低多孔材料的屈服强度[12]。材料的声学传输、德拜温度、比热容和热导率等属性与拉曼声子频移、体积模量或体积膨胀率有关，这些物性参数在常温常压时常保持恒定。但在温度或压强变化时，体积模量会发生改变[32-35]，即高温软化、高压硬化[33]。

物质的宏观属性取决于键长、键能和价电子分布。例如，带隙和介质性质随原子间键能和电子在导电和价带中的占据情况变化[36]。局域结合能密度决定杨氏模量和屈服强度[37]，原子结合能决定相变、催化活化、扩散等的临界温度[31]。

结合能密度与原子结合能的竞争决定纳米尺度晶体的反 Hall-Petch 关系和硬度极值[38]。

原子对势在平衡位置($r=d$)处的曲率决定振动频率 ω，表达式为 $\mu\omega^2x^2=[U''(d)+U'''(d)x/3]x^2$，高阶非线性项在谐波近似下可以忽略。基于尺寸效应，ω 与键长 d 和能量 E 呈比例，即 $(\Delta\omega)^2 \propto E/(\mu d^2)$[39]，其中 μ 是振子的约化质量。任何扰动都会引起键弛豫并改变声子振动频率。因此，外部激励就可以通过化学键长度和能量以及晶体势能的弛豫来调节物质性能，这可能是调控物质属性的重要途径。

21.3　实验现象

21.3.1　低配位效应

小尺寸或层状二维(2D)材料的拉曼振动和红外振动表现出非均一的频移趋势[40-44]：

(1) 横向/纵向(TO/LO)拉曼光学模向低频或高频偏移；

(2) 随着特征尺寸减小，WX_2 和 TiO_2 的 E_{2g} 模和石墨烯的 G 模发生蓝移。

(3) 特征尺寸减小时，A_{1g} 模和 D 模发生红移。

(4) LFR 声学模出现在几个、几十个 cm^{-1} 或 THz 范围内(~33 cm^{-1})。尺寸减小时，LFR 声学模发生蓝移。它在晶体尺寸足够大时会消失。

图 21.1 为 CeO_2[45]和 Si[46]纳米颗粒尺寸变化时的归一化拉曼谱。晶体尺寸减小使声子变软、谱峰变宽、特征声子谱线形状逐渐不对称。氧空位或其他杂质对

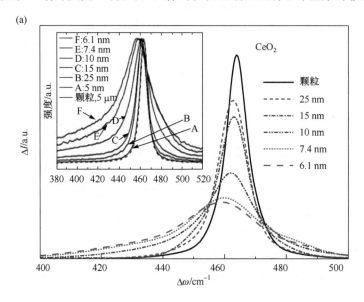

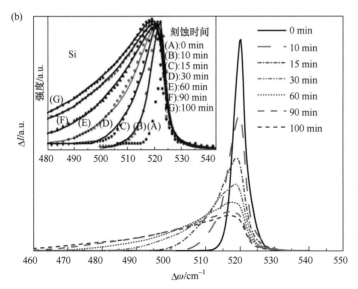

图 21.1　(a) CeO₂(特征峰位 465 cm⁻¹)[45]和(b) Si (特征峰位 521 cm⁻¹)[46]纳米颗粒尺寸变化时的
归一化拉曼谱[45, 46]

插图为常见的以谱峰最大强度归一化处理的拉曼谱。纳米颗粒尺寸的减小会引起量子限制、非线性效应或非均匀
应变增强，拉曼谱表现出声子软化、谱峰变宽、谱线不对称等特点

声子谱线的形状和峰值频率也有影响。峰形的特征是总体声子所固有的。在谱峰形状包含的频率范围内，声子谱线积分总面积表示构成该特征谱的声子总数目[11]。图 21.1 中对于不同尺寸样品的光谱进行谱峰面积归一化非常重要，因为这一处理可以最大限度地减少实验过程引入的误差，比如表面粗糙度引起的散射。

　　纳米晶体尺寸减小时低配位原子的比例增大，拉曼声子频移也越发明显[41]。如层状石墨烯[47]，当层数从 20 减少到 1 时，D 和 2D 振动模发生红移，而 G 模从 1582 cm⁻¹蓝移至 1587 cm⁻¹[26, 48]。当层数从几层增加到多层时，拉曼谱峰逐渐转变为块体石墨的谱线特征[26]。不同的振动模式频移方向不同，说明它们具有不同的物理机理，如 G 模和 D/2D 模。基于石墨烯拉曼谱的层数效应可估算石墨烯的层数[49, 50]和单壁碳纳米管的直径[51]，因为径向呼吸模式的频率 ω_{RBM} 与石墨烯的厚度和碳纳米管的直径成反比。

　　碳同素异构体中 G 和 D 模通常被认为是 π 键的共振激发和未配对 π 键电子的长程极化所产生的[52, 53]。将非晶态、无序态和类金刚石碳的拉曼谱作为三个阶段来探讨 G 模和 D 模峰值、峰强和峰宽的影响因素。拉曼谱线取决于 sp² 成键团簇中的 sp 位点结构。如果 sp² 杂化团簇中包含 sp³ 轨道成分，如四面体非晶碳(ta-C)或氢化非晶碳(a-C:H)薄膜中，则可以通过拉曼谱推导所含 sp³ 组分比例。

　　基于拉曼声子频率和峰强随激发波长的色散关系，Ferrari 等推导出了石墨烯的局域成键情况和结构无序态[52, 53]，并发现了三个基本特征：在可见光激发下，石墨烯的 D 模约 1350 cm⁻¹，G 模约 1600 cm⁻¹；在紫外线激发下，出现新的 T 峰，无氢碳的 T 峰约 1060 cm⁻¹，氢化碳的约为 980 cm⁻¹。分析 G 峰的频移发现，结构紊乱是由 sp² 对的拉伸所致。这种 G 峰仅分散在非晶态网络中，分散率与无序程度成正比。D 峰在有序碳结构中最为显著，在非晶态碳结构中不明显。

图 21.2 为石墨烯 D/2D 和 G 模拉曼谱的层数效应[25, 26]。当块体石墨转变为单层石墨烯时，2D 模峰值由 2714 cm⁻¹ 降为 2678 cm⁻¹，D 模由 1368 cm⁻¹ 降为 1344 cm⁻¹，而 G 模却发生蓝移[48]，并遵循经验关系[54]：$\omega_G(n)=1581.6+5.5/n(\text{cm}^{-1})$ 或 $\omega_G(n)=1581.6+11/(1+n^{1.6})(\text{cm}^{-1})$。

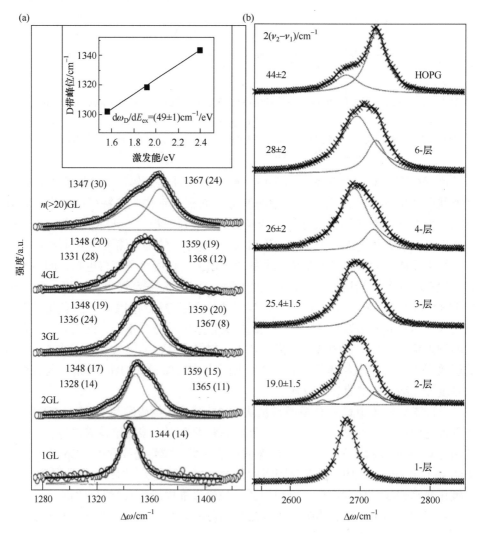

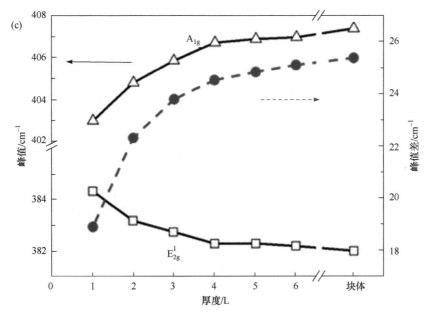

图 21.2　层状材料拉曼谱的层数效应[25, 26, 44]: 石墨烯与高定向热解石墨的(a) D 模和(b) 2D 模[26],
(c) MoS$_2$ 的 E$_{2g}^1$ 和 A$_{1g}$ 模

单层石墨烯 2D 模振频为 2678 cm^{-1}。插图(a)所示为 D 模峰位与入射光激发能的关系[25],图(c)中的实心点划线表示两种振动模的频移差值。图中 L 表示层数, GL 表示石墨烯层数

同样，层状 MX$_2$ (M=W，Mo；X=S，Se)合金半导体的声子振频弛豫现象与石墨烯相同[11, 55-63]。当 MoS$_2$ 层数减小时，E$_{2g}^1$ 模发生蓝移，A$_{1g}$ 模发生红移[44]。同时伴随着声子频移，MoS$_2$ 表面势阱加深[64]，这符合键弛豫理论的预测，即表面键收缩、局域势阱钉扎[65]。

21.3.2　压缩效应

图 21.3 所示为机械压缩使对苯二甲腈(TPN)晶体的拉曼声子硬化[66]，图 21.4 则是石墨烯和 WX$_2$ 的拉曼声子受单轴拉伸发生软化并劈裂[67]。声子硬化的速率不仅与物质的键合性质有关，而且与材料的特定声子模式有关。

Mohiuddin 等认为，单轴拉伸应变使 E$_{2g}$ 模或 G 模劈裂为两个子峰[67]: 一个沿应变方向被极化，另一个垂直于应变方向。随着应变的增加，G$^+$峰和 G$^-$峰进一步软化且分离越明显，这与第一性原理计算结果一致。较小的应变增幅也能使 2D 模软化，但不会使其劈裂。

图 21.5 为石墨烯拉曼谱频移的压强效应。低压时，频移趋势可用线性格林艾森参数($\gamma=\partial\omega/\partial P$)描述；在高于 1.5 GPa 的压力下，频移偏离线性趋势。石墨烯拉

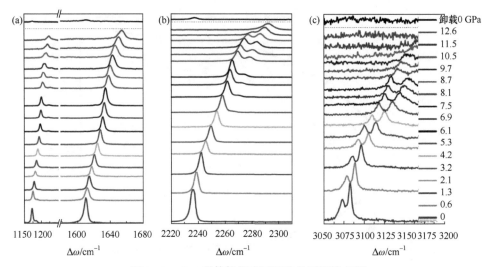

图 21.3　TPN 晶体拉曼声子频移的压强效应[66]

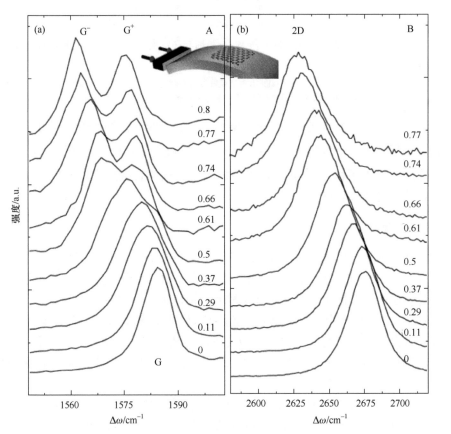

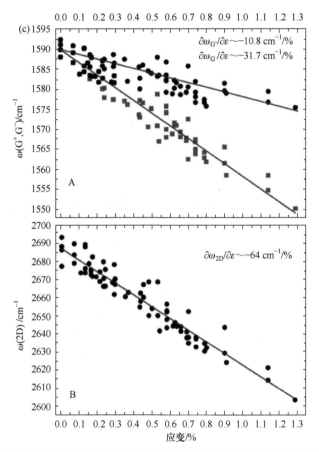

图 21.4　石墨烯拉曼谱(a) G 模和(b)2D 模的单轴应变效应及(c)相应的格林艾森参数[67, 68]
G 模劈裂为 G⁺和 G⁻两个子峰。应变诱导的声子软化趋势近似线性，可得相应的格林艾森参数($\partial\omega/\partial\varepsilon$)

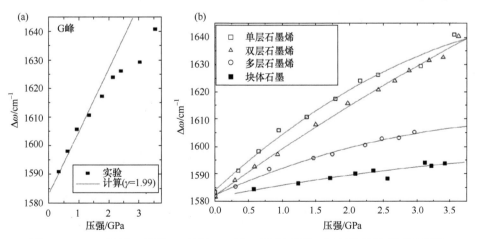

图 21.5　(a) 石墨烯 G 模及(b) 单层、双层、多层和块体石墨的拉曼谱受压频移[69]

曼声子频移的层数效应与压强效应彼此增强[69]。在相同压力下，单层石墨烯的频移最大，石墨 G 模的最小。当石墨变成单层石墨烯时，频移趋势逐步从线性转变为非线性。

21.3.3 热效应

图 21.6 为 GeSe 拉曼声子频移($\Delta\omega$)和半高宽(FWHM 或 Γ)的温度效应[70]。$\Delta\omega$ 表示键拉伸振动的刚度，FWHM 描述结构的热涨落。热涨落对于系统平均能量没有贡献，但与声子热软化有关。GeSe、金刚石[71-74]和 GaN[75]无论是否涉及杂质或界面，其拉曼声子频移温度效应遵循一般的热致软化趋势。即使在 InAlN 合金中，AlN 和 InN 振动模式尽管格林艾森斜率不同，也服从相同的频移趋势[76]。在−190～100 ℃温度范围内，石墨烯的 G 峰及其温度系数呈现层数效应。石墨烯从单层转变为双层时，拉曼声子频移$\Delta\omega$从 1582 cm^{-1} 红移至 1580 cm^{-1}，线性斜率 χ 从 −0.016 cm^{-1}/℃变为−0.015 cm^{-1}/℃[50]。

基于上述实验测试结果，可以总结如下热致软化的共同特征：

(1) 加热软化拉曼声子，产生拉曼红移，并展宽了半峰宽。

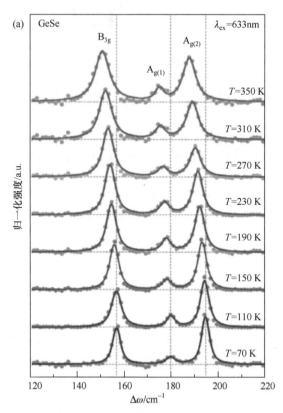

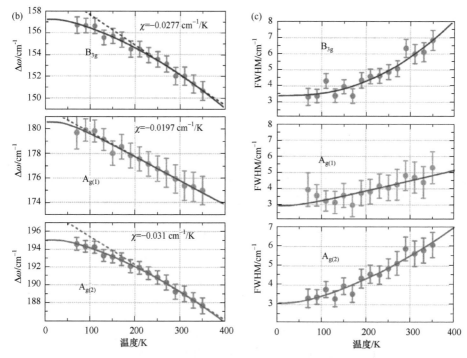

图 21.6 GeSe 薄片的(a) 拉曼谱、(b) 振频峰和(c) 半高宽的温度效应[70]

拉曼谱测试光源波长 λ=633 nm。高温时，峰值频移近似格林艾森常数($\gamma=\partial \omega/\partial T$)

(2) 低温下，$\Delta\omega$ 和 FWHM 变化缓慢，呈非线性趋势。随着温度升高，逐步转变为线性趋势。

(3) 对于特定样品，拉曼受热频移趋势的斜率 χ 及其转变温度会因拉曼振动模式不同而存在差异。

(4) 整个温度区间的拉曼声子频移温度效应 $\omega(T)$ 遵循 $\omega(T)/\omega(T_0) = 1-U(T)$，其中 $U(T)$ 为德拜比热曲线的热积分。

21.4 理 论 进 展

21.4.1 尺寸效应

1. 经验公式

目前关于拉曼声子频移尺寸效应存在多种理论，如连续介质机理[77, 78]、微观晶格动力学[43, 79]、多声子共振散射[41]、应变或声子约束[45-47]等，但对于拉曼声子频移尺寸效应的理论模型及其内在物理机理尚缺乏统一描述。已有模型在给定条件下无法获得有关成键、解离、弛豫和振动的定量信息，特别是尺寸减小引起的声子蓝移、红移现象超出了现有理论的分析范围。

一般假设拉曼声子频移尺寸效应可通过多个可调参数描述[40, 43]

$$\omega(K) = \omega(\infty) + A_f (d_0 / K)^\kappa$$

其中，A_f 和 κ 是用于拟合测量数据的可调参数，d_0 为晶格常数[80]，K 表示晶体尺寸。对于 THZ 频率的 LFR，$A_f > 0$、$\kappa = 1$。当粒径接近无穷大时，LFR 模消失，$\omega(\infty) = 0$。对于红移，$A_f < 0$。以 Si 为例，$\omega(\infty) = 520\ \mathrm{cm}^{-1}$，$\kappa$ 在 1.08～1.44 取值。

层状材料从单层到块体的变化过程引起了光子能量或带隙 E_G 和声子频率 ω 的红移[81, 82]。在尺寸（N）、压强（P）和温度（T）的扰动下，光子能量 E_G 和声子频移 $\Delta\omega$ 遵循以下参数可调的经验模型[30, 40, 83, 84]：

$$\left.\begin{array}{c} \omega(N) - \omega_0 \\ E_G(N) - E_0 \\ \omega(T) - \omega_0 \\ \omega(P) - \omega_0 \end{array}\right\} = \begin{cases} -d(a/N)^q \\ AN^{-2} - BN^{-1} - C \\ \Delta\omega_e(T) + \Delta\omega_d(T) \\ kP + lP^2 \end{cases}$$

式中，ω_0 和 E_0 分别为块体的参考声子频率和光子能量，N 表示原子层数，a 为晶格常数；A、B、C、d、q、k、l 是可调参数，用于匹配尺寸、温度和压强的相关拉曼声子频移谱。N^{-1} 和 N^{-2} 项代表量子限制时电子-空穴对的势能和动能。以上假设模型与实验结果相吻合，但物理意义不明确。

2. Hwang 理论

Hwang 等提出了一个描述尺寸影响 LFR 模拉曼声子频移的理论[85]。LFR 模主要产生于四重振动、晶格收缩和光学软化。THz 频率的 LFR 模属于声学范畴，与纳米颗粒的振动有关，其声子能量与尺寸有关，并随基体材料变化。局限于多孔 Al_2O_3[86]和 SiO_2[87]中的 Ag 纳米团簇的 LFR 源于四重振动模式，随受限 Ag 粒子表面等离子体的激发而增强。LFR 散射模式由等离子体-声子强耦合作用产生。Ag 颗粒尺寸小于 4 nm 时，拉曼 LFR 模的尺寸效应近似符合 Lamb 理论[88]。

LFR 模增强机理类似于粗糙金属表面吸附分子的表面-等离子体作用增强拉曼散射的情况。表面声学支声子是无应力边界条件下均匀弹性球的本征频率，是 THz 范围内的低频 ω。LFR 模式对应于球体或椭球体粒子的扭转振动模式。球状颗粒振动与横向 v_t 和纵向 v_l 声速相互关联。介质中的声速取决于杨氏模量和质量密度，即 $v \sim (Y/\rho)^{0.5} \sim \sqrt{E_b}$，其中 E_b 是键能[89]。可以将极化 LFR 峰归类于受限类 LA 峰，将非极化 LFR 归类于类 TA 声学声子[90]。纳米颗粒与基体之间的界面使极化 LFR 峰和非极化 LFR 峰均发生红移。与 Lamb 模型相比，这一方法更加符合测量结果。原子尺度的模拟表明[91]，纳米 Ag 颗粒形态众多，如双二十面体、马克十面体以及不规则形状等，提高了声子谱的复杂程度，影响了总的和分部振动态密度和声子的局域特征。

　　Hwang 等还指出，尺寸减小引起的晶格收缩会影响 LFR 的声子频移。例如，嵌于硼硅酸盐(B$_2$O$_3$-SiO$_2$)玻璃基体中的 CdS$_x$Se$_{1-x}$ 纳米颗粒会因尺寸减小承受压缩应变[92]。当晶体尺寸减小时，晶格应变会增加表面张力。压应力会抵消负色散受限声子的红移，驱动 LFR 模蓝移。LFR 蓝移也与键长和键能有关，而这两者依赖于熵、聚变潜热和熔点等经典热力学规律[93]。

　　高频光学模频移方向与低频声子模相反。声子蓝移通常被认为是表面无序[94]、表面应力[95, 96]、声子的量子限制和表面化学效应[97, 98]的效果。TiO$_2$ 颗粒的拉曼声子频移源自粒径减小对最近邻化学键力常数和振动幅度的影响[99]，而氢化硅则常常忽略应力的影响，因为氢原子钝化表面悬键引起应变和残余应力减小[100, 101]。

　　声子受限模型将非对称拉曼红移归因于局域化引起的拉曼活性声子 q 矢选择定则的弛豫[97]。动量守恒定律的弛豫则是由薄膜中纳米颗粒的晶体尺寸和直径分布引起的。当尺寸减小时，动量守恒规律弛豫，而拉曼活性模不再局限于布里渊区中心[95]。纳米点的表体比很大，会诱生表面极化态[102]，影响其光学性能。玻璃态晶体，如 CdSe 纳米颗粒，随尺寸减小声子发生软化。基于材料均匀性和各向同性假设的模型仅在长波范围内有效，因此当纳米固体尺寸减小至几纳米范围时，连续介质模型失效。

　　Hwang 等在解释嵌入不同玻璃基底的 CdSe 纳米固体的多样声子红移时考虑了晶格收缩与声子频移的关系[103]，

$$\omega(K) = \omega_{L} + \Delta\omega_{D}(K) + \Delta\omega_{C}(K) \tag{21.1}$$

式中，ω_L 为块体的 LO 声子频率，$\Delta\omega_D(K)$ 为声子色散引起的频移，$\Delta\omega_C(K)$ 为晶格收缩引起的频移，其中色散项 $\Delta\omega_D(K)$ 表示式如下：

$$\Delta\omega_{D}(K) = \left[\omega_{L}^{2} - \beta_{L}^{2}\left(\frac{\mu_{n_{p}}}{Kd_{0}}\right)^{2}\right]^{1/2} - \omega_{L} \cong -\left(\frac{\beta_{L}^{2}}{2\omega_{L}}\right)\left(\frac{\mu_{n_{p}}}{Kd_{0}}\right)^{2} \tag{21.2}$$

式中，参数 β_L 描述假设呈抛物线的色散，μ_{n_p} 为方程 $\tan(\mu_p) = \mu$ 第 n_p 个非零根。键收缩项 $\Delta\omega_C(K)$ 为[92]

$$\Delta\omega_{C}(K) = \omega_{L}\left[\left(1 + \frac{3\Delta d(K)^{-\gamma}}{d}\right) - 1\right] \cong -3\gamma\omega_{L}\frac{\Delta d(K)}{d} \tag{21.3}$$

其中，

$$\frac{\Delta d(K)}{d} = (\alpha'-\alpha)(T-T_{\mathrm{g}}) - \frac{2\beta_{\mathrm{c}}}{3}\left[\frac{\sigma_\infty}{Kd_0} + \frac{b}{2(Kd_0)^2}\right]$$

$$\cong (\alpha'-\alpha)(T-T_{\mathrm{g}}) - \frac{\beta_{\mathrm{c}}b}{3(Kd_0)^2}$$

γ为格林艾森参数，α'和α分别为玻璃基体和纳米晶体的热膨胀系数，T和T_{g}分别为实验温度和热处理温度，β_{c}和σ_∞分别为体压缩系数和表面张力，b是描述晶体表面张力尺寸依赖性的自由参数。表面张力对块体频率的贡献很小。式(21.3)的第一项表示基体和晶体因热膨胀失配发生的晶格收缩，第二项源自晶体尺寸减小引起的表面张力增大。将式(21.3)代入式(21.2)可得

$$\frac{\Delta\omega(K)}{\omega_{\mathrm{L}}} = -3\gamma(\alpha'-\alpha)(T-T_{\mathrm{g}}) - \left[\frac{1}{2}\left(\frac{\beta_{\mathrm{L}}\mu_{n_{\mathrm{p}}}}{\omega_{\mathrm{L}}}\right) - \gamma\beta_{\mathrm{c}}b\right](Kd_0)^{-2}$$

$$= A - BK^{-2} \tag{21.4}$$

对于自由表面，$\alpha'=\alpha$，$b=0$。然而，如 Hwang 等所述[103]，使用该方程存在一些困难，因为在 $T\sim T_{\mathrm{g}}$ 温度范围内的热膨胀系数差值很难测量。式(21.4)中参数 B 为声子负色散与尺寸相关表面张力的差值。因此，B 为正值则表明声子负色散强于尺寸诱导的表面张力，导致声子红移。相反，若尺寸诱导的表面张力比声子负色散更强，则发生蓝移。在两种效应平衡的情况下有 $B=0$，尺寸效应消失。此外，因尺寸诱导表面张力引入的参数 b 为未知量。尺寸极小时，频移$\omega(K)\to-\infty$，呈 K^{-2} 趋势。

21.4.2　Grüneisen 常数

除假设的多项式表述[104, 105]外，也常用格林艾森(Grüneisen)参数 $\gamma=-\partial\omega/\partial\varepsilon$ 或 $\gamma_{\mathrm{E}}=-\partial\ln\omega/\partial\ln\varepsilon$ 描述拉曼声子频移的压强效应或应变效应。格林艾森参数是实验测量曲线ω-ε的斜率。石墨烯 E_{2g} 模频移的格林艾森参数和剪切形变势 $\beta_{E_{2g}}$ 分别为[67, 69]

$$\begin{pmatrix}\gamma_{E_{2g}}\\\beta_{E_{2g}}\end{pmatrix} = \frac{1}{\omega_{E_{2g}}^0}\begin{pmatrix}-\partial\omega_{E_{2g}}^{\mathrm{h}}/\partial\varepsilon_{\mathrm{h}}\\\partial\omega_{E_{2g}}^{\mathrm{s}}/\partial\varepsilon_{\mathrm{s}}\end{pmatrix} \tag{21.5}$$

式中，$\varepsilon_{\mathrm{h}}=\varepsilon_{ll}+\varepsilon_{tt}$ 为单轴应变静水部分，$\varepsilon_{\mathrm{s}}=\varepsilon_{ll}-\varepsilon_{tt}$ 为剪切应变部分，l 沿应变方向，t 为横向，$\omega_{E_{2g}}^0$ 为零应变下的参考 G 峰振频。

另一方面，热膨胀系数$\alpha(T)$在低温下呈非线性变化，随温度升高逐渐趋于恒值。纳米颗粒的$\alpha(T)$会随尺寸变化[106, 107]。近边 X 射线吸收精细结构光谱

(NEXAFS)研究表明[108]，在 20～300 K 温度内，2.4～50.0 nm Ag 颗粒的 Au-Au 原子间距不同于其块体。原子低配位对晶格常数的热致膨胀效果具有反向补偿作用[14]。

根据 Cardona 的研究[109]，立方晶体的晶格热膨胀可以用格林艾森参数γ_q和晶格振动频率ω_q表示为

$$\frac{\Delta d}{d_0} = \alpha T = \frac{\hbar}{3BV}\sum_q \gamma \omega_q \left[n_B(\omega_q) + \frac{1}{2} \right]$$

$$\propto \begin{cases} \dfrac{2kT}{BV_c}\langle \gamma_q \rangle & (T > \theta_D) \\ \displaystyle\int_0^{\omega_D} \langle \gamma_q \rangle \ \omega^3 \left\{ \left[\exp(\hbar\omega/kT) - 1 \right]^{-1} + 1/2 \right\} d\omega & \text{(其他)} \end{cases} \tag{21.6}$$

其中，

$$\gamma_q = -\frac{\partial \ln \omega_q}{\partial \ln V}$$

B 为体模量，V 为体积，V_c 为单胞体积，$\langle \gamma_q \rangle$ 为布里渊区中所有 γ_q 分支的平均值，$n_B(\omega_q)$ 是 Bose-Einstein 群函数。从声子非线性变化趋势出发，格林艾森获得了热膨胀系数与比热和格林艾森参数的关系[110]

$$\alpha = \frac{\gamma C_V}{V B_T} \tag{21.7}$$

应该注意到，带隙、杨氏模量和声子频率的温度效应都满足德拜模型，变化趋势相同。光子带隙 E_g 的温度效应可表示为[84, 111]

$$E_g(T) = E_{g0} - \frac{\beta T^2}{T + \theta_D} \tag{21.8}$$

其中，β 为与晶格热膨胀相关的拟合参数，θ_D 为德拜温度。

通常，杨氏模量 Y 或体模量 B 的热效应可用下列经验关系描述[112, 113]：

$$\begin{cases} Y = Y_0 - b_1 T \exp\left(-\frac{T_0}{T} \right) \\ Y = Y_0 - \frac{3R\gamma\delta T}{V_0} H\left(\frac{T}{\theta_D} \right) \\ B_T^0 = B_0^0 \times \exp\left[\int_{T=0}^{T} \alpha_V^0(T) \delta^0(T) dT \right] \end{cases} \tag{21.9}$$

其中，

$$H\left(\frac{T}{\theta_D}\right)=3\left(\frac{T}{\theta_D}\right)^3\int_0^{\theta_D/T}\frac{x^3\mathrm{d}x}{\mathrm{e}^x-1}$$

Y_0 和 B_0^0 分别为 0 K 时的杨氏模量和体模量。B 与 Y 存在关系 $Y/B = 3\times(1-2\nu)$，其中 ν 为泊松比，可以忽略，因此 $Y\approx 3B$。参数 b_1 和 T_0 为任意拟合常数。γ 是格林艾森参数，δ 是安德森常数。α_V^0 是体积热膨胀系数，$\delta^0(T)$ 是安德森-格林艾森参数，上标 0 表示 1 bar[①]压力下的值。式(21.9)的第一个表达式可以拟合线性部分，第二、三表达式可重现全温段的测量结果，只是自由可调参数如 γ 和 δ 难以在实验上直接测得。热致弹性软化的物理成因仍有待进一步探索。

21.4.3　光-声热效应

　　非简谐声子-声子相互作用、晶格失配、体积热膨胀以及光学声子向声学声子的转变等因素常常导致拉曼声子频移 $\Delta\omega$ 和 Γ(即 FWHM)的热效应[70, 114]。基于 Klemens-Hart-Aggarwal-Lax 假设[115, 116]，Balkanski 等建立了 $\Delta\Gamma(T)$ 和 $\Delta\omega(T)$[117] 的温度效应模型：

$$\begin{pmatrix}\Delta\omega(T)\\\Delta\Gamma(T)\end{pmatrix}=\begin{pmatrix}A & B\\C & D\end{pmatrix}\begin{pmatrix}1+\dfrac{2}{\mathrm{e}^{x/2}-1}\\1+\dfrac{3}{\mathrm{e}^{x/3}-1}+\dfrac{3}{\left(\mathrm{e}^{x/3}-1\right)^2}\end{pmatrix}\tag{21.10}$$

其中，$x=\hbar\omega_0/k_B T$，$\hbar$ 为普朗克常量，k_B 为玻尔兹曼常量。$\hbar\omega_0$ 为 $T=0$ K 时的声子能量，$\Delta\Gamma(T)$ 和 $\Delta\omega(T)$ 即以之为参考。A、B、C 和 D 是可调参数。这一模型将 $\Delta\Gamma(T)$ 和 $\Delta\omega(T)$ 归于晶格势的三次和四次非简谐项，使光学声子衰减为两个(三声子过程，A)或三个(四声子过程，B)声学声子。

　　Kolesov 等提出了另一个 $\Delta\omega(T)$ 函数表示化学键非谐振动对于声子激发的过程[118]：

$$\begin{aligned}\Delta\omega\equiv\left(\chi_T+\chi_V\right)\Delta T&=\left(\frac{\mathrm{d}\omega}{\mathrm{d}T}\right)_V\Delta T+\left(\frac{\mathrm{d}\omega}{\mathrm{d}V}\right)_T\Delta T\\&=\left(\frac{\mathrm{d}\omega}{\mathrm{d}T}\right)_V\Delta T+\left(\frac{\mathrm{d}\omega}{\mathrm{d}V}\right)_T\left(\frac{\mathrm{d}\omega}{\mathrm{d}T}\right)_V\Delta T\end{aligned}\tag{21.11}$$

其中，χ_T 对应于声子耦合作用能，χ_V 是热膨胀引起的体积变化。

　　虽然方程(21.10)和(21.11)可再现金刚石和硅材料拉曼声子频移的温度效应 $\Delta\omega(T)$，但引入的自由可调参量的物理意义尚不明确。

---

① 1 bar=10^5 Pa。

21.5 本篇主旨

声子谱是一种应用广泛的探测工具，但传统的谱峰高斯分解方法或扰动下特征谱的经验模拟方法，不适于声子谱对成键动力学过程的分析。人们通常简单地将一个谱峰分解成多个高斯分峰，这些分量包含多个约束条件或包含多个自由可调参数。但由于缺乏声子-化学键-外界刺激的相关函数，传统的声子光谱解析所能提供的信息远比预期的少。格林艾森参数来源于实验测量曲线的导数，可用于描述声子频移与外界因素的关联性。光学声子衰退和多声子共振散射的实验过程存在多种外界因素的干扰。因此，亟待建立被测物键长和能量弛豫及化学键-声子-物性的关联表述，同时还需将$\Delta\omega$、$\Delta\Gamma$、ΔA(声子丰度)与键长联系起来。可见，键弛豫在材料工程中具有广泛而深刻的意义。

近十年来，在构建多场晶格振动模型方面已实现了下列目标：

(1) 建立了具有物理意义的可调参数的声子光谱理论分析模型；

(2) 结合理论分析与实验测量，可以提取局域的、定量的成键动力学信息；

(3) 揭示了声子频移相关的物理机理和实验现象的基本规律；

(4) 构建了可测物理量与键长和能量的关联表述：$\Delta Q(x_i)/Q(x_{i0})=f(x_i, d(x_i), E(x_i))$，其中 x_i 为外部激励，也可称为自由度。

本篇将配位分辨电子光谱学及其解析策略[11, 119]拓展至多场声子光谱学[120-122]中处理多场晶格振动动力学问题，获得关于声子弛豫的统一阐释，得到了大量的定量信息。从局域键平均近似[12]角度，我们主要关注拉曼声子频移与化学键键序、键长和键强及对外界刺激响应的定量表述。

参 考 文 献

[1] Sun C Q, Huang Y, Zhang X. Hydration of hofmeister ions. Adv. Colloid Interface Sci., 2019, 268: 1-24.

[2] Sun C Q. Perspective: Unprecedented O:⇔:O compression and H↔H fragilization in Lewis solutions. Phys. Chem. Chem. Phys., 2019, 21(5): 2234-2250.

[3] Sun C Q. Perspective: Supersolidity of undercoordinated and hydrating water. Phys. Chem. Chem. Phys., 2018, 20: 30104-30119.

[4] Sun C Q. Aqueous charge injection: Solvation bonding dynamics, molecular nonbond interactions, and extraordinary solute capabilities. Int. Rev. Phys. Chem., 2018, 37(3-4): 363-558.

[5] Sun C Q. Solvation Dynamics: A Notion of Charge Injection. Heidelberg: Springer, 2019.

[6] Sun C Q. Oxidation electronics: Bond-band-barrier correlation and its applications. Prog. Mater. Sci., 2003, 48(6): 521-685.

[7] Liu C, Yun F, Morkoc H. Ferromagnetism of ZnO and GaN: A review. J. Mater. Sci. Mater.

Electron., 2005, 16(9): 555-597.

[8] Li J W, Liu X J, Yang L W, et al. Photoluminescence and photoabsorption blueshift of nanostructured ZnO: Skin-depth quantum trapping and electron-phonon coupling. Appl. Phys. Lett., 2009, 95(3): 031906.

[9] Shim G W, Yoo K, Seo S B, et al. Large-area single-layer $MoSe_2$ and its van der Waals heterostructures. ACS Nano, 2014, 8(7): 6655-6662.

[10] Tan C, Cao X, Wu X J, et al. Recent advances in ultrathin two-dimensional nanomaterials. Chem. Rev., 2017, 117(9): 6225-6331.

[11] Liu X J, Bo M L, Zhang X, et al. Coordination-resolved electron spectrometrics. Chem. Rev., 2015, 115(14): 6746-6810.

[12] Sun C Q. Thermo-mechanical behavior of low-dimensional systems: The local bond average approach. Prog. Mater. Sci., 2009, 54(2): 179-307.

[13] Daniel M C, Astruc D. Gold nanoparticles: Assembly, supramolecular chemistry, quantum-size-related properties, and applications toward biology, catalysis, and nanotechnology. Chem. Rev., 2004, 104(1): 293-346.

[14] Sun C Q. Size dependence of nanostructures: Impact of bond order deficiency. Prog. Solid State Chem., 2007, 35(1): 1-159.

[15] Trelewicz J R, Schuh C A. The Hall-Petch breakdown at high strain rates: Optimizing nanocrystalline grain size for impact applications. Appl. Phys. Lett., 2008, 93(17): 171916-171913.

[16] Sun C Q, Zhong W H, Li S, et al. Coordination imperfection suppressed phase stability of ferromagnetic, ferroelectric, and superconductive nanosolids. J. Phys. Chem. B, 2004, 108(3): 1080-1084.

[17] Tian Y J, Xu B, Yu D L, et al. Ultrahard nanotwinned cubic boron nitride. Nature, 2013, 493(7432): 385-388.

[18] Wang Y, Pu Y, Ma Z, et al. Interfacial adhesion energy of lithium-ion battery electrodes. Extreme Mech. Lett., 2016, 9: 226-236.

[19] Schill A W, El-Sayed M A. Wavelength-dependent hot electron relaxation in PVP capped CdS/HgS/CdS quantum dot quantum well nanocrystals. J. Phys. Chem. B, 2004, 108(36): 13619-13625.

[20] Borchert H, Dorfs D, McGinley C, et al. Photoemission study of onion like quantum dot quantum well and double quantum well nanocrystals of CdS and HgS. J. Phys. Chem. B, 2003, 107(30): 7486-7491.

[21] Linder J, Yokoyama T, Sudbø A. Anomalous finite size effects on surface states in the topological insulator Bi_2Se_3. Phys. Rev. B, 2009, 80(20): 205401-205406.

[22] Variano B F, Schlotter N E, Hwang D M, et al. Investigation of finite size effects in a first order phase transition: High pressure Raman study of CdS microcrystallites. J. Chem. Phys., 1988, 88(4): 2848-2851.

[23] Wang Y, Herron N. Quantum size effects on the exciton energy of CdS clusters. Phys. Rev. B, 1990, 42(11): 7253-7255.

[24] Zhang J, Peng Z, Soni A, et al. Raman spectroscopy of few-quintuple layer topological insulator Bi$_2$Se$_3$ nanoplatelets. Nano Lett., 2011, 11(6): 2407-2414.

[25] Gupta A K, Russin T J, Gutierrez H R, et al. Probing graphene edges via Raman scattering. ACS Nano, 2009, 3(1): 45-52.

[26] Graf D, Molitor F, Ensslin K, et al. Spatially resolved Raman spectroscopy of single- and few-layer graphene. Nano Lett., 2007, 7(2): 238-242.

[27] Chuu D S, Dai C M. Quantum size effects in CdS thin films. Phys. Rev. B, 1992, 45(20): 11805-11810.

[28] Tanaka A, Onari S, Arai T. Raman scattering from CdSe microcrystals embedded in a germanate glass matrix. Phys. Rev. B, 1992, 45(12): 6587-6592.

[29] Auciello O, Scott J F, Ramesh R. The physics of ferroelectric memories. Phys. Today, 1998, 51(7): 22.

[30] Liu J, Vohra Y K. Raman modes of 6H polytype of silicon carbide to ultrahigh pressures: A comparison with silicon and diamond. Phys. Rev. Lett., 1994, 72(26): 4105-4108.

[31] Chen Z W, Sun C Q, Zhou Y C, et al. Size dependence of the pressure-induced phase transition in nanocrystals. J. Phys. Chem. C, 2008, 112(7): 2423-2427.

[32] Zhu J, Yu J X, Wang Y J, et al. First-principles calculations for elastic properties of rutile TiO$_2$ under pressure. Chin. Phys. B, 2008, 17(6): 2216.

[33] Iles N, Kellou A, Khodja K D, et al. Atomistic study of structural, elastic, electronic and thermal properties of perovskites Ba(Ti, Zr, Nb)O$_3$. Comput. Mater. Sci., 2007, 39(4): 896-902.

[34] Karki B B, Stixrude L, Clark S J, et al. Structure and elasticity of MgO at high pressure. Am. Mineral., 1997, 82(1-2): 51-60.

[35] Bouhemadou A, Haddadi K. Structural, elastic, electronic and thermal properties of the cubic perovskite-type BaSnO$_3$. Solid State Sci., 2010, 12(4): 630-636.

[36] Pan L K, Sun C Q, Chen T P, et al. Dielectric suppression of nanosolid silicon. Nanotechnology, 2004, 15(12): 1802-1806.

[37] Liu X J, Zhou Z F, Yang L W, et al. Correlation and size dependence of the lattice strain, binding energy, elastic modulus, and thermal stability for Au and Ag nanostructures. J. Appl. Phys., 2011, 109(7): 074315-074319.

[38] Liu X J, Yang L W, Zhou Z F, et al. Inverse Hall-Petch relationship in the nanostructured TiO$_2$: Skin-depth energy pinning versus surface preferential melting. J. Appl. Phys., 2010, 108(7): 073503.

[39] Pan L K, Sun C Q, Li C M. Elucidating Si-Si dimmer vibration from the size-dependent Raman shift of nanosolid Si. J. Phys. Chem. B, 2004, 108(11): 3404-3406.

[40] Zi J, Büscher H, Falter C, et al. Raman shifts in Si nanocrystals. Appl. Phys. Lett., 1996, 69(2): 200-202.

[41] Yang X X, Li J W, Zhou Z F, et al. Raman spectroscopic determination of the length, strength, compressibility, Debye temperature, elasticity, and force constant of the C—C bond in graphene. Nanoscale, 2012, 4(2): 502-510.

[42] Fujii M, Kanzawa Y, Hayashi S, et al. Raman scattering from acoustic phonons confined in Si

nanocrystals. Phys. Rev. B, 1996, 54(12): R8373-R8376.

[43] Cheng W, Ren S F. Calculations on the size effects of Raman intensities of silicon quantum dots. Phys. Rev. B, 2002, 65(20): 205305.

[44] Lee C, Yan H, Brus L E, et al. Anomalous lattice vibrations of single-and few-layer MoS_2. ACS Nano, 2010, 4(5): 2695-2700.

[45] Spanier J E, Robinson R D, Zheng F, et al. Size-dependent properties of CeO_{2-y} nanoparticles as studied by Raman scattering. Phys. Rev. B, 2001, 64(24): 245407.

[46] Mavi H, Shukla A, Kumar R, et al. Quantum confinement effects in silicon nanocrystals produced by laser-induced etching and CW laser annealing. Semicond. Sci. Technol., 2006, 21(12): 1627.

[47] Kim S, Hee Shin D, Oh Kim C, et al. Size-dependence of Raman scattering from graphene quantum dots: Interplay between shape and thickness. Appl. Phys. Lett., 2013, 102(5): 053108.

[48] Gupta A, Chen G, Joshi P, et al. Raman scattering from high-frequency phonons in supported n-graphene layer films. Nano Lett., 2006, 6(12): 2667-2673.

[49] Ferrari A C, Meyer J C, Scardaci V, et al. Raman spectrum of graphene and graphene layers. Phys. Rev. Lett., 2006, 97: 187401.

[50] Calizo I, Balandin A A, Bao W, et al. Temperature dependence of the Raman spectra of graphene and graphene multilayers. Nano Lett., 2007, 7(9): 2645-2649.

[51] Jorio A, Saito R, Hafner J H, et al. Structural(n, m) determination of isolated single-wall carbon nanotubes by resonant Raman scattering. Phys. Rev. Lett., 2001, 86(6): 1118.

[52] Ferrari A C, Robertson J. Interpretation of Raman spectra of disordered and amorphous carbon. Phys. Rev. B, 2000, 61(20): 14095.

[53] Ferrari A, Robertson J. Resonant Raman spectroscopy of disordered, amorphous, and diamondlike carbon. Phys. Rev. B, 2001, 64(7): 075414.

[54] Wang H, Wang Y, Cao X, et al. Vibrational properties of graphene and graphene layers. J. Raman Spectrosc., 2009, 40(12): 1791-1796.

[55] Ramasubramaniam A. Large excitonic effects in monolayers of molybdenum and tungsten dichalcogenides. Phys. Rev. B, 2012, 86(11): 115409.

[56] Lee H S, Min S W, Chang Y G, et al. MoS_2 nanosheet phototransistors with thickness-modulated optical energy gap. Nano Lett., 2012, 12(7): 3695-3700.

[57] Dragoman M, Cismaru A, Aldrigo M, et al. MoS_2 thin films as electrically tunable materials for microwave applications. Appl. Phys. Lett., 2015, 107(24): 243109.

[58] Das S, Demarteau M, Roelofs A. Nb-doped single crystalline MoS_2 field effect transistor. Appl. Phys. Lett., 2015, 106(17): 173506.

[59] Laskar M R, Nath D N, Ma L, et al. P-type doping of MoS_2 thin films using Nb. Appl. Phys. Lett., 2014, 104(9): 092104.

[60] Radisavljevic B, Radenovic A, Brivio J, et al. Single-layer MoS_2 transistors. Nat. Nanotechnol., 2011, 6(3): 147-150.

[61] Sarathy A, Leburton J P. Electronic conductance model in constricted MoS_2 with nanopores. Appl. Phys. Lett., 2016, 108(5): 053701.

[62] Thamankar R, Yap T L, Goh K E J, et al. Low temperature nanoscale electronic transport on the MoS₂ surface. Appl. Phys. Lett., 2013, 103(8): 083106.

[63] Huang Z, Han W, Tang H, et al. Photoelectrochemical-type sunlight photodetector based on MoS₂/graphene heterostructure. 2D Mater., 2015, 2(3): 035011.

[64] Kaushik V, Varandani D, Mehta B R. Nanoscale mapping of layer-dependent surface potential and junction properties of CVD-grown MoS₂ domains. J. Phys. Chem. C, 2015, 119(34): 20136-20142.

[65] Zhang X, Nie Y G, Zheng W T, et al. Discriminative generation and hydrogen modulation of the Dirac-Fermi polarons at graphene edges and atomic vacancies. Carbon, 2011, 49(11): 3615-3621.

[66] Li D, Zhang K, Song M, et al. High-pressure Raman study of terephthalonitrile. Spectrochim. Acta A, 2017, 173: 376-382.

[67] Mohiuddin T M G, Lombardo A, Nair R R, et al. Uniaxial strain in graphene by Raman spectroscopy: G peak splitting, Grüneisen parameters, and sample orientation. Phys. Rev. B, 2009, 79(20): 205433.

[68] Ni Z H, Yu T, Lu Y H, et al. Uniaxial strain on graphene: Raman spectroscopy study and band-gap opening. ACS Nano, 2008, 2(11): 2301-2305.

[69] Proctor J E, Gregoryanz E, Novoselov K S, et al. High-pressure Raman spectroscopy of graphene. Phys. Rev. B, 2009, 80(7): 073408.

[70] Taube A, Łapińska A, Judek J, et al. Temperature induced phonon behaviour in germanium selenide thin films probed by Raman spectroscopy. J. Phys. D: Appl. Phys., 2016, 49(31): 315301.

[71] Liu M S, Bursill L A, Prawer S, et al. Temperature dependence of the first-order Raman phonon lime of diamond. Phys. Rev. B, 2000, 61(5): 3391-3395.

[72] Herchen H, Cappelli M A. First-order Raman spectrum of diamond at high temperatures. Phys. Rev. B, 1991, 43(14): 11740.

[73] Borer W, Mitra S, Namjoshi K. Line shape and temperature dependence of the first order Raman spectrum of diamond. Solid State Commun., 1971, 9(16): 1377-1381.

[74] Cui J B, Amtmann K, Ristein J, et al. Noncontact temperature measurements of diamond by Raman scattering spectroscopy. J. Appl. Phys., 1998, 83(12): 7929-7933.

[75] Liu M S, Bursill L A, Prawer S, et al. Temperature dependence of Raman scattering in single crystal GaN films. Appl. Phys. Lett., 1999, 74(21): 3125-3127.

[76] Tangi M, Mishra P, Janjua B, et al. Bandgap measurements and the peculiar splitting of E2H phonon modes of In$_x$Al$_{1-x}$N nanowires grown by plasma assisted molecular beam epitaxy. J. Appl. Phys., 2016, 120(4): 045701.

[77] Klein M C, Hache F, Ricard D, et al. Size dependence of electron-phonon coupling in semiconductor nanospheres - the case of CdSe. Phys. Rev. B, 1990, 42(17): 11123-11132.

[78] Trallero-Giner C, Debernardi A, Cardona M, et al. Optical vibrons in CdSe dots and dispersion relation of the bulk material. Phys. Rev. B, 1998, 57(8): 4664-4669.

[79] Hu X H, Zi J. Reconstruction of phonon dispersion in Si nanocrystals. J. Phys. Condens. Matter,

2002, 14(41): L671-L677.

[80] Sun C Q, Li S, Tay B K. Laser-like mechanoluminescence in ZnMnTe-diluted magnetic semiconductor. Appl. Phys. Lett., 2003, 82(20): 3568-3569.

[81] Lu W, Nan H, Hong J, et al. Plasma-assisted fabrication of monolayer phosphorene and its Raman characterization. Nano Res., 2014, 7(6): 853-859.

[82] Tran V, Soklaski R, Liang Y, et al. Layer-controlled band gap and anisotropic excitons in few-layer black phosphorus. Phys. Rev. B, 2014, 89(23): 235319.

[83] Viera G, Huet S, Boufendi L. Crystal size and temperature measurements in nanostructured silicon using Raman spectroscopy. J. Appl. Phys., 2001, 90(8): 4175-4183.

[84] Cuscó R, Alarcón Lladó E, Ibáñez J, et al. Temperature dependence of Raman scattering in ZnO. Phys. Rev. B, 2007, 75(16): 165202-165213.

[85] Hwang Y N, Park S H, Kim D. Size-dependent surface phonon mode of CdSe quantum dots. Phys. Rev. B, 1999, 59(11): 7285.

[86] Palpant B, Portales H, Saviot L, et al. Quadrupolar vibrational mode of silver clusters from plasmon-assisted Raman scattering. Phys. Rev. B, 1999, 60(24): 17107-17111.

[87] Fujii M, Nagareda T, Hayashi S, et al. Low-frequency Raman-scattering from small silver particles embedded in SiO_2 thin-films. Phys. Rev. B, 1991, 44(12): 6243-6248.

[88] Lamb H. On the variations of an elastic sphere. Proc. Lond. Math. Soc., 1882, 13: 233-256.

[89] Omar M A. Elementary Solid State Physics: Principles and Applications. New York: Addison-Wesley, 1975.

[90] Zi J, Zhang K M, Xie X D. Microscopic calculations of Raman scattering from acoustic phonons confined in Si nanocrystals. Phys. Rev. B, 1998, 58(11): 6712-6715.

[91] Narvaez G A, Kim J, Wilkins J W. Effects of morphology on phonons in nanoscopic silver grains. Phys. Rev. B, 2005, 72(15): 155411.

[92] Scamarcio G, Lugara M, Manno D. Erratum: Size-dependent lattice contraction in $CdS_{1-x}Se_x$ nanocrystals embedded in glass observed by Raman scattering. Phys. Rev. B, 1992, 45(23): 13792-13795.

[93] Liang L H, Shen C M, Chen X P, et al. The size-dependent phonon frequency of semiconductor nanocrystals. J. Phys. Condens. Matter, 2004, 16(3): 267-272.

[94] Diéguez A, Romano-Rodríguez A, Vilà A, et al. The complete Raman spectrum of nanometric SnO_2 particles. J. Appl. Phys., 2001, 90(3): 1550-1557.

[95] Iqbal Z, Veprek S. Raman-scattering from hydrogenated microcrystalline and amorphous-silicon. J. Phys. C, 1982, 15(2): 377-392.

[96] Anastassakis E, Liarokapis E. Polycrystalline Si under strain: Elastic and lattice-dynamical considerations. J. Appl. Phys., 1987, 62(8): 3346-3352.

[97] Richter H, Wang Z P, Ley L. The one phonon Raman spectrum in microcrystalline silicon. Solid State Commun., 1981, 39(5): 625-629.

[98] Campbell I H, Fauchet P M. The effects of microcrystal size and shape on the one phonon Raman spectra of crystalline semiconductors. Solid State Commun., 1986, 58(10): 739-741.

[99] Choi H C, Jung Y M, Kim S B. Size effects in the Raman spectra of TiO_2 nanoparticles. Vib.

Spectrosc., 2005, 37(1): 33-38.

[100] Wang X, Huang D M, Ye L, et al. Pinning of photoluminescence peak positions for light-emitting porous silicon-an evidence of quantum-size effect. Phys. Rev. Lett., 1993, 71(8): 1265-1267.

[101] Andújar J L, Bertran E, Canillas A, et al. Influence of pressure and radio-frequency power on deposition rate and structural-properties of hydrogenated amorphous-silicon thin-films prepared by plasma deposition. J. Vac. Sci. Technol. A, 1991, 9(4): 2216-2221.

[102] Bányai L, Koch S W. Semiconductor Quantum Dots. Singapore: World Scientific, 1993.

[103] Hwang Y N, Shin S H, Park H L, et al. Effect of lattice contraction on the Raman shifts of CdSe quantum dots in glass matrices. Phys. Rev. B, 1996, 54(21): 15120-15124.

[104] Yang X, Li J, Zhou Z, et al. Frequency response of graphene phonons to heating and compression. Appl. Phys. Lett., 2011, 99(13): 133108.

[105] Zheng S, Fang F, Zhou G, et al. Hydrogen storage properties of space-confined $NaAlH_4$ nanoparticles in ordered mesoporous silica. Chem. Mater., 2008, 20(12): 3954-3958.

[106] Hu J L, Cai W P, Li C C, et al. *In situ* X-ray diffraction study of the thermal expansion of silver nanoparticles in ambient air and vacuum. Appl. Phys. Lett., 2005, 86(15): 151915.

[107] Li L, Zhang Y, Yang Y W, et al. Diameter-depended thermal expansion properties of Bi nanowire arrays. Appl. Phys. Lett., 2005, 87(3): 031912.

[108] Comaschi T, Balerna A, Mobilio S. Temperature dependence of the structural parameters of gold nanoparticles investigated with EXAFS. Phys. Rev. B, 2008, 77(7): 075432.

[109] Cardona M, Thewalt, M L W. Isotope effects on the optical spectra of semiconductors. Rev. Mod. Phys., 2005, 77(4): 1173-1224.

[110] Grüneisen E. The state of a body. Handb. Phys., 10, 1-52.(NASA translation RE2-18-59W).

[111] O'Donnell K, Chen X. Temperature dependence of semiconductor band gaps. Appl. Phys. Lett, 1991, 58(25): 2924-2926.

[112] Wachtman J B, Tefft W E, Lam D G, et al. Exponential temperature dependence of Young's modulus for several oxides. Phys. Rev., 1961, 122(6): 1754-1759.

[113] Garai J, Laugier A. The temperature dependence of the isothermal bulk modulus at 1 bar pressure. J. Appl. Phys., 2007, 101(2): 023514.

[114] Wang X, Chen Z, Zhang F, et al. Temperature dependence of Raman scattering in β-$(AlGa)_2O_3$ thin films. AIP Adv., 2016, 6(1): 015111.

[115] Klemens P G. Anharmonic decay of optical phonons. Phys. Rev., 1966, 148(2): 845-848.

[116] Hart T R, Aggarwal R L, Lax B. Temperature dependence of Raman scattering in silicon. Phys. Rev. B, 1970, 1(2): 638-642.

[117] Balkanski M, Wallis R F, Haro E. Anharmonic effects in light-scattering due to optical phonons in silicon. Phys. Rev. B, 1983, 28(4): 1928-1934.

[118] Kolesov B A. How the vibrational frequency varies with temperature. J. Raman Spectrosc., 2017, 48(2): 323-326.

[119] Sun C Q. Atomic Scale Purification of Electron Sectroscopic Information. US 2017, Patent No. 9625397B2.

[120] Yang X X, Sun C Q. Raman Detection of Temperature. CN 2017, Patent No.106908170A.

[121] Huang Y L, Yang X X, Sun C Q. Spectrometric Evaluation of the Force constant, Elastic Modulues, and Debye Temperature of Sized Matter. CN 2018, Disclosure at Evaluation.

[122] Gong Y, Zhou Y, Huang Y, et al. Spectrometrics of the O:H—O Bond Segmental Length and Energy Relaxation. CN 2018, Patent No.105403515A.

第 22 章　多场声子动力学基本原理

要点

- ■ 键序、键长和键强决定声子频率、带隙和弹性性能
- ■ 外部微扰引起化学键弛豫和声子振动频率偏移，改变相关物性
- ■ 声子弛豫为探究物质内部化学键随外界扰动的演变搭建了桥梁
- ■ 声子计量谱学可定量表征化学键-声子-物质属性三者的关联信息

摘要

外部激励通过调控化学键长度和能量的弛豫以及各能带相关电子行为来调节物质性能。通过傅里叶变换，可以获得化学键振动频率偏移 $\Delta\omega(z, d, E, \mu)$ 随外界激励 x_i(如键序缺失、电致极化、压缩、拉伸和加热等)引起系统哈密顿量扰动而变化的定量表征公式，得到键长、键能、单键力常数、结合能密度、原子结合能、德拜温度、杨氏模量等定量信息。声子计量谱学为定量研究化学键多场振动力学提供了重要的理论方法。

22.1　晶格振动力学

22.1.1　单体哈密顿量

通过扰动化学键晶体势或施加外力探究化学键长度和能量的弛豫动力学主要有三种途径：解析薛定谔方程[1]、单原子和双原子链色散[2]以及耦合振子的拉格朗日振动力学[3, 4]。在实空间和能量空间中，键的弛豫和相关电子重新分布可以调节物质的结构和性质[5]。固体或液体中的电子受其原子内势 $V_{atom}(r, t)$ 和单体哈密顿量中所有原子间相互作用势 $U(r, t)$ 叠加作用的影响[1]：

$$i\hbar\frac{\partial}{\partial t}|v, r, t\rangle = \left[-\frac{\hbar^2\nabla^2}{2m} + V_{atom}(r, t) + U(r, t)\right]|v, r, t\rangle \tag{22.1}$$

其中，

$$U(r) = \sum_i u_i(r) = \sum_{n=0} \left[\frac{\mathrm{d}^n U(r)}{n! \mathrm{d}r^n} \right]_{r=d} (r-d)^n \tag{22.1a}$$

$|v, r, t\rangle$ 是布洛赫波函数,描述第 v 能级 r 位点的电子行为[6]。研究单体时常将长程相互作用和多体效应均化为背景。芯能级上的电子遵循紧束缚近似原则[2]。式 (22.1) 中第一项为电子动能,第二项表示原子内势 $V_{\mathrm{atom}}(r)$ 的耦合积分以及各自的布洛赫波函数, $E_v(0) = \langle v, r, t | V_{\mathrm{atom}}(r, t) | v, r, t \rangle$,为孤立原子的第 v 能级。当电子因交换积分和重叠积分引起 $U(r)(1+\Delta)$ 变化时,芯能级也将发生偏移,所以 $E_v(0)$ 被设定为微扰引起芯能级偏移的参考能级[7]。

根据近自由电子近似,导带和价带之间的带隙 E_g 取决于晶体势 $U(r)$ 的傅里叶展开项的第一项[2],

$$\begin{cases} E_g = 2|U_1| \propto \langle E_b \rangle \\ U_1 = \int U_{\mathrm{cry}}(r) \mathrm{e}^{ik \cdot r} \mathrm{d}r \end{cases} \tag{22.2}$$

带隙 E_g 与键能 $\langle E_b \rangle$ 成正比, $\mathrm{e}^{ik \cdot r}$ 为近自由电子的布洛赫波函数。晶体势 $U_{\mathrm{cry}}(r)$ 决定涉及电子声子耦合作用的带隙 E_g,与光学带隙完全不同。实际上,外界扰动本质上以同样的方式引起带隙和芯能级的偏移, $\Delta E_g(x_i) \propto \Delta E_b(x_i)$。

对于晶格振动,波函数描述振动振子。用二聚体内势 V_{dimer} 取代 V_{atom}[1],以晶体势 $U_{\mathrm{cry}}(r)$ 为微扰附加于 V_{dimer}, $U_{\mathrm{cry}}(r)$ 可在平衡位置 $(r=d)$ 展开为泰勒级数。振动薛定谔方程的通解为傅里叶变换函数。泰勒级数和傅里叶级数的系数内部具有很强的关联性。泰勒级数是广义傅里叶级数的一个特例,具有标准正交基幂函数和一个内积函数[8]。

在振动系统中,双原子振动参考能级 $E_v(0)$ 可等效用 $\hbar\omega_0$ 替代, $\omega = \omega_0(1+\Delta)$ 则可表示微扰引起的频移情况。 ω 随势能曲线在平衡位置的曲率而变化,满足关系 $\mu\omega^2 = [U(d)(1+\Delta)]''$,这实际对应于势能函数泰勒展开式中的平方项。Shi 等检测了 H—O 振动频率 (3200 cm⁻¹) 的非谐振贡献[9],结果表明,附加非谐振势能项仅使 H—O 声子频移约 100 cm⁻¹ 甚至更小,并不会产生新的特征峰。所以,在研究声子的振动问题时,仅需考虑简谐振子即可满足声子弛豫机理和规律的研究。我们还可以直接用原子间势能值取代耦合波函数和原子间势能的积分,以简化表述。在平衡位置,势能曲线坐标值 (d, E) 可直接给出键长 (d) 和键能 (E)。尽管精度有限,但这种近似取值已足以使我们关注声子谱背后的物理机理和变化趋势。此外,光谱测量采集结果实际上涵盖了微扰对所有可能势的影响,将各种势区分开来并无必要。

22.1.2 原子链

拉曼散射是入射光电场在样品中产生的分子偶极矩再次辐射电磁波形成的。入射光子和被激活声子之间的相互作用遵循动量和能量守恒定律。一个布拉格单胞若含 N 个原子，则将存在 $3N$ 个振动模，含三种声学振动模 LA、TA_1、TA_2 和 $3(N-1)$ 种光学振动模。声学模代表单胞或晶体质心的同相位运动。

对于具备相同力常数 β 的解耦单原子链和双原子链，可以求解晶格振动方程得到声子色散关系[2]:

$$\begin{cases} \omega^2(k) = \dfrac{2\beta}{\mu}\sin^2\left(\dfrac{ka}{2}\right) \propto \dfrac{\beta}{\mu} & \text{(单原子链)} \\[4mm] \omega_\pm^2(k) = \dfrac{\beta}{\mu}\left[1 \pm \sqrt{1 - \dfrac{4\mu^2\sin^2\left(\dfrac{ka}{2}\right)}{m_1 m_2}}\right] \propto \dfrac{\beta}{\mu}\left[1 \pm \delta(k)\right] & \text{(双原子链)} \end{cases} \tag{22.3}$$

其中，$k = 2\pi/\lambda$，$\mu = m_1 m_2/(m_1 + m_2)$ 为振子约化质量。式中的解与列于表 22.1 中单键近似方法所得的声学或光学分支结果均一致。由于红外和可见光的波长($500\ \text{nm} < \lambda < 1500\ \text{nm}$)比晶格常数($10^{-1}\ \text{nm}$)大得多，因此，研究布里渊区中心附近一定频率范围内的特定振动模式的频移，采用单键近似是有效的，如图 22.1 所示。

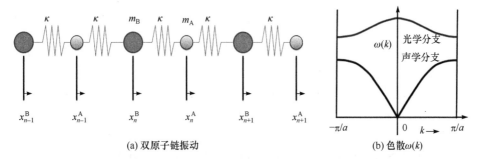

(a) 双原子链振动   (b) 色散 $\omega(k)$

图 22.1 (a) 双原子链振动示意图(K 即为力常数 β)及相应的(b) 声子和光学声子的色散[2]
图中所示的声子色散对单原子链同样适用。红外和可见光处于布里渊中心 $k = 2\pi/\lambda(\lambda \gg a)$ 范围内

表 22.1 宏观可测量与泰勒级数系数之间的相关性

泰勒级数系数/微观变量 q	键的性质	宏观可测量 Q
$E_z = U(d)$	键能 E_z	芯能级偏移 ΔE_V、带隙 E_G
$\left.\dfrac{\mathrm{d}U(r)}{\mathrm{d}r}\right|_{r=d} = 0 \propto \left[\dfrac{E}{d}\right]$	键长 d	质量密度 d^3、应变 $\Delta d/d$

续表

泰勒级数系数/微观变量 q	键的性质	宏观可测量 Q
$f = -\dfrac{\mathrm{d}U(r)}{\mathrm{d}r}$	非平衡态	外力
$P \propto -\dfrac{\mathrm{d}U(r)}{r^2\mathrm{d}r} \propto \dfrac{U(r)}{r^3}$		压强 $-\dfrac{\partial U(r)}{\partial r}\Big/\dfrac{\partial V}{\partial r}$
$k = \dfrac{\mathrm{d}^2U(r)}{\mathrm{d}r^2}\Big|_{r=d} \propto \left[\dfrac{E}{d^2}\right]$	力常数 k	键刚度 Yd、 二聚体振动频率 $\omega = k/\mu = (E/\mu d^2)^{1/2} \propto (Yd)^{1/2}$
$B \propto \dfrac{\mathrm{d}^3U(r)}{\mathrm{d}r^3}\Big|_{r=d} \propto \left[\dfrac{E}{d^3}\right]$	能量密度 E_{den}	杨氏模量 $B, Y \propto -V\dfrac{\partial P}{\partial V}$
$T_{\mathrm{C}} \propto zE_z$	原子结合能 E_{coh}	临界相变温度、能带宽度 $E_{v,w} \propto 2zE_z$

22.1.3　耦合振子的拉格朗日力学

　　另一种处理振动系统的有效方法是解析拉格朗日振动方程。对于包含 O:H 和 H—O 非对称双段的 O:H—O 耦合氢键,可以将 H$^+$ 作为坐标原点,将 O:H 和 H—O 两部分处理为由 O-O 间库仑斥力耦合的非对称振子对[4],其运动遵循拉格朗日方程[10]

$$\frac{\mathrm{d}}{\mathrm{d}t}\left(\frac{\partial L}{\partial\left(\mathrm{d}q_i/\mathrm{d}t\right)}\right) - \frac{\partial L}{\partial q_i} = Q_i \tag{22.4}$$

其中,拉格朗日函数 $L=T-U$, T 为体系总动能、U 为体系总势能。Q_i 为引起扰动的非保守力,包括机械压缩、分子低配位、电致极化、热激发和辐射吸收等[11]。Q_i 的作用使化学键从一个平衡态弛豫到另一个平衡态。$q_i(t)$ 表示广义变量。总动能 T 为原子振动动能之和 $2T_i=m_i(\mathrm{d}q_i(t)/\mathrm{d}t)^2$,总势能 U 由所有的原子间相互作用组成。

　　拉格朗日方程可以解析获得 O:H—O 耦合振子的分段色散关系 $\omega_x(k_x)$ (x=L、H 分别对应 O:H 和 H—O 分段)[10]

$$\omega_x = \left(2\pi c\right)^{-1}\sqrt{\frac{k_x + k_{\mathrm{C}}}{m_x}} \tag{22.5}$$

其中,k_x 为分段力常数,k_{C} 为 O-O 库仑势的曲率[3, 4],m_x 是各振子的约化质量。双段的 k_x 存在差异,所以当 O:H—O 氢键受扰时,两个氧离子发生同向位移但幅度不同,O:H 总比 H—O 分段更容易发生弛豫。一个分段变长,其声子变软,反之变短变强。若不考虑 k_{C} 的耦合作用,式(22.5)的色散关系退化为孤立振子,即近似为无分段的 A—B 键弹簧振子,等价于式(22.3),此时力常数 $k_x=\beta$。

22.1.4 集体振荡

集体振荡指某原子与其 z 个近邻配位原子联合振动的形式。原子振动时，振幅指相对于平衡位置的原子位移 $x=r-d_0$。势函数的泰勒展开高阶项对应于非线性行为。对于二聚体振子，原子配位数 $z=1$；否则，某原子承受的短程作用来自 $z>1$ 个近邻配位原子，原子的振动位移也是所有 z 个近邻配位原子共同作用所致。因为振幅 $x \ll d_0$，各配位原子对力常数和原子位移的平均贡献可采用一阶近似[12]

$$k_1 = k_2 = \cdots = k_z = \mu_i (c\omega)^2, \quad x_1 = x_2 = \cdots = x_z = \left(r - d_0\right)^2 \big/ z$$

因此，配位数为 z 的原子的总能可表示为

$$u(r) = -zE_b + \frac{z\mathrm{d}^2 u(r)}{2!\mathrm{d}r^2}\bigg|_{d_0} \left(r - d_0\right)^2 + \cdots \tag{22.6}$$

据此可以获得声子频率 ω 的表达式，为键序 z、键长 d_z 和键能 E_z 的函数。声子频率实际上也是所有 z 个原子对势曲线叠加曲线的曲率。

22.2 泰勒系数与可测物理量

晶体势 $U_{cry}(r)$ 及其相关的电子分布决定着物质的性能，可以通过物质中所有化学键的平均效果，即均化键予以表征[7, 13-16]。表 22.1 从量纲角度列出了晶体势的泰勒级数系数相应的可测物理量。例如，原子间势决定能带结构，涵盖芯能级偏移和导带与价带之间的禁带宽度[7]。把声子看成单个粒子，则其积分与原子间势能直接相关。这种近似方法避免了组合波函数的计算，简化了计算流程，虽有损精度，但对于研究物性演变趋势的物理机理而言已足够。因为微扰引起的物性变化以初始块体值为参考，所以可从量纲角度考虑参数值的相对变化。

根据表 22.1 中的量纲分析，如果 z_i 和 μ 不变，则杨氏模量 $B(z_i)$（即 B_i）与声子频移 $\Delta\omega(z_i)$ 满足关系 $\left[\Delta\omega(z_i)\right]^2 \big/ \left[B_i d_i\right] \equiv 1$。表中的这些关系式以及进一步导出的量纲关系式适用于任何类型的原子间作用势 $U(r)$，因为第 i 个原子位置的 B_i 和 $\Delta\omega(z_i)$ 仅与平衡时的键序、键长和键能有关。

22.3 单键多场弛豫

22.3.1 键长与键能弛豫

化学键是物质结构和储能的基本单元，它在微扰作用下发生弛豫，调节系统

能量和相关物理量。任何扰动都会引起化学键长度和能量变化，使初始平衡态势能 $U(r, t)$ 过渡至另一个平衡态势能 $U(r, t)(1+\Delta)$。若物质同时经受配位数缺失、应变、应力和热激发等作用，其化学键长度 $d(z, \varepsilon, T, P, \cdots)$ 和能量 $E(z, \varepsilon, T, P, \cdots)$ 响应为[16]

$$
\begin{cases}
\begin{aligned}
d\left(z,\varepsilon,T,P,\cdots\right) &= d_b \prod_J \left(1+\varepsilon_J\right) \\
&= d_b \left\{1+\left(C_z-1\right)\left(1+\int_0^\varepsilon \mathrm{d}\varepsilon\right)\left[1+\int_{T_0}^T \alpha(t)\mathrm{d}t\right]\left[1-\int_{P_0}^P \beta(p)\mathrm{d}p\right]\cdots\right\}
\end{aligned} \\
\begin{aligned}
E\left(z,\varepsilon,T,P,\cdots\right) &= E_b\left(1+\sum_J \Delta J\right) \\
&= E_b\left[1+\left(C_z^{-m}-1\right)+\dfrac{-d_z^2\int_0^\varepsilon \kappa(\varepsilon)\varepsilon\mathrm{d}\varepsilon-\int_{T_0}^T \eta(t)\mathrm{d}t-\int_{V_0}^V p(v)\mathrm{d}v\cdots}{E_b}\right]
\end{aligned}
\end{cases}
$$

$$(22.7)$$

其中，

$$
\begin{cases}
d_b = d\left(z_b,0,T_0,P_0\right) \\
E_b = E\left(z_b,0,T_0,P_0\right)
\end{cases}
$$

式中，ε_J 表示微扰引起的应变，Δ_J 则是相应的能量扰动。C_z 为原子配位数(z 或 CN)决定的键收缩系数，C_z-1 为配位缺失引起的应变。m 为键性质参数。$\alpha(t)$ 为热膨胀系数，$\eta(t)=C_V(t/\theta_\mathrm{D})/z$ 为 z 配位原子均化键的德拜比热。$\beta=-\partial v/(v\partial p)$ 为压缩系数($p<0$，压应力)或膨胀系数($p>0$，拉应力)，与体积杨氏模量的倒数成正比。$\kappa(\varepsilon)$ 是与应变有关的单键力常数。

　　图 22.2 为二聚体的键弛豫示意图。在平衡状态下，坐标(d_b, E_b)即势阱位置点对应的键长和键能。扰动使 (d_b, E_b) 偏离到新的平衡状态 $[d_b\prod(1+\varepsilon_J)$，$E_b(1+\sum\Delta_J)]$。图 22.2(a)中，初始平衡时的虚线势能曲线，在化学键受压时会沿 $f(x=P)$ 路径深移至实线势能曲线，相应的键长收缩、键能增强。也因此，物质可测物性会发生相应变化。若受到热激发，振子发生热涨落，键伸长软化、键能减小，如图 22.2(b)所示。

22.3.2　声子振动频移

　　与非本征的拉曼散射过程不同，振动系统哈密顿量的解是多项式的傅里叶级数，其频率是主模频率的倍数叠加[1]。因此，金刚石 2D 振动模的频率是 D 模的两倍，这实际就是所谓的双共振拉曼散射 2D 模的形成机理。层状材料的层间范

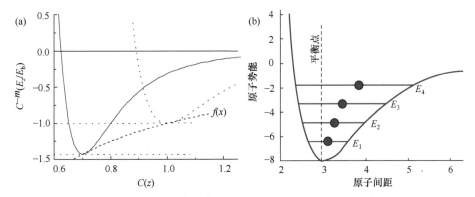

图 22.2　二聚体振子势阱的(a) 加深与(b) 变浅[13]

在外部激励 $x(=z, P, T, \varepsilon$ 等$)$ 作用下[15]，势能曲线沿着 $f(x)=[d_b \prod (1 + \varepsilon_l), E_b(1+\Sigma\Delta_l)]$ 路径变化，从一个平衡态过渡到另一个平衡态，键长和能量或如(a)中变短增强或如(b)中伸长减弱

德瓦耳斯力、偶极子-偶极子相互作用及非线性效应对体系哈密顿量的扰动均将影响振动偏离原有频率，如石墨烯的层数效应使其 D 峰振频从 1367 cm⁻¹ 偏移至 1344 cm⁻¹，2D 峰从 2720 cm⁻¹ 偏移至 2680 cm⁻¹。

石墨烯层数效应引起 G 模和 D/2D 模发生反向频移，说明 G 模的起源不同于 D/2D 模，不能用单一模型统一表征。应变、压力、温度或原子配位数的变化都可以调节所涉及键的长度和能量，声子频率也随着键弛豫相应变化。譬如，单轴应变沿石墨烯 C_{3v} 基团或垂直于 C_{3v} 基团对 C—C 键施加拉力，则其拉曼声子将发生红移或劈裂，声子劈裂程度取决于晶体几何形状和应变之间的错配程度。

可将拉曼频率测量值表示为 $\omega_x = \omega_{x0} + \Delta\omega_x$，其中 ω_{x0} 为二聚体振动频率或称为参考频率，是拉曼频移 $\Delta\omega_x$ 的基准。ω_{x0} 值受入射光频率影响。将原子配位数、应变、温度、压力等变量($x_i = z, \varepsilon, T, P$)代入表 22.1 中的二聚体振频表达式中，结合 BOLS 理论，可以获得相对拉曼频移的一般形式，

$$\frac{\omega(z,\varepsilon,P,T) - \omega(1,\varepsilon,P_0,T_0)}{\omega(z_b,0,P_0,T_0) - \omega(1,0,P_0,T_0)} = \frac{zd_b}{d(z,\varepsilon,P,T)}\left[\frac{E(z,\varepsilon,P,T)}{E_b}\right]^{1/2} \tag{22.8}$$

一阶近似时，振动频率自参考点 $\omega_x(1, d_b, E_b, \mu)$ 偏移 $\Delta\omega_x(z, d_z, E_z, \mu)$，量值大小取决于样品均化键的配位数 z、键长 d_z、键能 E_z 以及约化质量 μ，

$$\Delta\omega_x(z, d_z, E_z, \mu) = \omega_x(z, d_z, E_z, \mu) - \omega_x(1, d_b, E_b, \mu)$$

$$= \Delta\omega = \sqrt{\left.\frac{d^2u(r)}{\mu dr^2}\right|_{r=d_z}} \propto \frac{1}{d_z}\left(\frac{E_z}{\mu}\right)^{1/2} \times \begin{cases} 1 & (G, E_g) \\ z & (D, A_g) \end{cases} \tag{22.9}$$

考虑配位数对振动模的影响时，配位数取 z 或 1。石墨烯 D/2D 模和二维结构 A_g 模的配位数 $z \neq 1$，它们的声子红移源于 z 个振子的集体振动[16, 17]；而石墨烯的 G

模和 TiO$_2$ 的 E$_{2g}$ 模(141cm^{-1})，$z \equiv 1$，它们的声子蓝移则是二聚体振动主导。

22.4 多 场 微 扰

22.4.1 原子低配位

1. BOLS-LBA 方法

BOLS 理论的核心是低配位原子的化学键变短变强[15]，随之电荷和能量密度局域化、势阱深移，并可极化价带电子。因此，基于 BOLS 理论可以获得晶体局部原子结合能、结合能密度、哈密顿量及其相关性质。BOLS 表达式如下：

$$\begin{cases} d_z = d_b C_z = 2\left\{1 + \exp\left[(12-z)/(8z)\right]\right\}^{-1} & \text{（键收缩）} \\ E_z = E_b C_z^{-m} & \text{（键强化）} \end{cases} \quad (22.10)$$

其中，z 和 b 分别对应于原子配位数为 z 的原子和块体原子(满配位一般为 12)。若以纳米颗粒示例，沿半径方向，最外层和次外层位于颗粒外壳，从第三层开始直到球心，化学键性质与颗粒相应的块体材料性质一致。无论键性质或晶体尺寸如何变化，键收缩系数 C_z 仅为原子有效配位数 z(或 CN)的函数。在冰水氢键(O:H—O)体系中情况有所不同，因氢键中近邻两个 O^{2-}离子间电子对的耦合调制，O:H 和 H—O 双段协同弛豫。在低配位条件下，O:H 分段受极化伸长，相应的 H—O 共价键缩短，整体氢键长度伸长。可见此情况下，水分子间距呈现出异常的低配位诱导增大的现象[4]。

局域键平均近似(LBA)理论表征拉曼声子弛豫的真实傅里叶变换情况，可根据声子振动频率或力常数对化学键进行分类。与体积分割近似方法关注各区体积中某物理量的数值不同，LBA 方法关注外部激励引起物理量相对于已知块体值的偏差。体积分割近似仅描述了局部有代表性的化学键，未考虑键的分布方式和键的数目。只要没有相变，化学键的性质和总数总是保持不变。LBA 方法用均化键或者说所有化学键的平均值来研究化学键-声子-物性的关联，适用于晶体和非晶体，也适用于无论物质有无缺陷或杂质的情况。

石墨烯和碳纳米管是 BOLS 理论应用的典型实例。已知石墨和金刚石的 C—C 键长分别为 0.154 nm 和 0.142 nm，根据键收缩系数 C_z 可获取块体石墨的有效配位数 z_g=5.335。块体金刚石中碳原子的满配位数定义为 12 而非 4，因为金刚石为两个 fcc 单元的嵌套结构。因 $E_z = C_z^{-m} E_b$，已知金刚石的原子结合能为 7.37 eV[18]，可得到金刚石中 C—C 单键能 E_b=7.37/12 eV=0.615 eV，则单层石墨烯配位数 z=3、键能 E_3=1.039 eV、原子结合能为 3.11 eV。

大量涉及石墨烯的理论及实验研究，如杨氏模量增强[19-21]，单壁碳纳米管熔点降低[19, 22]，石墨烯边缘、内部以及石墨和金刚石的芯能级偏移[23]等，共同证实了石墨烯边缘 C—C 键长收缩 30%、键能增加 152%[19, 20]，决定了石墨烯纳米带的带隙展宽[24]和狄拉克-费米极化子的形成以及氢化[25]。石墨烯纳米带中配位数为 3 的 C—C 键收缩 18.5%、键能增加 68%[20]。单壁碳纳米管的杨氏模量增大为 2.595 TPa(块体值 865 GPa)，有效壁厚为 0.142 nm 而非层间距 0.34 nm。业已证实，破坏空位附近配位数为 2 的 C—C 键需要能量 7.50 eV，比破坏悬空石墨烯中配位数为 3 的 C—C 键(5.67 eV/键)高出 32%[26]。这进一步验证了 BOLS 对于低配位原子间化学键更短更强的预测。

2. 原子位置与团簇尺寸辨析

任何微扰(x)对原子或给定尺寸和形状的原子团簇可测物理量(Q)的影响均可根据核壳结构模型表述如下[15]：

$$\frac{\Delta Q(x)}{Q(x_0)} = \begin{cases} \dfrac{\Delta q(x)}{q(x_0)} & \text{(原子)} \\ \displaystyle\sum_{i \leqslant 3} \gamma_i \dfrac{\Delta q(x)}{q(x_0)} & \text{(团簇)} \end{cases} \tag{22.11}$$

其中 γ_i 为第 i 原子层与整个物质的体表比，$\gamma_i = \dfrac{V_i}{V} \cong \dfrac{N_i}{N} = \dfrac{\tau C_i}{K}$，下标 i 取最外原子层向内至第 3 层。$\tau = 1$、2、3 分别指纳米薄膜、纳米棒和纳米球的维度。对于球形颗粒，最外第 1～3 层的配位数分别为：$z_1 = 4(1 - 0.75 / K)$，$z_2 = z_1 + 2$，$z_3 = z_2 + 4$。K 表示沿颗粒半径方向的原子个数。x 是微扰变量，Q 或 q 表示任意物理量，为键长 d、键能 E 和配位数 z 的函数。对于点缺陷、单原子链、单层原子薄片或单层表皮处原子间的化学键，不考虑其加权求和。

根据核壳结构和 LBA 近似方法[27]，纳米颗粒因尺寸变化引起的拉曼频移可表示为

$$\omega(K) - \omega(1) = \left[\omega(\infty) - \omega(1) \right](1 + \Delta_R) \quad \text{或} \quad \frac{\omega(K) - \omega(\infty)}{\omega(\infty) - \omega(1)} = \Delta_R \tag{22.12}$$

其中，

$$\Delta_R = \sum_{i \leqslant 3} \gamma_i \left(\frac{\omega_i}{\omega_b} - 1 \right) = \begin{cases} \displaystyle\sum_{i \leqslant 3} \gamma_i \left[z_{ib} C_i^{-(m/2+1)} - 1 \right] & (z = z) \\ \displaystyle\sum_{i \leqslant 3} \gamma_i \left[C_i^{-(m/2+1)} - 1 \right] & (z = 1) \end{cases}$$

$z_{ib} = z_i / z_b$，ω_b 和 ω_i 分别对应于块体内部原子和第 i 层原子的振动频率。$\omega(\infty)$ 为块体时

的声子振动频率。$\alpha(1)$为二聚体振动频率,是纳米晶粒及块体拉曼频移的参考点。

　　LFR 振动模是由整个纳米固体与基体或其他颗粒相互作用时产生的。光学模是包含多原子的复杂单元中单原子的相对运动。对于简单的单质固体,如 fcc 结构的 Ag,它只存在声学模。硅或金刚石由两个 fcc 结构嵌套而成,每个单胞中含有两个位置不等效的原子,因此存在三种声学模和三种光学模。化合物则会因其更为复杂的结构而具有多种光学振动模式。

22.4.2　温场效应

1. 晶格热膨胀

　　与格林艾森概念的描述不同,局域键平均近似方法定义的热膨胀系数 $\alpha(t)$ 如下[28]:

$$\alpha(t) \cong \frac{\mathrm{d}L}{L_0 \mathrm{d}t} = \frac{1}{L_0}\left(\frac{\partial L}{\partial u}\right)\frac{\mathrm{d}u}{\mathrm{d}t} \propto -\frac{\eta_1(t)}{L_0 F(r)} = A(r)\eta_1(t) \tag{22.13}$$

其中,$L = L_0\left[1 + \int_0^T \alpha(t)\mathrm{d}t\right]$。$\partial L/\partial u = -F^{-1}$ 为原子间作用势 $u(r)$ 在平衡位置(d)的导数。$\mathrm{d}u/\mathrm{d}t$ 为德拜近似比热。$A(r)=[-L_0 F(r)]^{-1}$ 可趋近平衡位置结合能的倒数。与格林艾森的热膨胀系数(TEC)即 $\alpha(t)=(VB_T)^{-1}\gamma\eta_1(t)$相比[29],$\gamma/(VB_T)=[L_0 F(r)]^{-1}$ 近乎为常数。

　　通常,材料的热膨胀系数 $\alpha(T>\theta_D)$为 $10^{-7}\sim10^{-6}$ K^{-1} 量级。纳米颗粒随体积减小,热膨胀系数越小[30-34],意味着势能曲线梯度增大或平衡位置的键变得更强,说明尺寸越小、化学键越短、原子间势越窄[13]。纳米颗粒受热膨胀比块体更难。平衡位置附近 $A(r\approx d)$ 近似为常数,$\alpha(t)$ 与单键德拜比热 $\eta(t)$ 成正比。LBA 近似方法可以表征全温区范围的热膨胀系数 $\alpha(t)$,如图 22.3 和表 22.2 所示,AlN、Si$_3$N$_4$、

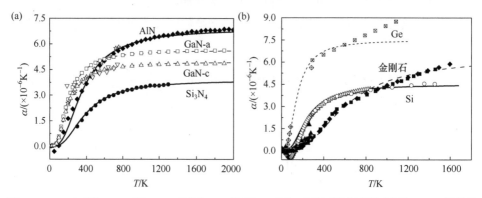

图 22.3　(a) AlN[35]、Si$_3$N$_4$[35]、GaN [34]及(b) Si[36, 37]、Ge[38]、金刚石[33, 39-41]的实测与 LBA 预测的 $\alpha(t)$曲线实线为LBA 近似方法计算获得的理论结果,散点为实测数据,相关定量信息列于表22.2[28]

GaN、Ge、Si、金刚石等实测数据与 LBA 理论预测高度吻合[28]。

表 22.2 图 22.3 实测曲线与 LBA 理论预测匹配导出的热力学相关物理量[28]

	[18, 49]	$\alpha(t)$		$l(t)$			平均值	
	θ_D /K	θ_D /K	$A(r)$	θ_D /K	$A(r)$	l_0 /Å	θ_D /K	$A(r)$
Si	647	1000	0.579	1100	0.579	5.429	1050	0.579
Ge	360	600	0.966	500	1.035	5.650	550	1.001
C	1860	2500	0.811	2150	0.792	3.566	2325	0.802
AlN	1150	1500	0.888	1500	0.946[b] 0.881[c]	3.110[b] 4.977[c]	1500	0.882
Si_3N_4	1150	1600	0.502	1400	0.888	7.734	1500	0.695
GaN	600	850	0.637	800	0.637[b] 0.618[c]	3.189[b] 5.183[c]	825	0.631

注：上标 b 表示 a 轴、上标 c 表示 c 轴，平均值中的德拜温度来自文献[50]。

一般来说，大多数材料受热膨胀。但有些特殊情况如石墨[42]、石墨烯氧化物[43]、$ZrWO_3$[44, 45]以及 N、F 和 O 组成的化合物[46]等，呈现负热膨胀系数，超出了 LBA 近似方法的分析范畴。具有负热膨胀系数的材料，其布里渊区边界附近横向声学声子的格林艾森参数通常为负。负热膨胀材料中涉及多种类型的相互作用以及它们之间的耦合关联，类似于冰水 O:H—O 氢键的 O:H 和 H—O 双段受 O-O 库仑斥力调制耦合弛豫[47]。因此，为探究材料的负热膨胀性质并重现负热膨胀现象，可参考冰水氢键耦合化学键的分析处理[48]。

2. 德拜温度与结合能

单键比热 $\eta(t)$ 的热积分通常称为内能，$U(T/\theta_D)$。当键受热膨胀幅度 $x \ll 1$ 时，可以将 $1+x$ 近似表示为 $\exp(x)$。根据德拜比热模型，温度诱导的键软化量 ΔE_T 等于比热 $\eta(t)$ 自 0 K 到 T 的积分，

$$\Delta E_T = \int_0^T \eta(t)\mathrm{d}t = \frac{\int_0^T C_V(t)\mathrm{d}t}{z}$$

$$= \int_0^T \left[\int_0^{\theta_D/T} \frac{9R}{z}\left(\frac{T}{\theta_D}\right)^3 \frac{y^4 e^y}{(e^y-1)^2}\mathrm{d}y\right]\mathrm{d}t$$

$$= \frac{9RT}{z}\left(\frac{T}{\theta_D}\right)^3 \int_0^{\theta_D/T} \frac{y^3 e^y}{e^y-1}\mathrm{d}y \tag{22.14}$$

其中，R、θ_D、C_V 分别为理想气体常数、德拜温度和定容比热容。$y=\theta_D/T$ 为温度

简化形式。单键比热 $\eta(t)$ 遵循德拜比热模型，在高温下近似为 $3R/z$。图 22.4 为化学键受热时剩余能量随温度的变化情况。$U(T/\theta_D)$ 表示化学键热致解离的损失能量，$1-U(T/\theta_D)/E_b(0)$ 为剩余键能。

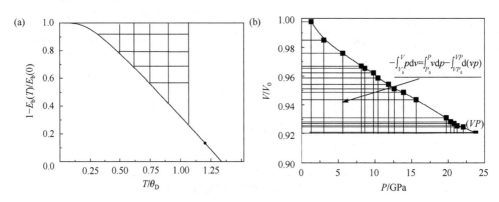

图 22.4　(a) 化学键受热能量损失(阴影面积)与(b) 机械变形储能(阴影面积)[51]

机械储能经典表示为 $-\int_{V_0}^{V} p\mathrm{d}v = \int_{P_0}^{P} v\mathrm{d}p - \int_{(VP)_0}^{(VP)} \mathrm{d}(vp)$

随着温度升高，拉曼频移逐渐从非线性转为线性趋势，称为德拜热衰变。在极低温度下，当比热 $\eta(T)$ 与 T^3 成正比时，拉曼频移缓慢降低源于较小的 $\int_0^T \eta(t)\mathrm{d}t$ 值。实验结果显示，在高温下，拉曼频移随温度增加线性减小；当 $T \gg \theta_D$ 时，C_V 近似为常数 $3R$。

22.4.3　机械压缩

压缩形变产生的能量增量 ΔE_P 可表示为[13]

$$\Delta E_P = -\int_{V_0}^{V} p(v)\mathrm{d}v = -V_0 \int_0^P p(x)\frac{\mathrm{d}x}{\mathrm{d}p}\mathrm{d}p$$
$$= V_0 P^2 \left(\frac{1}{2}\beta - \frac{2}{3}\beta' P\right) \tag{22.15}$$

其中，

$$x(P) = V/V_0 = 1 - \beta P + \beta' P^2$$
$$\mathrm{d}x/\mathrm{d}P = -\beta + 2\beta' P$$

或者，

$$P(x) = 1.5B_0\left(x^{-7/3} - x^{-5/3}\right)\left[1 + 0.75(B_0' - 4)\left(x^{-2/3} - 1\right)\right] \quad (\text{Birch-Mürnaghan方程})$$

V_0 表示常温常压下的单胞体积。$x(P)$ 为状态方程的另一种表达形式。将实测的 x-P 曲线与 $x(P)$ 函数和 Birch-Mürnaghan(BM) 方程匹配[52]，可以得到非线性压缩系数及其一阶导数，β 和 β'。再根据 $\beta B_0 \cong 1$，可得到体积模量 B_0 及其一阶导数 B_0'[18]。

图 22.4(b) 为 P-V 曲线及其积分，只有网格对应的积分部分 $-\int_{V_0}^{V} p\,\mathrm{d}v \cong -\int_{P_0}^{P} p(\mathrm{d}V/\mathrm{d}p)\mathrm{d}p$ 对受压储能有贡献[53]。对于单键，体积 $V(z,t,p)$ 可用键长 $d(z,t,p)$ 替换，p 用沿键作用的力 f 代替。若没有发生相变，$\beta(p)$ 在固定温度下和弹性变形范围内保持恒定，则积分可简化为 $\int_0^P \beta(p)\mathrm{d}p = \beta P$[54, 55]。

对于固定尺寸的物质，综合式(22.14)和(22.15)可以获得 B 和 $\Delta\omega$ 随 T、P 变化的解析式，

$$
\left.\begin{array}{c} \dfrac{B(T,P)}{B(0,0)} \\[4mm] \dfrac{\Delta\omega(T,P)}{\Delta\omega(0,0)} \end{array}\right\} \cong \left\{\begin{array}{l} \left(1+\dfrac{\Delta E_P - \Delta E_T}{E_0}\right)\exp\left\{3\left[-\int_0^T \alpha(t)\mathrm{d}t + \int_0^P (\beta-\beta'p)\mathrm{d}p\right]\right\} \\[5mm] \left(1+\dfrac{\Delta E_P - \Delta E_T}{E_0}\right)^{1/2}\exp\left[-\int_0^T \alpha(t)\mathrm{d}t + \int_0^P (\beta-\beta'p)\mathrm{d}p\right] \end{array}\right.
$$

22.4.4 单向拉伸

从单层石墨烯[56]和 MoS_2[57]的拉伸应变数据中可以导出键平均力常数及应变和化学键的相对方向，具体的拉曼频移应变效应表达式为[58]

$$
\frac{\omega(z,\varepsilon)-\omega(1,0)}{\omega(z,0)-\omega(1,0)} = \frac{d(0)}{d(\varepsilon)}\left[\frac{E(\varepsilon)}{E(0)}\right]^{1/2} = \frac{\left(1-d^2\int_0^\varepsilon \kappa\varepsilon\mathrm{d}\varepsilon\Big/E_{z1}\right)^{1/2}}{1+\varepsilon}
$$

$$
\cong \frac{\left[1-\kappa'(\lambda\varepsilon')^2\right]^{1/2}}{1+\lambda\varepsilon'} \tag{22.16}
$$

其中，$\kappa' = \kappa d_z^2/(2E_z) = $ 常数 。

为了表征键与单轴应变之间的取向失配情况，在式(22.16)中引入了应变系数 $\lambda(0\leqslant\lambda\leqslant1)$。$\varepsilon=\lambda\varepsilon$ 表示不在施加应变方向的化学键的应变。$\kappa = 2E_z\kappa'd_z^{-2}$ 在有限应变下为常数，表示某原子所有化学键的有效力常数。我们只能获得整个试样的平均应变，无法提取单条化学键的应变，也即不能辨析某条化学键的力常数 κ_0。应用 λ 可以描述多个取向不同化学键构成的基本单元中各定向化学键的实际应变，若施加应变沿化学键方向，则 $\lambda=1$；若垂直于化学键，$\lambda=0$；若与化学键成随机角度，则 $0<\lambda<1$。$\lambda=1$ 时，化学键应变最大，发生的声子频移也最大；$\lambda=0$

时，化学键应变近似为零；而 $0<\lambda<1$，化学键的应变介于前两者之间。正因如此，施加应变可以诱导声子谱发生劈裂现象，程度取决于应变与化学键之间的夹角[16]。

22.5　声子谱与计量声子谱学

拉曼散射或红外吸收探测得到的声子光谱谱峰，称为振动模式或声子带，其特征是所有具有相同振动频率的化学键的傅里叶变换结果，与这些化学键在固体、液体或气体真实空间中的位置或取向或多寡无关。傅里叶变换在振动二聚体的平衡位置处(具有固有力常数，即二聚体复合势场曲率)基于键刚度和键数目采集振动模式。多场激励、电子钉扎和极化，以及光辐射都会对晶体势产生作用，从而影响晶格振动力学。

将声子谱学拓展为声子计量谱学，可以无须解谱或应用经验模型而获取超出传统方法可得的丰富键合动力学信息。电子计量谱学研究对象主要是高真空下的导体或半导体，与之相比，声子计量谱学还适用于多场作用下的液体和绝缘体。声子计量谱学可以直接获取键弛豫信息，而电子计量谱学则获得键弛豫引起的不同能级或能带电子动力学变化信息[7]。外加微扰作用于物质体系时，原子间作用势发生变化，相应的特征声子频率会从初始平衡态过渡至新的平衡态，表现出声子丰度、刚度和涨落序度等的受扰变化，并据此提供关于物质结构和性质演变的重要信息。

声子计量谱学除直接研究外界扰动下的声子振动频率 $\omega(x)$ 外，另一个重要方法是利用差分声子谱(DPS)理论寻找微扰诱导的化学键丰度转换分数和声子频移[59, 60]。DPS 基于参考谱提纯微扰引起的声子丰度和键刚度的变化信息，无须任何近似或假设即可高精度、高灵敏地对声子弛豫进行静态或动态监测。键转换分数系数对应于 DPS 谱峰的面积积分，表示化学键或声子自标准参考状态向微扰作用态转变的比例分数或数目，譬如溶质溶剂化过程会引起部分体相水的氢键转变为离子水合壳层中的氢键，两种氢键键长键能皆不相同、状态不同，水合后的声子谱减去体相水的声子谱即可得到溶剂化引起的差谱，谱峰面积即为氢键自体相转变至壳层的比例分数。以溶液浓度 C 表示微扰，则键转变分数系数 $f(C)$ 可表示为

$$f(C) = \int_{\omega_m}^{\omega_M} \left[\frac{I_{溶液}(C, \omega)}{\int_{\omega_m}^{\omega_M} I_{溶液}(C, \omega) \mathrm{d}\omega} - \frac{I_{\mathrm{H_2O}}(0, \omega)}{\int_{\omega_m}^{\omega_M} I_{\mathrm{H_2O}}(0, \omega) \mathrm{d}\omega} \right] \mathrm{d}\omega \qquad (22.17)$$

$$\omega_{COG} = \frac{\int_{\omega_m}^{\omega_M} \omega I(\omega) d\omega}{\int_{\omega_m}^{\omega_M} I(\omega) d\omega} \qquad (22.17a)$$

式中，键转变分数系数的斜率 $df(C)/dC$ 与水合壳层中每个溶质的键数成正比，表示水合壳层的尺寸及其局部电场。ω_{COG} 为频率的重心(COG)，通过从最小声子频率 $\omega_m=0$ 到最大声子频率 $\omega_M=0$ 范围的谱峰积分 $I(\omega)$ 得到[61]。

独立的谱峰面积归一化非常重要，不仅克服了强度归一化的局限性，而且消除了检测误差。在实验中，人们往往采用所有谱峰中的最大峰值强度来对各个谱峰进行归一化，这很可能导致峰形变化且光谱精细结构信息偏离真实情况。

22.6 总　　结

基于傅里叶变换和局域键平均近似理论，可以探究多场作用下的键振动力学，直接测量拉曼声子频移值，而无须考虑格林艾森参数或外部诱导的多声子共振散射或光学声子退化情况。通过微扰如低配位、压缩、张力、热激活和溶剂化电荷注入等引起的声子频移，可以获取键长、键能、单键力常数、结合能密度、原子结合能、德拜温度、杨氏模量等定量物性信息，故这可能成为调控物质扰动-弛豫-性能的一种有效途径。多场声子动力学理论和声子计量谱学不仅为获取多场作用时键弛豫的局部、动力学和定量信息提供了有效手段，还有助于理解和澄清观测现象所蕴含的物理根源，是电子计量光谱学的重要补充。

参 考 文 献

[1] Han W G, Zhang C T. A theory of nonlinear stretch vibrations of hydrogen-bonds. J. Phys. Condens. Matter, 1991, 3(1): 27-35.

[2] Omar M A. Elementary Solid State Physics: Principles and Applications. New York: Addison-Wesley, 1975.

[3] Huang Y L, Zhang X, Ma Z S, et al. Potential paths for the hydrogen-bond relaxing with(H₂O)(n) cluster size. J. Phys. Chem. C, 2015, 119(29): 16962-16971.

[4] Huang Y L, Zhang X, Ma Z S, et al. Hydrogen-bond relaxation dynamics: Resolving mysteries of water ice. Coord. Chem. Rev., 2015, 285: 109-165.

[5] Shim G W, Yoo K, Seo S B, et al. Large-area single-layer MoSe₂ and its van der Waals heterostructures. ACS Nano, 2014, 8(7): 6655-6662.

[6] Zhang X, Kuo J L, Gu M X, et al. Graphene nanoribbon band-gap expansion: Broken-bond-induced edge strain and quantum entrapment. Nanoscale, 2010, 2(10): 2160-2163.

[7] Liu X J, Bo M L, Zhang X, et al. Coordination-resolved electron spectrometrics. Chem. Rev., 2015, 115(14): 6746-6810.

[8] Kossek W. Is a Taylor series also a generalized Fourier series? Coll. Math. J., 2018, 49(1): 54-56.

[9] Shi Y, Zhang Z, Jiang W, et al. Theoretical study on electronic and vibrational properties of hydrogen bonds in glycine-water clusters. Chem. Phys. Lett., 2017, 684: 53-59.

[10] Huang Y, Zhang X, Ma Z, et al. Hydrogen-bond asymmetric local potentials in compressed ice. J. Phys. Chem. B, 2013, 117(43): 13639-13645.

[11] Sun C Q, Zhang X, Zhou J, et al. Density, elasticity, and stability anomalies of water molecules with fewer than four neighbors. J. Phys. Chem. Lett., 2013, 4(15): 2565-2570.

[12] Pan L K, Sun C Q, Li C M. Elucidating Si-Si dimmer vibration from the size-dependent Raman shift of nanosolid Si. J. Phys. Chem. B, 2004, 108(11): 3404-3406.

[13] Sun C Q. Thermo-mechanical behavior of low-dimensional systems: The local bond average approach. Prog. Mater. Sci., 2009, 54(2): 179-307.

[14] Pan L, Xu S, Liu X, et al. Skin dominance of the dielectric electronic-phononic-photonic attribute of nanoscaled silicon. Surf. Sci. Rep., 2013, 68(3-4): 418-445.

[15] Sun C Q. Size dependence of nanostructures: Impact of bond order deficiency. Prog. Solid State Chem., 2007, 35(1): 1-159.

[16] Yang X X, Li J W, Zhou Z F, et al. Raman spectroscopic determination of the length, strength, compressibility, Debye temperature, elasticity, and force constant of the C—C bond in graphene. Nanoscale, 2012, 4(2): 502-510.

[17] Liu X J, Pan L K, Sun Z, et al. Strain engineering of the elasticity and the Raman shift of nanostructured TiO_2. J. Appl. Phys., 2011, 110(4): 044322.

[18] Kittel C. Intrduction to Solid State Physics. 8th ed. New York: Willey, 2005.

[19] Sun C Q, Bai H L, Tay B K, et al. Dimension, strength, and chemical and thermal stability of a single C—C bond in carbon nanotubes. J. Phys. Chem. B, 2003, 107(31): 7544-7546.

[20] Wong E W, Sheehan P E, Lieber C M. Nanobeam mechanics: Elasticity, strength, and toughness of nanorods and nanotubes. Science, 1997, 277(5334): 1971-1975.

[21] Falvo M R, Clary G J, Taylor R M, et al. Bending and buckling of carbon nanotubes under large strain. Nature, 1997, 389(6651): 582-584.

[22] An B, Fukuyama S, Yokogawa K, et al. Surface superstructure of carbon nanotubes on highly oriented pyrolytic graphite annealed at elevated temperatures. Jpn. J. Appl. Phys. , 1998, 37(6B): 3809-3811.

[23] Balasubramanian T, Andersen J N, Walldén L. Surface-bulk core-level splitting in graphite. Phys. Rev. B, 2001, 64(20): 205420-205423.

[24] Zheng W T, Sun C Q. Underneath the fascinations of carbon nanotubes and graphene nanoribbons. Energy Environ. Sci., 2011, 4(3): 627-655.

[25] Zhang X, Nie Y G, Zheng W T, et al. Discriminative generation and hydrogen modulation of the Dirac-Fermi polarons at graphene edges and atomic vacancies. Carbon, 2011, 49(11): 3615-3621.

[26] Girit C Ö, Meyer J C, Erni R, et al. Graphene at the edge: Stability and dynamics. Science, 2009, 323(5922): 1705-1708.

[27] Li J W, Yang L W, Zhou Z F, et al. Mechanically stiffened and thermally softened Raman modes of ZnO crystal. J. Phys. Chem. B, 2010, 114(4): 1648-1651.

[28] Gu M X, Zhou Y C, Sun C Q. Local bond average for the thermally induced lattice expansion. J. Phys. Chem. B, 2008, 112(27): 7992-7995.

[29] Grüneisen E. The state of a body. Handb. Phys., 10, 1-52. NASA translation RE2-18-59W.

[30] Hu J L, Cai W P, Li C C, et al. *In situ* X-ray diffraction study of the thermal expansion of silver nanoparticles in ambient air and vacuum. Appl. Phys. Lett., 2005, 86(15): 151915.

[31] Li L, Zhang Y, Yang Y W, et al. Diameter-depended thermal expansion properties of Bi nanowire arrays. Appl. Phys. Lett., 2005, 87(3): 031912.

[32] Comaschi T, Balerna A, Mobilio S. Temperature dependence of the structural parameters of gold nanoparticles investigated with EXAFS. Phys. Rev. B, 2008, 77(7): 075432.

[33] Slack G A, Bartram S F. Thermal expansion of some diamondlike crystals. J. Appl. Phys., 1975, 46(1): 89-98.

[34] Reeber R R, Wang K. Lattice parameters and thermal expansion of GaN. J. Mater. Res., 2000, 15(1): 40-44.

[35] Bruls R J, Hintzen H T, de With G, et al. The temperature dependence of the Grüneisen parameters of $MgSiN_2$, AlN and beta-Si_3N_4. J. Phys. Chem. Solids, 2001, 62(4): 783-792.

[36] Lyon K G, Salinger G L, Swenson C A, et al. Linear thermal-expansion measurements on silicon from 6 to 340 K. J. Appl. Phys., 1977, 48(3): 865-868.

[37] Roberts R B. Thermal-expansion reference data-silicon 300~850 K. J. Phys. D Appl. Phys., 1981, 14(10): L163-L166.

[38] Singh H P. Determination of thermal expansion of germanium rhodium and iridium by X-rays. Acta Crystallogr. Sec. A, 1968, 24(4): 469-471.

[39] Sato T, Ohashi K, Sudoh T, et al. Thermal expansion of a high purity synthetic diamond single crystal at low temperatures. Phys. Rev. B, 2002, 65(9): 092102.

[40] Giles C, Adriano C, Freire Lubambo A, et al. Diamond thermal expansion measurement using transmitted X-ray back-diffraction. J. Synchrotron Radiat., 2005, 12(3): 349-353.

[41] Haruna K, Maeta H, Ohashi K, et al. Thermal-expansion coefficient of synthetic diamond single-crystal at low-temperatures. Jpn. J. Appl. Phys., 1992, 31(8): 2527-2529.

[42] Tang Q H, Wang T C, Shang B S, et al. Thermodynamic properties and constitutive relations of crystals at finite temperature. Sci. China Phys. Mech. Astron., 2012, 55: 918-926.

[43] Su Y J, Wei H, Gao R G, et al. Exceptional negative thermal expansion and viscoelastic properties of graphene oxide paper. Carbon, 2012, 50(8): 2804-2809.

[44] Martinek C, Hummel F A. Linear thermal expansion of 3 tungstates. J. Am. Ceram. Soc., 1968, 51(4): 227-228.

[45] Mary T A, Evans J S O, Vogt T, et al. Negative thermal expansion from 0.3 to 1050 Kelvin in ZrW_2O_8. Science, 1996, 272(5258): 90-92.

[46] Sun C Q. Dominance of broken bonds and nonbonding electrons at the nanoscale. Nanoscale, 2010, 2(10): 1930-1961.

[47] Sun C Q, Sun Y. The Attribute of Water: Single Notion, Multiple Myths. Heidelberg: Springer, 2016.

[48] Sun C Q, Zhang X, Fu X, et al. Density and phonon-stiffness anomalies of water and ice in the

full temperature range. J. Phys. Chem. Lett., 2013, 4(19): 3238-3244.

[49] http://www.infoplease.com/periodictable.php.

[50] Hsieh D, Qian D, Wray L, et al. A topological Dirac insulator in a quantum spin Hall phase. Nature, 2008, 452(7190): 970-975.

[51] Chen Z W, Sun C Q, Zhou Y C, et al. Size dependence of the pressure-induced phase transition in nanocrystals. J. Phys. Chem. C, 2008, 112(7): 2423-2427.

[52] Birch F. Finite elastic strain of cubic crystals. Phys. Rev., 1947, 71(11): 809-824.

[53] Zheng S, Fang F, Zhou G, et al. Hydrogen storage properties of space-confined $NaAlH_4$ nanoparticles in ordered mesoporous silica. Chem. Mater., 2008, 20(12): 3954-3958.

[54] Pravica M, Quine Z, Romano E. X-ray diffraction study of elemental thulium at pressures up to 86 GPa. Phys. Rev. B, 2006, 74(10): 104107.

[55] Chen B, Penwell D, Benedetti L R, et al. Particle-size effect on the compressibility of nanocrystalline alumina. Phys. Rev. B, 2002, 66(14): 144101.

[56] Ding F, Ji H, Chen Y, et al. Stretchable graphene: A close look at fundamental parameters through biaxial straining. Nano Lett., 2010, 10(9): 3453-3458.

[57] Rice C, Young R, Zan R, et al. Raman-scattering measurements and first-principles calculations of strain-induced phonon shifts in monolayer MoS_2. Phys. Rev. B, 2013, 87(8): 081307.

[58] Yang X X, Wang Y, Li J W, et al. Graphene phonon softening and splitting by directional straining. Appl. Phys. Lett., 2015, 107(20): 203105.

[59] Sun C Q. Atomic Scale Purification of Electron Spectroscopic Information. US 2017, Patent NO. 9625397B2.

[60] Gong Y, Zhou Y, Sun C. Phonon spectrometrics of the hydrogen bond(O:H—O) segmental length and energy relaxation under excitation. B. O. Intelligence, Editor. 2018: China.

[61] Wong A, Shi L, Auchettl R, et al. Heavy snow: IR spectroscopy of isotope mixed crystalline water ice. Phys. Chem. Chem. Phys, 2016, 18(6): 4978-4993.

第 23 章 层 状 材 料

要点

■ 原子低配位诱导的声子弛豫可表征化学键的键序-键长-键能
■ 声子的压致硬化可表征结合能密度和杨氏模量
■ 声子的热致软化可导出物质的德拜温度和原子结合能
■ 单轴拉伸应变可使声子软化并劈裂,获取单键力常数

摘要

二维黑磷、石墨烯、MX_2(M = Mo, W; X = S, Se) 半导体在多场扰动下发生声子频移,可以直接表征物质化学键的键序-键长-键能信息。层状材料声子计量谱学可揭示声子频移的物理起因,并获取键长、键能、键性质参数、结合能密度、原子结合能、单键力常数、德拜温度、杨氏模量等定量物性信息。系列研究进展证实了声子计量谱学理论的正确性,也证明了多场声子计量谱学在探测微扰诱导的局域成键动力学相关的原子、动态、定量信息方面的重要作用。

23.1   二维结构概述

二维(2D)物质,如黑磷(BP)、石墨烯纳米带(GNR)、过渡金属硫系二价化合物 MX_2(M = Mo, W; X = S, Se) 表现出诸多新奇的物理化学特性[1-3]。例如,多层黑磷具有高达 10^3 cm²/(V·s)的载流子迁移率,室温下的高电流开关比可达 10^5 Hz。单壁碳纳米管(SWCNT)会呈现出许多有别于碳纳米管或大块石墨烯片的有趣特性[4, 5]。GNR 的边缘狄拉克-费米子极化态[6, 7]具有超高电导率和导热性[8],以及意料之外的磁化现象[9, 10],其带隙随带宽反比单调增大[5, 11, 12]。

如果将层状块体材料 MoS_2 剥离成为单层,其带隙会从间接带隙(1.2 eV)转变为直接带隙(1.8 eV)[13, 14]。同样的带隙转变也发生在 $MoSe_2$ 层状材料中[15]。不过这种带隙的过渡不仅取决于层数,还与材料本身和实验条件有关[16]。原子力显微镜(AFM)观测表明,随着厚度减小,MoS_2 的表面势阱深度从块体的–7.2 mV 线性加深至单层时的–427 mV[17]。可见,二维半导体性能特异,可广泛用于柔性、小

型化、可穿戴的电子设备和光电管[18, 19]、场效应晶体管[20-22]、发光二极管[23, 24]、光电探测器[25-27]等能源管理系统。

23.1.1　轨道杂化和晶体结构

图 23.1 为 GNR、单层黑磷和 MX_2 的晶体结构。C、P、S 和 Se 原子通过 sp^3 轨道杂化与其近邻原子形成 3 个($C\ 2s^2p^2$ 和 $P\ 3s^2p^3$)或 2 个($S\ 3s^2p^4$ 和 $Se\ 4s^2p^4$)化学键。每个 sp^2 轨道杂化的 C 原子在同一平面上与其三个近邻原子形成共价键，并剩余一个未配对的电子以形成π键。每个 P 原子与其三个近邻原子形成三个呈四面体构型的定向化学键，还存在一对电子孤对。与 O 原子同组的 S 和 Se 原子的第 3 和第 4 电子壳层中都会形成 s^2p^4 电子构型。S 和 Se 原子的电子均形成四面体构型，与夹层 M 原子形成两个键，两个电子孤对暴露于夹层终端外。由于价电子轨道占据差别，P、S 和 Se 的轨道杂化程度不如 N 和 O 明显，但成键构型趋势相同[28]。

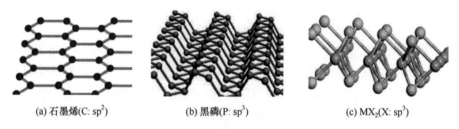

(a) 石墨烯(C: sp^2)　　　　(b) 黑磷(P: sp^3)　　　　(c) MX_2(X: sp^3)

图 23.1　GNR、黑磷和 MX_2 的成键结构

C、P、S、Se 原子通过 sp 轨道杂化与近邻原子形成 3 个($C\ 2s^2p^2$、$P\ 3s^2p^3$)或 2 个($S\ 3s^2p^4$、$Se\ 4s^2p^4$)化学键。此外，(a)中的 C 原子还剩余一个未配对的π键电子，(b)中 P 原子和(c)中 X 原子还分别有一个和两个电子孤对，指向夹层结构的开口端。三种结构的主要原子层分别含有 1 层(a)、2 个(b)和 3 个(c)子层，通过范德瓦耳斯力与下一个原子层相互作用

这些二维材料的主层(分别含 1(图 23.1(a))、2(图 23.1(b))、3(图 23.1(c))个子层)彼此间通过范德瓦耳斯力相互作用，因此可以通过简单机械操作剥离这些层状结构。对于 MX_2 的蜂窝状结构，可以看作过渡金属 M^{4+} 阳离子平面夹于两个硫族 X^{2-} 阴离子平面之间[29]。每个 M^{4+} 离子都会与其近邻 4 个 X^{2-} 阴离子成键。MX_2 层类似于一个巨大的原子，芯核是 M^{4+}，壳层是 X^{2-}。MX_2 主层间通过短程 $X^{2-}:\Leftrightarrow:X^{2-}$ 斥力(与碱溶液中的 $O^{2-}:\Leftrightarrow:O^{2-}$ 超氢键相同[30])和较长程的 $M^{4+} \sim X^{2-}$ 库仑引力相互作用，以此方式构成稳定的层状结构。

图 23.2 为拉曼和红外活性振动模的原子位移示意图[31-35]：

(1) 二维材料层数变化时，横向(TO)和纵向(LO)光学拉曼振动模会发生频移。

(2) 随着尺寸减小，WX_2 和 TiO_2 的 E_{2g} TO 模以及石墨烯的 G 模发生蓝移，而 A_{1g} LO 模和 D 模发生红移。

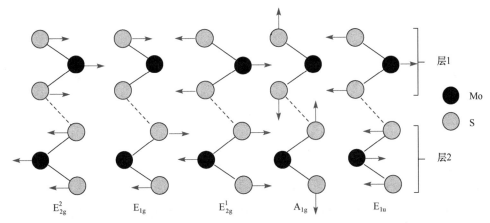

图 23.2 块体 MoS_2 中 4 种拉曼活性模(下标标记 g)和 1 种红外活性模(E_{1u})沿[1000]方向的原子位移[35]

此外，这些层状材料的条带结构还具有锯齿型或扶手型边缘。层状结构中的化学键因原子低配位变短变强，特别是边缘处，低配位程度更大，键更短更强。键收缩及相关的芯电子量子钉扎与价电子极化决定这些低配位系统的奇异性能[36, 37]。

23.1.2 声子频率调制

大量的二维层状结构及纳米带在不同条件下的声子谱学和显微测试结果已构建起一个巨大的数据库，涉及的外界条件包括层数(n)[38-42]、单轴应变(ε)[43-45]、机械压缩(P)[46]、热激发(T)[47, 48]、缺陷密度和位点[49]、基体作用[50, 51]、氢化或钝化[52, 53]、杂质或掺杂[54]、入射光子极化[55]、边缘处理[56, 57]等。

石墨烯及其同素异构体显示出两种拉曼激活模式。一阶近似下，G 模($\sim$1580 cm^{-1})由 sp^2 杂化成键网络的平面振动引起[58]。2D 模(2680 cm^{-1})被认为是二阶双共振散射过程[59]。当存在低配位缺陷或边缘原子时，诱导形成 D 模(1345 cm^{-1})，强度随边缘情况变化，而块体金刚石的 D 模振频为 1331 cm^{-1}[56, 57]。单层黑磷存在 A_g^1、A_g^2 和 B_{2g} 拉曼活性模。MX_2 具有 A_{1g} 和 E_{2g}^1 拉曼活性模。

在相同条件下，层状黑磷、GNR 和 MX_2 的声子行为趋势相同但变化幅度不同[17, 60, 61]。层数减少时，GNR 的 D/2D 模[40, 62]及 MoS_2 和 WS_2[35]的 A_{1g} 模发生红移。具体来说，应用波长为 514.5 nm 的光束进行检测，当块体石墨减小为单层石墨烯时，D 模从 1367 cm^{-1} 降为 1344 cm^{-1}、2D 模从 2720 cm^{-1} 降至 2680 cm^{-1}[41]。而当层数 n 从 20 层减少到 1 层时，G 模发生蓝移，从 1582 cm^{-1} 上升为 1587 cm^{-1}[40, 41]。黑磷的 B_{2g} 和 A_{2g} 模[63, 64]以及 MoS_2 和 WS_2 的 E_{2g}^1 模[35]在层数减少时也发生蓝移。

当然，随着层数 n 从 1 层增加为多层时，拉曼谱峰从单层特征转变为块状属性[40]。有意思的是，GNR 扶手型边缘的 D 模光谱强度比锯齿型边缘高出一个数量级[56, 57]。

通过弯曲弹性基底上的低维层状结构材料，可以引入单轴应变，降低功函数，提高载流子迁移率和光电子发射率[25, 26, 65]。单轴拉伸应变可使石墨烯[43]和 MX_2 的拉曼频移软化并发生劈裂，可减小 MX_2 的带隙[66]。劈裂程度取决于应变以及应变与层状结构中特定键之间的相对方向[45, 67]。压应变引起的拉曼频移方向与拉应变相反[68]。

机械压缩会使拉曼声子发生硬化，增强声子频率[46, 69-71]。相反，加热则使拉曼声子软化，减弱声子频率[72]。从超低温加热到高温的过程中，黑磷的 A_g^1、A_g^2 和 B_{2g} 模[70, 71]以及 WS_2 和 MoS_2 的 A_{1g}、E_{2g}^1 模均发生软化[60, 73]。类似地，温度自 0 K 升至 300 K 时，WSe_2 的激子跃迁能降低[74]。随着升温，带隙和声子频率在低温段缓慢下降，在高温段线性下降[75]。

目前对于层状材料声子频移多场效应的理解主要集中在两个方面。一是连续键振动力学，将声子频率表述为外界作用条件的函数形式，如吉布斯自由能一样。另一个是拉曼光子散射和声子衰变动力学，涉及电子贡献和布里渊区几何结构。温度对拉曼频移的影响归因于光学声子衰变为多个声学单元[76-80]，压强作用可用格林艾森模型描述——拉曼频移随压力变化的斜率，$\partial\omega/\partial P$ 或者$\partial(\ln\omega)/\partial(\ln P)$[43]。"双声子双共振散射"模型用于解释应变诱导的声子频率劈裂和软化现象[67]。拉曼频移与层数被认为呈倒数幂指数关系 $n^{-\gamma}$，其中 γ 为可调参数[31, 81]。

上述经验模型涉及多个可调参数，理论上可以独立使用。然而，对于"外部激励-键弛豫-声子频率-宏观物性"关联性以及相应的检测手段还有待进一步探索。例如，二维材料层数减少时，同一材料不同声子振动模式的变化趋势和机理不尽相同，而且材料边缘的光子反射率超出了现有模型的适用范围。

我们需要澄清的核心是决定层状结构物理化学性质的本征因素。鲍林认为[82]，化学键的属性是连接物质结构与性能的桥梁。因此，键的形成和弛豫以及与之相关的电子转移、极化、局域化和高密度化以及能量演变影响着物质的宏观性能[28]。配位分辨的电子计量谱学表征高真空下局域键长、键能以及相关的电子动力学[37]，与之相比，拉曼计量谱学对各种外界扰动都非常敏感，这有利于监测外界激励诱导的局域键弛豫动力学。

将声子谱学拓展为声子计量谱学，可获取前者难以提供的定量信息。声子计量谱学与电子计量谱学互相补充，可以提供外界扰动下化学键弛豫和电子性能的综合信息。本章将结合 BOLS-LBA 理论[36, 75]和声子计量谱学对层状材料拉曼频移的层数、应变、温度和压强(n, ε, T, P)效应进行解析，构建外部激励作用下谱学特征峰与物性参数之间的函数关系式，并定量获取相关参数。

23.2 声 子 弛 豫

23.2.1 层数效应

1. 函数形式

声子频移随配位数的变化服从

$$D_L(z) = \frac{\Delta\omega(z)}{\Delta\omega(z_b)} = \frac{\omega(z) - \omega(1)}{\omega(z_b) - \omega(1)} = \frac{d_b}{d_z}\left(\frac{E_z}{E_b}\right)^{1/2} \begin{cases} \dfrac{z}{z_b} & (\text{LO}) \\ 1 & (\text{TO}) \end{cases} \tag{23.1}$$

其中,

$$\frac{d_b}{d_z}\left(\frac{E_z}{E_b}\right) = \left(\frac{C_z}{C_b}\right)^{-(1+m/2)}$$

公式表明,$z>1$ 时,声子红移;$z=1$ 时,声子蓝移。拉曼实验后,以 $\omega(z_b)$ 和 $\omega(z)$ 代入上式,并拟合实验结果即可得到参考频率 $\omega(1)$ 和键性质参数 m。

2. 石墨烯与黑磷

键序变化和 sp 轨道杂化模式的改变会使碳同素异构体如金刚石、石墨、C_{60}、纳米管、豆荚状碳管(CNB)、石墨烯、GNR 等性质迥异。石墨是不透明导体,而金刚石则是绝缘体。前者由于 sp^2 轨道杂化而具有非成键的未配对(或 π 键)电子,后者则含有理想 sp^3 轨道杂化电子。碳纳米管和 GNR 皆呈现出反常物性,如高拉伸强度、导电性、延展性和导热性。然而,GNR 与碳纳米管或无限大 GNR 依然具有很大的不同,因为前者含有双配位的边缘原子及形成的狄拉克-费米极化子[83-86]。拉曼声子在变温、变压以及同素异构体等外界激励作用下都会发生弛豫[87, 88]。

大量石墨烯和黑磷的层数效应实测结果验证了声子谱层数效应与配位数之间的关联性[40, 62, 64]。已知块体石墨的有效键长 d_g=0.142 nm、配位数 z_g=5.335;单层石墨烯的配位数 z=3;C—C 键性质参数 m=2.56。基于块体石墨 z_g=5.335,得到参考频率 $\omega(1)$[88]。当石墨(z_g=5.335)减薄为单层石墨烯(z=3)时,2D 模频率从 2720 cm^{-1} 下降至 2680 cm^{-1},D 模从 1367 cm^{-1} 下降到 1344 cm^{-1}[40, 62, 89],G 模从 1582 cm^{-1} 上升为 1587 cm^{-1}[40, 41]。根据式(23.1),对于单层石墨烯有

$$C\left(z, z_{g}\right)=\frac{\omega(z)-\omega(1)}{\omega\left(z_{g}\right)-\omega(1)}=\left(\frac{C_{z}}{C_{z_{g}}}\right)^{-(m/2+1)}\begin{cases}\dfrac{z}{z_{g}} & (D, 2D)\\[2mm] 1 & (G)\end{cases}$$

$$=\left(\frac{0.8147}{0.9220}\right)^{-2.28}\times\begin{cases}\dfrac{3.0}{5.335}=0.7456 & (D, 2D;\ z=3)\\[2mm] 1=1.3260 & (G; z=1)\end{cases}$$

则参考频率

$$\omega(1)=\frac{\omega(z)-\omega\left(z_{g}\right)C\left(z, z_{g}\right)}{1-C\left(z, z_{g}\right)}=\frac{\omega(3)-\omega\left(z_{g}\right)C\left(3, z_{g}\right)}{1-C\left(3, z_{g}\right)}=\begin{cases}1276.8 & (D)\\ 1566.7 & (G)\\ 2562.6 & (2D)\end{cases}\left(cm^{-1}\right)$$

石墨烯的拉曼频移随配位数的变化为

$$\omega(z)=\omega(1)+\left[\omega\left(z_{g}\right)-\omega(1)\right]\times D_{L}(z)$$

$$=\begin{cases}1276.8+90.2\times D_{D}(z) & (D)\\ 2563.6+157.4\times D_{2D}(z) & (2D)\\ 1566.7+16.0\times D_{G}(z) & (G)\end{cases}\tag{23.2}$$

具体数据详见图 23.3 所示的基于 BOLS-LBA 计算得到的石墨烯 D/2D 模和 G 模拉曼频移随配位数的变化[40, 43, 68]。图 23.3(b)中的插图给出了黑磷的 A_{2g} 模拉曼频移与配位数的关系[64]，随配位数减小，A_{2g} 声子蓝移，由体相的 466 cm^{-1} 上升至 470 cm^{-1}。此外，黑磷层数减少至单层时，其 A_{1g} 和 B_{2g} 模同样发生声子蓝移[90]。根据黑磷的拉曼频谱可计算得到各模式的 $\omega(1)$ 分别为 360.20 cm^{-1}(A_{1g})、435.00 cm^{-1}(B_{2g})、462.30 cm^{-1}(A_{2g})。

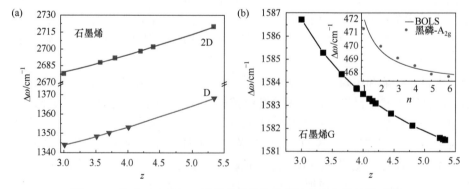

图 23.3 基于 BOLS-LBA 计算得到的拉曼频移与配位数的关系[90]

(a)石墨烯 D/2D 模；(b)石墨烯 G 模[40, 41, 62](插图为黑磷的 A_{2g} 模[64])

3. (W, Mo)(S, Se)₂

图 23.4 为 MoS₂ 和 WS₂ 层数变化时的声子差谱结果[91]。波谷表示体相时的振频、波峰表示层数减少时的声子频移。A_{1g} 和 E_{2g}^1 两种模式随层数变化的频移趋势相反，前者红移，后者蓝移，与石墨烯 D/2D 和 G 模频移趋势相同。已知的 $\omega(\infty)$ 和 $\omega(1)$ 为输入参数，类似石墨烯数据分析方式进行解析，可以获得 MX₂ 层状材料的系列定量信息[91]。

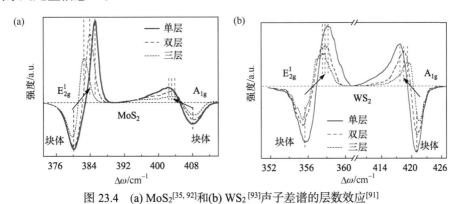

图 23.4　(a) MoS₂[35, 92]和(b) WS₂[93]声子差谱的层数效应[91]

MoS₂ 的 E_{2g}^1 和 A_{1g} 的体相峰分别为 380 cm⁻¹ 和 408 cm⁻¹、WS₂ 相应的体相峰位于 356 cm⁻¹ 和 421 cm⁻¹ 处。层数逐渐减小时，E_{2g}^1 声子蓝移幅度增大，而 A_{1g} 红移幅度增大

图 23.5 展示了层状 MX₂ 声子频移随材料尺寸的变化趋势。MX₂ 材料的 A_{1g}

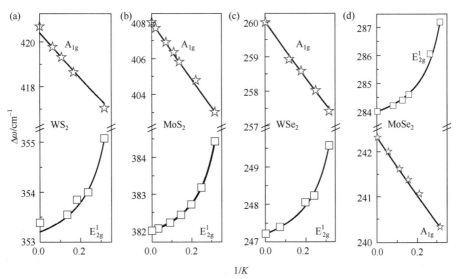

图 23.5　基于 BOLS-LBA 理论计算的(a) WS₂、(b) MoS₂、(c) WSe₂ 和(d) MoSe₂ 的拉曼频移层数效应[90]

模频率随层数减小几乎直线降低，而 E_{2g}^1 模频率则增大，可见 A_{1g} 的声子红移由配位的近邻原子的集体振动主导，而 E_{2g}^1 的声子蓝移则由单键振动决定[90]。MX_2 层状材料与其他材料的物性信息一并汇总列于 23.2.3 节的表 23.1。

4. 有效原子配位数与层数

根据图 23.3 和图 23.5 可获得配位数-层数关系，如图 23.6 所示。当 $n \geqslant 6$ 时，石墨的配位数达到饱和值 $5.335(z=2.55+0.45n)$，层状 MX_2 的饱和配位数为 $12(z=2.4+1.6n)$。拉曼频移随配位数的变化以及 z-n 相关函数的 BOLS 预测与实测结果非常吻合，证实 BOLS 理论分析二维材料晶格振动的有效性。

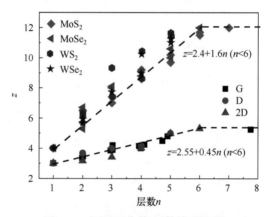

图 23.6　原子配位数-层数关系[32, 91]

原子层数 $n \geqslant 6$，石墨的配位数达块体值，$z=5.335$；MX_2 的配位数达 $z=12$

23.2.2　应变效应

根据单层石墨烯[68]和 MoS_2[94]的拉伸应变数据可以得到平均键力常数以及应变方向与化学键之间的夹角信息。拉曼频移的应变效应遵循[95]

$$\frac{\omega(z,\varepsilon)-\omega(1,0)}{\omega(z,0)-\omega(1,0)}=\frac{d(0)}{d(\varepsilon)}\left[\frac{E(\varepsilon)}{E(0)}\right]^{1/2}=\frac{\left(1-d^2\int_0^\varepsilon \kappa\varepsilon \mathrm{d}\varepsilon \Big/ E_{z1}\right)^{1/2}}{1+\varepsilon}$$

$$\cong \frac{\left[1-\kappa'(\lambda\varepsilon')^2\right]^{1/2}}{1+\lambda\varepsilon'} \tag{23.3}$$

其中，$\kappa'=\kappa d_z^2\big/(2E_z)=$ 常数。

为辨析键与单轴应变方向有异的问题，引入应变系数 $\lambda(0 \leqslant \lambda \leqslant 1)$。应用 $\varepsilon=\lambda\varepsilon'$ 表示应变与键之间的失配度。$\kappa=2E_z\kappa'd_z^{-2}$ 为常数，为某原子所有键的有效力常

数。我们只能获取整个试样的平均应变，无法得到某一个键的力常数 k_0。λ 可表征单元中特定化学键的实际应变。施加的单轴应变若与某化学键同向，$\lambda=1$；若垂直，$\lambda=0$；若成任意角度，$0<\lambda<1$。沿施加应变方向的键拉伸程度最大，声子频移也最大；垂直方向的键应变为零，声子频率保持不变，如图 23.7(a) 插图所示。因此，机械应变可使声子频移发生劈裂，程度取决于键和应变之间的角度[32]。

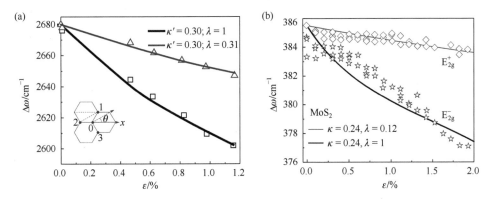

图 23.7 拉曼频移应变效应的 BOLS-LBA 理论重现[96]：(a)石墨烯 2D 模[68]和(b) MoS₂ E₂g 模[94]
(a)中插图为 C_{3v} 键与 C_{2v} 单轴应变之间的几何关系。存在两个极端情况：$\theta=0°$(沿 C—C 键)，$\varepsilon_1=\varepsilon_3=\lambda\varepsilon_2<\varepsilon_2$；$\theta=30°$(垂直于 C—C 键)，$\varepsilon_1=\varepsilon_2>\varepsilon_3\sim0$

结合式(23.2)和(23.3)可得石墨烯不同振动模式拉曼频移应变效应的函数关系：

$$\omega(z,\varepsilon) = \omega(1,0)+\left[\omega(z_b,0)-\omega(1,0)\right]D_L(z)\times\frac{\left[1-\kappa'(\lambda\varepsilon')^2\right]^{1/2}}{1+\lambda\varepsilon'}$$

$$= \left.\begin{matrix}1276.8\\2562.6\\1566.7\end{matrix}\right\}+D_L(z)\times\frac{\left[1-\kappa'(\lambda\varepsilon')^2\right]^{1/2}}{1+\lambda\varepsilon'}\times\left\{\begin{matrix}90.2 & (D)\\157.4 & (2D)\\16.0 & (G)\end{matrix}\right.(cm^{-1}) \quad (23.4)$$

图 23.7 展示了石墨烯 2D 模和 MoS₂ E₂g 模因拉伸应变引起的拉曼声子红移和劈裂情况[67, 94]。通过 BOLS 理论预测与实验结果的匹配，可以得到石墨烯($z=3$)的力常数 $\kappa'=0.30$，相应的 $\kappa=6.283$ N/m。若施加的为压应变，各键的应变比例与施加拉应变时相同，仅应变方向反向[43, 68]。对照插图(a)中标记 1、2 和 3 的 C—C 键，图 23.7(a)中上分支表示 "1" 和 "3" C—C 键的应变，两者等同，此时 $\lambda=0.31$；下分支表示 "2" C—C 键的应变，此时 $\lambda=1.0$。相应地，MoS₂ 曲线的上分支对应 $\lambda=0.12$。

石墨烯所承受外加应变沿键 2，$\theta=0°$，$\lambda=1$。此时三种 C—C 键的应变 $\varepsilon_1=\varepsilon_3=\lambda\varepsilon_2<\varepsilon_2$ 时，ε_2 最大；如果施加应变的角度为 $\theta=30°$，此时应变垂直于键 3，则 $\varepsilon_1=\varepsilon_2>\varepsilon_3\sim0$。由石墨烯六边形对称结构决定，人们仅需要考虑 0°~30°的化学键和应变。如果施加应变角度 $\theta=30°$，则会存在一个原始 C—C 振频分支，受到 $\varepsilon_3\sim0$ 限制，振频会保持

恒定。图 23.7 中石墨烯存在 $\lambda=0.31$ 和 $\lambda=1$ 两支曲线，MoS_2 也存在 $\lambda=0.12$ 和 $\lambda=1$ 两曲线，这说明必定有一个 C—C 键和一个 Mo—S 键沿外加应变方向。图 23.7(a)中键 1 和 3 拉长幅度为键 2 的 31%，不在拉伸方向的 Mo—S 键伸长 12%。随着应变和键之间相对角度的变化，可以获取任意程度的拉曼频移和劈裂情况。

根据图 23.7(a)插图所示的 C_{3v} 键构型和导出的有效力常数 6.283 N/m，可以估算单层石墨烯中单个 C—C 键的力常数 κ_0。键 1 和 3 力常数近似为 $\kappa_{13}=2\kappa_0$，综合键 2 可获得这三条键的平均力常数 $\kappa_{123}=2\kappa_0/3$。因此，C—C 键力常数 $\kappa_0 \approx 9.424$ N/m。同理，M—X 键的力常数 $\kappa_0 \approx 2.56$ N/m。

23.2.3　力场与温场

1. 理论模型

当 $x \ll 1$ 时，$1+x \cong \exp(x)$，基于此近似表示热膨胀系数并获得拉曼频移温度和压强效应的函数表达式[87, 97]

$$\frac{\omega(z,y)-\omega(1,y_0)}{\omega(z,y_0)-\omega(1,y_0)}=\frac{d(y_0)}{d(y)}\left[\frac{E(y)}{E(y_0)}\right]^{1/2} \cong \begin{cases} (1-\Delta_T)^{1/2}\exp\left[-\int_{T_0}^{T}\alpha(t)dt\right] \\ (1+\Delta_P)^{1/2}\exp\left[+\int_{P_0}^{P}\beta(p)dp\right] \end{cases} \quad (23.5)$$

其中，$y=P$ 和 T。

温度和压强引起的能量扰动 Δ_T 和 Δ_P 遵循下述关系[75]：

$$\begin{cases} \Delta_T=\int_{T_0}^{T}\frac{\eta(t)}{E_z}dt=\int_{T_0}^{T}\frac{C_V(t/\theta_D)}{zE_z}dt \\ \Delta_P=-\int_{V_0}^{V}\frac{p(v)dv}{E_z}=-\frac{V_0}{E_z}\int_{1}^{X}p(x)dx=\frac{\int_{P_0}^{P}v(p)dp-\int_{(VP)_0}^{VP}d(pv)}{E_D} \end{cases} \quad (23.6)$$

其中，

$$\begin{cases} C_V(\tau,T)=\tau R\left(\frac{T}{\theta_D}\right)^{\tau}\int_{0}^{\theta_D/T}\frac{x^{\tau+1}e^x}{(e^x-1)^2}dx \\ p(x)=\frac{3B_0}{2}(x^{-7/3}-x^{-5/3})\times\left[1+3\frac{(B_0'-4)(x^{-2/3}-1)}{4}\right] \quad \text{(B-M)} \\ x(P)=1-\beta P+\beta'P^2 \quad\quad\quad\quad\quad \text{(多项式)} \end{cases}$$

式中，Δ_T 对应于德拜近似下的比热积分与键能的比值。当测量温度大于德拜温度 θ_D 时，二维材料的比热 C_V 将趋于常数 τR(R 为理想气体常量)。原子结合能 $E_C(=zE_z)$ 和 θ_D

是 Δ_T 函数中唯二的可调参量。Δ_P 的计算基于 Birch-Mürnaghan (B-M)方程[98, 99]。V_0 指没有外部激励时晶体的单胞体积。Δ_P 表达式中，键能密度 $E_D=E_z/V_0$。$x(P)$ 为 B-M 状态方程的另一种表述形式，可得到非线性压缩系数 β 及其一阶导数 β'，结合 B-M 方程还可以获得体积模量 $B_0(\beta B_0 \cong 1)$ 及其一阶导数 B_0'。再将式(23.6)代入式(23.5)，可以重现拉曼频移的温度和压强效应。

2. MX$_2$ 的德拜温度

图 23.8 为 MX$_2$ 拉曼频移的温度效应，据此获取的 E_C 和 θ_D 数值汇总于后面的表 23.1。同样，根据声子频移的层数效应可以得到 $\omega(1)$ 和 $\Delta\omega$。拉曼频移表征的刚度项$(E/d^2)^{1/2}$ 可与德拜比热的积分相关联[100]。温度极低时，由于比热 $\eta(t)$ 与 T^r 呈比例，$\int_0^T \eta dt$ 积分值很小，所以拉曼频移变化缓慢。这意味着拉曼频移温度效应曲线的突变点由 θ_D 决定，高温部分的曲线斜率由 $1/E_C$ 和热膨胀系数共同决定。图 23.8 中四种 MX$_2$ 材料的原子结合能大小顺序为：$E_{C\text{-MoS}_2}(1.35\,\mathrm{eV}) < E_{C\text{-WS}_2}(2.15\,\mathrm{eV}) < E_{C\text{-MoSe}_2}(2.30\,\mathrm{eV}) < E_{C\text{-WSe}_2}(3.21\,\mathrm{eV})$。MoS$_2$ 的原子结合能最小，故其热膨胀率和键能衰减率均高于其他材料。另外,基于结合能也可以对 θ_D 和 $\Delta\omega$ 排序。原子结合能的差异主要源于原子电负性值的差异：W(1.7)、Mo(1.8)、S(2.5)、Se(2.4)[101]。化合物组成元素 M 和 X 的电负性差异代表了化学键的极性：MoSe$_2$(0.6)<WSe$_2$(0.7)=MoS$_2$(0.7)<WS$_2$(0.8)。

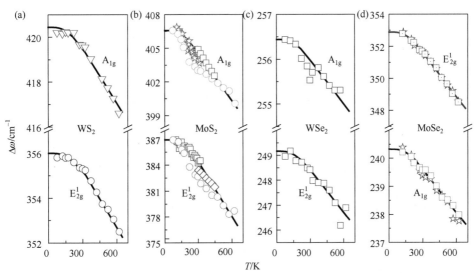

图 23.8　(a) WS$_2$[102]、(b) MoS$_2$[103-105]、(c) WSe$_2$[60]和(d) MoSe$_2$[60]的 A$_{1g}$ 模和 E$_{2g}^1$ 模拉曼频移的温度效应[100]

实线为 BOLS-LBA 理论预测结果；散点为实验测量值

3. 黑磷与(W, Mo)S₂

图 23.9 为黑磷拉曼频移的压强和温度效应[70, 106, 107]。加压使拉曼声子蓝移而升温则使之红移。BOLS-LBA 理论预测与实测结果匹配可获得压缩系数 β=0.32 GPa^{-1}、键能密度 E_D=9.46 eV/ nm^3、德拜温度 θ_D=466 K、不同模式的原子结合能即模式结合能 E_{C-m}=2.11 eV[90],结果同样汇总于表 23.1。θ_D 决定 BOLS-LBA 理论曲线的拐点，E_{C-m} 决定曲线在高温部分的斜率。

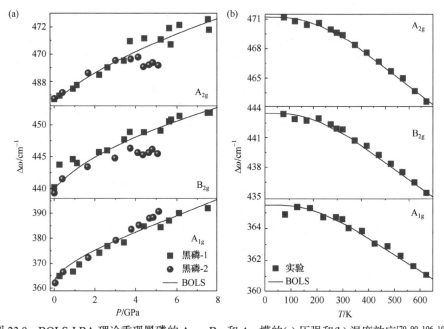

图 23.9　BOLS-LBA 理论重现黑磷的 A₁g、B₂g 和 A₂g 模的(a) 压强和(b) 温度效应[70, 90, 106, 107]

图 23.10 为 BOLS-LBA 理论获取的单壁碳纳米管和石墨烯的拉曼频移温度、

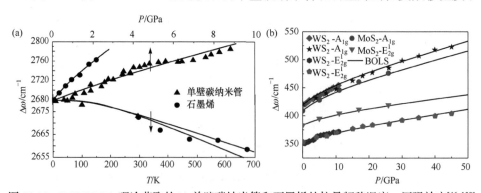

图 23.10　BOLS-LBA 理论获取的(a) 单壁碳纳米管和石墨烯的拉曼频移温度、压强效应[46, 108]以及(b) WS₂ 和 MoS₂ 拉曼频移的压强效应[109, 110]

压强效应[46, 108]及(W, Mo)S₂拉曼频移压强效应[109, 110]。理论与实测数据相匹配，可据此获取一系列定量参数，汇总列于表 23.1。

表 23.1 基于层状黑磷、GNR 和 MX₂拉曼频移层数、应变、温度和压强效应获取的系列定量信息[32, 90, 96, 100]

变量	参数		石墨烯	黑磷	MoS₂	WS₂	MoSe₂	WSe₂
改变层数 n	$\omega(1)$/ cm⁻¹		1276.8(D) 2562.6(2D) 1556.7(G)	360.20(A₁g) 435.00(B₂g) 462.30(A₂g)	399.65(A₁g) 377.03(E¹₂g)	416.61(A₁g) 352.26(E¹₂g)	237.65(A₁g) 265.12(E¹₂g)	254.84(A₁g) 246.42(E¹₂g)
	键性质参数 m		2.56	4.60	4.68	2.42	2.11	1.72
	键长 d/ nm	单层	0.125	0.224/0.223[111]	0.249/0.241[112]	0.243/0.242[112]	0.250/0.254[112]	0.264/0.255[112]
		块体	0.154 (金刚石)	0.255	0.284	0.276	0.286	0.301
	单键能 E_b /eV	单层	1.04	0.527	0.338	0.538	0.575	0.613
		块体	0.615[128] (金刚石)	0.286[113]	0.181	0.390	0.435	0.487
改变应变 ε	力常数 κ/(N/m)		6.28	—	2.56	—	—	—
改变温度 T	德拜温度 θ_D/K		540	466/400[114]	250	530	193	170
	原子结合能 E_C/eV		3.11	2.11	1.35	2.15	2.30	2.45
	热膨胀系数 α/(× 10⁻⁶K⁻¹)		9.00	22.0[115]	1.90/8.65	10.10/—	7.24/12.9	6.80/10.6 (α_a/α_c)
改变压强 P	键能密度 E_D/ (eV/ nm³)		320	9.46	21.9	29.6	—	—
	(β/β')/(×10⁻³G Pa⁻¹/GPa⁻²)		1.15/0.0763	0.32/2.20[116]	13.30/0.96	25.60/0.88	—	—
	(B₀/B₀') /(GPa/—)		690/5 (704/1)[117]	84.10/4.69[118]	47.7/10.6	63.00/6.50 [110, 119]	—	—

4. 碳同素异构体

根据推导得出的参考频率 $\omega(1)$和拉曼频移测量值 $\omega(z_g)$，可以从碳同素异构体的拉曼频移温度和压强效应中获得系列物理参数。基于石墨烯[72]、CNB[120]、C₆₀[121]2D 模拉曼频移温度效应可获得德拜温度 θ_D=540 K 和原子结合能 E_C= 3.11 eV[32]。此 θ_D 约为单壁碳纳米管熔点(1605 K)的 1/3[122]。在 T～θ_D/3 的温度处，拉曼频移随温度升高有逐渐由非线性转变为线性变化趋势[108]。温度极低时，拉曼频移缓慢。

图 23.11(a)比较了石墨、石墨烯、单壁碳纳米管、C_{60} 和 CNB 几种碳同素异构体的拉曼声子频移温度效应。结果表明，德拜温度决定曲线线性和非线性的转折点；$1/E_{C-m}$ 和热膨胀系数决定高温部分($T \geq \theta_b/3$)线性趋势的斜率。根据 $E_{C-m}(z)=C_z^{-m}E_{C-m}$(块体)和已知的 E_{C-m}(块体)及 m 值，可以估算 C_{60} 和 CNB 的有效配位数。

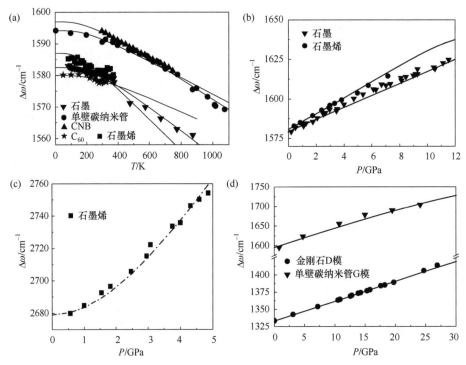

图 23.11 (a)CNB[120]、C_{60}[121]、石墨烯[72]、石墨[123-125]和单壁碳纳米管[126, 127]拉曼频移的温度效应，(b) 石墨烯[46]、石墨[128]和(c) 石墨烯[46]2D 模及(d)金刚石 D 模[129]、单壁碳纳米管 G 模[130]拉曼频移的压强效应，相应的定量信息汇于表 23.2[32, 42]

模式结合能低于原子结合能，且在同一声子振动模式下，模式结合能会随晶体相结构变化而变化。例如，金刚石的 G 模结合能为 0.594 eV，其原子结合能则为 7.37 eV。前者对应于特定振动模式的能量，后者则对应于晶体原子蒸发所需要的能量。因为形状差异，C_{60} 的有效配位数低于石墨烯，前者构型呈曲面，后者为平面。在碳的各种同素异构体中，C_{60} 的键能、原子结合能和模式结合能皆最高，所以 C_{60} 的键最强。碳同素异构体中，金刚石的德拜温度最高(2230 K)，其他结构远低于此值。

表 23.2 基于石墨烯、单壁碳纳米管、C₆₀、CNB、石墨和金刚石拉曼频移温度和压强效应获取的系列定量信息[42]

外界微扰		G 模				D 模
		单壁碳纳米管	石墨	C_{60}	CNB	金刚石
压强效应	CN	3.0	5.335	2.465	5.605	12
	$A(\omega\text{-}P$ 斜率$)$	0.024[126]	0.028[124]	0.0165[121]	0.0273[120]	0.033[123]
	$\alpha/(\times10^{-6}\mathrm{K}^{-1})$	8	8[131]	1	5	0.8[132]
	(B_0/B_0') /(GPa/-)	865 /5.0	39/10.0[117]	—	—	446/3.6[133]
	$(\beta/\beta')/(\times10^{-3}\mathrm{GPa}^{-1}/\mathrm{GPa}^{-2})$	1.156/0.0770	18.440/0.4427	—	—	2.120/0.0035
	$E_\mathrm{D}/(\mathrm{eV}/\mathrm{nm}^3)$	456.32	347.68	—	—	249.59
温度效应	d/nm	0.125	0.142	0.118	0.143	0.154
	E_b/eV	1.038	0.756	1.22	0.743	0.614[134]
	$E_\mathrm{C\text{-}m}/\mathrm{eV}$	0.817	0.700	1.188	0.718	0.594
	$\theta_\mathrm{D}/\mathrm{K}$	600	1000	650	550	2230[135]

匹配图 23.11(b)~(d)的理论预测和实验测试结果，可以获得压缩系数 β=1.145×10⁻³ GPa⁻¹ 和 β'=7.63×10⁻⁵ GPa⁻²，键能密度 E_D=320 eV/nm³。石墨烯和单壁碳纳米管的键能密度高于金刚石，这与 XPS 测量结果一致[75]。由于杨氏模量与键能密度成正比，因此石墨烯和单壁碳纳米管的杨氏模量更高，与金刚石相比，压缩难度更大。

23.2.4 拉曼反射的边缘特性

理论计算[84]和扫描隧道显微镜测试[136]结果都证实，由于边缘悬键电子之间间距较长 ($\sqrt{3}d$) 且均匀，石墨烯锯齿型边缘[137]和石墨表面原子空位周围[138]优先形成狄拉克-费米极化子，而石墨烯扶手型边缘和重构石墨烯锯齿型边缘的悬键电子则因间距较短而易于形成准三键。局域钉扎的原子实和成键电子对锯齿型边缘未配对悬键电子的孤立和极化会使入射光束发生散射现象，故其 D 模拉曼反射率较之扶手型边缘要低[56, 57]。

23.3 结 论

层状材料的变温、变压、层数、应变等多场作用下的拉曼声子振动力学分析解决了以下问题：

(1) 通过建立受扰化学键的弛豫与声子频率的关联，将连续介质方法与量子理论联系起来。

(2) 构建了层状材料多场声子振动频率-键参数-物性之间的定量函数关系式。

(3) 结合化学键多场作用振动力学和声子计量谱学，可以获取键弛豫动力学的系列定量信息。

基于 BOLS-LBA 理论的化学键多场作用振动力学结合声子计量谱学将连续介质方法与量子理论联系起来，可以获得有关外界扰动引起键弛豫及物性演化的系列定量信息，这为现有相关理论和方法提供了重要补充。通过表征外界微扰($z, \varepsilon,$ P, T)对黑磷、GNR 和 MX$_2$ 等二维材料拉曼声子频谱的影响，揭示了这些二维材料固有声子弛豫的本质起源和键弛豫动力学过程，并展示了材料物性的演变。BOLS-LBA 理论预测与拉曼实验测量结果的一致性阐明并量化了以下结果：

(1) 层数减少引起声子红移，实际是因为原子低配位。原子与其近邻原子之间的集体振动决定某些振动模式的声子红移，而双原子间的相互作用则决定个别振动模式的声子蓝移。匹配理论预测与实验测量结果可以获得二维层状结构的局域键长、键能、键性质参数、参考频率以及有效配位数。

(2) 从施加应变方向与化学键的相对角度阐释了拉曼声子拉伸红移和劈裂的问题，并可以从拉曼声子频移的单轴拉伸应变效应中获取平均键力常数和化学键与应变的相对方向。

(3) 基于拉曼声子频移热致软化效果可以获取二维材料各振动模式的模式结合能 E_{C-m} 和德拜温度 θ_D。

(4) 从拉曼声子频移的压致硬化效应中可以提取键能密度、压缩系数、体积模量及其一阶导数。

一系列二维材料受扰的拉曼声子频移结果证实了 BOLS-LBA 理论的重要意义，它能很好地预估声子频移受扰演化趋势，并极大地增强了拉曼谱在获取化学键振动力学和样品物性相关定量信息方面的能力。值得强调的是，在整个数据分析过程中并没有引入自由假设的可调参数。这些成果有助于激发新的思考方式，从局域键平均的角度来思考外界激励与键特性之间的相关性和处理方法，为功能材料的设计和合成提供理论参考，并可以拓展分析更多外场作用情况和更多的物性。

参 考 文 献

[1] Liu S, Huo N, Gan S, et al. Thickness-dependent Raman spectra, transport properties and infrared photoresponse of few-layer black phosphorus. J. Mater. Chem. C, 2015, 3(42): 10974-10980.

[2] Zhao W, Ghorannevis Z, Chu L, et al. Evolution of electronic structure in atomically thin sheets of WS$_2$ and WSe$_2$. ACS Nano, 2012, 7(1): 791-797.

[3] Fan X, Chang C H, Zheng W, et al. The electronic properties of single-layer and multi-layer MoS$_2$

under high pressure. J. Phys. Chem. C, 2015, 119(19): 10189-10196.

[4] Sun C Q, Fu S Y, Nie Y G. Dominance of broken bonds and unpaired nonbonding π-electrons in the band gap expansion and edge states generation in graphene nanoribbons. J. Phys. Chem. C, 2008, 112(48): 18927-18934.

[5] Hod O, Barone V, Peralta J E, et al. Enhanced half-metallicity in edge-oxidized zigzag graphene nanoribbons. Nano Lett., 2007, 7(8): 2295-2299.

[6] Brey L, Fertig H A. Electronic states of graphene nanoribbons studied with the Dirac equation. Phys. Rev. B, 2006, 73(23): 235411.

[7] Pellegrino F M D, Angilella G G N, Pucci R. Strain effect on the optical conductivity of graphene. Phys. Rev. B, 2010, 81(3): 035411.

[8] Jafri S H M, Carva K, Widenkvist E, et al. Conductivity engineering of graphene by defect formation. J. Phys. D: Appl. Phys., 2010, 43(4): 045404.

[9] Son Y W, Cohen M L, Louie S G. Energy gaps in graphene nanoribbons. Phys. Rev. Lett., 2006, 97(21): 216803-216804.

[10] Nakada K, Fujita M, Dresselhaus G, et al. Edge state in graphene ribbons: Nanometer size effect and edge shape dependence. Phys. Rev. B, 1996, 54(24): 17954-17961.

[11] Yang L, Park C H, Son Y W, et al. Quasiparticle energies and band gaps in graphene nanoribbons. Phys. Rev. Lett., 2007, 99(18): 186801.

[12] Barone V, Hod O, Scuseria G E. Electronic structure and stability of semiconducting graphene nanoribbons. Nano Lett., 2006, 6(12): 2748-2754.

[13] Mak K F, Lee C, Hone J, et al. Atomically thin MoS_2: A new direct-gap semiconductor. Phys. Rev. Lett., 2010, 105(13): 136805.

[14] Kumar A, Ahluwalia P. Electronic structure of transition metal dichalcogenides monolayers 1H-MX_2 (M= Mo, W; X= S, Se, Te) from *ab initio* theory: New Direct band gap semiconductors. Eur. Phys. J. B, 2012, 85(6): 1-7.

[15] Tongay S, Zhou J, Ataca C, et al. Thermally driven crossover from indirect toward direct bandgap in 2d semiconductors: $MoSe_2$ versus MoS_2. Nano Lett., 2012, 12(11): 5576-5580.

[16] Zhao W, Ribeiro R, Toh M, et al. Origin of indirect optical transitions in few-layer $MosS_2$, WS_2, and WSe_2. Nano Lett., 2013, 13(11): 5627-5634.

[17] Kaushik V, Varandani D, Mehta B R. Nanoscale mapping of layer-dependent surface potential and junction properties of CVD-grown MoS_2 domains. J. Phys. Chem. C, 2015, 119(34): 20136-20142.

[18] Kuc A, Zibouche N, Heine T. Influence of quantum confinement on the electronic structure of the transition metal sulfide TS_2. Phys. Rev. B, 2011, 83(24): 245213.

[19] Ramasubramaniam A. Large excitonic effects in monolayers of molybdenum and tungsten dichalcogenides. Phys. Rev. B, 2012, 86(11): 115409.

[20] Li L, Yu Y, Ye G J, et al. Black phosphorus field-effect transistors. Nat. Nanotechnol., 2014, 9(5): 372-377.

[21] Liu H, Neal A T, Zhu Z, et al. Phosphorene: An unexplored 2d semiconductor with a high hole mobility. ACS Nano, 2014, 8(4): 4033-4041.

[22] Radisavljevic B, Radenovic A, Brivio J, et al. Single-layer MoS$_2$ transistors. Nat. Nanotechnol., 2011, 6(3): 147-150.

[23] Li H, Yin Z, He Q, et al. Fabrication of single-and multilayer MoS$_2$ film-based field-effect transistors for sensing NO at room temperature. Small, 2012, 8(1): 63-67.

[24] Mak K F, He K, Shan J, et al. Control of valley polarization in monolayer MoS$_2$ by optical helicity. Nat Nanotechnol., 2012, 7(8): 494-498.

[25] Lee H S, Min S W, Chang Y G, et al. MoS$_2$ nanosheet phototransistors with thickness-modulated optical energy gap. Nano Lett., 2012, 12(7): 3695-3700.

[26] Kim S, Konar A, Hwang W S, et al. High-mobility and low-power thin-film transistors based on multilayer MoS$_2$ crystals. Nat. Commun., 2012, 3: 1011.

[27] Zhu C, Zeng Z, Li H, et al. Single-layer MoS$_2$-based nanoprobes for homogeneous detection of biomolecules. J. Am. Chem. Soc, 2013, 135(16): 5998-6001.

[28] Shim G W, Yoo K, Seo S B, et al. Large-area single-layer MoSe$_2$ and its van der Waals heterostructures. ACS Nano, 2014, 8(7): 6655-6662.

[29] Ataca C, Sahin H, Ciraci S. Stable, single-layer MX$_2$ transition-metal oxides and dichalcogenides in a honeycomb-like structure. J. Phys. Chem. C, 2012, 116(16): 8983-8999.

[30] Zhou Y, Wu D, Gong Y, et al. Base-hydration-resolved hydrogen-bond networking dynamics: Quantum point compression. J. Mol. Liq., 2016, 223: 1277-1283.

[31] Zi J, Büscher H, Falter C, et al. Raman shifts in Si nanocrystals. Appl. Phys. Lett., 1996, 69(2): 200-202.

[32] Yang X X, Li J W, Zhou Z F, et al. Raman spectroscopic determination of the length, strength, compressibility, Debye temperature, elasticity, and force constant of the C—C bond in graphene. Nanoscale, 2012, 4(2): 502-510.

[33] Fujii M, Kanzawa Y, Hayashi S, et al. Raman scattering from acoustic phonons confined in Si nanocrystals. Phys. Rev. B, 1996, 54(12): R8373-R8376.

[34] Cheng W, Ren S F. Calculations on the size effects of Raman intensities of silicon quantum dots. Phys. Rev. B, 2002, 65(20): 205305.

[35] Lee C, Yan H, Brus L E, et al. Anomalous lattice vibrations of single-and few-layer MoS$_2$. ACS Nano, 2010, 4(5): 2695-2700.

[36] Sun C Q. Size dependence of nanostructures: Impact of bond order deficiency. Prog. Solid State Chem., 2007, 35(1): 1-159.

[37] Liu X J, Bo M L, Zhang X, et al. Coordination-resolved electron spectrometrics. Chem. Rev., 2015, 115(14): 6746-6810.

[38] Hao Y, Wang Y, Wang L, et al. Probing layer number and stacking order of few-layer graphene by Raman spectroscopy. Small, 2010, 6(2): 195-200.

[39] Wang H, Wang Y, Cao X, et al. Vibrational properties of graphene and graphene layers. J. Raman Spectrosc., 2009, 40(12): 1791-1796.

[40] Graf D, Molitor F, Ensslin K, et al. Spatially resolved Raman spectroscopy of single- and few-layer graphene. Nano Lett., 2007, 7(2): 238-242.

[41] Gupta A, Chen G, Joshi P, et al. Raman scattering from high-frequency phonons in supported

n-graphene layer films. Nano Lett., 2006, 6(12): 2667-2673.

[42] Yang X X, Zhou Z F, Wang Y, et al. Raman spectroscopic determination of the length, energy, Debye temperature, and compressibility of the C—C bond in carbon allotropes. Chem. Phys. Lett., 2013, 575: 86-90.

[43] Mohiuddin T M G, Lombardo A, Nair R R, et al. Uniaxial strain in graphene by Raman spectroscopy: G peak splitting, Grüneisen parameters, and sample orientation. Phys. Rev. B, 2009, 79(20): 205433.

[44] Yu T, Ni Z, Du C, et al. Raman mapping investigation of graphene on transparent flexible substrate: The strain effect. J. Phys. Chem. C, 2008, 112(33): 12602-12605.

[45] Huang M, Yan H, Heinz T F, et al. Probing strain-induced electronic structure change in graphene by Raman spectroscopy. Nano Lett., 2010, 10(10): 4074-4079.

[46] Proctor J E, Gregoryanz E, Novoselov K S, et al. High-pressure Raman spectroscopy of graphene. Phys. Rev. B, 2009, 80(7): 073408.

[47] Calizo I, Ghosh S, Bao W, et al. Raman nanometrology of graphene: Temperature and substrate effects. Solid State Commun., 2009, 149(27-28): 1132-1135.

[48] Dattatray J L, Maitra U, Panchakarla L S, et al. Temperature effects on the Raman spectra of graphenes: Dependence on the number of layers and doping. J. Phys. Condens. Matter, 2011, 23(5): 055303.

[49] Martins Ferreira E H, Moutinho M V O, Stavale F, et al. Evolution of the Raman spectra from single-, few-, and many-layer graphene with increasing disorder. Phys. Rev. B, 2010, 82(12): 125429-125438.

[50] Berciaud S, Ryu S, Brus L E, et al. Probing the intrinsic properties of exfoliated graphene: Raman spectroscopy of free-standing monolayers. Nano Lett., 2008, 9(1): 346-352.

[51] Calizo I, Bao W, Miao F, et al. The effect of substrates on the Raman spectrum of graphene. Appl. Phys. Lett., 2007, 91: 201904.

[52] Luo Z, Yu T, Kim K J, et al. Thickness-dependent reversible hydrogenation of graphene layers. ACS Nano, 2009, 3(7): 1781-1788.

[53] Xie L M, Jiao L Y, Dai H J. Selective etching of graphene edges by hydrogen plasma. J. Am. Chem. Soc., 2010, 132(42): 14751-14753.

[54] Shin H J, Choi W M, Choi D, et al. Control of electronic structure of graphene by various dopants and their effects on a nanogenerator. J. Am. Chem. Soc., 2010, 132(44): 15603-15609.

[55] Cancado L G, Pimenta M A, Neves B R A, et al. Influence of the atomic structure on the Raman spectra of graphite edges. Phys. Rev. Lett., 2004, 93(24): 247401.

[56] Krauss B, Nemes Incze P, Skakalova V, et al. Raman scattering at pure graphene zigzag edges. Nano Lett., 2010, 10(11): 4544-4548.

[57] You Y, Ni Z, Yu T, et al. Edge chirality determination of graphene by Raman spectroscopy. Appl. Phys. Lett., 2008, 93(16): 163112-163115.

[58] Pimenta M A, Dresselhaus G, Dresselhaus M S, et al. Studying disorder in graphite-based systems by Raman spectroscopy. Phys. Chem. Chem. Phys., 2007, 9(11): 1276-1290.

[59] Dresselhaus M S, Jorio A, Saito R. Characterizing graphene, graphite, and carbon nanotubes by

Raman spectroscopy. Annu. Rev. Condens. Matter Phys., 2010, 1(1): 89-108.

[60] Late D J. Temperature dependent phonon shifts in single-layer WS_2. ACS Appl. Mater. Inter., 2014, 6(2): 1158-1163.

[61] Staiger M, Rafailov P, Gartsman K, et al. Excitonic resonances in WS_2 nanotubes. Phys. Rev. B, 2012, 86(16): 165423.

[62] Gupta A K, Russin T J, Gutierrez H R, et al. Probing graphene edges via Raman scattering. ACS Nano, 2008, 3(1): 45-52.

[63] Favron A, Gaufrès E, Fossard F, et al. Exfoliating pristine black phosphorus down to the monolayer: Photo-oxidation and electronic confinement effects. arXiv:1408.0345, 2014.

[64] Wang X, Jones A M, Seyler K L, et al. Highly anisotropic and robust excitons in monolayer black phosphorus. Nat. Nanotechnol., 2015, 10(6): 517-521.

[65] Jiang J, Xiu S, Zheng M, et al. Indirect-direct bandgap transition and gap width tuning in bilayer MoS_2 superlattices. Chem. Phys. Lett., 2014, 613: 74-79.

[66] Conley H J, Wang B, Ziegler J I, et al. Bandgap engineering of strained monolayer and bilayer MoS_2. Nano Lett., 2013, 13(8): 3626-3630.

[67] Yoon D, Son Y-W, Cheong H. Strain-dependent splitting of the double-resonance Raman scattering band in graphene. Phys. Rev. Lett., 2011, 106(15): 155502.

[68] Ding F, Ji H, Chen Y, et al. Stretchable graphene: A close look at fundamental parameters through biaxial straining. Nano Lett., 2010, 10(9): 3453-3458.

[69] Johari P, Shenoy V B. Tuning the electronic properties of semiconducting transition metal dichalcogenides by applying mechanical strains. ACS Nano, 2012, 6(6): 5449-5456.

[70] Late D J. Temperature dependent phonon shifts in few-layer black phosphorus. ACS Appl. Mater. Inter., 2015, 7(10): 5857-5862.

[71] Appalakondaiah S, Vaitheeswaran G, Lebegue S, et al. Effect of van der Waals interactions on the structural and elastic properties of black phosphorus. Phys. Rev. B, 2012, 86(3): 035105.

[72] Calizo I, Balandin A A, Bao W, et al. Temperature dependence of the Raman spectra of graphene and graphene multilayers. Nano Lett., 2007, 7(9): 2645-2649.

[73] Li H, Zhang Q, Yap C C R, et al. From bulk to monolayer MoS_2: Evolution of Raman scattering. Adv. Funct. Mater., 2012, 22(7): 1385-1390.

[74] Arora A, Koperski M, Nogajewski K, et al. Excitonic resonances in thin films of WSe_2: From monolayer to bulk material. Nanoscale, 2015, 7(23): 10421-10429.

[75] Sun C Q. Thermo-mechanical behavior of low-dimensional systems: The local bond average approach. Prog. Mater. Sci., 2009, 54(2): 179-307.

[76] Klemens P G. Anharmonic decay of optical phonons. Phys. Rev., 1966, 148(2): 845-848.

[77] Hart T R, Aggarwal R L, Lax B. Temperature dependence of Raman scattering in silicon. Phys. Rev. B, 1970, 1(2): 638-642.

[78] Balkanski M, Wallis R F, Haro E. Anharmonic effects in light-scattering due to optical phonons in silicon. Phys. Rev. B, 1983, 28(4): 1928-1934.

[79] Liu J, Vohra Y K. Raman modes of 6h polytype of silicon carbide to ultrahigh pressures: A comparison with silicon and diamond. Phys. Rev. Lett., 1994, 72(26): 4105-4108.

[80] Cuscó R, Alarcón Lladó E, Ibáñez J, et al. Temperature dependence of Raman scattering in ZnO. Phys. Rev. B, 2007, 75(16): 165202-165213.

[81] Viera G, Huet S, Boufendi L. Crystal size and temperature measurements in nanostructured silicon using Raman spectroscopy. J. Appl. Phys., 2001, 90(8): 4175-4183.

[82] Pauling L. The Nature of the Chemical Bond. 3rd ed. New York: Cornell University Press, 1960.

[83] Zheng W T, Sun C Q. Underneath the fascinations of carbon nanotubes and graphene nanoribbons. Energy Environ. Sci., 2011, 4(3): 627-655.

[84] Zhang X, Nie Y G, Zheng W T, et al. Discriminative generation and hydrogen modulation of the Dirac-Fermi polarons at graphene edges and atomic vacancies. Carbon, 2011, 49(11): 3615-3621.

[85] Girit C Ö, Meyer J C, Erni R, et al. Graphene at the edge: Stability and dynamics. Science, 2009, 323(5922): 1705-1708.

[86] Novoselov K S, Jiang Z, Zhang Y, et al. Room-temperature quantum Hall effect in graphene. Science, 2007, 315(5817): 1379-1379.

[87] Yang X, Li J, Zhou Z, et al. Frequency response of graphene phonons to heating and compression. Appl. Phys. Lett., 2011, 99(13): 133108.

[88] Wang Y, Yang X, Li J, et al. Number-of-layer discriminated graphene phonon softening and stiffening. Appl. Phys. Lett., 2011, 99(16): 163109.

[89] Thomsen C, Reich S. Double resonant Raman scattering in graphite. Phys. Rev. Lett., 2000, 85(24): 5214-5217.

[90] Liu Y, Yang X, Bo M, et al. Number-of-layer, pressure, and temperature resolved bond-phonon-photon cooperative relaxation of layered black phosphorus. J. Raman Spectrosc., 2016, 47(11): 1304-1309.

[91] Liu Y, Bo M, Guo Y, et al. Number-of-layer resolved (Mo, W)-(S_2, Se_2) phonon relaxation. J. Raman Spectrosc., 2017, 48(4): 592-595.

[92] Boukhicha M, Calandra M, Measson M A, et al. Anharmonic phonons in few-layer MoS_2: Raman spectroscopy of ultralow energy compression and shear modes. Phys. Rev. B, 2013, 87(19): 195316.

[93] Zhao W, Ghorannevis Z, Amara K K, et al. Lattice dynamics in mono-and few-layer sheets of WS_2 and WSe_2. Nanoscale, 2013, 5(20): 9677-9683.

[94] Rice C, Young R, Zan R, et al. Raman-scattering measurements and first-principles calculations of strain-induced phonon shifts in monolayer MoS_2. Phys. Rev. B, 2013, 87(8): 081307.

[95] Yang X X, Wang Y, Li J W, et al. Graphene phonon softening and splitting by directional straining. Appl. Phys. Lett., 2015, 107(20): 203105.

[96] Liu Y, Yang X, Bo M, et al. Multifield-driven bond-phonon-photon performance of layered (Mo, W)-(S_2, Se_2). Chem. Phys. Lett., 2016, 660: 256-260.

[97] Gu M X, Pan L K, Au Yeung T C, et al. Atomistic origin of the thermally driven softening of Raman optical phonons in group III nitrides. J. Phys. Chem. C, 2007, 111(36): 13606-13610.

[98] Birch F. Finite elastic strain of cubic crystals. Phys. Rev., 1947, 71(11): 809-824.

[99] Murnaghan F D. The compressibility of media under extreme pressures. Proc. Natl. Acad. Sci.

U.S.A., 1944, 30(9): 244-247.

[100] Liu Y, Wang Y, Bo M, et al. Thermally driven (Mo, W)-(S₂, Se₂) phonon and photon energy relaxation dynamics. J. Phys. Chem. C, 2015, 119(44): 25071-25076.

[101] Hind S, Lee P. KKR calculations of the energy bands in NbSe₂, MoS₂ and alpha MoTe₂. J. Phys. C, 1980, 13(3): 349.

[102] Late D J, Shirodkar S N, Waghmare U V, et al. Thermal expansion, anharmonicity and temperature-dependent Raman spectra of single- and few-layer MoSe₂ and WSe₂. ChemPhysChem, 2014, 15(8): 1592-1598.

[103] Yan R, Simpson J R, Bertolazzi S, et al. Thermal conductivity of monolayer molybdenum disulfide obtained from temperature-dependent Raman spectroscopy. ACS Nano, 2014, 8(1): 986-993.

[104] Thripuranthaka M, Kashid R V, Rout C S, et al. Temperature dependent Raman spectroscopy of chemically derived few layer MoS₂ and WS₂ nanosheets. Appl. Phys. Lett, 2014, 104(8): 081911.

[105] Lanzillo N A, Glen Birdwell A, Amani M, et al. Temperature-dependent phonon shifts in monolayer MoS₂. Appl. Phys. Lett., 2013, 103(9): 093102.

[106] Vanderborgh C, Schiferl D. Raman studies of black phosphorus from 0.25 to 7.7 GPa at 15 K. Phys. Rev. B, 1989, 40(14): 9595.

[107] Sugai S, Ueda T, Murase K. Pressure dependence of the lattice vibration in the orthorhombic and rhombohedral structures of black phosphorus. J. Phys. Soc. Jpn., 1981, 50(10): 3356-3361.

[108] Zhang L, Jia Z, Huang L, et al. Low-temperature Raman spectroscopy of individual single-wall carbon nanotubes and single-layer graphene. J. Phys. Chem. C, 2008, 112(36): 13893-13900.

[109] Bandaru N, Kumar R S, Sneed D, et al. Effect of pressure and temperature on structural stability of MoS₂. J. Phys. Chem. C, 2014, 118(6): 3230-3235.

[110] Bandaru N, Kumar R S, Baker J, et al. Structural stability of WS₂ under high pressure. Int. J. Mod. Phys. B, 2014, 28(25): 1450168.

[111] Du Y, Ouyang C, Shi S, et al. *Ab initio* studies on atomic and electronic structures of black phosphorus. J. Appl. Phys., 2010, 107(9): 093718.

[112] Kang J, Tongay S, Zhou J, et al. Band offsets and heterostructures of two-dimensional semiconductors. Appl. Phys. Lett., 2013, 102(1): 012111.

[113] Sun C Q, Sun Y, Nie Y G, et al. Coordination-resolved C—C bond length and the C 1s binding energy of carbon allotropes and the effective atomic coordination of the few-layer graphene. J. Phys. Chem. C, 2009, 113(37): 16464-16467.

[114] Morelli D T. Thermal conductivity of high temperature superconductor substrate materials: Lanthanum aluminate and neodymium aluminate. J. Mater. Res., 1992, 7(9): 2492-2494.

[115] Keyes R W. The electrical properties of black phosphorus. Phys. Rev., 1953, 92(3): 580.

[116] Akai T, Endo S, Akahama Y, et al. The crystal structure and oriented transformation of black phosphorus under high pressure. Inter. J. High Press. Res., 1989, 1(2): 115-130.

[117] Reich S, Thomsen C, Ordejon P. Elastic properties of carbon nanotubes under hydrostatic pressure. Phys. Rev. B, 2002, 65(15): 153407-153411.

[118] Akahama Y, Kawamura H, Carlson S, et al. Structural stability and equation of state of simple-hexagonal phosphorus to 280 GPa: Phase transition at 262 GPa. Phys. Rev. B, 2000, 61(5): 3139.

[119] Chi Z H, Zhao X M, Zhang H, et al. Pressure-induced metallization of molybdenum disulfide. Phys. Rev. Lett., 2014, 113(3): 036802.

[120] He M, Rikkinen E, Zhu Z, et al. Temperature dependent Raman spectra of carbon nanobuds. J. Phys. Chem. C, 2010, 114(32): 13540-13545.

[121] Matus M, Kuzmany H. Raman spectra of single-crystal C60. Appl. Phys. A, 1993, 56(3): 241-248.

[122] Sun C Q, Bai H L, Tay B K, et al. Dimension, strength, and chemical and thermal stability of a single C—C bond in carbon nanotubes. J. Phys. Chem. B, 2003, 107(31): 7544-7546.

[123] Cui J B, Amtmann K, Ristein J, et al. Noncontact temperature measurements of diamond by Raman scattering spectroscopy. J. Appl. Phys., 1998, 83(12): 7929-7933.

[124] Everall N J, Lumsdon J, Christopher D J. The effect of laser-induced heating upon the vibrational Raman spectra of graphites and carbon fibres. Carbon, 1991, 29(2): 133-137.

[125] Calizo I, Miao F, Bao W, et al. Variable temperature Raman microscopy as a nanometrology tool for graphene layers and graphene-based devices. Appl. Phys. Lett. , 2007, 91(7): 071913-071916.

[126] Zhou Z, Dou X, Ci L, et al. Temperature dependence of the Raman spectra of individual carbon nanotubes. J. Phys. Chem. B, 2006, 110(3): 1206-1209.

[127] Chiashi S, Murakami Y, Miyauchi Y, et al. Temperature dependence of Raman scattering from single-walled carbon nanotubes: Undefined radial breathing mode peaks at high temperatures. Jpn. J. Appl. Phys., 2008, 47(4): 2010-2015.

[128] Hanfland M, Beister H, Syassen K. Graphite under pressure: Equation of state and first-order Raman modes. Phys. Rev. B, 1989, 39(17): 12598-12603.

[129] Boppart H, van Straaten J, Silvera I F. Raman spectra of diamond at high pressures. Phys. Rev. B, 1985, 32(2): 1423-1425.

[130] Merlen A, Bendiab N, Toulemonde P, et al. Resonant Raman spectroscopy of single-wall carbon nanotubes under pressure. Phys. Rev. B, 2005, 72(3): 035409-035415.

[131] Marques F C, Lacerda R G, Champi A, et al. Thermal expansion coefficient of hydrogenated amorphous carbon. Appl. Phys. Lett., 2003, 83(15): 3099-3101.

[132] Kalish R. Ion-implantation in diamond and diamond films: Doping, damage effects and their applications. Appl. Surf. Sci., 1997, 117: 558-569.

[133] Farber D L, Badro J, Aracne C M, et al. Experimental evidence for a high-pressure isostructural phase transition in osmium. Phys. Rev. Lett., 2004, 93(9): 095502-095506.

[134] Kittel C. Intrduction to Solid State .Physics. 8th ed. New York: Willey, 2005.

[135] Panero W R, Jeanloz R. X-ray diffraction patterns from samples in the laser-heated diamond anvil cell. J. Appl. Phys., 2002, 91(5): 2769-2778.

[136] Ugeda M M, Fernández-Torre D, Brihuega I, et al. Point defects on graphene on metals. Phys. Rev. Lett., 2011, 107(11): 116803.

[137] Enoki T, Kobayashi Y, Fukui K I. Electronic structures of graphene edges and nanographene. Int. Rev. Phys. Chem., 2007, 26(4): 609-645.

[138] Ugeda M M, Brihuega I, Guinea F, et al. Missing atom as a source of carbon magnetism. Phys. Rev. Lett., 2010, 104: 096804.

第 24 章　纳 米 晶 体

要点

- 差分声子计量谱可用于辨明核-壳结构纳米晶体和液滴的壳层厚度
- 纳米晶粒间的耦合作用可以产生 THz 振动模，且频率与晶粒尺寸成反比
- 声学声子和光学声子的拉曼频移分别由双原子振动和多原子集体振动主导
- 声子频率和弹性性能受压和变温时的变化趋势相同

摘要

结合 BOLS-LBA 理论和声子计量谱学，对改变尺寸、压强和温度条件时核-壳结构的IV族、ZnO、TiO_2、CeO_2、CdS、CdSe、Bi_2Se_3纳米晶体以及IV、III-V、II-IV族块体材料的声子和弹性弛豫进行解析，获取了大量的物理信息。利用差分声子计量谱学分析，可以获取纳米晶体和液滴的表皮壳层厚度。基于拉曼频移尺寸效应可以获取键性质参数、键长、键能、有效配位数、晶间耦合强度、双原子振动频率等。匹配德拜热衰减以及拉曼频移压强效应的理论与实测结果可以获取原子结合能、德拜温度、结合能量密度以及杨氏模量。

24.1　纳米晶体与核-壳结构

差分声子计量谱(DPS)可用于确认纳米晶体和纳米液滴核-壳结构及其壳层厚度，还可以从初始声子谱中提纯壳层中化学键的振动信息。图 24.1(a)为实测 CeO_2 纳米颗粒[1]和(b) H_2O(95%)+D_2O(5%)液滴[2]归一化的拉曼谱。主要关注液滴的 D—O 振动模式(2500 cm^{-1})和 CeO_2 的 464 cm^{-1} 振动频率。图 24.1(c)和(d)中的插图展示了纳米晶体的势阱分布和液滴的核-壳结构，表皮三个原子层厚度区域的原子处于低配位状态，其中的化学键收缩、势阱加深[3]。DPS 中波谷指向波峰即表示体相振频峰向表皮振频峰转变。CeO_2 纳米晶粒壳层同时存在声子红移和蓝移，蓝移为原子低配位主导，红移则与表皮低配位电子极化对局域势的屏蔽和劈裂相关[4]。液滴呈现的拉曼声子蓝移表示壳层中的化学键刚度强化，即低配位原子间化学键变短变强。表皮原子低配位使 2500 cm^{-1} 的 D—O 键收缩蓝移[5]，同时 O:H 声子自 200 cm^{-1} 软化至 75 cm^{-1}，高振频的 D—O 键上的极化作用难以辨明。

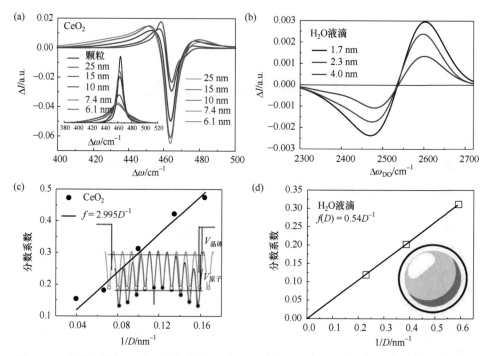

图 24.1　不同尺寸的(a) CeO$_2$ 纳米晶粒和(b) H$_2$O 液滴的 DPS 及(c)和(d)分数系数与纳米颗粒尺寸的关系[1, 2](扫描封底二维码可看彩图)

(a)中插图为归一化拉曼声子谱峰，(c)中插图展示了表皮与体内的晶体势差异，(d)中插图为液滴的核-壳结构示意图。分数系数 $f(D)=\Delta V/V=3\Delta R/R=6\Delta R/D$，据此可以导出 CeO$_2$ 纳米晶粒和 H$_2$O 液滴的最外壳层厚度分别为 0.5 nm 和 0.09 nm

　　分数系数 $f(D)$ 为 DPS 波峰的面积积分，表示纳米结构中因尺寸改变而自内核转变至壳层化学键的数量与体积的比例分数，用 $f(D)=\Delta V/V=3\Delta R/R=6\Delta R/D$ 描述，其中 D 为球形纳米颗粒的直径。据此可以得到 CeO$_2$ 纳米晶粒的壳层厚度 $R\sim0.5$ nm，H$_2$O 液滴的 $R\sim0.09$ nm。0.5 nm 约为两个原子直径大小；0.09 nm 约为 H—O 悬键长度，比体相 H—O 收缩了 10%[6]。现有方法难以实现壳层厚度的实际测量，以当前的 $f(D)$ 关系推导具有核-壳结构的纳米晶体或液滴的壳层厚度切实可行。壳层中化学键和电子的特殊性能以及晶粒尺寸变化时不同的壳层/体积比决定了纳米晶体物性的尺寸效应[3]。

24.2　尺寸效应与热效应

24.2.1　尺寸效应表述

　　以 K 表示沿纳米颗粒半径方向上的原子个数，实验测量得到的纳米晶粒变尺寸时的声子频移与尺寸成反比, 即 $\omega(K)-\omega(\infty)\propto AK^{-1}$, 斜率 $A>0$ 或 $A<0$ 分别对应于声子蓝移或红移。从球形纳米颗粒最外层向内数, 各层的原子配位数分别为 $z_1=4(1-0.75/K)$、$z_2=z_1+2$、$z_3=z_2+4$, 第四层到内部各层的配位数都为 12, 下标表示自外向内的层数。应用 BOLS 理论分析核-壳结构纳米颗粒的拉曼频移尺寸效应可以表述为

$$\omega(K)-\omega(\infty)=\begin{cases}\pm\dfrac{A}{K} & \text{(实验)}\\[2mm]\varDelta_R\big[\omega(\infty)-\omega(1)\big] & \text{(理论)}\end{cases}\qquad(24.1)$$

其中,

$$\varDelta_R=\sum_{i\leqslant3}\gamma_i\left(\frac{\omega_i}{\omega_b}-1\right)=\begin{cases}\displaystyle\sum_{i\leqslant3}\gamma_i\Big[z_{ib}C_i^{-(m/2+1)}-1\Big] & (z=z,\ \text{LO})\\[3mm]\displaystyle\sum_{i\leqslant3}\gamma_i\Big[C_i^{-(m/2+1)}-1\Big] & (z=1,\ \text{TO})\end{cases}$$

式中, $\omega(1)$ 为二聚体振频, 参考频移 $\omega(\infty)$ 为块体拉曼振频, 它相对于 $\omega(1)$ 的频移量 $\omega(\infty)-\omega(1)=-A/(\varDelta_R K)$, 当 $\varDelta_R\propto K^{-1}$ 时, 频移量为常数。$\gamma_i=\Delta V/V=\tau C_i/K$ 为表体比, 下标 $i=1$, 2, 3。m 为键性质参数。若获取了斜率 A 即可得到 $\omega(1)$。纳米结构表面的原子低配位引起键收缩, 而表体比控制声子频移的幅度。

24.2.2　拉曼频移尺寸效应

1. IV 族纳米晶粒

图 24.2 为第 IV 主族纳米结构拉曼频移随尺寸的变化。除了层状石墨烯 G 模

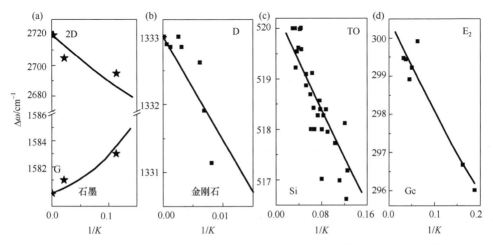

图 24.2　(a) 石墨[7-11]、(b) 金刚石[12, 13]、(c) Si[14]和(d) Ge[15, 16]拉曼频移的尺寸效应

发生蓝移外，其他振动模式均遵循$\Delta\omega$-$1/K$线性关系，直线斜率也可以用拓展的格林艾森参数$\partial\omega/\partial(1/K)$表示。Ge、Si、金刚石 D 模和石墨 2D 模的声子红移源自共价键关联振子的集体振动，而各向异性石墨的 G 模产生的声子蓝移则由双原子振子振动主导。匹配 BOLS 理论预测与实验测量结果可以获得一系列物理参数，与后面所列的一系列物质的导出结果汇总列于表 24.1。

2. TiO$_2$

锐钛矿 TiO$_2$ 具有 6 种拉曼活性模：3E$_g$(144 cm^{-1}、196 cm^{-1} 和 639 cm^{-1})、2B$_{1g}$(397 cm^{-1} 和 519 cm^{-1})，以及 A$_{1g}$(513 cm^{-1})。金红石 TiO$_2$ 具有四种拉曼活性模：A$_{1g}$(612 cm^{-1})、B$_{1g}$(143 cm^{-1})、E$_g$(447 cm^{-1})和 B$_{2g}$(826 cm^{-1})。当材料尺寸减小时，金红石相 TiO$_2$ 的 A$_{1g}$ 模发生红移，锐钛矿相的 E$_g$(144 cm^{-1})模发生蓝移[17-20]。根据第IV族纳米晶体的结果已知，声子弛豫与晶粒尺寸呈线性反比关系，实际上杨氏模量 Y 也同样随晶粒尺寸减小而线性增大，但会因壳层键长和能量弛豫幅度的影响，斜率略有差异。匹配 BOLS 理论预测和实验测量结果可以获得键性质参数 m、拉曼谱参考频率 $\omega(1)$。E$_g$ 模声子变尺寸蓝移的物理机理与石墨烯 G 模的相同。

图 24.3 为杨氏模量[21]、锐钛矿 E$_g$(144 cm^{-1})模[20]和金红石相 A$_{1g}$(612 cm^{-1})模拉曼声子随尺寸频移的理论预测与实验测量结果对比[17]。常温常压下，TiO$_2$ 的最佳 m 值为 5.34[22]。随着尺寸减小，A$_{1g}$ 模发生红移，E$_g$ 模发生蓝移[17-19]。基于拉曼声子的尺寸效应可以得到金红石相 A$_{1g}$ 模的参考频率 $\omega(1)$=610.25 cm^{-1}、块体频移 1.75 cm^{-1}；锐钛矿相 E$_g$ 模的参考频率 $\omega(1)$=118.35 cm^{-1}、块体频移 25.65 cm^{-1}。

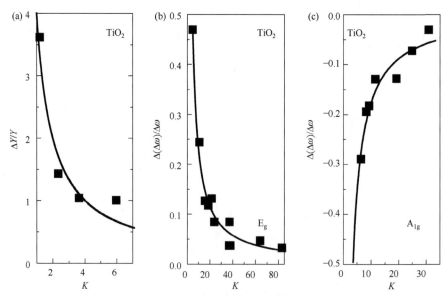

图 24.3　(a) 杨氏模量[21](b) 锐钛矿 E$_g$ 模和(c) 金红石相 A$_{1g}$ 模[17, 20]声子频移的尺寸效应

3. CeO₂、SnO₂、ZnO、CdS、CdSe 与 Bi₂Se₃

CeO_2[1, 23]、SnO_2[24]、InP[25]、ZnO[26, 27]、$CdS_{0.65}Se_{0.35}$[28]和 CdSe[29, 30]的 LO 拉曼声子均随着尺寸的减小发生红移。当 CdS 薄膜厚度小于 80 nm，CdSe 纳米颗粒小于 9.6 nm 时，它们的 LO 模振动频率降低[31]。CdSe 的晶粒尺寸达到 3.8 nm 时，其拉曼声子振动频率比块体时减小 3 cm^{-1}[32]。Bi_2Se_3 纳米片厚度低于 15 nm 时，其拉曼声子发生红移[33]，机理与石墨烯 D 和 2D 模的层数效应相似[8, 9]。对比一系列实验测试与 BOLS 理论预测结果，可以获得各材料不同振动模式的参考频率 $\omega(1)$和键性质参数 m。图 24.4 为多种纳米晶体光学声子随尺寸软化的典型实例，计算可得的系列物性参数汇总于表 24.1。

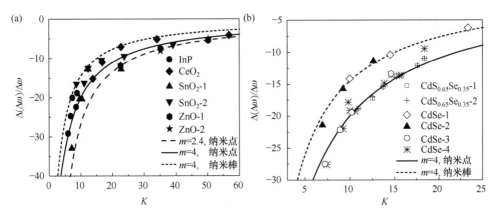

图 24.4　(a) InP[25]、CeO_2[1, 23]、SnO_2[24]、ZnO[26, 27]和(b) $CdS_{0.65}Se_{0.35}$[28]、CdSe[29, 30]纳米颗粒的拉曼 LO 振动模的尺寸效应

表 24.1　基于 BOLS 理论预测和实验测量的各种纳米材料拉曼声子频移尺寸效应所获得的二聚物参考频率及键性质参数

材料	键性质参数(m)	模式	$\omega(\infty)$/cm^{-1}	$\omega(1)$/cm^{-1}
石墨烯/石墨	2.56	2D G	2565.1 1587.0	2562.6 1566.7
金刚石		D	1333.3	1276.8
Si	4.88	TO	520.0	502.3
Ge	4.88	E_2	302	290.6
TiO₂	5.34	A_{1g} E_g E_g	612 639 144	610.25 600.00 118.35
CeO₂	4.0	LO	464.5	415.1
SnO₂		A_{1g}	637.5	613.8
InP		LO	347	333.5

续表

材料	键性质参数(m)	模式	$\omega(\infty)/\text{cm}^{-1}$	$\omega(1)/\text{cm}^{-1}$
ZnO		E_2	441.5	380
CdS$_{0.65}$Se$_{0.35}$	4.0	LO$_1$ 类 CdSe	203.4	158.8
		LO$_2$ 类 CdS	303	257.7
CdSe		LO	210	195.2
CdS		LO	106.23	106.57
Bi$_2$Se$_3$		A_{1g}^2	72.55	40.57

24.2.3　LFR 谱

　　LFR 振动模的声子频移也与 $1/K$ 呈线性关系，如图 24.5 所示。当 K 趋于无穷大时，LFR 峰消失，即 $\omega(\infty)=0$，这意味着 LFR 峰纯粹由晶粒间的相互作用引起，且随着尺寸减小发生蓝移。线性斜率的大小与晶粒的物理属性及其与基底间的相互作用有关，如表 24.2 所示。因此，常规的拉曼声子红移由纳米颗粒表面低配位原子的集体振动引起，LFR 蓝移则主要由晶粒间的相互作用诱导而成。纳米团簇间的耦合作用是产生 LFR 振动模式的关键因素[34]。

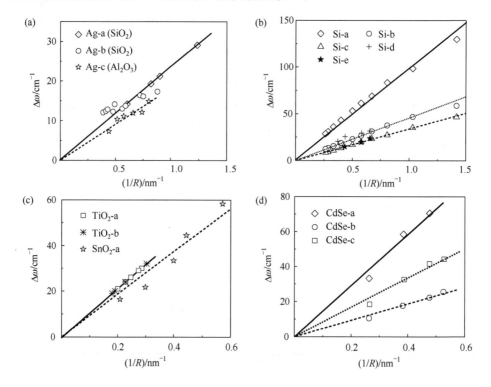

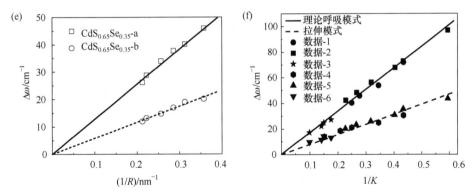

图 24.5　(a) Ag[40-42]、(b) Si[14, 35-39]、(c) TiO$_2$[43]和 SnO$_2$[23]、(d) CdSe[44]、(e) CdS$_{0.65}$Se$_{0.35}$[28]以及
　　　　(f) ZnO[45-47]纳米颗粒 LFR 声子频移的尺寸效应[48]
a、b、c 代表不同的极化条件

表 24.2　各种纳米颗粒 LFR 振动模的线性斜率

材料	A(斜率)	材料	A(斜率)
Ag-(a, b)	23.6±0.72	CdSe-1-b	83.8±2.84
Ag-c	18.2±0.56	CdSe-1-c	46.7±1.39
TiO$_2$-(a, b)	105.5±0.13	CdS-a	129.4±1.18
SnO$_2$-a	93.5±5.43	CdS-b	58.4±0.76
CdSe-1-a	146.1±6.27	Si-(a; b, d; c, e)	97.77, 45.57, 33.78

24.2.4　热致拉曼频移

图 24.6 为不同尺寸的 CdSe 纳米晶粒声子频移的热效应[49, 50]。结果表明：晶体尺寸由块体降至纳米棒或颗粒时，键长收缩、键能增强。据此可以获得纳米颗粒的德拜温度和原子结合能，列于表 24.3。在高温下，拉曼声子随温度频移的谱线斜率与原子结合能的倒数呈比例，即图 24.6 所示格林艾森参数$\partial\omega/\partial T$ 的物理本源。

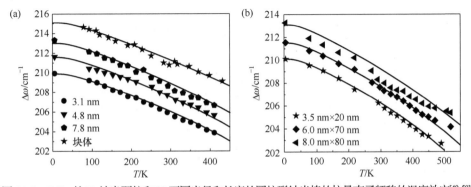

图 24.6　CdSe 的(a) 纳米颗粒和(b) 不同半径和长度的圆柱形纳米棒的拉曼声子频移的温度效应[49, 50]

表 24.3　基于 CdSe 纳米颗粒和纳米棒拉曼声子频移温度效应获得的物理参数[50]

	输入		输出					
	R / nm	$A(\mathrm{d}\omega/\mathrm{d}T)$	$\langle z \rangle$	d_z /nm	E_z/eV	E_C/eV	θ_D/K	$\omega(z)$/cm^{-1}
块体	∞	0.0142	12	0.2940	0.153	1.84	450	215.0
	7.8	0.0162	9.14	0.2883	0.169	1.57	300	213.0
点	4.8	0.0168	7.36	0.2824	0.204	1.47	—	211.6
	3.1	0.0170	4.81	0.2666	0.250	1.40	—	209.9
	8.0		10.14	0.2906	0.160	1.65	—	213.1
棒	6.0	0.0157	9.52	0.2892	0.164	1.54	—	211.7
	3.5	0.0174	7.76	0.2840	0.176	1.42	—	210.1

24.2.5　表皮原子振动

在给定温度下，原子振动的振幅和频率遵循爱因斯坦关系：$\mu(c\omega x)^2/(2z) = k_B T$，其中振幅大小为 $x \propto z^{1/2}\omega^{-1}$。表面原子($z = 4$)的振动频率和幅度可用下式表示：

$$\begin{cases} \dfrac{\omega_1}{\omega_b} = z_{1b}C_1^{-(m/2+1)} = \begin{cases} 0.88^{-3.44}/3 = 0.517 & \text{(Si)} \\ 0.88^{-3/2}/3 = 0.404 & \text{(金属)} \end{cases} \\ \dfrac{x_1}{x_b} = \left(\dfrac{z_1}{z_b}\right)^{1/2}\dfrac{\omega_1}{\omega_b} = \left(\dfrac{z_b}{z_1}\right)^{1/2}C_1^{(m/2+1)} = \begin{cases} \sqrt{3}\times 0.88^{3.44} = 1.09 & \text{(Si)} \\ \sqrt{3}\times 0.88^{3/2} = 1.43 & \text{(金属)} \end{cases} \end{cases} \qquad (24.2)$$

表面原子的振幅比内部原子的大[51,52]，但频率要低。当纳米颗粒尺寸 $K > 3$ 时，表面原子的振幅和频率受 m 值调控，且随颗粒曲率发生变化。

24.3　材料的压强与温度效应

24.3.1　IV族半导体

图 24.7 为第IV族元素材料拉曼声子频移和杨氏模量的温度效应，据此获得的 $E_C(0)$ 和德拜温度列于表 24.4。金刚石和 Si 从声子频移($\omega(T)/\omega(0)$)和杨氏模量 ($Y(T)/Y(0)$)的温度效应获得的 $E_C(0)$ 存在差异，但是从 Ge 的两种温度效应获得的 $E_C(0)$值相一致[53]。

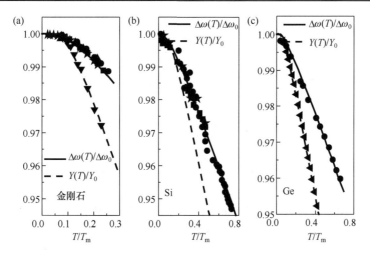

图 24.7 (a) 金刚石[54-58]、(b) Si[59, 60] 和 (c) Ge[59,61-63] 的拉曼声子频移和杨氏模量的温度效应[53]

表 24.4 基于 Si、Ge 和金刚石的拉曼声子频移与杨氏模量温度效应获得的熔点 T_m、德拜温度 θ_D、热膨胀系数 $\alpha(T)$ 和原子结合能 $E_C(0)$[53]

	$\alpha/(\times 10^{-6}K^{-1})$[64]	T_m/K	θ_D/K	$E_C(0)/eV$			
				拉曼	Y	平均值	文献值[65]
Si	4.5	1647	647	2.83	4.33	3.58	4.03
Ge	7.5	1210	360	2.52	2.65	2.58	3.85
金刚石	55.6	3820	1860	6.64	5.71	6.18	7.37

24.3.2 Ⅲ族氮化物

图 24.8 为Ⅲ-Ⅴ族半导体材料拉曼声子频移压强和温度效应的理论预测和实验测量结果，得到的物理量列于表 24.5，其中德拜温度、熔点和热膨胀系数为输入参数。

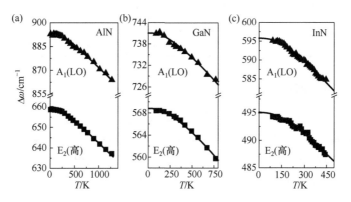

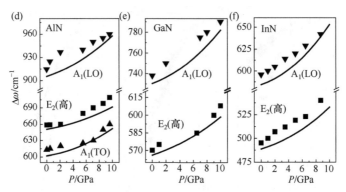

图 24.8   (a) AlN[66-69]、(b) GaN[70-73]和(c) InN[74, 75]的拉曼声子频移的温度效应及(d)~(f)相应的
压强效应[76]

表 24.5   基于图 24.8 获得的系列物理量[76, 77]

	T_m/K	θ_D/K	$\alpha^{[64]}$	拉曼模式	$\omega(1)$/ cm^{-1}	$E_C(0)$/eV	σ/(×10^{-4})
AlN	3273	1150	[78]	E$_2$(高)	658.6	1.13	0.94
				A$_1$(LO)	892.6	1.21	1.54
				A$_1$(TO)	613	0.71	1.74
				E$_1$(LO)	914.7	1.31	1.52
				E$_1$(TO)	671.6	1.19	1.04
GaN	2773	600	[79]	E$_2$(高)	570.2	1.44	0.57
				A$_1$(LO)	738	0.97	1.20
				A$_1$(TO)	534	1.26	1.28
				E$_1$(LO)	745	0.95	0.68
				E$_1$(TO)	561.2	1.59	1.12
InN	1373	600	[80]	E$_2$(高)	495.1	0.76	1.15
				A$_1$(LO)	595.8	0.50	0.92

24.3.3   TiO$_2$ 与 ZnO

根据 TiO$_2$ 和 ZnO 拉曼声子频移和体积模量[81]的尺寸[17, 21]、温度[82, 83]和压强[82]效应获取的系列物理量列于表 24.6。通常,横向光学声子振频随纳米颗粒尺寸减小发生红移,受压时几乎所有振动模式发生蓝移而升温时发生红移[19, 83, 84]。对于 TiO$_2$,随着尺寸减小,金红石相的 A$_{1g}$ 模(612 cm^{-1})发生红移,而锐钛矿相

E_g 模(144 cm^{-1})发生蓝移[17-20]。在温度效应曲线中，低温非线性部分的变化趋势与德拜温度 θ_D 相关；而高温时线性部分的斜率取决于原子结合能 $E_C = zE_z$。根据图 24.9 所列锐钛矿相 TiO$_2$ 的体积模量 $B(T)$[82]和 E_g 模(639 cm^{-1})[83]声子的温度和压强效应可以获得 $E_C = 1.56$ eV、$\omega(1) = 600$ cm^{-1}、$\theta_D = 768$ K，其中德拜温度与文献报道的 778 K[85]基本一致。

表 24.6　基于 TiO₂[86]和 ZnO[86-88]的体积模量和拉曼声子频移的尺寸、温度和压强效应获取的相关物理量

外部作用	物理量	TiO$_2$[82, 83, 89]	ZnO[87, 88]
T	结合能，$E_C(=z_b E_b)$/eV	1.56	0.75
	德拜温度，θ_D/K	768 (778[85])	310
P	体积模量，(B_0/B'_0)/(GPa/-)	143/8.86 (167/—[90])	160/4.4
	压缩性能，(β/β')/(GPa^{-1}/GPa^{-2})	6.84×10^{-3} $(1.21\pm0.05)\times10^{-4}$	6.55×10^{-3} 1.25×10^{-4}
	能量密度，E_D/(eV/Å^3)	0.182	0.097

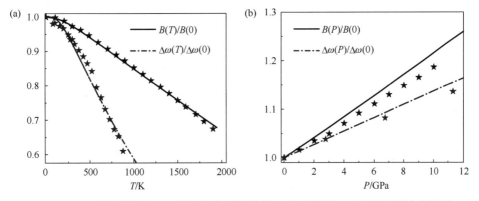

图 24.9　TiO$_2$ 体积模量和 A$_{1g}$ 模拉曼声子频移的(a) 温度[83]和(b) 压强[19, 82]效应[17, 86]

基于锐钛矿相 TiO$_2$ 的 x-P 曲线[81, 91, 92]，可以求得 $\beta = 6.84\times10^{-3}$ GPa^{-1}、$\beta' = (-1.21\pm0.05)\times10^{-4}$ GPa^{-2}、$B_0 = 143$GPa、$B'_0 = 8.86$[86]。结合拉曼声子频移的压强效应可以获得 $E_D = 0.182$ eV/Å^3。

纤锌矿结构的 ZnO 属于 C$_{6v}^4$ 对称群。在布里渊区的 Γ 点，光学声子的不可约表示为：$\Gamma_{opt} = A_1 + 2B_1 + E_1 + 2E_2$，其中 A$_1$ 和 E$_1$ 模为极性模式，可劈裂为横向(TO)声子和纵向光学(LO)声子，均为拉曼和红外活性模。非极性 E$_2$ 模为拉曼活性模，B$_1$ 模为拉曼非活性模[87, 93, 94]。这些拉曼模包含了大量的重要信息，如 E$_2$(高)模表示 O-O 的弯曲振动[95]。已知德拜温度 $\theta_D = 310$ K、体积模量 $B = 160$ GPa、

$B_0' = 4.4$ [96]、参考频率 $\omega(1)$ [87, 94, 97]和热膨胀系数 $\alpha(t)$ [98]，将其作为输入参量可以通过匹配理论预测与实验测量结果获得模式结合能。

图 24.10(a)和(b)所示为 ZnO 杨氏模量、禁带宽度和拉曼声子频移的温度效应[27]，图 24.10(c)和(d)为 ZnO 杨氏模量和拉曼振动模 E_1(LO, 595 cm^{-1})、E_2(高，441.5 cm^{-1})、E_1(TO, 410 cm^{-1})、A_1(TO, 379 cm^{-1})和 B_1(LO, 302 cm^{-1})声子频移的压强效应[87, 99]。从中可以获取不同振动模式的参考频率：E_1(LO, 510 cm^{-1})、E_2(高，380 cm^{-1})、E_1(TO, 355 cm^{-1})、A_1(TO, 330 cm^{-1})和 B_1(LO, 271 cm^{-1})，其他物理量汇总于表 24.6。

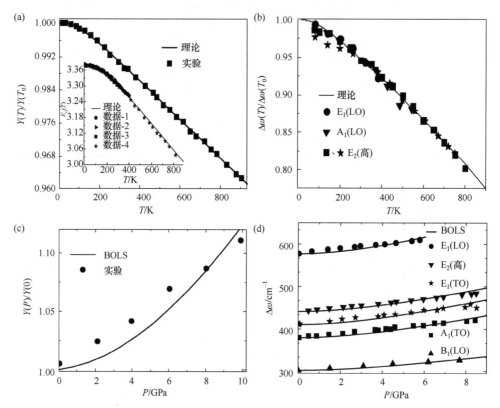

图 24.10　ZnO 的(a)杨氏模量、禁带宽度[100-103]和(b) 拉曼声子频移[89]的温度效应，(c) 杨氏模量[104]和(d)拉曼光学模(E_1(LO)、E_2(高)、E_1(TO)、A_1(TO)和 B_1(LO))声子频移的压强效应[27]　从(a)和(b)数据曲线中可获得 θ_D=310 K、E_b=0.75 eV

24.3.4　其他化合物

图 24.11 为 II-VI族半导体拉曼频移的温度效应，图 24.12(a)和(b)为 KCl、MgO、Al_2O_3、Mg_2SO_4 杨氏模量的温度效应，图 24.12(c)和(d)为 $BaXO_3$ 立方钙钛矿的晶格常数和杨氏模量的温度效应。表 24.7 汇总了理论匹配实验结果时获取的系列物理参量。

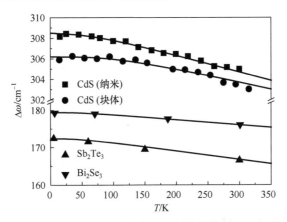

图 24.11　CdS[105]、Bi₂Se₃[31-33, 106]和 Sb₂Te₃[31-33, 106]的拉曼声子频移的温度效应

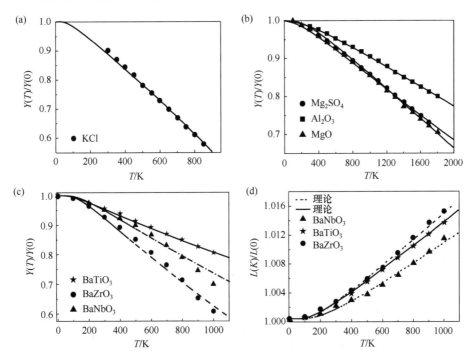

图 24.12　多种化合物的(a)～(c)杨氏模量和(d)晶格常数的温度效应[107]

表 24.7　基于杨氏模量温度效应获得的系列物理参量(T_m 和 θ_D 为输入量、$E_C(0)$为输出量)[50, 53, 86, 90]

物质	T_m/K	θ_D/K	$E_C(0)$/eV
KCl[108]	1044	214	0.57
MgSO₄[108]	1397	711	2.80
Al₂O₃[109]	2303	986	3.90

续表

物质	T_m/K	θ_D/K	$E_C(0)$/eV
MgO[108]	3100	885	1.29
BaTiO$_3$[107]	1862	580	2.50
BaZrO$_3$[107]	2873	680	0.74
BaNbO$_3$[107]	—	740	1.10
CdS(块体)	1678[110]	450/460[111]	2.13
CdS(2 nm)	979.5[112]	300/300[111]	1.72
Sb$_2$Te$_3$	629[113]	165/162[114]	1.09
Bi$_2$Se$_3$	710[115]	185/182[116]	1.24

24.4　总　　结

结合 BOLS-LBA 理论与多场声子计量谱学可以分析 ZnO、TiO$_2$、CeO$_2$、CdS、CdSe 和 Bi$_2$Se$_3$ 等纳米结构的拉曼声子频移及弹性性能的尺寸、温度和压强效应，并从中获取涵盖键性质参数、键长和键能、有效原子配位数、晶粒间相互作用、双原子振动参考频率等的系列物理参量的定量信息，如基于温度效应可获取原子结合能和德拜温度；基于压强效应可获取结合能密度、压缩系数及其一阶导数。微扰引起的声子和弹性性能弛豫对应于键长和键能的弛豫，与多声子共振散射或光学声子退化成多声子关系甚小。

参 考 文 献

[1] Spanier J E, Robinson R D, Zheng F, et al. Size-dependent properties of CeO$_{2-y}$ nanoparticles as studied by Raman scattering. Phys. Rev. B, 2001, 64(24): 245407.

[2] Park S, Moilanen D E, Fayer M D. Water dynamics: The effects of ions and nanoconfinement. J. Phys. Chem. B, 2008, 112(17): 5279-5290.

[3] Sun C Q, Tay B K, Zeng X T, et al. Bond-order-bond-length-bond-strength (BOLS) correlation mechanism for the shape-and-size dependence of a nanosolid. J. Phys. Condes. Matter, 2002, 14(34): 7781-7795.

[4] Liu X J, Bo M L, Zhang X, et al. Coordination-resolved electron spectrometrics. Chem. Rev., 2015, 115(14): 6746-6810.

[5] Sun C Q, Zhang X, Zhou J, et al. Density, elasticity, and stability anomalies of water molecules with fewer than four neighbors. J. Phys. Chem. Lett., 2013, 4(15): 2565-2570.

[6] Huang Y L, Zhang X, Ma Z S, et al. Hydrogen-bond relaxation dynamics: Resolving mysteries of water ice. Coord. Chem. Rev., 2015, 285: 109-165.

[7] Nemanich R J, Lucovsky G, Solin S A. Optical probes of the lattice dynamics of graphite. Mater. Sci. Eng., 1977, 31: 157-160.

[8] Graf D, Molitor F, Ensslin K, et al. Spatially resolved Raman spectroscopy of single- and few-layer graphene. Nano Lett., 2007, 7(2): 238-242.

[9] Gupta A K, Russin T J, Gutierrez H R, et al. Probing graphene edges via Raman scattering. ACS Nano, 2008, 3(1): 45-52.

[10] Thomsen C, Reich S. Double resonant Raman scattering in graphite. Phys. Rev. Lett., 2000, 85(24): 5214-5217.

[11] Gupta A, Chen G, Joshi P, et al. Raman scattering from high-frequency phonons in supported n-graphene layer films. Nano Lett., 2006, 6(12): 2667-2673.

[12] Sun Z, Shi J R, Tay B K, et al. UV Raman characteristics of nanocrystalline diamond films with different grain size. Diamond Relat. Mater., 2000, 9(12): 1979-1983.

[13] Yoshikawa M, Mori Y, Maegawa M, et al. Raman scattering from diamond particles. Appl. Phys. Lett., 1993, 62(24): 3114-3116.

[14] Ossadnik C, Veprek S, Gregora I. Applicability of Raman scattering for the characterization of nanocrystalline silicon. Thin Solid Films, 1999, 337(1-2): 148-151.

[15] Bottani C E, Mantini C, Milani P, et al. Raman, optical-bsorption, and transmission electron microscopy study of size effects in germanium quantum dots. Appl. Phys. Lett., 1996, 69(16): 2409-2411.

[16] Fujii M, Hayashi S, Yamamoto K. Raman scattering from quantum dots of Ge embedded in SiO_2 thin films. Appl. Phys. Lett., 1998, 57(25): 2692-2694.

[17] Swamy V. Size-dependent modifications of the first-order Raman spectra of nanostructured rutile TiO_2. Phys. Rev. B, 2008, 77(19): 195414.

[18] Sahoo S, Arora A K, Sridharan V. Raman line shapes of optical phonons of different symmetries in anatase TiO_2 nanocrystals. J. Phys. Chem. C, 2009, 113(39): 16927-16933.

[19] Swamy V, Kuznetsov A, Dubrovinsky L S, et al. Finite-size and pressure effects on the Raman spectrum nanocrystalline anatse TiO_2. Phys. Rev. B, 2005, 71(18): 184302.

[20] Swamy V, Menzies D, Muddle B C, et al. Nonlinear size dependence of anatase TiO_2 lattice parameters. Appl. Phys. Lett., 2006, 88(24): 243103.

[21] Dai L, Sow C H, Lim C T, et al. Numerical investigations into the tensile behavior of TiO_2 nanowires: Structural deformation, mechanical properties, and size effects. Nano Lett., 2009, 9(2): 576-582.

[22] Liu X J, Yang L W, Zhou Z F, et al. Inverse Hall-Petch relationship of nanostructured TiO_2: Skin-depth energy pinning versus surface preferential melting. J. Appl. Phys., 2010, 108: 073503.

[23] Dieguez A, Romano-Rodriguez A, Vila A, et al. The complete Raman spectrum of nanometric SnO_2 particles. J. Appl. Phys., 2001, 90(3): 1550-1557.

[24] Shek C H, Lin G M, Lai J K L. Effect of oxygen deficiency on the Raman spectra and hyperfine interactions of nanometer SnO_2. Nanostruct. Mater., 1999, 11(7): 831-835.

[25] Seong M J, Micic O I, Nozik A J, et al. Size-dependent Raman study of InP quantum dots. Appl.

Phys. Lett., 2003, 82(2): 185-187.

[26] Cheng H M, Lin K F, Hsu C H, et al. Enhanced resonant Raman scattering and electron-phonon coupling from self-assembled secondary ZnO nanoparticles. J. Phys. Chem. B, 2005, 109(39): 18385-18390.

[27] Li J W, Ma S Z, Liu X J, et al. ZnO meso-mechano-thermo physical chemistry. Chem. Rev., 2012, 112(5): 2833-2852.

[28] Verma P, Gupta L, Abbi S C, et al. Confinement effects on the electronic and vibronic properties of $CdS_{0.65}Se_{0.35}$ nanoparticles grown by thermal annealing. J. Appl. Phys., 2000, 88(7): 4109-4116.

[29] Hwang Y N, Shin S H, Park H L, et al. Effect of lattice contraction on the Raman shifts of CdSe quantum dots in glass matrices. Phys. Rev. B, 1996, 54(21): 15120-15124.

[30] Tanaka A, Onari S, Arai T. Raman-scattering from CdSe microcrystals embedded in a germanate glass matrix. Phys. Rev. B, 1992, 45(12): 6587-6592.

[31] Chuu D S, Dai C M. Quantum size effects in CdS thin films. Phys. Rev. B, 1992, 45(20): 11805-11810.

[32] Tanaka A, Onari S, Arai T. Raman scattering from CdSe microcrystals embedded in a germanate glass matrix. Phys. Rev. B, 1992, 45(12): 6587.

[33] Zhang J, Peng Z, Soni A, et al. Raman spectroscopy of few-quintuple layer topological insulator Bi_2Se_3 nanoplatelets. Nano Lett., 2011, 11(6): 2407-2414.

[34] Talati M, Jha P K. Low-frequency acoustic phonons in nanometric CeO_2 particles. Physica E: Low-Dimensional Systems and Nanostructures, 2005, 28(2): 171-177.

[35] Viera G, Huet S, Boufendi L. Crystal size and temperature measurements in nanostructured silicon using Raman spectroscopy. J. Appl. Phys., 2001, 90(8): 4175-4183.

[36] Cheng W, Ren S F. Calculations on the size effects of Raman intensities of silicon quantum dots. Phys. Rev. B, 2002, 65(20): 205305.

[37] Zi J, Büscher H, Falter C, et al. Raman shifts in Si nanocrystals. Appl. Phys. Lett., 1996, 69(2): 200-202.

[38] Cheng G X, Xia H, Chen K J, et al. Raman measurement of the grain size for silicon crystallites. Phys. Stat. Sol. A, 1990, 118(1): K51-K54.

[39] Iqbal Z, Veprek S. Raman-scattering from hydrogenated microcrystalline and amorphous-silicon. J. Phys. C, 1982, 15(2): 377-392.

[40] Gangopadhyay P, Kesavamoorthy R, Nair K G M, et al. Raman scattering studies on silver nanoclusters in a silica matrix formed by ion-beam mixing. J. Appl. Phys., 2000, 88(9): 4975-4979.

[41] Fujii M, Nagareda T, Hayashi S, et al. Low-frequency Raman-scattering from small silver particles embedded in SiO_2 thin-films. Phys. Rev. B, 1991, 44(12): 6243-6248.

[42] Palpant B, Portales H, Saviot L, et al. Quadrupolar vibrational mode of silver clusters from plasmon-assisted Raman scattering. Phys. Rev. B, 1999, 60(24): 17107-17111.

[43] Gotic P, Ivanda M, Sekulic A, et al. Microstructure of nanosized TiO_2 obtained by sol-gel synthesis. Mater. Lett., 1996, 28(1-3): 225-229.

[44] Saviot L, Champagnon B, Duval E, et al. Size dependence of acoustic and optical vibrational modes of CdSe nanocrystals in glasses. J. Non-Cryst. Solids, 1996, 197(2-3): 238-246.

[45] Chassaing P M, Demangeot F, Combe N, et al. Raman scattering by acoustic phonons in wurtzite ZnO prismatic nanoparticles. Phys. Rev. B, 2009, 79(15): 155314-155315.

[46] Combe N, Chassaing P M, Demangeot F. Surface effects in zinc oxide nanoparticles. Phys. Rev. B, 2009, 79(4): 045408-045409.

[47] Yadav H K, Gupta V, Sreenivas K, et al. Low frequency Raman scattering from acoustic phonons confined in ZnO nanoparticles. Phys. Rev. Lett., 2006, 97(8): 085502.

[48] Sun C Q. Size dependence of nanostructures: Impact of bond order deficiency. Prog. Solid State Chem., 2007, 35(1): 1-159.

[49] Kusch P, Lange H, Artemyev M, et al. Size-dependence of the anharmonicities in the vibrational potential of colloidal CdSe nanocrystals. Solid State Commun., 2011, 151(1): 67-70.

[50] Yang X X, Zhou Z F, Wang Y, et al. Raman spectroscopy determination of the Debye temperature and atomic cohesive energy of CdS, CdSe, Bi_2Se_3, and Sb_2Te_3 nanostructures. J. Appl. Phys., 2012, 112(8): 4759207.

[51] Shi F G. Size-dependent thermal vibrations and melting in nanocrystals. J. Mater. Res., 1994, 9(5): 1307-1313.

[52] Jiang Q, Zhang Z, Li J C. Superheating of nanocrystals embedded in matrix. Chem. Phys. Lett., 2000, 322(6): 549-552.

[53] Gu M X, Zhou Y C, Pan L K, et al. Temperature dependence of the elastic and vibronic behavior of Si, Ge, and diamond crystals. J. Appl. Phys., 2007, 102(8): 083524.

[54] Liu M S, Bursill L A, Prawer S, et al. Temperature dependence of the first-order Raman phonon lime of diamond. Phys. Rev. B, 2000, 61(5): 3391-3395.

[55] Cui J B, Amtmann K, Ristein J, et al. Noncontact temperature measurements of diamond by Raman scattering spectroscopy. J. Appl. Phys., 1998, 83(12): 7929-7933.

[56] Herchen H, Cappelli M A. 1st-order Raman-spectrum of diamond at high-temperatures. Phys. Rev. B, 1991, 43(14): 11740-11744.

[57] Zouboulis E S, Grimsditch M. Raman-scattering in diamond up to 1900 K. Phys. Rev. B, 1991, 43(15): 12490-12493.

[58] Czaplewski D A, Sullivan J P, Friedmann T A, et al. Temperature dependence of the mechanical properties of tetrahedrally coordinated amorphous carbon thin films. Appl. Phys. Lett., 2005, 87(16): 2108132.

[59] Menendez J, Cardona M. Temperature-dependence of the 1st-order Raman-scattering by phonons in Si, Ge, and α-Sn: Anharmonic effects. Phys. Rev. B, 1984, 29(4): 2051-2059.

[60] Fine M E. Elasticity and thermal expansion of germinium between 195 ℃ and 275 ℃. J. Appl. Phys., 1953, 24(3): 338-340.

[61] Hart T R, Aggarwal R L, Lax B. Temperature dependence of Raman scattering in silicon. Phys. Rev. B, 1970, 1(2): 638-642.

[62] Balkanski M, Wallis R F, Haro E. Anharmonic effects in light-scattering due to optical phonons in silicon. Phys. Rev. B, 1983, 28(4): 1928-1934.

[63] Gysin U, Rast S, Ruff P, et al. Temperature dependence of the force sensitivity of silicon cantilevers. Phys. Rev. B, 2004, 69(4): 045403.

[64] Gu M X, Zhou Y C, Sun C Q. Local bond average for the thermally induced lattice expansion. J. Phys. Chem. B, 2008, 112(27): 7992-7995.

[65] Kittel C. Intrduction to solid state physics. 8th ed. Hoboken: John Wiley & Sons, Inc., 2005.

[66] Perlin P, Polian A, Suski T. Raman-scattering studies of aluminum nitride at high-pressure. Phys. Rev. B, 1993, 47(5): 2874-2877.

[67] Kuball M, Hayes J M, Prins A D, et al. Raman scattering studies on single-crystalline bulk AlN under high pressures. Appl. Phys. Lett., 2001, 78(6): 724-726.

[68] Ueno M, Onodera A, Shimomura O, et al. X-ray-observation of the structural phase-transition of aluminium nitride under high-pressure. Phys. Rev. B, 1992, 45(17): 10123-10126.

[69] Kuball M, Hayes J M, Shi Y, et al. Raman scattering studies on single-crystalline bulk AlN: Temperature and pressure dependence of the aln phonon modes. J. Cryst. Growth, 2001, 231(3): 391-396.

[70] Halsall M P, Harmer P, Parbrook P J, et al. Raman scattering and absorption study of the high-pressure wurtzite to rocksalt phase transition of GaN. Phys. Rev. B, 2004, 69(23): 235207.

[71] Perlin P, Jauberthiecarillon C, Itie J P, et al. Raman-scattering and X-ray-absorption spectroscopy in gallium nitride under high-pressure. Phys. Rev. B, 1992, 45(1): 83-89.

[72] Limpijumnong S, Lambrecht W R L. Homogeneous strain deformation path for the wurtzite to rocksalt high-pressure phase transition in GaN. Phys. Rev. Lett., 2001, 86(1): 91-94.

[73] Link A, Bitzer K, Limmer W, et al. Temperature dependence of the E-2 and A(1)(LO) phonons in GaN and AlN. J. Appl. Phys., 1999, 86(11): 6256-6260.

[74] Pinquier C, Demangeot F, Frandon J, et al. Raman scattering study of wurtzite and rocksalt InN under high pressure. Phys. Rev. B, 2006, 73(11): 115211.

[75] Pu X D, Chen J, Shen W Z, et al. Temperature dependence of Raman scattering in hexagonal indium nitride films. J. Appl. Phys., 2005, 98(3): 2006208.

[76] Gu M X, Pan L K, Au Yeung T C, et al. Atomistic origin of the thermally driven softening of Raman optical phonons in group III nitrides. J. Phys. Chem. C, 2007, 111(36): 13606-13610.

[77] Zheng S, Fang F, Zhou G, et al. Hydrogen storage properties of space-confined $NaAlH_4$ nanoparticles in ordered mesoporous silica. Chem. Mater., 2008, 20(12): 3954-3958.

[78] Pan L K, Sun C Q, Li C M. Elucidating Si-Si dimmer vibration from the size-dependent Raman shift of nanosolid Si. J. Phys. Chem. B, 2004, 108(11): 3404-3406.

[79] Reeber R R, Wang K. Lattice parameters and thermal expansion of GaN. J. Mater. Res., 2000, 15(1): 40-44.

[80] Slack G A, Bartram S F. Thermal expansion of some diamondlike crystals. J. Appl. Phys., 1975, 46(1): 89-98.

[81] Swamy V, Kuznetsov A Y, Dubrovinsky L S, et al. Unusual compression behavior of anatase TiO_2 nanocrystals. Phys. Rev. Lett., 2009, 103(7): 75505.

[82] Zhu J, Yu J X, Wang Y J, et al. First-principles calculations for elastic properties of rutile TiO_2 under pressure. Chin. Phys. B, 2008, 17(6): 2216.

[83] Du Y L, Deng Y, Zhang M S. Variable-temperature Raman scattering study on anatase titanium dioxide nanocrystals. J. Phys. Chem. Solids, 2006, 67(11): 2405-2408.

[84] Kuznetsov A Y, Machado R, Gomes L S, et al. Size dependence of rutile TiO_2 lattice parameters determined via simultaneous size, strain, and shape modeling. Appl. Phys. Lett., 2009, 94(19): 193117.

[85] Wu A Y, Sladek R J. Elastic Debye temperatures in tetragonal crystals: Their determination and use. Phys. Rev. B, 1982, 25(8): 5230.

[86] Liu X J, Pan L K, Sun Z, et al. Strain engineering of the elasticity and the Raman shift of nanostructured TiO_2. J. Appl. Phys., 2011, 110(4): 044322.

[87] Decremps F, Pellicer-Porres J, Saitta A M, et al. High-pressure Raman spectroscopy study of wurtzite ZnO. Phys. Rev. B, 2002, 65(9): 092101.

[88] Li J W, Yang L W, Zhou Z F, et al. Mechanically stiffened and thermally softened Raman modes of ZnO crystal. J. Phys. Chem. B, 2010, 114(4): 1648-1651.

[89] Swarnakar A K, Donzel L, Vleugels J, et al. High temperature properties of ZnO ceramics studied by the impulse excitation technique. J. Eur. Ceram. Soc., 2009, 29(14): 2991-2998.

[90] Chen B, Zhang H, Dunphy-Guzman K, et al. Size-dependent elasticity of nanocrystalline titania. Phys. Rev. B, 2009, 79(12): 125406.

[91] Birch F. Finite elastic strain of cubic crystals. Phys. Rev., 1947, 71(11): 809-824.

[92] Murnaghan F D. The compressibility of media under extreme pressures. Proc. Natl. Acad. Sci. U.S.A., 1944, 30(9): 244-247.

[93] Yang L W, Wu X L, Huang G S, et al. *In situ* synthesis of Mn-doped ZnO multileg nanostructures and Mn-related Raman vibration. J. Appl. Phys., 2005, 97(1):014304-014308.

[94] Cuscó R, Alarcón Lladó E, Ibáñez J, et al. Temperature dependence of Raman scattering in ZnO. Phys. Rev. B, 2007, 75(16): 165202-165213.

[95] Cardona M T, M L W. Isotope effects on the optical spectra of semiconductors. Rev. Mod. Phys., 2005, 77(4): 1173-1224.

[96] Karzel H, Potzel W, Köfferlein M, et al. Lattice dynamics and hyperfine interactions in ZnO and ZnSe at high external pressures. Phys. Rev. B, 1996, 53(17): 11425.

[97] Samanta K, Bhattacharya P, Katiyar R S. Temperature dependent E_2 Raman modes in the ZnCoO ternary alloy. Phys. Rev. B, 2007, 75(3): 035208-035205.

[98] Khan A A. X-ray determination of thermal expansion of zinc oxide. Acta Crystallogr. Section A, 1968, 24 (3): 403-403.

[99] Serrano J, Romero A H, Manjon F J, et al. Pressure dependence of the lattice dynamics of ZnO: An *ab initio* approach. Phys. Rev. B, 2004, 69(9): 094306.

[100] Alawadhi H, Tsoi S, Lu X, et al. Effect of temperature on isotopic mass dependence of excitonic band gaps in semiconductors: ZnO. Phys. Rev. B, 2007, 75(20): 205207.

[101] Ursaki V V, Tiginyanu I M, Zalamai V V, et al. Multiphonon resonant Raman scattering in ZnO crystals and nanostructured layers. Phys. Rev. B, 2004, 70(15): 155204.

[102] Eom S H, Yu Y M, Choi Y D, et al. Optical characterization of ZnO whiskers grown without catalyst by hot wall epitaxy method. J. Cryst. Growth, 2005, 284(1-2): 166-171.

[103] Hauschild R, Priller H, Decker M, et al. Temperature dependent band gap and homogeneous line broadening of the exciton emission in ZnO. Phys. Status Solidi C, 2006, 3(4): 976-979.

[104] Fei Y, Cheng S, Shi L B, et al. Phase transition, elastic property and electronic structure of wurtzite and rocksalt ZnO. J. Synth. Cryst., 2009, 38(6): 1527-1531.

[105] Neto E S F, Dantas N O, Silva S W D, et al. Temperature-dependent Raman study of thermal parameters in CdS quantum dots. Nanotechnology, 2012, 23(12): 125701.

[106] Hwang Y N, Park S H, Kim D. Size-dependent surface phonon mode of CdSe quantum dots. Phys. Rev. B, 1999, 59(11): 7285.

[107] Iles N, Kellou A, Khodja K D, et al. Atomistic study of structural, elastic, electronic and thermal properties of perovskites Ba(Ti, Zr, Nb)O$_3$. Comput. Mater. Sci., 2007, 39(4): 896-902.

[108] Garai J, Laugier A. The temperature dependence of the isothermal bulk modulus at 1bar pressure. J. Appl. Phys., 2007, 101(2): 2424535.

[109] Wachtman J B, Tefft W E, Lam D G, et al. Exponential temperature dependence of Young's modulus for several oxides. Phys. Rev., 1961, 122(6): 1754.

[110] Yang C, Zhou Z F, Li J W, et al. Correlation between the band gap, elastic modulus, Raman shift and melting point of CdS, ZnS, and CdSe semiconductors and their size dependency. Nanoscale, 2012, 4: 1304-1307.

[111] Rockenberger J, Tröger L, Kornowski A, et al. EXAFS studies on the size dependence of structural and dynamic properties of CdS nanoparticles. J. Phys. Chem. B, 1997, 101(14): 2691.

[112] Goldstein A N, Echer C M, Alivisatos A P. Melting in semiconductor nanocrystals. Science, 1992, 256(5062): 1425.

[113] Budak S, Muntele C I, Minamisawa R A, et al. Effects of MeV Si ions bombardments on thermoelectric properties of sequentially deposited Bi$_x$Te$_3$/Sb$_2$Te$_3$ nano-layers. Nucl. Instrum. Methods Phys. Res., 2007, 261(1-2): 608-611.

[114] Dyck J S, Chen W, Uher C, et al. Heat transport in Sb$_{2-x}$V$_x$Te$_3$ single crystals. Phys. Rev. B, 2002, 66(12): 125206.

[115] Kang S M, Ha S S, Jung W G, et al. Two-dimensional nanoplates of Bi$_2$Te$_3$ and Bi$_2$Se$_3$ with reduced thermal stability. Aip Adv., 2016, 6(2): 801.

[116] Shoemake G E, Rayne J A, Ure R W J. Specific heat of n- and p-type Bi$_2$Te$_3$ from 1.4 to 90 K. Phys. Rev., 1969, 185(3): 1046.

第 25 章　水与水溶液

要点

- 离子、孤对、质子、偶极子的水合作用调控着 O:H—O 氢键网络和溶液性质
- DPS 方法可获取微扰下 O:H—O 键的声子丰度-刚度-序度
- 离子屏蔽极化和离子间的排斥控制着霍夫梅斯特水合壳层的体积
- H↔H 和 O:⇔:O 排斥、离子极化和溶质键收缩是路易斯溶液的主要特征

摘要

　　基于声子光谱可以研究酸、碱和盐溶剂化造成的电荷注入以及溶液在受压、变温及低配位条件下的氢键网络结构及溶液物性的变化，并提出了 O:H—O 常规氢键、H↔H 反氢键和 O:⇔:O 超氢键的基本概念。声子谱受激演化的实测趋势与理论预测的一致性证实：O:H—O 氢键双段的比热差异形成了具有负热膨胀性质的准固态相、离子注入或分子低配位引起的静电极化会形成超固态相。路易斯酸碱溶液中因注入过量 H 质子和孤对电子形成的 H↔H 反氢键和 O:⇔:O 超氢键主控着溶液的氢键结构弛豫和物性变化，而在霍夫梅斯特盐中，注入的阴阳离子形成点源电场诱导邻近水分子形成离子水合壳层，通过极化常规氢键调节壳层的氢键网络和溶液性能。氢键网络的多场微扰将导致冰水和水溶液的各种奇异现象，如浮冰、复冰、冰表皮润滑、水表皮超韧、过冷与过热、热水速冷、熔点和冰点临界相变压强和温度的变化等。

25.1　水和水溶液

　　冰水对农业、气候、环境、生活质量和生命的可持续性都非常重要。O:H 解离储水和 H—O 键解离制氢是克服水与能源资源危机的重要方向；水合和溶剂化为海水淡化和蛋白质溶解过程中离子排斥的分析和调制奠定了基础；液态药物细胞和水-蛋白质界面对微生物学、疾病治疗、DNA 调控和信号传输等具有重要意义。因此，掌握主控水分子及其电子性能的因素对于液态水的深加工以及控制其反应、转变和输运动力学至关重要。

冰水受到诸如受压、加热、电磁辐射和分子低配位等外界扰动时会引起诸多异常现象，如冰表皮润滑、水表皮超韧、复冰、浮冰、过冷/过热、热水速冷等。酸、碱和盐溶液中，溶质的溶剂化作用会形成水合壳层，其中的 O:H—O 氢键会因点电荷极化或形成 H↔H 反氢键和 O:⇔:O 超氢键而呈现与体相冰水中不同的弛豫规律和行为，形成溶液的特殊物性。

目前有关水溶液的研究主要集中在过量水合电荷(质子和孤对电子)的运动方式及其动力学。通常以 H_2O 分子为基本结构单元，从水合态声子或分子寿命、漂移运动扩散率等方面考虑溶质动力学。然而，由于缺乏有关溶剂结构和 O:H—O 键属性的认知，对于溶质注入影响溶液氢键网络和属性方面的研究进展缓慢。尚缺乏对于水溶液拉曼谱或 H—O 与 O:H 特征峰受激扰动以及声子之间关联性的研究。目前也还不清楚 H^+、HO^-、Y^+ 和 X^- 等离子如何协同作用于路易斯霍夫梅斯特溶液的水合网络并影响其性质。

酸碱溶液中因过量的 H^+ 和 OH^- 注入引起的水分子单元的变化可理解为：H_2O 分子获得 H^+ 形成 H_3O^+，OH^- 以自身为中心的四面体结构四个顶角上配位四个水分子且 OH^- 自身附加贡献一对孤对电子":"[1, 2]。此 "H^+" 或 ":" 既不能单独存在，也不能在相邻 O^{2-} 之间自由移动。如图 25.1(a)和(b)插图所示，酸性溶液中，H_3O^+ 取代 $2H_2O$ 单元的中心 H_2O 使一个 O:H—O 键转变为 H↔H 反氢键，产生点致脆作用；碱性溶液中，中心 H_2O 被 HO^- 取代使一个 O:H—O 转变为 O:⇔:O 超氢键，产生点压缩和极化作用。由于几何结构和分子间相互作用，相邻四个分子的取向保持不变[3]。这打破了 O:H—O 构型和质子、孤对电子 $2N$ 守恒规律。此外，溶液中的 X^- 和 Y^+ 离子还会诱导形成水合壳层改变局域氢键网络结构并影响溶液性质。因此，本章将主要结合 O:H—O 耦合氢键协同弛豫理论[3]和差分声子谱(DPS)方法[4, 5]，验证 H↔H、O:⇔:O 键和离子极化诱导超固态水合壳层[6]的形成以及它们对于溶液网络氢键结构和溶液性质的影响。

图 25.1 为摩尔分数 0.1 的一价 HX 酸[1]、YHO 碱[7]和 YX 盐[8]溶液以及水变温时[9]的拉曼谱，包含 O:H 键拉伸振频(<200 cm^{-1})、∠H:O—H 弯曲振频(400 cm^{-1})、∠H—O—H 弯曲振频(1600 cm^{-1})以及 H—O 拉伸振频(3200 cm^{-1})。H—O 键的谱峰实际可分解为块体(3200 cm^{-1})、表皮(3450 cm^{-1})、H—O 悬键(3610 cm^{-1})[3]。同样，O:H 键在体相水中的振频～200 cm^{-1}，在溶液中因低配位和极化诱导降低至～75 cm^{-1}。我们的研究重点为<200 cm^{-1} 的 O:H 拉伸振频和>3000 cm^{-1} 的 H—O 拉伸振频两部分。图 25.1 描述的酸碱盐溶剂化反应过程可表示为

$$HX + nH_2O \Rightarrow X^- + H_2O^+(H \leftrightarrow H)OH + (n-1)H_2O$$

$$\Rightarrow X^- + (n-5)H_2O + [H_{11}O_5]^+ \, YHO + nH_2O$$

$$\Rightarrow Y^+ + H(O^- :\Leftrightarrow: O^{2-})H_2 + (n-1)H_2O$$

$$\Rightarrow Y^+ + (n-5)H_2O + [H_9O_5]^- \, YX + nH_2O$$

$$\Rightarrow Y^+ + X^- + nH_2O \tag{25.1}$$

所以，$[H_{11}O_5]^+$ 和 $[H_9O_5]^-$ 是酸性和碱性溶液注入附加氢离子和孤对 ":" 后形成的结构基础。3610 cm^{-1} 位置处的谱峰除 H—O 悬键的贡献外，还包含溶质自身 HO^- 键的振频贡献。电荷注入和热激发一样，都能激励 H—O 和 O:H 双段协同弛豫。

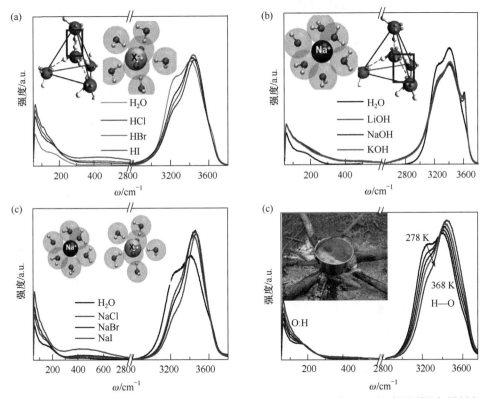

图 25.1　摩尔分数 0.1 的(a) HX[1]、(b) YOH[10]和(c) NaX[8]溶液及(d) 水变温时的拉曼谱[9](扫描封底二维码可看彩图)

(a) 中插图展示了$[H_{11}O_5]^+$单胞和 X^-点极化水合壳层结构。(b)中插图为$[H_9O_5]^-$单胞和 Y^+点极化水合壳层结构。(c)中插图为 Y^+ 和 X^- 离子通过极化形成的水合壳层结构及屏蔽情况

　　声子振动模式是通过傅里叶变换将振动频率相同的所有化学键采集形成的，无须考虑这些化学键在物质液相、固相或气相时所处的空间位置、取向和多寡。然而，这些化学键可能因为位置或其他因素影响而发生弛豫引起振频偏移，这就

造成了这类化学键振频合集为峰的形状(图 25.1)。最大峰值即表示处于这一振频数值的化学键占比最多,亦即强度最大。峰的中心 ω_x 表示键刚度,为键长 d_x 和键能 E_x 的函数,即 $(\omega_x)^2 \propto E_x/d_x^2$。峰的面积积分即声子丰度与相应于该振动模式的键的数目成正比,则可以用声子丰度的变化(可称为键转变分数)表示化学键受激转变状态。因此,将所有的拉曼谱进行归一化处理后,以去离子水的归一化谱为参考,用其他受激条件如变压、变温、添加溶质等的归一化光谱减去参考谱即可获得差分声子谱(DPS),以此分析 O:H—O 键的转换分数与声子刚度的转变就能提取受激引起的氢键变化的相关信息[6]。与传统的谱峰高斯分解方法相比,DPS 计量方法可以更为直接地提供 O:H—O 键从普通水过渡到受激条件时键转变分数(声子丰度)、刚度(声子频移)和涨落(半高峰宽)的定量信息。

25.2　冰水耦合氢键协同弛豫

O:H—O 氢键为水和溶液结构及能量的基本单元,由较弱的分子间 O:H 非键($\sim$0.1 eV)和较强的分子内 H—O 极性共价键($\sim$4.0 eV)经由两者氧原子间电子对库仑斥力耦合构成[3]。在外部扰动如机械压缩、冷却或加热、分子低配位和电磁辐射等作用下,O:H 和 H—O 双段发生协同弛豫,如图 25.2 所示。O:H—O 双段长度和键角弛豫会改变系统能量,但热涨落对能量变化的贡献很小。

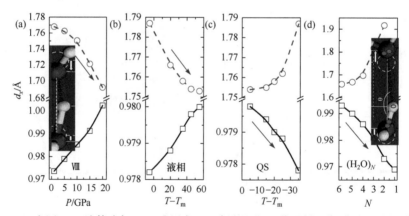

图 25.2　(a) 变压、(b) 液体冷却、(c) 准固态(QS)降温以及(d) 分子低配位时 O:H—O 的键长弛豫[3]图

箭头显示主导键的弛豫方向。由于 O—O 键的库仑排斥作用,无论外加的激励或结构的顺序如何,H—O 键的弛豫总是小于 O:H 键,且两者在曲率和斜率上的弛豫过程相反

Sun 等[11]利用 COMPASS 力场计算证实,外部激励会使两个 O 离子同向移动,但幅度不同。图 25.2 的结果显示,O:H—O 双段始终以"主从"方式弛豫,箭头

表示主动分段及其在给定激励下的弛豫方向。同一组图中双段弛豫曲线的斜率和曲率遵循：$(\Delta d_L / \Delta q)/(\Delta d_H / \Delta q) < 0$ 和 $(\Delta^2 d_L / \Delta q^2)/(\Delta^2 d_H / \Delta q^2) < 0$，其中 q 表示扰动变量。以 H^+ 为原点，较强的 H—O 键总是比较弱的 O:H 非键弛豫幅度少。O:H—O 键角的弛豫仅影响晶体的几何结构和质量密度。O:H—O 弯曲振频有其独立的振动模式，对 H—O 或 O:H 双段的干扰可以忽略[3]。正是 O:H—O 双段的协同弛豫造成了低配位、机械压缩、热激发、酸、碱和盐溶液中异常以及看似正常的各种现象[12-14]。

根据已知冰受压时的 $\rho(P)(1/V(P))$ 测量结果[15, 16]以及水分子的四面体配位规则[17]，已构建了冰水中分子大小(d_H)、分子间距(d_L)、O—O 间距(d_{OO})和质量密度 ρ 之间的约束关系[18]

$$\begin{cases} d_{O\text{-}O} = 2.6950 \rho^{-1/3} & \text{(O-O 间距)} \\ \dfrac{d_L}{d_{L0}} = \dfrac{2}{1 + \exp\left[(d_H - d_{H0})/0.2428\right]} & (4\,℃时,\ d_{H0} = 1.0004, d_{L0} = 1.6946) \end{cases} \quad (25.2)$$

图 25.3 所示为变压和变温时 O:H 非键和 H—O 键双段的协同弛豫情况[2, 15, 19, 20]。压力增大时，O:H 非键受压收缩、H—O 受库仑排斥拉长，对应的低频声子蓝移、高频声子红移；而温度升高时，变化相反，O:H 非键热致膨胀、H—O 收缩，低频声子红移而高频声子蓝移。无论相结构如何，压力总是使 O:H 键收缩并延长 H—O 键。当压强达到 60 GPa 时，冰将从Ⅶ/Ⅷ阶段转变为 O:H 和 H—O 双段等长的冰 X 相，此时双段键长皆达到 1.10 Å。变温情况并非总是如图 25.3(c)和(d)的双段弛豫趋势，当水处于超固态温度范围时(体相水时，温度区间为 258～277 K)，H—O 冷致收缩，引起 O:H 非键膨胀，这由该区间双段的比热比值 η_L / η_H 控制，详见表 25.1[20]。氢键双段中 H—O 分段弛豫主导整体的能量吸收或释放，因为 O:H 键的能量仅～0.1 eV 量级，仅为 H—O 键能(～4.0 eV)的 1/40。

表 25.1 汇总了各温度区间水不同相结构以及受外部扰动时 O:H—O 氢键的键长、振动频率及弛豫特征[20]。相邻相之间的相边界可以通过外部扰动进行调整，遵循爱因斯坦关系：$\Delta \theta_{Dx} \propto \Delta \omega_x (P, T, z, E, \cdots)$改变相位边界。

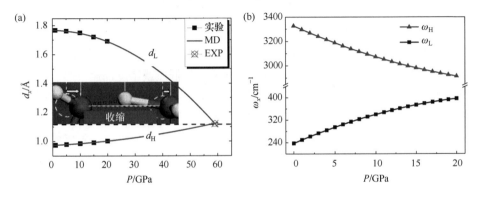

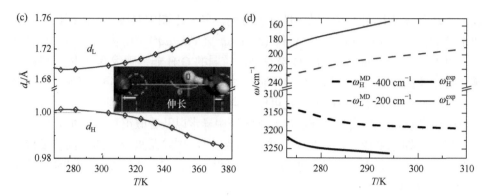

图 25.3　80 K 时冰 X 相受压时(a) 分段键长和(b) 振动频率的变化[16]以及液态水升温时(c) 分段键长和(d)振动频率的变化[20]

图(a)和(c)中的 $d_x(P)$ 和 $d_x(T)$ 数据是基于 $\rho(P)$ [15, 21]、$\rho(T)$[22]利用式(25.2)解析获得的。图(d)中实测的氢键分段变温时的振频变化趋势与计算结果相同[15, 20]

表 25.1　水不同相结构以及受外部扰动时氢键的分段键长、振动频率和弛豫特征[20]

相	$(T_1{-}T_2)/K$	ΔT	Δd_H	Δd_L	$\Delta \omega_H$	$\Delta \omega_L$	备注	参考文献
蒸发($\eta_L \cong 0$)	377 及以上	>0	—				H_2O 单体	
液体(η_L/η_H<1)	277~377		<0	>0	>0	<0	液体与固体受热膨胀	
I_c+I_h(η_L/η_H<1)	100~258	>0						
QS(η_L/η_H>1)	258~277	>0	>0	<0	<0	>0	QS 负热膨胀	[20]
QS 边界($\eta_L{=}\eta_H$)	258, 277	—	0	0	0	0	ρ=1.0 g/cm³; ρ=0.92 g/cm⁻³	
XI($\eta_L \cong \eta_H \cong 0$)	0~100	<0		$\cong 0$			∠O:H—O 从 165°扩大到 173°	
Δz<0, $\Delta E \neq 0$ (极化)			<0	<0	>0	<0	极化，超固态	[6][17]
ΔP>0			>0	<0	<0	>0	d_L 和 d_H 对称化	[2]

注：取常压、温度 277 K 时各参数值为参考，d_L=1.6946 Å、d_H=1.0004 Å、ω_{H0}=3200 cm⁻¹、ω_{L0}=200 cm⁻¹、θ_{DH}=3200 K、θ_{DL}=198 K。

　　傅里叶流体热传导方程解析证实了姆潘巴效应，即热水比冷水冷却得更快[23]，证明了水的表皮超固态的重要性，其 0.75 g/cm³ 的超低质量密度加速了热能的向外传导。姆潘巴效应集成了 O:H—O 键能量的"存储-释放-传导-耗散"的循环动力学过程。超固态氢键中的 H—O 分段受热储能、冷却释热，初始温度越高则储能越多，而释放速率与储能量成正比，故热水降温耗时比冷水更短。表皮超固态的低密度使之具有较高的热传导系数，有利于热量向外传导。

25.3　路易斯-霍夫梅斯特溶液的声子谱

25.3.1　2N守恒规则破缺

式(25.1)已表明，一个 HX 酸分子溶解成一个 H^+ 质子和一个 X^- 阴离子。H^+ 不会自由分布，而是与一个 H_2O 分子相结合，形成包含一个电子孤对和三个 H^+ 质子的 H_3O^+ 水合四面体，如图 25.1(a)插图所示。H_3O^+ 取代了 $2H_2O$ 单胞中心的 H_2O，其四个近邻 H_2O 分子因它们各自近邻 H_2O 分子的作用而维持原有各 O:H—O 氢键的方向[3, 12]。在 H_2O→H_3O^+ 转化时，H^+ 和 ":" 变化打破了初始的 2N 守恒，在溶液中形成了 2N+1 个质子和 2N−1 对电子孤对。过量的(2N+1)−(2N−1)=2 个质子将形成一个 H↔H 反氢键。H_3O^+ 仍然保持具有三个 H—O 键和一个孤对的四面体结构，类似于 $H_{2n+1}O_n{}^+$ 团簇情况(n=2 和 4)[24]，不存在 H^+ 在氧离子之间的隧穿或从某一位置向另一个位置转移的情况。

同样地，YOH 碱溶解形成 Y^+ 和 HO^-，其中的 HO^- 结构类 HF 四面体，含有三个电子孤对和一个 H^+ 质子，如图 25.1(b)插图所示。新增的 HO^- 会使原有的 2N 数值转化为 2N+3 个电子孤对 ":" 和 2N+1 个质子。过量的(2N+3)−(2N+1)=2 个电子孤对将形成 O:⇔:O 超氢键。由于这两个电子孤对的集聚性和与 O^{2-} 的弱结合能力，O:⇔:O 超氢键具有加压一样的能力且对氢键弛豫的作用效果更强[2]，也正是这两个电子孤对的结构特征使其自身还具有极化能力而非像反氢键一样成为点裂源。溶液中的 X^- 和 Y^+ 两种带电粒子仅能极化近邻水分子形成水合壳层。

25.3.2　水溶液的差分声子谱

水溶液的差分声子谱(DPS)为归一化的溶液声子谱减去归一化的去离子水声子谱，获得的谱线在 x 轴上方的波峰部分为水合声子信息，而在 x 轴下方的波谷部分为损失的块体部分的声子信息，如图 25.4 所示。通过分析声子刚度(频移)和丰度(峰面积)的转变可以探明溶剂化过程引起的氢键网络结构和能量的变化。转换分数系数 $f_x(C)$ 取值为 DPS 波峰的积分，代表发生转变的键的比例分数或者说是溶质浓度为 C 时自体相水过渡到水合壳层的声子数目。

图 25.4 所示为 YOH 溶液的氢键高频声子谱及差谱以及与水受压情况的比较。溶剂化过程形成 O:⇔:O 超氢键，压致拉伸了 H—O 键，软化 ω_H 声子降至 3100 cm^{-1} 及以下[25-27]。浓度相同时，碱性阳离子的种类对声子频移的影响不明显。对比碱溶液和水受压时声子谱的频移趋势，室温水转变为冰的临界压强 1.33 GPa 下，氢键高低频率频移至(<3300 cm^{-1}；>200 cm^{-1})范围，而碱溶液 O:⇔:O 超氢键点压缩使氢键频率范围变为(<3100 cm^{-1}；>220 cm^{-1})，后者高频进一步红移，低频进一

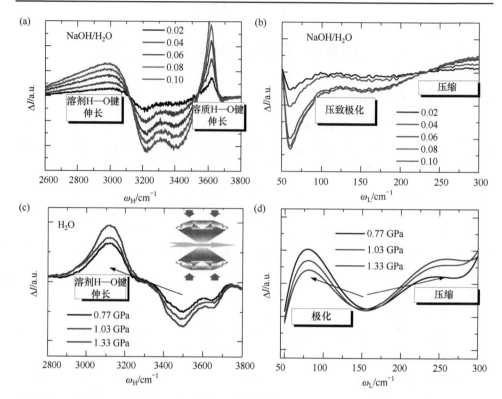

图 25.4　(a)和(b) NaOH 溶液[7]及(c)和(d) 水受压时[2]的高低频声子 DPS 结果(扫描封底二维码可看彩图)

O:⇔:O 压缩和压强对ω_H软化和ω_L硬化作用相同但前者效果更为显著。3610 cm^{-1} 的尖峰来自于低配位的溶质 H—O 键的收缩,这一振频与水表皮收缩10%时的悬键 H—O 声子频率相同。(a)和(b)图中的浓度单位为摩尔分数

步蓝移,可见 O:⇔:O 超氢键具有等同于压强的作用且效果更强[2, 28]。不过在碱溶液浓度较低时,极化作用弱化了超氢键压缩,此时 YOH 溶液中 LFR 声子频移$\Delta\omega_L$与受压特征相同[15]。随着浓度增大,超氢键的强压缩效应会逐步掩盖 Y$^+$ 的极化作用。此外,在 3610 cm^{-1} 位置出现的峰具有与水表皮 H—O 悬键相同的振频,但它是 HO$^-$造成的,且会因 H—O 键序降低而变得越尖[30]。离子诱导形成的水合壳层中,水分子处于低配位状态,所以键弛豫理论[29]同样适用于分析水溶液中键长和键强的变化。

声子频率ω_H<3100 cm^{-1} 处的宽驰峰表示 O:⇔:O 压缩源对周围一定范围的 H_2O 分子都存在作用。3610 cm^{-1} 处的尖峰对应于溶质中收缩的 H—O 键,具有很强的局域特征。这可以解释超快红外光谱测试获得的两种声子寿命[26, 31]:3610 cm^{-1} 处溶质 H—O 键振动能量耗散较快,呈现较短寿命((200 ± 50) fs);小于 3100 cm^{-1} 时伸长的溶剂 H—O 键则寿命较长(1~2 ps)[32]。在超快红外光谱中,声子衰减或振动能量耗散速率与声子频率成正比。

图 25.5 比较了 HX 溶液[1]和水升温时[33]氢键分段的 DPS。当浓度增加至 0.1(摩

尔分数)时,X-极化将 ω_L 自 180 cm^{-1} 降至 75 cm^{-1},ω_H 从 3200 cm^{-1} 上升到 3480 cm^{-1}[34]。H↔H 反氢键的排斥作用可使 ω_L 从 75 cm^{-1} 恢复到 110 cm^{-1}。H↔H 反氢键的排斥也对 H—O 键伸长产生了影响,类似于 O:⇔:O 超氢键的作用[2],在 3050 cm^{-1} 以下形成一个小峰。当 X-由 Cl-变为 Br-和 I-时,H—O 键受 H↔H 斥力伸长的幅度降低,因为 Br-和 I-的极化作用更强,抵消了部分 H↔H 斥力的影响。3650 cm^{-1} 处的小波谷是因为 X-离子优先占据表皮,新增的附加局部电场会进一步极化表皮 H—O 悬键而使之进一步硬化。不过,X-屏蔽效果减弱了探测信号。

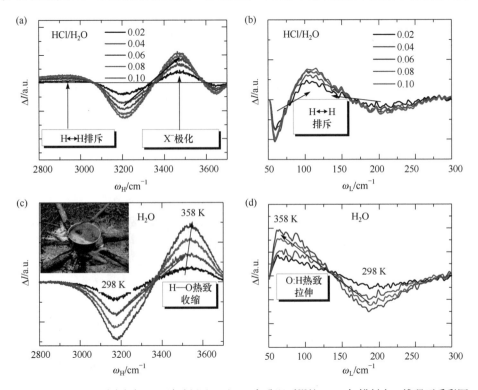

图 25.5 (a)和(b) 不同浓度 HCl 溶液[1]及(c)和(d) 水升温时[9]的 DPS(扫描封底二维码可看彩图)
盐溶液中 ω_H 的蓝移源于 X-极化,H↔H 排斥产生低于 3100 cm^{-1} 的驼峰。极化和排斥联合作用使盐溶液红移的 ω_L 恢复至 110 cm^{-1}。H—O 受热收缩使 ω_H 从 3200 cm^{-1} 蓝移至 3500 cm^{-1},相应的 O:H 伸长使 ω_L 从 200 cm^{-1} 移动到 75 cm^{-1}[1]。(a)和(b)图中的浓度单位为摩尔分数

酸性溶液的溶剂化作用引起的氢键双段长度和声子刚度弛豫及对溶液表皮张力的抑制效果与热作用类似,但两者作用机理截然不同。X-极化使 O:H 伸长、ω_H 声子变软,H—O 收缩、ω_H 声子变硬,而热作用则是使 O:H 分段热致膨胀引起其他类似的键长和声子弛豫。酸溶液中 H+质子形成的 H↔H 反氢键的脆化作用降低溶液表皮张力,而受热时则是增强的热涨落造成表皮张力降低。

图 25.6 比较了不同浓度 NaCl 溶液[8]、水滴(0.05D$_2$O + 0.95H$_2$O)[35, 36]以及冰

水表皮[30, 37]的高频声子差谱。离子的极化作用和分子低配位都使 H—O 键发生声子蓝移，形成超固态相[36]。这一超固态中 H—O 键短而强，O:H 非键长而弱，O 1s 势阱加深，光子和声子寿命也增长。此外，超固态相密度小、黏弹性高、力学和热学性能稳定。超固态相中 O:H—O 氢键的协同弛豫引起相边界的移动，提高了熔点，降低了冰点，即产生过冷和过热现象。超固态极化表皮中 O:H 非键的超弹性和自适应性及高排斥性使冰表皮具备润滑性、水表皮具有超韧性[30]，而其高热扩散率则可以澄清姆潘巴效应[23]。

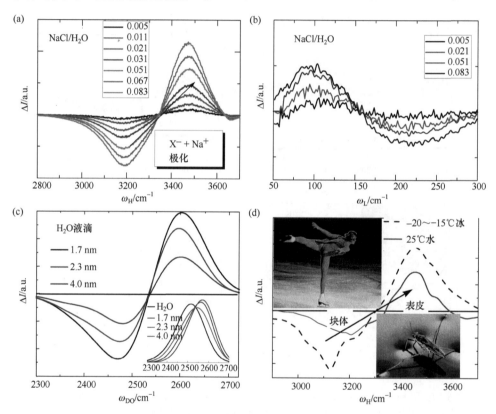

图 25.6　(a)和(b) 不同浓度 NaCl 溶液[8]、(c) 水滴(0.05D₂O + 0.95H₂O)[35, 36]和(d) 冰水表皮[30, 37]
的高频声子差谱(扫描封底二维码可看彩图)
分子低配位驱使冰水氢键高频声子各自体相值，即ω_H=3200 cm⁻¹(水，25 ℃)和ω_H=3150 cm⁻¹(冰，−20~−15℃)，
转变为冰水表皮统一值ω_H=3450 cm⁻¹

25.3.3　键转变分数与有效水合壳层厚度

对 HX、YHO 和 YX 溶液的 ω_H 高频声子差谱谱峰积分，可以获取 O:H—O 键从普通水转变为水合水情况时的键转变分数 $f_x(C)$。斜率 $f_x(C)/dC$ 与溶质形成水合壳层中的氢键数目成正比，可表征水合壳层的大小及其局部电场强弱。根据溶质

离子的性质和大小，所形成的水合壳层可能含有一个、两个或多个亚壳层。壳层的尺寸和离子电荷量决定局部电场强度，不过该电场强度也会受溶质间相互作用和局部水的偶极子屏蔽作用影响[38]。

根据图 25.7 和图 25.8 所示的各种溶液不同浓度下的 $f_X(C)$ 曲线，可以得到如下结果：

(1) $f_H(C) \equiv 0$ 意味着 $H^+(H_3O^+)$ 不能极化邻近氢键，只是破坏并轻微排斥近邻氢键[1]。

(2) $f_Y(C) \propto C$ 表示较小的 Y^+ 阳离子(半径<1.0 Å)形成的水合壳层大小不变，也不受其他溶质离子的干扰。斜率固定表明，每个 Y^+ 溶质的水合壳层中键的数目是恒定的。较小的 Y^+ 电场能被水合壳层中的水分子偶极子完全屏蔽，因此，在 YX 或 YOH 溶液中不存在溶质离子之间的相互作用。

(3) $f_{OH}(C) \propto C$ (<3100 cm^{-1}, 3610 cm^{-1})意味着 O:$\Leftrightarrow$:O 压缩诱导伸长的溶剂 H—O 键和键序缺失引发收缩的溶质 H—O 键数目之和与溶质浓度成正比。键序缺失会导致低配位原子间的键变短变强[3]。

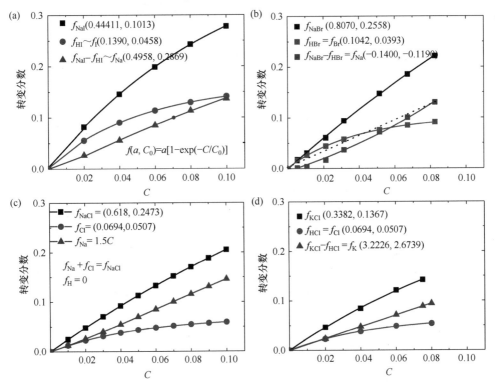

图 25.7　(a) NaI、(b) NaBr、(c) NaCl 和(d) KCl 溶液[39]中离子水合壳层的氢键转变分数[8, 40]

图中展示了总的 $f_{YX}(C)$ ($= f_Y(C) + f_X(C)$)曲线及分解的准线性 $f_Y(C)$ 和非线性 $f_X(C)$ 曲线。对于酸性溶液，$f_X(C) = f_{HX}(C)$，$f_H(C) \approx 0$

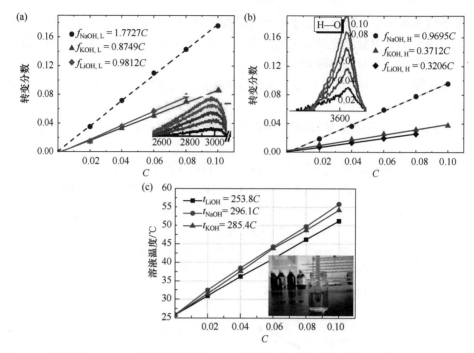

图 25.8 　碱溶液(a) O:⇔:O 压缩引起溶剂 H—O 键伸长和(b) HO⁻低配位引起溶质 H—O 键收缩
的转变分数以及(c)溶液升温情况[7]

(4) $f_X(C) \propto 1-\exp(-C/C_0)$ 并趋近饱和，意味着因水合壳层的几何限制，壳层中 H_2O 分子数量不足以完全屏蔽 X⁻(半径～2.0 Å)的局域电场。这一数目的不足也进一步证明了溶剂存在有序的类晶体结构。因此，溶液中存在的 X⁻-X⁻排斥，将削弱 X⁻的局部电场。所以，$f_X(C)$ 随浓度增大到一定程度将趋近于饱和，水合壳层尺寸将变小，限制溶质诱导键合转变的能力。

因此，$f_X(C)$ 及其斜率不仅可以提供离子极化或 O:⇔:O 压缩诱导的水合壳层中水分子状态的转变数量，还能提供关于溶质-溶质相互作用的深层信息。图 25.8(c)还基于 $f_X(C)$ 分析了碱溶质溶解于水时引起的水温变化及氢键的相应弛豫行为。溶液放热过程中，溶液温度与 $f_{3100}(C)$ 和 $f_{3600}(C)$ 呈线性关系。O:⇔:O 压力使 H—O 键释放能量，低配位引起溶质 H—O 键收缩吸收能量，两者的综合效果使溶液呈现升温趋势[10]。

25.4　溶液性质与氢键转变

图 25.9(a)比较了 298 K 时玻璃基板上各种酸碱盐溶液液滴接触角随浓度的变化情况。表皮张力与接触角成正比。为明确特定溶液空气-溶液界面上应力随浓度的变化趋势，可以忽略玻璃表面和溶液之间的作用。离子极化、O:⇔:O 压缩和极

化都可增强表皮张力，而 H↔H 点致脆将破坏应力作用。极化和低配位都可形成超固态，只是前者发生在整个水合壳层中，后者仅存在于外壳层中。H↔H 催化对表面应力产生抑制作用，与温度作用效果相同，如图 25.9(b)所示[41]，因为热激发会使 O:H 键弱化。

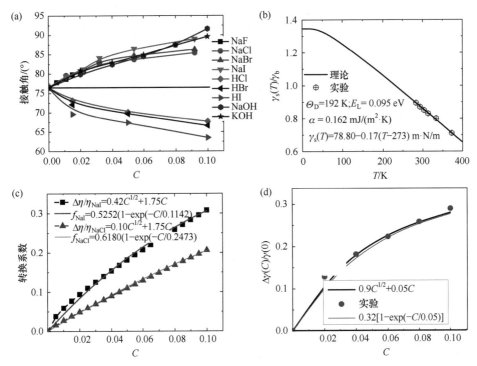

图 25.9 (a)多种酸碱盐溶液液滴接触角随浓度的变化[46]，(b)液态水表皮张力的温度效应[41]以及基于琼斯-多尔黏度公式获得的(c)Na(Cl, I)溶液的键转换系数以及(d) LiBr 溶液表皮张力[43]随浓度的变化情况

表皮张力计算应用公式 $\gamma_s(T) \propto 1 - U(T/\theta_{DL})/E_C = 1 - U(T/192)/0.38$，获得德拜温度为 192 K，O:H 非键能量 $E_L = 0.38/4 = 0.095$ eV，其中 $U(T/\theta_{DL})$ 为德拜比热积分

在水溶液中，溶质分子常被认为是在溶剂分子碰撞的热涨落下随机漂移的布朗粒子。盐溶液的黏度是将水溶性盐分为结构加固型和结构破坏型两种类型的重要宏观参数之一。漂移运动扩散率 $D(\eta, R, T)$ 和溶液黏度 $\eta(C)$ 分别遵循斯托克斯-爱因斯坦关系[42]和琼斯-多尔表达式[43]，

$$\begin{cases} \dfrac{D(\eta,R,T)}{D_0} = \dfrac{k_B T}{6\pi\eta R} & (漂移) \\[3mm] \dfrac{\Delta\eta(C)}{\eta(0)} = A\sqrt{C} + BC & (黏度) \end{cases}$$

其中，η、R 和 k_B 分别为黏度、溶质大小和玻尔兹曼常量。D_0 是纯水的扩散率取值，$\eta(0)$ 为纯水黏度。系数 A 及其浓度非线性项与溶质迁移率和溶质-溶质相互作用有关。系数 B 及其浓度线性项反映了溶质-溶剂分子间的相互作用。

表面和频振动光谱(SFG)测试表明[44, 45]，含 SCN^- 和 CO_2 溶液的黏度随溶质浓度或溶液冷却而增大。H—O 声子弛豫时间随黏度增大而增加，分子运动减慢。因此，离子极化可以使 H—O 声子硬化并减缓半刚性或超固态结构中的分子运动。由于盐溶剂化作用，盐溶液的相对黏度和表皮应力随浓度的变化趋势具有与 $f_{YX}(C)$ 相同的形式，可通过调节琼斯-多尔黏度系数 A 和 B，使表皮应力与测试 $f_{YX}(C)$ 曲线相匹配，如图 25.9(c)和(d)所示。一致的趋势表明，琼斯-多尔式中的线性项反映了 Y^+ 水合壳层的大小，非线性部分是 X^--水分子和 X^--X^- 共同作用的结果。溶液黏度和表皮应力都与极化程度成正比，或者说对于单价盐溶液，与离子水合壳层中的 O:H—O 键数目总和成正比。因此，极化可以提高表皮应力、溶液黏度和刚度、H—O 声子频率和 H—O 声子寿命，但通过缩短 H—O 键、拉伸 O:H 非键，可以降低分子的漂移率。

25.5　总　结

传统声子光谱学拓展成为差分声子计量谱学，可以实现 O:H—O 氢键自普通水模式向水合模式过渡时数量和强度相关信息的提纯，以此研究酸碱盐溶剂化过程中分子在时间域和空间域的动力学行为和能量演化。表 25.2 总结了外界微扰诱导 O:H—O 耦合氢键分段键长、振动频率和表皮应力的协同弛豫规律。

表 25.2　O:H—O 耦合氢键分段键长、振动频率和表皮应力的弛豫[3, 12]

		Δd_H	$\Delta \omega_H$	Δd_L	$\Delta \omega_L$	$\Delta \gamma_s$	特征	文献
液态水	升温	<0	>0	>0	<0	<0	d_L 伸长、d_H 收缩；热涨落	[20]
	低配位					>0	d_L 伸长、d_H 收缩；极化；超固态	[17]
	压缩	>0	<0	<0	>0	—	d_L 收缩、d_H 伸长	[2]
水溶液	YX 盐	<0	>0	>0	<0	>0	Y^+ 和 X^- 极化	[8]
	HX 酸					<0	H↔H 脆化；X^- 极化	[1]
	YOH 碱	>0	>0	>0	>0	>0	O:⇔:O 压缩；Y^+ 极化；溶质 H—O 键收缩	[32]

注：取常压、温度 277 K 时各参数值为参考：d_L=1.6946 Å、d_H=1.0004 Å、ω_{H0}=3200 cm^{-1}、ω_{L0}=200 cm^{-1}、γ_s=72.5 J/m^2。

本章探讨了 H^+(H_3O^+)、OH^-(:)、Y^+ 和 X^- 等各种离子注入对酸碱盐溶液氢键网络结构和性能的影响。差分声子计量谱学方法提供了一种有效而又便捷的定量分析离子诱导氢键自普通水模式过渡至水合模式过程中数目和强度的演化。总地来说，酸碱盐溶液中注入离子引起多场耦合作用使氢键弛豫主要可以分为以下几种方式：

(1) HX 酸溶液中形成的 H_3O^+ 水合氢离子会生成 $H\leftrightarrow H$ 反氢键，破坏溶液氢键网格并降低表皮应力。X⁻阴离子极化调节 O:H—O 氢键双段声子频率的协同弛豫。O:H 分段振频从 200 cm⁻¹ 频移至 110 cm⁻¹ 和 300 cm⁻¹，后者由 $H\leftrightarrow H$ 反氢键排斥作用造成；H—O 分段振频从 3200 cm⁻¹ 蓝移至 3480 cm⁻¹。酸的溶剂化过程对 O:H—O 氢键网格和声子弛豫的作用效果与升温相同，但前者本质是因为 $H\leftrightarrow H$ 的脆化作用，而后者则是热涨落效应。

(2) YOH 碱溶液形成的 O:⇔:O 超氢键具有强压缩作用，可使溶剂 H—O 键(< 3100 cm⁻¹)软化。3610 cm⁻¹ 对应于溶质的 H—O 键，因低配位发生收缩。随着溶液浓度增大，Y⁺ 的极化效应会逐渐被 O:⇔:O 压缩作用抵消。碱的溶剂化过程具有类似机械压缩的作用，可拉伸软化 H—O 键，缩短强化 O:H 非键。

(3) YX 盐溶液中 Y⁺ 和 X⁻ 离子各自形成点源电场，诱导周围水分子重排形成水合壳层，极化、拉伸其中的 O:H—O 氢键形成超固态水合壳层。极化作用使 O:H 声子从 200 cm⁻¹ 降至 100 cm⁻¹，H—O 声子则从 3200 cm⁻¹ 上升到 3480 cm⁻¹。盐的溶剂化作用与分子低配位相同，均可形成超固态。

(4) 溶质诱导的溶剂氢键转变存在三种情况：$f_H(C) = 0$、$f_Y(C) \propto f_{OH}(C) \propto C$ 以及 $f_X(C) \propto 1 - \exp(-C/C_0)$ 直至趋近饱和。三者分别体现随浓度变化时质子极化无效性，Y⁺ 和 HO⁻ 水合体积不变性以及 X⁻ - X⁻ 排斥的可变性，也证明了水分子在溶剂基质中具有高度有序性。盐溶液的黏度和表皮应力与 $f_{YX}(C)$ 趋势一致，表明它们具有共同的本质起源，即极化诱导 O:H—O 氢键自普通水向水合壳层的转变。

(5) 溶剂化和压缩对 O:H—O 氢键弛豫的作用相反；极化引起的 H—O 键收缩很难像纯水 H—O 键那样易于恢复。恒定浓度下，溶液的阴离子排斥作用调节着相变临界压强，遵循霍夫梅斯特序列。

(6) 压缩与升温、受限对于氢键弛豫的作用相反，前者使 O:H 收缩、H—O 伸长，而后两者则反之，因此两组条件对于准固态相边界的调节趋势相反。所以，溶液相变压强的变化需要综合考虑溶液中点压缩源、低配位甚至温度变化的耦合作用。

参 考 文 献

[1] Zhang X, Zhou Y, Gong Y, et al. Resolving H(Cl, Br, I) capabilities of transforming solution hydrogen-bond and surface-stress. Chem. Phys. Lett., 2017, 678: 233-240.

[2] Zeng Q, Yan T, Wang K, et al. Compression icing of room-temperature NaX solutions (X= F, Cl,

Br, I). Phys. Chem. Chem. Phys., 2016, 18(20): 14046-14054.

[3] Huang Y L, Zhang X, Ma Z S, et al. Hydrogen-bond relaxation dynamics: Resolving mysteries of water ice. Coord. Chem. Rev., 2015, 285: 109-165.

[4] Gong Y, Zhou Y, Sun C. Phonon spectrometrics of the hydrogen bond (O:H—O) segmental length and energy relaxation under excitation. B.O. Intelligence, China, 2018.

[5] Sun C Q. Atomic scale purification of electron spectroscopic information. US 2017, Patent No. 9625397B2.

[6] Sun C Q, Chen J, Gong Y, et al. (H, Li)Br and LiOH solvation bonding dynamics: Molecular nonbond interactions and solute extraordinary capabilities. J. Phys. Chem. B, 2018, 122(3): 1228-1238.

[7] Sun C Q, Chen J, Liu X, et al. (Li, Na, K)OH hydration bondin thermodynamics: Solution self-heating. Chem. Phys. Lett., 2018, 696: 139-143.

[8] Zhou Y, Huang Y, Ma Z, et al. Water molecular structure-order in the NaX hydration shells (X= F, Cl, Br, I). J. Mol. Liq., 2016, 221: 788-797.

[9] Zhou Y, Zhong Y, Gong Y, et al. Unprecedented thermal stability of water supersolid skin. J. Mol. Liq., 2016, 220: 865-869.

[10] Sun C Q, Chen J, Yao C, et al. (Li, Na, K)OH hydration bondin thermodynamics: Solution self-heating. Chem. Phys. Lett., 2018, 696: 139-143.

[11] Sun H. Compass: An *ab initio* force-field optimized for condensed-phase applications overview with details on alkane and benzene compounds. J. Phys. Chem. B, 1998, 102(38): 7338-7364.

[12] Sun C Q, Sun Y. The Attribute of Water: Single Notion, Multiple Myths. Heidelberg: Springer, 2016.

[13] Li F, Men Z, Li S, et al. Study of hydrogen bonding in ethanol-water binary solutions by Raman spectroscopy. Spectrochim. Acta A, 2018, 189: 621-624.

[14] Li F, Li Z, Wang S, et al. Structure of water molecules from Raman measurements of cooling different concentrations of NaOH solutions. Spectrochim. Acta A, 2017, 183: 425-430.

[15] Sun C Q, Zhang X, Zheng W T. Hidden force opposing ice compression. Chem. Sci., 2012, 3: 1455-1460.

[16] Yoshimura Y, Stewart S T, Somayazulu M, et al. Convergent Raman features in high density amorphous ice, ice VII, and ice VIII under pressure. J. Phys. Chem. B, 2011, 115(14): 3756-3760.

[17] Sun C Q, Zhang X, Zhou J, et al. Density, elasticity, and stability anomalies of water molecules with fewer than four neighbors. J. Phys. Chem. Lett., 2013, 4(15): 2565-2570.

[18] Huang Y, Zhang X, Ma Z, et al. Size, separation, structure order, and mass density of molecules packing in water and ice. Sci. Rep., 2013, 3: 3005.

[19] Zeng Q, Yao C, Wang K, et al. Room-temperature NaI/H$_2$O compression icing: Solute-solute interactions. Phys. Chem. Chem. Phys., 2017, 19: 26645-26650.

[20] Sun C Q, Zhang X, Fu X, et al. Density and phonon-stiffness anomalies of water and ice in the full temperature range. J. Phys. Chem. Lett., 2013, 4(19): 3238-3244.

[21] Yoshimura Y, Stewart S T, Somayazulu M, et al. High-pressure X-ray diffraction and Raman spectroscopy of ice VIII. J. Chem. Phys., 2006, 124(2): 024502.

[22] Mallamace F, Branca C, Broccio M, et al. The anomalous behavior of the density of water in the range 30 K < T < 373 K. Proc. Natl. Acad. Sci. U.S.A., 2007, 104(47): 18387-18391.

[23] Zhang X, Huang Y, Ma Z, et al. Hydrogen-bond memory and water-skin supersolidity resolving the mpemba paradox. Phys. Chem. Chem. Phys., 2014, 16(42): 22995-23002.

[24] Marx D, Tuckerman M E, Hutter J, et al. The nature of the hydrated excess proton in water. Nature, 1999, 397(6720): 601-604.

[25] Crespo Y, Hassanali A. Characterizing the local solvation enviro nment of OH⁻ in water clusters with AIMD. J. Chem. Phys., 2016, 144(7): 074304.

[26] Mandal A, Ramasesha K, de Marco L, et al. Collective vibrations of water-solvated hydroxide ions investigated with broadband 2D IR spectroscopy. J. Chem. Phys., 2014, 140(20): 204508.

[27] Roberts S T, Petersen P B, Ramasesha K, et al. Observation of a zundel-like transition state during proton transfer in aqueous hydroxide solutions. Proc. Natl. Acad. Sci. U.S.A., 2009, 106(36): 15154-15159.

[28] Chen J, Yao C, Liu X, et al. H_2O_2 and HO⁻ solvation dynamics: Solute capabilities and solute-solvent molecular interactions. ChemistrySelect, 2017, 2: 8517-8523.

[29] Sun C Q. Relaxation of the Chemical Bond. Heidelberg: Springer, 2014.

[30] Zhang X, Huang Y, Ma Z, et al. A common supersolid skin covering both water and ice. Phys. Chem. Chem. Phys., 2014, 16(42): 22987-22994.

[31] Thämer M, de Marco L, Ramasesha K, et al. Ultrafast 2D IR spectroscopy of the excess proton in liquid water. Science, 2015, 350(6256): 78-82.

[32] Zhou Y, Wu D, Gong Y, et al. Base-hydration-resolved hydrogen-bond networking dynamics: Quantum point compression. J. Mol. Liq., 2016, 223: 1277-1283.

[33] Zhang X, Yan T, Huang Y, et al. Mediating relaxation and polarization of hydrogen-bonds in water by NaCl salting and heating. Phys. Chem. Chem. Phys., 2014, 16(45): 24666-24671.

[34] Gong Y, Zhou Y, Wu H, et al. Raman spectroscopy of alkali halide hydration: Hydrogen bond relaxation and polarization. J. Raman Spectrosc., 2016, 47(11): 1351-1359.

[35] Park S, Moilanen D E, Fayer M D. Water dynamics: The effects of ions and nanoconfinement. J. Phys. Chem. B, 2008, 112(17): 5279-5290.

[36] Sun C Q. Perspective: Supersolidity of the undercoordinated and the hydrating water. Phys. Chem. Chem. Phys., 2018, 20: 30104-30119.

[37] Kahan T F, Reid J P, Donaldson D J. Spectroscopic probes of the quasi-liquid layer on ice. J. Phys. Chem. A, 2007, 111(43): 11006-11012.

[38] Zhou Y, Yuan Zhong, Liu X, et al. NaX solvation bonding dynamics: Hydrogen bond and surface stress transition (X = HSO_4, NO_3, ClO_4, SCN). J. Mol. Liq., 2017, 248: 432-438.

[39] Sun C Q. Aqueous charge injection: Solvation bonding dynamics, molecular nonbond interactions, and extraordinary solute capabilities. Int. Rev. Phys. Chem., 2018, 37(3-4): 363-558.

[40] Sun C Q. Unprecedented O:⇔:O compression and H↔H fragilization in Lewis solutions. Phys. Chem. Chem. Phys., 2019, 21: 2234-2250.

[41] Zhao M, Zheng W T, Li J C, et al. Atomistic origin, temperature dependence, and responsibilities

of surface energetics: An extended broken-bond rule. Phys. Rev. B, 2007, 75(8): 085427.

[42] Araque J C, Yadav S K, Shadeck M, et al. How is diffusion of neutral and charged tracers related to the structure and dynamics of a room-temperature ionic liquid? Large deviations from stokes-einstein behavior explained. J. Phys. Chem. B, 2015, 119(23): 7015-7029.

[43] Jones G, Dole M. The viscosity of aqueous solutions of strong electrolytes with special reference to barium chloride. J. Am. Chem. Soc., 1929, 51(10): 2950-2964.

[44] Brinzer T, Berquist E J, Ren Z, et al. Ultrafast vibrational spectroscopy (2D-IR) of CO_2 in ionic liquids: Carbon capture from carbon dioxide's point of view. J. Chem. Phys., 2015, 142(21): 212425.

[45] Ren Z, Ivanova A S, Couchot-Vore D, et al. Ultrafast structure and dynamics in ionic liquids: 2D-IR spectroscopy probes the molecular origin of viscosity. J. Phys. Chem. Lett., 2014, 5(9): 1541-1546.

[46] Sun C Q. Aqueous charge injection: Solvation bonding dynamics, molecular nonbond interactions, and extraordinary solute capabilities. Int. Rev. Phys. Chem., 2018, 37(3-4): 363-558.

第 26 章　第三篇结束语

26.1　主　要　成　果

本篇提出了多场键合动力学理论和声子计量谱学方法，使人们对物质外界扰动-键弛豫-物质性能三者之间的相关性有了更为深入且一致的理解。总结如下：

(1) 局域键平均近似方法和键振动的多场耦合作用可用于定量分析外界扰动(压强、温度、配位数和电荷注入等)引起的物质的键弛豫和物性演变。外界扰动弛豫化学键自一个平衡态到另一个平衡态来调控物质性能。

(2) 晶体尺寸减小到纳米尺度时会新生成三种声子振动现象：E_{2g} 模蓝移、A_{1g} 模红移以及 THz 频率的 LFR 模。纳米颗粒结构倾向于核-壳构型，壳层中化学键会因低配位引起的物性变化造成纳米晶体的尺寸效应。

(3) 声子频移、带隙和杨氏模量遵循德拜比热模型，可从中获取原子结合能和德拜温度等信息；机械压缩使声子频率非线性硬化，并可提供能量密度和杨氏模量信息。

(4) 差分声子计量谱方法可以提纯化学键自初始参考态变化为条件态时的转变分数-声子刚度演化过程，可获得液体和固体纳米颗粒壳层厚度。

(5) 酸、碱和盐溶剂化过程通过注入阴离子、阳离子、电子、孤对、质子和分子偶极子等电荷调控 O:H—O 氢键网络结构并促使 H $\leftrightarrow$ H 反氢键、O: $\Leftrightarrow$:O 超氢键、静电极化、水分子偶极子屏蔽、溶质相互作用和低配位诱导溶质 H—O 键收缩等特殊结构和作用形成，以此调节溶液物性。

(6) O:H—O 氢键分段比热差异揭示了具有负热膨胀性质的准固态相的成因。分子低配位和静电极化会导致超固态相边界向外拓展。过量的质子和孤对通过形成 H_3O 水合氢离子和 HO⁻氢氧根，在酸溶剂化过程中形成 H$\leftrightarrow$H 反氢键点裂源，在碱溶剂化过程中形成 O:$\Leftrightarrow$:O 强压缩源和极化源；溶质离子则行如点电荷源形成水合壳层，极化拉伸其中的 O:H—O 氢键。

26.2　展　　望

本篇基于 BOLS-LBA 理论和声子计量谱学方法分析了一系列纳米晶体和块

体材料弹性性能和拉曼声子频移的多场作用效应，构建了一系列外界扰动-键弛-物质性能关联的函数关系式，并获取了大量的定量物性信息。但还有许多方面需要进一步深入探究：

(1) 多场键合动力学的分析过程克服了物质受扰时吉布斯自由能、分子动力学假定和格林艾森参数的局限。外部扰动通过化学键的弛豫及相关的能量弛豫和电子致密化、局部化、钉扎和极化来调节物质的性能。吉布斯自由能($dG(P, T, N, \cdots) = SdT + VdP + \mu dN + \cdots$)以熵 S、体积 V、化学势 μ 等为自由度变量，主要用于宏观统计系统和气相体系。分子动力学以分子为基本结构单元，少有关注体系(如水和分子晶体中)分子内和分子间相互作用的耦合贡献。

(2) 声子谱和差分声子谱无须高真空特殊条件即可方便地探测键弛豫及转变动力学信息。各种物质包括液体、固体、导体、绝缘体等在任何外界扰动下都可以进行声子谱测量。这一实验方法和分析技术提供的有关键合动力学的定量信息，可为阐释各种物理现象提供统一的理论机理。所以，声子计量谱学理论和技术的拓展应用无疑引人入胜。

(3) 原子和分子低配位作为一个独立的自由度，为缺陷物理、表面化学、纳米科学与技术奠定了基础并已受到广泛关注。配位数缺失会使低配位原子化学键变短变强，调控不同能带电子的性能直至物质属性。所以，配位键计量与调控研究具有重要价值。

(4) 需要强调的是，水和溶液体系中，O:H 非键的弱相互作用，H↔H 键和 O:⇔:O 键的排斥作用是调控物质性能的关键因素，这些弱相互作用和排斥作用实际上对于系统哈密顿量的贡献不大，且不服从薛定谔方程色散关系。但是，这些普遍存在但常被忽略的相互作用在含有氢键或类氢键的体系中起到决定性作用。这一理念与传统理论方法有很大不同。

(5) 还需要将液态水视为晶体，其质子和孤对电子数目以及 O:H—O 氢键构型守恒。溶剂化作用不会在溶质和溶剂之间形成新的化学键，除非溶剂化过程打破了水的守恒规则，形成(H_3O^+; HO^-): $4H_2O$ 基序。

(6) O:H—O 氢键分段的比热差异可以调控准固态相边界，这可以用于分析 $ZrWO_8$、石墨等存在多种相互作用势的材料的负热膨胀现象。每一种势对应一个比热，这些比热曲线叠加时比热的比值调节各相结构的物性。

本篇所建立的理论方法和分析技术可以拓展到任何涉及常规化学键和耦合化学键的物质体系中，有助于激发别有新意的思维方式和处理技巧，发展更为丰富的实验策略、分析技术和创新理论。

附　　录

表 A-1　电子声子计量谱学的优点、功能和局限性

(本书开辟了电子声子计量谱学的新学科，为传统理论方法无法获取的信息提供了全新的理论方法与分析技术，并对物质化学键-电子-物性关联及受扰演化形成了统一认知)

电子声子计量谱学	光谱实验数据分析处理方法		
	声子弛豫(DPS)[1-3](2007～2020 年)	电子发射(ZPS)[4, 5](2004～2015 年)	电子衍射(VLEED)[6, 7](1992～2003 年)
传统谱学	对谱峰分解需要相关限制条件、最大强度归一化，含有人为/外部影响； 经验表征公式，含有自由可调参数		刚球位移框架，无法重现实验测量
目标	获取传统谱学难以得到的定量物性信息并寻求统一的物理机理		
计量谱学理论框架基础	化学键的属性决定物质的结构和性质[8]； 键和非键的弛豫及与之相关的电子局域化、钉扎和极化调控物质宏观性能[6]		—
	傅里叶实空间-能量域转变使均化键振动力学表征成为可能		晶体几何、弹性和阻尼表面势形成多光束干涉
关键策略	$\Delta\omega\propto(E_z/d^2)^{1/2}$(拉格朗日振动力学[9])； 声子频移和重现	$\Delta E_v\propto\Delta E_z$(紧束缚成键理论[10])； 能级偏移和电子态	键几何-原子位置转换； SPB 最小参数化； 自动优化
概括	逻辑正确、简洁、无须假设； 可测物理量受扰变化量的表征：$\Delta Q(x_i)/Q(x_{i0})=f[x_i, d(x_i), E(x_i)]$ (原子尺度下，$Y_z\propto E_z/d_z^3$，$T_{Cz}\propto zE_z$，$\Delta E_{Gz}\propto\Delta E_z$ 等)		化学吸附的化学键-能带-势垒动力学； SPB 几何构型； 大规模计算
测试源	各种波长的光；反射和吸收的声子	X 射线、紫外线、电子、电偏压； 电子发射	LEED 光束(6～16 eV) (00)型 I-V 曲线
实验条件	无	超高真空；导体或半导体	超高真空； 专用且复杂的数据采集
影响因素	平衡态的非线性贡献超出仪器分辨率		—
	多声子共振散射 光学声子热衰变	电荷效应 初末态重组	
样本条件	固体导体和半导体		吸附气体剂量可控的理想纯晶体
	液体和绝缘体	—	

续表

电子声子计量谱学	光谱实验数据分析处理方法		
	声子弛豫(DPS)[1-3](2007~2020年)	电子发射(ZPS)[4,5](2004~2015年)	电子衍射(VLEED)[6,7](1992~2003年)
外部刺激	压强、应变	—	退火、老化、剂量化、方位角变化
	温度、非常规配位、电荷注入、电场		
基本信息	原子的、局部的、动态的、定量的信息		化学吸附诱导的单胞的化学键-能带-势垒演化信息；形貌统一化；结晶学；能谱学(最外两原子层)
	键和非键弛豫、振子的声子频率和丰度变化	键弛豫引起的不同化学键/能级电子的钉扎与极化	
新的信息	键长、键能、结合能密度、原子结合能		(1) 表面弛豫和重构，键几何、角度、长度； (2) sp^3 轨道杂化和去杂化、非键电子孤对、缺失行和偶极子的形成； (3) Cu(001)表面化学吸附形成 Cu_3O_2 相结构的四步成键动力学； (4) 2D布里渊区、电子有效质量、内势常数； (5) 势垒涨落、功函数调制、四种价态的生成等
	(1) 声子频移、晶粒间作用诱导LFR模、集体和二聚体振动信息 (2) 键性质参数、参考频率、纳米粒子壳层厚度(表体比) (3) 德拜衰减、德拜温度、热膨胀系数、杨氏模量 (4) 压缩系数、键的力常数 (5) 微扰诱导的键数、刚度、涨落转变等	(1) 孤立原子芯能级及其偏移 (2) 层状材料的结合能 (3) 单层表皮和点缺陷的键能和电子态、台阶边缘能态，原子吸附诱导能态演变 (4) 界面、吸附位点的能态差异、非键态、反键极化态 (5) 屏蔽效应、势能劈裂、反应引起的电子再分配等	
概念拓展	键-声子性能相关性； O:H—O 氢键的协同性和耦合势能； H↔H 反氢键、O:⇔:O 超氢键； 超固态、准固态； THz 源等	键-电子-能量相关性； 非常规原子配位； 钉扎和极化； n/p 型催化剂、狄拉克-费米极化子； 疏水性、润滑性等	化学键-能带-势垒相关性； sp^3 轨道杂化、表面键收缩、孤对电子、极化、电负性、原子半径； 晶体几何构型辨析四步键合动力学等
影响	获取能量-空间-时间域中的电子、成键、非键和分子性能； 可有效应用于分子科学、水溶液、食品和药品工程、生命科学与生物化学、多场绝缘体、多孔和纳米结构、功能材料和器件、 环境科学、传感器、催化剂设计、含能材料、能源管理等		化学吸附成键动力学； 基础化学和物理科学

参 考 文 献

[1] Yang X X, Sun C Q. Raman detection of temperature. CN 106908170A, 2017.

[2] Gong Y Y, Zhou Y, Huang Y L, et al. Spectrometrics of the O:H—O bond segmental length and energy relaxation. CN 105403515A, 2018.

[3] Huang Y L, Yang X X, Sun C Q. Spectrometric evaluation of the force constant, elastic modulues, and Debye temperature of sized matter. 2018. (disclosure at evaluation).

[4] Liu X J, Bo M L, Zhang X, et al. Coordination-resolved electron spectrometrics. Chem. Rev.,

2015, 115(14): 6746-6810.

[5] Sun C Q. Atomic scale purification of electron spectroscopic information. US 9625397B2, 2017.

[6] Sun C Q. Relaxation of the Chemical Bond.Heidelberg: Springer, 2014.

[7] Sun C Q. Oxidation electronics: Bond-band-barrier correlation and its applications. Prog. Mater. Sci., 2003, 48(6): 521-685.

[8] Pauling L. The Nature of the Chemical Bond. New York: Cornell University Press, 1960.

[9] Huang Y L, Zhang X, Ma Z S, et al. Hydrogen-bond asymmetric local potentials in compressed ice. J. Phys. Chem. B, 2013, 117(43): 13639-13645.

[10] Omar M A. Elementary Solid State Physics: Principles and Applications. New York: Addison-Wesley, 1993.